PERFECT 길잡이

토목시공기술사

김용구 저

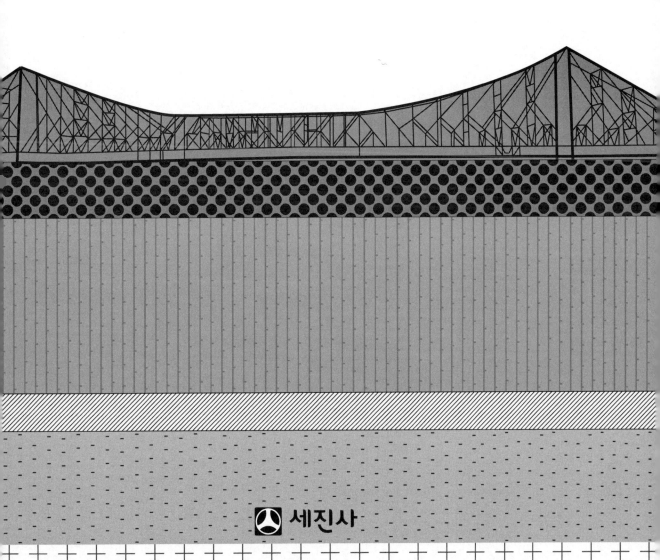

세진사

▤ 머 리 말

　최근 건설기술의 선진화·세계화에 따라 건설분야에 종사하는 엔지니어의 역할이
더욱 요구되고 있으며 이에 따라 국가기술자격 취득에 대한 관심이 높아지고 있습
니다. 특히 기술사는 현행의 건기법 관계 제도에서 최고의 기술능력 보유자로 인식
되어 책임과 권한이 부여되며 자기개발의 발전을 위해 끊임없이 노력을 해야 하는
직종임은 분명합니다.

　저자 역시도 기술사시험에 처음 도전할 때 "어떻게 공부하여 합격할 것인가" 하
는 당면 문제에 부딪혀서 어려움을 많이 겪었습니다. 따라서 합격의 지름길로써 무
엇보다 강조하고 싶은 사항은 공부의 방향과 계획을 스스로 정해야 된다는 점이며,
이에 절대적으로 필요한 기본사항이 바로 과년도출제문제에 대한 체계적인 분석과
모범답안입니다.

　또한 본서는 수험자의 시험공부나 답안 작성요령 숙지 및 기술영역 확대에 도움
이 되고자 노력하였고 출제문제의 답안작성에 있어 기본원리에 충실하고 각 항목별
구조세목, 시공시 문제점 대책, 발전방향 등 서로 상관관계가 많은 문제를 풀이 해
석함으로써 기술사시험에 도움이 되고 시간절약도 될 것으로 기대합니다.

　경험과 지식이 일천한 저자로서 잘못된 부분과 미흡한 부분이 많을 것으로 생각
되나 독자들과 선배 기술사들의 高見을 토대로 더욱 더 새롭게 발전시킬 것을 약속
드리며, 이 책을 출간하는 데 노력을 아끼지 않으신 세진사 편집부 직원 여러분과
문형진 사장님께 감사드리며, 이 책이 기술사를 목표로 노력 정진하시는 건설 엔지
니어들의 시험준비에 도움이 되었으면 하는 마음 간절합니다.

토 목 시 공 기 술 사　　김 용 구
토 질 및 기 초 기 술 사

본서의 특징

1. 최신 개정 콘크리트 설계기준 및 시방서 핵심내용 수록
   철근공사
   거푸집공사
   콘크리트공사

2. 최신 개정 하천공사 표준시방서 핵심내용 수록
   제방공사
   수제공사
   호안공사

3. 2000년부터 시행된 출제기준에 적합한 답안 수록
   용어형(10점)
   논문형(25점)

4. 최근까지의 기출문제 분석
   각종 공종별 분석
   단위 문제별 분석

5. 최근 기술정보 총망라
   최근 시사문제
   최신 공법 정보

6. 한 권의 책으로 완벽한 시험준비
   풍부한 자료를 조직적으로 구성
   알기 쉽게 체계적으로 편집

✎ 기술사 시험준비 요령 ✎

기술사를 준비하는 수험자 여러분들의 합격을 위해 시험준비 요령 몇 가지를 들겠다.

1. 평소 paper work의 생활화
① 기술사시험은 논술형이 대부분이기 때문에 서론·본론·결론이 명쾌해야 한다.
② 따라서 평소 업무와 관련하여 paper work를 생활화하여 기록·정리가 남보다 앞서야 시험장에서 당황하지 않고 답안을 정리할 수 있다.

2. 시험준비 시간의 할애
① 학교를 졸업한 후 현장실무 및 관련업무 부서에서 현장감으로 근무하기 때문에 지속적으로 책을 접할 수 있는 시간이 부족하며, 이론을 정립시키기엔 아직 준비가 미비한 상태이다.
② 따라서 현장실무 및 관련업무의 경험을 토대로 이론을 정립, 정리하고 확인하는 최소한의 시간이 필요하다. 단, 공부를 쉬지 말고 하루에 단 몇 시간이든 지속적으로 할애하는 마음의 각오와 준비가 필요하며 대략적으로 400~600시간은 필요하다고 생각한다.

3. 과년도 및 출제경향 문제를 총괄적으로 정리
① 먼저 시험답안지를 동일하게 인쇄한 후 과년도문제를 자기 나름대로 자신이 좋아하고 평소 즐겨 쓰는 미사어구를 사용하여 point가 되는 item 정리작업을 단원별로 정리한다.
② 단, 정리시 관련 참고서적을 모두 읽으면서 모범답안을 자신의 것으로 만든다. 처음에는 엄두가 나지 않고 진도가 나가지 않지만 한 문제, 한 문제 모범답안이 나올 때는 자신감과 뿌듯함을 느끼게 된다.

4. sub note의 정리 및 item의 정리
① 각 단원별로 모범답안이 끝나고 나면, 기술사시험을 반 정도 합격한 것과 마찬가지다. 그러나 워낙 방대한 양의 정리를 끝낸 상태라 다 알 것 같지만 막상 쓰려고 하면 '내가 언제 이런 답안을 정리했지' 하는 의구심과 실망을 접하게 된다. 여기서 실망하거나 포기하는 사람은 기술사가 되기 위한 관문을 영원히 통과할 수 없게 된다.
② 자! 이제 1차 정리된 모범답안을 전반적으로 약 10일간 정서한 후 각 문제의 item을 토대로 sub note를 정리하여 전반적인 문제의 lay out을 자신의 머리에 입력시킨다. 이 sub note를 직장에서 또는 전철이나 버스 안에서 수시로 꺼내 보며 지속적으로 암기한다.

5. 시험답안지에 직접 답안작성 시도

① 자신이 정리한 모범답안과 sub note의 item 작성이 끝난 상태라 자신도 모르게 문제제목에 맞는 item이 떠오르고 생각이 나게 된다. 이 상태에서 한 문제당 서너 번씩 쓰기를 반복하면 암기 못 하는 부분이 어디이며, 그 이유는 무엇인지를 알게 된다.

② 예를 들어 '콘크리트의 내구성에 영향을 주는 원인 및 방지대책에 대하여 논하라'라는 문제를 외운다고 할 때 크게 그 원인은 중성화, 동해, 알칼리 골재반응, 염해, 온도변화, 진해, 화해, 기계적 마모 등을 들 수 있다. 이때 중, 동, 알, 염, 온, 진, 화, 기로 외우고, 그 단어를 상상하여 '중동에 홍해바다가 있어 알칼리와 염분이 많고 날씨가 더우니 온진화기'라는 문장을 생각해 낸다. 이렇듯 자신이 말을 만들어 외우는 방법도 한 방법이라 하겠다. 그 다음 그 방지대책은 술술 생각이 나서 답안정리가 자연스럽게 서술된다.

6. 시험 전일 준비사항

① 그동안 앞서 설명한 수험준비 요령에 따라 또는 개인적 차이를 보완한 방법으로 갈고 닦은 실력을 최대한 발휘해야만 시험에 합격할 수 있다.

② 그러기 위해서는 시험 전일 일찍 취침에 들어가 다음날 맑은 정신으로 시험에 응시해야 함을 잊어서는 안 되며 시험 전일 준비해야 할 사항은 수험표, 주민등록증, 필기도구(검정색 볼펜), 자, 연필(샤프), 지우개, 도시락, 음료수(녹차 등) 그리고 그동안 공부했던 모범답안 및 sub note철 등이다.

7. 시험 당일 수험요령

① 수험 당일 시험입실 시간보다 1시간~1시간 30분 전에 현지 교실에 도착하여 시험대비 워밍업을 해보고 책상상태 등을 파악하여 파손상태가 심하면 교체 등을 해야 한다. 그리고 차분한 마음으로 sub note를 훑어보며 시험시간을 기다린다.

② 입실시간이 되면 시험관이 시험요령, 답안지 작성요령, 수험표, 주민등록증 검사 등을 실시한다. 이때 당황하지 말고 시험관의 설명을 귀담아듣고 그대로 시행하면 된다. 시험종이 울리면 문제를 파악하고 제일 자신 있는 문제부터 답안작성을 하되, 시간배당을 반드시 고려해야 한다.

③ 따라서 점수와 시간배당은 최적배당에 의해 효과적으로 운영해야만 합격의 영광을 안을 수 있다. 그리고 1교시가 끝나면 휴식시간이 다른 시험과 달리 길게 주어지는데 그때 매교시 출제문제를 기록하고(시험종료 후 집에서 채점) 예상되는 시험문제를 sub note에서 반복하여 읽는다.

④ 2교시가 끝나면 점심시간이지만 밥맛이 별로 없고 신경이 날카로워지는 것을 느끼게 된다. 그러나 식사를 하지 않으면 체력유지가 되지 않아 오후 시험을 망치게 될 확률이 높다. 따라서 준비해온 식사는 반드시 해야 하며, 식사가 끝나면 sub note를 뒤적이며 오전에 출제되지 않았던 문제 위주로 유심히 눈 여겨 본다.

⑤ 답안 작성시 고득점을 할 수 있는 요령은 일단은 깨끗한 글씨체로 그림, 한문, 영어, flowchart 등을 골고루 사용하여 지루하지 않게 작성하되 반드시 써야 할 item, key point 는 빠뜨리지 않아야 채점자의 눈에 들어오는 답안지가 될 수 있다.

⑥ 생소한 문제가 나왔을 때는 문제를 서너 번 더 읽고 출제자의 의도가 무엇이며, 왜 이런 문제를 출제했을까 하는 생각을 하면서, 자료 정리 시 여러 관련 책자를 읽으면서 생각했 던 예전으로 잠시 돌아가 관련된 비슷한 답안을 생각해보고 새로운 답안을 작성하면 된다. 이것은 자료 정리 시 열심히 한 수험자와 대충 남의 자료만 달달 외운 사람과 반드시 구 별되는 부분이라 생각된다.

⑦ 1차 합격이 되고 나면 2차 경력서류, 면접 등의 준비를 해야 하는데, 면접관 앞에서는 단 정하고, 겸손하게 응해야 하며, 묻는 질문에 또렷하고 정확하게 답변해야 한다. 만일 모르 는 사항을 질문하면, 대충 대답하는 것보다 솔직히 모른다고 하고, 그와 유사한 관련사항 에 대해 아는 대로 답한 뒤 좀 더 공부하겠다고 하는 것도 한 방법이라 하겠다.

⑧ 끝으로 본인이 기술사 시험준비 때의 과정을 대략적으로 설명했는데, 개인차에 따라 맞지 않는 부분도 있겠으나, 크게 어긋남이 없다고 판단되면 상기 방법으로 시도해 보시기 바라 며 본인은 상기 방법에 의해 단 한 번의 응시로 합격했음을 참고하시고, 수험자 여러분 모 두가 합격의 영광이 있기를 바란다.

차 례

제2장　사면안정 ··· 97

제5장 기초공 ·· 291

제6장 콘크리트 ·································· 381

제7장 터 널 …………………………………………………………………………… 559

제8장 교 량 ··· 659

제9장 도 로

제10장 댐 ·· 829

제1장
토 공

문제 1

시방서에 흙쌓기다짐은 표준다짐의 90% 이상으로 규정되어 있다. 이에 맞도록 시공하기 위한 다짐 관리방법을 결정하시오.

Ⅰ. 개 설

표준다짐의 90% 이상으로 다지기 위해서는 성토재료 선정과 다짐관리방법이 중요하다. 표준다짐의 90% 이상으로 규정하는 이유는 토질별 공학적 차이, 시공방법의 차이, 지하수의 계절별 변동, 현장과 실내 조건의 차이, 현장에서 최적함수비와 최대건조밀도 측정 곤란 등 때문이다.

따라서 소요의 다짐을 얻기 위해서는 시공함수비를 규정할 필요가 있고, 이에 따라 다짐관리를 철저히 해야 하는데 다짐관리방법은 다음과 같다.

Ⅱ. 다짐관리방법

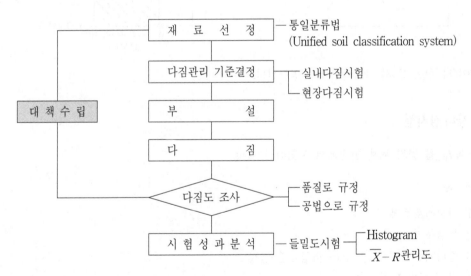

상기에 대한 세부사항은 다음과 같다.

Ⅲ. 재료 선정

```
┌ 양 ┐           ┌ Trafficability 확보 ┐
├ 품질 ├ 고려하여 ┼ 전단강도 클 것      │
└ 경제성 ┘        ├ 압축성 적을 것      ├ 선정
                  ├ 지지력 클 것        │
                  └ 변형이 적을 것      ┘
```

Ⅳ. 다짐관리기준 결정

1. 실내다짐시험

1) 시험실에서 선정한 재료 채취
   함수비 조절하여 다짐시험
2) γd_{max}-OMC 곡선을 구한다.
3) 통상 최적함수비(OMC)의 ±2% 내에서 관리하면 좋다.

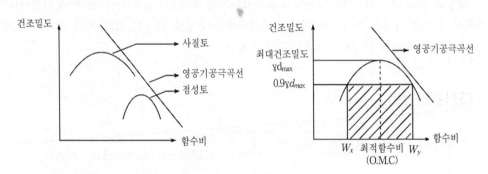

4) 90%라 함은 W_x와 W_y 사이에서 얻어진다.

2. 현장다짐시험

1) $0.9\gamma d_{max}$을 얻기 위해 현장에서 시험다짐 실시

2) 목 적
   ① 시험성토두께
   ② 부설두께   ┐
   ③ 장비기종   ┼ 작업표준 결정
   ④ 각 장비별 다짐횟수 ┘
   ⑤ 다짐도 결정

3) 경제적이고 시방에 맞는 두께, 다짐횟수 결정

4) 함수비 변동, 재료의 변동에 따른 저하방지 위해 $0.9\gamma d_{max}$보다 큰 상태의 작업표준 결정

5) 측정항목
   ① 함수비, 밀도, 표면침하량
   ② 입도, Cone관입시험, CBR, 평판재하시험, 투수시험 등

3. 현장다짐시 유의사항

1) 지반처리 철저

① 연약지반 대책공법 선정 처리
② 지반이 연약습지일 때 측구 설치
③ Filter층 설치(용수, 배수처리)
④ 벌개 제근

2) 다짐기준에 따른 부설 및 다짐

① 침하 예상되는 곳 ┬ 고성토
                              └ 더돋기
② 다짐시 함수량은 최적함수비 ±2%
③ 배수처리 철저 ┬ 성토체 파괴 방지
                  └ 연약화 방지
④ 재료운반장비 ┬ 재료파손 방지
                  └ 교대로 주행운반

V. 다짐도 판정

1. 품질로 규정

1) 건조밀도

① 다짐도 $= \dfrac{\text{현장}\gamma d}{\text{시험}\gamma d_{max}} \times 100\%$

② 가장 많이 적용(도로, 흙댐에 이용)

③ 시방에서 규정한 값(노체 90% 이상, 노상 95% 이상) 이상이면 합격

2) 포화도 및 공극비

① 모든 토질에 적용(토질변화가 심하거나 기준이 되는 최대건조밀도를 구하기 어려운 경우, 함수비 높은 경우, Rock 재료)

② $Se = G_s W$

③ $(S_r \ 85\% \sim 98\%)$, $(V_a \ 1 \sim 10\%)$

④ $S(\text{포화도}) = \dfrac{W}{\gamma_w \ / \gamma_d - 1/G_s}(\%) = \dfrac{WG_s}{\gamma_W \ G_s \ / \gamma_d - 1}$

$$A(공기함유율) = \left\{ 1 - \frac{\gamma_d(t)}{\gamma_w}(1/G_s + W) \right\} \times 100(\%)$$

G_s : 흙입자비중, γ_w : 물의 단위중량, γ_d : 현장건조단위중량, W : 흙의 현장함수비

⑤ $S_r \geqq 85\%$, $A \leqq 10\%$: 조립토(사질토) 등의 다짐도에 상당하는 규정이며, 강도를 크게 하고 압축성 및 투수성을 감소시켜 흙을 안정화하고 성토의 트래피커빌리티 (Trafficability)를 확보한다. 부등 압축침하에 의한 비탈면의 붕괴 등에 대처하는 규정

⑥ $S \geqq 98\%$, $A \leqq 1\%$: 예민비가 높은 점성토에서의 오버 검사다짐(Over compaction)에 의한 강도저하를 방지하는 규정

3) 강 도

① Cone지수, CBR, 평판재하시험(K치)

② Mr, RI

4) 상대밀도

① 사질토에 적용

② $Dr = \dfrac{\gamma d - \gamma d_{\min}}{\gamma d_{\max} - \gamma d_{\min}} \times \dfrac{\gamma d_{\max}}{\gamma d} \times 100(\%) = \dfrac{e_{\max} - e}{e_{\max} - e_{\min}} \times 100$

$e_{\min}$: 가장 촘촘한 상태에 있는 흙의 간극비

$e_{\max}$: 가장 느슨한 상태에 있는 흙의 간극비

e : 자연상태에 있는 흙의 간극비

$\gamma d_{\min}$: 가장 느슨한 상태에 있는 흙의 건조단위중량

$\gamma d_{\max}$: 가장 촘촘한 상태에 있는 흙의 건조단위중량

γd : 자연상태에 있는 흙의 건조단위중량

③ $e_{\min}$, $e_{\max}$, $\gamma d_{\max}$ 을 결정하는 방법이 아직 표준화되어 있지 않다.

④ $e_{\max}$ 은 1cm 높이에서 흙입자를 떨어뜨리거나 물속에서 침전시켜 구한다.

⑤ $e_{\min}$ 은 흙을 용기에 넣어 압력과 진동을 동시에 가하거나, 흙입자가 흙표면에 충격을 가할 수 있는 충분한 높이에서 떨어뜨려 구한다.

⑥ 현장에서는 일반적으로 표준관입시험을 하며 그 결과로부터 상대밀도를 추정

5) 변형량

① 고성토구간, 연약지반

② Proof rolling, Benklemann beam

③ Additional rolling, Inspection rolling

2. 공법규정

   1) 다짐기종과 다짐횟수
   2) 다짐두께, 다짐폭과 속도

Ⅵ. 시험성과분석

1. Histogram

2. $\overline{X} - R$ 관리도

Ⅶ. 결 론

  상기와 같이 다짐관리를 하고, 특히 함수비 유지, 기종, 횟수 결정 및 포설두께 등을 정하여 작업표준을 결정하여야 합리적이고 경제적인 다짐 시공이 될 수 있다.

문제 2   성토시, 암성토와 토사성토시 구분해서 다짐하는 이유와 다짐방법과 유의사항에 대하여 쓰시오.

Ⅰ. 개 요

암과 토사의 각각 특징을 구분하면 다음과 같다.

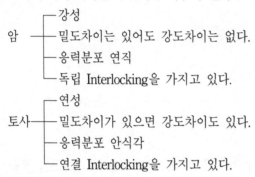

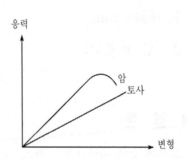

암 ── 강성
   ── 밀도차이는 있어도 강도차이는 없다.
   ── 응력분포 연직
   ── 독립 Interlocking을 가지고 있다.

토사 ── 연성
   ── 밀도차이가 있으면 강도차이도 있다.
   ── 응력분포 안식각
   ── 연결 Interlocking을 가지고 있다.

Ⅱ. 암성토와 토사성토를 구분하는 이유

1. 재 료

1) 암성토

① 암과 암 사이를 채워주는 돌 부스러기 확보
② 도로의 경우 최대 암버럭 입경 60cm 이하

2) 토사성토

① 입도 양호한 재료
② 균등계수(Cu) > 10
  1 < 곡률계수(Cg) < 3인 재료
③ Trafficability 확보 가능한 재료
④ 다져진 흙의 전단강도가 크고, 압축성이 적은 재료

2. 안정조건

1) 암성토

암과 암 사이의 Interlocking 확보, 안정상태 유지

2) 토사성토

  ① 최대건조밀도, 최적함수비 상태로 다짐

  ② 공극을 감소시키고, 투수성을 감소시켜 밀도증대

  ③ 지지력 증대시켜 전단강도 확보

  ④ 압축 침하와 같은 변형을 적게 한다.

Ⅲ. 다짐방법

1. 다짐공법

1) 암성토

  ① 기초지반처리 철저

  ② 기진력이 큰 장비로 다짐

  ③ 마무리층은 입상재료나 Soil cement 공극차단

  ④ 암버력은 외측, 기타 재료는 내측

2) 토사성토

  ① 기초지반처리 철저

  ② 벌개 제근

  ③ 지반이 습지인 경우 측구를 파서 건조

  ④ 용수의 자연배수가 어려울 경우 Filter층

  ⑤ 침하예상시 고성토 더돋기

  ⑥ 다짐시 함수량 O.M.C ±2% 목표

  ⑦ 운반차량 주행시 교대로 주행운반

  ⑧ 적정다짐 장비 선정(토질별)

2. 품질관리

1) 암성토

  ① 평탄재하시험

  ② 대형전단시험

  ③ 장비기종과 다짐횟수

  ④ Proof rolling

  ⑤ 19mm 이상의 조립재가 혼합되어 있을 때는 Walker-Holtz법, Humphres법으로 γ_d 보정

ⅰ) Walker-Holtz법

$$\gamma_d = \cfrac{1}{\cfrac{(1-P)}{\gamma_{d_1}} + \cfrac{(1+W_2\,Gs_2)P}{Gs_2\,\gamma_w}}$$

　　γ_d : 혼합 후 흙과 자갈의 혼합물의 건조단위중량

　　Gs_2 : 자갈입자의 비중

　　W_1 : 자갈의 함수비

　　γ_w : 물단위중량

　　P : 자갈의 혼합률　$P = Ws_2 \div (Ws_1 + Ws_2)$

　　γ_{d_1} : 흙의 건조단위중량

　　W_2 : 흙의 함수비

ⅱ) Humphres법

　　작도법에 의하여 수정하는 방법

2) 토사성토

① 건조밀도관리(토질변화가 없는 곳)

② 공극비, 포화도관리(모든 토질 적용)

③ 강도(Cone지수, CBR, K치)

④ 변형량(Proof rolllng : 고성토, 연약지반)

⑤ 상대밀도로 관리(사질토)

⑥ 다짐기종과 다짐횟수

Ⅳ. 결 론

상기한 바와 같이 암성토와 토사성토의 시공관리상 차이점은 재료, 다짐장비, 1층다짐두께, 안정조건, 다짐방법, 품질관리 등에 있다. 즉, 토사와 암이 섞여 있을 때는 다음과 같은 문제점이 발생한다.

1) 시공 곤란

2) 다짐 불충분

3) 지지력 상이, 다짐장비 능률저하

4) 성토 직후의 침하에 의한 변형

5) 강성이 틀리므로 교통하중에 의한 단차균열 발생

6) 비경제적인 다짐이 된다.

따라서 토사성토와 암성토를 구분해서 시공관리를 해야 한다.

문제 3 · 비탈면의 다짐방법과 다짐불량시 문제점 및 대책에 대하여 기술하시오.

I. 개 설

성토 비탈면의 세굴과 붕괴를 방지하자면 충분히 다져야 하는데 다지는 방법을 크게 두 가지로 구분할 수 있다.

1) 더돋움을 설치하는 형식
2) 더돋움을 설치하지 않는 형식

또한 다짐불량시 문제점은 다음과 같다.

1) 비탈면 Sliding 발생
2) 우수 침투로 인한 비탈면 연약화
3) 법면 유실의 원인

따라서 여기서는 다짐방법과 다짐불량시 문제점 및 대책에 대하여 기술하고자 한다.

II. 盛土 비탈면 다짐방법

1. 더돋움을 설치하는 형식

1) 성토 본체 완료 후 성토재료 점착력이 없어 30~50cm 더돋움 폭 설치, 램머, 탬퍼로 다지면서 쌓아 올린다.
2) 충분한 다짐을 위해 진동 Compactor, 소형진동 Roller를 사용

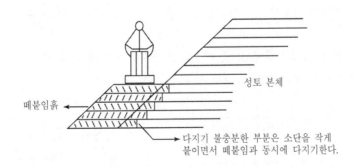

떼붙임홈

성토 본체

다지기 불충분한 부분은 소단을 작게
붙이면서 떼붙임과 동시에 다지기한다.

2. 더돋움을 설치하지 않는 형식

성토 재료가 점착력이 좋은 흙
1) 장비를 사용한 사면의 직접 다짐
    ① Bull dozer, 피견인식 타이어 Roller, 진동 Roller 등을 이용
    ② 비탈진 경사가 1:1.8보다 완만할수록 다짐시공이 용이

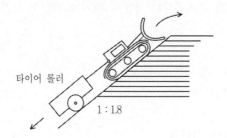

    ③ 높이가 낮을수록 1:1.5 경사에도 시공 가능
    ④ 진동 Roller 사용시는 Winch로 끌어올리면서 다지는 것이 좋고, 하향 작업시 비탈면의
       흙이 느슨해질 우려가 있으며, 이 방법은 급구배의 다짐에도 사용 가능

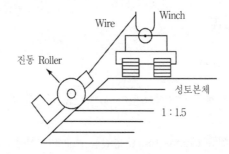

2) 확폭에 의한 방법
    ① 규정된 흙쌓기 폭보다 0.5~1m 정도 여분의 성토다짐을 한 다음 유압쇼벨로 절취하고
       다진다.
    ② 여분의 흙 절취시 Bull dozer를 사용하여 내려깎는 방법이 효과적
    ③ 확폭되는 만큼 용지비 드는 것이 단점

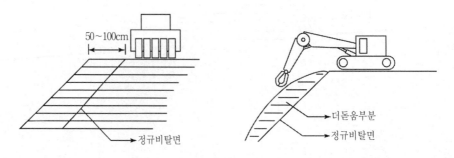

3) 비탈면 경사를 완만하게 하는 방법

　① 비탈면 경사를 규정보다 완만하게 포설 다짐한 후, 규정된 비탈진 경사로 절취 정형하는
　방법

　② 여분의 흙처리와 용지상의 문제점이 있다.

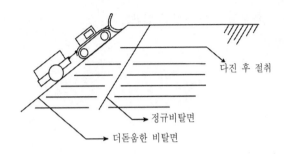

다진 후 절취

정규비탈면

더돋움한 비탈면

Ⅲ. 시공시 유의사항

1. 기초지반경사 1:4보다 급한 경우

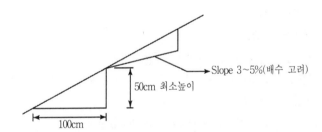

Slope 3~5%(배수 고려)

50cm 최소높이

100cm

1) 표토제거

2) Bench Cut

3) 계단식 굴착

4) 암인 경우 : 최소높이 40cm

2. 배수공법 조치

3. 절·성토 경계부 : 완화구간 설치, 맹암거 설치

4. 용수량이 많은 경우 : 맹암거 설치

5. 성토재료 : 입도 양호 $C_u > 10$, $1 < C_g < 3$

6. 적정 다짐장비 선정과 층다짐 실시

Ⅳ. 비탈면 다짐 불량

1. 문제점

1) 비탈면 Sliding 발생

2) 우수의 지표수 지하수로 인한 비탈면 연약화

3) 법면 유실의 원인

2. 대 책

1) 층다짐 철저

2) 배수처리(맹암거 유공관)

3) 마무리면 처리 ┬ 침식방지
　　　　　　　 ├ 풍화방지
　　　　　　　 └ 안정성 향상

4) 비탈면 보호 보강대책 실시

① 토압이 작용하지 않는 경우
　　┌ 식 생 공 : 식생, 식수, 파종공, 떼붙이기공
　　└ 구조물공 : 콘크리트 격자 블록공, 콘크리트 뿜어붙이기, 돌쌓기, 돌붙임

② 토압이 작용하는 경우
　　옹벽공, 보강토공, 말뚝공, Anchor공, Soilnailing공

③ 사면이 붕괴되었을 때 응급조치
　　지표수 배제공, 지하수 배제공, 지하수 차단공, 배토공, 압성토공 실시

Ⅴ. 결 론

비탈면 다짐은 현장조건, 성토재료 조건, 적정다짐 장비선정 등을 고려하여 다짐 후 비탈면의 Sliding, 붕괴, 세굴이 생기지 않도록 시공을 철저히 하며, 표면 마무리를 철저히 하기 위해 필요에 따라 비탈면 보호 보강공법을 적용하여 시공관리안전을 기울여야 하며, 비탈면 붕괴시 현장답사 후 즉시 응급대책을 수립하여 2차 재해방지를 해야 함을 유념해야 한다.

문제 4 성토재료로써 구비해야 할 흙의 성질을 도로 노상 및 제방제체로 구분하여 설명하시오.

Ⅰ. 개 설

도로 노상은 교통 하중을 지지할 수 있도록 지지력, 사면안정, 침하를 검토해야 하며 제방제체는 지수를 목적으로 투수성, 사면안정, 침하를 검토해야 한다.

특히, 도로 노상은 지지력이, 제방제체는 투수성이 중요하다. 따라서 각기 특성에 맞는 성토재료의 선정이 중요하며, 다짐시공시 다짐관리에 있어 도로 노상은 최적함수비 건조측에서, 제방제체는 습윤측에서 다지는 것이 유리하다.

여기서는 성토재료의 성질과 도로 노상 및 제방제체의 역할 및 주요 검토사항을 비교하여 구분하여 기술하고자 한다.

Ⅱ. 성토재료로써 구비해야 할 성질

1) 시공기계의 Trafficability가 확보될 것
2) 성토 비탈면의 안정에 필요한 전단강도 가질 것
3) 압축침하 적도록 압축성이 작을 것
4) 완성 후 큰 변형이 없도록 지지력이 클 것
5) 투수성이 낮을 것

따라서 도로 노상과 제방제체의 역할과 검토사항에 대해 비교하면 다음과 같다.

성토의 종류	주요 역할	시공시 유의점	주요 검토 사항		
			성 토 고	기초지반	성토재요
도로 노상	교통하중지지	1. 지지력 2. 사면안정 3. 침하	고성토, 연약지반의 성토	연약지반, 경사 불안정, 기초	고함수비의 점성토, 유기질토
제방제체	지 수 수 방	1. 투수성 2. 사면안정 3. 침하	고성토	연약지반, 투수성 지반	자갈질토, 유기질토

Ⅲ. 도로 노상

1. 목 적

교통하중 지지

2. 구비해야 할 흙의 성질

1) Trafficability 확보

2) 다짐이 잘될 것

3) 일정한 강도 특성을 가질 것

　　① 전단시험┬ 일축압축시험 ┐

　　　　　　　├ 삼축압축시험 ┼ 성토 안정

　　　　　　　└ 직접전단시험 ┘

　　② CBR : 지지력 평가 노반재료 적부

　　③ 동탄성 계수(Mr) : 포장두께 설계

4) 안정에 필요한 전단강도를 가질 것

5) 압축성이 작을 것

6) 지지력이 클 것

Ⅳ. 제방제체

1. 목 적

지수, 침투수 방지

2. 구비해야 할 흙의 성질

1) 투수성이 낮을 것

2) 전단강도를 가질 것

3) 압축성이 작을 것

4) 지지력이 클 것

Ⅴ. 다짐곡선에 의한 구분

A : OMC 습윤측 제방제체에 유리

B : OMC 건조측 도로 노상에 유리

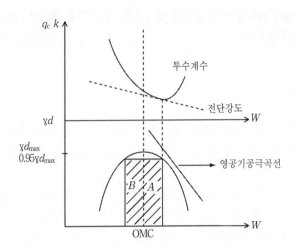

k : 투수계수 W : 함수비
γd : 건조밀도 γd_{max} : 최대건조밀도
OMC : 최적함수비 q_c : 전단강도

Ⅵ. 결 론

도로 노상은 지지력을, 제방제체는 투수성을 중점 검토 관리하여 구분하는 것이다.

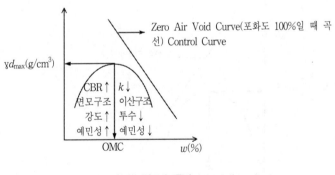

$\gamma d - w$ 곡선

문제 5 다짐에 영향을 주는 요인을 열거하고, 각 요인에 대하여 다짐효과를 높이는 대책을 열거하시오.

I. 개 설

다짐(Compaction)이란 흙에 인위적으로 압력을 가하여 공극을 감소시켜 함수비를 조절하여 밀도를 높이며, 흙을 장기적인 안정상태로 만드는 것이며 주로 흙 속의 공기를 배출하는 것이다.

다짐의 목적은 안정성 확보, 강도증대와 압축침하와 같은 변형감소 등이며, 다짐에 영향을 주는 요인은 함수비, 흙의 형태와 종류 및 다짐 Energy와 다짐 기계이다.

여기서는 각 요인별 특성과 다짐효과를 높이는 대책에 대하여 기술하고자 한다.

II. 각 요인별 다짐시 특성

1. 함수비에 따른 영향

1) 일정한 토질 및 다짐 일량에서 함수비에 따라 건조밀도가 달라진다.

2) OMC(최적함수비)의 의미

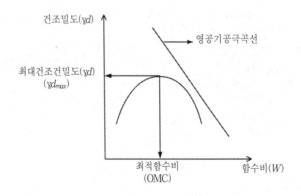

① 시험실에서 γd_{max} – OMC
　　→ 현장에서 안정된 흙 상태
② 포화도(85~98%), 공극비(1~10%)
　　→ 최적 영역

③ 상기 상태의 흙

 ⅰ) 최대건조밀도 얻어지고,

 ⅱ) 최대에 가까운 전단강도 차수성 얻어진다.

 ⅲ) 흡수팽창에 의한 변형 및 전단강도 저하에 저항하는 안정된 상태

3) 건조밀도가 커지면 투수계수는 감소하고 전단강도는 커진다.

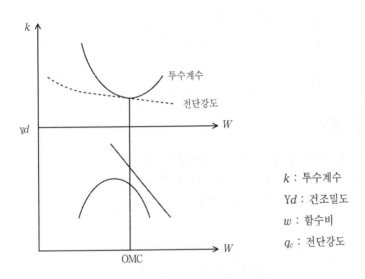

k : 투수계수
Yd : 건조밀도
w : 함수비
q_c : 전단강도

4) OMC 근처에서 다짐을 할 경우 건조수축(Shrinkage), 팽창(Swelling)이 줄어들어 흙이 안정상태

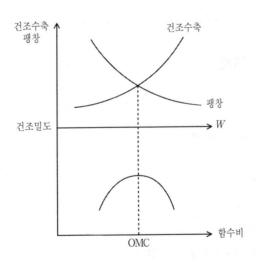

2. 흙의 형태와 종류에 따른 영향

  1) 최대건조밀도가 높으면 높을수록 OMC 작으며, 함수비 예민하게 변화
  2) 입도가 균일한 사질토인 경우 *표와 같이 최대건조밀도, 최적함수비 결정이 곤란하다.

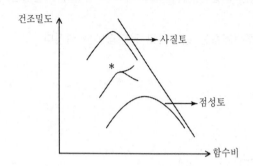

3. 다짐 일량에 따른 영향

  1) 다짐 에너지가 클수록 최대건조밀도 커지고, 최적함수비는 감소한다.
  2) 다짐기계 중량에 따라 최대건조밀도 더 이상 증가하지 않는다.
  3) 다짐기계 종류에 따라 최대건조밀도와 최적함수비가 달라진다.

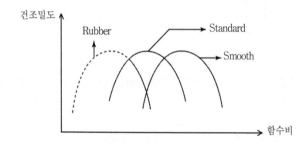

III. 다짐효과 높이는 대책

1. 함수비

  OMC 근처에서 다짐작업 실시

2. 흙의 형태와 종류

  1) 입도분포가 양호한 흙
  2) 균등계수, 곡률계수가 클 것
  3) 시공장비의 Trafficability 확보 가능할 것
  4) 다져진 흙의 압축성이 작고 전단강도 클 것

3. 다짐에너지와 다짐기계

1) 흙의 특성에 적합한 다짐기계 선정

① 사질토(진동) : Vibro roller, Vibro tire roller

② 점성토(전압) : Dozer, Tamping roller, Road roller

③ 좁은 장소(충격) : Rammer, Tamper

2) 현장다짐시험 실시

밀도 함수비 측정하여 적절장비 선정하고 다짐횟수, 산수량 결정한다.

3) 토질에 따른 Roller의 적합성

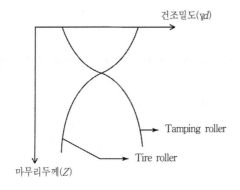

점성토에 대한 Roller 다짐특성

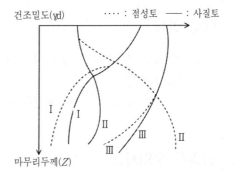

각종 Roller 다짐특성
Ⅰ: Tire roller
Ⅱ: Tamping roller
Ⅲ: 진동 Roller

Ⅳ. 결 론

최적함수비에 접근하여 다짐하고, 토질에 맞는 장비선정이 중요하고 시험성토를 통해 포설두께, 장비다짐횟수를 정하여 경제적인 시공이 되어야 한다.

문제 6   암버럭을 사용하여 성토시공시 시공상의 유의사항에 대하여 쓰시오.

Ⅰ. 개 설

암은 강성이며, 밀도차이는 있어도 강도차이는 없으며, 응력 분포는 연직이며 독립 Interlocking을 가지고 있다. 또한 성토폭도 다르다.

여기서는 암버럭 성토공사에 있어서 다짐 이유와 시공시 유의사항과 암의 다짐도 측정 및 관리에 대하여 기술하고자 한다.

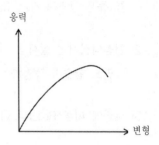

Ⅱ. 다짐 이유

　1) 중량이 크고 기진력이 큰 대형 다짐장비의 다짐에 의해 암을 세립화하여 암의 공극을 메우고 압축침하 방지

　2) 암버럭 간의 Interlocking을 확실히 하여 압축 변형 방지

Ⅲ. 시공시 유의사항

1. 상부노체 완성 아래 50cm 이내에서는 직경 15cm 이상의 암버럭 사용을 금한다.

2. 다짐방법

　1) 중량이 크고 기진력이 큰 진동 다짐장비

　2) 25t Tire Roller, 4t급 피견인식 진동 Roller

3. 1층 다짐두께

　1) 최대규격 60cm 이하

　2) 암버럭 최대입경 1~1.5배 목표로 시험시공 후 결정

　3) 층의 두께 가능한 얇게 시공

4. 다 짐

　1) 기초지반처리 철저

　2) 마무리층은 입상재료나 Soil Cement 공극 차단

3) 뜬버럭은 외측에 기타 재료 중앙부에 포설

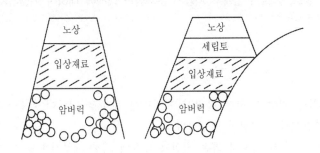

입상재료 조건 $\dfrac{M_{15}}{F_{85}} > 5$ $\dfrac{M_{15}}{F_{15}} > 5$

세립토 조건 $\dfrac{R_{15}}{F_{85}} > 5$

    M_{15} : 중간입도 조절층 재료의 15% 통과 입경
    F_{85} : 세립재의 85% 통과 입경
    F_{15} : 세립재의 15% 통과 입경
    R_{15} : 암버럭 재료의 15% 통과 입경

5. 세립토가 삼출된 경우 암버럭 조립재와 혼합 사용

세립재와 조립재는 현장 반입하여 분리되지 않도록 해서 균등다짐 포설

Ⅳ. 암버럭의 다짐관리 및 다짐도 측정

1) 건조밀도에 의한 다짐도 관리 곤란

2) 평판재하시험
    ① 대형전단시험(Task meter)
    ② 장비기종과 다짐횟수

Ⅴ. 결 론

암성토 공사시 재료, 다짐장비, 1층 다짐두께, 안정조건, 품질관리 등에 중점관리를 하여야 하며, 토사 성토와는 달리 암성토 직후의 압축침하에 의한 변형방지, 다짐장비, 능률저하에 다짐 불충분 방지, 암과 암 사이의 돌 부스러기 확보 등의 시공관리가 철저히 이루어져야 한다고 제시한다.

문제 7   성토, 절토의 접속부 시공시 문제점과 대책에 대하여 기술하시오.

I. 개 설

절·성토의 종·횡단 접속부 시공 불량시 지지력의 차이로 인하여 부등침하 단차 발생하여 포장체를 파손, 교통장애의 문제점이 발생한다.

여기서는 종·횡단 접속부 시공시 파손 원인과 대책에 대한 세부사항을 기술하고자 한다.

II. 파손원인

1) 절·성토부 지지력 차이로 인한 불연속 발생
2) 절·성토부 경계면에 용수, 침투수에 의한 지반 연약화
3) 다짐 불충분
4) 원지반과 성토지반의 접착 불충분

III. 대 책

1. 종단 방향의 절·성토 접속부 시공

절토 노상 성토로상의 지지력 차이에 의한 불연속 발생

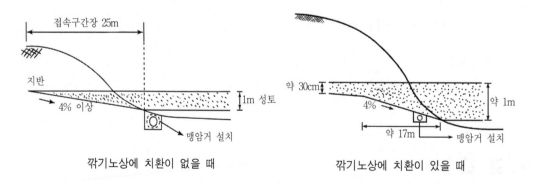

깎기노상에 치환이 없을 때   깎기노상에 치환이 있을 때

1) 25m 정도의 완화구간을 설치(4% 구배)

  (완화구간 길수록 유리)

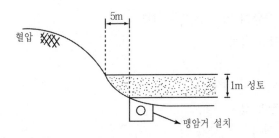

본바닥이 암석이어서 접속구간을 길게 하는 것이 비경제적일 경우

2) 절토 구간이 암인 경우 굴착에 의한 공사비를 고려하여 5m 정도 완화구간 설치

성토구간과 절토구간의 경계면에 용수나 침투수 등이 모여 성토체 연약화시키고, 침하 발생

① 접속부 절토면에 맹암거 설치

② 시공중 용수가 없더라도 발생 가능한 곳에 맹암거 설치

③ 용수량 적은 경우 : 깬 자갈

  용수량 많은 경우 : 유공관 설치

3) 경계부 다짐 충분하지 않아

  압축 압밀침하 발생(부등침하)

① 적정장비 선정

② 다짐관리 철저

2. 횡단방향의 절·성토 경계부의 시공

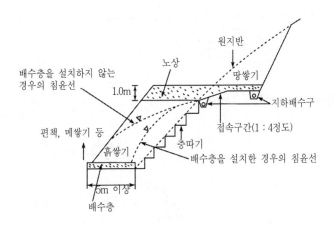

1) 접속부의 지지력 차이에 의한 불연속 발생

완화구간을 1:4 구배로 설치

2) 용수 침투수 유입에 의한 연약화 침하

　절토부에 맹암거 설치

3) 다짐 불량으로 침하 발생

　① 적정다짐장비 선정

　② 다짐관리 철저

4) 원지반과 성토의 접착 불충분으로 미끄러지거나 층의 높이차 발생

　① 원지반 층따기 실시

　② 층따기 표준

　　ⅰ) 원지반 토사인 경우 : 높이 50cm, 최소폭 100cm, 구배 3~5%

　　ⅱ) 암인 경우 : 최소높이 40cm(암표면에 수직으로)

　③ 층따기시 배수 고려 3~5% 구배

　　횡단 경사를 둔다.

5) 용수가 많은 편절, 편성 구간에 성토부 하단에 배수층 설치

6) 강우시 시공상의 가배수로 설치

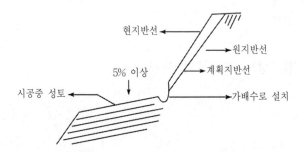

7) 절토부뿐만 아니라 성토부에도 Dozer 두어 다짐

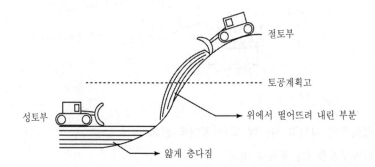

Ⅳ. 결 론

1) 종·횡단 경계부 단차발생 방지 위한 시공관리 ┬ 완화구간
　　　　　　　　　　　　　　　　　　　　　├ 층따기
　　　　　　　　　　　　　　　　　　　　　└ 가배수 측구

2) 다짐시공 능률향상, 다짐관리 철저, 포장체 파손방지

문제 8 — 흙의 대표적인 토성별다짐공법 및 시공시 유의사항에 대하여 논하시오.

Ⅰ. 개 설

성토용 재료로 쓰이는 흙에는 입자가 아주 미세한 점토에서부터 아주 굵은 사석층에 이르기까지 매우 다양하며, 그 토질에 따라 다짐 특성이 다르다.

따라서 토질별 적절한 다짐효과를 올릴 수 있는 다짐공법 및 장비의 선정은 매우 중요하며, 이들은 다짐 에너지의 전달방법에 따라 분류된다. 또한 다짐의 효과는 안정성 확보, 강도증대, 압축변형과 같은 침하방지에 있다.

Ⅱ. 토성별 다짐공법의 종류

1) 점성토 : 전압다짐공법
2) 사질토 : 진동다짐공법
3) 암 : 진동다짐공법

이들의 세부사항에 대하여 기술하고자 한다.

Ⅲ. 토질별 다짐

1. 점성토

1) 전압다짐공법이 효과적
2) 입자가 작고 투수성이 작으며 공극이 커서 침하량 크고, 침하시간이 길다.
3) 압밀촉진시켜 내부마찰각과 점착력 증대
4) 적용방법
   ① 예민비 높은 점성토 : Bull dozer
   ② 함수비 큰 점성토 : Tamping roller
   ③ 일반적인 점성토 : Road roller

2. 사질토

1) 진동다짐공법이 효과적

2) 입자 크고, 투수성이 크며 공극이 작아 진동을 주어 입자 이동하여 공극을 채워 밀도 증대
3) 내부마찰각과 전단강도 증대
4) 적용방법
　① 진동 Roller
　② 진동 Compactor
　③ 진동 Tire roller

3. 암

1) 중량이 무겁고 기진력이 큰 진동 다짐
2) 암과 암 사이의 Interlocking 확보
3) 적용방법
　① 진동 Roller
　② 진동 Compactor
　③ 진동 Tire roller

4. 토질별 다짐공법의 적용성

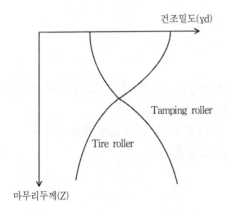

점성토에서 Tamping roller와 Tire roller 의 다짐 특성

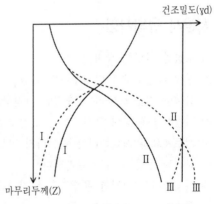

각종 Roller의 다짐 특성
　Ⅰ : Tire roller
　Ⅱ : Tamping roller
　Ⅲ : 진동 Roller

5. 토질에 따른 롤러 기종의 선정

토질＼롤러 종류	매캐덤	타이어	탠 덤	진 동	콤팩터	램 머	불도저
GW	O	O		O	O	O	O
GP		O	O	O	O	O	O
GM	O	O		O	O	O	O
GC	O	O	O	O	O	O	O
SW	O	O		O	O	O	O
SP	O	O		O	O	O	O
SM	O	O		O	O	O	O
SC	O	O	O	O	O	O	O
ML		O	O				
CL		O	O				
OL		O	O				
MH		O	O				
CH		O	O				
OH		O	O				

(주) O : 적합

IV. 시공시 유의사항

1) 토질별 적정한 장비 선정
2) 전체 다짐불량과 다짐장비의 능률을 대비하여 소정의 공기를 맞출 수 있는 대수 결정
3) 함수비 기준에 따라 효율적인 다짐작업이 되도록 한다(OMC±2%).
4) 다짐시행에 의해 포설두께를 결정하고, 균등한 다짐이 될 수 있도록 평탄성 유지
5) 성토재료의 재료분리가 일어나지 않도록 Grading한다.
6) 분리된 굵은 입자는 골라낸다.
7) 다짐장비의 적절한 운행속도를 지킨다.
   ① Sheep's foot roller 5km/hr
   ② Macadam tandem 2~2.5km/hr
   ③ 진동 Roller 1km/hr
8) 균등한 다짐이 될 수 있도록 장비통과 횟수와 Pattern을 미리 정함.
9) 새로운 흙을 포설하기 전에 층간 분리가 일어나지 않도록 Scarifying한다.
10) 대형장비의 진입이 곤란한 부분은 소형장비로 사용하되 소정의 다짐도를 얻기 위해 층두께 포설
11) 작업이 중단될 경우는 성토재료가 습윤 또는 건조되지 않도록 천막 등으로 덮어 보호한다.

12) 구조물 뒤채움 등의 작업에서는 다짐장비에 의해 구조물에 손상이 가지 않도록 사전조치

13) 진동다짐은 무진동 → 반진동 → Full진동 순으로 표면이 교란되지 않도록 한다.

14) 과도한 다짐으로 표면의 굵은 입자가 깨지지 않도록 하며, 초기에는 Vibrating roller에 의한 다짐으로 나중에는 Tire roller에 의한 다짐이 좋다.

V. 결 론

성토작업은 성토재료의 함수비 관리가 중요하며, 적절한 다짐장비의 선정 및 조합이 작업능률을 좌우한다.

따라서 적절한 다짐공법을 사전에 계획하고 추후 다짐불량으로 인한 지반의 침하와 같은 현상이 일어나지 않도록 합리적이며, 효율적인 다짐관리가 되어야 할 것이다.

문제 9 구조물과 토공 접속부의 문제점과 원인, 대책에 대하여 기술하시오.

1. 문제점

① 부등침하 발생. 균열, 단차
② 승차감 떨어짐, 교통사고의 원인
③ 침하로 인하여 물이 고이게 되어 지반이 연약화
④ 포장파손 가중

2. 원인(부등침하)

1) 재 료

불량한 뒤채움 재료 사용

2) 배 수

① 배수처리 불량
② 지표수 유입
③ 지하수 상승

3) 시공상의 원인

① 불량한 연약지반 위에 시공
② 연약지반 처리불량
③ 성토 기초지반이 경사져 있을 때 성토 Sliding
④ 다짐불량
⑤ 구조물의 변형 → 토압

4) 지지력

구조물 주변 지반과의 지지력 상이

3. 대 책

1) 뒤채움 재료

① 양질의 재료사용, 불량토 사용금지 : Bentonite, 온천토, 유기질토, 불순추출압토(빙설, 동토)
② 입도가 양호한 것 사용

③ 최대크기 100mm 이하

④ No.4번체 통과량 25~100%

⑤ No.200번체 통과량이 0~25%

⑥ 소성지수 PI < 10%

2) 기초지반 처리

① 벌개 제근 실시

② 연약지반 처리하여 잔류침하가 허용치 이내

$$\Delta S = (1-u)\, Sc < \text{허용침하량}$$

3) 배수처리 실시

① Filter층 설치

② 지하수 상승차단

③ 지표수 처리시설

4) 설계상 대책

① 포장체 강성 증대

② Approach slab 설치

5) 시공상 대책

① 대형장비 시공 가능토록 뒤채움 면적 확보

② 불량토사 사용 금지

③ 대형장비 시공 불능지역 적합한 방법으로 소형 다짐기계, 물다짐 실시

→ 얇은 층으로

④ 암거 등에는 양쪽의 층높이 같게 성토다짐 편토압 작용방지

⑤ 적정 시공속도(다짐) 유지 → 구조물 변형, 이동

⑥ 뒤채움부는 여성을 하여 침하 조기완료

6) 품질관리 실시

① 뒤채움 재료, 입도시험 및 기타 적정선 확인

② 실내시험 $\gamma d_{max} - OMC$

③ 적정다짐장비 선정 시공

④ 매층마다 층다짐 실시

⑤ 최종 성토부와 절토부의 지지력 확인 : 평판재하시험

⑥ 뒤채움 재료와 주위 재료의 동일성 여부 확인

⑦ 굴착법면 Bench cut

문제 10　도로구조물과 토공 사이에 일어나는 부등침하의 원인과 방지대책에 대하여 기술하시오.

Ⅰ. 개 설

교대 암거 등의 구조물과 토공 사이 접속부분에는 시공불량으로 인해 포장파손 및 평탄성 손실로 교통사고의 원인과 부등침하 발생으로 인한 단차 균열문제와 지반의 연약화를 초래한다.

따라서 부등침하는 구조적 문제뿐만 아니라 교통사고의 원인과 노반의 연약화 요인이 되므로 시공관리에 유의하여야 한다.

여기서는 부등침하의 원인과 방지대책에 대하여 기술하고자 한다.

Ⅱ. 부등침하의 원인

1. 재 료

　1) 불량한 뒤채움 재료
　2) Bentonite, 유기질토, 불순물 혼합토 사용

2. 배 수

　1) 배수처리 불량
　2) 지표수 침투
　3) 지하수 용출

3. 시공상의 원인

　1) 불량한 연약지반 위에서 시공
　2) 연약지반 처리 불량
　3) 성토지반이 경사져 있을 때 성토의 Sliding
　4) 다짐불량
　5) 구조물의 변형

4. 구조물과 주위 지반의 지지력 상이

Ⅲ. 방지대책

1. 재　료(뒤채움 재료)

1) 입도 양호한 것 사용
2) 최대입경 크기 100mm 이하
3) No. 4번체 통과량 : 25~100%
4) No. 200번체 통과량 : 0~25%
5) 소성지수 PI < 10%

2. 배수시설 실시

1) Filter층 설치
2) 지표수 처리 시설
3) 지하수 차단층

3. 기초처리 철저

1) 벌개 제근 실시
2) 잔류 침하가 허용치 이내

4. 설계상 대책

1) 포장체의 강성을 높인다 : 무근, 연속철근콘크리트
2) Approach slab 보강 : 철근콘크리트

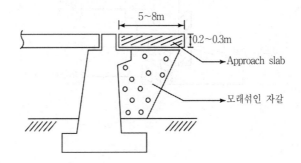

5. 시공상 대책

1) 대형장비 시공 가능토록 부지 확보
2) 굴착한 불량토 뒤채움 금지

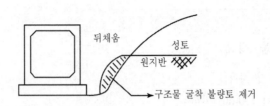

3) 대형장비시공 불능지역 : 소형 다짐기계(Rammer, Soil compactor), 물다짐 실시
4) 암거 등에는 양쪽의 층높이 같게 성토 다짐

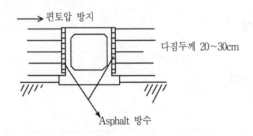

5) 적절한 시공속도 유지 : 구조물 변형 이동방지
6) 뒤채움부 여성하여 조기 침하 완료
7) 뒤채움 재료를 아스팔트 시멘트로 안정처리하여 지지력을 높인다.
8) 뒤채움부의 배수시설 설치

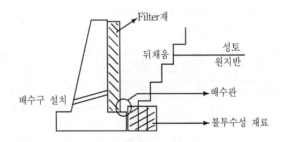

Ⅳ. 품질관리

1) 뒤채움 재료의 입도시험 실시 → 적정 여부 판정
　　 $C_u > 10, 1 < C_g < 3$
2) 다짐 시험 γd_{max}–OMC
3) 매층마다 함수비와 현장밀도시험 실시 → 다짐도

4) 평판재하시험 → 부등침하량 산정

5) 절토부와 성토부 평판재하시험 → 지지력 확인

6) 뒤채움 재료와 주위 재료의 동일성 여부 확인

7) 성토완료 후 Proof rolling 실시

V. 결 론

부등침하의 요인을 방지하기 위해서는 다음과 같이 관리를 해야 한다.

    ┌철저한 재료관리 → 품질관리

    ├철저한 다짐관리 → 시방규정

    └철저한 배수시설 → 배수처리

또한 적극적인 방법으로는 뒤채움부 약액 주입, 빈배합 콘크리트타설, 경량골재 뒤채움 등의 방법도 있다.

문제 11 통일분류법

I. 흙의 통일 분류법

주요 구분			분류기호	대표명	분류방법	비고
조립토 No.200체 통과분 50% 이하	자갈 No.4체 통과분 50% 이하	깨끗한 자갈	GW	입도분포 양호한 자갈, 자갈·모래 혼합토	입도곡선으로 모래와 자갈의 함유율 및 입도분포 및 세립분(No.200체 이하)의 백분율에 따라 다음과 같이 나눈다. 5% 이하 CW, GP, SW, SP 12% 이상 GM, GC, SM, SC 5%~12% 경계선에서는 부기호	$Cu = \dfrac{D_{60}}{D_{10}} : 4$ 이상, $Cg = \dfrac{(D_{30})^2}{D_{10} \times D_{60}} : 1 \sim 3$
			GP	입도분포 불량한 자갈 또는 자갈모래 혼합토		GW 분류기준에 맞지 않는다.
		세립분을 함유한 자갈	GM	실트질 자갈, 자갈·모래·점토 혼합토		소성도에서 A선 아래한 부분으로 분류한다.
			GC	점토질 자갈, 자갈, 모래, 점토 혼합토		소성도에서 A선 위 호로 분류한다.
	모래 No.4체 통과분 50% 이상	깨끗한 모래	SW	입도분포 양호한 모래 또는 자갈 섞인 모래		$Cu = \dfrac{D_{60}}{D_{10}} : 6$ 이상, $Cg = \dfrac{(D_{30})^2}{D_{10} \times D_{60}} : 1 \sim 3$
			SP	입도분포 불량한 모래 또는 자갈 섞인 모래		SW 분류기준에 맞지 않는다.
		세립분을 함유한 모래	SM	실트질 모래, 실트 섞인 모래		소성도에서 A선 아래 또는 PI<4 소성도에서 A선 위 한 부분에서는 부기호 PI>7
			SC	점토질 모래, 점토 섞인 모래		
세립토 No.200체 통과분 50% 이상	실트 및 점토 LL<50		ML	무기질 점토, 극세사, 암분, 실트 및 점토질 세사		
			CL	저·중소성의 무기질 점토, 자갈 섞인 점토, 모래 섞인 점토, 실트 섞인 점토, 점성이 낮은 점토		
			OL	저소성 유기질 점토, 유기질 실트		
	실트 및 점토 LL>50		MH	무기질 실트, 운모질 또는 규조질 실트 세사 또는 실트, 탄성이 있는 실트		
			CH	고소성 무기질 점토, 점성 많은 점토		
			OH	중 또는 고소성 유기질 점토		
유기질토			Pt	이탄토 등 기타 고유기질토		

소성도

PI = 0.73(LL − 20)

CL	ML	CL	CH
ML, CL			MH OH

PI 축: 0, 4, 7, 10, 20, 30
LL 축: 0, 10, 20, 30, 40, 50, 60, 70, 80, 90, 100%
A선

II. 통일분류법(USCS)에 의한 흙의 성질

주요구분 (1)(2)	분류기호 (3)	CBR값 (4)	색 (5)	명 칭 (6)	성토용토로서의 가치 (7)	투수계수 k(cm/sec) (8)	다지기 특성 (9)	건조밀도 γd(t/m³) (10)	기초지반으로서의 가치 (11)	투수성 또는 조정인 필요 또는 불필요 (12)
자갈 및 자갈질 흙 (조립토)	GW	60~80		입도분포가 좋은 자갈 또는 모래섞인 자갈, 세립분은 적고 또는 없음.	대단히 안정, 제방 및 댐 표면에 이용	>10⁻²	좋다, 트랙터, 고무타이어가 좋다, 강	2.0~2.16	지지력 좋다.	지수벽(止水壁)
	GP	25~60		입도분포가 나쁜 자갈 또는 자갈·모래섞인 흙, 세립분은 적고 또는 없음.	안정, 제방 및 댐 투수체	>10⁻²	좋다, 트랙터, 고무타이어 강판롤러(鋼輪)	1.84~2.00	지지력 좋다.	지수벽(止水壁)
	GM	40~80		실트질의 자갈, 자갈·모래·실트섞인 흙	안정, 특수체부에 특히 적합, 불투수성 심벽(블랭킷(바닥깔기))으로 이용	10⁻³~10⁻⁶	좋다, 철저히 할 것, 고무타이어, 시프스푸트롤러	1.92~2.16	지지력 좋다.	상류측 블랭킷(바닥깔기)과 사면도랑 배수 또는 우물
	GC	20~40		점토질의 자갈, 입도분포가 나쁜 자갈·모래·점토섞인 흙	다소 안정, 불투수성 심벽으로 이용	10⁻⁶~10⁻⁸	좋다, 고무타이어, 시프스푸트롤러	1.84~2.08	지지력 좋다.	상류측 블랭킷(바닥깔기)과 사면도랑 배수 또는 우물
모래 및 모래질 흙	SW	20~40		입도분포가 좋은 모래 또는 자갈섞인 모래, 세립분은 적고 또는 없음.	대단히 안정, 투수체로서 이용	>10⁻³	좋다, 트랙터	1.76~2.08	지지력 좋다.	지수벽(止水壁)
	SP	10~25		입도분포가 나쁜 모래 또는 자갈섞인 모래, 세립분은 적고 또는 없음.	다소 안정, 완경사면의 제방 단면에 이용할 수 있다.	>10⁻³	좋다, 트랙터	1.60~1.92	지지력은 밀도에 의하여 좋다 또는 나쁘다.	사면과 지수벽 도랑, 배수 또는 우물
	SM	20~40		실트질 모래, 입도분포가 나쁜 모래·실트섞인 흙	어느 정도 안정, 댐 상류사면의 제방 또는 보호가 필요한 성심벽 또는 심벽에 이용	10⁻⁵~10⁻²	좋다, 철저할 것, 고무타이어, 시프스푸트롤러	1.76~2.00	지지력은 밀도에 의하여 좋다 또는 나쁘다.	상류측 블랭깃(바닥깔기)과 사면도랑, 배수 또는 우물
	SC	10~20		점토질 모래, 입도분포가 나쁜 모래·점토섞인 흙	어느 정도 안정, 특수체부에 제방 또는 심벽의 불투수성 재료로 이용	10⁻⁶~10⁻⁸	좋다, 시공관리를 할 것, 고무타이어, 시프스푸트롤러	1.68~2.00	지지력 중도, 밀도에 의하여 좋다, 또는 나쁘다.	지지력 중도, 밀도에 의하여 배수 또는 우물

※ 물리표시는 다음과 같은 걸은 약자로 표시된 것이다.
G=자갈(Gravel), S=모래(Sand), M=실트(Silt), C=진흙(Clay), O=유기질(Organic), Pt=토탄(Peat), W=입도분포가 좋은 것(Well graded), P=입도분포가 나쁜 것(Poorly graded), L=저압축성(Low compressibility), H=고압축성(High compressibility), USCS=Unified Soil Classification System

	주요 분류 기호 (1)(2)(3)	CBR (4)	색 (5)	명칭 (6)	성토용 흙로서의 가치 (7)	투수계수 k(cm/sec) (8)	다지기 특성 (9)	건조밀도 γd(t/m³) (10)	기초지반으로서의 가치 (11)	투수성 조정의 필요 또는 불필요 (12)
세립토 및 점토 LL < 50%	ML	5~15		무기질 실트, 암석분 및 약소성인 미세한 실트	불안정·저밀도 성토용흙로서 이용 가능	10^{-3} ~ 10^{-6}	좋음 혹은 나쁨, 시공관리가 중요하다. 고무타이어, 시프스푸트 롤러	1.52~1.92	극히 불량, 유빙성 우려가 있다.	사면 볼 도랑내기 또는 불필요
	CL	5~15		소성이 보통 이하의 무기질 점토, 자갈이 섞인 점토, 사질 점토, 실트질 점토, 점성이 작은 점토	안정성이 있다. 불투수성 심 또는 블랭킷(마단깔기)에 적합	10^{-6} ~ 10^{-8}	가(可) 또는 좋음, 시프스푸트 고무타이어	1.52~1.92	지지력은 좋음 또는 나쁨	불필요
	OL	4~8		소성이 낮은 유기질 실트 및 유기질 실트질 점토	성토용흙로서 부적함	10^{-4} ~ 10^{-6}	불가 또는 불가, 시프스푸트 롤러	1.28~1.60	지지력은 가 또는 불량	불필요
LL > 50%	MH	4~8		무기질 실트, 운모질 또는 규소질 세사, 탄성이 큰 실트	불안정, 댐의 심벽에는 이용할 수 있으나 경사면 둑에 부적당	10^{-4} ~ 10^{-6}	불가 또는 불가, 시프스푸트 롤러	1.12~1.52	지지력은 가 또는 불량	불필요
	CH	3~5		소성이 큰 무기질 점토, 점성이 많은 점토	환경사면에는 다소 안정·불안정, 얇은 심벽, 블랭킷(마단깔기) 또는 제방용흙로 이용	10^{-6} ~ 10^{-8}	가 또는 불가, 시프스푸트 롤러	1.20~1.68	지지력은 가 또는 불량	불필요
	OH	3~5		소성이 보통 이상인 유기질 점토, 중유기성 유기질 실트	성토용흙로는 부적당	10^{-6} ~ 10^{-8}	불가 또는 불가, 시프스푸트 롤러	1.04~1.60	지지력은 극히 불량	불필요
고유기질 점성토	Pt	3~5	유기질 또는 기타 극히 유기질	토탄 및 기타 극히 유기질의 흙	구축용토에는 쓰지 않는다.				기초지반에서 제거하여 사용하지 않는다.	다지기에 쓰이는 것은 용적이 아니다.

(주 1) (8) 및 (10)란의 값은 표준치에 지나지 않는다. 설계는 실험결과를 참작
(주 2) (9)란에서는 함수조건과 성토 두께를 적당히 하면 선택한 기계를 작업으로 통과시킬 때 소요 밀도를 얻을 수 있다.
(주 3) (10)란의 건조밀도는 최적 함수량에 있어서 표준 Proctor법에 의한 다지기 에너지로 다짐을 배의 값이다.

문제 12 실험실에서 흙을 통일분류법으로 분류할 때 SW 및 MH로 분류되는 흙이 어떤 과정으로 분류되는지 설명하고, 또한 이러한 흙은 어떤 공학적인 특성을 지니는지 설명하시오.

1. 통일분류법

A. Casagrande가 흙의 입도와 Consistency 한계에 의하여 흙을 공학적으로 분류
① #200체 통과율로 조립토, 세립토 분류
② 조립토는 #4체 통과율로 Gravel과 Sand 구분
③ 세립토는 소성도에 의하여 Silt, Clay 구분
④ 총 15개 흙으로 분류

1) 통일분류에 사용되는 기호와 뜻

구 분	제1문자	의 미	구 분	제2문자	의 미
조 립 토	G S	자갈(Gravel) 모래(Sand)	조 립 토	W P M C	세립분이 거의 없고 입도양호 세립분이 거의 없고 입도불량 실트질(A선 아래) 점토질(A선 위)
세 립 토	M C O	실트(Silt) 점토(Clay) 유기질 점토(Organic Clay)	세 립 토	L H	압축성 낮음 LL≤50% 압축성 높음 LL≥50%
유기질토	Pt	이탄(Peat)			

2) 소성도

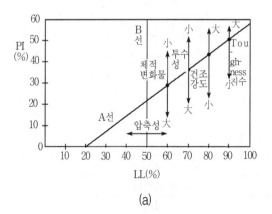

(a)

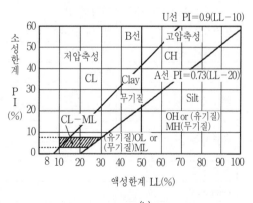

(b)

2. SW와 MH의 분류 과정

1) SW의 분류 과정

① #200체 통과량이 50% 이하 통과

② #4체 50% 이상 통과

③ #200체 통과량 5% 이하

④ 입도곡선을 조사

⑤ 입도분포 양호

2) MH의 분류 과정

① #200체 통과량이 50% 이상

② #40체 통과시료와 LL과 PL을 구한다.

③ 액성한계가 50% 이상($LL \geq 50\%$)

④ 소성도에서 A선 아래 위치

⑤ 무기질토이다.

3. 공학적 특성

특 성	SW	MH
대표적인 명칭	입도가 좋은 모래, 자갈섞인 모래	무기질 Silt, 실트질 흙, 탄성이 큰 Silt
성토용 흙으로의 가치	투수체부에 이용되지만 사면보호 필요	안정성 나쁨, Dam의 Core로 이용
다짐특성	양호	불가 내지 극히 불가
기초지반으로서의 가치	지지력 양호	지지력 불량
동결작용 가능성	無 내지 극히 작음.	보통 내지 지극히 큼.
압축성과 팽창성	거의 없다.	크다.
배수성	우수	가능 내지 불가
균등계수	$C_u = \dfrac{D_{60}}{D_{10}}$ $C_u > 6$ 양호	
곡률계수	$C_g = \dfrac{D_{30}^2}{D_{10} \cdot D_{60}}$ $C_g = 1 \sim 3$ 양호	
건조강도		중~소 정도
Dilatancy		느리게 나타남.
Toughness 지수		중~소 정도
투수성	양호	불량

문제 13 흙쌓기공의 품질관리 요령을 기술하시오.

I. 서 론

흙쌓기 공의 다짐은 토공 위치별 재료원 선정에 따라 품질 및 다짐기준이 있다. 따라서 토공에 있어 중요한 품질관리 요령사항은 다음과 같다.

노체 ┌ 토사일 때
　　 └ 암버럭일 때

노상 ┌ 상부 노상($t = 40$cm)
　　 └ 하부 노상($t = 60$cm)

구조물 뒤채움 재료 등으로 구분되어 품질관리에 대한 다짐기준이 각기 있다. 따라서 흙쌓기 공의 품질관리 요령에 대한 세부사항을 기술하고자 한다.

II. 성토 부위별 품질관리 기준

1. 노 체

1) 토 사

구　　　　분	기　　　　준	비　　　　고
재료 최대 치수	300m/m 이하	
수침 CBR	2.5% 이상	
1층 시공두께	30cm 이하	다짐 후 두께
실내다짐시험방법	A, B, C, D, E 방법	KS F2312 참조
다짐기준밀도	최대건조밀도의 90% 이상	

2) 암버럭

구　　　　분	기　　　　준	비　　　　고
재료 최대 치수	60cm 이하	암버럭 최종 성토층 상부에
성토 부위	노체완성면 아래 50cm 하부	입도조절 또는 소일시멘트
1층 시공두께	60cm 이하	중간층을 두어야 한다.
다짐기준	시험시공에 의하여 결정	
다짐장비	1층 시공두께를 고려하여 대형장비 사용	

2. 노 상

1) 상부 노상(t = 40cm)

구 분	기 준	비 고
재료 최대 치수	100m/m 이하	
No.4체 통과분	25~100%	
No.200체 통과분	0~25%	
소성지수	10 이하	
수침 CBR	10% 이상	
1층 시공두께	20cm 이하	다짐 후 두께
실내다짐시험방법	A, B, C, D, E 방법	KS F 2312 참조
다짐 기준 밀도	최대건조밀도의 95% 이상	

2) 하부 노상(t = 60cm)

구 분	기 준	비 고
재료 최대 치수	150m/m 이하	
No.4체 통과분중	50% 이하	
No.200체 통과분		
소성지수	30 이하	
수침 CBR	5% 이상	
1층 시공두께	20cm 이하	다짐 후 두께
실내다짐시험방법	A, B, C, D, E 방법	KS F 2312 참조
다짐 기준 밀도	최대건조밀도의 90% 이상	

3. 일반 구조물의 뒤채움 재료

구 분	기 준		비 고
	A 재 료	B 재 료	
재료 최대 치수	50m/m 이하	100m/m 이하	
No. 4체 통과분	25~100%	─	
No. 200체 통과분	0~15%	0~30%	
소성지수	10 이하	20 이하	
수침 CBR	10% 이상	5% 이상	
1층 시공두께	20cm 이하	20cm 이하	
실내다짐시험방법	A, D 방법	A, D 방법	다짐 후 두께
다짐 기준 밀도	최대건조밀도의 95% 이상	최대건조밀도의 95% 이상	KS F 2312 참조

※ 고속도로 공사에서 뒤채움부위의 침하에 의한 하자발생을 최소화하기 위하여, 보조기층재료를 이용하여 뒤채움을 시공하는 경우가 많은데, 이러한 경우에는 보조기층 품질관리기준에 따른다.

문제 14 댐의 차수벽 재료로 사용하는 통일분류법상의 SC, CL의 차이점을 설명하시오.

Ⅰ. 서 론

댐의 차수벽 재료로 사용되는 SC, CL에 대한 공학적 특성 차이와 토질조건 차이로 구분하여 기술하고자 한다.

```
┌ 공학적 특성    ┌ 물리적 특성
│              └ 전단 특성
│
│
└ 토질조건      ┌ 압축성
               ├ 배수성
               └ 동결 가능성
```

Ⅱ. SC, CL의 특성

1. 물리적 특성

1) SC : 점토질 모래(조립토)
   200번체 통과량 > 12%
   소성도상 A선 이상, $I_p > 7$
2) CL : 저소성의 무기질 점토, 사질 점토, 실트질 점토(세립토)
   200번체 통과량 50% 이상
   액성한계 < 50%
   소성도상에서 A선 이상

2. 전단 특성

1) SC : 배수조건을 적용하여 안정 검토
2) CL : 비배수조건을 적용하여 안정 검토

Ⅲ. 차수재료로 사용할 때 토질조건

흙의 압축성, 배수성은 토립자 사이의 간극에 관계되며, 흙의 동결 가능성은 간극의 크기 및 투수성에 관계있다.

1. 흙의 압축성

흙의 압축은 토립자 간의 간극이 외적 하중 또는 진동 등에 의하여 간극이 줄어들고 토립자가 밀착되는 현상이다. 따라서 간극이 많은 흙일수록 압축성이 크다.

CL은 SC보다 세립분을 많이 함유하고 있기 때문에 압축성이 SC에 비하여 약간 크다.

2. 흙의 배수성

흙의 배수는 토립자 간의 간극을 통하여 이루어지며 CL, SC 둘 다 불투수성 재료(k=10^{-6}~10^{-8}cm/sec), 이에 반하여 SC는 CL보다 지반반력계수가 크다.

3. 흙의 동결성

사력층과 모래층 및 점토층에서 동상은 없으며 실트질 흙에서 동상이 가장 심하게 발생한다. SC는 CL보다 동결 가능성이 작다.

Ⅳ. 결 론

SC는 어느 정도 안정 차수재료의 불투수성 Core로 사용 가능하며, CL은 안정성이 있고 불투성 Core 및 Blanket으로 적당하며, 다짐 특성으로는 다짐장비가 Tamping roller, Rubber tire roller로 다지며, γd_{max}-OMC 곡선에서 SC, CL은 OMC의 습윤측에서 다짐관리하는 것이 유리하다. 따라서 SC, CL 두 재료는 차수재료로서 양호한 재료이다.

문제 15　구조물 뒤채움 시공관리 요점

I. 서 론

구조물 뒤채움 시공은 뒤채움 재료의 선정이 구조물의 안정요건이 되므로 먼저 공학적 해석이 필요하며 최적함수비 상태 조건파악과 입도분포가 양호한 재료이어야 한다.

시공시 적절한 현장다짐 방법을 결정, 다짐의 효과를 높여야 하며, 이에 장비를 적절히 선정 조합해야 하며, 주위 환경이나 구조물의 형식을 고려해서 시공 다짐관리를 해야 한다.

따라서 구조물 뒤채움 기준, 다짐방법 및 시공·품질관리 요점에 대하여 기술하고자 한다.

II. 뒤채움 적용기준

1) 승인된 입상재료를 사용해야 하며, 다짐 완성 후 두께가 20cm가 되도록 시공한다.

2) 뒤채움 재료의 포설, 다짐은 구조물의 양면이 동시에 같은 높이가 되도록 시공하며, 부득이 한쪽을 먼저 시공해야 하거나 설계상 한쪽만 시공할 경우에는 콘크리트 압축강도가 175kg/cm^2 이상 또는 28일 양생 후 작업을 해야 한다.

3) 콘크리트 암거나 교량의 교대는 그 상부슬래브를 타설하여 양생이 완료된 후 뒤채움을 해야 한다.

4) 계곡부 수로 Box의 기초 또는 뒤채움 부위의 전석은 제거하고, 승인된 입상재료로 층다짐하여 복류수에 의한 토립자의 유실을 방지해야 한다.

5) 뒤채움 재료의 중량이 구조물에 쐐기형의 집중하중으로 작용하는 것을 방지하기 위하여 뒤채움과 접하는 후면 비탈면은 계단식을 형성하도록 시공한다.

6) 뒤채움 재료는 배수가 잘되며, 기초지반이 물의 영향으로 연약해지거나 기타 위해를 받지 않고, 정수압이 구조물에 유해한 영향을 미치지 않을 경우에는 감독원의 승인을 득한 후 물다짐을 할 수 있으나 최종 1m 이내의 상부층의 물다짐을 해서는 안 된다.

7) Roller로 다짐을 할 수 없는 부위는 소형 Rammer를 사용하여 소요밀도를 얻을 때까지 다져야 한다.

8) 뒤채움과 접하는 후면 비탈면의 느슨한 부분은 뒤채움 시공 전에 제거하여 뒤채움 재료와 혼합되는 것을 방지해야 한다.

9) 뒤채움 시공은 별도 시공대장에 의하여 중점 관리한다.

Ⅲ. 다짐방법 및 품질기준

1. 시공순서

1) 뒤채움 재료를 포설하기 전에 교량의 교대 및 암거의 벽체에 20cm마다 층다짐관리 표시를 하고 포설, 다짐 후 현장밀도시험을 실시하여 합격으로 판정된 경우에만 상부층을 시공하며 불합격된 경우에는 재다짐한 후 재시험을 실시하여 다짐도를 확인하여야 한다.

2) 교 량

교량의 뒤채움 표시는 하행선 외측에서 1m 떨어진 곳에 물로 지워지지 않는 적색 페인트로 표시한다.

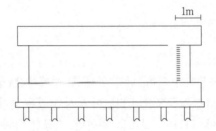

3) 암 거

암거는 하행선 외측에서 1m 떨어진 곳에 물로 지워지지 않는 하얀색 페인트로 표시한다.

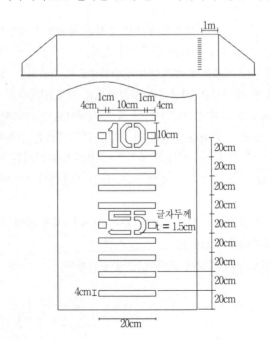

4) 다짐방법

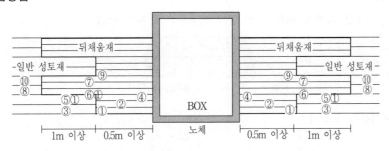

성토구간에 구조물만 시공인 경우

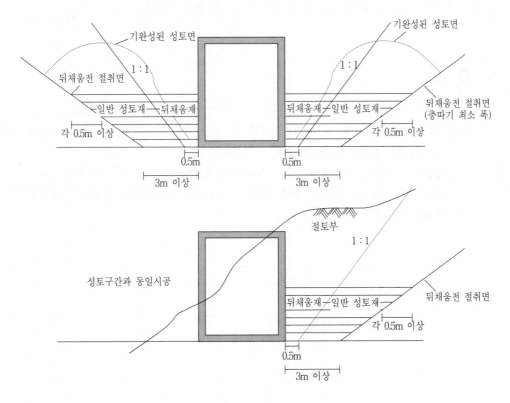

성토구간에 구조물과 토공이 시공인 경우

5) 품질기준

일반구조물의 뒤채움 재료 품질 및 다짐기준은 다음과 같다.

구 분	기 준		비 고
	A 재 료	B 재 료	
재료 최대 치수	50m/m 이하	100m/m 이하	
No.4체 통과분	25~100%	─	
No.200체 통과분	0~15%	0~30%	
소성지수	10 이하	20 이하	
수침 CBR	10% 이상	5% 이상	
1층 시공두께	20cm 이하	20cm 이하	다짐 후 두께
실내다짐시험방법	A, D 방법	A, D 방법	KS F2312 참조
다짐 기준 밀도	최대건조밀도의 95% 이상	최대건조밀도의 95% 이상	

Ⅳ. 결 론

1) 뒤채움 재료는 시공 전에 선성시험을 실시하여 사용 승인을 받아야 한다.

2) 현장밀도시험은 5층(20cm 기준)마다 1회 실시하며, 현장밀도시험, 뒤채움 완료시에는 침하 시험(평판재하시험 또는 프루프롤링)을 실시한다.

3) 뒤채움의 다짐률은 실내다짐시험에 의한 최대건조밀도의 95% 이상이어야 한다.

4) 층다짐 미준수 또는 다짐률 불합격 부위는 재시공 후 재시험을 실시하여 합격으로 판정될 때까지는 상부층을 시공할 수 없다.

문제 16 절토부 지반처리 방안에 대하여 기술하시오.

I. 서 론

절토부 노상은 지역에 따라 토사, 암반 토사가 섞인 암반으로 구성되므로 지반의 지내력이 불균등하게 되고, 지하수맥이 형성되어 있어, 노반을 연약화시킬 우려가 있으며, 시공 후 하자 발생률이 크기 때문에 철저한 시공관리가 이루어져야 한다.

특히 원지반이 암반인 경우나 절토면의 토질이 다른 경우, 토사 절취부인 경우에는 시공관리 및 품질관리가 철저히 되어야 한다.

II. 원지반이 암반인 경우

1) 절취부가 암반인 경우 암석의 절취면을 노상마무리면으로 정리하나 리핑 또는 발파로 인하여 요철이 생긴 경우는 물의 영향을 받지 않는 동상방지층 또는 보조기층용 재료를 포설하고, 충분한 다짐을 하여야 한다.

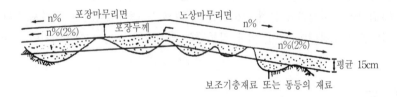

원지반이 암인 경우의 노상

2) 암반에 입상재료를 포설 마무리한 경우 대체적으로 밀림현상이 발생되는데, 이는 두 재료가 다르기 때문이므로 시공 후 반드시 프루프롤링(Proof Rolling)을 실시하여 이완되는 부위는 보완하여야 한다.

III. 절토면의 토질이 다른 경우

1) 계획노상면이 암반과 토사가 접합되는 곳에서는 그림과 같이 그 경계부에 1:4 정도의 경사를 가지는 접속구간을 두는 것으로 한다.

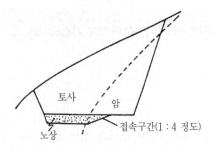

절토면의 토질이 다른 경우의 노상

2) 접합부는 재료의 성질이 다른 점을 고려하여야 하며, 토사절취부측은 노상마무리선에서 약 15cm 정도 깊이로 밭갈이 후 함수비를 조정하여 충분한 다짐이 이루어지도록 한다.

Ⅳ. 토사 절취부인 경우

1) 절취부는 일반성토재료로 축조되는 곳보다 지하수 등의 영향으로 인하여 현장함수상태가 대체적으로 높아 노상화이날 작업에 어려움이 예상되므로 밭갈이 작업을 통하여 충분히 함수비를 조정한 후 다짐작업을 하여야 하며,

2) 절취부의 재료가 성토재료의 품질기준을 만족시키지 못할 경우는 각종 토성시험과 현장 CBR시험을 실시하여 설계 CBR값을 만족시키는 층까지 양질의 토사로 치환하여 소요의 지지력을 확보하여야 하며, 이때 감독관의 입회하에 시험이 이루어져야 한다.

Ⅴ. 결 론

절토부처리시 지반의 구성 상태에 따라 철저한 시공관리 및 품질관리가 이루어져야 한다.

문제 17 기존 2차선 도로를 4차선으로 확장하는 공사에서의 시공계획상 유의해야 할 사항을 기술하시오.

Ⅰ. 개 요

경제적이고 안전한 설계 및 시공과 특히 공법 선정, 공사기간, 교통처리, 민원, 환경문제 등의 원활한 해결을 위하여 예비조사, 본 조사로 나누어 실시하며 조사항목은 다음과 같다.

① 도로 현황 조사(기존 도로의 상태, 접속도로 현황)
② 확폭 주변의 지형 및 상황조사
③ 토질조사
④ 지상·지하구조물을 주하천 등의 조사
⑤ 관련 사업의 조사
⑥ 일별, 시간대별 교통상황조사
⑦ 기타

Ⅱ. 시공계획상 유의사항

시공상 유의사항을 토공 관련사항과 터널 및 교량, 공용선 근접 사항으로 나누어 기술하기로 한다.

1. 토공에서의 유의점

1) 문제점 : 포장파손이나 단차가 발생될 수 있는데 그 원인은 다음과 같다.

① 기존 절토와 성토부의 지지력 불균형, 압밀, 압축침하차
② 용수나 침투수 등에 의한 성토체의 연화
③ 경계부 성토의 다짐 불충분
④ 경사지반에서의 성토 Sliding

2) 대 책

① 성토재료는 체적감소가 비교적 작은 사질토중 입도가 좋은 것, 기존도로의 구성재료와 다짐특성이 유사한 것을 사용한다.
② 기존 도로사면 Bench cut, 층따기 시공시 원지반이 교란되지 않도록 유의한다.
③ 절토부, 성토부가 겹쳐지게 다짐
④ 기존 도로의 표면수가 침투되지 않도록 배수구 설치
⑤ 절토부와 성토부에 대해 평판재하시험 실시, 지지력 계수 비교
⑥ 절토부, 성토부의 공극률 비교, 다짐의 적정성 평가

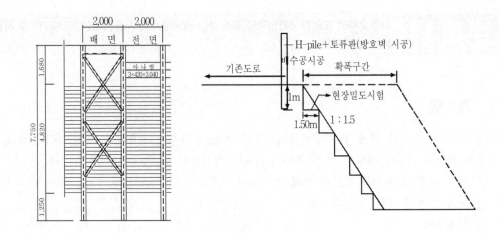

방호벽 상세도

2. 터널 및 교량, 공용선 근접시의 유의점

1) 교통의 처리방법

교통의 처리방법은 일반통행, 도로협착 등이 있으나 교통량, 연도상황, 우회로의 유무, 공기 등을 감안하여 결정한다. 또 교통규제에 의한 영향이 대단히 클 경우는 도로교통경보센터 등을 이용자에게 철저히 알려야 한다.

2) 제3자 장해의 방지

공용선의 통행차량, 보행자에 대하여 한층의 안전이 요구되고, 제3자 장해의 방지계획이 필요하다. 또 대피소 등을 설치함으로써 교통이 원활하게 유도되도록 한다.

3) 공용선에의 영향

공사용 차량이나 기자재의 반입, 가설비의 설치 등에 대하여는 공용선에 영향을 미치는 것을 고려하는 동시에 공용선을 이용할 수 있는 장소와 시기가 있음을 검토해야 한다. 이 경우 시공능률이 저하하는 것을 고려해야 한다.

4) 실적의 반영

시공계획 설비계획에서는 공용선의 시공실적, 시험, 기록 등을 참고하여 반영시켜야 한다.

Ⅲ. 결 론

주위 구조물에 대한 조사 → 계획 → 시공관리를 철저히 하여 경제적·합리적인 시공을 요한다.

문제 18 토량의 변화비율 L값, C값을 설명하시오.

I. 서 론

흙을 굴착하고 운반해서 성토할 경우 각각의 상태에 따라 체적이 다르다. 토공계획에는 이 토량의 변화를 미리 추정하여 토량배분을 하고, 또한 흙의 운반계획을 세운다.

3가지 흙의 상태에 토공작업의 관계는 다음과 같다.

┌ 원지반의 토량 : 굴착해야 할 토량
├ 느슨하게 한 토량 : 운반해야 할 토량
└ 다져진 토량 : 완성된 성토량

이러한 상태의 토량은 원지반의 토량과의 체적비를 취한 토량의 변화율로 표시되고 변화율 L 및 C는 다음과 같이 정의된다.

II. L, C 변화율

$$L = \frac{느슨하게\ 한\ 토량\,(m^3)}{원지반의\ 토량\,(m^3)}$$

$$C = \frac{다진\ 토량\,(m^3)}{원지반의\ 토량\,(m^3)}$$

1) 변화율 L은 흙의 운반계획을 세울 때 사용

따라서 원지반의 밀도와 변화율 L 및 Dump Truck의 규격을 알 수 있다면 덤프트럭의 운반 토량은 산정 가능하다.

2) 변화율 C는 흙의 배분계획을 세울 때 필요

절토를 성토로 이용할 때, 토취장에서 흙을 채취하여 성토를 축조할 때, 중요한 치수임과 동시에 공사비 산정의 중요 요소이기도 한다.

III. 토량 환산계수(f)

기준이 되는 q \ 구하는 Q	자연상태의 토량	흐트러진 상태의 토량	다져진 후의 토량
자연상태의 토량	1	L	C
흐트러진 상태의 토량	$1/L$	1	C/L
다져진 후의 토량	$1/C$	L/C	1

토량의 수정치

구 분	절 토 량	성 토 량
절토량을 기준	× 1	$1/C$
흐트러진 상태 토량기준	× L	L/C
다져진 상태 토량기준	× $1/C$	× 1.0

Ⅳ. 토질별 토량 환산계수

종 별	구 분	L	C
암 석	경암	1.70~2.00	1.30~1.50
	중경암	1.55~1.70	1.20~1.40
	연암	1.30~1.50	1.00~1.30
암 괴, 호 박 돌	암괴, 호박돌	1.10~1.15	0.95~1.05
조 약 돌 역 질 토	조약돌	1.10~1.20	1.10~1.05
	중질토	1.15~1.20	0.90~1.00
	고결된 역질토	1.25~1.45	1.10~0.30
모 래	모래	1.10~1.20	0.85~0.95
	연암	1.15~1.20	0.90~1.00
사 질 토	사질토	1.20~1.30	0.85~0.90
	암괴·호박돌 섞인 사질토	1.40~1.45	0.90~0.95
점 질 토	점질토	1.25~1.35	0.85~0.95
	조약돌 섞인 점질토	1.35~1.40	0.90~1.00
	암괴·호박돌 섞인 점질토	1.40~1.45	0.90~0.95
점 토	점토	1.20~1.45	0.85~0.95
	조약돌 섞인 점토	1.30~1.40	0.90~0.95
	암괴·호박돌 섞인 점토	1.40~1.45	0.90~0.95

Ⅴ. 결 론

1) 변화율의 결정방법, 사용방법에서 주의해야 할 점

　① 원지반 토량은 거의 정확하게 측정할 수 있다. 그러나 변화율을 측정하기 위한 원지반 토량이 적을 경우 그 데이터를 근거로 한 변화율은 당연히 오차를 발생시킨다.

　② 느슨해진 토량은 엄밀한 의미로는 측정 방법이 없다. 보통은 굴착기계 등으로 느슨해진 흙을 덤프트럭에 평안하게 쌓아서 측정하기도 하고, 또는 평평한 지면의 위에 쌓아서 측정한다. 따라서 변화율 L은 비교적 신뢰도가 낮고, 중량과 용량의 이중제한을 받는 흙의 운반을 제외하고는 가능한 한 사용을 피하는 것이 좋다.

　③ 다짐토량은 상당히 정확하게 측정할 수 있다. 그러나 원지반 토량과 같은 정도의 오차는

당연히 포함되어 있고, 그 외에 다짐의 정도가 각각 성토에 따라서 어느 정도 다르다는 것에 주의하지 않으면 안 된다.

2) 토량 변화율의 이용

① 변화율은 가능한 한 비슷한 현장의 실적을 활용하는 것이 실용적이다. 특히 암석의 변화율은 공극의 밀실 여부에 따라 크게 변하기 때문에 시공실적을 참고로 하는 것이 바람직하다.

② 대규모 공사에서 변화율 C가 그 공사에 큰 영향을 미치는 경우에는 시험시공에 의해 변화율을 구하는 것이 좋다.

문제 19 Ripperability

Ⅰ. 개 요

Ripper에 의해 작업이 가능한 정도를 Ripperability라고 하고, 원지반의 탄성파 속도가 하나의 표준으로 되어 있고, 현재는 탄성파 속도가 2.5km/s 정도의 암반까지 굴착이 가능하다. 기계의 선정에서는 Ripper 작업이 가능한지 아닌지의 판정이 중요하고, 작업이 불가능한 경우는 발파작업이 된다.

탄성파란 탄성체에 충격을 가할 때 이 충격이 물체 내로 전달되는 파동의 일종으로 상태에 따라 전파속도가 변하는 성질을 갖고 있다.

Ⅱ. 적용시 일반사항

1) 암반의 경우 암석의 구성물질, 강도, 균열상태 등에 따라 전파속도가 변화하여, 이와 같은 성질로 인하여 탄성파 전파속도는 토공 작업시 리퍼의 작업능력 판단기준이 된다.

2) 리퍼빌리티 결정에는 주로 P파의 전파속도를 이용하며, 동일 암종일지라도 공극, 밀도, 함수비, 균열상태 등에 따라 차이가 많으므로 리퍼빌리티 적용시 많은 주의를 요한다.

3) 리퍼의 작업 범위는 암반의 탄성파 속도와 리퍼의 기계적 성능에 따라 결정된다.

Ⅲ. 적용범위

우리나라 건설표준 품셈에서 규정한 작업 가능 범위는 다음과 같다.

① 20t 도쟈리퍼 : 1,600m/sec

② 30t 도쟈리퍼 : 1,800m/sec

이상의 결과를 종합해보면 통상적으로 사용되고 있는 30t급 도쟈리퍼의 작업한계는 탄성파 속도 1,800m/sec로 추정된다.

문제 20 도로건설에 필요한 토질조사 및 시험(대규모 단지 토공에서 착공 전에 조사하여야 할 사항)에 대하여 기술하시오.

Ⅰ. 개 요

도로건설시 도로구조나 도로구조물에 발생하는 큰 문제는 기초지반의 지지력 부족에 따른 활동파괴와 압축성이 클 때 지반침하 등이 있다. 따라서 공사 착수 전에 반드시 지반조사를 실시하여 활동파괴나 지반침하가 발생하지 않도록 하여야 한다.

지반조사에는 자료수집 및 검토, 현지답사, Sounding이나 Boring을 실시하여 연약지반 여부를 판단하고, 연약지반의 경우에는 원위치시험을 실시하거나, 흐트러지지 않은 시료(Undisturbed Sample)를 채취해서 토질시험을 실시하여 연약지반의 구성, 깊이, 범위 및 각 토층의 공학적 성질을 정확히 파악함으로써 대책공법을 검토하고 설계나 시공에 필요한 자료로 사용하여 하자 없는 공사가 되도록 하여야 한다.

Ⅱ. 조사 시험순서

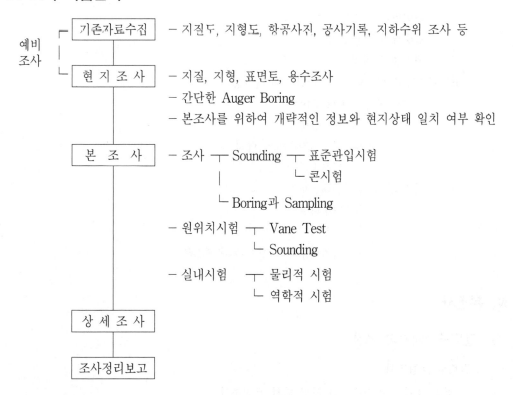

III. 예비조사

1) 자료의 수집 및 검토

공사예정지 부근의 지형도, 지질도, 항공사진, 기상 및 수문자료, 타공사의 토질조사 보고서, 공사기록, 지반침하로 인한 재해기록 등을 수집하여 검토한다.

2) 현지답사

① 수집된 정보와 현지 상황과의 차이 확인
② 본조사를 위한 조사항목 및 조사지점 선정
③ 간단한 Sounding 실시 : 연약층의 깊이와 연약 정도 조사

3) 개략조사

① 대표적인 지점을 선정하여 심부까지 Sounding 또는 Boring 실시
② 개략조사시 판정사항
　ⅰ) 토질 주상도 및 Sounding 결과
　　　– 연약지반의 각층 두께
　　　– 연약지반의 개략 범위
　　　– 깊이방향의 강도변화
　　　– 압축배수층의 위치
　　　– 지지층의 위치
　ⅱ) 표준관입시험(N치) 및 간단한 토질시험

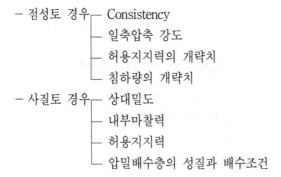

　　　– 점성토 경우┌ Consistency
　　　　　　　　├ 일축압축 강도
　　　　　　　　├ 허용지지력의 개략치
　　　　　　　　└ 침하량의 개략치
　　　– 사질토 경우┌ 상대밀도
　　　　　　　　├ 내부마찰력
　　　　　　　　├ 허용지지력
　　　　　　　　└ 압밀배수층의 성질과 배수조건

IV. 본조사

1. 절토구간에서의 조사

1) 절토부 토질조사

① 절토 비탈면 안정을 검토하기 위한 토질조사

② 토량 배분계획 수립을 위한 토질조사

2) 성토재료조사

① 성토 비탈면 안정검토
② 성토 자체의 침하
③ 성토 재료의 사용구분과 다짐계획 수립

3) 조사시험

① 탄성파시험 : 암층심도 및 파쇄 정도 확인(지반 동탄성계수, 전단계수, 포아슨비 등)
② Boring : 성층상태 파악, 표준관입시험(S.P.T), 지하수위조사
③ 동적원추관입시험(D.C.P.T) : 절토부 암층확인, 유효깊이 10m
④ 시료채취 및 실내시험 : 재료사용 적부 판정, 법면경사 결정, 포장설계자료, 절취 난이도 결정, 암석의 강도 측정

2. 성토구간에서의 조사

1) 성토하중에 대하여 기초지반의 안정 여부를 조사하기 위해 흐트러지지 않은 시료를 채취, 강도 특성을 구함 : 일축압축시험, 삼축압축시험, 직접전단시험

2) 또한 성토의 침하량 및 침하속도를 조사키 위해 흐트러지지 않은 시료를 채취하여 압밀특성을 구함 : 압밀시험

3) 현장에서의 원위치시험 : Sounding test, Cone 관입시험, 표준관입시험 또는 Vane test

4) 조사시험

① HAB 및 TP
　ⅰ) 조사위치 : 토질 변화구간마다, 5km 이내마다 실시
　ⅱ) 조사깊이 : HAB 1~5m, TP 1~2m
② 정적원추관입시험(SCPT)
　ⅰ) 간격 : 1km 정도마다, 연약지반의 경우 300m마다 실시
　ⅱ) 깊이 : 5m
③ 평판재하시험 : 지반지지력계수(K)
④ Vane Test : 흙의 전단강도(C, ø), 예민비
⑤ 현장 CBR 시험 : 노상지지력 판단, 포장설계 자료
⑥ 전단강도시험(Protble penetration test) : 침수된 농경지 등에서 전단시험과 별도로 시공장비의 Trafficability 확보를 위한 표층 전단강도시험
⑦ 시료채취 및 실내시험 : 지반 안정성 검토, 연약지반 처리방법, 노반지지력

3. 구조물 기초 및 Tunnel에서의 조사

1) Boring, SCPT, DCPT, 탄성파시험

　　　기초지반 확인, 터널지층 상태, 암층 강도, 지하수위

2) 시료채취 및 시험

① 구조물 기초형식 결정, Tunnel 형식 결정, Tunnel 굴착 시공방법 결정
② FEM 해석 자료 : 내부마찰각, 점착력, 탄성계수, 변형률, 포아슨비, 비중, RQD치, 압축강
　　도, 수위측정, 탐사, 암층경사 및 방향, 암극의 크기

4. 재료원 조사시험

1) 토취장

① TP 및 Boring : 사방 50~100m 간격마다 실시하여 매장량 확인
② 시료채취 및 실내시험 : 재료의 적부 판정, 토성시험(CBR시험, 다짐시험, 토질분류시험)

2) 골재원

① T.P 및 Augar Boring : 매장량 확인
② 시료채취 및 실내시험 : 재료 적부 판정, 배압설계(입도분석, 모래당량, 마모시험, 비중
　　및 흡수율, 유기불순물, 다짐, CBR, 안정성시험, 토질분류시험)

3) 석산

① Boring : 매장량 확인
② 시료채취 및 실내시험 : 재료 적부 판정, 배합설계(압축강도, 비중 및 흡수율, 안전성, 마
　　모, 피막 박리시험)

5. 실내시험

1) 토성시험

　　　함수량, 단위중량, 비중, 밀도, 입도, 애터버그 한계(액성, 소성, 소성지수), 실내 CBR, 다짐
　　시험, 흡수율, 마모, 안정성, 모래당량 시험

2) 지지력 측정시험

　　　다짐시험($Yd-w$곡선), CBR(설계, 수정), 노반동탄성계수시험
① 일축, 삼축 압축 시험 : 안정성, 비배수강도, 민감도

② 전단강도 : ø, C, 안정성(Sliding)
③ 압밀 : 연약층 침하량, 침하속도, 압밀특성
④ 투수 : 침투수량, 투수계수

6. 흙의 다짐시험(성토의 다짐관리)

1) 1993년 Procter 제창
2) 2.5kg Hammer로 높이 30cm에서 자유낙하시켜 25회씩 3층 다짐
3) Mould 규격과 다짐방법에 따라 A, B, C, D, E다짐
   다짐효과는 에너지 크기, 종류, 함수비, 종류에 따라 달라진다.
4) $\gamma d = rt/(1+w)$에 의거 $Yd-w$곡선도 작성
5) 관리기준
   ① 노상 95%
   ② 노체 90% 이상
   ③ 다짐도 허용치 ±2% 이상

Ⅴ. 보고서 작성

1) 제반 조사시험을 도면화하여 성과 첨부 : 토질조사보고서 작성
2) 성과항목 : 지질분포도(1:50,000, 1:250,000), 보링주상도, 지층단면도, 토질조사자료, 골재원 조사자료, 각종 시험성과표, 검토사항

Ⅵ. 성과이용

1) 계획노선의 적정성
2) 성토 재료 판정 및 골재원 선정
3) 포장두께 결정
4) 절토 법면 경사 구배 결정
5) 성토부 기초지반(특히 연약지반) 판정
6) 구조물(교량) 기초 깊이 및 형식 결정

Ⅶ. 설계상 문제점 및 개선방향

1) 국내의 사면 절취 설계시 문제점
   ① 암석의 강도에 따라(토사, 리핑암, 발파암) 암반 절취방법 선정(법면 경사), 절취 시공단

가, 절취 법면 구배의 일률적 적용

② 시추 조사시 경암이 출현하면 Boring을 종료하지만 경암 이하의 단층 파악이 어렵다.

③ 절취의 난이도는 암석 강도만 적용한다.

2) 개선방향

① 대절토부에서의 Boring은 계획이고 이하 1m까지 시행하며 붕괴위험이 큰 주요 사면은 암반의 붕괴 역학을 고려하여 사면 안정성을 검토해야 한다.

② 절취의 난이도는 암석강도 및 불연속면 발달 빈도에 따라 결정하며, 사면절취 시공시 절취방법 결정과 절취비용은 절취 난이도에 따라 적용한다.

③ 토질조사 및 시험의 비용 계상은 현실에 맞도록 계상한다.

④ 신뢰성을 향상시키기 위한 정밀도 판단 등 대책이 필요하다.

⑤ 조사시험 장비의 현대화가 필요하다.

⑥ 지반조사 성과의 Data base화가 되어 있지 않다.

⑦ 우리 나라 조건에 맞는 실험식 연구가 필요하다.

⑧ 조사수를 증가할 수 있도록 예산확보가 필요하디.

⑨ 모형시험 확대가 필요하다.

⑩ 개량 후의 조사시험 필요(집행결과 체크 요망)하다.

Ⅷ. 결 론

1) 토질조사 및 시험을 경시하는 경향이 있으나 부정확한 지반정보는 부정확한 설계의 요인이 되며 설계변경 및 공사비 증가 등 지대한 영향을 초래하게 된다.

2) 특히 연약지반인 경우 복구대책이 어렵고 비용 및 시간이 많이 소요된다.

3) 대절토부는 사전 시추조사, 지질조사로 전반적인 사면 안전성과 지질구조 및 최적 사면구배로 설계하여 차후 공사 굴착 중에 안정성을 재검토하여 국부적인 보강 대책을 마련해야 한다.

4) 지반조사와 토질조사를 철저히 하여 견고하고 영구적인 도로구조물 건설에 노력해야 한다.

5) 외국공법 도입시 이와 관련된 시험의 국내 규정(KS규정)과 관련성을 철저히 검토하여 모순을 예방하여야 한다.

문제 21 균등계수

1. 정 의

입경가적곡선에서 나타나듯이 입도 분포곡선으로 보아 입자의 크기에 따라 달리 표기될 수 있으며 균등 정도를 표기

2. 입경가적곡선

세로측은 산술눈금으로 가적통과율을 표시하고, 가로축은 log 눈금으로 입경을 나타낸다.

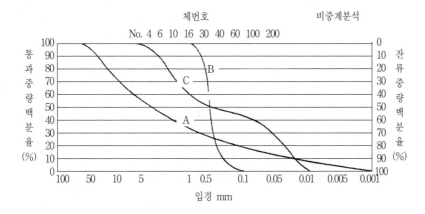

3. 유효경

입도분포곡선에서 가적통과율 10%에 해당하는 입경

4. 균등계수

입경가적곡선에 있어서 중량통과 백분율이 10%인 점의 입경(D_{10})과 60%인 점의 입경(D_{60})과의 비

$$C_u = \frac{D_{60}}{D_{10}} , \quad C_u > 10 \ \text{양호}, \quad C_u < 4 \ \text{불량}$$

(모래 $C_u > 6$, 자갈 $C_u > 4$일 때 양호)

5. 곡률계수

분포곡선의 모양을 나타냄.

$$C_g = \frac{D_{30}^2}{D_{10} \times D_{60}} , \quad 1 < C_g < 3 \text{ 양호}$$

균등계수, 곡률계수를 모두 만족할 때 양입도로 판정

문제 22 CBR(노상토 지지력비)

직경 5cm의 강제 원봉을 공시체 속에 관입시켜 그때의 관입깊이에 있어서 표준하중강도에 대한 그 관입깊이에 있어서의 시험하중강도와의 비를 백분율로 표시한 것을 말하며, 노상토의 지지력을 관입법으로 측정하는 시험은 KS F 2320과 2321에 규정되어 있다.

$$CBR = \frac{시험하중강도}{표준하중강도} \times 100$$

이 CBR값은 가요성 포장두께를 결정하는 중요한 요소이다. 여기서 하중강도란 잘 다짐된 쇄석에 직경 5cm의 강봉을 관입시켰을 때 어느 침하시의 하중강도로서 다음과 같다. 통상 지지력비는 다음과 같다.

$$CBR(\%) = \frac{q_t \; 2.5}{q_s \; 2.5} \times 100$$

관 입 량	표 준 강 도
2.5mm	70kg/cm²
5.0mm	105kg/cm²

q_t 2.5 : 관입량 2.5mm일 때의 시험하중강도

q_s 2.5 : 관입량 2.5mm일 때의 표준하중강도

1) 흐트러진 시료의 실내 CBR법

내경 150mm, 높이 175mm의 금속제 원통형 Mold에 Space disk(H=50mm)를 넣고 19mm 체를 통과한 흙 시료의 함수량을 조절하며 5층 55회 다짐을 4.5kg의 Rammer로 450mm 자유 낙하고로 다진 후 건조밀도-함수비 곡선을 Plot하여 γd_{max}와 OMC를 구한다.

시료 함수비를 OMC와 1% 이내의 차가 되도록 조절하여 상기와 같이 다짐을 하여 공시체를 중앙에 놓고 1mm/min의 속도로 관입되도록 하중을 건다. 관입량 0.5, 1.0, 1.5, 2.0, 3.0, 4.0, 5.0, 7.0, 10.0, 12.5mm일 때의 하중을 읽어 하중 관입량 곡선을 Plot한다. 이 곡선에서 위로 오목하게 전개된 밑의 곡선을 수정하여 수정 원점을 구한다.

2) 시험목적

① 전 포장 두께를 결정 : 구조적 결정

② 노상, 노체의 재료 규정

③ 다짐도의 관리

④ Traffcability의 판정

문제 23   성토시공시 시공계획에 대하여 기술하시오.

Ⅰ. 서 론

성토공사 시공계획 수립시에 주어진 공기 내에 소정의 示方과 規格에 적합하고, 합리적이며 경제적인 시공계획이 필요하다.

시공계획의 내용에는 사전조사, 기본계획, 상세계획, 관리계획 등이 있다. 성토공사 시공계획에 있어 고려사항은 현장조건, 계약조건, 토공배분 및 시공순서, 시공장비 선정, 기상, 환경조건 등이다. 특히 성토공사는 토취장에서 성토재료를 운반, 구조물과의 일체 작업을 위한 다짐시공이므로 구조물 형식을 잘 파악하고 관리 통제하여 소요의 목적시공을 수행함에 시공계획을 수립하는 것이다. 따라서 여기서는 시공계획 입안순서 주요 검토항목과 유의사항에 대해 기술하고자 한다.

Ⅱ. 시공계획 입안순서

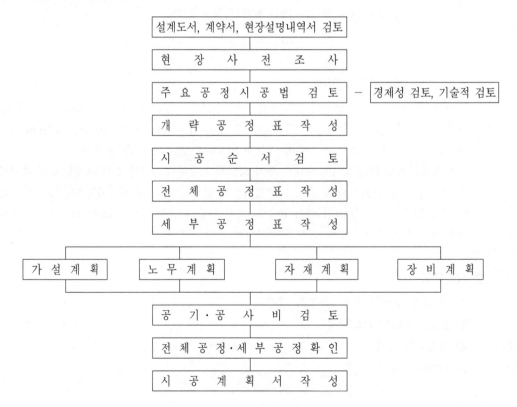

II. 주요 검토항목과 유의해야 할 사항

1. 사전조사

1) 현장 설계도서, 시방서, 계약서 검토
2) 현장상황(자연조건, 시공조건) 검토
3) 환경공해에 대한 검토 : 소음, 진동, 분진, 침하, 지하수 고갈

2. 기본계획

1) 주요 공정공사 물량 검토

① 토공 배분계획
 i) 절토, 성토(Mass curve)에 의한 토공 배분
 ii) 토질, 토량, 원지반 계획고 확인
 iii) 토취장, 사토장, 위치 파악 검토
 iv) 토량 변화율 고려(LC), 경제성 파악
② 구조물 공사의 검토 : 위치

2) 주요 시공법 선정

① 주요 공정 시공법 검토하고 시공기계의 선정조합을 함.
② 각 공정마다 기술 검토와 경제성 비교

3) 공구 구분과 시공순서 검토

① 토공, 구조물의 종류, 위치 고려하여 공구 구분
② 시공순서는 시공능률과 영향을 고려 결정

4) 공정계획

① 작업 가능한 일수 산정
② 표준작업량=총공사량/작업가능일수
③ 각 공정을 검토·조정하여 전체 공정표 작성

3. 상세계획

1) 상세시공법 작성

① 성토방법, 토량의 배분
② 장비 진입로 및 교통처리계획

2) 가설계획

　① 가설부지 : 부지면적, 지하수 조사
　② 동력, 용수

3) 노무계획

　① 공정표에 의한 작업인원의 산정
　② 작업원별 기능 평준화

4) 장비계획

　① 장비 선정(시공법에 맞는 용량, 기종)
　② 경제성 판정
　③ 이동일수 및 반입계획 수립

5) 자재계획

　① 자재조서 작성
　　ⅰ) 품목별 반입, 시공시기, 운반 등
　　ⅱ) 적기공급 가능 여부
　② 자재의 저장계획
　③ 구입처의 공급능력, 신뢰도 조사

4. 관리계획

1) 현장조직

　① 작업이 원활히 될 수 있는 조직
　② 담당업무를 명확히 할 것

2) 원가계획

　실행예산서 작성 및 투자대비 실시

3) 안전관리

　① 제3자 방호책 및 교통처리계획
　② 공해문제 관리계획

4) 품질관리
   ① 항목, 빈도 등의 관리방법 결정
   ② 작업표준결정, 검사계획

5) 필요한 사항의 시공계획서 작성

Ⅳ. 결 론

　성토공사의 시공계획은 상기와 같고 공사수행시 여러 가지 장애요인으로 인한 공사지연 및 공사비 증가를 막기 위하여 실시하는 중요공사이므로 공사착수 전에 사전조사와 공사 중 합리적인 관리로 시공능률 향상과 경제성을 극대화하기 위함이다.

문제 24 건조밀도로 다짐(Compaction)을 규정하는 방식의 개요를 설명한 다음 이 방식의 적용이 곤란한 경우를 설명하시오.

I. 서 론

다짐이란 흙에 외적인 에너지를 가하여 흙 속의 공극을 감소시켜 흙의 공학적 특성(ϕ, C)를 개량하고 밀도를 증대시켜 투수성을 감소하고 지지력을 증대시키는 것을 말함. 공기배출하는 것, 다짐의 정도를 현장에서 규정하는 방식은

① 함수비 변화가 심하지 않는 지역
  ⅰ) 건조밀도로 규정
  ⅱ) 다짐기종, 다짐횟수
② 함수비 변화가 심한 지역
  ⅰ) 포화도, 공극비로 규정
③ 기타
  ⅰ) 강도특성
  ⅱ) 상대밀도
  ⅲ) 변형량

등이 있으며 건조밀도를 규정 적용 곤란한 경우는 연약지반 경우, 토질변화가 심한 경우 또는 입자가 큰 경우 등이다. 따라서 여기에서는 다짐규정방식 개요와 이 방식의 적용이 곤란한 경우에 대해 세부적으로 기술한다.

II. 함수비 변화가 심하지 않는 지역

1. 건조밀도로 규정(γ_d)

1) 다짐도 $= \dfrac{\text{현장밀도}(\gamma_d)}{\text{실내시험에서 구한}(\gamma d_{max})} \times 100(\%)$

2) 시방서 규정값(노체 90% 이상, 노상 95% 이상) 이상이면 합격

3) 신빙성 높고, 가장 많이 적용되는 방법 → 도로 성토, 흙 댐

4) 적용이 불가능한 경우
  ① 건조시켜서 함수비를 저하시키는 것이 비경제적일 때

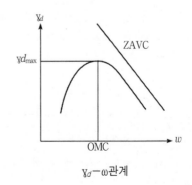

$\gamma_d - \omega$관계

② 함수비를 증가, 감소시키면서 하는 다짐의 성상이 서로 다르다.

③ 토질변화가 심하고, 흙의 혼합물이 다를 때

④ 입상토와 같이 다짐곡선의 형상을 얻기 어려울 때

2. 다짐기종과 다짐횟수

1) 토질과 함수량의 변화가 없는 곳 적용

2) 현장다짐시험을 하여 다짐기종, 다짐횟수, 다짐두께, 다짐폭과 속도 등을 규정함.

3) 현장다짐시험

① 폭 3m, 길이 5m, 두께 15~50cm 다짐기계 한 기종에 대해 다짐두께를 3종류 이상으로 시험하여 다짐횟수별 성토의 밀도, 함수비 측정

② 표면침하량, 내부침하량 → K치, CBR치, CONE지수 측정

③ 함수비를 달리한 조건에서 시험을 실시 시공함수비 구함.

Ⅲ. 함수비 변화가 심한 지역

1. 포화도 또는 공기함유율로 규정

1) 건조밀도로 적용 곤란한 흙(고함수비 점토) 같은 다짐도 규정하기 어려운 경우 적용

2) 현장에서 다진 흙의 단위 중량, 함수비, 비중등 측정 다음 식 구함.

① 포화도 : $S = \dfrac{G_s \cdot w}{e}$ (G_s : 흙의 단위중량, w : 함수비)

② 공극비 : $(e) = \dfrac{G_s}{\gamma_d}\gamma_w - 1$

$\left(\gamma_d = \dfrac{G_s \gamma_w}{1+e},\ e\ :\ 공극비, \gamma_d: 건조밀도,\ \gamma_w: 물의 비중\right)$

3) 도로표준시방기준 범위이면 합격

① 포화도(S) : 85~98%

② 공기공극률(A) : 10~1% 범위

4) 포화도와 공기함유율에 상한 및 하한을 설정한 이유

① $S_c \geqq 85\%$, $A \leqq 10\%$

ⅰ) 조립토(사질토) 등 다짐도($\gamma_d \geqq 90\%$)에 상당하는 규정

ⅱ) 강도를 크게 하고 압축성 및 투수성을 감소시켜 흙을 안정화하고 성토의 Trafficability

를 확보함.

    ⅲ) 부등침하에 의한 비탈면의 붕괴 등에 대처하는 규정임.

  ② $S_c \leqq 98\%$, $A \geqq 1\%$: 예민비가 높은 점성토에서의 Over compaction에 의한 강도저하를 방지하는 규정임.

5) 성토안정과 변형에 필요한 강도변형이 얻어지기 어렵다.

Ⅳ. 기타 규정방식

1. 강도특성으로 규정

1) 강도기준으로 다짐 후 ┌ CBR치 ┐
                             ├ PBT → K치 ┤판정
                             └ Cone지수 ┘

2) 현장전단강도(Vane 전단, 원추관입시험 등)와 실험실의 1 축압축강도 및 3 축압축시험에 의하여 흙의 강도를 규정함.

3) 안정된 흙에는 모두 적용, 도로 노상, 보조기층 다짐에 적용

4) 적용이 곤란한 경우
  ① 물의 침입 강도저하가 있는 곳
  ② 강도의 시간적 변화가 심한 곳

2. 상대밀도로 측정

1) $D_r(\%) = \dfrac{\gamma_d - \gamma_{d\min}}{\gamma_{d\max} - \gamma_{d\min}} \cdot \dfrac{\gamma_{d\max}}{\gamma_d}$ 이 시방기준 이상이면 합격

2) 점성이 없는 사질토에 적용

3. 변형량으로 규정

1) Proof rolling, Benkelman beam 변형량이 시방기준 이하이면 합격

2) 고성토 구간, 연약토 지반에 적용

문제 25 택지조성 등과 같은 토공의 토량배분에 대하여 기술하시오.

Ⅰ. 개 요

넓은 면적의 토공일 경우 토량계산방법에는 평균단면법, 주상법, 등고선법, 곡면근사법 등이 있지만 평균단면법이나 주상법이 많이 적용되고 있다.

Ⅱ. 토량계산방법의 세부사항

1. 평균단면법

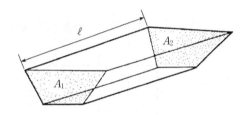

종·횡단도에 계획지반고(시공기준면과 비탈면)를 기입하고 횡단도의 절토부와 성토부의 면적을 Planimeter로 각각 계산하여 토량을 계산한다. 종·횡단도의 격자(Grid) 간격은 통상 20m가 사용되고 있다.

양단(양쪽) 횡단면적을 A_1, A_2라 하고 그 사이의 거리를 l이라고 하면 토공량 V

$$V = \frac{A_1 + A_2}{2} \cdot l$$

2. 주상법

1) 지형도상에 5~20m 간격으로 그물모양의 격자선을 그려넣고 격자형으로 구분된 각 단위별로 절토량 또는 성토량을 계산한다.

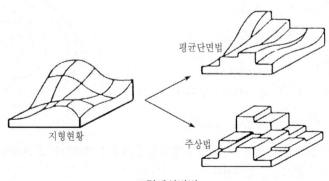

평균단면법

지형현황

주상법

토량계산방법

2) 프리즈모이드(Prismoide, 주상체)의 체적으로써 양단의 횡단면적 A_1, A_2와 중앙의 횡단면적 A_m을 사용하여 정도가 높은 계산치를 구하는 식

$$V = \frac{l}{6}(A_1 + 4A_m + A_2)$$

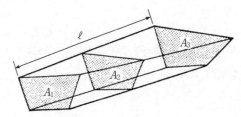

3. 점고법

전 지역을 같은 면적의 구형으로 분할하여 각 구석점(各隅點)에서 만나는 구형의 수를 기입한다.

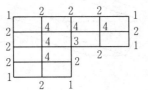 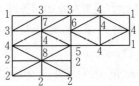

$$V = \frac{ab}{4}(\sum h_1 + 2\sum h_2 + 3\sum h_3 + 4\sum h_4) \qquad V = \frac{ab}{6}(\sum h_1 + 2\sum h_2 + 3\sum_3 + \cdots + 8\sum h_8)$$

4. 등고선법

등고선을 이용하는 방법으로서 각 등고선에 둘러싸인 면적 A_1, A_2, A_3, $A_4 \cdots$를 구하고 토량을 계산한다.

A_2를 중앙 단면적으로 하여

$$V_{1 \cdot 3} = \frac{2h}{6}(A_1 + 4A_2 + A_3)$$

동일하게 A_3, A_5 사이의 $V_{3 \cdot 5}$는

$$V_{3 \cdot 5} = \frac{2h}{6}(A_3 + 4A_4 + A_5)$$

이 된다. 결국 A_{n-2}와 A_n 사이의 토량 $V_{n-2 \cdot n}$은

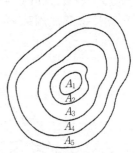

$$V_{n-2 \cdot n} = \frac{2h}{6}(A_{n-2} + 4A_{n-1} + A_n)$$

이들을 합계하여 전 토량을 구한다. 이 방법은 등고선을 세분하여 표고차 h를 작게 함으로써 (보통 5m 이하) 정밀도가 높아진다.

Ⅲ. 토량 배분방법

1) 여러 단위의 집합체를 한 Block으로 묶어 Block별로 단위별 토량을 집계하여 블록별 절토량
   또는 성토량을 계산한다.
2) 앞에서 제시한 방법에 따라 각 Block별로 절토량, 성토량을 결정한 다음 현지상황을 잘 파악
   한 후 평면도를 이용하여 어느 블록의 흙을 어느 블록으로 운반할 것인가를 검토한다.
3) 토량배분결과는 평면도에 화살표를 그리고 토량과 운반거리를 써 넣어 도면을 작성한다.

Ⅳ. 결 론

토량배분의 원칙은 다음과 같다.
1) 운반거리는 가능하면 짧게 한다.
2) 흙은 높은 곳에서 낮은 곳으로 옮기도록 한다.
3) 운반은 될 수 있으면 모아서 한 가지 방법으로 실시하도록 한다.

문제 26 도로 등과 같은 노선토공의 토량배분을 예시하여 유토곡선을 작성하고, 토량배분의 목적과 유의사항에 대하여 서술하시오.

Ⅰ. 개 요

일반적으로 유토곡선(Mass Curve)에 의한 방법이 적용되고 있다. 이 방법으로 비교적 토공량이 많은 경우 운반거리와 흙의 평형관계를 정확하게 파악할 수가 있다.

단순한 토량배분이나 토공량이 적은 경우는 토량계산서를 사용하여 적절히 실시해도 좋다.

Ⅱ. 토량계산서 작성 및 유토곡선 작성

1. 토량계산서 작성

측점	거리 (m)	절 토			성 토			토량 변화율 (C)	① 보 정토량 (m²)	② 공제할 토량 (m²)	③ 차인 토량 (m²)	④ 누가 토량 (m²)	⑤ 횡방향 토량 (m²)
		단면적 (m²)	평균 단면적 (m²)	토량 (m²)	단면적 (m²)	평균 단면적 (m²)	토량 (m²)						
8		12.3			4.2							+684	
9	20	20.1	16.2	324	2.5	3.3	66	0.9	73		+251	+935	73
10	20	17.5	18.8	376	7.7	5.1	102	0.9	113		+263	+1,198	118
11	20	6.6	12.0	243	11.3	9.5	190	0.9	211		+29	+1,227	211
11+10	10	4.8	5.7	57	18.2	14.7	147	0.9	163	(Cuivert)	−106	+1,121	57
12	10	3.2	4.0	40	19.6	18.9	189	0.9	210	+80	−90	+1,031	40
13	20	0	1.6	32	21.3	21.3	426	0.9	473		−441	+590	32
계													

(주) ① 보정토량 = 토량/C
② (+)는 성토로부터 공제할 토량, (−)는 성토에 가할 토량을 표시한다.
③ (+)는 절토, (−)는 성토
④ 처음 측점으로부터 차감토량을 누계한 것
⑤ 동일 단면의 절토량과 성토량의 작은 쪽을 표시한 것

1) 절토 중에 불량토가 있는 경우에는 절토 단면적에서 불량토부분을 차감하여 계산하고 불량토는 사토로 계상한다.
2) 절토의 토질이 예를 들면 암과 흙으로 구분되어 있는 경우는 각기 나누어 측정하여 둘 필요가 있다.

2. 유토곡선의 작성

노선 중심선의 종단도 ACDEFGHB를 그린다.

종단도 아래 적당한 기선 a, b를 설정하여 토량계산서에서 구한 누가토량을 종단도의 각 측점에 대응시켜 Plot하고 유토곡선 acdefghi를 그린다.

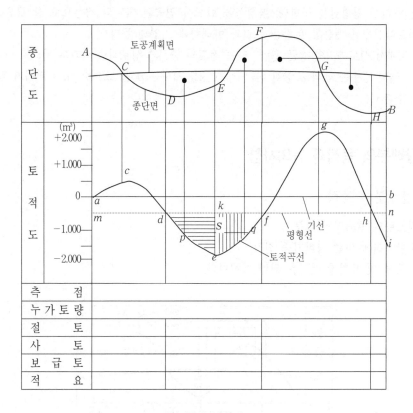

유토곡선 작성예

3. 유토곡선의 특성

1) 곡선의 꼭지점과 최저점은 각각 절토에서 성토로, 성토에서 절토로의 변이점이다. 변이점이 반드시 종단도상에서의 지반면과 토공계획면과의 교차점에서 일치되는 것은 아니다.

2) 기선 a, b에 평행하는 임의의 평편선을 그어 유토곡선과 교차하면 인접하는 교차점(평편점이라 한다)과의 사이의 토량은 절토, 성토가 평형을 이루고 있다. 예를 들어 곡선 def에서는 d로부터 e까지의 성토량과 e로부터 f까지의 절토량이 서로 같다.

3) 평편선으로부터 곡선의 꼭지점 및 최저점까지의 높이는 절토하여 성토용으로 운반되는 실지 토량의 합계가 된다. 예를 들면 def의 경우에 전체 이동할 토량은 ek가 된다. 유토곡선에서는 편절, 편성의 횡방향의 유용토는 포함되어 있지 않기 때문에 주의해야 한다.

4. 유토곡선에 의한 토량배분

1) 토량배분을 할 경우는 미리 토량계산서로부터 절토, 성토의 토량을 알고 개략적인 배분을 한다. 필요에 따라서는 토취장과 사토장도 검토해 둔다.
2) 절토와 성토가 대략 평형되어 있는 구간에서는 도상에서 평형선을 위아래로 움직여보고 가장 유리한 평형점을 구한다. 평형선을 반드시 연속된 하나의 직선으로 할 필요는 없다.
3) 유토곡선에서 배분할 토량은 도면의 아래쪽에 기입해 둔다.
4) 절토에서 성토까지의 평균 운반거리는 절토의 중심과 성토의 중심과의 거리로 나타낸다. 곡선 *def*의 경우는 *ek*의 중앙점 *s*를 구하고 *s*를 지나는 *pq*를 그으면 *pq*의 길이가 평균운반거리가 된다.

III. 토량배분의 목적과 유의사항

1. 토량배분의 목적

1) 절토량의 효율적인 배분
2) 운반거리에 따른 장비기종 선정
3) 사토장 및 토취장 선정을 위해 실시한다.

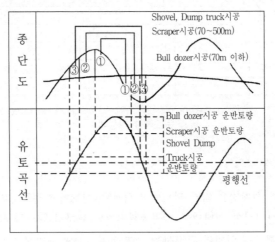

건설기계의 운반거리에 의한 토공설계 예

2. 토량배분시 유의사항

1) 토량배분은 되도록 운반거리를 짧게 계획함.
2) 배분계획에 있어서 현장관찰을 반드시 실시함.

3) 불량토에 대해서는 그냥 불량토로 취급하여 사토시킬 것이 아니라 가능한 한 사용하도록 고려할 것

4) 어느 절토가 유용의 운반거리가 멀어 다른 토취장으로부터 운반하는 것이 보다 경제적일 때에는 환경조건, 기타 사항을 신중히 검토하여 사토로 할 것인가 또는 유용할 것인가를 결정할 것

5) 유용토는 임시로 적치하였다가 후에 활용할 것

Ⅳ. 결 론

현장작업에서 Mass Curve가 맞지 않는 이유

M/C상으로는 같은 단면 내에서는 절성토를 균형시킨 후 운반량을 계산하나, 실제의 성토작업은 15cm 두께로 90~95% 다짐률이 얻어져야 다음층이 작업이 되므로, 한 단면의 절토량이 같은 단면의 성토로 되지 않고 다른 장소로 운반해서 성토작업을 해야 한다.

M/C상으로는 수평으로 만나는 점이 절·성토의 균형을 이루는 점으로 운반거리를 계산하나, 실제로는 그 구간 내에서 전압이 끝나지 않아 다음 층의 작업을 할 수 없게 되거나, 절토한 흙의 함수비가 높거나 해서 건조시켜야 쓸 수 있는 흙이라면 모든 작업이 중단되므로 다른 장소로 운반해서 성토한다.

문제 27   토공에서 Mass Curve의 목적을 약술하시오.

Ⅰ. 개 설

유토곡선은 도로나 비행장의 토공에 적용되며, 그 목적은 절·성토량의 효율적인 배분, 운반거리에 따른 장비기종 선정 및 토취장, 사토장 선정에 있다. 따라서 목적별 세부사항에 대하여 기술하고자 한다.

Ⅱ. 절·성토량의 효율적인 배분

1) 절·성토의 균형기선을 결정하여 이를 반복 : 최적인 토량 배분
2) 경제적인 토공계획

Ⅲ. 운반거리에 따른 장비기종 선정

1. 운반거리별 운반량의 산출

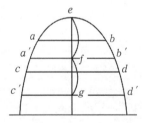

ef 구간 : 운반량
ab 구간 : 평균운반거리
fg 구간 : 운반량
cd 구간 : 평균운반거리

2. 거리별 경제적 운반장비 산출

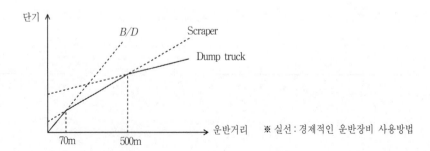

※ 실선 : 경제적인 운반장비 사용방법

① 불도저 운반거리 : 70m

② Scraper 운반거리 : 70~500m

③ 덤프트럭 : 500m 이상

3. 평균운반거리별 공사단가를 기준으로 경제성 평가

Ⅳ. 토취장, 사토장 선정

1. 토취장

기선이 끊어져 하강일 경우 토취장 성토 발생

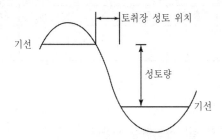

2. 사토장

기선이 끊어져 상승일 경우 사토 발생

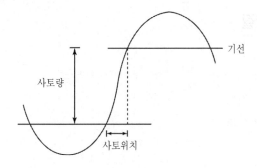

Ⅴ. Mass Curve 작성 방법 및 순서

1. 절·성토량 산출

| 측 량 | : Chain별 횡단측량 |

| 물 량 산 출 | : 편절, 편성구간 조정 |

| 토 적 표 작 성 | : 토량 환산계수 산정 |

2. 토적표 작성

측정	거리	절 토					성 토		
		단면적	물량	보정물량	암	계	단면적	물량	계

3. 작성 순서

1) 각 측점에서 횡단면도의 절·성토량을 구한다.
2) 토적표를 이용 → 누가토량을 구한다.
3) 횡축 측점, 종축 누가토량 → Graph
4) 기선 결정 → 경제적인 토량 배분

Ⅵ. 유토곡선의 성질

1. Curve

① 상향곡선 → 절토
② 하향곡선 → 성토

2. 정점 및 저점

① 정점 : 절토에서 성토로 변하는 변곡점
② 저점 : 성토에서 절토로 변하는 변곡점

3. 기선과 나란한 평행선을 그어 만난 두 점 간의 토량은 절·성토량 균형

    ① 횡방향 거리 : 평균운반거리
    ② 종방향 거리 : 운반 토공량

4. 유토곡선에 편절, 편성구간의 횡방향 유용토는 포함되어 있지 않으므로 유의

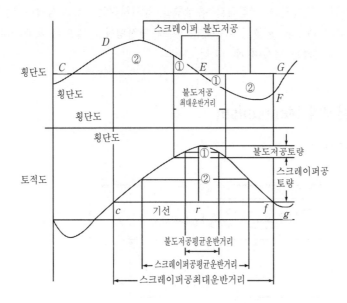

5. 토공 배분의 원칙 : 높 → 낮, 운반은 한곳에 모아서 운반거리 짧게

문제 28 노반의 동상을 방지할 수 있는 재료 및 공법에 관하여 쓰시오.

Ⅰ. 개 설

한랭지에서 0℃ 이하의 저온이 지속되어 간극수가 얼면, 얼음의 간극수 간에 서로 상반된 힘이 작용하여 얼음을 만들려는 결정력과 흡착수를 유지하려는 힘 결정력이 커지면 표면장력이 평형을 이루기 위해 하부의 물을 끌어올린다. 이때 체적팽창을 일으켜 모관수의 흡인작용이 증대하면서 노면이 융기하는 현상이 凍上이다.

Ⅱ. 동상과 융해의 Mechanism

1) 동 상(Frost Heave)

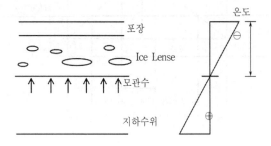

0℃ 이하의 저온이 계속되면 지반의 온도는 지표면에서부터 내려가 동결심도(Frost Line)까지 온도가 0℃ 이하로 떨어지게 되며, 이때 흙의 공극 속에 물이 얼어 체적이 팽창되는데 지하수위가 가까이 있어 모관수가 계속적으로 공급될 경우에는 팽창현상이 더욱 가중되어 지표면 또는 노면이 부풀어오르며 균열을 일으키는 현상

2) 융 해

기온이 0℃ 이상으로 상승하면 얼었던 지반은 지표에서부터 녹아 얼기 전보다 함수비가 훨씬 증가하게 되고 땅속의 녹지 않은 동결층은 녹은 물의 배수를 방해하게 되어 표면 근처의 흙의 전단강도를 떨어뜨리게 한다. 이때 노면 위로 차량이 통과하면 포장체가 파손되는 원인이 된다.

Ⅲ. 동상이 일어날 조건

1) 동상이 일어나기 쉬운 토질일 것
   ① 모세관현상이 크며 적당히 투수성 갖는 실트질
   ② 소성한계 근처의 자연함수비를 갖는 점토

2) 0℃ 이하의 온도가 오랫동안 지속

3) Ice Lense를 형성할 수 있도록 물 공급이 충분할 것

Ⅳ. 동상방지 대책

동상이 일어날 조건 중 한 가지만 제거

1) 치환공법
   ① 보통 동결심도 70% 깊이까지 동상을 일으키지 않는 재료로 치환
   ② 동상을 일으키지 않는 재료
     ⅰ) #4번체 통과분 중 #200번체 통과량이 15% 이하인 부순돌
     ⅱ) #4번체 통과분 중 #200번체 통과량이 9% 이하인 막자갈
     ⅲ) #200번체 통과량이 6% 이하인 모래

2) 차단공법
   ① 지하수위를 저하시키거나 성토를 하여 동상에 필요한 공급수 차단
   ② 모관수의 상승차단 위해 Soil 시멘트나 아스팔트 처리 시공

3) 단열공법
   포장 바로 밑에 스티로폴 기포콘크리트층을 두어 흙의 온도저하를 작게 한다.

4) 빙점강하공법
   동결온도를 낮추기 위해 NaCl, CaCl$_2$을 섞어 화학적 안정처리 시공

5) 배수공법
   배수구를 설치하여 배수한다.

Ⅴ. 동결 심도 구하는 법

1) 현장조사에 의하는 법

   ① 동결심도계
   ② Test Pit 통해 관찰

2) 일평균 기온으로 구하는 법

   일평균 기온이 ⊕에서 ⊖로 변화하는 달부터 시작하여 ⊖에서 ⊕로 변하는 달까지의 일평균기온을 누계하여 Plot했을 때 ⊕, ⊖의 최대 차이값이 동결지수이며 F로 표시한다.

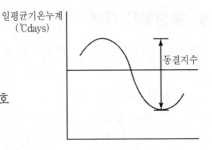

   동결심도 $(Z) = C\sqrt{F}$

   C : 정수 3~5
   F : 동결지수(℃days)
   5 : 산악도로로서 용수침투, 실트질 다량
   3 : 햇빛이 적당하고, 배수·토질 조건 양호

3) 열전도율에 의한 방법

   열전도율이 흙·물의 잠재열로 이루어진다고 가정

   $$Z = \sqrt{\dfrac{48KF}{L}}$$

   K : 열전도율
   F : 동결지수
   L : 융해잠재열(Cal/cm^3)

Ⅵ. 결 론

   도로의 계획설계시에는 동상과 배수를 함께 고려하여야 하며, 배수가 불량하면 지지력이 약해지고 동절기에 동상이 일어난다. 이를 방지하기 위해서는 다음과 같이 해야 한다.
   1) 설계시 동결심도 적용에 유의하며 배수시설과 관련하여 설계한다.
   2) 시공시나 유지관리시에도 비동상성 재료의 혼입이 되지 않도록 시공방향을 제시한다.
   3) 단열, 차수, 화학약품 등의 처리공법에 더욱 연구가 필요하다.

문제 29 동결심도의 적용성을 설명하고 다음과 같은 조건에서 동결깊이를 산출하시오.
1) 동결지수 : 430(℃day)
2) 산악도로로서 용수의 침투가 많고 Silt가 다량 함유된 토질

Ⅰ. 서 론

0℃ 이하의 저온이 지속되어 간극수가 얼면 얼음과 간극수 간에 서로 상반된 힘이 작용함으로써 평형을 이루기 위하여 하부의 물을 끌어올린다. 이때 체적팽창을 일으켜 노면을 융기시키는 현상을 동상이라 하며, 동상의 피해 깊이를 동결심도라 한다.

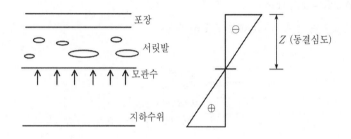

동결심도 구하는 법 ┌ 현장조사에 의한 법
              ├ 일평균 기온으로 구하는 방법
              └ 열전도율에 의한 방법

특히 동결지수에 의한 일평균 기온으로 구하는 방법에 대하여 세부적으로 기술하고자 한다.

Ⅱ. 동결심도 적용성

일평균 기온이 (+)에서 (−)로 변화하는 월부터 시작하여 (−)에서 (+)로 변하는 월까지의 일평균 기온을 누계하여 Plot했을 때 (+)와 (−)의 최대

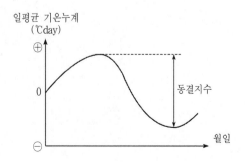

$$Z = C\sqrt{F}$$

Z : 동결깊이(cm)

F : 동결지수(℃day)

C : 흙의 함수비, 건조밀도 등에 결정되는 계수(3~5)

일반적으로 동결깊이×70%에 대해 치환공법 이용(포장구조체 단면 결정)

III. 산악도로로서 용수가 침투하여 Silt가 다량 함유된 토질에 대한 동결심도 결정

$$Z = C\sqrt{F}$$
$$= 5\sqrt{430} = 103.6 \, \text{cm}$$

산악도로의 포장구조 결정 103.6×0.7≒75cm 정도

표층 7cm

기층 15cm

보조기층 15cm

선택층(동결방지층) 40cm

문제 30 토공정규

Ⅰ. 정 의

토공사에 앞서 절취 또는 성토할 기준이 되는 곳에 설치하는 규준틀은 절·성토의 높이, 비탈어깨, 비탈경사도, 비탈면 위치 및 시공기면 높이 등을 표시해 주는 것이며, 특히 노체·노상의 폭원 및 절·성토 법면 기울기를 나타낸다.

Ⅱ. 설치 요령

1) 규준틀 구배는 Level, 고무호스로 잡고 20m 간격으로 세운다.
2) 공사중에 이동되거나 손상되지 않는 위치에 정확하게 견고히 세워야 한다.
3) 토공·포장공의 개략적인 높이를 시각적으로 판단할 수 있도록 1구간마다 설치한다.

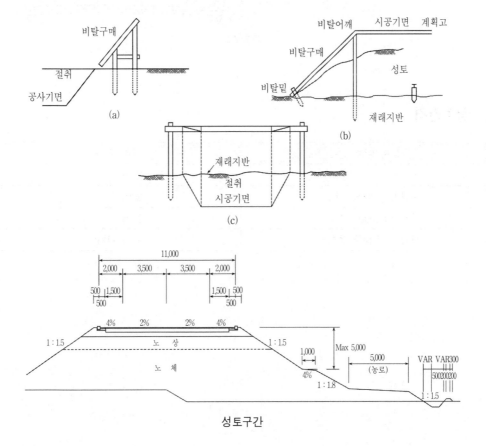

성토구간

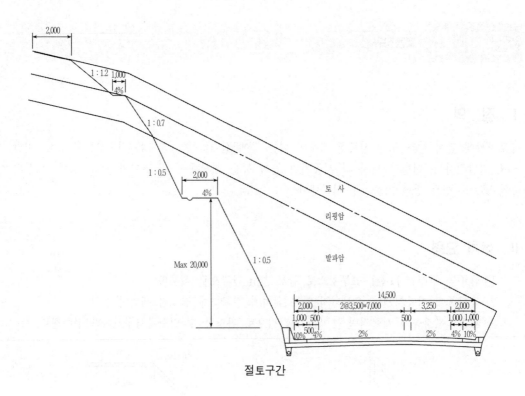

절토구간

Ⅲ. 설치간격

설치 장소 조건	설치 간격
직선부	20m
곡선반경 300m 이상	20m
곡선반경 300m 이하	10m
지형이 복잡한 장소	10m 이하

문제 31　흙의 동결이 토목구조물에 미치는 영향에 대하여 기술하시오.

Ⅰ. 개 요

동결작용(Frost action)은 토목구조물의 공용성에 영향을 주는 주요 요인들 중의 하나이다. 동절기에 흙의 동상작용(Frost heaving)으로 인한 지반의 융기현상과 해빙기에 융해침하 현상작용으로 인한 구조물 기초, 상·하수도, 노상지지력 감소로 인한 포장 파손으로 대별할 수 있다.

Ⅱ. 흙의 동결로 인한 문제점

1. 동상작용

포장 구조체 하부에서 흙의 동상작용은 간극수의 동결로 인한 얼음 결정체의 빙점분리현상(Ice segregation)에 의해 주변 및 하부의 부동결수를 흡수하여 흙의 체적을 팽창시킴으로써 포장체의 융기가 발생되는 것을 말한다. 이러한 동상작용의 원인인 하부층의 빙점분리가 일어나기 위한 필요조건은 다음과 같다.

1) 흙 : 작은 입자를 함유한 동결가능토이어야 한다.
2) 온도 : 노상토 내에 결빙온도면이 존재하여야 한다.
3) 물 : 지하수면 이하로부터 수분의 공급이 가능하여야 한다.

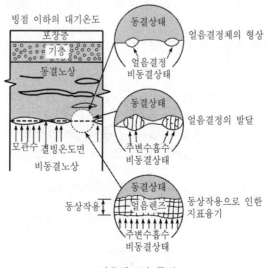

얼음렌즈와 동상

2. 융해작용(Thawing)

융해작용으로부터 발생하는 흙의 약화는 융해가 노상면에 발생되고 있거나 융해속도가 배수속도에 비해 급속하게 진행되는 해빙 초기에 명확히 발견된다.

표면 부근 얼음의 융해는 아래쪽으로 융해수를 발생시키지만 계속적으로 동결상태인 흙을 통하여 배수될 수 없으므로 하부층은 완전히 습윤상태로 되어 지지력이 감소된다. 그러므로 융해기간 중에는 중차량 통행으로 인한 악영향에 주의하여야 하며, 이러한 조건들은 포장층의 과잉간극수압 발생과 극심한 재하능력 감소의 원인이 된다.

노상토의 강도가 감소되면 동결-융해로 인한 건조수축 및 팽창을 일으키며 융해기간 중 흙의 강도 감소와 감소기간은 흙의 종류, 동결·융해기간 중의 온도조건, 융해기의 교통량 및 종류, 수분공급, 배수상태 등의 지배를 받는다.

III. 대책공법

1. 노상준비공

1) 문제점

시공중 설계상 적합한 토질이 아니다(실트, 실트층).

2) 대   책

① 동결가능토를 제거한 후 부동결토로 치환
② 부동융기의 발생이 가능한 지역은 동결 가능성이 적은 인접지역까지 완만한 변화부를 설치
③ 습윤지역이면 추가적인 배수방법 강구

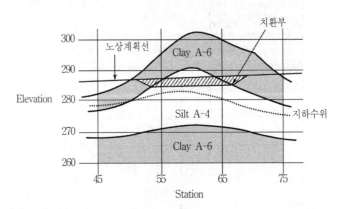

동결가능토의 치환

2. 성토 및 재료

1) 문제점

① 압축성이 큰 재료나 함수비가 높은 성토재료를 두껍게 성토하였다(융해침하 발생).

② 동절기에 성토시공시 얼음층이나 눈 또는 얼음덩어리가 존재하면 안정성이 저하되고 융해침하 발생

2) 대 책

① 성토부 시공은 쇄석골재, 낮은 함수비의 배수가 잘되는 자갈 등을 사용하여 95%의 수정다짐 밀도로 다짐 필요

② 성토부 표면은 염화칼슘 살포 또는 차단제 사용

③ 야간, 주말 등 시공이 일시적으로 중단되는 동안은 보호할 필요가 있다(온도한계>−4℃)

3. 절 토

1) 문제점

① 절토면의 융해수나 유수로 인하여 사면침식, 배수로의 침적 및 결빙작용 발생

② 배수로 퇴적물이 쌓여 결빙원인 발생

2) 대 책

① 정기적으로 청소할 수 있도록 배수로의 폭을 최소 3.5m 이상 설치한다.

② 사면경사 1 : 4 이내로 하여 융해에 노출되는 면적을 감소시키고, 신속한 온도 평형상태를 얻도록 한다.

③ 물의 고임 방지를 위해 성토부 끝에 소단부와 배수로를 설치하고 배수로의 위치는 노견 가장자리로부터 최소 6m 정도 떨어진 거리에 설치한다.

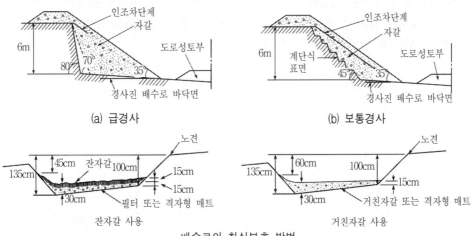

배수로의 침식보호 방법

4. 수리 구조물(암거)

1) 문제점

물고임, 침식으로 인해 암거의 단부, 중앙부에 부등융기나 침하 발생

2) 대 책

① 파형 강관(corrugated metal pipe) 사용
② 주암거 상부에 보조암거 설치

5. 포 장

1) 문제점

① 융기
② 부등침하
③ 포장체 파손으로 인한 승차감 저해

2) 대 책

① 융해에 대한 안정한 노상부 설치
② 동결토 제거
③ 기존 지반 온도체제의 유지를 위한 충분한 채움층 확보, 인조차단제의 사용

Ⅳ. 결 론

동결에 의한 토목 구조물 건설은 지형, 동력조건, 경제성, 공종, 환경영향 등을 고려하여 시행하여야 하며, 장비의 개발 및 동결 발생방지를 위한 굴착방법, 콘크리트 양생방법, 저온용접공법 등 작업방법, 고성능의 차단재료 등 연구 개발이 필요하다.

제2장
사면안정

문제 1 사면의 안정, 암반 사면의 붕괴형태와 각각의 보강대책에 대하여 기술하시오.

I. 개 설

비탈면이 기울어져 있는 경우, 중력 작용에 의해 흙 내부의 어느 면에서 전단응력이 전단강도보다 클 때, 불안정하여 파괴가 된다. 또한 평상시 안정상태의 비탈면이 우수가 침투하면 지반의 함수비 증가, 점착력과 내부마찰각이 적어지며, 공극수압이 커지고, 전단응력이 전단강도보다 커져서 상재하중이 가해지면 파괴가 촉진된다.

붕괴요인에는 절토, 하중증가, 토피하중, 진동과 충격, 수위변화, 강우 등의 외적 요인과 진행성 파괴, 풍화작용, 침식 등의 내적 요인이 있다.

II. 사면 붕괴의 분류

1. 자연사면

1) 토 사
   ① 단순사면
   ② 무한사면

2) 암
   ① 평면활동
   ② 원호면활동
   ③ 계면활동
   ④ 단두붕절

2. 법 면

1) 성토법면
   ① 다짐성토
   ② 돌붙임
   ③ 석축법면

2) 절토법면
   ① 토사
   ② 암

Ⅲ. 자연사면의 붕괴

1. 단순사면

1) 원호면활동은 다음과 같은 형상으로 구분된다.

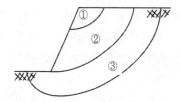

① 사면 내 파괴
② 사면선단 파괴
③ 사면저부 파괴

2) 원 인

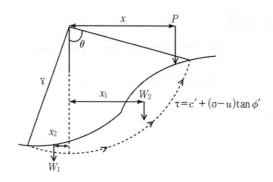

$$px + W_1 x_1 > W_2 x_2 + \gamma^2 \theta \left[c' + (\sigma - u) \tan \phi' \right]$$

평소에 안정되어 있던 사면이라도 장시간에 걸친 강우로 지반의 함수비가 커져 포화상태가 되면 c', ϕ'는 작아지고 공극수압 u가 커지므로 상기 조건이 쉽게 형성된다.

전단응력이 전단강도보다 커지므로 발생하며, 상재하중 p가 가중될 때 활동이 촉진되므로 사면파괴가 된다.

3) 대 책

① 불투수성 도수로 설치하여 우수침투 방지
② 도수로 아래 덮개 덮는다.
③ 차폐벽 설치 : 예상 파괴면보다 깊게
④ 강우 직후 사면선단 부근의 중량물 통과금지

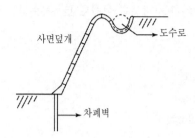

2. 무한사면

1) 주로 사면의 평평한 면을 따라 평면활동을 하며, 활동 원인은 다음과 같은 조건일 때 일어난다.

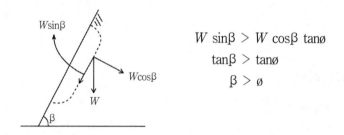

$$W \sin\beta > W \cos\beta \tan\emptyset$$
$$\tan\beta > \tan\emptyset$$
$$\beta > \emptyset$$

우수로 인해 지반이 포화되면 내부 마찰각 $\emptyset$가 작아지므로 우수침투를 방지하는 것이 중요하다. 그러나 영구적인 대책은 붕괴 예상부분을 제거하는 것이다.

2) 원 인

① 우수침투 $\emptyset$, c가 작아짐
② 전단응력 증가

3) 대 책

① 우수침투 방지
② 배수로 설치
③ 영구적인 안전대책은 붕괴 예상부분 제거 $\beta > \emptyset$

Ⅳ. 암으로 형성된 자연사면

1. 개 설

자연사면의 안정 여부는 암의 연경도, 절리의 유무 방향, 경사도, 풍화, 침식, 지하수상태, 절리의 연결면, 절리면의 거칠기에 의하여 결정된다.

따라서 전술한 조건에 따라 사면붕괴 형태도 토사사면과는 다른 특징을 나타내며 파괴형태
는 다음과 같다.

1) 평면활동(Plain failure)
2) 쐐기활동(Wedge failure)
3) 원호면활동(Arch sliding)
4) 단두붕절(Toppling failure)

2. 암 사면 붕괴의 원인

1) 사면 경사각(i) > 절리면 경사각(β) > 절리면 내부마찰각(ø)
2) 지표수 또는 우수의 침입
3) 풍화
4) 빙압, 침식

3. 붕괴의 형태와 대책

1) 평면활동(Plain failure)

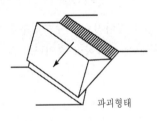

파괴형태

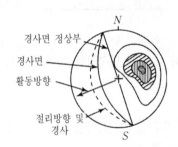

경사면 정상부
경사면
활동방향
절리방향 및
경사

① 원 인
　ⅰ) 암질이 강경하고 절리의 방향이 경사면의 방향과 동일
　ⅱ) β> ø
　ⅲ) 지표수, 우수 침투
　ⅳ) 절리면 풍화로 내부마찰각 감소
　ⅴ) 상재하중
② 대 책
　ⅰ) 일정한 방향으로 Rock bolt를 박는다.
　ⅱ) 사면선단 도수로 설치
　ⅲ) Shotcrete 타설 → 풍화, 침식방지
　ⅳ) 영구안전대책 : 옹벽, 말뚝, Anchor, Soil nailing
　ⅴ) 붕괴 예상부분 제거, 사면구배 조정

2) 계면활동(Wedge failure)

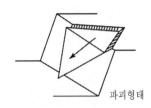

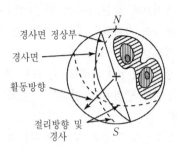

파괴형태

경사면 정상부
경사면
활동방향
절리방향 및
경사

① 원　인
 ⅰ) 암질이 강경하고 절리의 방향과 경사가 두방향으로 교우할 때
 ⅱ) β>ø
② 대　책
 ⅰ) 일정한 방향으로 Rock bolt를 박는다.
 ⅱ) 사면선단 도수로 설치
 ⅲ) 영구 안전대책 : 옹벽, Anchor, 말뚝, Soil nailing
 ⅳ) 붕괴예상부분 제거(ø>β)

3) 원호면활동(Arch sliding)

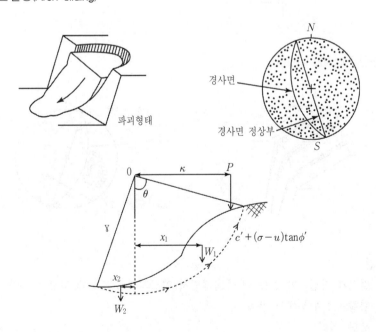

파괴형태

경사면
경사면 정상부

$$W_1x_1 + px > W_2x_2 + \gamma^2\theta\left[c' + (\sigma - u)\tan\phi'\right]$$

① 원인

 ⅰ) 장기간에 걸친 우수로 인한 함수비 증가

 ⅱ) c', ø는 작아지고, 공극수압 u는 커진다.

 ⅲ) 전단강도 < 전단응력

 ⅳ) 상재하중 p가 가중될 때 활동 촉진

 ⅴ) 암질이 연질이고, 절리가 뚜렷하지 않다.

② 대책

 ⅰ) 불투수성 도수로 설치, 우수유입 방지

 ⅱ) 도수로 아래 사면 덮개 덮는다.

 ⅲ) 차폐벽 설치 : 예상 파괴면보다 깊게

 ⅳ) 강우 직후 선단 사면부 중량물 통과 금지

 ⅴ) 지하수 배제 의한 맹암거 수발공을 설치

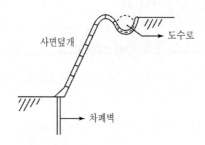

4) 단두붕절(Toppling failure)

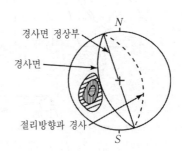

① 원인

 ⅰ) 절리가 직립하여 있을 때 풍화되면서 인장저항력을 잃게 되므로 수압, 풍압, 중력의
영향으로 단두에서 붕락

 ⅱ) 풍화, 침식

 ⅲ) 지표수, 우수유입

② 대책

  ⅰ) 도수로 설치

  ⅱ) Rock Bolt, Rock anchor

  ⅲ) Tie back anchor, Tie rod 정착

Ⅳ. 결 론

암반사면의 붕괴는 전술한 바와 같이 대부분 절리면의 상태와 방향, 경사에 좌우되므로 현장 조사에 의하여 그 원인과 대책을 세워야 한다. 사전조사가 어려운 경우 시공중 면밀히 관찰, 조사하여 즉시 시공에 반영해야 한다.

문제 2 도로의 절토부, 성토부의 강우로 인한 법면붕괴의 원인을 들고, 그 대책에 대해 논하시오(성토사면의 안정을 해치는 요인).

Ⅰ. 개 설

도로의 절토부, 성토부가 강우에 의해 붕괴될 때는 보통 표층부 붕괴로 소규모이지만 강우에 따른 지하수의 상승이 대규모의 심층부 붕괴나 산사태의 요인이 된다.

법면붕괴의 원인은 절토, 성토 공종에 따라 다르나 설계·시공 불량, 토질조건에 기인한다.

여기서는 각각의 붕괴원인과 대책에 대하여 기술하고자 한다.

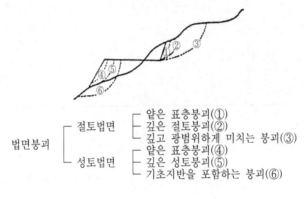

```
                      ┌ 얕은 표층붕괴(①)
           ┌ 절토법면 ┤ 깊은 절토붕괴(②)
           │          └ 깊고 광범위하게 미치는 붕괴(③)
법면붕괴 ───┤
           │          ┌ 얕은 표층붕괴(④)
           └ 성토법면 ┤ 깊은 성토붕괴(⑤)
                      └ 기초지반을 포함하는 붕괴(⑥)
```

법면붕괴 모식도

Ⅱ. 절토법면

절토법면에서의 강우에 의한 붕괴원인과 그 대책은 다음과 같다.

1. 풍화가 심한 비탈면

1) 풍화가 되지 않도록 절토후 곧바로 법면 보호공 실시(모르타르, 콘크리트 뿜어붙이기공)
2) 용수가 있을 때는 콘크리트 격자 블록공
3) 지하수위 저하대책 강구

2. 사질토 등 침식하기 쉬운 토질

1) 비탈면의 상·하단에 배수시설
2) 소단 배수시설

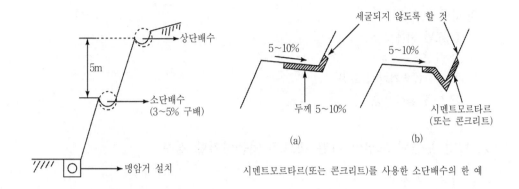

시멘트모르타르(또는 콘크리트)를 사용한 소단배수의 한 예

   3) Soil cement, 비닐 Sheet 사용하여 가배수로 설치
   4) 법면 보호공
      ① 콘크리트격자 블록공
      ② 돌붙임공
      ③ Block 붙임공

3. 균열(절리가 많은 암), 균열면이 활동면되는 경우

   1) 비탈 구배 완만하게
   2) 낙석방지망, 낙석방지책 설치

4. 지하수위 높은 경우

   1) 지하 배수시설
      ① 지하수 차단공
      ② 지하수 배제공
      ③ 집수정 설치

Ⅲ. 성토법면

절토와는 달리 사용 성토재료 선정되므로 대처하기 쉽다.

1. 점착성이 없는 사질토인 경우

   1) 구배 변화부에 침식방지용 배수구 설치
   2) 아스팔트 유제살포나 편책공 설치

3) 법면 보호공
　① 표면 피복
　② 식생공
　③ 콘크리트격자 블록공
　④ 블록 붙이기공

2. 법면 부근에 토질이 나쁜 재료로 덧붙이기할 경우

1) 가배수구 설치
2) 다짐 충분하게
3) 2종 이상의 재료 경계부에는 세굴방지 위한 배수구 설치
4) 콘크리트격자 블록공 설치

3. 절·성토부 경계 부근

1) 시공중에 강우로 인한 붕괴 예상
2) 경계부를 따라 가배수공 설치

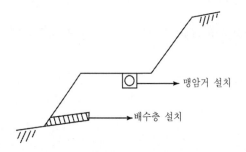

Ⅳ. 결 론

　절토·성토 법면에 향후 강우로 인한 붕괴가 일어나지 않도록 보호공법 선정에 신중을 기하고 경제성, 공기, 사면안정을 고려하고, 주위 경관을 해치지 않도록 시공을 철저히 해야 한다.
　사고 후 대책은 다음과 같다.

　　현지 답사 → 응급대책 → 조사 → 향후 대책 수립 → 대책(공기, 시공성, 경제성)

문제 3 법면의 종류와 붕괴원인 및 대책에 대하여 기술하시오.

Ⅰ. 개 설

법면이 중력작용을 받을 시 높은 곳에서 낮은 곳으로 이동하려는 경향이 있다. 이때 흙 내부의 어느 면에서 전단응력이 발생한다.

　　1) 안전조건 : 전단강도 > 전단응력
　　2) 붕괴조건 : 전단강도 < 전단응력

　　　　우수 침투시 ┬ 함수비 증대
　　　　　　　　　├ 점착력, 내부마찰각 감소
　　　　　　　　　└ 공극수압 증대

여기서는 법면의 종류와 각각의 붕괴원인과 대책에 대하여 기술하고자 한다.

Ⅱ. 법면의 종류

　　법면 ┬ 절토법면 ┬ 토사
　　　　│　　　　　└ 암
　　　　└ 성토법면 ┬ 다짐성토법면
　　　　　　　　　├ 돌붙임
　　　　　　　　　└ 석축붙임

Ⅲ. 토사 절토법면

1. 붕괴원인

　　1) 한계고를 넘어 높게 절토법면 조성
　　2) 강우로 인한 지반의 함수비 증가
　　3) c, ∅ 감소로 전단응력 증가
　　4) 단위체적이 커지므로 토압 증대
　　5) 용수, 지하수, 우수 등 배수처리 불량
　　6) 동결 융해
　　7) 풍화, 침식, 진행성 파괴
　　8) 표면처리 불량
　　9) 하중 증가

2. 대 책

1) 시공상 대책

① 표준구배유지

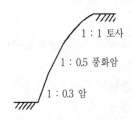

② 배수처리

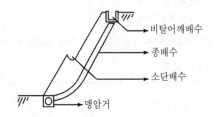

③ 표면처리(비탈면 보호공)

ⅰ) 구조물공 : 콘크리트 붙이기공, 돌쌓기, 돌붙이기, Shotcrete, 콘크리트격자 블록공

ⅱ) 식생공 : 식생공, 식수공, 파생공, 떼붙이기공

④ 다짐 철저

2) 보강대책

① 응급대책(억제공)

ⅰ) 지하수 배제공, 지표수 배제공

ⅱ) 지하수 차단공

ⅲ) 배토공, 압성토공

② 영구대책(억지공)

말뚝공, 옹벽공, 보강토공, Anchor공, Soil nailing공

3) 설계상 대책

① 표준구배 차이시 안정계산

② $Fs = \dfrac{\sum Wi \ \cos\theta \ \tan\phi + \sum cl}{\sum Wi \ \sin\theta} \geq 1.2$

Wi : 분할편의 중량, θ : 경사각, ϕ : 내부마찰각, c : 점착력, l : 원호면 길이

Ⅳ. 암의 절토법면

1. 붕괴원인s

1) 구배 1 : 0.3~1 : 0.5 유지
2) 풍화에 따른 절리
3) 진행성 파괴
4) 우수 및 지표수 유입

2. 대　책

1) 낙석 방지대책
　① Shotcrete 뿜어붙이기
　② 방호책, 방호망 설치

2) 풍화촉진 방지대책
　① Shotcrete 타설
　② 도수로 설치

Ⅴ. 성토법면

1. 붕괴원인

1) 다짐 불충분
2) 우수에 의한 세굴
3) 성토재료 불량

2. 대　책

1) 임시대책
　① 도수로 덮개 설치
　② 압성토공

2) 영구대책
　① 법면 보호공 설치
　② 안정검토 후 구배 유지

Ⅵ. 돌붙임 성토법면

1. 붕괴원인

1) 시공불량
2) 구배유지 불량

2. 대 책

1) 시공 철저
2) 안정검토 후 구배 유지

Ⅶ. 석축법면

1. 붕괴원인

① 뒤채움 불량
② 기초불량, 배면 배수 불량
③ 견치석의 공장 및 맞물림 불량
④ 상재하중 증가(우수시), 해동시

2. 대 책

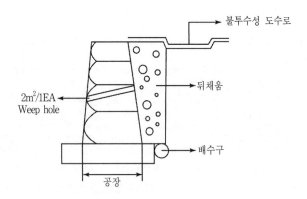

① 뒤채움 재료 입도 양호
② 경량 골재 사용
③ 배수공(Weep hole) 설치
④ 배면수 유입방지 및 배수 철저
⑤ 도수로 설치, 지표수·우수 유입 방지
⑥ 강우시 상재하중 접근 금지

문제 4 토공법면이 붕괴되었을 때의 응급대책과 항구대책에 대하여 쓰시오.

Ⅰ. 개 설

토공법면이 붕괴되었을 때의 응급대책 목적은 1차 재해를 최소한 줄이고, 항구대책은 공사비 절감과 2차 재해의 방지에 있다.

토공법면의 붕괴시 대책수립의 순서는 다음과 같다.

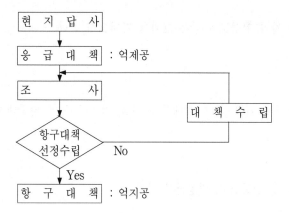

따라서 여기서는 법면붕괴시 응급대책과 항구대책에 대하여 기술하고자 한다.

Ⅱ. 응급대책

- 현지답사 후 임시대책을 신속히 수립
- 일시적인 복구를 강구

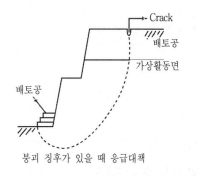

붕괴 징후가 있을 때 응급대책

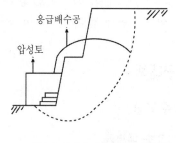

활동이 일어난 경우의 응급대책

붕괴시 응급대책

1) 배토공(Bull Dozer로 배토)

붕괴 징후가 나타나면 활동 원호면보다 깊게 흙을 제거, 상재하중 제거

2) 응급배수공(강우나 지표수 유입 방지)

강우나 지표수 유입으로 인한 붕괴촉진방지를 위해 Crack 부분을 Cement Mortar로 충진하고 비닐 등으로 응급배수공을 설치

3) 압성토공

비탈면의 하부에 압성토를 실시. 이때 배수처리에 주의한다.

4) 토류공

중소 규모의 비탈면에 흙마대 쌓아 압성토와 같은 효과를 가져오게 한다.

Ⅲ. 조 사

임시대책 조치 후 향후 붕괴가 발생하지 않게 하기 위해선 조사를 철저히 하여 영구대책을 수립해야 할 필요가 있다.

1) 관 찰

재붕괴가 일어날 위험도 파악 및 침하상황, 변형상황 파악

2) 조사항목

① 인근 주변 기존 절토·성토 비탈면 상세 조사
② 탄성파 탐사, 전기 탐사
③ Boring과 사운딩
④ 토질, 암석시험
⑤ 관련 자료수집
⑥ 지하수조사
⑦ 성토재료시험(흙의 다짐, 강도특성 등)
　이들을 종합 검토, 분석하여 영구대책공법 선정

Ⅳ. 영구대책

1. 배수공법

1) 지표수 배제공

① 크랙부분을 Cement나 Mortar로 충진하고 비닐 등을 씌운다.
② 흄관, V형 측구 이용, 집수로, 배수로 설치

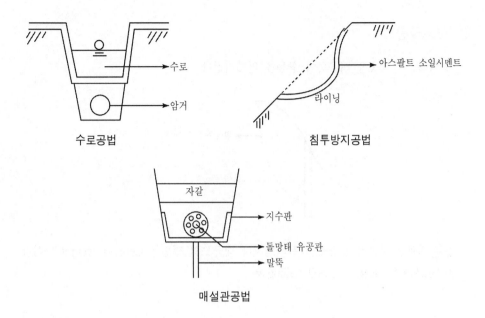

수로공법

침투방지공법

매설관공법

2) 지하수 배제공

맹암거 설치, 지하수 배제

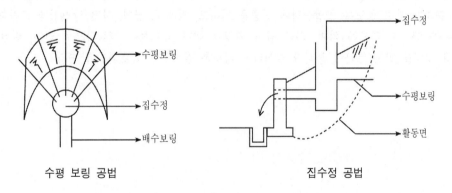

수평 보링 공법

집수정 공법

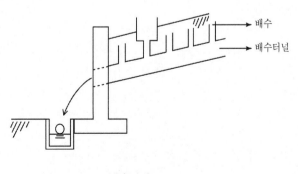

배수터널

2. 구조물공

1) 말뚝공 : 말뚝을 시공하여 활동을 억제시킨다.

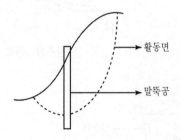

활동면

말뚝공

2) 옹벽공 : 비교적 소규모의 붕괴방지나 대규모의 말단부 Counter weight로 사용
3) Anchor공, 보강토공, Soil nailing공

V. 결 론

용수가 있는 곳 1차 배수처리 후 임시복구한 다음 2차 배수시설을 한다. 영구대책 선정시 향후 붕괴가 되지 않도록 공법선정에 신중을 기하고, 경제성, 공기, 사면 안전성을 고려하여, 주위 경관을 해치지 않도록 하며, 최근 들어 환경에 대한 중요성이 지적되므로 인가, 밀접지역이나 중요 구조물 공사 부근에 붕괴가 일어나지 않도록 안전성이 확보되도록 한다.

문제 5 용수가 있는 절토부의 사면보호공법을 열거하고 설명하시오(비탈면 표면수 및 용수처리).

Ⅰ. 서 론

표면수 용수에 의해 비탈면이 세굴되어 유출하든가 붕괴의 우려가 있는 곳에 배수시설 설치

```
┌ 비탈어깨배수
├ 종배수구
├ 수평배수구
├ 맹암거
├ 유공관 삽입
└ 소단배수구
```

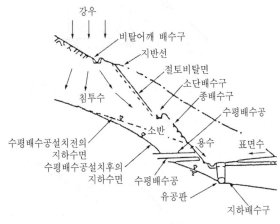

절토 배수

땅깎기 비탈면에 종배수구를 만드는 경우는 유수가 노면을 때려서 세굴되지 않도록 유의(도수로 설치)

Ⅱ. 절토 비탈면 표면수 용수처리 계획

1) 비탈면 배수설비는 가능한 처음 시공하는 것이 바람직

　① 비탈면은 기상조건에 의해 여러 가지 피해

　② 양수의 유하(流下)에 의한 침식이 가장 큰 피해

　③ 배수에 의한 재해방지 고려

2) 표면수 용수에 의해 비탈면이 세굴·붕괴의 염려가 있는 경우

　① 비탈 상단, 소단에 배수구 설치

　② 용수에 대해 용수하는 곳, 수량 등을 고려해서 설비 선정, 배치주의

3) 배수구 설계시 배수구가 물이 넘치거나 배수구 측면 표면이 세굴되는 경우 주의

III. 표면배수

1) 비탈 상단 배수구

① 콘크리트 U형 측구

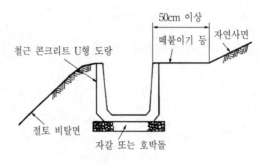

비탈어깨 및 소단배수 도랑

② 시멘트 모르타르로 보호한 측구

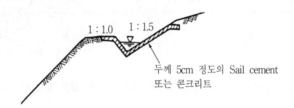

③ 필요에 따른 평떼 시공

2) 소단의 배수

① 콘크리트 U형 측구 → 수량이 많은 경우

② 시멘트 Mortar, 시멘트콘크리트 배수구 → 수량이 적은 경우

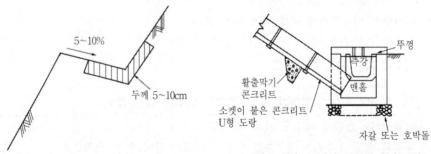

세로 배수 도랑과 비탈밑 배수도랑

③ 콘크리트 U형 배수구

Ⅳ. 용수배수

1) 지표면에 가까운 침수 맹암거 설치
2) 심부에서 용수가 표면에 삼출해 오는 경우 → 수평 배수공 설치

Ⅴ. 배수공법

1. 공법의 종류(전장 그림 참조)

① 지표수 배제공법 ─┬ 침투방지공법
　　　　　　　　　├ 수로공법
　　　　　　　　　└ 매설관공법
② 지하수 배제공법 ─┬ 수평Boring공법
　　　　　　　　　├ 집수정공법
　　　　　　　　　└ 배수 Tunnel

Ⅵ. 결 론

용수, 표면수 있는 곳을 1차적으로 배수처리 시설 필수적, 상황에 따라 2차 배수시설 강구. 공기, 경제성, 사면 안정성 고려한 계획을 선정시 중요

문제 6 산사태 원인과 대책에 대하여 열거하시오.

Ⅰ. 서 론

사면파괴 중 주로 지질구조적인 요인에 의해 사면이 비교적 넓은 방위에 걸쳐 활동하는 것을 산사태라 한다. 산사태에는 매우 활동이 완만하게 장기간 지속하는 경우가 많으며 그 중에는 단속적인 활동이 수십 년에 걸치는 경우도 있다.

산사태는 배사구조(Anticline structure), 유반구조(Dip slope structure), 돔구조(Dome structure), 캡록구조(Capped-rock structure) 등의 부분에서 발생하기 쉽고, 붕적토와 기반암의 경계, 풍화암과 미풍화암과의 경계 및 층리면(Bedding plame), 단층면(Fault plame)이 활동면으로 되는 경우가 많다.

Ⅱ. 산사태 단면 모식도

활동토괴의 중량이 이동하는 활동방향의 성분 T와 토괴의 저면에 유발되는 전단저항의 총량 S와의 균형에서 발생(T가 S의 최대값 넘었을 때 파괴)

$$F = \frac{S}{T} = \frac{\Sigma W \sin\alpha}{\Sigma (d + W \cos\alpha \tan\phi)} > 1.5$$

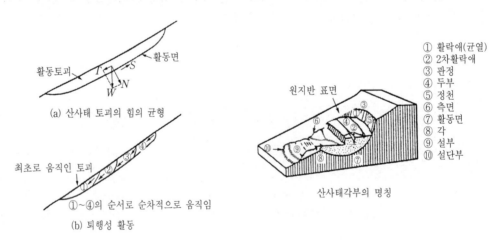

(a) 산사태 토괴의 힘의 균형

최초로 움직인 토괴

①~④의 순서로 순차적으로 움직임

(b) 퇴행성 활동

원지반 표면

① 활락애(균열)
② 2차활락애
③ 판정
④ 두부
⑤ 정천
⑥ 측면
⑦ 활동면
⑧ 각
⑨ 설부
⑩ 설단부

산사태각부의 명칭

Ⅲ. 산사태 원인

1) 내적 요인

① 사면경사가 급함.

② 사면을 구성하는 암과 토사의 강도가 낮아서 풍화가 진행하기 쉬움.

③ 층리면(Bedding plane), 절리면(Joint surface)과 단층면(Fault plane) 등이 있고, 활동면을 형성하기 쉬운 지반임. 또한 지표수가 침입하기 쉬운 지반임.
④ 지표수가 모이기 쉬운 지형임.
⑤ 지하수가 풍부함.

2) 외적 요인
① 하식, 해식 등에 의해 사면의 형상이 변화함.
② 굴착과 성토가 인공적으로 행해짐.
③ 댐 등의 저수지 수위가 급변함.
④ 지진력이 작용함.
⑤ 강우와 융설에 의해 지하수위와 간극수압이 상승함.
⑥ 수침에 의해 흙의 중량이 증가하고 강도의 저하가 생김(c, ϕ가 감소함).

Ⅳ. 산사태 대책공법

사면을 안정한 상태로 유지하기 위한 대책으로서는 지형, 지하수 등의 자연조건을 개선하고 산사태의 활동력 저감, 토괴의 전단저항력 증가 등에 의해 산사태의 개선 도모하는 억제공사(Control works)와 인공구조물에 의해 부족한 전단저항력을 보완하여 사면의 안정을 도모하는 억지공사(Prevention works)가 있다.

1) 억제공사
① 두부의 배토공사(활동력 감소)

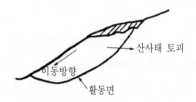

② 법면선단의 압성토공사(활동력 감소)

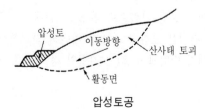

압성토공

③ 지표수 배제공사, 지하수 배제공사, 침식방지공사

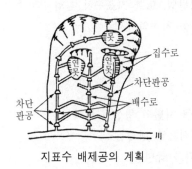

지표수 배제공의 계획

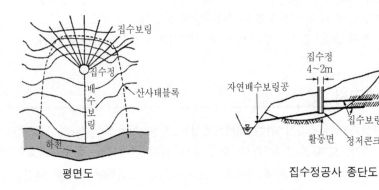

평면도   집수정공사 종단도

2) 억지공사

산사태 토괴를 기암에 정착시키기 위해 시공하는 것으로서 말뚝공사, 샤프트(Shaft) 공사, 앵커(Anchor) 공사가 있다.

① 말뚝공사(Pile works)

대구경 보링(지름 35~50cm)으로 기반 내까지 착공하고 그 공에 강관, H강과 모르타르(Mortar)를 넣어 말뚝 몸체를 제작하여 이동 토괴와 기암의 사이에 쐐기를 타입한 효과를 발휘시킨다. 일반적으로 이 말뚝은 기반 중에 산사태 토괴의 두께의 1/3~1/4 정도 근입시키고 말뚝과 주변 지반의 틈새는 모르타르 그라우트(Mortar grout)로 충전하여 지반과 일체화하도록 시공된다.

② 샤프트공사(Shaft work)

지름 1.5~4.0m의 우물을 인력으로 파고 그 속에 철근콘크리트 말뚝 몸체를 제작하는 것이다. 이 공법은 전석을 포함한 지층과 대단히 견고한 지층에 대구경 보링이 행해지지 않는 경우, 대형기계가 반입될 수 없는 지형인 경우, 소요 저항력이 대단히 큰 경우에 채용된다.

③ 앵커공사(Anchor works)

산사태 말단부에서 앵커와 반력판의 사이를 스트랜드(Strand)를 사용하여 결합시키고 활동면 강도를 증가시킴과 동시에 강화된 부분이 산사태 토괴의 推力에 저항하는 효과를 노려 시공되는 것이다.

V. 결 론

산사태 원인분석을 철저히 하기 위하여 활동면의 위치를 정확히 파악하여 그 특성을 알아보기 위한 조사로서 지질조사, 활동면 계측조사, 토질시험을 선행해야 하는데, Boring에 의해 지반구성을 파악 및 활동면 위치 판정하고 지하구조의 개략을 알기 위해 탄성파탐사와 전기탐사를 행한다.

활동면 계측조사는 지중변형률계, 공내경사계, 크리프웰을 이용하며 항시 산사태 토괴의 지표변위, 토괴의 신축, 균열의 생성, 지표경사의 시간에 따른 변화 등을 측정(신축계, 트랜싯, 지표변위계) 내지 정기적으로 항공사진촬영을 시행하면서 사전에 산사태 붕괴의 방지를 감지함이 선행되어야 한다.

문제 7   Land slide와 Land creep에 대해 비교 상술하시오.

Ⅰ. 산사태의 원인(정의)

산사태의 발생원인은 크게 두 가지 요인에 의해서 발생된다.

전단강도 감소요인과 전단응력증대 요인에 의해서 산사태가 발생되지만, 산사태의 종류에 따라 Land slide와 Land creep가 발생된다. Land slide의 경우 함수변화에 따른 원인이 크며 지층 구성 상태에 따라 지하수 분포상태 및 침투수 발생으로 붕괴되는 예가 많이 발생한다.

Land creep는 지형적인 여건이나 지질적인 조건에 의해서 감지할 수 없을 정도의 하향이동을 말하며 산사태 인접지역 등은 상시적으로 동태관찰을 통하여 Creep 변형을 관찰하여야 한다.

Land slide와 Land creep를 비교하여 설명하면 다음과 같다.

구 분	Land slide(산붕괴), 산사태	Land creep
원 인	호우, 융설, 지진	강우, 융설에 의한 지하수위 상승
발생시기	호우중, 호우 직후, 지진시	강우 후 어느 정도 시간경과 후
지 질	표층의 풍화, 약화가 현저한 투수성이 좋은 사질토, 풍화암	제3기층 변성암 지대, 파쇄대
지 형	경사 30°이상의 급경사면	5~20°완경사면 면적 1,000~1,000,000m², 깊이 3~30m
토 질	불연속층	점성토, 연질암을 Sliding면으로 한다.
발 생 상 태	• Sliding의 속도가 대단히 빠르고 순간적이다. • 활동토괴가 현저하게 교란된다. • 강우강도에 의한 영향이 크다. • 돌발형이다. • 발생규모가 작다. • Sliding면의 구배는 급경사이다.	• Sliding의 속도가 완만하고 연속적이다. • 활동토괴는 원형에 가깝다. • 지하수에 의한 영향이 크다. • 계속형이다. • 발생규모가 대단히 넓고 깊다. • Sliding면의 구배는 완경사이다.
대 책 공 급	• 법면보호 • 토류벽 설치 • 옹벽시공 • 배수시설 시공 • 산복사방	• 배수 : 표면배수(포장, 떼붙임, 돌붙임) 지하배수시설(암거, 집수정, 수평 Boring, 배수터널공법) • 지하수 차단방법(지중 차수벽 설치) • 압성토 공법 • 옹벽, 말뚝(목항, 콘크리트항, 강관항)항타

Ⅱ. 흙의 종류에 따른 Land slide 구분

1) 느슨한 모래의 사면 붕괴

포화시 사면 부근에서 폭파나 말뚝의 항타에 의한 충격 혹은 지하수위의 급격한 변화에 의해 발생되고 액상으로 진행되므로 완경사로 될 때까지 정지하지 않는다.

2) 암석의 붕괴

배수가 불량하고 포화될 때 암석의 중량이 증가하고 강도가 감소되어 점성류와 같이 유동한다. 층상의 정암이나 편암에 부분적으로 풍화된 곳에 많이 발생하고 눈이 녹을 때 많이 발생된다.

3) 연약한 균질의 점토사면 붕괴

사면의 경사가 느리고 점토가 연질이면 큰 반구상의 저부 붕괴를 일으키며, 사면 또는 사면선 부근의 굴착에 의해 유발된다.

4) 경 점토사면의 붕괴

자연사면의 사면선이 침식되거나 인위적으로 흙을 굴착할 때 노출된 사면의 정도가 분해하는 것 등에 의해 발생

5) 모래층이 중간에 끼어 있는 점토사면의 붕괴

모래층 속의 공극수압이 크게 되면 전단저항력이 감소되어 발생된다.

문제 8 암 절토사면의 붕괴시 안정성 검토 및 대책공법에 대하여 기술하시오.

Ⅰ. 서 론

현장조사는 현재 붕괴가 발생된 상태에서 절토사면의 붕괴원인을 파악하고 적합한 사면안정 대책수립을 위한 기본자료 획득을 목적으로 암반의 풍화상태, 불연속면상태, 지하수상태에 대해 조사를 실시하여 사면안정해석을 실시하고 이에 대한 전단강도를 추정하여 절리면의 거칠기에 의한 마찰각 추정과 점착력을 추정한다. 이에 대한 결과를 기초로 하여 사면안정대책을 시행해야 한다.

Ⅱ. 조사사항

1. 암 상

1) 면 깨짐 쉽게 발생 유무
2) 풍화에 약한 특성 유무
3) 파쇄된 부분 유무

2. 풍화상태

1) 편마암의 경우 풍화에 약한 판상구조를 따라 쉽게 깨짐.
2) 엽리면이 형성되어 3~5cm 정도
3) 암맥과 편마암의 경계부는 열수용액 등의 변질작용에 의한 약한 암반특성 양상
4) 풍화특성은 복잡한 지질구조, 암맥 등의 다양한 암상변화에 의해 종·횡방향의 풍화상태가 불규칙하게 변하므로 불안정한 상태

3. 불연속면 상태

전반적으로 절리발달은 그림과 같이 1Set의 주절리와 1Set의 부절리군으로 이루어져 있다. 주절리(J1) 방향은 N20-40E/45-52SE 방향이며 붕괴가 발생된 STA.4+800-830구간도 N36E/47-52SE 방향의 절리면에 의해 붕괴가 발생되었다. 그리고 부절리군(J2)은 N60W/70-90NE 또는 SW 방향을 이루고 있으며 수직에 가까운 절리군을 형성한다.

절리빈도는 석영암맥으로 이루어진 암석에서 절리간격이 50~100cm 정도를 이루며 백운모 편마암에서 수 cm 정도의 절리면 또는 균열이 형성되어 있다. 그리고 절리연장성은 주절리군

인 J1은 연장성이 긴 상태이며, 절리면의 거칠기(Roughness)는 Smooth한 상태로 절리거칠기 (JRC ; Joint Roughness Coefficient)가 2~4 정도의 값을 갖으나 절리면은 Waveness를 가지고 있다.

사면에서 발달하고 있는 절리양상 및 암질상태로 보아, 본 사면의 붕괴 및 붕괴가능 형태는 현 노출부에서 우세하게 발달하는 사면방향과 유사한 방향의 절리에 의해 평면파괴의 가능성을 가지고 있다.

4. 지하수의 상태

지하수가 유출되는 것을 관찰할 수 없으나 국부적으로 사면 내에 물이 젖어 있는 부분을 관찰할 수 있다. 이 지하수는 암반의 풍화를 다른 구간에 비해 심하게 풍화를 촉진해 주는 구실을 하므로 배수시설에 대한 주의를 기울여야 한다.

특히 소단을 설치할 경우 U자형 반월관으로는 표면수 및 침투수에 대한 배수로의 기능이 어려우므로 이에 대한 배수시설을 강화할 필요가 있을 것으로 판단된다.

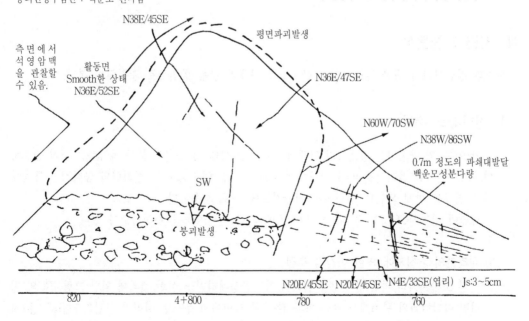

사면방향 : N30E/64SE

· 붕괴면 하부 석영암맥과 붕괴면상부 백운모 편마암의 경계부에서 평면파괴 발생

붕괴면하부암반 : 석영암맥
붕괴면상부암반 : 백운모 편마암

· 편마암 : 판상구조를 이루는 백운모성분을 다량함유하여 이 판상구조를 따라 쉽게 부서져 버린다.

N38E/45SE

평면파괴발생

측면에서 석영암맥을 관찰할 수 있음.

활동면
Smooth한 상태
N36E/52SE

N36E/47SE

N60W/70SW

N38W/86SW

0.7m 정도의 파쇄대발달
백운모성분다량

SW

붕괴발생

N20E/45SE N20E/45SE N4E/33SE(엽리) Js:3~5cm

820   4+800   780   760

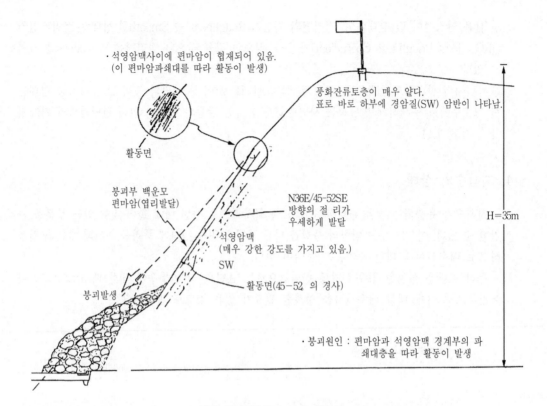

・석영암맥사이에 편마암이 협재되어 있음.
(이 편마암파쇄대를 따라 활동이 발생)

풍화잔류토층이 매우 얇다.
표로 바로 하부에 경암질(SW) 암반이 나타남.

활동면

붕괴부 백운모
편마암(엽리발달)

N36E/45-52SE
방향의 절리가
우세하게 발달

석영암맥
(매우 강한 강도를 가지고 있음.)
SW

활동면(45-52 의 경사)

붕괴발생

H=35m

・붕괴원인 : 편마암과 석영암맥 경계부의 파
쇄대층을 따라 활동이 발생

풍화 및 불연속면 상태 단면도

III. 사면 안정분석

사면의 평면파괴에 대한 절리면의 전단강도를 다음과 같은 방법으로 추정하여 본다.

1. 전단강도 추정

암반사면의 안정성을 검토하기 위해서는 절리면 상태 및 특성을 분석 파악하는 것이 중요하며, 주로 취약한 절리면을 따라 거동하게 되므로 사면 내 발달하는 절리면의 공학적인 특성에 많은 영향을 받게 되는데 절리면의 전단강도에 주로 좌우된다.

사면에 발달하고 있는 절리면의 거칠기에 의한 전단강도를 추정하고자 있다.

1) 절리면의 거칠기에 의한 마찰각 추정

본 조사지역의 마찰각 추정을 위하여 사면안정처리연구 실험 결과에 의한 그림 JRC와 절리면 마찰각과의 관계에서 보는 바와 같이 본 사면에서 우세한 절리면 거칠기수(JRC ; Joint Roughness Coefficient)가 2~4 정도 값에 대한 절리면 마찰은 28~35°범위를 갖는 것으로 나타났으며 식 (1)의 ISRM(International Society of Rock Mechanics) 기준에 의한 절리면의 마찰각 값(øpeak)은 Barton식에 의해 계산하여 보면, 32° 정도의 값을 갖는 것으로 나타났다.

$$\Phi peak = JRC \log_{10}(\frac{JCS}{\sigma_n}) + \Phi_\tau$$

여기서, JRC : 절리면의 거칠기수(JRC=2)
JCS : 절리면의 압축강도(JCS=300kg/cm²)
σ_n : 절리면에 작용하는 연직응력(σ_n=4.2kg/cm²)
Φ_τ : 잔류마찰각(Φ_τ=28°)

절리마찰각 값은 위의 Barton식에 의한 32°와 사면안정처리연구 실험 결과를 근거로 하여 절리면 마찰각을 30°로 추정한다.

2) 점착력 추정

붕괴가 발생된 상태의 STA.4+80 단면에서 활동토체의 단위중량(γ)을 2.5t/m³으로 적용하였으며, 붕괴토괴 중량은 98t, 활동면 길이(A)는 25m, 활동면 마찰각(ϕ)은 30°, 활동면경사(ϕ_p)는 52°, 안전율은 0.95~1.0로 보아 다음의 식에 의해 절리면의 점착력을 역해석으로 계산하여 보면, 1.5~1.7t./m³ 정도로 추정할 수 있는데 이는 사면 전반의 절리면에 적용하기에는 다소 작은 값이 될 수 있으나 장기적인 측면에서 풍화된 경우를 고려하여 전단강도값으로 추정하고자 한다.

$$F = \frac{CA + W\cos\phi_p \tan\phi}{W\sin\phi_p}$$

여기서, A : 활동면 길이
C : 점착력
W : 활동토괴의 중량
ϕ_p : 활동면의 경사
ϕ : 활동면의 마찰각

사면에서 붕괴 가능 구간은 사면 전반으로 발달하고 있는 절리군에 대해 본 사면의 붕괴형태를 판단하기 위하여 앞에서 추정된 절리면 마찰각 30°를 적용하여 평사투영법에 의해 개략적인 사면안정 해석을 실시한다.
J1 절리군 N20-40E/45-52SE 방향에 의해 평면파괴의 가능성이 있는 것으로 분석되었다.

Ⅳ. 사면안정대책

사면의 현장조사에 의한 암반상태를 요약하면, 첫째, 엽리의 발달빈도가 심하며 사면안정에 영향을 미치는 뚜렷한 주절리방향이 발달하고, 둘째, 하부의 석영암맥은 규모가 크고 사면방향과 유사한 방향으로 인장절리가 발달하여 평면파괴의 가능성이 있고, 셋째, 주광물성분인 백운모가 판상을 발달하여 쉽게 미끄러짐이 발생될 가능성이 크며, 넷째, 붕괴 가능면의 경사각은 45~55°정도에서 발생될 것으로 추정된다. 다섯째, 붕괴구간 및 우측부에서는 사면경사를 완화하는 방법이 좋다.

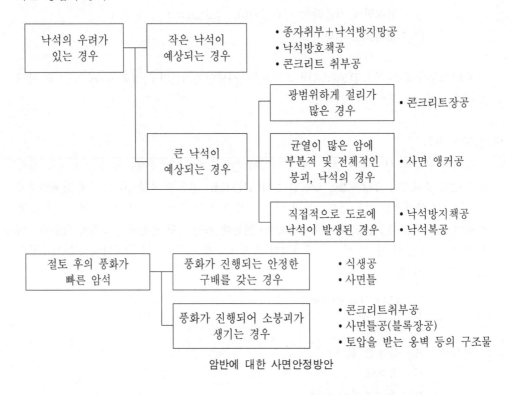

암반에 대한 사면안정방안

1) 배수시설

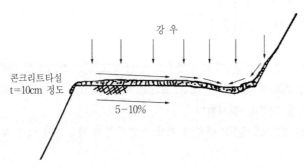

2) 사면경사 절취

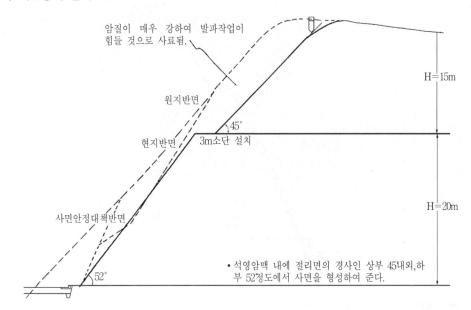

암질이 매우 강하여 발파작업이
힘들 것으로 사료됨.

원지반면

현지반면

사면안정대책반면

45°
3m소단 설치

52°

H=15m

H=20m

• 석영암맥 내에 절리면의 경사인 상부 45내외,하
부 52정도에서 사면을 형성하여 준다.

3) 앵커설치 및 콘크리트격자 블록

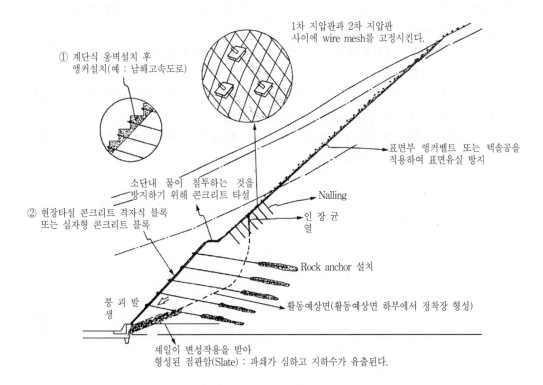

1차 지압판과 2차 지압판
사이에 wire mesh를 고정시킨다.

① 계단식 옹벽설치 후
앵커설치(예 : 남해고속도로)

표면부 앵커벨트 또는 텍솔공을
적용하여 표면유실 방지

소단내 물이 침투하는 것을
방지하기 위해 콘크리트 타설

Nalling

② 현장타설 콘크리트 격자식 블록
또는 십자형 콘크리트 블록

인장균열

Rock anchor 설치

붕괴발생

활동예상면(활동예상면 하부에서 정착장 형성)

셰일이 변성작용을 받아
형성된 점판암(Slate) : 파쇄가 심하고 지하수가 유출된다.

4) Shotcrete 타설

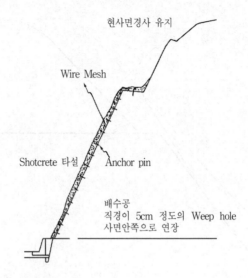

현사면경사 유지

Wire Mesh

Shotcrete 타설   Anchor pin

배수공
직경이 5cm 정도의 Weep hole
사면안쪽으로 연장

V. 결 론

1) 절리가 발달이 규칙적일 경우 붕괴원인은 풍화파쇄대에 의해 평면파괴가 발생되고

2) 붕괴면에 대해 절리발달 경사각을 고려하여 사면안정경사각으로 사면을 완화시키는 방안도 고려하여야 하며

3) 현장조사시 미확인 요인이 있으므로 이에 대해서는 굴착작업시 불안정한 요인에 대해서는 처리하여야 한다.

4) 사면에 빗물침투를 방지하기 위해 소단부는 사면 안쪽으로 5~10%의 경사를 주고 소단표면에 5~10cm 두께의 콘크리트를 타설하는 것이 좋다.

5) 사면 상부가 토사에 가까운 상태에서는 국부적인 사면표면의 유실이 우려되므로 식생, 앵커 벨트 등 표면 보호공이 필요하다.

문제 9 절토공사에서 암·토사 구별 및 암절취공법에 대하여 논하시오.

Ⅰ. 개 요

절토란 설계서나 시방서에 규정된 형태대로 땅을 파는 작업을 말한다.

따라서 기초지반에 대한 벌개 제근 후 지반조건에 맞는 적절한 공법을 선정하여 정해진 법면 구배대로 시공한 후 여기에서 나온 흙을 적절히 처리하는 것이 주된 검토 항목이다.

Ⅱ. 절토를 위한 토사의 구별

1) 개략적 분류

① 토사 : 불도저로 굴착할 수 있는 흙, 모래, 자갈 및 호박돌이 섞인 토질

② 풍화암 : Hydraulic Ripper로 굴착할 수 있는 풍화가 상당히 진행된 지층

③ 발파암 : 발파에 의해 굴착할 수 있는 지층

2) 분류방법

① 탄성파 탐사

② N치

③ Core 회수율

④ Core 압축강도 등

Ⅲ. 암절취공법

1) 유압(Jack 공법)

① 암석의 인장강도가 압축강도에 비해 작은 것을 이용

② 피스톤 압으로 암석을 파쇄하는 공법이다.

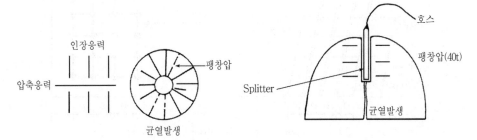

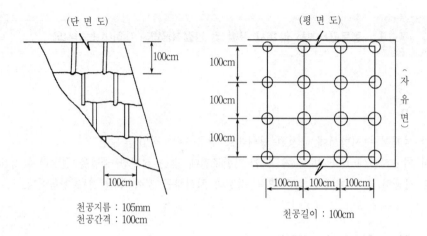

천공지름 : 105mm
천공간격 : 100cm

천공길이 : 100cm

2) 팽창파쇄법

팽창시멘트의 팽창압에 의해 발생하는 인장응력으로 암석을 파쇄하는 공법이다.

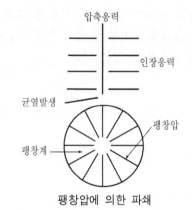

팽창압에 의한 파쇄

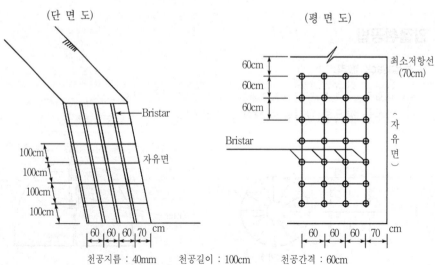

천공지름 : 40mm　천공길이 : 100cm　천공간격 : 60cm

3) 미진동 발파

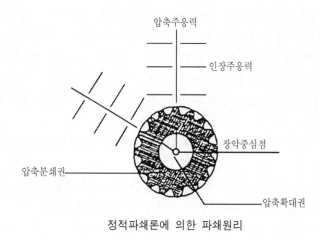

정적파쇄론에 의한 파쇄원리

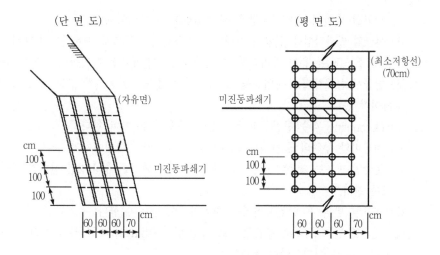

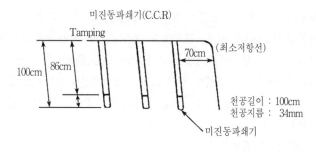

4) 선균열 발파

선균열 발파(Pre-spilt)공법은 암절취공법의 하나로써, 외국에서는 이미 사용되고 있으나 국내에서는 중부고속도로에 처음 적용하였다. 본 공법의 장점은 모암의 타계방지, 절취면의 구배 균일, 절취단면 감소 등으로 경제적이며, 미려한 시공이 가능한 것으로 나타났다.

그러나 고도의 천공기술, 특수화약의 개발 및 암질 불량시 시공이 어려운 단점도 있으므로 설계시는 철저한 토질조사에 의한 적용 가능성 판정이 선행되어야 한다.

① 적용기준

ⅰ) 화강암 등 균질한 발파암층에 적용한다.(혈암 및 도로 내측으로 경사진 편마암층은 피한다.)

ⅱ) 발파암의 절토고 5m 이상, 연장이 20m 이상인 구간에 적용한다.(단, 동일 단면 절토부의 절토고 5m 미만의 잔여구간도 선균열 발파를 시행한다.)

ⅲ) 발파암의 절토고 5m 미만의 구간으로서 연장이 상당히 긴 절토부에서 선균열 공법을 적용할 수 있다.

② 적용 원칙

ⅰ) 선균열 발파시 1단 천공장은 최대 10m를 원칙으로 한다.

ⅱ) 선균열 발파작업을 원활히 진행하기 위하여 일반발파도 자유면에서 계획선까지의 폭을 최소 5.5m를 유지 장비작업 및 발파영향선이 계획선에 지장이 없도록 하여야 한다.

ⅲ) 천공시 천공각도는 작업능률 및 장비의 작업가능 기울기를 고려 10°(1：0.176)를 유지하여야 한다.

ⅳ) Decoupling 계수(천공경과 화약경의 비)는 2.3이어야 한다.

ⅴ) 천공바닥 부분의 공간격의 최대허용오차는 10% 이내이어야 한다.

ⅵ) 선균열 발파는 제3열(선균열열)이 가장 먼저 발파된 후 1, 2열 전체가 동시에 발파되도록 한다.

ⅶ) 선균열 발파 후 암절토면에는 천공자국이 남아야 한다.

ⅷ) 선균열 발파구간 중 부분적으로 낙석(암괴 0.5m 이상 규격)의 우려가 있는 개소는 Rock bolt로 처리하여야 한다.

ⅸ) 5m 미만 발파공의 천공시 제3열은 Leg Drill(천공경 40mm), 제1, 2열은 Drawer Drill(천공경 65mm)을 사용, 천공하고 폭약은 제3열(선균열열)에는 Finex(정밀폭약) 1호(17mm), 기타 보조공(1, 2열)에는 Kovex-700(50mm)을 사용하여야 하며, 5~10m 발파공의 천공시는 1, 2, 3열에 필히 Crawer Drill(천공경 65mm)을 사용하고, 폭약은 제3열(선균열열)에는 Finex 2호(28mm), 기타 보조공(1, 2열)에는 Kovex-700(50mm)을 사용하여야 한다.

③ 실패요인 및 문제점

ⅰ) 설계시 해당 구간의 세부지질 조사가 충분치 못한 설계판단 착오

ⅱ) 굴착 결과 암질이 불량하여 본 공법 적용이 불가능

iii) 동일 단면 내에서도 암질의 변화가 심하여 일정구배 기대가 곤란

iv) 암질의 풍화가 심하고 절리가 도로 내측 방향으로 발달하여 낙석현상(Rock falling) 유발 우려

v) 본 공법에 대한 국내기술 축적 미흡 및 전문기술자, 숙련기능공 부족

vi) 정밀시공을 위한 후속작업에 시간이 많이 소요됨에 따른 시공사의 거부 반응

vii) 풍화암, 연암은 법면구배 1 : 0.175로 장기간의 자립 불가능으로 인한 사면안정 곤란

viii) 선균열 발파 천공시 천공각도가 상호 동일하여야 발파사면의 미관이 양호하게 된다.

5) 제어발파공법

① 주로 Presplitting 공법이 적용되고 있으며

② 절취면의 구배, 절취단면의 정확성을 기할 수 있다.

Ⅳ. 각 공법 비교

구 분	유압 Jack 공법	팽창파쇄법	미진동발파	선균열발파
장 점	• 비석이 발생하지 않음. • Gas가 발생하지 않음 • 연속작업 가능 • 파쇄방향 및 양 조절 가능 • 시공 간편, 작업능률 좋음 • 안전시공 유리	• 비석이 발생하지 않음. • Gas가 발생하지 않음. • 파쇄양호 및 양 조절 가능 • 취급이 간편 • 안전시공 유리 • 무진동, 무소음	• 시공이 간편하고 작업 능률 양호 • 공사비 저렴 • 진동이 적음.	• 발파 후 기존 암반에 영향을 주지 않으므로 사후관리 양호 • 발파 후 경사면 미관 양호, 별도조정 불필요 • 공기가 짧음. • 공사비 저렴
단 점	• 파쇄 후 마무리하면 보완작업 필요 • 공사비 고가	• 약액주입 • 온도에 민감한 반응을 일으킴 • 35℃ 이상~5℃ 미만에서는 사용 불편 • 반응대기시간 필요 • 파쇄 후 마무리면 보완작업	• 암질에 따라 뜻밖의 비석발생 방호시설 필요(Blasting mat)	• 비석이 되므로 충분한 방호시설 필요(Blasting mat)

문제 10   절토사면의 계측관리

I. 계측기의 종류 및 항목

계측기의 종류	계 측 항 목	계 측 방 법
낙석의 계측기	낙석의 유무	낙석수판, 낙석 Net 등에서 감지하거나 혹은 비닐피복선의 단선에 의해 감지한다.
	낙석의 빈도 ┐ 낙석의 충격력┘	감지판에 감지된 낙석의 회수, 충격력을 전기적으로 계측한다.
	낙석에 의한 진동	낙석방호 울타리에 진동계를 설치해 낙석의 충격을 진동으로 포착한다.
지표변위계	지표의 변위	신축계, 변위말뚝 등으로 지표의 변위를 계측한다.
지중변형계	지중의 변형	Pipe 변형계 등으로 지중의 변형을 계측한다.
지표면경사계	지표의 경사	기포관식 경사계 등으로 지표의 경사를 계측한다.
간극수압계	간극수압	수압을 전기량으로 반환해서 전기식과 Manometer로 직접 구하는 방법이 있다.
우량계	누적우량 강우강도 유효우량	우량계와 시간기록기와의 조합에 의해 누적우량, 강우강도, 유효우량을 계측한다.

II. 계측위치의 선정

1) 지표면 경사계

　활동 토괴의 상부와 하부의 비교적 평탄한 곳에 설치

2) 신축계 및 간이변위판

　예상활동면의 상부와 활동이 시작되어 균열이 나타난 경우는 균열을 사이에 두고 설치

3) 변위말뚝

　절토사면보다 상부의 자연사면과 절토사면보다 하부에 설치

4) Inclinometer 및 Pipe 변형계

　절토사면의 천단과 선단부에 설치하며, Inclinometer의 경우 이미 활동을 시작하여 활동면이 확인된 때에는 활동 토괴의 수평변위를 파악하기 위해 활동면보다 상부에 설치

5) 관 측정

　절토사면보다 상부의 자연사면과 사면선단에 설치

Ⅲ. 계기배치

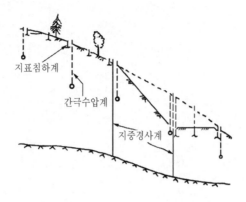

지표침하계

간극수압계

지중경사계

절토사면에서의 전형적인 계기배치

제3장
연약지반

문제 1 · 연약지반 대책공법 선정시 방법과 고려할 조건과 공법에 대하여 기술하시오.

Ⅰ. 개 설

연약지반은 지반 파괴와 침하에 대한 대책을 검토·적정공법을 선정해야 한다. 특히 연약지반 대책공법 선정시에는 지반의 토질상태, 지층구성, 구조물의 형상 및 성격, 시공조건 주위환경에 미치는 영향 등에 따라 결정한다.

Ⅱ. 대책공법 선정방법

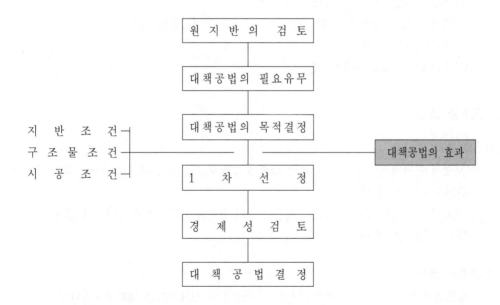

Ⅲ. 대책공법의 선정시 고려할 조건

1. 지반조건

  1) 토 질

    ① 사질토 : 다짐공법이 주로 적용

       i) Sand compaction pile공법

       ii) 동압밀공법, Vibro flotation공법 : 폭파다짐공법, 전기충격공법, 약액주입공법

② 점성토

　　Preloading공법, Sand drain공법 : Paper drain공법, 배수공법, 소결공법, 전기화학적 고결
　　공법, 생석회말뚝공법, 전기침투공법

2) 지반구성

① 연약층 두께 ┬ 얇을 때 : 표층처리공법
　　　　　　　　└ 두꺼울 때 : Vertical drain공법

② 배수층 거리가 가깝고, 연약층 두께가 얇을 때
　　→ 표층처리공법, Preloading공법

③ 배수층 거리 멀고, 연약층 두께가 두꺼울 때
　ⅰ) Vertical drain공법(침하대책용)
　ⅱ) 압성토공법(안정대책용)
　ⅲ) Sand compaction pile공법, 고결공법

④ 모래층이 얇은 곳에 두껍게 퇴적되고, 그 아래 점성토층이 있을 때
　ⅰ) 침하문제가 주된 사항
　ⅱ) Vertical drain, 재하중공법

2. 구조물 조건

1) 구조물 성격

① 도로에서 설계속도 높고, 교통량이 많은 도로에서는 포장의 평탄성 확보를 위해 충분한
침하대책이 필요하다.

② 저규격 도로에서 침하 완료까지 시간이 많이 걸리고 침하대책에 공사비가 많이 들 경우
단계건설을 검토한다.

2) 성토의 형상

　　성토고가 높은 지반의 안정이 위험하면, 잔류침하 억제시키는 재하중공법이 유리

3) 구조물의 부위

　　구조물과 토공 접속부는 침하에 의한 단차발생 방지 위한 세심한 대책이 필요하다.

3. 시공조건

1) 공 기

① 공기 충분하면 완속재하공법
② Vertical drain, Sand compaction pile 간격의 증가 이점이 있다.

2) 재 료

① Sand mat용 재료의 품질확보 여부
② 굴착재료의 치환시 치환재료의 품질과 사토장 확보
③ 압성토공법 여분의 재료와 용지확보 여부
④ 성토 재하중공법시 사용재료의 재사용 계획

3) 시공기계의 Trafficability

4) 시공깊이

① 치환공법 5m 이하에 적용
② Vertical drain 25~30m 정도

5) 주위에 미치는 영향

① 강제치환공법시 주변 지반의 융기
② 배수공법시 주변 지반의 침하와 지하수 고갈
③ Vertical drain, Sand compaction pile 공법 : 소음, 진동, 융기, 측방변위
④ 약액주입공법 : 지하수 오염 등

V. 결 론

연약지반 대책공법 선정은 주위 지반조건, 구조물조건, 시공조건을 고려하여 경제성, 안정성, 공기, 대책공법의 효과, 목적 등을 감안한 대책공법이 결정, 시공되어야 한다.

문제 2 · 연약지반 대책공법 및 문제점

I. 연약지반 대책공법

구 분	원 리		방 법	개 요
하중조정	접지압 경감		경량화	구조물 자체의 경량화로 접지압 감소
			하중균형분산	하중분산 및 균형으로 연약지반 파괴방지
지반개량	흙의 강화	치 환	굴착 치환	연약지반의 일부 또는 전체를 양질토로 치환
			파쇄 치환	폭파 등으로 사면붕괴를 유발시켜 양질토로 치환
			강제 치환	대구경 샌드컴팩션 파일을 압입 밀도 증대
		밀도증대 (탈수)	자연 압밀	선행압밀하중으로 장래침하 방지
			가압 탈수	점성토 지반에 드레인재와 재하중으로 압밀촉진
			부압 탈수	지하수위 저하로 모관현상을 이용 압축유도
			전기적 탈수	전기 침투현상을 이용
			화학적 탈수	생석회의 수화반응, 용액의 침투확산 현상이용
		탈수, 다짐	다짐모래말뚝	다짐모래말뚝을 조성으로 다짐과 드레인효과 획득
		다짐, 밀도	다짐 말뚝	말뚝의 관입시 충격 및 진동효과로 다짐획득
			진동, 충격	표층에서 심층까지 진동기나 충격으로 다짐효과
		고 결	교반 혼합	교반기로 시멘트나 석회계를 교반 화학적 고결
			동 결	흙중의 물을 고결하여 일시적 강도 증진
	물의 차단	지 수	약액 주입	지반 간극에 약액을 충진하여 흙의 겔화로 차수
			실판, 연속벽	투수층에 지수판 및 연속벽을 타설 흙내 물의 차단
지중구조물 축조	골격형성		지지, 군말뚝	연약지반에 말뚝을 타설하여 구조물 지지
			실판 체절	상부구조물을 지지, 지반을 구속
			보강토	흙과 보강재의 일체 효과로 안정

II. 연약지반에서 발생하는 공학적 문제점

1. 지지력 및 활동에 관한 문제

연약지반에 대한 지지력을 산정할 때에는 비배수조건, 즉 $\phi = 0$ 해석을 적용한다.

$$q_{ult} = s_u N_c + \gamma D_f$$

여기서, q_{ult} : 극한지지력

　　　　s_u : 비배수강도

　　　　N_c : 지지력계수(기초의 형식과 깊이에 따라 변하는 계수)

　　　　γ : 흙의 단위중량

　　　　D_f : 지표면에서 기초바닥까지의 깊이

2. 과도한 침하

점토지반의 침하는 즉시침하, 압밀침하 및 2차압밀침하의 세 가지으로 나눌 수 있다.

$$s_c = \sum_{i=1}^{n} \left(\frac{C_\gamma}{1+e_o} \Delta_z \log \frac{\sigma'_{vc}}{\sigma'_{vc}} + \frac{C_c}{1+e_c} \Delta_z \log \frac{\sigma'_{vf}}{\sigma'_{vc}} \right)_i , \quad t = \frac{H^2 T}{C_v}$$

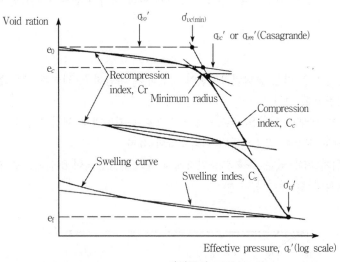

압밀곡선

개선방향은 다음과 같다.

1) 단계적인 재하

2) 제체의 지하수위 아래로의 침하

3) 투수계수와 압밀계수의 변화

4) 다층토

3. 부마찰력

1) 부마찰력은 주위의 지반이 말뚝보다 더 많이 침하할 때 생긴다.

2) 연약한 지반에 말뚝을 박은 다음 그 위에 성토를 하였다면 성토하중으로 말미암아 압밀이
   일어나므로 말뚝을 끌어내리면서 침하

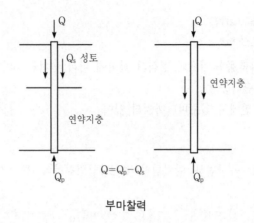

부마찰력

3) 부마찰력의 크기는 시간에도 좌우되므로 시간에 따라 침하가 진행하다가 현저히 줄어든다.

4. 액상화현상

1) 느슨한 모래, 실트와 같은 포화연약지반이 지진하중, 파랑하중, 진동과 같은 동화중을 받으면 갑자기 지반강도 저하
2) 포화된 느슨한 모래가 진동을 받으면 순간적으로 다져지면서 체적이 감소
3) 비배수상태에서 체적이 감소된다면 간극수압이 유발
4) 이 값이 그 위치 위에 있는 하중과 동일하게 된다면 유효응력이 0이 되므로 완전히 강도를 잃게 되어 액상이 될 것이다.

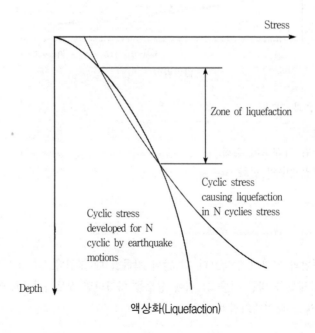

액상화(Liquefaction)

Ⅲ. 각 공법의 문제점

1. 드레인 공법의 문제점

문제점이 있는 장소	문제가 되는 사항
이론에 직접 관련되는 사항	• 지반의 불균일성 • 퇴적층의 방향성 • 압밀시험곡선과 이론곡선의 불일치
압밀계산에 필요한 여러 가지 수치의 결정방법	• 압밀층과 배수층의 구분을 결정하는 기준 • 압밀시험으로부터 구한 제반수치의 정밀도 • 성토하중, 상재하중, 유효하중 등의 계산치의 정밀도 • 하중분포 산정의 적합성
드레인에 조성	• 모래기둥의 연속성 • 모래기둥의 주변 오염과 단면부정형 • 주변 토층의 교란(강도저하, 투수성 감소)
압밀촉진효과의 판정방법	• 계산치와의 비교치로서 효과를 판정하는 것 • 측방유동에 의한 침하를 추정하는 것 • 간극수압을 정확히 측정하는 것

2. 치환공법에 관한 문제점

공 법	문 제 점
전 체 굴 착	일반적으로 연약층의 심도가 3m 이상 되면 곤란하다. 굴착토의 처리, 굴착 부위의 사면안정, 굴착방법, 양질토의 구입 등의 문제가 있다.
부 분 굴 착	연약층의 심도가 깊은 경우 지지력 보강대책으로 사용된다. 문제점은 전체 굴착공법과 동일하며 적정 치환심도를 결정하는 것도 중요하다.
성토에 의한 자연압입	치환심도를 정확히 결정하기 어려운 것이 큰 결점이며 시공시에는 효과의 확인이 필요하다.
흡입펌프에 의한 굴착치환	수면하의 연약지반토 굴착에 이용된다. 굴착심도가 일정하게 되기 곤란하므로 시공관리를 철저히 해야 한다.
폭파에 의한 치환	폭약을 사용하는 것이므로 장소에 따라서 제약을 받게 된다. 토성에 따라 폭약사용량을 조절해야 하며 시공효과에 대한 확인이 필요하다.

문제 3   Sand drain 공법과 Sand compaction pile 공법의 차이점을 쓰시오.
(24, 29회)

Ⅰ. 개 설

연약지반이란 함수비가 높아 치환, 압밀, 다짐, 고결 등 연약지반의 개량처리를 선행하여 그 위에 축조되는 구조물의 침하 등의 문제를 방지하는 데 있으며, Sand drain 공법과 Sand compaction pile공법의 차이점을 대별하면 다음과 같다.

공 법	원 리	적 용 성	시 공 방 법
Sand drain 공법	압 밀	점 성 토	압축공기 Casing 공법 Water jet casing 공법
Sand compaction pile 공법	다 짐	점 성 토 사 질 토	Hammering compozer 공법 Vibro compozer 공법

따라서 이들의 공법에 대한 원리, 적용성, 시공방법에 대하여 세부적으로 기술하고자 한다.

Ⅱ. 원리별 차이

1. Sand drain 공법

1) 주상의 투수층을 땅속에 박아 점성토층의 수평방향 압밀배수거리를 짧게 하여 침하를 촉진하여 강도를 증가시키는 공법

2) 지반 중의 적당한 간격으로 연직방향의 모래기둥을 설치하여 압밀 촉진하고 공기 단축

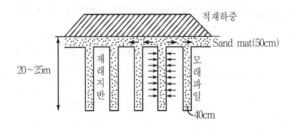

3) $Vc = \dfrac{d}{D^2}$ Vc : 압밀속도, D : 파일의 간격, d : 파일의 직경

파일의 간격이 크면 압밀속도는 느리다.

2. Sand compaction pile 공법

1) 연약지반에 다짐모래말뚝을 축조 연약층의 다짐과 모래말뚝의 지지력에 의해 안정을 증가
시키고 침하량을 감소시키는 공법

Ⅲ. 적용성

1. Sand drain 공법

1) 연약한 점성토
2) 점성토의 두께가 클 경우
3) 적당한 배수층이 있으면 효과적

2. Sand compaction pile 공법

1) 느슨한 모래지반 : 다짐, 강도 증대
2) 점성토에 적용 : 침하 감소, 지반 안정화

Ⅳ. 시공방법

1. Sand drain 공법

1) 시공순서

① Sand mat 설치

ⅰ) 50cm 두께로 깐다.

ⅱ) 배출되는 간극수를 측방으로 배수

ⅲ) 시공기계 활동 용이

② Sand drain의 설치

ⅰ) 압축공기에 의한 방법

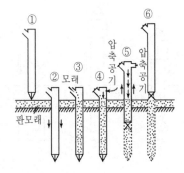

Mandrel의 슈를 막고, 소정위치에 거취
→ Hammer나 진동에 의해 소정의 깊이까지 박는다.
→ 모래를 Mandrel에 투입한다.
→ 압축공기를 보내면서 Mandrel을 뽑아 올린다.
→ Sand pile 설치

ⅱ) Water jet에 의한 방법

　　Casing 정해진 위치거취 → 물을 분사하면서 침하 → 모래투입 → Casing 인발 →
Pile 설치

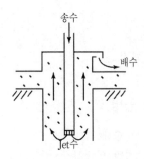

③ 재하
　ⅰ) 구조물 재하
　ⅱ) Well point 병용법, 진공공법

2) 시공관리

　① Sand mat 설치시 침하계, 공극수압계 설치
　② Sand pile 길이는 구조물 가장 위험한 원호활동면보다 깊게 해야 한다.
　③ 지반의 교란, 강도 저하되지 않도록 유의

2. Sand compaction pile 공법

1) 시공순서

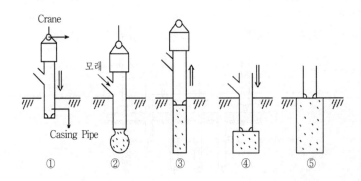

① Casing 상단에 진동해머 부착 소요심도까지 진동관입
② 모래를 관내로 투입
③ Casing 인발하면서 압축공기로 관내모래 충진
④ Casing으로 진동다짐하면 모래다짐말뚝 형성
⑤ 그 단면이 확대된다.

3. 종 류

Hammering compozer	Vibro compozer
• 전력설비 없이 시공 가능 • 충격시공, 소음, 진동이 크다. • 시공관리가 어렵다. • 낙하고 조절 가능, 강력한 타격에너지 얻어진다.	• 기계고장이 적으나, 시공관리가 어렵다. • 충격, 소음, 진동이 적다. • 균질한 모래기둥 제작 가능 • 지표는 다짐효과가 적으므로 Vibro Tamper로 다짐 • 자동기록 관리 가능

V. 결 론

Sand drain 공법, Sand compaction pile 비교
병행시공을 고려 경제적, 합리적인 효과에 대한 계측 결과 판단

문제 4

Vertical drain과 Preloading의 시공원리를 설명하고, Vertical drain의 압밀촉 진시간이 Preloading 공법보다 빠른 이유를 기술하시오.

Ⅰ. 서 론

함수비가 높은 점성연약지반에 잔류침하의 감소, 지반의 강도 증가 등 개량 목적으로 압밀배수의 원리인 Vertical drain 공법과 Preloading 공법이 대표적인 공법인데, 연약한 점성지반의 배수길이를 단축해서 지반의 압밀침하 및 강도증가를 위해서 Vertical drain 공법이 실시되며, 연약지반 표면에 등분포하중을 가하여 목적된 구조물의 설치 이전에 필요한 만큼의 압축이 발생되도록 유도하는 Preloaging 공법이 있다.

즉 Preloading 공법에서는 상재하중의 크기와 재하기간의 결정이 중요하고 압밀에 요하는 시간은 배수거리의 2승에 비례하기 때문에 특히 연약토의 두께가 크고 중간에 배수층이 없는 경우에는 배수거리가 길어서 지반개량에 많은 시간이 소요된다.

따라서 일반적으로 압밀시간의 단축을 위해서 지중에 배수를 위한 Drain을 타설하는 Vertical drain 공법이 Preloading 공법과 병용되어 사용된다.

Ⅱ. 시공원리

1. Vertical drain 공법

1) 연약한 점성토 지반 내에 인공적으로 연직드레인을 다수 설치하여 배수거리를 단축시킴으로써 압밀을 촉진시키는 공법
2) 샌드 드레인(모래), Pack 드레인(포대), 보드 드레인(PVC)

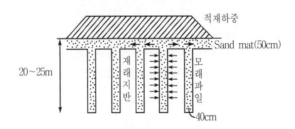

3) 파일의 간격이 크면 압밀속도가 느리다.

$$V_c = \frac{d}{D^2}$$

V_c : 압밀속도, D : 파일의 간격, d : 파일의 직경

4) Sand drain의 압밀방정식

$$\frac{\delta_u}{\delta_t} = C_v \frac{\delta^2 u}{\delta^2 r} + C_h \left(\frac{\delta^2 u}{\delta^2 r} + \frac{1}{r} \frac{\delta u}{\delta r} \right)$$

C_v, C_h : 수직 및 수평 방향의 압밀계수, u : 과잉간극수압

2. Preloading 공법

1) 지반의 전단효과와 구조물 설치 후 기초지반의 침하량을 허용치 이내로 하는 효과
2) 문제점은 상재하중 크기와 재하기간의 결정이다.
3) 연약지반상에 선행하중을 재하, 압밀을 촉진시키는 공법
4) 기초 축조시 예상되는 침하량을 침하시킨 후 Surcharge를 제거한 후 시공하는 방법
5) 기초하중에 의한 침하량

$$S_d = \frac{C_c}{1+e_o} \cdot H \cdot \log \left(\frac{\sigma'_o + P_d}{\sigma'_o} \right)$$

$$S_{d+s} = \frac{C_c}{1+e_o} \cdot H \cdot \log \left(\frac{\sigma'_o + P_d + P_s}{\sigma'_o} \right)$$

H : 양면배수 조건하에서의 압밀층 두께
e_o : 초기 간극비
C_c : 압축지수
σ'_o : 압밀층이 받고 있던 지반의 자중에 의한 유효연직하중

Preloading 하중하에서 압밀침하량 S_d에 이르는 시간 t_c 경과 후의 평균압밀도 U_c라면,

$$S_d = U_c \cdot S_{d+s}$$

$$U_c = \frac{\log \left(1 + \dfrac{P_d}{\sigma'_o} \right)}{\log \left[1 + \left(\dfrac{P_d}{\sigma'_o} \right) \left(1 + \dfrac{P_s}{P_d} \right) \right]}$$

U_c가 정해지면 시간계수 T_v가 구해진다.

Surcharge 재하시간 $t = \dfrac{T_v H^2}{C_v}$

Ⅲ. Vertical drain이 Preloading보다 압밀촉진시간이 빠른 이유

1) Preloading은 상재하중만 크게 하여 압밀을 촉진시킨 반면, Vertical drain은 상재하중도 작용시키고 여기에 Vertical drain으로 인해 배수거리가 작아지고, 또한 배수도 수평 및 연직으로 작용하므로 배수에 걸리는 시간

$$t = \frac{T_v H^2}{C_v}$$

   H가 매우 작아지므로 t 값이 작아진다.

2) Preloading의 경우 Surcharge에 의해 소정의 압밀도 $U_{(s+d)}$가 Charge 하중이 커지면 작아져서 T_v값도 작아지나 배수거리는 일정하므로 Vertical drain에 비하면 효율이 떨어진다.

문제 5 │ 각 연약지반 대책공법 비교

Ⅰ. 지반개량공법의 분류(50회)

1. 점성토 지반의 개량공법

1) 치환공법 : 연약한 점성토를 양질의 모래의 치환

2) 압밀촉진
  ① Preloading 공법 : 구조물 시공 이전에 미리 하중을 가하여 압밀을 시키는 것
  ② Sand drain 공법 : 지반 중에 모래말뚝을 설치하여 배수 촉진
  ③ Paper drain 공법 : 투수판을 삽입하여 배수 촉진

3) 화학적 흡인작용에 의한 탈수효과
  ① 침투압공법(MAIS) : 반투막을 포함한 중공원통을 삽입하여 수분 흡수
  ② 생석회 말뚝(Chemico pile) 공법 : 생석회 말뚝을 삽입하여 흡수·팽창

4) 흙의 강화
  ① 소결공법 : 열을 가하여 화학변화를 일으켜서 흙을 강화
  ② 전기화학적 고결공법 : 점토입자의 이온을 교환하여 화학적 반응을 일으켜 경화시킨다.

2. 사질토 지반의 개량공법

1) 말뚝에 의한 다짐
  ① 다짐말뚝공법 : 나무말뚝 등을 박아서 그 체적만큼 다짐
  ② 다짐모래말뚝(Compozer)공법 : 충격·진동으로 모래를 압입
  ③ Vibro flotation 공법 : 수평방향의 진동과 주수를 주면서 모래를 투입

2) 충격에 의한 다짐
  ① 진동물다짐공법 : 물로 포화시켜 겉보기 점착력을 없애면 쉽게 다져짐.
  ② 폭파공법 : 폭약에 의한 충격을 이용한 다짐
  ③ 전기충격공법 : 방전에 의한 충격을 이용한 다짐

3) 화학적 주입방법

　　약액주입공법 : 약액을 주입하여 흙의 강도 증대

3. 일시적 방법

① Well point 공법·Deep well 공법 : 배수에 의한 지하수위 저하→부력 감소
② 진공공법(대기압공법) : 흙 속의 간극압이 진공이 될 때까지 흡인하여 대기압을 재하중으로 이용
③ 전기침투공법 : 전위차를 주어 흙 속의 물을 흡인하여 탈수(점성토)
④ 동결공법 : 흙 속의 물을 동결시켜서 흙을 고화

Ⅱ. 치환공법과 선행압밀공법

1. 치환공법

1) 연약토층을 제거하고 양질의 재료로 치환하는 공법

① 굴착치환공법 : 연약토층을 굴착·제거 후 양질의 모래 자갈을 매립
② 성토자중치환공법=강제치환공법=압출공법 : 성토한 하중에 의하여 연약층을 측방 또는 전방으로 압출하여 양질의 흙으로 치환하는 공법
③ 폭파치환공법 : 연약지반 위나 옆에 양질의 토사를 쌓은 후 발파에 의해 연약지반을 제거하여 양질토로 치환

2) 3m 이하가 효과적이며 10m까지 가능

3) 장 점

① 다른 공법보다 확실
② 시공관리 불필요
③ 시공기계에 따라 공기 단축

4) 단 점

① 토사장이 없는 경우 곤란
② 연약토층이 두꺼우면 부분 치환

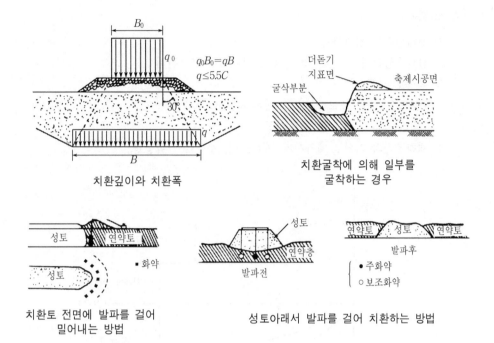

$q_0 B_0 = qB$

$q \leq 5.5C$

치환깊이와 치환폭

치환굴착에 의해 일부를
굴착하는 경우

치환토 전면에 발파를 걸어
밀어내는 방법

성토아래서 발파를 걸어 치환하는 방법

2. 선행재하공법(Preloading), 여성토 공법(Surcharge)

1) 구조물을 축조하기 전에 미리 재하하거나, 계획높이 이상으로 성토해서, 압밀을 미리 끝나게
하는 공법

2) 목 적

① 구조물에 해로운 잔류침하를 남기지 않는다.

② 점성토 지반의 강도를 증가시켜서 기초지반의 전단파괴 방지

3) 도로성토, 방파제 같이 구조물 자체를 재하중으로 이용하는 경우 유리

4) 단 점

① 공기가 길다.

② 토취장 필요

③ Preloading을 위한 재하중 자체의 안정이 문제가 된다.

5) 연약층이 두꺼운 경우는 Sand drain · Paper drain 병용

Sand pile 주변의 점성토 투수계수가 크게 저하(Smear zone), 상대적으로 자연압밀에 의
한 Preloading 공법이 재평가

6) 시공관리

① 침하판으로 침하관측

② 간극수압측정 : 간극수압 감소는 압밀계수에만 관계

③ 점성토 강도 체크

- 보링을 하여 불교란시료를 채취 → 1축압축시험
- Sounding : 정적 콘 관입시험

④ 재하조건의 파악 : 재하시기, 재하높이, 재하토 단위중량

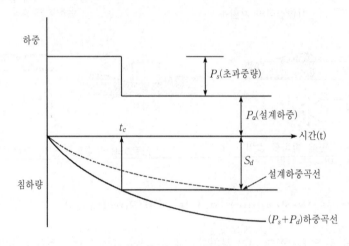

초과하중에 의한 침하량 계산

7) 개량하고자 하는 지반에 Preloading하고 평균압밀도가 U_c에 이르는 시간 t_c가 경과 후 초과하중(P_s)을 제거하면 설계하중하에서 더 이상의 침하가 발생하지 않는다.

III. Sand drain 공법과 Paper drain 공법〈

1. 샌드 드레인 공법

1) 연약한 점성토의 개량을 위하여 Preloading 공법에서 점성토층 두께가 10m 초과하면 80% 압밀에 수년이 걸리므로, 점성토층의 두께가 클 경우에 주로 쓰이는 공법으로, 주상(柱狀)의 투수층을 땅속에 많이 박아 점성토층의 배수거리를 짧게 하여 압밀을 촉진하고 공기를 단축하는 공법이다.

2) 설 계

압밀 속도는 Drain 간격의 2승에 반비례하며, Drain 직경에 거의 비례하므로 공기단축을

위하여는 Drain 간격을 적게 하는 것이 유리하며, Drain 직경을 크게 하는 것은 좋지 않다.

$$V_c = \frac{d}{D^2}$$

3) Sand drain의 시공

① Sand mat 설치

　　Sand mat란 Sand drain을 박기 전에 투수성, 입도가 좋은 모래를 연약지반 표면에 50cm의 두께로 까는 층이다. Sand drain에서 배출되는 간극수를 측방으로 배수하고 시공 기계의 활동이 용이하다.

② Sand drain의 타설

ⅰ) 샌드 드레인의 타설은 일반적으로 중공강관을 지반에 삽입하여 그 속에 모래를 넣은 다음, 이것이 위쪽으로 밀려 올라가지 않도록 하여 중공강관을 빼어 냄으로써 지반에 모래말뚝을 축조하는 것이다.

ⅱ) 중공강관의 삽입법

　　－Mandrel법 : 헤머를 사용하여 개폐식의 선단 Shoe를 장치한 중공강관을 지반에 타입하고, 케이싱 속에 모래를 투입하면서 케이싱을 뽑아 올리는 방법

　　－Auger법 : 중공강관을 케이싱으로 사용하고 그 속에 어스오거로 지반을 굴착하며, 케이싱을 내려보내면서 소정의 깊이에 도달하면 오거를 빼내고 케이싱 속에 모래를 채운 다음 케이싱을 빼내는 방법

　　－Water jet법 : 케이싱 내에 제트를 갖춘 커터를 정착하여, 이것으로 지반을 굴착하면서 케이싱을 내려 보내며 샌드 드레인을 조성하는 방법

ⅲ) 케이싱을 뽑아 올릴 때 모래를 누르는 방법에는 압축공기를 이용하는 방법과 물을 분사하여 Jetting을 이용하는 방법이 있다.

③ 재하

　　재하중은 일반적으로 토사가 사용된다. 위에 설치되는 상부 구조물이 성토인 경우에는 구조물 자체가 재하중이 된다.

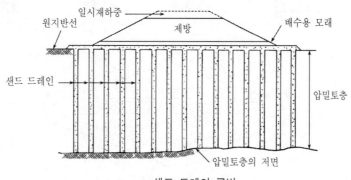

샌드 드레인 공법

2. 페이퍼 드레인 공법

1) 합성수지로 된 Card board를 땅속에 박아 압밀을 촉진시키는 공법으로 샌드 드레인 공법의 원리와 같다.

2) 특 징
   ① 시공속도가 빠르다.
   ② 타설에 의한 주변 지반을 교란하지 않는다.
   ③ Drain 단면이 깊이 방향에 대해 일정하다.
   ④ 배수효과가 양호하다.
   ⑤ 공사비가 저렴하다.
   ⑥ 장기간 사용시 배수효과가 감소한다.
   ⑦ 특수타입기계가 필요하고 많은 양의 페이퍼가 필요하다.

3) Paper drain의 성질
   ① 주위의 지반보다도 큰 강도를 가질 것
   ② 페이퍼의 투수성에 경시변화(Aged deterioration)가 일어나지 않을 것
   ③ 시공중이나 타설 후에 지반의 변형에 따라 절단되지 않을 만한 충분한 강도를 가질 것
   ④ 지반 중에서 주위로부터 눌려 쭈그러지지 않을 것

4) 시 공
   Drum에 잠긴 Card board를 Mandrel로 지중에 삽입한 후 Mandrel을 뽑아 올리면 지중에 Card board 만이 남는다. 이때 절단기로 절단하고 타설기를 다음 설치지점으로 이동한다.

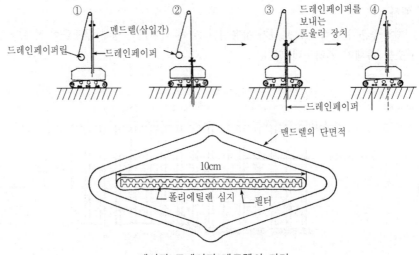

페이퍼 드레인과 맨드렐의 단면

3. Sand drain과 Paper drain의 비교

구 분	Paper drain 공법	Sand drain 공법
원 리	Sand drain과 원리는 동일하나 Drain Board라는 지제판이나 PVC판을 이용하여 방사방향의 배수를 시켜 지반을 개량하는 법	점성토층 내에 모래말뚝을 설치한 후 재하하여 간극수를 측방으로 배수(방사방향 배수)시켜 압밀침하가 조기에 완료되도록 하여 잔류침하량이 허용 침하량 이내가 되도록 지반을 개량하는 방법
장 점	• Sand drain 공법에 비해 공사비가 저렴함. • 방사방향의 배수시설의 절단 및 Sand seam의 절단 우려가 있음. • 타입시 지반교란이 작으므로 Smear zone이 작음.	• 방사방향의 배수시설(즉 Sand pile) 설치시 점성토층 중간에 존재하는 사질토층의 관입저항을 극복할 수 있으며, 또 기시공된 성토구간에도 적용이 가능함. • 개량 지반에 장애물이 있거나 약간의 강도를 유지하는 경우는 Paper drain보다 유리한 경우도 있음.
단 점	• 타입시 N치 4~6 이상인 매립토층(사질토)의 관입이 어렵고 피복재의 파손으로 인한 기능저하 및 관입심도 확인 불가 • 공장생산으로 인해 품질관리가 용이하나 과당경쟁으로 재질저하의 우려 존재 • 침하량이 과다할 경우 Plastic core의 손상으로 인한 배수로의 절단 가능성 내재 • 지하수면 부근에서 Bacteria에 의한 부식으로 수명이 한정적임. • 공상방지를 위한 계측관리 필요	• Paper drain 공법에 비해 모래말뚝 설치시 지반교란(Smear zone)이 큼. • 성토시 소성유동 등으로 배수로가 절단될 가능성이 있으며 Sand pile 설치시 자연적으로 형성된 배수로(Sand seam)를 절단시킬 우려 내재 • 장비중량이 상대적으로 커서 교통성(Trafficability) 확보가 어려움. • 양질의 모래가 다량 필요하며 재료비가 고가임. • 시공속도가 Paper drain 공법에 비하여 늦음.

Ⅳ. 다짐말뚝공법과 다짐모래말뚝공법

1. 다짐말뚝공법

나무말뚝이나 PC, RC 말뚝 등을 땅속에 많이 박아서 말뚝체적만큼 흙을 배제하여 압축함으로써 간극을 감소시켜 사질토 지반의 전단강도를 증진시키는 공법

2. Sand compaction pile 공법(다짐모래말뚝공법) : Compozer 공법

1) 연약지반층에 연직방향의 진동 또는 충격 하중을 사용하여 지반을 다짐과 동시에 직경이 60~80cm 정도 되는 모래기둥을 조성하여 지반을 안정화시키는 공법이다. 느슨한 모래 지반에 효과가 좋으며 점성토에도 적용된다. 이 공법에는 Hammering compzer 공법과 Vibro

compozer 공법이 있다.

① 사질토 지반 개량 목적 : 지지력 증가, 침하 감소, 지진시 등의 유동화방지 등이다. Sand compaction pile을 타설하므로 사질토를 다짐하여 밀도 증대를 꾀하는 것이 효과적이다.

② 점성토 지반 개량 목적 : 지지력, 미끄럼 파괴에 대한 전단강도의 증가와 침하 감소 및 압밀 촉진 등이다. 지반 중에 조성된 Sand compaction pile은 사주(沙柱)가 점성토 지반의 보강재가 되어 재하중을 보다 많이 사주에 집중시켜 점성토와 사주가 일체화한 복합 지반으로써, 지반을 안정화시키는 효과를 갖는다.

2) 시 공

① 해머링 콤포저 공법

　i) 내외관을 설치하고 외관하단에 마개로 쓸 자갈, 모래를 넣는다.

　ii) 내관을 해머로 사용하여 모래마개를 때려서 외관을 땅속에 들어가게 한다.

　iii) 외관을 고정시키고 내관의 타격에 의해 모래마개를 땅속으로 밀어넣는다.

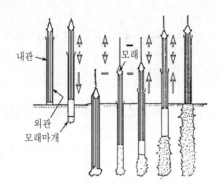

　iv) 내관을 통하여 모래를 투입한다.

　v) 내관을 낙하시켜 모래를 땅속에 압입시킨다.

　vi) v)의 동작을 반복하면서 외관을 뽑아올린다.

② 바이브로콤포저 공법

　i) 파이프를 지면에 설치하고 선단부에 모래마개를 넣는다.

　ii) 파이프 두부에 있는 진동기를 작동시켜 파이프를 지중에 관입한다.

　iii) 모래를 투입하고 진동시키면서 모래마개를 땅속에서 밀어넣는다.

　iv) 진동시키고 파이프를 상하로 움직이면서 뽑아 올린다.

3) Sand compaction pile 공법의 특징

① Hammering compozer 공법

　i) 전력설비가 없어도 시공이 가능하다.

ⅱ) 충격시공이므로 소음·진동이 크다.

ⅲ) 시공관리가 힘들고 주변 흙을 교란시킨다.

ⅳ) 낙하고 조절 가능, 강력한 타격에너지가 얻어진다.

② Vibro compozer 공법

ⅰ) 시공상 무리가 없으므로 기계 고장이 적다.

ⅱ) 진동관입이 연속적으로 되므로 시공 능률이 좋다.

ⅲ) 충격 진동과 소음이 작다.

ⅳ) 균질한 모래기둥의 제작이 가능하다.

ⅴ) 자동기록 관리 가능

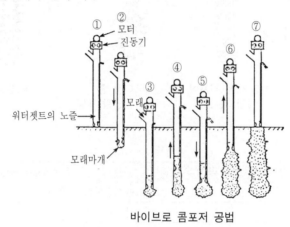

바이브로 콤포저 공법

Ⅴ. Vibro flotation 공법

1) 개 설

이 공법은 수평방향으로 진동하는 봉상(棒狀)의 진동기(Vibro flot)로 사수와 진동을 동시에 일으켜서 생긴 빈틈에 모래나 자갈을 채워서 느슨한 모래 지반을 개량하는 공법이다. 컴포저 공법보다는 균일하게 다질 수 있지만 말뚝 자체의 강도는 자유낙하만을 하는 바이브로 플로테이션보다 다짐을 하는 컴포저 공법이 크다.

2) 장 점

① 지반을 균일하게 다질 수 있고, 다진 후 지반 전체가 상부 구조물을 지지할 수 있다.

② 깊은 곳의 다짐을 지표면에서 할 수 있다.

③ 공사기간이 빠르고 공사비가 싸다.

④ 지하수위에 영향을 받지 않고 시공할 수 있다.

⑤ 상부 구조가 진동하는 구조물에는 효과가 있다.

3) 시 공

① Vibro flot를 Water jet로 소정의 깊이까지 관입시킨다.

② 진동을 가하면서 서서히 빼올린다.

③ 지반이 다져짐에 따라 바이브로프로트 주위에 구멍이 생기는데 지표에서 여기에 모래나 자갈을 투입시킨다.

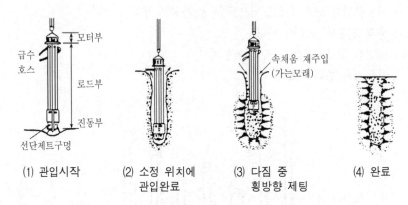

(1) 관입시작 (2) 소정 위치에 관입완료 (3) 다짐 중 횡방향 제팅 (4) 완료

4) Compozer 공법과 비교

	Vibro flotation 공법	Compozer 공법
진동 방향	수평방향의 진동	연직방향의 진동 또는 충격
진동의 양상	종파	전단파
다짐 방법	자연낙하	진동·충격

Ⅵ. 약액주입공법

1) 주입공법(Grouting)

지반강도를 증가시키거나 차수의 목적으로 지반 속에 응결제를 주입하여 고결시키는 공법. 주입재는 일반적으로 시멘트계, 점토계, 아스팔트계 등의 현탁액형과 물유리계, 고분자계와 같은 용액형으로 구분하며, 물유리계 및 고분자계를 약액이라고 한다.

① 시멘트 주입 : 굵은 모래지반에만 사용.

② 점토, 벤토나이트 주입 : 강도는 기대 곤란, 차수효과

③ 아스팔트 주입 : 강도는 기대 곤란, 차수효과

④ 약액주입 : 입경 0.01mm의 실트층까지 주입 가능

2) 약액주입공법의 용도

① 용수 누수방지 : 댐·제방·지하철·흙막이공의 지수·방수

② 지반고결

　ⅰ) 기초지반의 지지력 강화

　ⅱ) 기존 기초보강(Underpining)

　ⅲ) 굴착저면과 벽면의 안정

　ⅳ) 터널공의 전면 지반의 안정

3) 장 점

① 기계장치가 간단하고 소규모→협소한 장소에서 시공 가능

② 소음·진동·교통난이 없다.

③ 공기가 짧다.

4) 단 점

① 지반 개량의 불확실성

② 약액주입 범위의 불확실성

③ 주입재의 내구성

④ 수압파쇄현상에 의한 지반 융기·국부지반 파괴

⑤ 고도의 기술과 경험을 요한다.

5) 주입재의 성질

① 유동성을 갖고 있고, 주입 pump에 의해 지반 내 간극에 압송된 후 일정한 시간(Gel time)이 경과한 후 경화된다.

② 주입재의 성분 중 흙이나 지하수를 오염시키는 유해성분이 없어야 한다.

③ 주입재의 초기점도는 작아야 한다.

④ 주입재는 고화 즉시 고강도를 발생할 것

⑤ 시공에 있어서 취급이 간단하고, Gel 시간을 용이하게 조절할 것

약액의 분류

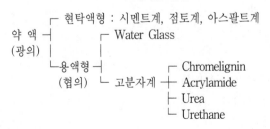

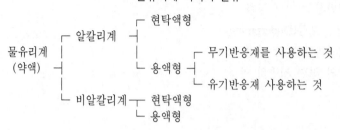

각종 약액의 침투 가능 입도분포

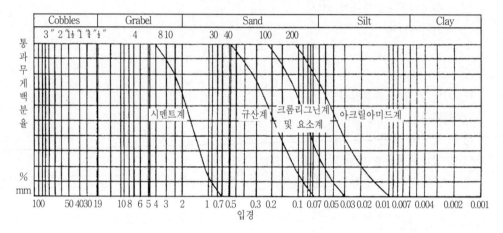

6) 주입의 종류

① 액상주입 : 지반의 토립자 배열을 변화시키지 않으면서 간극에 침투

② Fracturing grouting : 수압에 의한 파괴가 일어난 틈으로 침투

③ Compaction grouting : 점성이 큰 주입재를 천천히 주입하여 주변의 흙을 압축

④ Void filling : 지반 내에 공동이나 터널복공 뒷면의 간극을 메움

⑤ 혼합주입 : 흙구조를 흐트러지게 한 뒤 주입재를 압입하면서 흙과 주입재를 잘 교반·혼합하여 고결시키는 것

7) 주입량 산정

$$Q = V \cdot n \cdot a \cdot (1 + \beta)$$

V : 주입개량범위의 총체적

n : 간극율

a : 충전율

β : 손실률

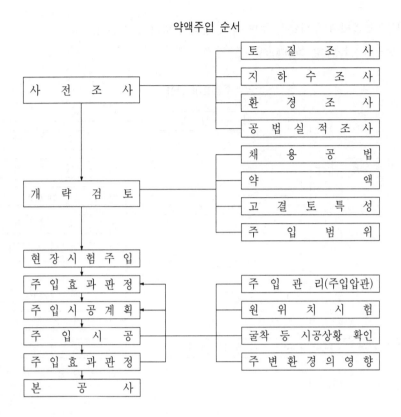

약액주입 순서

8) 주입공의 배치

① 주입공 간격은 0.6~2.5m이고, 보통 1.5m 간격 사용

② 지수 목적인 때에는 정삼각형 배치로 좁게 하고, 지반경화 목적인 때에는 다소 크게 해도 좋다.

9) 압송방식에 따른 주입방식

① 1액 1공정 방식(1 shot system) : 주제와 조제를 동일한 탱크에서 미리 혼합하여 주입－비교적 Gel time이 긴 경우에 사용

② 2액 1공정 방식(1.5 shot system) : 주제와 조제를 각각 별도의 탱크에 준비하고 주입관 두부에서 합류시켜 주입관 내에서 혼합하여 주입－비교적 Gel time이 짧은 경우에 사용

③ 2액 2공정 방식(2 shot system) : 주제와 조제를 별도 탱크에 준비하고 주입관의 선단을 분출하는 순간에 합류 혼합하여 주입

10) 우리나라에서의 활용전망

① 물유리계를 제외하고는 대부분 환경오염문제로 규제를 받으므로 물유리계 주입재 개발에 노력 요망

② 침투주입방법에 추가하여 주변 흙의 상태에 따라 압축 주입
③ 시공관리 : Boring, Sounding

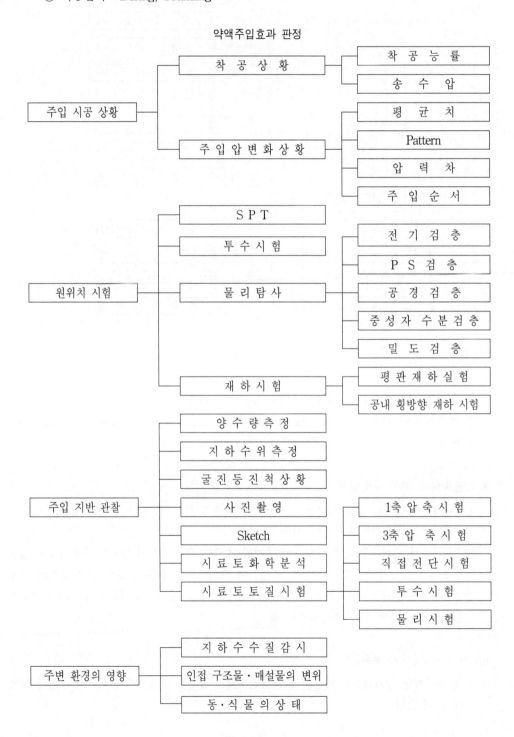

약액주입효과 판정

Ⅶ. 폭파다짐공법과 전기충격공법

1. 폭파다짐공법

1) 정 의

다이너마이트를 폭발시키든가 인공지진을 일으켜서 사질토지반을 다지는 공법

2) 장점과 단점

① 장점 : 경제적이며 광범위한 연약사질토층을 대규모로 다질 때 유리

② 단점 : 약의 분량 선택을 잘못하면 지반을 날려 보내고, 주위 구조물과 인축에 피해를 준다.

3) 적용지반

① 실트분을 20% 이상 또는 점토분을 5% 이상 함유한 것은 부적당

② 지반은 완전히 건조하거나 100% 포화된 상태가 가장 좋다.

4) 폭파공법으로 다져지는 정도는 상대밀도로 70~85% 정도가 된다.

→N치로 40 정도까지 기대할 수 있으므로 효과적

5) 시 공

① 폭파깊이는 총두께의 2/3 점이 되도록 배치

② 폭파간격은 3~8m

③ 폭파는 개량범위의 중심에서 차례로 외측하도록 하며, 그 사이에 약간의 시간을 둔다.

2. 전기충격공법

1) 정 의

미리 주수하여 지반을 포화상태로 한 후, 지중에 삽입한 전극에 고압전류를 일으켜서 이 때의 충격력에 의해 사질토 지반을 다지는 공법

2) 장점과 단점

① 장점

 ⅰ) 동일 지점에서 임의 회수의 방전이 가능

 ⅱ) 다짐에너지, 즉 방전에너지를 변화시킬 수 있다.

 ⅲ) 방전을 한 것이 전기적으로 확인되며, 화약의 경우와 같은 불발의 우려가 없다.

② 단점 : 세립토(실트분 이하)가 40% 이상인 흙에서는 효과가 없다.

3) 시 공

① 사수에 의해 방전 전극을 소정의 깊이까지 내리고 5초에 1회 간격으로 30~50회 방전을

한다.

② 방전장치를 1~1.5m 크레인으로 끌어올려서 다시 30~50회 방전을 한다.

③ 1개소의 다짐이 끝나면 1~2m 간격으로 반복한다.

Ⅷ. 일시적인 개량공법

1. 진공공법(대기압공법)

1) 점토층 위에 비닐 등의 기밀한 막를 깔아서 지표면을 덮은 다음, 진공펌프로 흡기흡수하여 내부의 압력을 내려서, 대기압을 하중으로 이용하여 유효하중을 증가시키는 공법

① 재하중을 필요로 하지 않으므로 지표면이 연약하여 성토가 곤란한 경우 적합

② 대기압하중은 이론상 $10t/m^2$, 실제 $7t/m^2$ 증가

③ 압밀기간 중 24시간 펌프를 가동해야 하므로 유지관리 곤란

2) 시 공

① 개량해야 할 점토층 위에 Sand mat를 0.5~1.0m 깐 다음, 통상 수직 drain을 시공하고 비닐막으로 기밀을 유지하면서, Sand mat에 설치된 석션파이프를 통해서 진공펌프로 흡기·흡수하는 방법

② 진공 Pump를 작동하면서 Sand mat 내부의 간극압이 내려가고 잇달아 점토 속의 간극압이 내려가며 드레인을 통해서 간극수가 배출된다.

3) 공법의 효과

진공공법은 보통 Paper drain 등과 병용된다. 단독으로 써서 Preloading 공법과 같은 효과를 기대할 수도 있지만 이 경우에는 당연히 시공기간이 길어져 최종적인 공극수압이 그림의 파선과 같이 되어 유효하중의 증가분이 반감하는 것에 주의하지 않으면 안 된다.

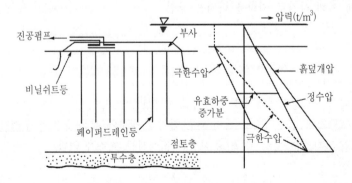

진공공법 설명도

2. 동결공법

1) 1.5~3인치의 동결관을 땅속에 박고, 이 속에 액체질소 등의 냉각제를 흘려 넣어서 주위 흙을 동결시켜, 동결토의 강도와 불투수성을 이용하는 공법

2) 장 점
  ① 모든 토질에 적용 가능
  ② 고결범위와 고결 정도가 균일
  ③ 동결토의 강도는 매우 크고, 차수성이 완벽하다.
  ④ 동결토는 콘크리트와 암반과의 부착이 완전하다.
  ⑤ 동결토의 자연해동시간이 길므로 정전 등으로 인한 사고가 적다.
  ⑥ 대기오염·지하수오염이 없다.

3) 단 점
  ① 동상·융해 현상이 생긴다.
  ② 지하수가 흐르는 경우는 효율이 나쁘다.
  ③ 동결시간이 오래 걸린다.
  ④ 공사비가 비싸다.

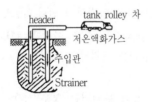

(a) 저온액화가스 주입방식

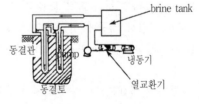

(b) brine 방식

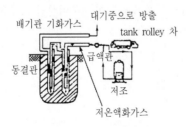

(c) 저온액화가스 순환방식

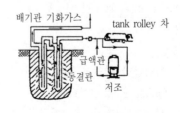

(d) 순환, 주입 병용방식

동결공법 개략도

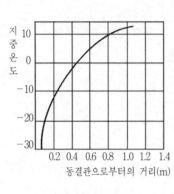

지중온도 분포곡선   시공순서 개략도

3. Well point 공법

1) Well point라는 흡수관을 흙 속에 박은 다음 지하수를 뽑아 올려 지하수위를 저하시키는 공법

2) Well point 공법은 원래 지하수를 저하시키는 목적으로 사용되어 왔으나, 진공 Pump에 의해서 강제적으로 간극수를 탈수할 수 있어 압밀촉진의 효과도 있고, Drain 공법 등과 병용하여 연약지반의 개량에도 사용하게 되었다.

3) 지중에 간격 1~2m 정도로 Well point라고 하는 직경 5cm, 길이 1m 정도의 흡수 기구에 Riser pipe라고 하는 직경 4cm, 길이 5~7m의 양수관을 연결하여 선단 nozzle에서 압력수를 분사시키면서 지중에 삽입한다. 다음에 Header pipe라고 하는 직경 8~20cm의 집수관을 Riser pipe의 정부와 연결하고 그 일단에 진공 Pump를 연결하여 흡인하여 지하수를 저하시킨다.

4) 재하가 불필요하므로 초연약지반에서 재하의 안정이 문제되는 경우 적용

5) 투수계수 $1 \times 10^{-1} - 1 \times 10^{-4}$cm/s인 세사에서 실트질 모래까지 적합

6) Well point 간격 : 1.2~1.8m

7) Well point의 배수깊이(수위 저하) : 이론상 10m, 실제 6m, 깊이 6m 이상인 경우는 2단 이상 설치

8) 특징
   ① 지하굴착 작업시 Dry work 가능
   ② Quick sand 현상방지
   ③ 흙의 압밀촉진, 전단저항 증가
   ④ 광범위한 토질에 적용
   ⑤ 압밀효과가 깊이에 관계없이 일정
   ⑥ 주위 지반을 침하시키므로 주요구조물이 있는 경우 주의요

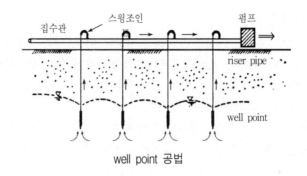

well point 공법

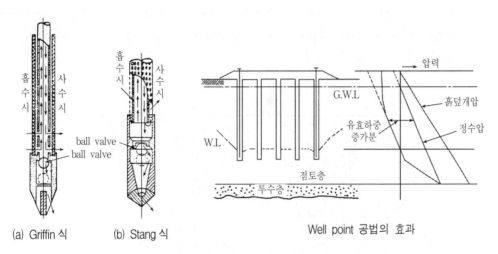

(a) Griffin 식　　(b) Stang 식

Well point 공법의 효과

IX. 동압밀공법과 압성토공법

1. 동압밀공법

1) 개 요

동압밀공법은 무거운 추를 크레인 또는 타워 등의 특별한 장치를 사용하여 높은 곳으로부터 낙하시켜 지표면에 충격을 주면, 이때 발생하는 충격에너지가 지반의 심층까지 다짐효과를 주어 지반강도를 증진시키는 공법이다.

본 공법은 1960년대 후반 프랑스의 기술자 메나드에 의해 개발되었다. 개발 당시에는 Heavy Tamping으로 불렸으나, 석괴성토 지반, 사질토 지반의 개량을 위해 사용되기 시작하였으나, 경우에 따라서는 포화 점성토의 지반에도 일부 사용될 수 있음이 발견되어, 그 사용범위가 대단히 넓어지면서 동압밀공법(Dynamic consolidation method)이라고 불리게 되었다.

2) 공법의 원리 및 용도

동압밀공법의 기본원리는 개량하고자 하는 지반에 10~200t의 중추를 10~40m 높이에서 반복 낙하시키면 100~4,000t · m의 충격에너지가 발생하며, 이는 탄성파로 지중에 전달되어 수평방향의 인장응력 발생으로 말미암아 수직방향의 균열과 유로 형성으로 과잉간극수압이 소산되어 지반의 압축을 촉진한다는 것이다.

폐기물, 석괴, 사질토 등과 같은 불포화 지반에 충격에너지를 가할 때 지반이 다져지는 과정은 실내 Proctor 다짐과 본질적으로 동일하며, 다짐에너지에 의해 토사가 압축되어 즉시 침하를 일으키면서 지반의 밀도가 증가되어 강도가 증진된다.

반면, 포화 지반에 충격에너지를 가할 경우, 지반의 구조가 파괴되고 과잉간극수압이 발생하게 되어 비점성토인 경우에는 액상화현상이 유발되며, 시간의 경과에 따라 과잉간극수압이 소산되면서 강도가 증진된다.

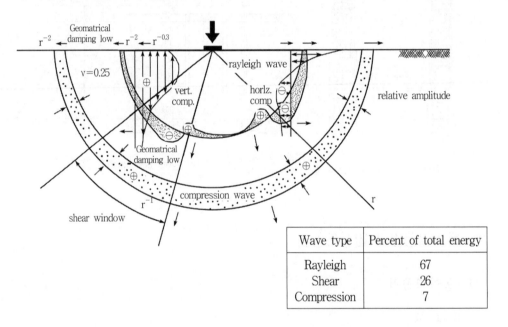

Wave type	Percent of total energy
Rayleigh	67
Shear	26
Compression	7

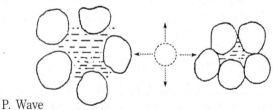

P. Wave
- Increases pore water pressure
- Dislocates soil matrix

(a) P파에 의한 토립자의 재배치

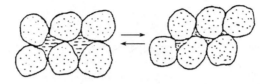

Sand rayleigh waves :
- Shear soil grains
- Rearrange structure towards denser state

(b) S파, RAYLEIGH파에 의한 토립자의 재배치

지표면 충격에 의한 토립자의 거동

이때 각 충격지점마다 관찰되는 충격파의 종류로는 Volume파와 Rayleigh파로 구분되며, 공학적인 특성은 다음과 같다.

① Volume파

Volume파는 전체 충격에너지 중 33%를 차지하며 P파와 S파로 구분된다.

ⅰ) P파(Primary wave)

공기를 매체로 전단되는 음파와 유사하게 지중의 물을 따라서 전파되는 파로 압축파 (Compression wave)라고도 불리며, 전체 충격에너지 중 7%를 차지한다. P파의 특성은 종파로서 크기가 증가할수록 토립자 사이의 거리가 서로 멀어짐으로 인하여 간극수압 은 감소된다.

ⅱ) S파(Secondary wave)

전단파(Shear wave)라고도 불리는 S파는 횡파로 전체 충격에너지 중 26%를 차지하며, P파보다 속도가 느리고 P파에 의하여 서로 격리된 토립자를 매체로 전파된다. 토립 자를 전단변형시키므로 흙은 밀도가 보다 증가되면서 재배열된다.

② Rayleigh wave(표면파)

전단변형을 야기하는 파로써, 전체 충격에너지 중 67%로 가장 많은 비중을 차지하고 지표면(전단면은 파의 진행방향에 평행하거나 직교)에 평행하게 발생하며, 공학적으로 S 파와 동일한 효과를 나타내나, 지표면을 따라 널리 퍼지므로 인접 구조물에 심각한 피해 를 야기할 수 있다.

일반적으로 동하중에 의한 과잉간극수의 소산시간은 정하중 상태에서의 흙의 투수계수 에 의한 소산시간보다 빠른데 그 이유는 인장균열이 지반 내로 급속히 확산되어 간극수의 유로 역할을 해주기 때문이다.

공법의 적용은 다짐에 의한 밀도 증가, 지지력 증가 및 균질화, 잔류침하의 감소, 지진시 의 액상화 방지, 침하촉진, 강제치환, 수중의 석괴 마운드 다짐 등에 이용된다.

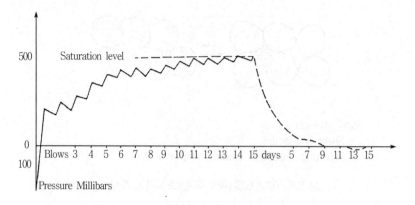

(a) 동압밀 타격시 발생되는 과잉간극수압의 발생 및 소산

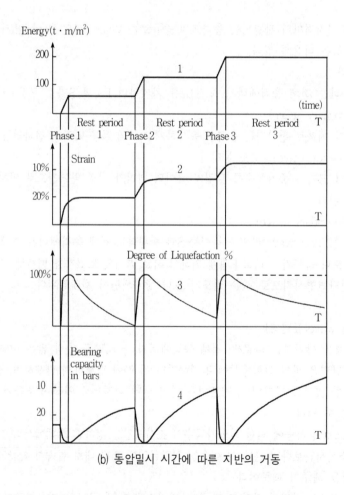

(b) 동압밀시 시간에 따른 지반의 거동

동압밀에 따른 지반의 거동

3) 동압밀공법의 설계

① 개량심도와 타격에너지

$$D = C \cdot \alpha \sqrt{W \cdot H}$$

여기서, D : 개량심도(m)

　　　　C : 토질계수(지반 Damping Factor : 0.3~1.0)

　　　　α : 낙하방법에 의한 계수(Speed Damping Factor : 0.9~1.0)

　　　　W : 추의 무게(ton)

　　　　H : 낙하고(m)

② 타격간격

첫번째 격자망을 제1시리즈, 그 다음 빈 공간의 중간점을 따라 구성된 격자망을 제2시리즈로 부르며, 이와같이 시리즈가 거듭함에 따라 간격은 좁아지게 된다.

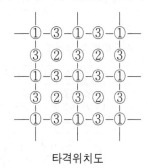

타격위치도

③ 타격횟수

$$\frac{\text{타격에너지} \times \text{타격횟수}}{\text{면적}} = \text{단위 면적당 에너지}$$

④ 정치기간

포화점성토와 세립분이 많은 포화 사질토 등의 개량에서는 타격에 따른 과잉간극수압 및 액상화현상이 발생된다. 이런 상태에서는 타격을 계속해도 개량효과를 기대할 수 없기 때문에 과잉간극수압이 소산될 때까지 정치기간을 두어야 한다. 정치기간이 길어지면 공기가 길어져 경제성의 문제가 있다. 따라서 과잉간극수압을 빠르게 소산시키기 위하여 드레인 공법과 병용하여 적용함으로써, 드레인에 의해 과잉간극수압이 빠르게 소산되어 정치기간을 짧게 할 수 있다.

⑤ 시험시공(Pilot test)

시험시공 전에 사전 토질조사를 바탕으로 계획한 설계는 단지 예비설계에 불과하므로, 시험시공(Pilot test)을 실시하여 지반개량에 필요한 적정에너지, 장비의 용량, 추의 넓이 및 무게 등을 결정할 수 있으며, 개량 후의 효과에 대한 예측이 가능하다.

탬핑방법의 결정요소

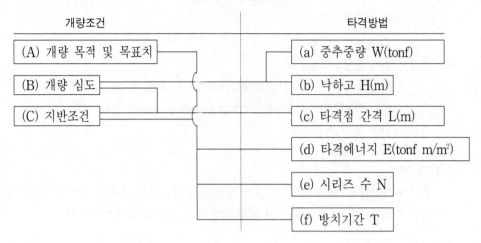

시공방법의 흐름도

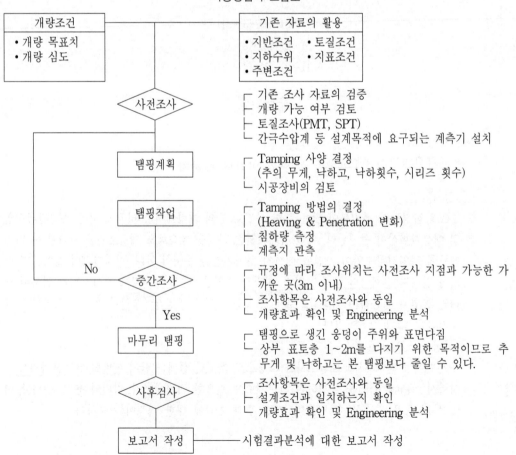

4) 시공관리

　주요 시공장비는 중추를 소정의 높이에서 효과적으로 반복 낙하시키기 위해 개조된 대형 크레인을 사용하게 되는데, 타격에너지의 크기에 따라 낙하고와 크레인의 용량이 결정되며, 통상 50t에서 300t까지의 크레인이 사용된다. 타격시에는 직경 3~5m, 깊이 1.5~2.5m, 즉 침하체적 5~30m^{3}의 Crater가 발생하는데, 이를 양질의 재료로 메워야 한다.

　동압밀공법은 타격공 이외에 시공의 효율화를 도모하기 위하여 타격작업을 조정하는 기술관리(측정 및 시험)를 포함하고 있는 것이 특징이다. 즉 타격을 1단계 마친 후 시공현황이나 얻어진 개량효과를 검토하여 그 결과를 다음 단계에 참고하는 등의 시공관리를 하고 있다. 시공중에 지반의 불균질성에 의해 당초 시공계획 그대로는 개량이 불충분한 것이 발견될 경우에는 타격을 더하여 그 부분의 개량을 촉진시킨다.

　시공효과는 표준관입시험, 메나트 프레셔미터 등에 의해 강도 증가 효과를 점검한다.

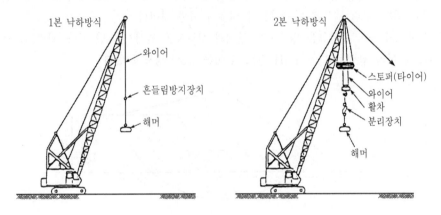

해머의 낙하방지

5) 결 론

① 타격에너지를 적절히 변화시킬 수 있어 깊은 심도까지 개량이 가능하다.
② 모래, 자갈, 매립쓰레기 등 적용범위가 다양하다.
③ 석괴 및 건설폐기물이 혼재되어 있는 지반에도 적용이 가능하다.
④ 토성과 지층의 변화가 많은 복잡한 지반에서도 각 구역마다 소요에너지를 적절히 변화시킬 수 있어 소기의 지반강도를 고르게 확보할 수 있다.
⑤ 별도의 약품이나 보강재를 필요로 하지 않는다.
⑥ 준비작업시간이 단축된다.
⑦ 지반개량공사기간이 단축되며, 공사비가 저렴하다.
⑧ 시공면 이하의 지하수위가 2m 이내인 경우 또는 점성토를 많이 포함하고 있는 경우에는 중추관입에 따른 인발저항 및 시공장비의 트래커빌리티의 저하로 인해 저하된다.

⑨ 시공면적이 10,000m² 이하인 경우에는 정지를 위해 크레인이 대기하는 등 작업상 손실이
있다.

2. 압성토(押盛土) 공법

1) 연약지반상에 성토할 때 기초의 활동을 막기 위하여 성토 비탈면에 소단(小段) 모양의 압성
토를 하여 활동에 대한 저항 모멘트를 크게 하는 공법
2) 압성토공법은 압밀 촉진에는 큰 효과는 없으나 압성토공법에 샌드 드레인 공법을 병용하면
효과가 있다.
3) 압성토공법은 용지가 많이 들어가는 단점이 있으나 공법이 간단하고 공사비가 싼 이점이
있다.
4) 도로면에 근접한 성토라든가 흙댐과 같은 큰 성토의 소단은 바로 압성토의 역할을 충분히
하게 되니, 이런 경우에는 압성토의 대용이 되는 것이다.
5) 압성토의 높이는 활동을 일으키는 한계의 성토고를 넘어서는 안 된다. 일반적으로 제방고
(H)에 따라 압성토의 폭은 2H 정도, 높이는 1/3H 정도로 한다.

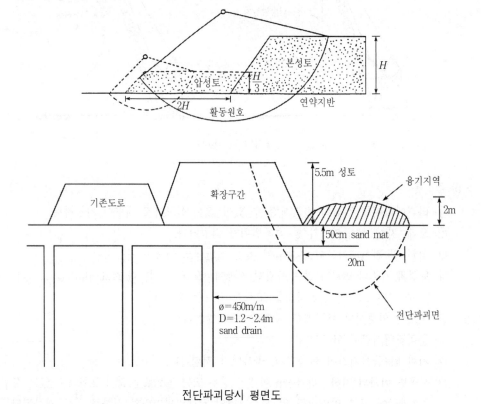

전단파괴당시 평면도

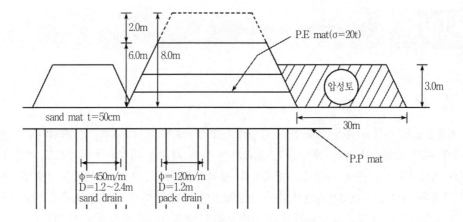

전단파괴지역 Pack drain 재시공 후 평면도

문제 6   동치환공법(Dynamic replacement)

Ⅰ. 개 요

동치환공법은 무거운 추를 크레인을 사용하여 고공으로부터 낙하시켜, 큰 에너지로써 연약지반 위에 미리 포설하여 놓은 쇄석 또는 모래자갈 등의 재료를 타격하여 지반으로 관입시켜 대직경의 쇄석기둥을 지중에 형성하는 공법이다. 공사방법은 큰 에너지로 타격을 가하면 추는 지표의 쇄석을 지중으로 관입시키면서 추가 함몰되었던 자리에 다시 쇄석을 채우고 이를 다시 타격으로 관입시키는 공정을 되풀이하여 지중에 대직경 쇄석기둥을 설치하는 것이다.

동치환을 시행하면 쇄석기둥 내에 큰 전단저항을 발휘하게 되며, 기둥 사이의 토사층도 크게 강도가 증가되는 현상을 보인다. 또한 주변 흙에 과잉간극수가 잔류하고 있을 경우 이 쇄석기둥은 과잉간극수압을 배출하는 배수통로가 되므로, 압밀을 초기에 촉진하는 역할도 하게 된다.

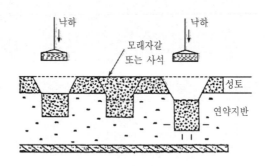

동치환공법 시공도

Ⅱ. 공법의 설계 및 시공

1. 기둥의 지지력은 기둥 주변 토사의 강도에 의해 좌우된다.

$$Q = K_p \cdot P_{li} / F$$

여기서, Q : 기둥의 지지력

P_{li} : 주변 토사의 한계응력(동치환 후의 Pressure meter test 결과)

K_p : 수동토압계수

F : 안전율

기둥의 유효반경은 동적 치환을 통해 기둥이 형성되는 과정에서 Pressure meter test를 통하여 현장에서 측정하여 확인하여야 한다.

2. 쇄석기둥 형상의 단면

$$4H_f \rangle S - D_p \langle H_c$$

여기서, H_c : 기둥의 깊이

H_f : 기둥 사이 아치형성층의 두께

S : 기둥 사이의 간격

D_p : 기둥의 직경

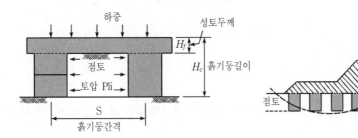

$\therefore 4H_1 > S - D_p < H_1$, 지지력 $Q = K_r \, Pli/F$

동치환 단면도

3. 동치환공법의 시공한계

1) 치환기둥의 깊이는 4.5m까지가 가능하다.

2) 4.5m 이상 되는 연약지반을 개량할 때에는 Menard Drain을 선행하는 것이 필수적이다.

4. 동치환공법의 시공순서

동치환공법 시공흐름도

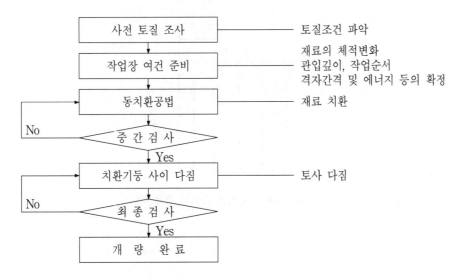

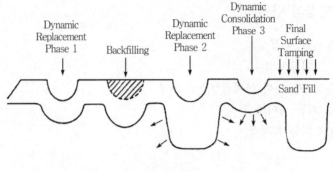

동치환공법 시공순서

Ⅲ. 결 론

1) 동치환공법은 동압밀공법이 점성토층에 효과가 적으므로 이러한 문제를 극복하기 위해 개 발된 공법

2) 연약지반을 대상으로 다짐에너지를 사용하면 충격에너지에 의해 포화점성토 내에 발생한 간극수압을 배출하는 방법들이 보조수단으로 연약층 심도에 따라 다른 공법들과 병용하여 적용하면 훌륭한 강도 증진을 기대할 수 있는 공법이다.

3) 연약층 심도가 얕은 동치환기둥이 처리심도에 도달하므로, 별도의 보조수단 없이 작업과정 에서 동치환기둥을 통해 간극수압을 충분히 소산시킬 수 있다. 만약 연약층 심도가 깊을 경 우에는 메나드 드레인 공법과 병용하여 동치환기둥을 설치한 후, 과재하중을 추가하면 동치 환기둥도 배수통로의 기능을 하고, 하부의 연약층도 충격에 의해 균열이 발생하여 투수성이 커짐과 동시에 메나드 드레인을 통하여 과잉간극수압이 신속히 소산되므로, 연약지반 개량 효과가 우수하다.

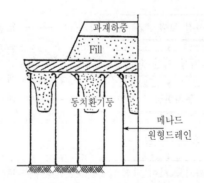

메나드 드레인, 동치환 공법의 혼용공법

문제 7 연약지반지역에 교량 교대의 측방이동억제공법에 대하여 기술하시오.

Ⅰ. 서 론

 연약한 점성토 지반에 재하하는 경우 연직방향과 수평방향의 2성분으로 변위를 일으킨다.

 교대나 옹벽과 같은 상시 도로 재하중을 받는 구조물에서는 배면 성토중량이 하중으로 작용하여 연약지반 안정이 붕괴되어 소성유동을 일으키며, 이 때문에 구조물 변위가 발생한다. 이를 측방유동(Lateral flow)이 한다. 교대의 측방이동에 의한 교량의 피해로서는 신축장치의 파손 및 기능저해 변위에 따른 기초부의 변상, 교좌 파손 등을 들 수 있다.

 따라서 설계 시공시 측방유동의 가능성 판정 및 설계, 대책공법에 대해 기술하고자 한다.

Ⅱ. 측방 유동의 가능성 판정

 1) 원호면활동의 안전율에 의한 판정

  원호활동에 대한 안정계산을 하여 안전율이 1 이하이면 측방유동의 가능성이 있으므로 대책공법이 필요

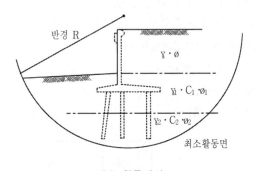

원호 활동계산

 2) 원호활동에 대한 저항비와 압밀침하량에 의한 판정

  교대와 기초가 없는 것으로 가정, 연약층 중간을 통과하는 원호활동에 대한 최소안전율을 구하여 압밀침하량과 함께 측방유동의 영향을 받는 유무 판정

  $F_s \geqq 1.6$ 및 $S < 10cm$: 위험성 없음.

  $1.2 \leqq F_s \leqq 1.6$ 및 $10cm \leqq S \leqq 50cm$: 측방변위를 고려한 설계법으로 검토

  $F_s < 1.2$ 및 $S > 50cm$: 위험성 있음(대책공법 필요).

여기서,   Fs : 원호활동저항비(성토단부에 중심을 두고 연약층 중간을 통과하는 원호활
동에 대한 안전율)
S : 압밀침하량(cm)

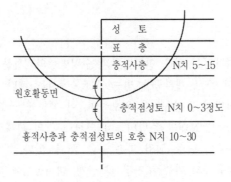

원호활동 저항비의 계산법

3) 측방유동 지수에 의한 판정

$$F = \frac{\overline{C}}{\gamma \cdot H \cdot D}$$

여기서, F : 측방유동지수(m^{-1})

F ≧ 0.04 : 측방유동 위험성 없음.

F < 0.04 : 측방유동 위험성 있음(대책공법 필요).

$\overline{C}$: 연약층의 평균점착력(tf/m^2)

γ : 성토의 단위중량(tf/m^3)

H : 성토의 높이(m)

D : 연약층의 두께(m)

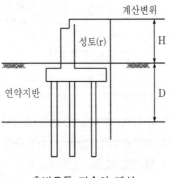

측방유동 지수의 계산

4) 측방유동 판정수에 의한 판정

Ⅲ. 대책공법(억제공법)

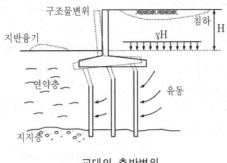

교대의 측방변위

1) 대책공법시 고려사항

　① 교량의 규모

　② 공사비, 공사기간

　③ 시공성

　④ 대책공법의 신뢰성

2) 기본적인 대책공

　① 교대배면의 성토하중을 경감하여 판정기준을 만족시키거나

　② 지반개량으로 지반강화를 하든가 구조물로 저항력을 증가시켜 판정기준을 만족시킨다.

3) 교대배면 성토하중 경감대책 공법

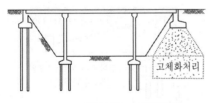

성토상의 소교대공법

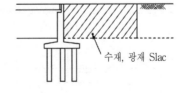

경량재에 의한 성토

저성토식 교대

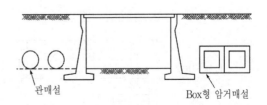

교대배후의 관 또는 Box형 암거 매설공법

4) 지반강화 및 구조물로 저항력 증가 대책공법

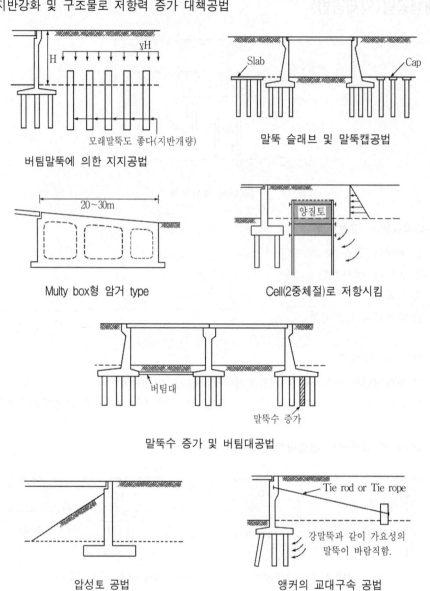

버팀말뚝에 의한 지지공법

말뚝 슬래브 및 말뚝캡공법

Multy box형 암거 type

Cell(2중체절)로 저항시킴

말뚝수 증가 및 버팀대공법

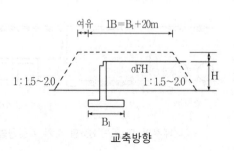

압성토 공법

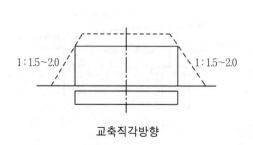

앵커의 교대구속 공법

교축방향

교축직각방향

Ⅳ. 결 론

1) 연약지반에 설치한 교대기초는 상부하중에 따른 주동말뚝의 안정 검토뿐만 아니라, 성토하중으로 인한 측방 유무를 판단하에 수동말뚝의 안정성을 검토해야 한다.

2) 연약지반에 설치한 교대의 성토하중은 편재되어 있으므로 횡방향에 대한 측방 변위를 반드시 고려한다.

3) 측방변위에 대한 대책공법은 여러 조건을 검토하여 성토하중을 경감시키는 방법. 지반개량을 통한 지반강화, 구조물에 의한 저항력 증가 등 경제적·합리적 시공이 되어야 하며, 반드시 계측관리를 병행하여 향후 시공시 참고·연구가 요망된다.

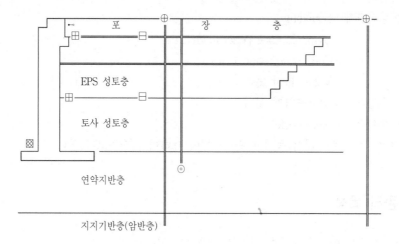

⊞ : 수평토압계(2개)
⊟ : 수직토압계(2개)
↤ : 조인트미터
◎ : 간극수압계(지하수 위아래 3m에 설치 요망)
⊕ : 층별침하계(2공 2개)
⊠ : 계측기 보관함(1개)

문제 8 연약지반 성토작업시 침하관리방법에 대하여 설명하시오.

I. 개 설

연약지반 위에 성토작업시, 파괴의 주원인은 침하에 의한 파괴와 활동에 의한 파괴로 구분되며 동시에 파괴되거나 각각의 원인으로 파괴된다. 이러한 이유로 성토관리를 할 필요가 있다.

1) 침하관리 : 침하판 설치
2) 강도증진관리 : Sounding
   Dynamic cone penetration Test
   Cone penetration test
   Vane shear test
3) 공극수압관리 : 공극수압계 설치
4) 재하중관리 : Level check

따라서 여기서는 침하관리의 목적과 관리방법에 대하여 기술하고자 한다.

II. 침하관리 목적

1) 조사, 설계시 예상한 현상이 실제로 발생하고 있는가.
2) 대책공법의 효과가 예측대로 나타나고 있는가.
3) 예기치 않은 상황의 원인을 추정 대처할 수 있는 방법 추구

III. 침하관리 방법

1) 침하측정 ┬ 지표면 침하계
          └ 층별 침하계
2) 간극수압측정 : 간극수압계(피조미터)
3) 강도 Check ┬ Boring test
           └ Sounding test
4) 지표 신축량 : 신축계(자기식 Land sliding gauge)
5) 지표면 변위량 : 말뚝
6) 지중 변위 : 변위계(Flexible tube)

Ⅳ. 측정계기 배치계획

1) 침하가 문제

연약층의 두께가 두껍다.

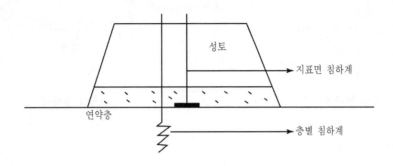

2) 안정이 문제

연약층의 두께가 얇다.

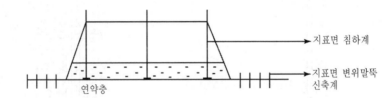

3) 안정과 침하가 문제

연약층의 두께가 두껍다.

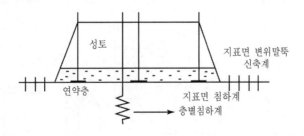

① 지표면 침하측정

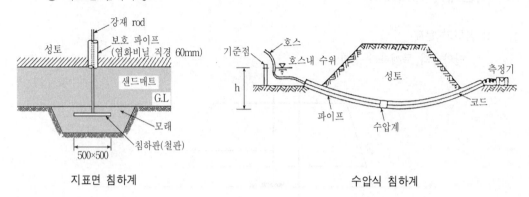

지표면 침하계

수압식 침하계

② 심층 침하측정

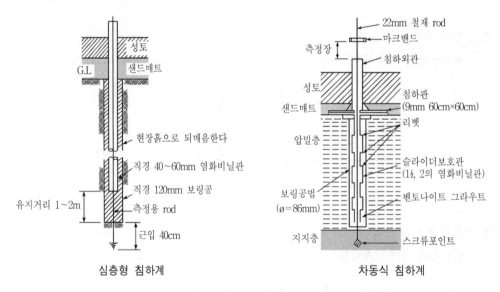

심층형 침하계

차동식 침하계

③ 변위측정

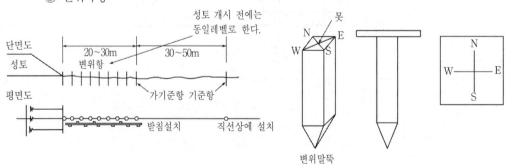

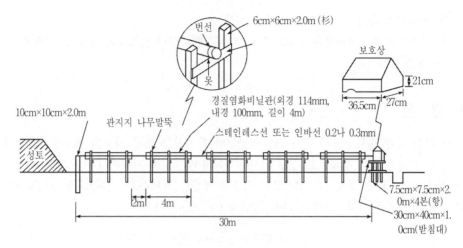

지표면 신축계의 설치

4) 근처에 구조물이 있는 경우

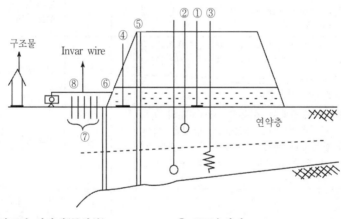

① 지표면 침하계(중앙부)　　　② 공극수압계
③ 층별 침하계(중앙부)　　　　④ 지표면 침하계(사면부)
⑤ 토질조사를 위한 시료채취 위치　⑥ 지중변위계
⑦ 변위말뚝　　　　　　　　　⑧ 지표신축계

Ⅴ. 관측 결과의 이용

1) 연약지반의 각층별 침하량을 구하고 침하의 진행상황을 조사한다.

2) 이론 계산에 의한 침하량의 경시변화를 침하관리에 의하여 조정하고, 시공공정을 수정한다.

3) 재하중공법 채택시 Preloading양, 방치시간, 대기시간 등을 침하관리에 의해 판정한다.

4) 'Vertical drain 공법 채용시 당초 예측한 효과를 얻었는가'를 검토하고 예상이 빗나간 경우, 그 원인을 조사, 대책을 강구한다.

5) 침하량의 측정결과에 의거 성토량 검토

6) 구조물의 부등침하량을 구하고 완료 후 부등침하량이 구조물의 목적 및 이용에 지장을 주는가를 검토

Ⅵ. 결 론

연약지반 위에 성토공사시 지반침하와 안정이 문제가 되는데 사전에 계측을 통한 침하관리를 통하여 예기치 못한 상황으로 성토단면이 파괴되지 않도록 시공관리를 철저히 해야 한다. 과거 시공 Data를 공기, 경제성을 고려하여 적절한 공법을 채택하고, 신재료 Geotextile 안정제 개발과 재래식 공법을 병행시공해야 하며, 경험축적이 필요하다.

성토공사시 계측에 이용되는 계측기 및 목적

계측기명	계측항목(목적)	매설기준			설치위치
		A	B	C	
표면침하판	대상이 되는 지점의 전 침하량 측정(성토속도의 관리, Surcharge 제거시기의 결정 등에 결과를 사용한다.)	○			성토천단의 중앙부 성토사면의 정상부
심층침하계	특히 연약층이 두꺼운 곳에서 심부각층의 침하량을 측정, 심부의 지반거동을 파악한다(성토속도의 관리, Surcharge 제거시기의 결정 등에 결과를 사용한다).		○		성토중앙부의 지중
변위말뚝	지표면의 수평방향, 이동량, 사면하부의 침하 또는 융기측정(주로 구조물의 안정을 확인, 전단 활동파괴 예지, 측방유동 등을 관측, 성토작업의 안정성 확보, 성토속도의 관리에 결과를 사용한다.)	○			성토사면 하부에 일정간격으로 배치
신축계	상 동	○			경사 하부에 변위말뚝을 배치 후 Invar선으로 측정부와 연결하여 고정
Inclino-Meter	성토사면 하부지반의 수평변위를 측정(성토속도의 관리, 지중의 측방이동량을 확인한다.)			○	성토사면 선단에 매설
토압계	성토하중에 의한 연직방향의 증가토압을 측정한다.(특히 Sand pile 타설 장소 등에 있어서 Sand pile과 주변 지반의 하중분담률을 체크해서 그 효과를 확인한다.)			○	
간극수압계	성토하중에 의한 간극수압의 증감을 측정한다.(간극수압의 증감에 의해 대책공의 효과, 침하상태의 확인에 이용한다.)			○	심층침하계가 설치된 위치에서 3m 이내에 설치

(주) A : 대책공법 시공장소 및 안정, 침하가 문제되는 장소에 통상 사용한다.

　　　B : 특히 연약층이 두꺼운 곳에 설치할 필요가 있다.

　　　C : 매우 연약한 지반에서 Sand pile의 효과 확인이 필요한 경우 등 특별

계측빈도와 기간

계기의 명칭	지반처리중~성토 완료 후 1개월까지	성토완료 후 3개월까지	성토완료 후 3개월 이후	구조물 사용 후
침하계	1회/1~5일	1회/1~10일	1회/1개월	1회~4회/년
변위말뚝 또는 신축계	1회/1~5일	1회/1~10일	필요시마다	

문제 9

연약지반 개량공법 중 Preloading 공법과 압성토공법에 대하여 장단점을 설명하시오.

I. 개 설

연약지반이란 실트질과 같이 함수비가 높아 치환, 다짐, 압밀, 고결 등의 연약지반 개량처리를 선행하지 않을 경우 그 위에 축조되는 구조물의 침하 등의 변형 문제가 발생한다.

구 분	N 치	일축압축강도	함 수 비	CBR
사 질 토	10 이하	1kg/cm² 이하	20 %	규정 없음
점 질 토	4 이하	0.6kg/cm² 이하	50 %	2 이하

연약지반 처리공법 선정시는 우선 그 지반의 토질특성을 파악하여 적합한 공법을 선정하고, 시공중에는 안정검토와 침하관리 등에 철저를 기해야 한다.

여기서는 토질별 연약지반공법을 열거하고, Preloading 공법은 선행하중을 재하하는 압밀이 주가되는 공법이며, 압성토공법은 측방변형, 융기에 대한 성토체의 활동을 저항하기 위한 일시적인 개량공법이다. 따라서 Preloading 공법과 압성토공법의 장점, 단점을 기술하고자 한다.

II. 토질별 연약지반 처리공법

1) 점성토

치환공법, Preloading 공법, Sand drain 공법, Paper drain 공법, 침투압공법, 생석회말뚝공법, 소결공법

2) 사질토

Sand compaction pile 공법, Vibro flotation 공법, 다짐말뚝공법, 물다짐공법, 폭파다짐공법, 동압밀공법, 약액주입공법

3) 기 타

압성토공법, 동결공법, 배수공법 등

III. 토질특성 파악을 위한 시험

1) Boring

연약토층 두께, 분포상황, 지하수위 파악

2) 표준관입시험

　　N치

3) 베인전단시험

　　전단강도, 점착력

4) 실내시험

　　① 함수비
　　② 입도, 비중
　　③ 액·소성 한계
　　④ 포화도 공극비

Ⅳ. Preloading 공법

1) 원　리

　　연약지반상에 선행하중을 재하함으로써 연약지반의 압밀을 촉진시키는 방법(재하압밀)

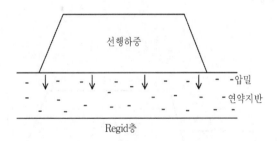

2) 적용성

　　① 장　점
　　　ⅰ) 특별한 장비나 재료 없이 성토용 재료로 직접 사용하여 시공이 간단
　　　ⅱ) 압밀 촉진으로 인한 전단강도 지지력 증대
　　　ⅲ) 잔류침하 발생 방지
　　　ⅳ) 공사비가 저렴하고, 특히 도로의 성토, 항만의 방파제와 같이 토구조물 본체의 일부를
　　　　재하로 이용할 수 있으며 개량 후에도 하중을 제거할 필요가 없는 경우
　　② 단　점
　　　ⅰ) 장기적인 재하가 필요하므로 공사기간이 긴 공사에 적합
　　　ⅱ) 필요한 성토량을 여러 단계로 나누어 시공 → 지반의 파괴 발생

3) 시공관리

① 침하판 측정 : 침하판의 부풀음, 부러짐 등의 Land mark 확보

② 공극수압 측정 : 압밀도(u)

③ 재하조건의 파악 : 재하고(H)

④ 강도증가 Check : Sounding, 콘크리트 관입시험

⑤ Preloading 재하 후 점성토의 팽창에 의한 강도 저하 Check

⑥ Preloading에 의한 침하상황

ⅰ) 압밀침하량

ⅱ) 압밀시간

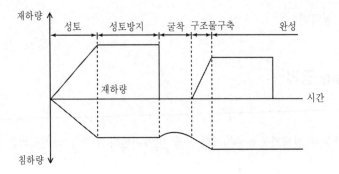

Ⅴ. 압성토

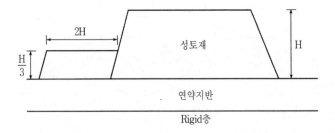

1) 방 법

성토체에 의한 연약지반의 지반의 솟아오름 현상을 방지하고자, 또는 활동에 저항하는 모멘트를 증가시키는 공법이다.

2) 적용성

① 압성토공법은 Preloading과는 달리 공기가 빠르다.

② 부지여유 확보가 문제이다.

③ 측방 유동을 줄일 수 있는 공법

④ 압밀에 의해 강도가 증가한 후 제거할 수 있다.

⑤ 연약지반처리공법으로는 타공법에 비해 확실도가 떨어진다.

Ⅵ. 결 론

연약지반 처리공법 선정시는 토질특성을 파악하여 경제적이고 확실한 공법을 선정해야 하며, Preloading 공법은 장기간 공사기간이 소요되므로 서해안 매립공사 등에 약액주입공법과 병용 처리하면 효과적이며, 압성토공법은 일시적인 개량 목적에 많이 쓰인다.

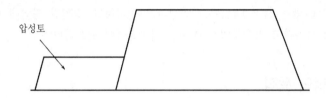

압성토

문제 10 약액주입공법의 목적, 적용범위, 적용되는 주입액 및 주입공법의 종류, 특징을 쓰시오.

I. 개 설

연약하고 지하수위가 높은 지반에서 기초굴착공사나 인접구조물에 접하여 시공할 때 지하수위에 따른 압밀침하현상과 Heaving 현상이 발생하여 이에 대한 차수효과(遮水效果)와 지반 보강을 위해 지반 내에 주입관을 삽입해서 이것을 통하여 화학약액을 지중에 압송 충진시켜 일정한 기간(Geltime, Setting time)이 경과한 후 지반을 고결시키는 공법을 약액주입공법이라 하며, 현재 우리 토질조건에 맞는 시공 Data와 시공결과가 미비하고, 장기간 땅속에 매설된 상태이므로 시공상태 확인이 불가하고 약액주입시 철저한 시공감독이 필요하다.

II. 약액주입공법의 목적

1) 투수계수 감소
2) 전단강도 증가
3) 압축률 감소
4) 최근에는 진동방지

III. 특 성

1) 준비나 설비가 간단하고, 소규모여서 협소한 장소나 공간에서 시공 가능
2) 진동, 소음, 교통에 대한 영향이 적고 공기가 짧다.
3) 복잡, 불규칙한 지반을 대상으로 하므로 고도의 기술과 경험이 필요
4) 공법의 연구가 더욱 필요

IV. 주입재의 종류와 성질

1) 주입재가 갖추어야 할 특성

① 흙 및 지하수를 오염시키는 유해물질이나 화합물을 포함하지 않을 것
② 가는 토립자의 공극 침투가 가능하도록 초기 점도가 낮을 것
③ 충진된 주입재는 고화, Gel 반응종료와 동시에 고강도를 낼 것
④ Gel화된 주입재는 수축을 일으키지 않고 지반을 불투수화할 것
⑤ 장기간에 걸쳐 안정할 것

2) 주입재의 종류

① 현탁액형 : 시멘트계, 아스팔트계, Bentonite계

② 용액형 ─┬─ 고분자계 ─┬─ 크롬리그닌계
　　　　　　│　　　　　　├─ 아크릴 아미드계
　　　　　　│　　　　　　├─ 요소계
　　　　　　│　　　　　　└─ 우레탄계
　　　　　　└─ 물유리계 ─┬─ 알칼리계 ─┬─ 현탁액형 : 물유리+시멘트 Bentonite
　　　　　　　　　　　　　│　　　　　　└─ 용액형 : 무기반응제 사용
　　　　　　　　　　　　　└─ 비알칼리계 : 유기반응제 사용

V. 약액주입공법의 특성

1) 물유리계

① 점성도 높아 투수성 안 좋음.
② 차수효과 크고, 공해의 우려가 없다.
③ 경제적

2) 크롬리그닌계

① 한계활성효과가 있어 투수성 우수
② 강도 증대 효과, 값이 쌈.
③ 중크롬산 함유 → 지하수 오염

3) 아크릴아미드계

① 투수성 양호, Gel time 조정 용이
② 강산성 지반에서 Gel화 어려움.

4) 요소계

① 강도효과가 가장 양호(지반 보강용)
② 차수는 아크릴아미드보다 못함.
③ 강산성 조건에서 Gel화

5) 우레탄계

① 순간적 고결
② 유속이 빠른 곳 사용
③ 유독성 문제

Ⅵ. 약액주입공법의 적용범위

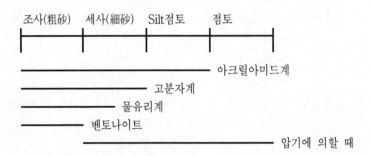

```
    조사(粗砂)   세사(細砂)   Silt점토   점토
```

아크릴아미드계

고분자계

물유리계

벤토나이트

압기에 의할 때

┌ 투수성 양호한 지반 침투 주입(용액 사용)
└ 투수성 나쁜 점성토 지반 맥상 주입(지반 전체를 개량)

Ⅶ. 시공법

1) 주입관 설치

　① Boring에 의한 타입
　② Jetting에 의해 주입관 설치

2) 주　입

　① 주입순서
　ⅰ) 반복주입공법
　ⅱ) 단계주입공법
　ⅲ) 유도주입공법
　② 주입재의 압송방법
　ⅰ) 1액 1공정 방식(Gel 시간이 긴 경우)

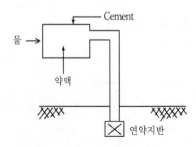

ii) 2액 1공정 방식(Gel 시간이 짧은 경우)

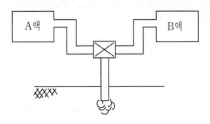

iii) 2액 2공정 방식(Gel time 순간적으로 짧다.)

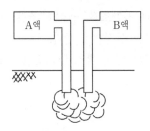

Ⅷ. 결 론

약액배합률, Gel time, 주입압, 주입장비에 대한 결정시는 반드시 시험시공한 후 결정 유기성 약액은 동·식물에 대한 피해가 예상되므로 가능한 사용 억제해야 한다. 우리나라의 서해안 매립과 간척수로 등의 취약지반 부지조성에 본 공법을 적용한다면 공기단축, 공비절감, 공사의 확실성에서 보다 유리하고 전망이 밝은 공법이라 할 수 있다.

최근 많이 사용되고 있는 약액주입공법의 예를 들면 다음과 같다.

구 분	L.W 공법	J. S. P	S.G.R
분 류	반현탁액	강제치환형	용액형
주입재료	물유리+시멘트	시멘트+벤토나이트	물유리+경화재
주입방법	단관 Rod 주입	고압분사에 의한 강제치환	2중관 Rod 주입, 저압주입
적용토질	점토, Silt를 제외한 토질	N < 30 토질	모든 토질
효 과	차수, 지반보강	차수, 지지말뚝	차수, 지반 보강
차수효과	보 통	양 호	양 호
지반보충	양 호	정 확	양 호
시공특성	• 주입관 보존으로 하자 발생 시 재주입 가능 • 지반 내 Gel time 조정곤란 • 작업시 시멘트 함량 부족으로 하자발생 우려 • 대공극층이나 함수비가 높은 지층에서 효과 불확실	• 확실한 효과 • N > 30 이상 시공 곤란 • 시공장비 및 공사비 고가 • Pile joint 부분에 누수결함 • 고압으로 주위 지반 교란 • 암면 Hair crack에 시멘트 주입불가	• 다중유도관에 의한 복합 주입 • 저압으로 주변 지반 교란시키지 않고 안전 • 시공설비가 간단 • 경제적

문제 11 지반개량중, 탈수공법 네 가지 이상 열거하시오.

Ⅰ. 개 설

연약지반은 실트질과 같이 함수비가 높아 치환, 다짐, 탈수, 고결 공법을 통해 지반의 강도 및 지지력의 증대, 변형의 감소, 침하방지, 투수성 감소 등을 얻는다.

특히 탈수공법은 중력에 의한 배수, 부압배수, 가압배수, 전기침투방법 등으로 구분할 수 있으며, 각 공법 적용시 조사를 실시하여 지반조건, 구조물 조건, 시공조건 주위에 미치는 영향 등을 고려하여 경제적이고 합리적인 공법을 선정해야 한다.

여기서는 탈수공법의 종류와 각각의 공법 특징에 대하여 기술하고자 한다.

Ⅱ. 탈수공법의 종류

1) Deep well 공법(중력에 의한 방법)
2) Well point 공법, 부압배수(負壓排水)
3) Preloading 공법　┐
   Sand drain 공법　├ 가압배수(加壓排水)
   Paper drain 공법　┘
4) 전기침투공법(전기 침투에 의한 방법)

Ⅲ. 공법의 특징

1. Deep well 공법

1) 우물을 파서 수중 Pump로 배수

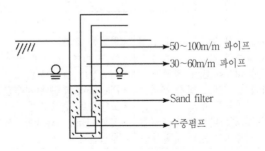

2) 적용성

① 넓은 지역의 지하수위 저하

② 투수성이 크고, 배수량이 많은 지역

③ 굴착 바닥면에 Heaving과 Boiling 위험 있을 때

④ 피압토층 있는 경우, 굴착 도중 바닥면이 부풀어 솟아오른다.

⑤ 우물 설치수, 필요 양수량은 지하수위, 투수계수, 토층구성에 따라 결정

⑥ Strain 구멍 막히지 않는 조건

$$\frac{D_{15}}{D_{85}} < 5 \ , \quad \frac{D_{15}}{D_{15}} > 5 \ , \quad \frac{D_{85}}{D} < 2$$

2. Well point 공법

1) 지반 내부를 진공상태로 유입되는 지하수를 막아 강제적으로 간극수를 탈수할 수 있어 압밀 촉진의 효과가 있고 Drain 공법과 병행 시공

2) 적용성

① 투수계수에 관하여 배수 가능 범위가 넓다.

② 모래지반에서는 Piping, Boiling 방지

③ 점토지반에서는 전단강도 증대, Heaving 방지

④ 배수양정고 5~6m 정도, 그 이상은 다단식 처리

⑤ Well point는 동일 Level로 성토

⑥ 주변 지반 침하, 인접 건물 Crack 발생

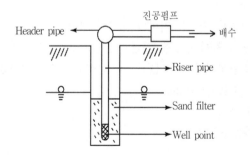

3. Preloading 공법

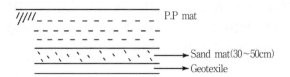

1) 구조물 본체를 축조하기 전에 미리 하중을 실어 압밀을 끝나게 할 목적

2) 적용성
   ① 압밀에 의한 침하촉진으로 잔류침하가 생기지 않게 할 때
   ② 점성토의 지반강도 증가로 전단파괴 방지
   ③ 공기가 충분할 때
   ④ 공사비 저렴하고 성토, 구조물 본체의 일부 사용 가능하여, 개량 후에도 하중을 제거할
      필요없는 경우
   ⑤ 지반파괴되지 않도록 단계 건설 필요

4. Sand drain 공법과 Paper drain 공법

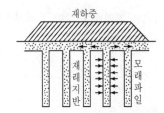

1) 연약층이 두껍고 배수층이 없는 경우의 점성토 지반에 Sand pile, Paper drain재를 설치, 배
   수거리를 짧게 하고 개량하려는 지반 전역에 Preloading을 가하여 점토층의 물을 지면으로
   탈수, 압밀촉진시키는 공법

2) Sand drain과 Paper drain의 비교
   ① Paper drain은 타설시 주위의 지반의 교란이 없다.
   ② Paper drain 단면이 깊이 방향에 일정
   ③ Paper drain은 전단파괴인 경우 Drain이 절단되지 않고 배수능력 유지
   ④ 시공속도가 빠르다(Paper drain).
   ⑤ 경제적이다(P/D > S/D).
   ⑥ 장기간 배수효과는 S/D > P/D

5. 전기침투공법

1) 강제배수공법의 하나로 Well point 공법, 효과 적은 투수성이 나쁜 점토지반 개량효과 연약
   지반 중에 전극을 삽입하여 직류를 통전하면 간극수가 양극에서 음극을 향하여 이동하며 이
   전기침투에 의하여 지반이 탈수

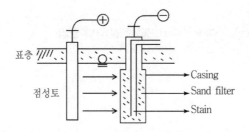

2) 적용성
① 산사태나 지반의 활동과 같이 재하에 의해 개량할 수 없는 경우
② 구조물 기초를 보강할 때 적용
③ 토중에 염분이 있으면 (−)극에 다량의 수소를 발생시켜 흡수막으로 사용이 곤란

Ⅳ. 결 론

　Preload 공법은 Preloading양, 방치시간, 대기시간 등을 고려한 침하관리와 Vertical drain 공법은 당초 예측한 효과를 얻었는가 검토. Well point 공법 주변 지반 침하관리 등에 유의하여 1개 방법으로 탈수하는 시공 예도 있으나 효과가 크지 못한 경우 Well point 공법과 Sand drain 공법과 Preloading 공법 등 상호 병행공법을 적용하는 것이 효과적이다. 특히 기설계, 기시공된 공법을 비교, 검토하여 시공함이 바람직하다.

문제 12   LW(Labiles Wasser Glas, 불안정물유리) 공법

Ⅰ. 서 론

물유리에 소량의 시멘트를 혼합시키면 고결화(Gel화)하지만 그 시간은 시멘트양과 역비례한다. 이 현상에 착안한 H. Jahde는 1952년 상기 2종의 재료를 그라우트로 사용하는 특허를 받아 Labiles Wasserglass라고 했다.

희석한 물유리액과 소량의 시멘트를 잘 혼합한 다음 시멘트가 침전하는 것을 기다려 위에 뜬 물을 주입하는 방법이다.

Ⅱ. 특 징

1) 현장의 토질조건 및 공사목적에 따라 혼합하는 시멘트량을 적절히 바꾸고 임의의 겔타임으로 한 그라우트를 주입하는 공법이다.
2) 그라우트에는 시멘트의 침전방지를 목적으로 벤토나이트를 소량 혼합한다.
3) 그라우트는 전량이 고결되고 이수가 없으며 큰 공극은 시멘트 입자로서, 시멘트 입자가 들어가지 않는 징세공극(徵細空隙)은 물유리액의 고결화물로 충전되므로 고강도를 기대할 수 있다.
4) LW 공법에 의할 때는 A액(시멘트의 현탁액)과 B액(물유리)이 혼합되어 모든 조절이 가능하므로 주입의 목적범위에 확실히 유효한 주입을 할 수 있고, 재래의 시멘트 주입과는 전혀 취지도 달리한다.
5) 시멘트용액(A액)과 물유리(B액)를 각각 별개의 펌프를 갖고 동압동량으로 보내 주입 파이프의 두부에 붙인 y자형 파이프로 합류 혼합하여 주입하게 되는 이른바 1.5 Shot system(2액 1공정)에 의한 것으로 재료의 낭비가 생기지 않고 재료비, 공비 모두 저렴하다는 이점이 있다.

Ⅲ. 설계법

1. 주입공사의 목적

1) 단순한 차수를 목적으로 하는 것
2) 연약지반, 파쇄지대에 있어서의 터널 굴진 또는 지반굴착시의 차수, 붕양(崩壤)방지 또는 다른 가설공사와 비교하여 공비의 저감을 도모하기 위한 주입

3) 특히 시가지에 있어서의 지하철 터널, 상하수도, 전기통신용 관 등의 건설굴착에 있어서의 인접빌딩, 제건조물의 침하방지를 위한 주입, 이 속에는 철도가도교의 교대, 교각의 방호주입공사, 지중매설의 맨홀 관거 등의 침하방지를 위한 주입공사도 포함된다.

4) 지반의 지지력 증강을 위한 주입 및 지반하의 지층 속에서 지지력이 부족한 층에 대한 주입, 도시 내에 있어서는 소음방지 또는 말뚝박기 작업이 불가능하므로 기초지반강화를 위해 자주 약액주입이 이용된다.

5) 이것은 3)에 속한다고도 할 수 있으나 타공사의 영향으로 지하수위의 저하를 예상하여 수위저하를 공사기간중에 지연시킬 목적으로 건물주위 또는 굴착면과 가까운 부근에 사전에 주입한다.

6) 실트공사에 부수하여 설치 및 수직항 주위와 무기압부분의 주입, 실트 공사굴진중의 붕양방지를 목적으로 하는 주입

7) 하천 교각의 세굴방지를 목적으로 하는 주입

2. L·W 공법에 적합한 토질

1) 자갈층, 조중사층(粗中砂層)

전면적으로 침투, 현탁액 그라우트의 주입비(Groutability Ratio)를 구하면,

$$D_{15}/G_{85} \geqq 15$$

$$D_{15} \geqq 15 \; G_{85}$$

여기서, 시멘트의 $G_{85} = 0.06\,\text{mm}$ 으로 하면,

$$D_{15} \geqq 0.9\,\text{mm}$$

단, D_{15} : 주입 지반토의 15% 입경

D_{85} : 현탁액 징립자의 85% 입경

즉 15% 입경 0.9mm 이하의 토질에서는, 시멘트는 필터가 되고 침투할 수 없으나 시멘트 위에 뜬 물 및 시멘트와 반응제의 물유리만은 침투 가능하다. 일반적으로 세사층 0.6mm하에는 무리하다.

2) 연약한 점토성 및 실트층

맥상으로 압입되어 침하방지, 지반개량에 효과가 있다.

3. 주입계획

1) 굴착의 범위, 깊이와 토공작업의 영향이 미칠 것 같은 건조물의 조사, 크기, 중량, 기초의 종류와 깊이

2) 상세한 지질도, 중요공사의 경우에는 토질을 재조사하여 지층의 상태를 확인한다.

3) 주입위치 부근의 매설물 조사, 매설물 위치도에 도시된 것보다 시공하는 현장위치를 확인한다. 그리고 주입공의 천공에 있어 관거, 그 밖을 파손한 경우의 피해가 크다는 것을 알아야 한다.

4) 주입공의 위치, 주입 깊이의 결정

4. 약액주입량의 산정

1) $R = \sqrt[3]{\dfrac{3kht}{n\mathrm{a}} r_o + r_o^3}$

여기서, R : 주입유효반경(cm)

h : 그라우트의 수두압(cm)

n : 흙의 공극률

r_o : 주입관의 반경(cm)

k : 흙의 투수계수(cm/sec)

t : 주입시간(sec)

a : $\dfrac{\text{그라우트의 점성}}{\text{물의 점성}}$

2) $Q = n\mathrm{a}(1+\beta)V$

여기서, Q : 약액주입량, n : 공극률

a : 공극충전율, β : 손실계수

V : 주입대상토량

5. 주입량 산정의 순서

1) 원칙으로서 주입평균유효폭을 1m로 본다.

2) 각 주입공의 거리간격은 0.8~1.2m로 하여 수직의 각 쇼트피치는 약 0.6~0.8m로 한다.

3) 흙의 공극율이 정확한 것은 얻을 수 없으므로 대부분 추정에 의하고 있다. 충전률은 공극의 30~60%를 사용하여 각 피치마다 주입량을 산출한다.

4) 굵은 자갈이 섞인 자갈층에는 공극률도 크고 지하수량도 대단히 클 경우가 많다. 이러한 경우에는 특히 주입유효폭 1.5m를 적당하다고 할 경우도 있는바, 이는 실제 공사 예에서 역산한 것이다.

5) 대략 지수를 주목적으로 하는 것은 커다란 비율을 필요로 하고 공극의 충전을 목적으로 하는 것에는 작은 비율이면 된다. 특히 한정된 범위 내의 흙 고결개량을 목적으로 할 경우에는 그 폭, 깊이에 따라 산정되며 이 경우 비율은 작아도 된다고 생각한다. 주입량이 너무 많으면 지반이 약액에 의해 들어올려짐에 따라 피해를 입게 되므로 주의를 요한다.

Ⅳ. 시공법과 시공상의 주의

1) 시공법

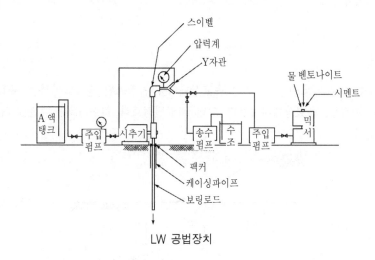

LW 공법장치

2) 시공상의 주의사항

① 본 약액에 적합한 토질과 그렇지 못한 토질이 있으므로 부적당한 토질에 무리하게 압력을 가하여 주입하여 그 효과를 기대하려고 하면 실패하게 된다.

② 지반중 특히 자갈층에 호박돌이 있는 경우, 지하수가 많은 경우 등에 대해서는 특히 토질 조사시 주의를 요한다.

③ 주입에 있어서 최초 약액이 지표로 역분출하는 경향은 LW 공법에서 특히 많다. 케이싱 (1~1.5m)을 사용하는 외에 지표에 가깝고 겔타임이 짧은 배합 그라우트를 사용하여 상층에 바르크·헤드를 만들어 역분을 막아야 한다.

④ LW 공법에 있어서는 약액의 사용량이 케미젝트 공법보다 많은 것이 보통이며 압력도 올라가기 때문에 구축물을 들어올릴 염려가 있다. 이것을 피하기 위해서는 고압을 되도록 피하고 펌프의 분출량은 20 ℓ/sec 이하로 하여 주입 순서를 중심으로 주위 또는 좌우로 약액과 대치할 수 있는 물과 압력이 빠지기 쉽게 하여 기초 슬래브 밑에 번져 나가면 들어올려질 위험이 크므로 계속해서 수준측정 등을 실시하여야 할 것이다.

문제 13   과압밀비

I. 정 의

선행압밀하중이 현재 흙이 받고 있는 유효상재하중과 같으면 정규압밀점토, 유효상재하중보다 작으며 압밀진행점토, 유효상재하중보다 크면 과압밀점토라 하며 σ_p에 대한 σ_0의 比를 과압밀비(OCR)라 한다.

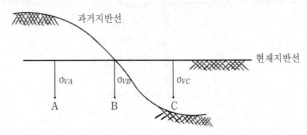

$$OCR = \frac{\sigma_p(\text{선행압밀하중})}{\sigma_0(\text{유효상재하중})}$$

$OCR = 1$: 정규압밀점토
$OCR > 1$: 과압밀점토
$OCR < 1$: 압밀 진행중점토

II. 현 상

과압밀 점토의 전단강도는 정규압밀점토보다 약간 더 커진다. 그 이유는 이미 그 흙이 더 큰 압력을 받았으므로 함수비가 감소되었기 때문이다. 또한 과압밀비가 클수록 K_0의 값이 커지며 약 3 정도에 가까운 값도 존재한다.

문제 14   선행압밀하중

Ⅰ. 정 의

과거에 받았던 최대하중을 선행압밀하중이라 한다. e - log P 곡선에서 정규압밀점토의 선행압밀하중을 구하면 다음과 같다.

Ⅱ. 선행압밀하중의 결정

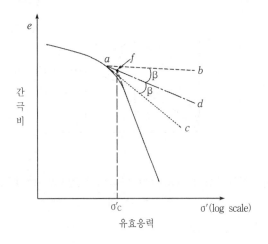

1) e - log P 곡선을 그리고 최소곡률 반경인 점 a를 구한다.
2) 수평선 ab를 그린다.
3) a점에서 점선 ac를 그린다.
4) $\angle bac$의 2등분선 ad를 그린다.
5) e - log P 곡선의 직선부분 gh를 연장하여 ad선과 만나는 점 f를 구하면 f에 해당하는 압밀하중이 선행압밀하중이다.

문제 15 예민비

Ⅰ. 정 의

원지반 시료를 채취하여 불교란시료의 1축압축시험과 재형성 시료의 재시험 결과에서 얻어지는 강도의 비를 예민비라 한다.

$$S_t = \frac{q_u}{q_{ur}}$$

여기서, S_t : 예민비, q_u : 불교란시료의 1축압축강도, q_{ur} : 재형성 시료의 1축압축강도

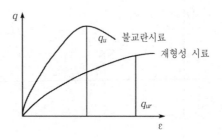

재형성 시료의 1축압축강도시험시 Peak값이 나타나지 않으면 $\varepsilon=15\%$에 대응하는 값을 사용한다.

Ⅱ. 1축압축강도

1) 시험방법 : 원통상 시료에 상·하압 q_u를 가하여 1축압축 전단한다.

2) 전단기구도

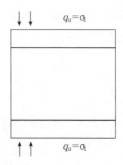

3) C_u 구하는 방법

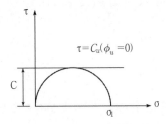

Mohr 응력원의 포락선 $C_u = \dfrac{q_u}{2},\ \phi_u = 0$

ϕ_u 값이 존재하면 $C_u = \dfrac{q_u}{2\tan\left(45\,^\circ + \dfrac{\phi}{2}\right)}$

4) 특 징

① 장점

ⅰ) 제일 간단한 시험이다.

ⅱ) 점성토지반에서 상당히 편리한 시험이다.

② 단점

ⅰ) 점성토에만 적용

ⅱ) 전단 중 배수조절이 곤란하므로 UU 조건에만 적용

Ⅲ. 예민비에 의한 점성토의 분류

예민비	점성토의 분류
≤ 1	비예민
1~8	예민
8~64	초예민(Quick clay)
> 64	지극히 예민

Ⅳ. 재형성에 의한 강도 감소 원인

1) 흙의 구조배열이 변경

2) 토립자간 교착력 상실

Ⅴ. Thixotrophy

흙의 교란으로 인해 강도가 저하된 흙이 시간이 지남에 따라 손실된 강도를 회복하는 현상

문제 16 과잉간극수압(Excess pore water pressure)

정 의

소성상태의 흙이 완전히 포화되어 있거나, 또는 부분적으로 포화되어 있는 흙에 하중이 가해지면 이 하중으로 인해 간극수압이 발생한다.

이것을 과잉 간극수압 및 중립응력이라 하며 이 수압으로 인하여 어느 두 점 사이에 수두차가 생겨 물이 흙 속으로 흐른다. 이 흐름은 지하수위가 일정하게 유지될 때까지 흐르며 이때의 간극수압을 정상류의 간극수압이라 한다.

과잉간극수압이 정상류 상태로 줄어드는 과정을 간극수압의 소산이라 한다.

제4장
굴착 및 흙막이벽

문제 1 흙막이공법의 종류와 특성에 대하여 기술하시오.

I. 개 설

흙막이공법의 종류는 흙막이벽과 흙막이 지보공으로 구분할 수 있으며, 흙막이공법 선정시 지반조건(지반의 연약 정도, 지하수위, 용수량), 굴착조건(굴착에 대한 제약, 동시작업 가능면적, 굴착깊이 등), 시공조건(현장의 크기, 기계시공 가능성, 인접건물, 구조물 안전문제), 공사비, 공기, 안정성을 고려하여야 한다.

흙막이공법의 종류는 다음과 같다.

따라서 각 공법의 특징에 대하여 기술하고자 한다.

II. 각 공법의 특징

1) H-pile 토류판벽

① H-pile을 박고, 그 속에 송판을 끼워 벽을 형성하는 공법
② 시간이 걸리므로 소규모 공사에 적합
③ 지하수위의 영향이 없는 곳에서 경제적으로 시공

2) Sheet pile 벽

① Sheet pile을 박아 토류구조물 형성
② 시공이 간단하고, 공사비 저렴
③ 건설공해가 문제된다(소음).

3) 시멘트 주열벽

① Auger로 지중을 굴착하여 그 속에 I형, H형강을 삽입하여 시멘트 혼합 안정처리
② 주로 시가지공사에 적합
③ 지수성이 높고 공사비가 RC 지중연속벽에 비해 싸다.

4) 강관 주열벽

① 강관을 지중에 타입 ┬ 강관에 이음 없는 것
　　　　　　　　　　　 └ 강관에 이음 있는 것
② 휨강성이 크므로 지보공 설치가 곤란한 곳에 적용
③ 강관 사이의 지수에 유의
④ 압입에 대한 저항이 크므로 타입이 가능한 지반에 가능

5) 보강토벽

① 철근·Strip을 굴착 표면에 타입한 후, 표면 누름판을 시공하는 공법
② 부분적 연약지반이 있는 경우나 경사지 공사에 적합
③ 시공속도가 비교적 빠르고 공사비가 싸다.

6) 지중연속벽

① 기초지반을 수직 굴착하여 현장콘크리트벽 형성
② 가설구조물을 영구구조물로 사용하거나 차수 목적으로 할 때 적용
③ 고가이고 시공에 숙련이 필요하다.

7) RC 지보공

① 변형이 적고 강성이 높다.
② 해체작업에 시간이 많이 걸린다.
③ 콘크리트 부재에 강도가 얻어질 때까지 다음 단계의 굴착을 위해 별도의 지보공 필요

8) 강제 지보공

① H-pile 토류판벽이나 Sheet pile 벽에 Wale, Strut를 설치하는 것
② Bolt에 의한 조립유리
③ 좌굴을 고려 Stiffner 보강

9) Tie-rod에 의한 흙막이 지보공

① 얕은 굴착공사에서 흙막이벽의 두부만을 인장시켜 흙막이벽을 안정
② 지지 Anchor 또는 pile, Concrete beam block

10) Tie-back anchor에 의한 흙막이 지보공

① 흙막이벽 배면에 붕괴될 위험이 없는 안정 지반에 Anchor를 보완

② Anchor의 인발력으로 흙막이벽을 지지하는 공법

11) 역타공법에 의한 흙막이 지보공

① 굴착공사와 병행하여 지하구조물의 구체를 지표면에서 가까운 부분부터 역순으로 시공

② 강성이 큰 지하층의 Slab, Beam을 흙막이 지보공으로 이용하므로 안전

③ 지하층과의 작업 병행함으로써 공기단축

④ 지하벽이나 기둥과의 이음부 처리에 유의, 누수를 지수

Ⅲ. 결 론

예를 들어 설명하면 다음과 같다.

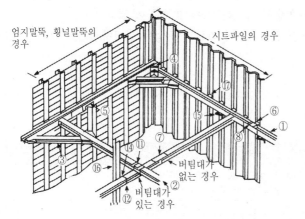

① 띠장
② 버팀대
③ 버팀대
④ 코너피스
⑤ 버팀대받이피스
⑥ 보조피스
⑦ 버팀대 커버플레이트
⑧ 띠장 커버플레이트
⑪, ⑬ 교차부 조임철물
⑫ 지주브래킷
⑭ 지주~버팀대 조임철물
⑮ 띠장브래킷
⑯ 지주
⑰ 콘크리트패킹

H-pile 토류판 시공(투수성)

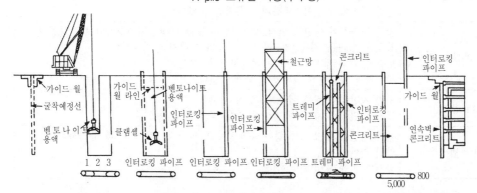

가이드 월(Guide wall) 설치 → 클램셀(Clamshell) 굴착 → 슬라임(Slime) 처리 → 인터로킹 파이프(Interlocking pipe) 관입 → 철근망 삽입 → 트레미(Tremie)로 콘크리트(Concrete)타설 → 인터로킹 파이프(Interlocking pipe) 인발 → 두부처리

Slurry wall 시공(차수성)

문제 2 지보형식에 의한 토류벽 공법을 분류하고 적용조건, 특징 및 시공시 유의사항에 대하여 기술하시오.

I. 개 요

토류벽 공법은 지반조건, 굴착조건, 시공조건, 공기, 공사비에 따라 좌우되고 있으며, 특히 지보형식에 의한 토류벽 공법은 얕은 굴착인 경우 자립공법, 수평띠장공법, 부분아일랜드공법 등을 병행 시공하며, 깊은 굴착인 경우에는 Strut 공법, Earth anchor 공법, Trench 공법, Top down 공법 등이 시행되고 있다.

지보공이 필요없고 작업공간을 확보하기 위해서는 어스앵커 공법이 유리한 공법이나 토지의 소유자와 관리자의 양해 등 문제가 있어 최근에는 제거 가능한 앵커의 사용이 검토되고 있다.

또한 지반이 연약한 경우라도 변형이 적고 가설재를 절약할 수 있는 역타공법(Top down)이 있으나 채용시 구조물의 이음처리나 굴착순서 등 검토해야 할 항목이 많다.

따라서 흙막이공법의 지보형식은 제반 굴착조건에 따른 적용성을 면밀히 검토한 후 선정하는 것이 바람직하다.

II. 지보형식에 의한 적용조건

지 보 형 식	적 응 조 건
자립공법	굴착이 비교적 얕고(수 m 이하), 양질 지반이어야 한다. 용지의 여유가 없고 수직으로 굴착할 필요가 있는 경우
Bracing 공법	굴착 평면적이 중규모 이하(일반적으로 일변이 50m 이하) 평면형상이 부정형인 경우 양질 지반에서 연약지반까지 적용범위가 넓다.
Earth anchor 공법	굴착 평면적이 넓고(일반적으로 일변이 50m 이상), 평면형상이 부정형인 경우 양호한 Anchor 정착층이 있고 지하수가 그다지 높지 않다. 토류벽 외측 대지에 충분한 여유공간이 있다. 토류벽의 상대변에 고저차가 상당히 있다.
역타설공법	주변 지반의 변위를 극소화하고자 할 때 굴착 평면이 넓고 굴착 깊이가 깊을 때(20~40m)
Island 공법	굴착 평면이 넓고, 건물형이 부정형이며, 굴착깊이가 얕을 때 유리하다. 양질 지반이어야 한다. 공기에 여유가 있어야 한다.

Ⅲ. 지지방법에 따른 공법 비교

공 법	대지형성		굴착심도		지하수의 영향	지반의 침하	주변의 동의	공 기	공 비
	좁은 대지	부정형 대지	얕은 굴착	깊은 굴착					
비탈깎기 오픈컷 공법	×	○	◎	×	×	×	△	○	○
자립공법	○	○	◎	×	△	△	○	○	○
수평버팀대 공법	○	△	○	○	○	○	○	○	○
아일랜드 공법	×	○	○	×	△	○	○	×	○
트랜치컷 공법	×	△	○	○	○	○	○	×	△
어스앵커 공법	○	○	○	○	△	△	×	○	○
역타공법	○	○	×	◎	○	◎	○	○	○
비 고	◎ : 양호 ○ : 보통 △ : 충분한 검토 요망 × : 적용불가								

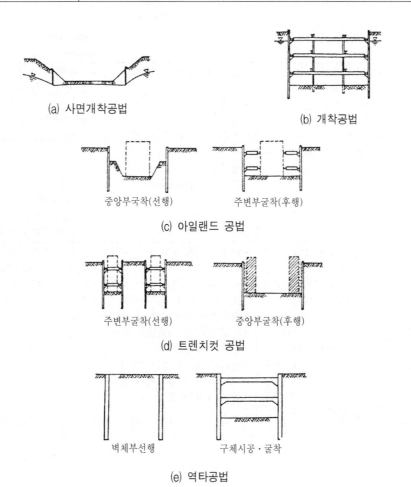

(a) 사면개착공법

(b) 개착공법

중앙부굴착(선행)　　　주변부굴착(후행)

(c) 아일랜드 공법

주변부굴착(선행)　　　중앙부굴착(후행)

(d) 트렌치컷 공법

벽체부선행　　　구체시공·굴착

(e) 역타공법

Ⅳ. 지보형식에 의한 토류벽 공법의 특징 및 시공시 유의사항

구 분	버팀대(Strut)공법	Earth anchor 공법	Top down 공법
Typical Section	 Strut	 Anchor	 Slab Pile
주재료	H-beam ┌Wale＋Strut └Center pile	H-beam : Wale Earth anchor ┌PC강선 또는 Strand └Bracket, Anchor head	H-beam : Post 철근, 레미콘(보, Slab)
개착식 시공 여부	Open cut이 불가능	Open cut이 쉽다.	Down ward이므로 Open cut이 불가능
장 점	• 양질 지반에서 연약지반 까지 적용범위가 넓다. • 폭이 좁은 경우 경제 적임. • 보강이 용이하다. • 재질이 균등하고 재사용이 가능하다.	• 토공 및 구조물 시공이 용이하다. • 굴착 평면이 넓은 경우 불리 • 좌우 토압이 불균일할 경우 불리 • 정착장 부위의 지층이 단단한 경우 Prestress를 작용시켜 인접 지반 침하를 최소화할 수 있다.	• 토류벽 극소화(인접 구조물 보호, 연약지반) • 지상층과 지하층 동시 시공 가능(공기단축) • Strut, Earth anchor 시공 불가시 최적임(깊은 심도에 경제적). • 도심지, 소음, 분진, 진동 등 공해 감소 • Slab를 작업공간으로 활용 가능한 전천후 작업
단 점	• 부지가 넓을 경우 수측 및 이음부의 좌굴 등으로 시공이 곤란(50m 이상 공사비 과다) • 토공 구조물 시공이 어렵다. • 사고 위험이 많다. • 많은 양의 강재 설치 및 해체로 공기지연 • 지하 층고가 높은 경우 사장 강재가 많다.	• 인접 대지의 동의를 얻어야 한다. • 시공시 지하수 유입(방수요, 주변 지반 침하유발) • 전석층이 깊은 경우 불리 • 인접 건물에 지하층이 있는 경우 적용 불가 • 정확한 시공이 되지 않거나 정착장 부위 토질이 불확실한 경우에는 위험	• Post 시공을 요함. • 철골 구조물에만 적용 가능 • 토공 굴착이 어렵다. • 환기 및 조명 시설을 요함. • Slab 두께를 크게 하여야 한다.

문제 3 지하연속벽(Diaphragm wall) 공법의 개요를 설명하고 시공시 유의사항에 대하여 기술하시오.

I. 개 요

벤토나이트 슬러리의 안정액을 사용하여 지반을 굴착하고 철근망 삽입 후, 콘크리트를 타설하여 지중에 철근콘크리트 연속벽체를 형성한다. 국내에서 일반적으로 사용되는 벽두께는 60, 80, 100cm가 있다. 차수벽으로써 지하수위가 높은 경우 유리하며, 도심지 대규모 토류벽으로써 지반침하 방지효과 크고, 무소음, 무진동 공법으로 건설공해 대책공법이다.

흙막이벽체를 가설 및 영구적 차수벽 형태인 지하연속벽을 사용한다.

II. 지하연속벽의 분류

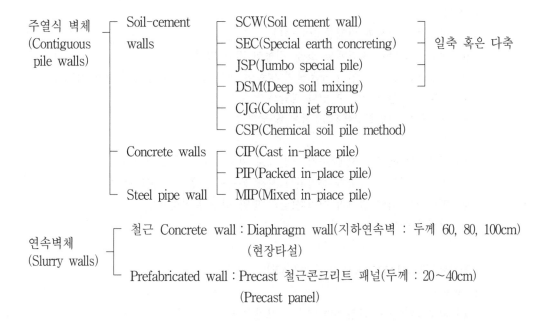

1) 주열식 벽체(Contiguous pile walls)

흙막이용 구조벽체로 사용되는 주열식 공법에는 주로 철근 및 철골로 보강된 Concrete pile wall이 대부분이고 이들의 시공방법에 따라 CIP, PIP, MIP 등으로 불린다.

콘크리트 주열식 벽체의 직경을 크게 할 수 있고 이들 조인트 부위의 수 가능성을 개선하고자 소개된 Soil-cement wall 공법 중 SCW, SEC, DSM 공법은 일축 혹은 다축 오거

(Auger)나 교반장치에 의해 지반 내에서 흙과 고결재가 교반혼합 고결되는 공법들이나 강도가 불확실한 관계로 인장 모멘트 작용시는 별도로 철재보완이 요구된다. 그러나 Jet-grout, CJG나 CSP 공법은 초고압 분사 유출액(고압수, 공기, 경화재 등)을 지반 내에 회전분사시켜 원주상의 고결체를 형성한다.

2) MIP(Mixed In Place pile) 공법 → SCW

이 공법은 굴착한 공 및 공 주위의 자연토질을 Soil-cement 또는 Soil-concrete화하며 철근을 압입하여 시공되는 Prepacked 공법의 일종이다. 다만, Core boring으로 굴진이 가능한 지층, 직경 5cm 이상의 자갈이 많은 지층, N치 20 이상인 지층, 전석이 혼재하는 지층에는 적용되지 않는다.

3) 주열식 흙막이벽(Contiguous pile walls)

현장타설 콘크리트 말뚝을 연결하여 벽체를 형성하며 이들 말뚝 내에는 철근 및 H형강 철골을 설치하여 벽체 단면을 보강할 수 있다. 300~450mm의 직경이 많이 사용된다.
① 장점
  ⅰ) 비교적 차수성과 벽체강성이 좋다.
  ⅱ) 시공중 단단한 지반에도 소음, 진동이 거의 없다.
  ⅲ) 시공단면이 작아 인접 구조물의 영향이 적고 천공벽의 붕괴 우려가 적다.
  ⅳ) 지지력을 향상시킬 수 있다(경암까지 굴진 가능).
  ⅴ) 불균일한 평면형상에서도 쉽게 시공 가능
② 단점
  ⅰ) 깊은 심도에서는 시공 수직도 문제로 차수 그라우팅 보완 필요
  ⅱ) 공기가 길고 공사비가 증가된다(지하 본체벽 시공까지 고려할 경우).
  ⅲ) 일단 시공되면 철거가 어렵다(남의 땅일 경우 보상문제).
  ⅳ) 가설벽체로만 사용된다.

4) 지하연속벽(Diaphragm wall or Slurry wall)

① 장점
  ⅰ) 차수성이 좋고 근입부의 연속이 보장된다.
  ⅱ) 단면의 강성이 크므로 대규모, 대심도 굴착공사시 영구벽체로 사용될 수 있다(Top Down 공법 적용도 가능).
  ⅲ) 소음 및 진동이 적어 도심지공사에 적합하다.
  ⅳ) 대지경계선까지 시공 가능하므로 지하공간 최대이용
  ⅴ) 강성이 커서 주변 구조물 보호에 적합하며, 주변 지반의 침하가 가장 적은 공법이다.
  ⅵ) 근입 및 수밀성이 좋아 최악의 지반조건에도 비교적 안전한 공법이다.

② 단점

i) 공기와 공사비가 비교적 불리(영구적 벽체 사용시는 별도)

ii) 안정액의 처리문제와 품질관리 철저

iii) 상당한 기술축적이 요구된다.

iv) 설계상 보완점이 필요한 경우가 있을 수 있다.

III. 문제점

연약지반 지역이나 지하매설물이 많은 지대, 건물이 밀집한 도심지역, 지형의 굴곡이 심한 지역은 설계상 많은 문제점을 예견할 수 있다.

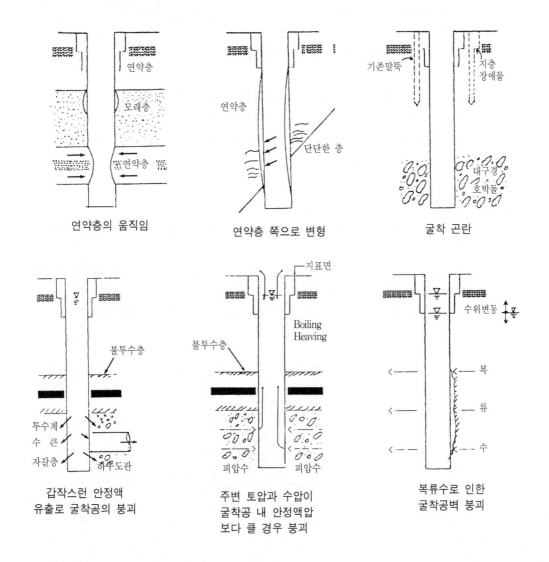

연약층의 움직임

연약층 쪽으로 변형

굴착 곤란

갑작스런 안정액
유출로 굴착공의 붕괴

주변 토압과 수압이
굴착공 내 안정액압
보다 클 경우 붕괴

복류수로 인한
굴착공벽 붕괴

Ⅳ. 시공시 문제점과 대책(시공계획)

1) Guide wall 설치

① 구축 목적은 실제 구조물을 설치하기 위하여 Guide의 역할을 하는 wall을 말한다.

② Trench를 굴착할 때 무너지기 쉬운 표토부분을 보호하고 동시에 정확한 정도의 굴착을 하기 위하여 구축되고 깊이는 1.0~1.5m 사이의 범위이다.

③ Guide wall 설치 후 주위의 토압으로 인하여 설치된 Guide wall이 안쪽으로 변위가 생기지 않도록 지보공을 해두어야 한다.

④ 지보공의 재료로서는 굵은 각재나 channel 등을 사용할 수 있다.

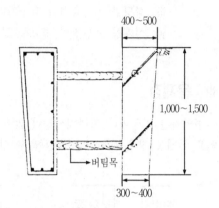

⑤ Guide wall 내부의 폭은 굴착기 작업에 방해가 되지 않도록 하기 위하여 굴착기의 Bucket의 폭보다 약 5cm 정도 크게 시공하는 것이 보통이다.

⑥ 단면을 결정하는 데는 표층의 토질이나 굴착시 굴착기의 충격에 이겨낼 수 있도록 설계되고 시공되어야 한다.

2) Trench 굴착

① 60t 이상의 Crane에 Clamshell을 달고 Guide wall 안에 Bentonite용액을 주입하면서 굴착한다.

② 한 Panel의 길이는 통상 5~6m가 보통이며, 시공방법에 따라 1st Panel 2nd Panel 3rd Panel(Closed Panel)로 구분된다.

　통상심도는 40m가 일반적이고, 최대 약 130m까지 공사한 실적이 있다.

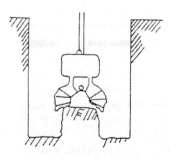

Trench 굴착

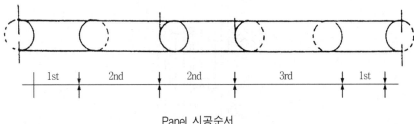

Panel 시공순서

③ Chiselling 작업

굴착시 암출현으로 Clamshell로서 작업이 어려울 경우에 하는 작업으로 이때의 낙하고는 약 2m 정도이다.

3) Desanding과 Air Lifting

① 굴착이 완료되면 Trench 내에 있는 Bentonite용액을 Cleaning하는 작업으로 Mud-pump나 Compressor를 이용한 Air-lifting 방법으로 Bentonite용액 속에 혼합된 부유물과 Sludge를 Desanding unit으로 보내 깨끗이 Cleaing한다.

② Stop end Tube 설치 : Desanding 작업중 Panel joint 부분의 Form 및 차수 역할을 목적으로 설치한다.

4) Steel cage installation

현장에서 조립 완료한 철근망(Cage)에 각종 Sleeve 및 Dowel bar 등을 설치하고 Desanding 완료 후, Trench 내에 접어넣는다.

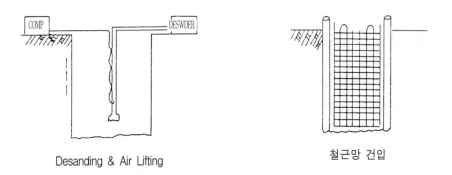

Desanding & Air Lifting   철근망 건입

5) Tremie Concreting

철근망 중앙부에 Tremie pipe(D=275m/m)를 연결하면서 굴착바닥에서 15cm 전까지 설치하고, Tremie pipe를 통하여 바닥에서부터 상향으로 Con'c 타설한다.

콘크리트 타설이 끝난 후, 초기 경화가 이루어질 때(약 4~5시간) 약간씩 Stop end Tube를 인발하기 시작 4~5시간 동안 완전 제거한다.

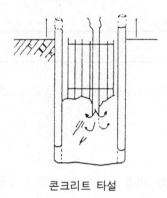

콘크리트 타설

Ⅴ. 적용범위

1) 주변 지반의 침하가 제한된 지역

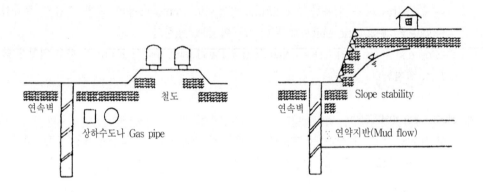

2) 주변 구조물의 안전보완 요구지역

    ① 주변 구조물의 허용침하량 산정

    ② 변형의 예측으로 확실한 지지공법 적용

    ③ Underpinning도 가능

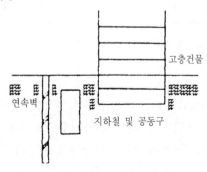

3) 진동과 소음 제한지역

① 연약점토(Mud wave 영향)

② 느슨한 모래나 실트질이 지하수 아래 있을 때(지하수 유동의 침하 및 Liquefaction 조심)

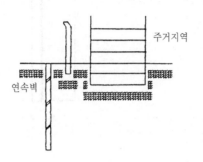

지하연속벽 시공순서도

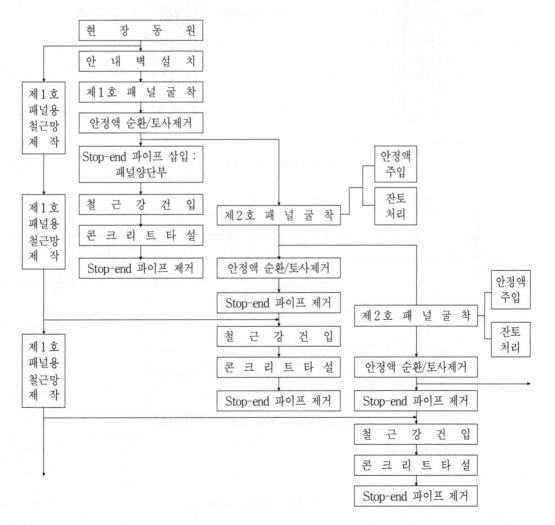

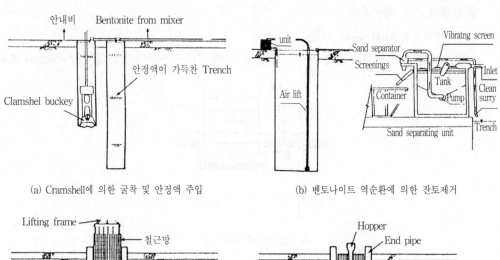

(a) Cramshell에 의한 굴착 및 안정액 주입　　　　(b) 벤토나이트 역순환에 의한 잔토제거

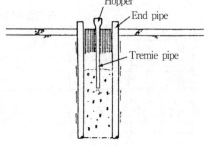

(c) Stop-end 파이프 설치 및 철근망　　　　(d) 콘크리트 타설

지하연속벽 시공순서도

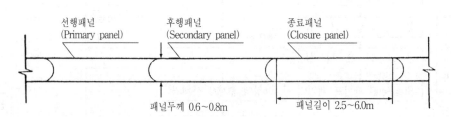

지하연속벽 평면도

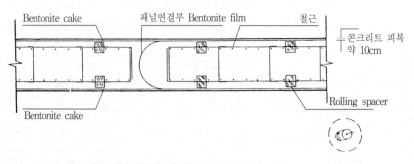

지하연속벽 패널연결부분 상세도

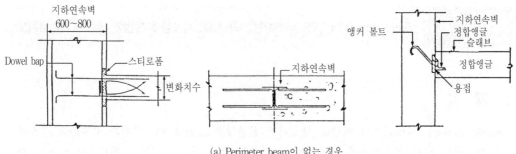

(a) Perimeter beam이 없는 경우

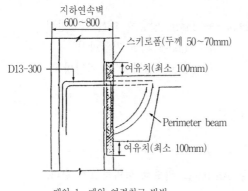

대안 1. 매입 연결철근 방법

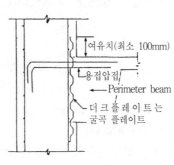

대안 2. JF 방법

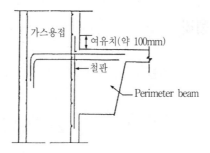

대안 3. 철판 맞대음 방법

(b) Perimeter beam이 있는 경우

지하연속벽과 슬래브의 접합

문제 4　Earth anchor의 구조(역학적 원리)와 종류, 시공상 문제점에 대하여 기술하시오.

Ⅰ. 개 설

　Earth anchor는 흙막이벽의 배면을 삭공기로 원통형으로 굴착, PC 강재를 사용하여 긴장력을 주고 앵커체를 설치. 인장부재의 인발저항에 의하여 배면토압을 지지하는 공법으로 다음과 같은 종류가 있다.

```
┌ 주입식 Anchor ┬ 단일지름 천공 Anchor ┬ Pump 압송에 의한 가압방식
│               │                      ├ Tube에 의한 가압방식
│               │                      └ Core 타입에 의한 가압방식
│               ├ 확공 Anchor
│               └ 고속분사 Grout Anchor
├ Mechanical Anchor
└ 기타 Anchor
```

　이 중 가장 많이 사용되는 주입식 단일지름 천공 Anchor를 위주로 설명하고자 한다.

Ⅱ. 구조와 역학적 원리

1. 구 조

　1) Anchor체(정착부)
　2) 인장부
　3) Anchor 두부

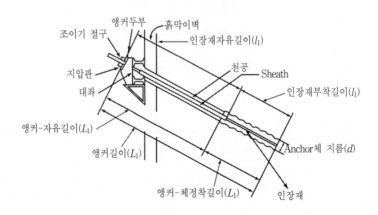

2. 역학적 원리

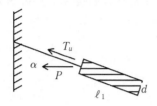

1) 수평토압

$$P = \frac{wh^2}{2} tan\left(45° - \frac{\phi}{2}\right)$$

2) 수평토압이 Anchor에 미치는 T_u

$$T_u = \frac{P}{\cos\alpha}, \quad T_u = \tau\pi dl_a (\tau : \text{마찰저항})$$

3) 안전율(F·S)

$$T_u F\!\cdot\! S = \frac{P}{\cos\alpha} F_s = \tau\pi dl_a$$

$$\therefore \text{Anchor체 정착길이}(\ell_a) = \frac{P \times F\!\cdot\!S}{\tau\pi d \cos\alpha}$$

Ⅲ. Earth Anchor의 종류

1. 주입식 Anchor

1) 일반적인 공법(사질토, 사질점토)
2) 단일구경 착공 후 공구외주(孔口外周)를 Cement paste로 Grouting하여 Anchor체 형성

2. Mechanical anchor

1) Anchor체를 타입·천공 후 삽입하여 인장강재를 긴장시키면 Anchor체가 지중에서 회전하여 인발저항 발생
2) 이완의 우려가 없는 단단한 암반에 유리

3. 확공 Anchor

1) 비교적 짧은 Anchor체로 큰 지지력을 얻기 위해 Anchor체의 일부, 전부의 단면을 자유부분
   의 지름보다 확대해서 조성하는 Anchor
2) 점성토, 고결토 지반에 적당

Ⅳ. 지지방식

1. 지압형 지지방식

1) 인장력을 Anchor체 앞쪽 면의 수동토압으로 저항하는 것
2) 점성토 지반에서는 지지력 이론으로 지지력 추정

2. 마찰형 지지방식

1) Anchor체의 주변마찰저항에 의해 인장력을 저항하는 것
2) 주변 마찰력은 Anchor 길이에 비례하나 일정길이 이상에서는 비례하지 않는다.

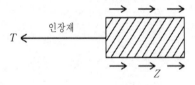

3. 복합형 지지방식

1) 앵커체의 주변 마찰저항과 앵커체 앞쪽 면의 수동토압의 슴으로 인장력을 저항
2) 마찰형 지지와 지압형의 혼합

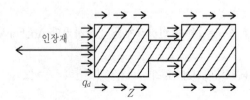

V. Earth anchor의 문제점(시공관리)

1. 공사개시 전에 시공계획 수립 철저

1) 공사 전체 계획
2) 지반상태, 지반부지변형
3) 지하수, 피압수 상태
4) 지하 매설물, 저장물 상태
5) 근접 구조물 상태
6) 이수처리 대책
7) 작업제한 여부 및 환경규제

2. 시공관리 중점사항

1) 착공기계 설치 : 수평각도, 경사각, 고정상태
2) 착공 : Bit 지름, 착공길이, 정착지반 확인, 공내 세척 여부
3) 인장재의 조립 : 재질, 본수지름, 전체길이, 정착길이, 자유장길이, 여분길이, Sheath 상황
4) Grout : 각 재료의 계량, 혼합시간, 압축강도, 가압량, 주입량 양생
5) Anchor 두부 설치 : 재질, 형상, 설치상태
6) 긴장 : 하중, 긴장시험
7) 정착 : 하중, 두부보호, 하중계측

3. 시공상 유의사항

1) 지하 매설물의 조사
2) Pile 근입을 계획굴착면 아래까지 굴착 천공
3) 굴착시 배수 고려
4) 압축침하가 심한 토질의 경우 약액주입, 그라우팅 사용
5) 앵커 설치 후 인장재의 인장하중 손실 유무 확인
6) 구조물 완성 후 가급적 해체하지 말고 매몰함이 원칙

4. Anchor력 결정방식

1) 지반과 앵커체의 부착강도
2) 앵커 주변 지반의 전단강도와 지지력
3) 인장재의 인장강도

4) 인장재와 앵커체의 부착강도

5) 앵커체의 압축강도와 전단강도

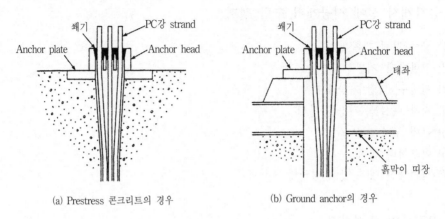

(a) Prestress 콘크리트의 경우   (b) Ground anchor의 경우

앵커 두부의 지지상태

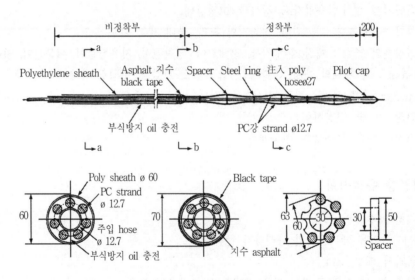

앵커 인장재 가공도(ø12.7m×7개)

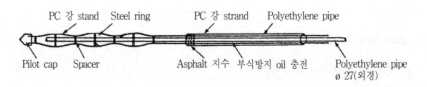

앵커 인장재

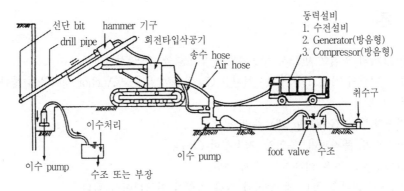

삭공기계의 배치(Rotary percussion 삭공)

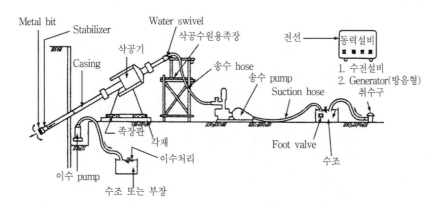

삭공기계 배치(Rotary 삭공)

천공 후, 긴장, 정착에 나쁜 영향을 미치는 Slime의 배출 및 공벽을 세척하여 한다.

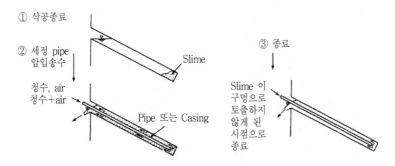

Slime 배출, 공벽의 세정방법

Ⅵ. 결 론

1) Anchor의 영역은 반드시 수동영역에 인장력을 주어 정착한다.
2) 주위 지반의 기초조건, 지하수현황을 Check하여 시공중 Anchor 정착부에 불확실성이 없도록 할 것
3) 긴장장치 및 Grouting 재료개발 필요
4) 안전관리, 품질관리, 주입압, 정착길이 Check
5) 연약토층의 경우 자유장을 길게 한다.
6) Anchor 내력을 확보 및 높이기 위한 기법이 연구되어야 한다.
7) 어스앵커 공법의 여러 분야에서의 응용이 기대된다.

문제 5 보강토공법의 적용성과 시공시 유의사항에 대하여 기술하시오.

Ⅰ. 개 설

보강토공법은 흙 속에 보강재(Strip)를 부설 삽입하여 흙과 보강재 사이의 힘의 전달에 의해 마찰력과 인장력을 증가시킴으로써 흙을 보강하는 공법을 말하며, 구성요소는 전면판, 보강재, 뒤채움흙으로 보강되며, 흙 속에 철판, 강봉, 강판띠, PVC띠, Geolog, Texsol 등을 삽입하여 일체의 토괴를 형성하여 중력식 토류 구조물, 사면안정, 기초지반의 보강 등에 사용한다.

여기에서는 보강토공법의 적용성과 시공시 유의사항에 대하여 기술하고자 한다.

Ⅱ. 보강토공법의 적용성

1. 장 점

1) 사용재료가 공장제품이므로 시공 신속
2) 가요성 변형에 견디며, 부등침하의 염려가 없다.
3) 기초공사가 간단
4) 성토고가 높은 경우 대체공법 유리
5) 소음, 진동 등 공해가 적고 연약지반 시공 가능

2. 단 점

1) 전면판의 수직도, 경사도 확인 어려움.
2) 뒤채움 재료 적기 구득 곤란한 경우 공사비 증가
3) 보강재가 부식될 경우 내구성에 문제가 있다.
4) 낮은 옹벽에서는 콘크리트옹벽보다 공사비가 높다.

Ⅲ. 시공상 유의사항

1. 벽체 Alignment

1) 연직선형(배부름 또는 울퉁불퉁)

전면판 설치시 미리 뒤채움 쪽으로 2~5% 구배를 차등 적용하여 보강재를 팽팽하게 시공

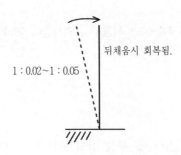

2) 수평선형

보강재를 균일한 장력으로 시공하는 것이 중요하며 뒤채움 작업시 Strip이 밀리지 않도록 해야 한다.

2. 기초 콘크리트 Leveling

선형에 가장 큰 영향을 미칠 수 있는 것으로 실띠우기와 모르타르 조정에 의한 수평유지가 요구된다.

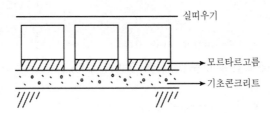

3. Joint filler

1) 연직 Joint filler

Corner부를 지날 때 틈이 생기므로 Filter mat를 사용 → 토립자 유출 방지

2) 수평 Joint filler(Cork재 사용)

옹벽고 높아지면 압축력에 의해 Cork가 압착되며, 상·하 콘크리트 Pannel이 맞닿아 깨지게 되므로 Cork의 밀도, 두께를 크게 한다.

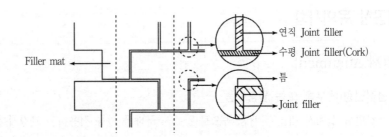

4. 전면판(P.C Pannel) 모서리 파손 및 쐐기부 파손

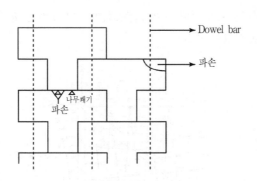

1) 모서리부 보강철근 꼭 넣을 것
2) PC공장에서 품질관리 철저($\sigma_{ck}=300kg/cm^2$)
3) 자재 Lifting시 파손주의

5. 전면판 가까운 부분의 뒤채움

소형다짐 장비로 잘 다짐

6. 전면판 콘크리트면 Color 불량

1) 공장 제작시 스틸 Form 깨끗이 할 것
2) Form oil 사용시 주의할 것

7. 부등침하 발생시 전면판의 선형이 어그러짐

1) 기초공사 다짐 철저
2) 시공중 배수관리 철저

8. 재래식 RC 옹벽 등 강성구조물과의 연결부 시공

인접 구조물과의 변위 차이, 맞물림 구속도에 따른 하자가 발생하지 않고 매끄럽게 연결되도록 주의

9. 뒤채움 다짐

1) 90% 이상 다짐관리
2) 침하 방지하고, 마찰효과증대 노력

10. 우각부시공

Paraweb의 겹침시공으로 인해 마찰력 감소하며, 선행구배를 줄 수 없는 관계로 벌어짐 발생
→ Tie-connecting 방법이 필요

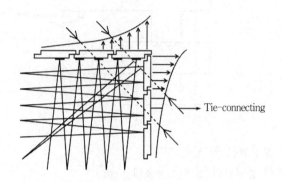

11. 부등침하 대비용 Joint

1) 연직침하에는 Slide type으로 선형 유지
2) 수평방향으로 인접한 Panel끼리 Hinge로 설계

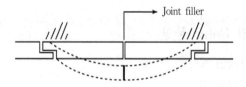

12. Paraweb 연결부

1) 연결부는 소요겹침길이 이상 확보(2m)
2) Clip 사용할 경우 망치질에 의한 손상이 없도록 주의
3) Strip 절단된 부분을 Sealing하여 손상이 없도록 한다.

문제 6	옹벽의 안정조건과 파괴요인 및 대책을 기술하시오.

Ⅰ. 개 설

옹벽은 콘크리트의 중량으로 토압을 저항 지지하는 구조물로서 옹벽의 파괴 주요인은 배면에 작용하는 토압이다.

옹벽에 작용하는 토압은 앞으로 밀어내려는 전단응력(활동), 넘어뜨리려는 모멘트(전도)가 작용하는데, 지반의 지지력과 함께 옹벽의 안정검토시 활동, 전도 지지력을 검토해야 한다.

여기서는 토압의 공학적 해석을 한 후, 옹벽의 안정검토, 파괴원인과 대책을 기술하고자 한다.

Ⅱ. 토압의 공학적 해석

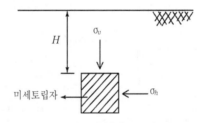

1) 지표면에서 H만큼 떨어진 곳에 지중 및 상재하중의 미세토립자에 압축력(σ_v)을 받으면 이에 따라 수평력(σ_h)이 발생하는데 이를 토압이라 한다.

$$\sigma_h = K\gamma H$$

K : 토압계수, γ : 흙의 단위중량

2) 주동토압($\sigma_h < \sigma_v$)

① 침하 발생

② 옹벽 배면의 흙이 수평방향으로 팽창되면서 파괴되는 경우를 주동토압이라 한다.

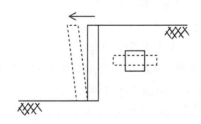

3) 수동토압($\sigma_h > \sigma_v$)

　① Heaving 발생

　② 외부의 어떤 힘에 의해 수평방향으로 수축하며, 옹벽의 배면 쪽으로 밀려날 때 파괴되는 경우를 수동토압이라 한다.

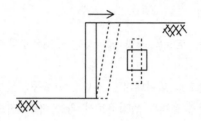

4) 정지토압($\sigma_h = \sigma_v$)

　옹벽의 변형이 없는 경우의 토압상태

Ⅲ. 옹벽의 안정조건

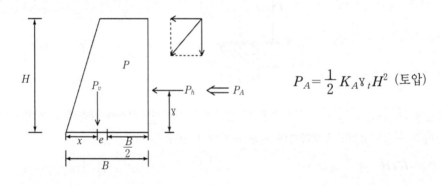

$$P_A = \frac{1}{2} K_A \gamma_t H^2 \text{ (토압)}$$

1) 활동에 대한 안정 검토

　① 전단력에 의한 안정

　② $F_s = \dfrac{\text{저항력}}{\text{활동력}} = \dfrac{P_v \tan\delta}{P_h} \geq 1.5$

　　P_v : 옹벽의 자중과 연직분력의 합

　　P_h : 수평분력의 합

　　δ : 옹벽 저면과 그 아래 흙과의 마찰각

　③ 주동토압에 대하여 옹벽지반과 기초지반에 작용하는 마찰력이 더 커야 한다.

　④ 마찰력이 작은 경우 ┬ Shear key 설치

　　　　　　　　　　└ 옹벽높이를 짧게 한다.

2) 전도에 대한 안정 검토

① 모멘트에 대한 안정

② $F_s = \dfrac{저항\ 모멘트}{전도\ 모멘트} = \dfrac{P_v x}{P_h y} \geqq 2.0$

③ 주동토압에 의하여 옹벽에 작용하는 모멘트보다 옹벽의 수직하변에 대한 모멘트가 커야 한다.

④ 옹벽의 연직하중 합력 작용점이 저판의 중앙 1/3이내에 작용해야만 부등침하에 의한 전도가 발생하지 않는다.

⑤ 옹벽높이를 낮추고, 옹벽자중 증가, 뒷굽판길이를 늘린다.

3) 지지력에 대한 검토

① 침하에 안정

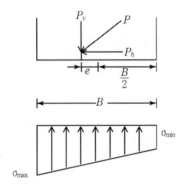

② 지반의 허용지지력 ≧ 지반이 받는 최대압축응력

$$q_a(\sigma_a) = \frac{P}{A} \pm \frac{M}{I} y = \frac{P_v}{A}\left(1 + \frac{6e}{B}\right) < = \sigma_a = \frac{qult}{F_S}$$

$q_a\ (\sigma_a)$: 지반허용지지력

$qult$: 극한지지력

F_s(안전율) : 3.0

4) 전체 Sliding에 대한 안정 검토

연약지반 위에 옹벽을 설치하면 옹벽 배면의 성토중량에 의해 원호면 Sliding이 발생하여 부등침하 측방이동 일으켜 파괴

$$F.S = \frac{\sum (W_i \cos\theta - ul)\tan\phi + \sum cl}{\sum W_i \sin\theta} \geqq 1.2$$

W_i : 분할면의 중량   ø : 내부마찰각

u : 공극수압   θ : 경사각

l : 원호면의 길이 C : 점착력

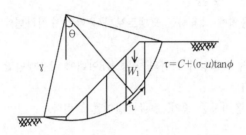

Ⅳ. 옹벽의 파괴원인과 대책

1) 원 인

① 기초공 불량

② 뒤채움 재료 불량

③ 뒤채움 다짐 불량

④ 배수불량

⑤ 구조물의 철근불량 및 단면부족

2) 대 책

① 지반의 경사로 인한 Bench cut 실시

② 연약지반 약액처리 말뚝공법

③ 뒤채움 재료

ⅰ) 다짐이 잘되는 재료

ⅱ) 1 < Cg < 3, Cu > 10

ⅲ) 압축성이 적고, 점착력이 약간 있는 재료

④ 뒤채움 시공

ⅰ) 1층 높이 20cm로 다짐

ⅱ) 터파기 불량토 사토처리 후 되메우기 사용하지 말 것

ⅲ) 가급적 대형장비로 다짐, 좁은 장소 Rammer, Tamper 다짐

⑤ 품질관리

ⅰ) 층다짐시 다짐도 확인

ⅱ) 평판재하시험 Proof rolling 실시

⑥ 배 수
　ⅰ) 저면배수, 경사배수, 표면배수
　ⅱ) 배수공 설치
⑦ 신축이음
　ⅰ) 연직수축줄눈 : 배면의 균열제어, Hair crack

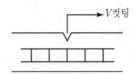

　ⅱ) 신축줄눈(지반의 부등침하, 균열방지)

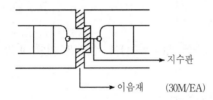

V. 결 론

　옹벽의 안정 계산시 반드시 토압을 계산하고, 안정검토 후 뒤채움 재료, 다짐, 배수, 신축이음 설치 등 각 시공 단계별 품질관리와 시공관리를 철저히 하여 시공능률을 향상시키며, 높이가 높은 옹벽일수록 안정성, 경제성, 시공성을 고려하여 대체공법의 대안을 고려하여야 하며, 콘크리트타설시, 콜드조인트 없도록 시공에 역점을 두어야 한다.

문제 7 옹벽에 작용하는 토압의 종류

Ⅰ. 토 압

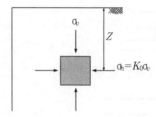

지표면에서 Z만큼 떨어진 곳의 미세토립자에 압축력(σ_v)이 받으면 이에 따라 수평력(σ_h)이 발생하는데 이를 토압이라 한다.

$$\sigma_h = K_o \sigma_v = K_o r_t Z \quad (r_t : \text{흙의 단위중량})$$

Ⅱ. 토압과 벽체의 변위와의 관계

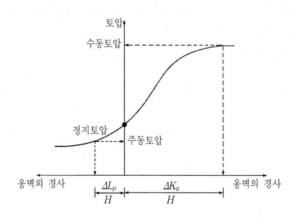

Ⅲ. 토압의 종류

1) 주동토압 : 옹벽의 뒷면에 작용하는 토압
2) 수동토압 : 옹벽전면에서 옹벽이 흙에 작용하는 토압
3) 정지토압 : 옹벽이 변위하지 않는 자연상태에서의 토압

Ⅳ. 토압계수

1) 정지토압계수(K_o)

$$K_o = \frac{\sigma_n}{\sigma_r} = \frac{수평응력}{연직응력}$$

2) 주동토압계수(K_a)

$$K_a = \frac{1-\sin\phi}{1+\sin\phi} = \tan^2\left(45° - \frac{\phi}{2}\right)$$

3) 수동토압계수

$$K_p = \frac{1+\sim\phi}{1-\sin\phi} = \tan^2\left(45 + \frac{\phi}{2}\right)$$

4) 옹벽설계시 주동토압으로 설계하는 이유

① 뒤채움 토사가 사질토와 같은 경우는 정지상태에서 주동상태로 이동하여 토압이 일시적으로 감소하면 벽의 변위는 정지한다.

② 그러나 매우 장기적일 경우는 빗면 위치에서의 상태가 빗물의 침투 등에 의하여 변위하여 재정지상태로 가까워져 벽이 변위한다.

③ 이상과 같은 것을 고려하면, 벽면의 단면 설계용 토압은 주동토압을 사용하는 것이 적당하다.

문제 8 보강토벽의 특징을 철근콘크리트 옹벽과 대조하여 기술하시오.

I. 개 설

보강토벽은 흙 속에 보강재(Strip)를 부설 삽입하여 흙과 보강재 사이의 인장력을 증가시킴으로써 흙을 보강하는 공법(Reinforced Earth)이라 말하며, 철근콘크리트옹벽은 철근으로 콘크리트를 보강하여 토압을 지지하는 공법(Reinforced concrete)을 말한다.

따라서 각 공법의 설계원칙, 특징비교, 시공법 비교를 통해 구분하면 다음과 같다.

II. 설계원칙

1. 보강토벽

1) 외적 안정

① 일반 옹벽과 동일
② 활동, 전도, 지지력, 사면안정

2) 내적 안정

토압이 보강재의 인장력과 균형을 이루며, 이때 보강재는 인장절단과 인발에 대해 안전해야 한다.

3) 검토방법 ┬ Tie back 설계법
└ 복합 중력식 설계법

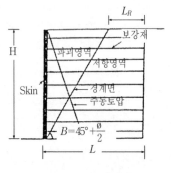

Tieback 설계법

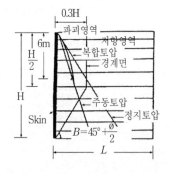

복합중력식 설계법

2. 철근콘크리트 옹벽

1) 전도에 대한 옹벽
2) 활동에 대한 안정
3) 지지력에 대한 안정
4) 전체 활동에 대한 안정

Ⅲ. 특징 비교

1. 보강토벽

1) 시공 신속
2) 용지폭 작게 소요되고 높은 옹벽 축조 가능
3) 건설공해 적다.
4) 연약지반 시공 가능
5) 가요성 변형에 견디며 부등침하 염려가 없다.
6) 전면판의 연직도 이루기 어렵다.
7) 낮은 옹벽에서의 공사비 비싸다(H=7m 이하).
8) 보강재의 내구성 의분
9) 뒤채움 성토재료의 적기 구득 곤란할 경우 공사비 증가

2. 철근콘크리트 옹벽

1) 시공기간이 길다.
2) 낮은 옹벽에 유리(H=7m 이하)
3) 연직도 유지 가능
4) 내구성이 좋다.
5) 소규모의 공사에 적합하다.
6) 임의의 단면 구조 가능

Ⅳ. 시공법

1. 보강토 옹벽

1) 구성요소
   ① 전면판(Skin)

　ⅰ) 전면판은 보강재와 흙 사이의 마찰력에 의해 토압을 저항

　ⅱ) 전면판의 역할 ┬ 뒤채움재의 흙 유실 방지
　　　　　　　　　├ 보강재 연결
　　　　　　　　　└ 외부 미관 연결

② 보강재(Strip)

　ⅰ) 보통 아연강판 사용

　ⅱ) 보강재는 흙과의 마찰력이 크고 내구성이 좋으며 유연성이 있고 부식 Creep 변형 중시

　ⅲ) 보강재의 종류 ┬ 띠보강재(철판, 아연판, Mat PVC)
　　　　　　　　　├ 판보강재
　　　　　　　　　├ Texsol
　　　　　　　　　└ Anchor 보강재(Geolog, 철판＋철봉, 철봉＋Con'c)

③ 뒤채움흙

　ⅰ) 보강재와의 마찰력 증가시킬 수 있는 내부마찰각 큰 사질토

　ⅱ) 배수 양호, 함수비 변화에 따른 강도변화 작은 것

　ⅲ) 화학적 부식 성분이 없는 것 사용

　ⅳ) #200번체 통과량 15% 이하

2) 시공순서

　　기초지반 다짐 → 기초콘크리트타설 → 전면판 설치 → 최하단 뒤채움다짐 → 보강재 설치 → 반복작업

2. 철근콘크리트 옹벽

1) 구성요소

① 거푸집 비계

② 철근

③ 지수판

2) 시공순서

　　기초지반 다짐 → 기초콘크리트타설 → 철근 조립 → 거푸집 조립 → 신축이음 설치 → 콘크리트타설 → 양생 → 거푸집 해체

V. 결 론

보강토 옹벽은 미관이 우수. 높이제한이 없고, 시공속도도 빠르고 부지 이용도도 높다. 철근콘크리트 옹벽은 낮은 높이에서는 경제적이고 내구성이 좋다. 즉 보강토공법을 대중화시키기 위해서는 Strip 재료 신소재 개발과 줄눈이음재 개발, 전면단의 제품 시장화 등이 연구, 개발하여 경제성을 확보시켜야 한다.

보강토 옹벽의 문제점으로는 성토재료 운반에 따른 경제성 고려, Strip 인발저항, 배수조건개선 등이 있다.

문제 9 　흙막이 공사의 계측관리에 대하여 기술하시오.

I. 서 론

개착구간에 대한 계측 목적은 지반의 굴착시 발생하는 주변 지반 및 인접 구조물의 거동과 구조물 자체의 효과를 파악하여 설계 및 시공과 유지관리에 활용함으로써 토류구조물 건설에 있어서의 안전성과 경제성을 확보할 수 있도록 도모함.

　1) 1차 목적
　　① 해당 공사에 활용
　　② 시공 전 : 지반상태를 조사하여 설계 및 시공 계획에 반영(지반 파악)
　　③ 시공중 : 굴착에 따른 주변 지반 및 인접 건물의 거동과 구조물 자체의 효과를 파악하여 설계 및 시공법의 변경, 시공 및 품질관리 등에 반영
　　④ 시공 후 : 사고예방이나 피해감소를 위한 유지관리 및 경보체제의 구축에 반영함으로써 안전성과 경제성을 확보하기 위한 것

　2) 2차 목적
　　① 차후 공사에 활용
　　② 장래의 개착구간공사에 관한 실적 자료의 확보
　　③ 현장계측 기술의 발전에 있고, 부수적인 안전성과 경제성을 확보

　3) 부수적 목적
　　① 피해보상에 관한 법적인 근거 확보
　　② 홍보관계의 증진(대민관계)

II. 계측기기별 일반사항

계 측 명	설 치 목 적	설 치 위 치	설 치 방 법
지표침하계	지표면의 침하량 변화측정	토류벽 배면 인접 구조물 주변	지표면 상부시설물과 관계 없이 실제지반거동을 측정 할 수 있는 심도
지하수위계	지반 내 지하수위 변화 측정	토류벽 배면지반	대수층까지 천공하여 설치

계측명	설치목적	설치위치	설치방법
간극수압계	굴착에 따른 지반 내 간극수압 변화 측정	토류벽 배면지반	연약층 설치 지층심도별
토압계	실제토류 구조물 또는 지하구조물에 가해지는 토압 변화 측정	토류벽 배면/지하 구조물 배면	토류벽 및 지하 구조물 종류에 따라 다름.
하중계	버팀보 어스앵커 등의 실제 축하중 변화 측정	버팀보, 앵커두부	각 단계별 굴토시 설치
변위계	토류구조물의 각 부재와 콘크리트 등의 응력 변화 측정	토류벽심재, 띠장, 버팀보, 각종 강재 및 콘크리트	용접 또는 접착제
지중경사계	굴토진행에 따른 배면지반의 심도별 수평변위량 측정	토류벽 배면지반, 인접 구조물 지반	굴착심도보다 1~2m 깊게 부동층까지 천공 후 설치
건물경사계	인근 주요구조물에 대한 경사 변형상태 측정	인접구조물의 골조 및 벽체	접착 또는 볼팅

Ⅲ. 계측관련 점검 및 관찰사항

1) 각종 계측기의 이상 유무
2) 토류벽 및 H-pile
3) H-pile의 두부변형 및 침하상태
4) 토류벽 누수상황
5) Strut 부재의 Jack 부착상태
6) 띠장의 휨 비틀림 상태
7) 구조물 연결부위의 이완 및 파괴 상태
8) 띠장과 토류벽의 간격
9) 인접 건물 및 주변 지반의 균열상황, 크기
10) 현장 주변의 외적 하중 변화상태
11) 암반굴착시 암반의 절리방향
12) 기설치된 지중구조물 위치

Ⅳ. 계측항목 선정기준 및 계측위치 선정

1. 계측항목 선정기준

예상되는 현상	기본사항
배면지반의 거동 및 수평변위 발생이 클 것으로 예상되는 경우	지중경사계, 지표침하계
엄지말뚝 및 띠장, 버팀보에 변형이 예상되는 경우	변위계, 하중계

예 상 되 는 현 상	기 본 사 항
버팀보 또는 앵커의 거동이 클 것으로 예상되는 경우	하중계, 변위계
인접 구조물에 피해가 예상되는 경우	건물경사계, 지표침하계
지반조건상 굴토에 의한 지하수위 감소효과를 검토하는 경우	지하수위계, 지표침하계
지중 매설물의 침하가 예상되는 경우	지표침하계, 지중경사계, 지중침하계

2. 계측위치 선정

계측위치 선정시 기본적인 기준은 다음과 같다.
1) 원위치 시험 등에 의해서 지반조건이 충분히 파악되어 있는 곳(또는 비교적 단순하고 대표적인 지반상태를 갖는 지점)
2) 설계와 시공면에서 토류 구조물을 대표할 수 있는 장소
3) 중요 구조물이 인접하여 있는 곳
4) 우선적으로 굴착공사가 진행될 곳
5) 토류 구조물이나 지반에 특수한 조건이 있어 공사에 영향을 미칠 것으로 예상되는 장소(지반상태 및 재료가 변경되는 지점)
6) 교통량이 많은 장소
7) 하천 주위 등 지하수의 분포가 다량이고 수위의 상승, 하강이 빈번한 곳
8) 가능한 한 공사에 의해 계측기기의 훼손이 적은 곳(기기설치와 측정이 용이한 지점)
9) 과다한 변위가 우려되는 지점

3. 측정위치에 따른 측정항목

측정위치	측정항목		사용계기	육안관찰	측 정 목 적
토류벽	측압	토압, 수압	토압계, 수압계	• 벽체의 휨, 크랙 • 연속성 확인 • 누수 • 주변 지반의 크랙	• 측압의 실측치와 설계치의 비교 검토 • 주변 수위, 간극수압, 벽면수압의 관련성 파악
	변형	두부변위, 수평변위	트랜싯, 전자식 변위계, 삽입식 경사계, 고정식 경사계		• 변형이 허용치 이내에 있는가의 체크 • 수압 토압과 벽체 변형과의 단계 파악
		벽내 응력	변형계, 철근계		• 벽내 응력분포를 구해 설계측압에서 계산된 벽내 응력과의 비교 • 실측치를 기초로 계산한 응력과 허용응력과의 비교에 의한 벽의 안전성 체크

측정위치	측정항목	사용계기	육안관찰	측 정 목 적
strut 또는 Barth anchor	축력, 변위량, 온도	하중계, 압축계, 상대변위계, 스케일, 온도계	• Strut 연결의 평탄성 • 볼트가 죄어진 상태	• Strut 또는 Barth anchor의 토압분담 비율을 명확히 한다. • 허용축력과 비교하여 안전성 체크
굴착지반	기저면의 변위 및 어떤 깊이의 변위, 간극수압, 지중수평범위	지중고정롯드, 간극수압계, 삽입식 경사계, 고시막대	• 내부 지반의 용수 • 분사	• 응력개방에 의한 굴착지반의 변형이나 주변지반의 거동을 안다. • 배면지반의 변위, 토류벽의 변위, 굴착 저면의 변위관계 파악
주변지반	지표연직범위, 지중연직범위, 간극수압 지중 수평변위	지중고정롯드, 간극수압계, 삽입식 경사계, 고시막대	• 배면지반의 용수 • 도로연석 블록의 벌어짐 확인	• 허용변위량과 실측 변위량과의 비교에 의한 안정성 체크 • 굴착 및 배수에 따른 주변 지반의 침하량 및 침하범위 파악
인접 구조물	연직범위, 경사량	연통관심침하계, 고정식경사계	구조물의 크랙	굴착 및 배수에 수반되는 가설구조물의 변위 변형의 파악
유독 Gas, 수질오염	탄산가스, 메탄가스, 수질오염	가스감지기, 우물의 수질시험		• 굴착 내 유독가스 발생의 체크 • 지반개량 등에 의한 주변 지역의 수질 오염 체크

4. 토류벽 구조물과 인접 지반에 대한 계측항목

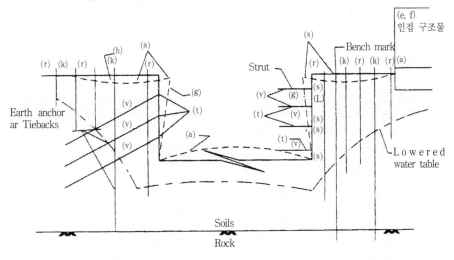

(a) 표면 침하계	Precise leveling	(h) 변형 측정계(매설식)	Strain meter
(b) 건물 경사계	Tiltmeter	(r) 간극수압계(수위계)	Piezometer
(f) 연직추	Pendulum	(v) 변형률 측정계(부착식)	Strain gange
(L) 내부 경사계	Inclinometer	(t) 어스앵커 반력계	Load cells
(g) 측방 경사계	Convergence meter	(s) 토압계(전응력계)	Pressure cells
(k) 연직 침하계	Vertical extensometer		

5. 각 계기별 계측빈도

계측항목	측 정 시 기	측 정 빈 도	비 고
지하수위계	설치 후 공사진행중 공사완료 후	1회/일로 1일간 2회/주* 2회/주*	초기치 선정 우천 1 이후 3일간 연속측정
하중계	설치 후 공사진행중 공사완료 후	3회/일 2일간 2회/주* 2회/주*	초기치 선정 다음단 설치시 추가측정 다음단 해체시 추가측정
변위계	설치 후 공사진행중 공사완료 후	3회/일 3회/주* 2회/주*	초기치 선정 다음단 설치시 추가측정 다음단 해체시 추가측정
지중경사계	Grouting 완료, 4일 후 공사진행중 공사완료 후	1회/일로 3일간 2회/주* 2회/주*	초기치 선정
건물경사계	설치 후 1일 경과 공사진행중 공사완료 후	1회/일로 3일간 2회/주* 2회/주*	초기치 선정
지표침하계	설치 후 1일 경과 공사진행중 공사완료 후	1회/일로 3일간 2회/주* 2회/주*	초기치 선정

6. 계측항목 선정 판단표

선 정 요 인	판 단 재 료	계 측 항 목
	설계(예측)계산 ┌토류벽계산 ┌가산지점법 　　　　　　│　　　　　│ Beams on elastic 　　　　　　│　　　　　│ Foundation 　　　　　　│　　　　　└연속보법, 탄소성법 등 　　　　　　├지하수거동 ┌정호(井戶)이론 　　　　　　│　　　　　└침투류 FEM 등 　　　　　　└주변지반거동 ┌경험적 방법 　　　　　　　　　　　　　│ 일차원 압밀침하 　　　　　　　　　　　　　└탄소성 FEM 등	
1. 외적 요인	토류계산 ──────────→ 측압 지하수거동 ──────────→ 양수량 ──→ 주변지반거동 ──────────→ 토류벽 변위	측압(수압) 양수량 토류벽 변위

선 정 요 인	판 단 재 료			계 측 항 목

2. 외적조건의 변동
1) 외력변화
  a. 상재하중
  b. 지하수위변동
2) 근접공사의 실시
	제 원 파 악	요 인 추 정	장 해 추 정	

	하중의 크기, 위치, 시기	토류벽으로의 하중 증가	토류벽의 응력, 부분적인 변형 증가	측압, 토류벽의 응력, 변형
	지하수 상승속도, 광역조사자료 주변 정호의 존재 제원	토류벽으로의 하중 증가(지하수위가 깊을 때)	토류벽으로의 하중 증가(지하수위가 깊을 때)	측압, 토류벽의 응력, 변형(지하수위, 수압)
	시공기간, 기초도 등	편하중·지반침하 수위변화 등	토류벽 구조물의 응력증가, 건물의 부등침하 증가	토류벽 응력, 측압 지보공 응력, 경사 토류벽 변형, 지반 및 구조물의 침하 수평변위
3. 안전성 평가	각 계측 항목별 비교 안전성의 평가 설계치·예측치 → 허용치 → 설계, 예측방법 및 조건을 고려한 신뢰성 평가 평가 ───→ ↕ 해석 위치와 실제의 차이			설계계산치와 허용치를 비교하여 안전성이 적은 항목을 계측항목으로 정한다.

4. 예측계산의 기준 Parameter	해석방법의 차이 및 그 내용을 정확히 파악하여 기준 Parameter를 설정한다.
	예) 탄소성 토류벽 계산 ───────→
	    탄소성 FEM에 의한 배면 지반침하 계산 ──→
	    양수에 의한 지하수위 저하 ──────→
				토류벽의 변형 또는 응력
				토류벽의 변형
				지하수위

영향범위에 있는 구조물	a. 중요구조물 b. 노후화 구조물 c. 민원발생 가능 주택밀집지(소음, 진동, 먼지 등의 환경오염)	구조물의 현상 파악 → 영향을 주는 요인 추정 → 장해의 추정 기초도 건축년수 경사 등	지반침하→압밀 지반수평 변위 토류벽 변형 → ┌(부동)침하 │ 수평변위 └ 경사	[직접] [간접] 계┬건물침하 지반침하 기┼건물수평→지반수평 계┤변위 변위 측┼건물경사 시┼건물균열폭 각┼균열발생 관┼이음부이탈 찰└외벽의 박리

V. 측정오차 및 망실에 대한 조치방법

1. 지중경사계(Inclinometer)

1) 측정오차의 발생 원인

① 전압충전의 불충분은 주로 부호인식에 문제가 많아 지표면 부근에서 발생된 값은 쉽게 판독할 수 있으나 하부에서 발생된 값은 판독이 어려우므로 전일 계측치와 비교하면 오차 발생 부위를 찾아낼 수 있다.(계측빈도가 조밀하고 공사상황의 변화가 비교적 적은 경우

에 쉽게 판독할 수 있다.)

② 그라우팅 불량은 주로 매설심도 하부에서 많이 발생하는데 이는 그라우팅 파이프를 매설
심도하부까지 삽입하지 않았거나 Over flow를 시키지 않은 상태에서 그라우팅을 종료시
킬 때 발생한다. 초기 굴착시 매설심도 하부에서의 측정오차 발생은 측정 결과를 도식화
하면 쉽게 알 수 있다.

③ 커플링 연결 불량은 그라우팅시 케이싱 내로 그라우트재가 유입되어 경사계관의 홈에
부착 고결되어 측정오차를 유발시킨다.

④ 상부 케이싱의 홈방향과 하부 케이싱의 홈방향의 불일치는 설치시 일정길이(알루미늄관
은 9m, ABS수지관은 12m)마다 주 측정방향과 경사계관의 홈을 일치시키지 않고 설치한
경우에 주로 발생한다. 설치방법에 문제가 없는 경우에는 경사계 설치위치가 우각부에 있
는 경우라든지 또는 토층의 층후, 응력이력, 지하수위의 저하, 암반의 불연속면 및 절리의
방향에 의해 발생한다.

2) 측정오차 발생에 대한 대책

① 전압충전의 불충분

재충전 후 계측을 실시한다.

② 그라우팅 불량

그라우팅 불량 개소가 많은 경우에는 측정항목으로 사용할 수 없으며, 그라우팅 불량부
위가 적은 경우에는 그 위치에 따라 계속 사용할지 여부가 결정된다. 이들 사항을 열거하
면 다음과 같다.

ⅰ) 그라우팅 불량부위가 상부 10.0m 이내에 있을 때 : 기설치된 변위계, 하중계 등의 계측
기로 판단하고 굴착이 10.0m 이하로 진행되면서 상부 10.0m 이내의 계측 결과는 제외,
나머지 깊이에 대한 결과만을 사용.

ⅱ) 그라우팅 불량 부위가 매설심도 하부에 있을 때 : 거시적 경향의 파악은 가능하나 정
량화는 불가능하므로 계측의 목적을 달성할 수 없으므로 재설치를 하여야 한다.

③ 커플링 연결 불량

그라우팅 불량에 의한 측정오차보다는 작으며 그 크기를 정량화할 수는 없다. 계측수행
에는 큰 지장이 없으나 하부지층의 강성이 큰 경우에는 발파 등의 영향으로 그라우팅 불
량에 의한 것과 같은 양상이 발생하므로 측정값을 정량화하여 사용하는 것은 곤란하다.

④ 상부 케이싱의 홈방향과 하부 케이싱의 홈방향의 불일치

설치시 주로 발생하므로 계측수행 도중에 조치할 수 있는 방법은 없다. 일상적인 수평
변위만의 자료수집에는 별다른 문제가 발생하지 않으나 계측 결과에 따른 응력집중방향
의 추정 등에는 사용할 수 없다.

3) 망실에 대한 조치방법

① 횡변위 과다발생에 의한 Probe의 관입 불능

    ⅰ) 관입 불능 위치가 굴착심도의 70% 이하일 때 : 재설치

    ⅱ) 관입 불능 위치가 굴착심도의 70% 이상일 때 : 변위계 및 하중계, 건물경사계 등의
       관련 계측항목의 결과를 이용

  ② 그라우팅 불량으로 계측 결과를 사용할 수 없는 경우

    ⅰ) 층상부에서 그라우팅 불량이 확인되었을 때 : 그라우팅 불량부위 상부는 다른 계측항
       목으로 대체한다.

    ⅱ) 층하부에서 그라우팅 불량이 확인되었을 때 : ①항의 ⅰ), ⅱ)에 의거 실시한다.

2. 지하수위계(Piezometer)

 1) 측정오차의 발생원인

  ① Readout기의 전지소모
  ② 수위계 주변의 상, 하수도관 파손
  ③ 기상조건

 2) 측정오차 발생에 대한 대책

  ① Readout기의 전지소모 : 전지가 소모되면 버저, 불이 들어오지 않으므로 전지를 교체한
    후 계측을 실시한다.

  ② 수위계 주변의 상, 하수도관 파손 : 계측기 주변의 상, 하수도관의 파손 등으로 굴착에
    따른 수위저하를 정확히 파악할 수 없으므로 계측기와 상, 하수도관과의 이격거리 및 관
    의 크기를 기재하여 그 영향 정도를 파악할 수 있도록 해야 한다.

  ③ 기상조건 : 연일 계속된 집중호우의 영향으로 굴착진행과는 무관하게 수위가 상승하는
    경우가 종종 발생하므로 Data sheet에 강우 정도 및 시기 등을 기록하여 그 영향 정도를
    파악할 수 있도록 해야 한다.

 3) 망실에 대한 조치방법 : Tip 관입 불능시 재설치를 원칙으로 한다.

3. 변위계(Strain gauge)

 1) 측정오차의 발생원인

  ① 전압이 불충분한 경우
  ② Cable의 단락
  ③ Vibrating wire 긴장나사의 풀림(차량하중과 발파진동에 의한)
  ④ 부재와 Strain gauge의 부착 불량
  ⑤ 온도 변화가 심한 경우

2) 측정오차 발생에 대한 대책

① 전압이 불충분한 경우 : 재충전후 계측 수행

② Cable의 단락 : 버팀보 거치작업 및 용접작업 등으로 발생되므로 Cable의 피복상태를 점검하여 이상이 있을 시에는 교체하여 계측수행

③ Vibrating wire 긴장나사의 풀림 : 기계진동, 발파, 차량진동으로 풀릴 수 있으므로 Resetting 후 초기치를 선정한다.

④ 부재와 Strain gauge의 부착 불량 : 발파 및 토사반출 작업 등으로 부재에 직접 충격을 주는 경우에 주로 발생한다.

⑤ 온도 변화가 심한 경우 : 가급적 계측시간대를 일정하게 한다.

3) 측정오차 발생에 따른 측정자료의 보정방법

① 전압 부족에 의한 측정자료는 삭제하고 재충전 후 측정자료를 기록유지한다.

② Cable 단락에 의한 측정자료는 Cable 교체 후 측정자료로 대체한다.

③ 진동 후 긴장나사풀림 및 부착불량에 의한 측정자료는 재설치 이후 측정된 자료로 대체한다. 이때 Data sheet 및 Graph에는 '재설치'라는 표시를 분명히 하고 재설치된 측정자료와 기설치된 측정자료의 초기치간의 차이를 재설치된 측정자료에 반영하여 기록 유지한다.

4) 망실에 대한 조치방법

① 망실된 계측위치에 동일 회사의 동일한 제품과 동일 기종으로 설치한다.

② 측정값 증가(축력감소)의 원인

ⅰ) 어스앵커 하중계용

㉠ Cone 불량에 의한 미끄러짐

㉡ Anchor 정착부의 진행성 파괴

㉢ Strand의 응력완화

㉣ 지반의 횡방향 지내력의 감소

㉤ 엄지 말뚝의 변형

ⅱ) 어스앵커 하중계용

㉠ 버팀보용 하중계 위치와 현 굴착고의 높이차가 큰 경우

㉡ 해당 하중계의 다음단 버팀보와 현 굴착고 사이로 배면지반의 활동면이 형성된 경우

③ 대책 : E/A 지지 토류벽에서 일반적으로 발생 가능한 것으로 공사현장내에서 할 수 있는 것은 ⅰ)의 ㉠~㉢항에 대한 후속조치를 한 후 다음단~현 굴착고 사이에 있는 하중계의 결과를 분석 후 대처방안을 수립한다.

• 하중계 측정값이 감소(축력의 증가)하는 경우

㉠ 점검부위 : 앞의 1항과 동일

㉡ 측정값의 감소(축력증가) 원인 :

- 무리한 굴착
- 굴착진행속도

ⓒ 대책

- 굴착진행을 정지한 다음 3~7일간 1회/1일로 계측 실시
- 계속적으로 축력의 증가가 있는 경우에는 설계 축력을 고려한 후 보강을 실시한다.
- 보강 실시 후 3~7일간 1회/일로 계측 실시
- 안정 여부를 확인하고 정상 계측으로 전환한다.

5) 망실에 대한 조치방법

① 망실된 계측기 주변에 관련 계측항목(변위계)이 있는 경우 : 재설치를 하지 않고 관련 계측항목의 계측 결과를 이용한다.

② 망실된 계측기 주변에 관련 계측항목(변위계)이 없는 경우 : 감독, 감리, 계측분석자와 협의하에 변위계의 설치 여부 및 위치를 결정한다.

4. 건물 경사계(Tiltmeter)

1) 측정오차의 발생원인

① Readout기의 전압이 불충분한 경우
② Tilt plate의 Peg이 파손되는 경우
③ Tilt plate와 구조물의 접착상태가 불량한 경우

2) 측정오차 발생에 대한 대책

① Readout기의 전압이 불충분한 경우 : 재충전 후 계측 실시
② Tilt plate의 Peg이 파손되는 경우 : 동일 회사 제품의 동일 기종으로 교체
③ Tilt plate와 구조물의 접착상태가 불량한 경우 : 재설치 후 계측 실시

3) 측정오차 발생에 따른 측정자료의 보정방법

① Tilt plate를 동일 지점에 재 설치하는 경우 : Data sheet와 Graph에 '재 설치'라는 표시를 분명히 하고 기측정된 자료와 재설치된 측정자료 간의 초기치의 차이를 재설치하여 측정된 자료에 반영하여 기록 유지한다.

② 전압부족에 의한 측정자료는 삭제하고 재충전 후 측정자료를 기록 유지한다.

4) 망실에 대한 조치방법

Tilt plate 또는 지중경사계관이 망실된 경우에는 동일 회사 제품의 동일 기종으로 대체한다. 이후에는 건물경사계 측정시 측정오차 발생에 따른 측정자료의 보정방법에 준한다.

문제 10 도심지 지반굴착에 따른 인접 건물에 미치는 영향 및 보강방법

Ⅰ. 개 요

최근 도심지 공사(예 : 지하철, 도로, 각종 T/L, U/G, 구조물, Building)가 빈번하고, 도심지의 지하공간의 필요성이 크게 대두되고 있다.

서울에서도 도심지 굴착공사 및 지하철공사 등으로 기존 노선 밑을 관통하거나 인접 건물 부근의 지반굴착 시공사례가 빈번하다.

따라서 도심지 대규모 굴착에 따른 구조물의 안정성 확보 및 인접 구조물에 피해가 발생치 않도록 시공대책이 필요하다.

Ⅱ. 지반변위와 구조물의 변형

1) 지반변위에 따른 구조물의 변형

① 균등 침하
② 균등 경사
③ 균등 수평변위
④ 신장 또는 압축(부등수평변위)
⑤ 부등 침하(휨과 전단)

강제변위 ─┐
          │ 총변위
변형 ─┘
─→ 피해를 끼치는 원인

2) 변위의 한계기준

① 침하

기 준	독 립 기 초	확 대 기 초
각 변형량 $\delta\rho/L$	$\dfrac{1}{300}$	$\dfrac{1}{300}$
$(\delta\rho)_{max}$ 최대부등침하	30~45mm	30~45mm ┬ 점토 44mm └ 사질토 32mm
ρ_{max} 최대총침하	50mm(사) 75mm(점)	50~ 75mm 75~125mm

② 구조적 손실 : 8/L > 1/150일 때 예상
③ 건축 부채 손실 : 8/L > 1/300일 때 예상

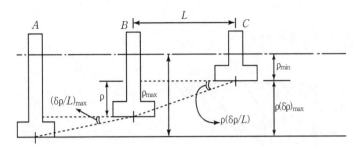

※ 각 변형량($\delta\rho/L$)
  1/750 : 기계조작 곤란
  1/50~1/600 : 건물 균열
  1/300 : 칸막이벽 균열
        Crane작업 불가
  1/250 : 기울음 육안확인 가능
  1/150 : 벽돌 Crack 구조적 손상

3) 수평변위

  ① 부등침하에 비해 영향 점도 미약

  ② 수평 변형도

  ┌ 0.06~0.12m : 눈에 보일 정도 – 외부 균열

  ├ 0.12~0.18m : 심각 – 상, 하수도관 파손, 균열 진행, 창문의 일그러짐

  └ 0.18 m 이상 : 매우 심각 – 전체적 보수, 붕괴

Ⅲ. 구조물 기초의 보강

1) 기초보조공법 설계시 고려사항

  ① 각 기초 작용 하중 크기를 적확히 계산

  ② 현장 제반조건을 면밀히 조사, 하중계산에 고려

  ③ 한층 벽길이 m당 5~6.6t 하중계산

  ④ 접지압 계산하여 허용 지내력과 비교

2) 공법 선정의 문제점

  ① 기초지지, 기초지반의 지내력 계산이 어렵다.

  ② 하부 지지대에 연약층 또는 매립층 존재 여부, 암반 확인이 어렵다.

  ③ 지반굴착에 따른 영향권 설정 문제

3) 원 인

  ① 굴착깊이

  ② 지하수 및 내부유출토사

  ③ 진동에 의한 Mud wave 영향

  ④ Liquefaction

  ⑤ 강성이 약할 때

  ⑥ 버팀대 변위

⑦ 지질학적 조사 미비

⑧ 적절한 계측기 설치 및 운영상태 미비

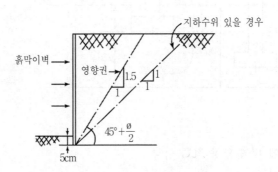

개착식 지반굴착에서의 지반변경 영향권

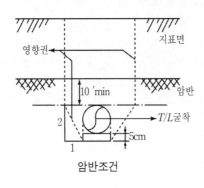

암반조건

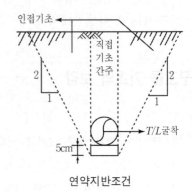

연약지반조건

3) 기초보강공법(Underpinning)

　① 현장타설 콘크리트공법

　　ⅰ) 기존 구조물 하부 굴착 콘크리트 타설

　　ⅱ) 견고한 지반에서 가능

　　ⅲ) 지하수위 구간 시공 불가능

　　ⅳ) 깊이 제한

　② Pile underpinning(Pretest 말뚝공법)

　　ⅰ) 건물 하부 굴착

　　ⅱ) 12~18″강관 설치 및 Jack 설치

　　ⅲ) Jack을 작동하여 기초와 Pile(강관)이 서로 대칭하여 근입되도록 하여 타입이 완료되면(설계깊이) Pile 내 콘크리트 채움 실시, 토사 배제

　　ⅳ) H-beam(삽입 Beam)을 설치하고, Wedge를 이용하여 건물 기초와 강관이 충분히 밀착되도록 한 후 콘크리트 타설

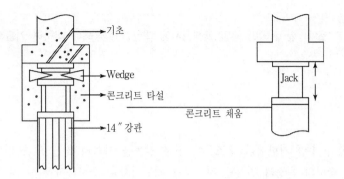

③ 주입공법

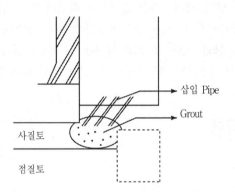

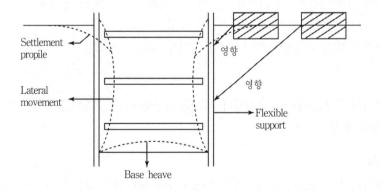

문제 11 굴착 및 흙막이 공법 굴착공사에 대한 건설공해에 대하여 기술하시오.

Ⅰ. 개 요

굴착공사현장에서 주변 지반이나 구조물에 전혀 진동을 가하지 않을 수는 없다. 진동을 발생시키는 공법이나 장비의 특징과 진동을 전파하는 지반상황을 조사하여야 할 것이다. 진동발생공법과 장비는 대부분 소음을 동반한다.

소음을 주로 크게 발생시키는 장비에는 Pneumatic percussion drill, Breaker 착암기, 발전기, Bull dozer 등을 들 수 있다. 굴착공사중 발생되는 환경에 대한 영향 중에 또 하나는 주변 대기에 분진의 함유량을 증가시킬 수 있는 것인데 굴착장비 중 분진을 발생시킬 수 있는 것은 Drill, Back hoe, dump truck, Bull dozer 등 거의 대부분의 장비와 발파작업을 들 수 있다. 문제는 굴착공사에 따른 분진문제 소음, 진동이 허용될 수 있는 범위 내에 있도록 하는 것이다.

Ⅱ. 진동에 관한 규제

1. 진동발생 원인

1) 발 파

발파에 의한 지반진동을 최소화하기 위한 폭약의 개선, 지발당 폭약량의 축소, 점화순서의 조정, 단계별 굴착 등으로 진동을 상당히 조절

발파공법 대신 비폭성 암반파쇄공법이 개발, 적용되고 있다.

2) 항타장비

항타장비 중 Hammer는 충격에너지로 Sheet pile이나 엄지말뚝을 타입하기 때문에 지반의 진동을 발생시킨다.

3) 천공장비

천공장비에는 Auger, Rotary drill, Percussion drill 등이 있는데 이 중 진동을 발생하는 것은 Percussion drill로서 천공속도가 커서 현재 국내에서 많이 사용되고 있으나 주거시설이 밀집된 지역에서 민원을 야기시킬 우려가 있다.

4) 굴착장비

Diaphram wall 시공시 암반층에서는 일반적인 Chiesel을 사용하게 되며 일반 굴착에서는 Breaker가 많이 사용되는데 이들 공법도 도심지에서는 민원을 야기시킨다.

2. 진동에 관한 규제기준

국내에서 적용되는 발파진동 허용치

(단위 : cm/sec)

구 분	문화재	주 택, 아파트	상 가	철근콘크리트 빌딩 및 공장	컴퓨터 시설물 주변	비 고
건물 기초에서의 허용 진동치	0.2	0.5	1.0	1.0~4.0	0.2	

III. 소음에 관한 규제

1) 소음 발생원인

(단위 : dB)

작 업 구 분	작 업 기 기 명	소 음 레 벨		
		1m	10m	30m
말뚝박기 기계, 말뚝뽑기 기계 및 천공기를 사용하는 타설작업	디젤 파일 해머	105~130	92~112	88~98
	바이브로	95~105	84~91	74~80
	스팀 해머, 에어 해머	100~130	97~108	85~97
	파일 엑스 트렉터		94~96	84~90
	어스드릴	83~97	77~84	67~77
	어스오거	68~82	57~70	50~60
	베노트 보링머신	85~97	79~82	66~70
리벳박기작업	리베팅 머신	110~127	85~98	74~86
	임펙트 렌치	112	84	71
착암기를 사용하는 작업	콘크리트 브레이커 싱커 드릴 핸드 해머, 잭 해머 크롤러 브레이커	94~119	80~90	74~80
	콘크리트 커터		82~90	76~81
굴착정리작업	불도저, 타이어도저	83	76	64
	파워셔블, 백호	80~85	72~76	63~65
	드리 크레인, 드레크 스크레이퍼	83	77~84	72~73
	클램셸	83	78~85	65~75
공기압축기를 사용하는 작업	공기압축기	100~110	74~92	67~87
다짐작업	로드 롤러, 덤핑 롤러, 타이어 롤러, 진동 롤러, 진동 콤팩터, 임팩트 롤러		68~72	60~64
	램머, 탬퍼	88	74~78	59~65

작 업 구 분	작 업 기 기 명	소 음 레 벨		
		1m	10m	30m
콘크리트아스팔트 혼합 및 주입 작업	콘크리트 플랜트	100~105	83~90	74~88
	아스팔트 플래트	100~107	86~90	80~81
	콘크리트 믹서차	83	77~86	68~75
전동공구를 사용하여 베껴내기작업 및 콘크리트 마무리 작업	그라인더	104~110	83~87	63~75
	피크 해머		78~90	72~82
파쇄작업			84~86	69~72
	철골항타	95	90~93	82~86
	火 藥		90~103	90~97

2) 소음에 관한 규제기준

소음이 주거지역에서는 70dB 이하, 사무실 지역에서는 70dB 이하가 되도록 조치

생활소음 규제기준의 범위

단위 : dB(A)

대 상 지 역	시간별 / 대상소음		조 석 (05:00~08:00) (18:00~22:00)	주 간 (08:00~18:00)	심 야 (22:00~05:00)
주거지역, 녹지지역, 취락지역 중 주거지역, 관광휴양지역, 자연환경보존지역, 학교·병원 부지 경계선으로부터 50m 이내 지역	확성기에 의한 소음	옥외 설치	70 이하	80 이하	60 이하
		옥내에서 옥외로 방사되는 경우	50 이하	55 이하	45 이하
	공장 및 사업장의 소음		50 이하	55 이하	45 이하
	공사장의 소음		65 이하	70 이하	55 이하
상업지역, 준공업지역, 일반공업지역, 취락지역중 주거지 외의 지구	확성기에 의한 소음	옥외 설치	70 이하	80 이하	60 이하
		옥내에서 옥외로 방사되는 경우	60 이하	65 이하	55 이하
	공장 및 사업장의 소음		60 이하	65 이하	55 이하
	공사장의 소음		70 이하	75 이하	55이하
비 고	대상지역의 구분은 국토관리법에 의하며 도시지역은 도시계획법에 의한다. 공사장 소음의 규제기준은 주간의 경우 소음발생 시간이 1일 2시간 미만일 때에는 +10dB, 2시간 이상 4시간 이하일 때에는 +5dB를 보정한 값으로 한다. 옥외에 설치한 확성기 사용은 1회에 2분 이내로 15분 이상 간계를 두어야 한다.				

Ⅳ. 분진에 관한 규제기준

건설공사장에서 발생되는 먼지는 120mg/Sm^3 이하로 규정

비산먼지 발생억제시설에 관한 기준

배 출 공 정	시 설 에 관 한 기 준
1. 상적 및 하화	가. 이동식 국소배기장치(진공흡인시설) 등을 설치할 것 나. 작업장 주위에 고정식 또는 이동식 살수시설(반경 5cm 이상, 수압 3kg 이상)을 설치 운영하여 작업중 재비산이 없도록 할 것 다. 풍속이 평균 초속 8m 이상일 경우에는 작업을 중지할 것 라. 위의 각호와 동등하거나 그 이상의 효과를 가지는 시설을 설치할 것

2. 수송(토사운송업의 경우에는 가, 나 및 바에 한한다.)	가. 적재물이 흘림, 비산되지 않도록 덮개 등을 설치할 것
	나. 적재함 상단의 수평 5cm 이하까지만 적재할 것
	다. 도로가 비포장시설도로인 경우
	  (1) 비산분진 발생원으로부터 비포장시설도로 연장이 1km 미만일 때는 포장할 것
	  (2) 비포장도로 연장이 1km 이상의 경우 비포장도로 반경 500m 이내에 10가구 이상의 주거시설이 있을 경우 해당 부락으로부터 반경 1km 이상을 포장할 것
	라. 다음 규격의 세륜 및 세차 시설을 설치할 것
	  − 수조의 넓이 : 수송차량의 1.5배 이상
	  − 수조의 깊이 : 20cm 이상
	  − 청정수 순환을 위한 침전조 및 배관을 설치할 것
	마. 다음 규격의 측면 살수시설을 설치할 것
	  − 상수높이 : 수송차량의 바퀴부터 적재함
	  − 살수길이 : 수송차량 전장의 1.5배 이상
	  − 살수압 : 3kg/cm^2 이상
	바. 수송차량은 세륜 및 세차 후 운행하도록 할 것
	사. 위의 각호와 동등하거나 그 이상의 효과를 가지는 시설을 설치할 것

3. 채광·채취 공정	가. 살수시설(수압 1kg/cm^2 이상)을 설치하여 정기적인 청소를 실시할 것 나. 발파시 발파공에 젖은 가마니 등을 덮거나 적정방지시설 설치 후 발파를 실시할 것 다. 작업시 이동식 국소배기장치를 설치토록 할 것 라. 작업 후 잔여물은 재비산되지 않도록 할 것 마. 풍속이 평균 초속 8m 이상인 경우는 작업을 중지할 것 바. 위의 각호와 동등하거나 그 이상의 효과를 가지는 시설을 설치할 것

문제 12 흙막이 구조물의 올바른 역할을 위한 시공관리에 대하여 논하시오.

Ⅰ. 서 론

흙막이 구조물의 역할은 토압·수압을 지지하는 구조물로서 이들의 올바른 시공관리 중점사항은 다음과 같다.

1) 조사 ─┬─ 지하수위 상황
        ├─ 토질의 종류
        ├─ 주변 환경
        └─ 지중매설물

2) 안정검토 ─┬─ Boiling, Heaving
          ├─ 띠장, 버팀대
          └─ 근입심도

3) 공법선정 ─┬─ 지반조건
          ├─ 시공조건, 굴착조건
          └─ 공사비, 공기

4) 시공 ─┬─ 흙막이벽의 시공
       └─ 흙막이 지보공의 설치

5) 시공관리 ─┬─ 흙막이벽의 변형
          ├─ 흙막이벽·띠장 사이의 간극
          └─ 띠장·버팀대 비틀림

Ⅱ. 중점관리 사항

1) 조사(안정성과 재해예방 목적)
   ① 지하수위 상황
   ② 토질의 종류
   ③ 원지반의 지하구조물 현황

④ 주변 구조물 상황

⑤ 주변 도로 현황

⑥ 하부매설물

⑦ 주민현황

⑧ 실내시험

2) 안정성 검토

① 토압(활동, 전도) → 근입심도(D) 결정

② Boiling과 Heaving에 대한 검토

굴착저면파괴 ┬ 지하수위 저하공법
　　　　　　├ D 깊으면 Earth anchor
　　　　　　├ 양질토사 뒤채움
　　　　　　└ 배면 배수처리

③ 부재(Wale, Strut) 검토

ⅰ) pile, 엄지말뚝, Wale : 전단력, 휨 모멘트 검토

ⅱ) Strut : 변형, 좌굴검토

3) 공법 검토

① 투수성 흙막이벽 : H-pile+토류판

② 차수성 흙막이벽 : Sheet pile, 시멘트 주열식, 강관 주열식, 지하연속벽

③ 적응성

ⅰ) 지하수위 높고 연약한 지반(차수성 흙막이벽)

ⅱ) 지하수위 영향받지 않는 양질토사(투수성 흙막이벽)

④ 선정시 고려사항

ⅰ) 지반의 연약 정도, 지하수위, 용수량

ⅱ) 현장크기, 기계시공 가능성, 공사부지면적

ⅲ) 굴착제한, 인근 환경조건, 굴착깊이

ⅳ) 공사비, 공기 등

4) 시 공

① 흙막이벽 시공

ⅰ) 지하매설물, 지장물 조치

ⅱ) Hpile, 강말뚝 타입으로 소음, 진동 대책 검토

ⅲ) 천공방식, 천공속도조절, 안정액 관리

iv) 주변침하방지(Dike 설치)

v) H-pile 인발 후 공극을 토사나 Mortar 채움.

vi) 최대응력 걸리므로 선보강 후굴착

② 지보공 시공

ⅰ) 흙막이벽의 변형예방

ⅱ) 띠장과 흙막이벽 공극 생기면 콘크리트, 철제쐐기보강

ⅲ) 지보공 철거할 때 사전에 되메우기 실시

5) 시공관리

① 흙막이공 시공시, 사용중, 관리 철저

② 계측관측시 축력계, 침하계 조기에 실시(변형, 배불림, 침하 방지)

③ 지중연속벽 시공시

Ⅲ. 결 론

최근 흙막이공 규모나 형태가 대형화함에 따라 각종 계측관리 등을 통해 굴착공사의 위험요소를 사전에 신속하게 대처, 공기, 공사비, 공해 등의 전체 공사에 미치는 영향을 고려해 시공관리가 보다 중요하다.

문제 13

연약지반에 타입한 Sheet pile이 변형이 일어나 파괴되었다. 원인과 시공상의 대책을 기술하시오.

Ⅰ. 개 설

연약지반상의 흙막이 변형은 다음과 같이 구분할 수 있다.

1) 설계상의 잘못
   ① 조사의 잘못
   ② 토압 산정 잘못
   ③ 흙막이벽의 구조적 판단 잘못
   ④ 기타

2) 시공상의 잘못
   ① 근입심도 미준수
   ② Strut 간격 설치시기 미준수
   ③ 띠장 간격유지 미준수
   ④ 배면 토사 뒤채움 불량
   ⑤ 기타(지하수 처리, 이음부처리)

여기에서는 흙막이공 및 지보공의 변형이나 파괴가 일어날 시공상의 대책을 기술하고자 한다.

Ⅱ. 조 사

1) 설계상의 지반조건과의 토압 산정과 현지반 상황을 대조한다.
2) Boring과 평판재하시험 → 연약층 깊이
3) 흙분류 : 토질정수 산정
4) 투수계수, 압밀, 전단시험
5) 지하수위

Ⅲ. 사고 발생원인

1. 작용 토압에 대한 근입심도 부족

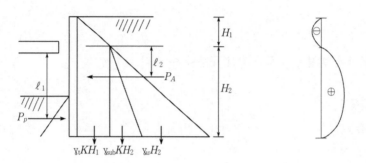

$$M_a = P_A l_1 \ , \quad M_p = P_p l_2 \qquad F_s M_p < M_a \text{일 경우} \rightarrow \text{파괴}$$

1) 강성벽체 : Rankine, Coulomb의 고전적 이론 적용
2) 가소성벽 : Terzaghi & Peck 및 Tschehotarioff의 경험식 이론

2. Boiling 검토

과잉 공극 수압에 의한 사질토 지반이 파괴되는 현상으로 동수 구배가 한계 동수보다 클 때 일어난다.

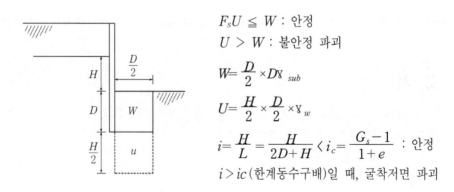

$F_s U \leqq W$: 안정

$U > W$: 불안정 파괴

$W = \dfrac{D}{2} \times D \gamma_{sub}$

$U = \dfrac{H}{2} \times \dfrac{D}{2} \times \gamma_w$

$i = \dfrac{H}{L} = \dfrac{H}{2D+H} \langle \ i_c = \dfrac{G_s - 1}{1 + e}$: 안정

$i > ic$ (한계동수구배)일 때, 굴착저면 파괴

3. Heaving 검토(전단파괴)

연약한 점성토에서 배면흙의 중량과 상재하중에 의하여 굴착지반의 극한 지지력보다 클 때 굴착저면이 부풀어오르는 현상

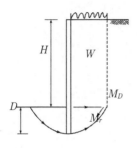

M_r : 저항 모멘트

M_D : 발생 모멘트

$M_r = C\pi D^2$

$M_D = W \times \dfrac{D}{2} = \dfrac{(\gamma HD + qD)D}{2}$

$F_s = \dfrac{M_r}{M_D} = \dfrac{2\pi C}{\gamma H + q} \geq 1.2$: 안정

1) $F_S M_D > M_r$일 때 불안정

2) 부 재

① Sheet pile 단면 : 휨부재이므로 휨강성이 커야 한다.

$\sigma_{발생} = \dfrac{M_r}{M_D} y < \sigma_a(허용)$

$\sigma < \dfrac{C}{EI} y < \sigma_a$이어야 한다.

변형이 적게 발생되려면 EI 큰 부재 사용

② 띠장(Wale) : 휨 부재

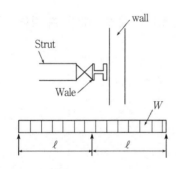

단순보 해석 $M_{max} = \dfrac{1}{8} W\ell^2$

연속보 해석 $M_{max} = \dfrac{1}{10} W\ell^2$

ⅰ) $\delta = \dfrac{C}{EI}$　　　　　　　EI 큰 부재 사용

ⅱ) $\delta_{발생} = \dfrac{C}{I}$

③ 버팀대(Strut) : 압축 부재

　ⅰ) 세장비

$\lambda = \dfrac{l}{r}$　　　　　　$\gamma = \sqrt{\dfrac{I}{A}}$

　I가 큰 부재일수록 유리

　δ_a가 커진다(세장비 작아야).

　ⅱ) 세장비 100 이하가 되도록 한다.

2) 대 책

① 배면토 제거 굴착

② 상재하중 제거

③ Earth anchor 설치

④ 고화 공법

⑤ pile을 깊게 타입

⑥ 굴착면에 하중을 가한다.

⑦ 설계변경

4. 전체 지반의 Sliding 검토

Ⅳ. 시공상의 대책

1) 근입심도 충분히 할 것

2) Strut 부재 단면 및 간격 준수

3) 띠장 부재단면 및 간격 준수

4) 적정시기에 설치

5) 지하수위 저하 : 인근 주변에 미치는 영향을 검토하여 문제가 없을 때 적용

6) 바닥면 압성토

7) 상재하중의 표토 제거

8) 부분굴착 시행

9) 바닥면 지지력 증가 : 지반 개량

10) 공법 변경

① 지장물 있을 시 : 약액주입(S.G.R, L.W)

② 지장물 없을 시 : 주열식

Ⅴ. 결 론

연약지반은 지하수위가 높고 전단응력이 크고 지하지반 굴착시, 흙막이벽의 불안정과 기초 저면부의 지지력 부족에 따른 문제 발생의 요인이 많고, 전단강도가 적어 전체적인 Sliding이 문제가 된다. 따라서 철저한 조사 → 정확한 설계 → 정밀시공 → 유지관리 철저로 붕괴를 방지할 수 있도록 최선을 다하고, 특히 시공상의 잘못으로 인한 붕괴사고가 발생치 않도록 노력해야 한다.

문제 14 토류벽 공법에서 버팀대(Strut) 설계 및 시공시 주의사항을 기술하시오.

I. 개 요

토류벽의 지지방식은 어스앵커식, 버팀대식, Tie back과 특수한 경우로서 역타공법(Top down)시의 건물의 본체 Slab로서 지지하는 방식 등이 있다.

이 방법들 중, 버팀대식은 최근 도심지에서의 터파기시 인접 건물의 지하층이나 지하 구조물 때문에 시공이 불가능하거나 공터나 건물 기초 이하일 경우에도 관련 토지나 건물주의 허가를 득하여야 하는 등의 어려움이 있어, 본 구조물 시공의 어려움에도 불구하고 점차 가설 토류벽의 버팀방식으로 사용 빈도가 높아지고 있다.

II. 버팀대 설계시 주의사항

버팀대로는 H-beam, 강관, Con′c beam, 나무버팀 등의 재료가 있으나, 대부분 H-beam이 사용되고 있다.

버팀대는 토압, 수압에 의한 수평력을 축력으로써 지지하는 역할을 하기 때문에, 설계시 가장 주의할 점은 ① 모멘트의 발생과 ② 좌굴길이의 축소에 있다. 또 굴착 및 본체 구조물 공사의 효율을 높이기 위하여 ③ 모서리 사보강용으로 버팀대를 자주 사용하는데 이때 응력의 집중에 주의하여야 한다.

1) 모멘트에 대한 대책

① 버팀대 설계시 단면계수가 큰 축을 모멘트 발생 가능성이 있는 방향으로 설치한다.

② 중간 말뚝간격, 거리 및 버팀대 배치를 적절히 하여 축력 불균형에 의한 우력 발생을 억제한다.

③ 가로, 세로 버팀대 및 버팀대와 중간말뚝과의 연결을 확실히 할 수 있는 방식을 채택한다 (U형 볼트나 용접).

④ 편토압 발생시, 중간말뚝이나 사버팀대로써 편토압을 분산시킨다.

2) 좌굴방지 대책

① 좌굴길이가 최소가 될 수 있도록 버팀대, 중간말뚝을 배치한다.

② 가로, 세로 버팀대의 연결이 확실히 되는 공법을 채택하며, 버팀대 전체의 좌굴도 고려한다.

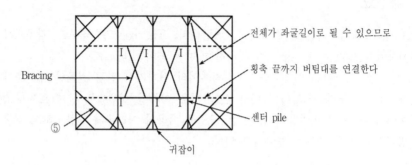

③ 귀잡이(화타)를 띠장과의 연결부에 설치한다(좌굴길이를 줄인다).

④ Bracing을 설치하여 좌굴길이를 줄이는 동시에 버팀대에 모멘트를 발생시킬 수 있는 힘을 Bracing의 인장력으로 해소시킨다.

⑤ 사보강버팀대의 경우 중간말뚝이나 Bracing으로 좌굴길이를 줄인다.

⑥ 고재 사용시 충분한 안전율을 도입한다.

3) 모서리 사보강용 버팀대 설계시 대책

① 사보강재는 삼각형의 끝부분에 하중이 집중되므로 띠장과의 연결시 확실하게 용접길이를 늘려주거나 띠장을 길게, 연속되게 하여 지점반력의 집중을 방지한다.

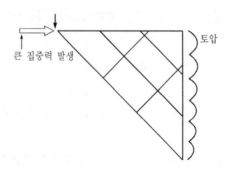

② 가능한 한 사보강재의 사용을 줄인다.

III. 버팀대 시공시 주의사항

버팀대 시공시에는 다음과 같은 사항에 주의한다.

1) 버팀대는 단면에 재료의 결함이 있거나, 고재, 휜 것 등의 사용을 피해야 한다.

2) 종방향으로 일직선이 되도록 시공정밀을 높여야 한다.

3) 가로, 세로 버팀대의 연결을 확실히 하며 함부로 구멍을 뚫거나 용접하지 않는다.

4) 중간말뚝의 침하는 버팀대 지지방식에 치명적인 영향을 미치므로 중간말뚝 설치시 단단한 층에 잘 지지되도록 해야 한다.

5) 버팀대 상부에 자재로 쌓거나, 장비작업을 해야 할 경우 면밀하게 설계, 시공을 하여야 한다 (자재 낙하방지).

6) 띠장과의 연결부에 국부좌굴이 발생되는 경우가 많으므로 국부좌굴용 Stiffner를 설치한다.

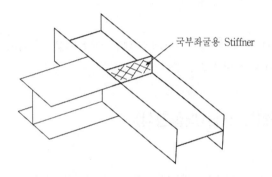

국부좌굴용 Stiffner

7) 버팀대를 설치하지 않고, 깊게 굴착하지 말아야 한다.

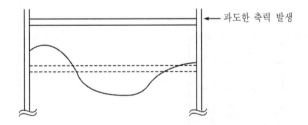

← 과도한 축력 발생

8) 시공 도중 폭우 등으로 지하수위가 급격히 상승한 경우 등 비상시에는 신속히 Bracing 등으로 버팀대를 서로 엮어 좌굴을 방지해야 한다.

9) 모서리 사보강재의 설치시 응력집중부의 용접을 철저히 하고, 띠장과 엄지말뚝의 용접도 철저히 한다.

문제 15 매설관의 기초형식

Ⅰ. 개 요

매설관의 기초형식은 ┌ 관체의 조건(온도, 내압, 자중, 차량자중, 상재하중)
├ 기초하부의 토질
├ 지하수 상태
├ 관의 종류(연성관, 강성관)
└ 시공방법과 경제성

등에 따라 다르다.

따라서 시공방법(Ditch type, Project type)에 대한 토압 구분 및 기초지반 종류별 기초형식과 시공시 유의사항에 대하여 기술하고자 한다.

Ⅱ. 매설관에 작용하는 토압(매설형식)

1) Ditch type(구형)

① 자연지반 또는 잘 다져진 지반에 구를 파서 매설하는 형식

② 기초지반이 양호하고 직접 기초의 경우

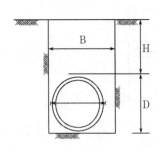 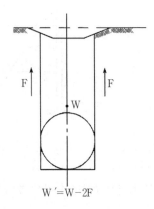

③ 구형상태의 토압(Ditch type)

ⅰ) 굴착한 구의 중에 암거를 설치하여 되묻기하고 되묻기 한 흙이 침하하는 경우

ⅱ) 암거의 굽힘성이 크고 암거 양측에 흙의 압축량보다 암거의 굽힘성에 의해 압축량이 큰 경우

ⅲ) 암거의 중량이 대단히 커서 암거의 침하가 양측 흙의 침하보다 큰 경우

2) Project type(돌출형)

① 관을 지반상에 설치하고 그 위에 성토를 하는 형식

② 연약지반상에 관을 축조할 경우

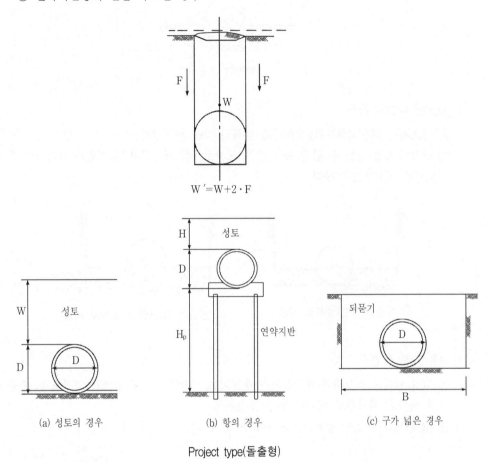

W´=W+2·F

(a) 성토의 경우   (b) 항의 경우   (c) 구가 넓은 경우

Project type(돌출형)

③ 돌출상태의 토압(Project type)

i) 강성이 큰 암거를 지표에 설치하고 주변에 성토하는 경우

ii) 암거 밑에 항등이 있어 주변 침하에 대하여 암거의 침하가 적은 경우

iii) 긴 방향에 휨 강성이 큰 암거가 부등침하를 받을 경우 지반 침하가 현저한 부분

Ⅲ. 기초지반의 종류별 기초형식의 선정

1) 암반의 경우

약 30cm 이상을 터파기하여 모래로 치환, 다짐한 후 기초바닥을 설치하여 관과 지반과의 접촉불량, 관에의 응력집중을 방지한다.

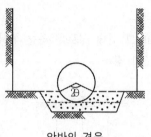

암반의 경우

2) 양호한 지반의 경우

① 기초재는 원칙적으로 굴착토사중 양질의 것을 사용한다.

② 양질의 것을 구할 수 없을 때는 반입, 굴착토사를 사용하여 현 지반과 같은 정도의 다짐 효과를 가져오도록 한다.

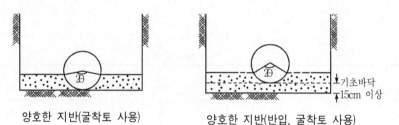

양호한 지반(굴착토 사용)   양호한 지반(반입, 굴착토 사용)

3) 보통 지반의 경우

① 직접 관체를 부설하면 불등심하가 우려되는 지반에서는 모래(또는 양질토)로 충분히 다진 바닥을 설치하고 여기에 관을 부설한다.

② RC관에서는 보통 침목기초를 사용한다.

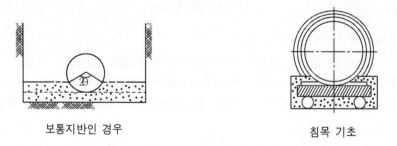

보통지반인 경우   침목 기초

4) 연약지반의 경우

① 연약지반은 원칙적으로 치환이 필요하며 연약지반이 깊을 때의 기초형식은 다음 그림과 같다.

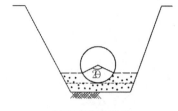

연약지반의 경우

② 불등심하를 방지하는 공법으로 사다리나무 기초가 있는데 이때는 나무와 관체 사이에는 모래를 Cushion재로 시공해야 한다. 시공시는 동목의 연결에 주의하고 동목을 잘 고정하여 지반에 정착시키고 받침이 되는 횡목을 정해진 높이에 고정시켜야 한다.

③ 이외에 불등심하를 방지할 수 있는 공법에는 나무기초와 콘크리트 기초 및 말뚝기초가 있다.

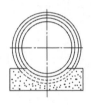

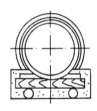

| 모래 기초 | 자갈 또는 깬돌 기초 | 콘크리트 기초 | 사다리 동목 기초 |

5) 큰 하중을 받는 경우

콘크리트 기초를 사용하며 필요시 철근으로 보강한다.

Ⅳ. 기초공 시공시 유의사항

1) 콘크리트관

① Bedding이 모래나 자갈인 경우는 지지면이 균일한 다짐상태가 되도록 기초재료 선정과 다짐 작업에 유의해야 한다.

② Bedding이 콘크리트인 경우는 고정 Arch로 작용할 수 있도록 고정상태가 되게 콘크리트를 시공해야 한다.

2) 경질 염화비닐관

① 기초부의 다짐시 다음에 유의해야 한다.

② 굴착바닥은 관의 하단부가 바닥에 균일하게 접촉되도록 한다.

③ 관저부의 다짐에 특히 유의해야 한다.

④ 관측부는 좌우가 동일하게 되도록 다진다.

⑤ 관상부는 나무봉 등으로 다진 후 나머지는 다짐장비로 다진다.

제5장
기 초 공

문제 1   구조물의 기초 공법

Ⅰ. 공법의 종류

```
┌ 얕은기초 ─ 직접기초 ┬ 전면기초
│                     └ Footing 기초
└ 깊은기초 ┬ 말뚝기초 ┬ 재료에      ┬ 나무말뚝
          │          │ 의한 분류   ├ 강말뚝
          │          │             ├ 콘크리트말뚝, RC, PSC
          │          │             └ 합성말뚝
          │          │
          │          ├ 지지방식에 ┬ 지지말뚝, 마찰말뚝, 연직저항, 수평저항말뚝
          │          │ 의한 분류  └ 전단저항말뚝, 인발저항말뚝
          │          └ 시공법에 ┬ 기성말뚝 ┬ 타입말뚝 ┬ 타격공법 ─ Diesel Hammer,
          │            의한 분류 │          │          │            기동Hammer,
          │                      │          │          │            Drop Hammer
          │                      │          │          └ 진동공법 ─ Vibro Hammer
          │                      │          └ 매설말뚝 ┬ 압입공법
          │                      │                     ├ 사수공법
          │                      │                     ├ 중굴공법
          │                      │                     └ Preboring 공법
          │                      └ 현장매설말뚝 ┬ 관입말뚝 ─ 프랜키, 레이몬드 말뚝
          │                                     ├ 굴착말뚝 ┬ 기계굴착공법 ┬ 올케이싱 공법
          │                                     │          │              ├ 리버스 공법
          │                                     │          │              └ Earth drill 공법
          │                                     │          └ 인력굴착 공법
          │                                     └ 치환말뚝 ─ PIP 공법, MIP 공법
          ├ Caisson기초 ┬ Open caisson
          │             ├ 설치 caisson
          │             └ Pneumatic caisson
          └ 특수기초 ┬ 강관 Sheet pile
                     ├ 다주식
                     ├ 지중연속벽
                     └ Jacket식
```

Ⅱ. 지지방식

```
┌ 지 지 말 뚝 : 굳은 지반에 선단지지력으로 상재하중을 지지하는 말뚝
├ 마 찰 말 뚝 : 말뚝 주변에 굳은 토층이 있고 선단부에 연약층이 있는 경우
│                주변 마찰저항으로 상재하중 지지
├ 연직저항말뚝 : 기초말뚝의 대부분을 차지
├ 수평저항말뚝 : 말뚝의 휨강성 EI로 수평력 저항
├ 전단저항말뚝 : 사면활동 방지
├ 인발저항말뚝 ┌ 수평저항력을 받는 말뚝기초에서 힘의 작용방향의 전면에 위치한 말뚝
│              └ 재하용으로 인발저항을 반력으로 이용할 때 사용
└ 다 짐 말 뚝 : 상대밀도 증대
```

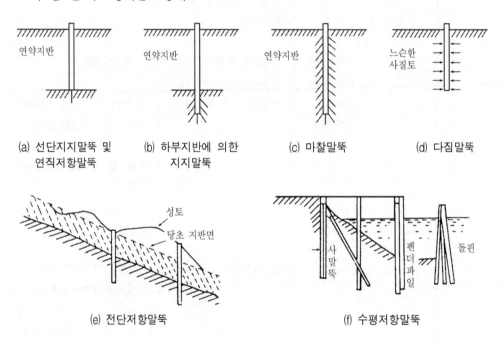

(a) 선단지지말뚝 및   (b) 하부지반에 의한   (c) 마찰말뚝   (d) 다짐말뚝
     연직저항말뚝   지지말뚝

(e) 전단저항말뚝   (f) 수평저항말뚝

문제 2 기초의 지지지반에 35m 이상인 경우에 적합한 기초형식 3가지와 20m 이하인 경우에 적합한 기초형식 3가지에 대하여 각각의 적용성을 기술하시오.

I. 개 설

기초의 형식은 하부구조물의 토질이나 지지지반의 깊이에 따라 경제성이 달라지므로 기초형식의 선정시 고려사항은 지반파괴에 대해 안전하고, 상부구조물에 유해한 침하가 없고, 시공이 확실하며, 경제적이고, 세굴에 대한 영향이 적어야 한다.

상기의 사항에 의한 지지지반 깊이에 따라 기초형식을 선정하면 다음과 같다.

II. 기초공법의 선정

1. 30m 이상의 기초공법

1) 기성말뚝기초 : 강말뚝(35m)

2) 현장타설 콘크리트말뚝
① Earth drill 공법(60m)
② Benoto 공법(80m)
③ Reverse circulation drill 공법(120m)

3) Caisson 기초
① Open caisson(60m)
② Pneumatic caisson(35m)

2. 20m 이하인 기초형식

1) 직접기초 ┌ Footing 기초(5m 이하)
　　　　　　└ 전면기초

2) 기성말뚝기초
① 철근 콘크리트말뚝(15m)
② 프리캐스트 콘크리트말뚝(25m)

3) 설치 Caisson

상기의 각각 공법의 적용성에 대하여 세부적으로 기술하면 다음과 같다.

Ⅲ. 적용성

1. 30m 이상인 경우

1) 강말뚝

① 지지층 깊이 35m 가능
② 지지층 경사 30°이상 적용 가능
③ 지지면 요철 적용가능
④ 중간층이 점성토, 사질토 적용 가능
⑤ 지하수위의 영향을 받지 않는다.
⑥ 부식의 우려가 있다(0.01mm/year).

2) Earth drill 공법

① 지지층 깊이 60m
② 지하수의 영향 있으면 곤란
③ 지지면 요철 시공 가능
④ 안정액으로 Bentonite용액을 사용하여 공벽 유지, Drilling basket 회전하여 굴착
⑤ 기계의 취급이 용이하고, 굴착속도는 빠르다.
⑥ 굴착깊이가 깊어지면 능률이 떨어진다.

3) Benoto 공법

① 지지층 깊이 약 80m 가능
② 지하수위의 영향이 크다.
③ 지지층의 경사에도 시공 가능
④ 10cm 이하의 호박돌 시공 가능
⑤ 기계의 진동력을 이용 Casing tube를 관입, 그 속에 Hammer grab를 낙하시켜 토사를 담아 올려 배토 작업
⑥ 시공이 확실하고 케이싱이 이용하므로 굴착 시공 안전
⑦ 시공장비 대형이고 해상작업에 적당치 않다.

4) Reverse circulation drill 공법

① 지지층 깊이 약 120m까지 가능
② 중간층이 사질, 점질토 시공 가능

③ 인접 구조물의 영향이 있는 곳 적용성

④ Bit로 회전 굴착 토사를 Suction pump로 물과 함께 뽑아 올려 토사 침전 후, 탁한 물만
　다시 보내어 굴착(벽체 정수압으로 유지)

⑤ 해상작업에 유리, 직경이 크고 깊이가 깊은 곳에 적용

⑥ 이수처리가 어렵고, 호박돌 등 피압수, 복류수가 있으면 시공 곤란

2. 20m 이하인 경우

1) 직접기초

① 지지층이 5m 이하인 곳

② 지하수위 영향 없는 곳

③ 세굴 우려가 없는 곳

2) 철근콘크리트말뚝

① 지지층이 15m 이하 정도

② 소음, 진동 영향 없는 곳

③ 굳은 토층이 없는 곳

④ 타입 에너지를 많이 주지 않아도 타입이 가능한 곳에 적용

3) 프리스트레스말뚝

① 지지층 깊이 25m 이하 정도

② 수중공사 가능

③ 지지층이 경사지반이 아닌 곳에 적용

Ⅳ. 결 론

　기초형식의 선정은 지지층의 깊이, 기초하부, 지반의 토질에 따라 경제적으로 주변 환경 등에
미치는 영향을 고려하여 선정해야 한다. 특히 기성말뚝은 지하수위의 영향을 받지 않고, 수중작
업이 가능하며 현장타설콘크리트말뚝은 지하수의 영향을 받는다.

문제 3   말뚝기초 선정시 검토할 사항과 이에 따른 문제점에 대하여 논하시오.

I. 개 요

말뚝기초는 상부구조물 축조시 지반의 지지층에 연결. 축방향의 연직력은 말뚝과 지반의 마찰력으로 수평력은 말뚝의 휨강성으로 지지하는 기초공법이다.

말뚝기초를 기능별로 구분하면 선단지지말뚝, 마찰말뚝, 다짐말뚝, 저항말뚝으로 구분할 수 있다. 여기에서는 선정시 고려할 사항과 이에 따른 문제점에 대하여 기술하고자 한다.

II. 말뚝기초 선정시 고려할 사항

1) 하중 규모
2) 지지층의 깊이
3) 지지층의 경사도 및 요철상태
4) 중간층의 토질
5) 피압 지하수의 상태
6) 환경조건
7) 지표면의 상태
8) 지하수위 상태

III. 말뚝시공의 문제점

1. 원지반의 토성 변화

1) 타입공법

① 사질토지반에서는 주변 지반의 상대밀도가 증가되는 관계로 지지력이 증대된다.
② 근입심도 도달하지 못하면 지지력 저하로 부등침하 발생 → 말뚝 종류, 단면변경

2) 매설말뚝과 현장타설말뚝

주변 지반의 해이로 인하여 지지 특성 약화

3) 말뚝기초의 시공법과 지반토성의 변화를 신중히 검토하여 말뚝의 지지 특성과 침하거동 해석이 필요하다.

2. 건설 공해

1) 타입공법

Hammer의 타격과 소음, 진동 및 주변 지반과 인근 구조물의 파괴, 균열, 변화 등의 공해
문제

2) 매설말뚝과 현장타설말뚝

저소음과 저진동 공법으로 점차 이용도가 높아진다

Ⅳ. 기성말뚝과 현장타설말뚝의 문제점

1. 기성말뚝 기초

1) 말뚝 이음시 신뢰성이 적다.
2) 굳은 지반(N=30) 관통하는 것이 불가능하다.
3) 타입시 압축 또는 인장균열이 생겨 지지력 저하의 우려가 있다(PSC 콘크리트말뚝은 인장균
   열 발생 없다).
4) 수평력에 대한 휨량이 현장타설말뚝에 비해 크므로 휨강성이 작다.
5) 말뚝길이는 15m 정도가 적당하다.

2. 현장타설콘크리트말뚝 기초

1) 말뚝 선단부의 교란 부풀음

① Boiling, Heaving 지하수위 저하에 의한 부풀음 방지 위해 구멍 내의 수위가 밖의 수위보
   다 항상 높도록 유지
② Slime 처리 철저

2) 구멍 벽체의 붕괴

① Earth drill 공법에서는 안정액 관리 철저
② 지표면 근처에서 Casing 사용
③ Earth drill 공법 : Bentonite로 공벽 유지
   R.C.D 공법　　 : 정수압으로 공벽 유지
   Benoto 공법　 : Casing으로 공벽 유지

3) 굴착기계를 들어올릴 때 하부지반이 느슨해짐

굴착기계를 천천히 들어올림.

4) Slime 처리

　　철근 조립 후, 콘크리트 타설 전
　　Air lift pump, 수중 Pump로 제거

5) 콘크리트 품질

　① 유동성이 크며, 단위 시멘트량을 크게
　　ⅰ) 370kg/m^3
　　ⅱ) Slump 16~18cm
　　ⅲ) 트레미 이용
　② 타설은 수중 콘크리트 타설 원칙 준수
　　ⅰ) 철근을 건드리지 않게
　　ⅱ) Tremie 선단 2m 정도 : 콘크리트 속에 묻혀 20~30cm 상하로 움직여서 공극 발생 방지

6) 규격관리

　① 설계 단면보다 작지 않도록 공벽 유지
　② 지지층에는 1m 이상 관입

7) 건설 공해

　① 소음, 진동이 작아 공해대책 공법에 유효
　② 수질오염이나 산업폐기물의 처리문제
　　ⅰ) 콘크리트 타설로 시멘트풀이 하천에 흘러들어 오염
　　ⅱ) Slime(Bentonite, 물, 토사)이 산업폐기물로 규제되어 있어 Desanding 한다.
　　ⅲ) 이수처리는 매립 처리한다.

Ⅴ. 결 론

문제 4 개단말뚝과 폐단말뚝

I. 서 론

말뚝을 설계할 때는 어느 종류의 말뚝이든 N치가 30 이상 되는 단단한 밀도를 갖는 토층까지 근입되므로 개단과 폐단의 구별 없이 지지력을 N치에 의해 결정하고 있는 것이 현실이다.

그러나 엄밀히 말하면 배토되는 양이 다르기 때문에 지지력은 차이가 나기 때문에 이를 규명할 이론식은 없다.

II. 말뚝의 항타가 주변 지반에 미치는 영향

항타에 의해 지반의 밀도는 증대하게 되는바 그 영향을 설명하면 다음과 같다.

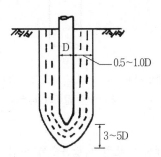

항타로 인한 주변의 영향

그림과 같이 말뚝을 항타하게 되면 말뚝 주변은 항타 Energy에 의해 다짐이 되는데 횡방향으로는 $0.5 \sim 1.0D$만큼 다짐효과가 있고, 말뚝 선단에서는 $3 \sim 5D$ 깊이까지 영향을 받게 된다.

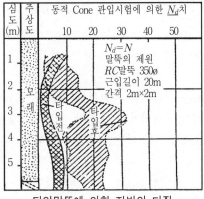

타입말뚝에 의한 지반의 다짐

그림에서 보는 바와 같이 다짐 전과 다짐 후의 지반의 상대밀도(N치)는 1~7배의 다짐효과를 가져오는 경험치이다.

Ⅲ. 개단과 폐단 말뚝의 차이점

보고된 실적에 의하면 개단(Open end pile)의 경우 디젤 해머 사용시 폐단(Closed end pile)의 경우보다 약 1.0m³가 배토되지 않게 되므로 결국 1.0m³의 흙이 주변으로 수평이동하든가, 아니면 상대밀도의 증대라는 형식으로 흡수될 수밖에 없게 된다.

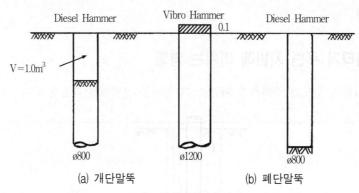

개·폐단 말뚝의 배토

따라서 개단말뚝의 경우 배제하는 토량이 많을수록 타입 후의 지반의 성질이 좋아지므로 말뚝의 지지력은 원지반의 조사 자료를 이용하여 계산한 지지력보다 크게 된다.

그러나 폐단말뚝의 경우는 주변 지반의 밀도가 더 크게 증대되므로 지지력은 개단말뚝보다 훨씬 크게 되어 기존 조사를 설계한 지지력보다 훨씬 큰 지지력을 얻을 수 있다.

단점으로는 말뚝 주변이 너무 크게 밀실해지므로 말뚝체에 파손이 오든지, 아니면 수평이동한 흙이 주변 구조물에 변위를 주는 영향을 끼칠 수 있다는 점을 들 수도 있다.

Ⅳ. 결 론

폐단말뚝은 보통의 상대밀도를 나타내는 지반에 적합하고, 개단말뚝은 촘촘한 상대밀도를 나타내는 자갈, 전석층이 상당 깊이 계속되거나, 풍화암, 연암 등 경질토를 갖는 지반에 말뚝을 도달시킬 필요가 있을 경우에 효과적인데, 이는 시험항타 결과에 의해 지반조건을 고려하여 판단한다.

구 분	개 단 말 뚝	폐 단 말 뚝
선 단 지 지 력	소	대
지 층 관 통 능 력	대	소
시 공 능 률	대	소
타 입 정 밀 도	대	소
인 접 구 조 물 영 향	소	대
좌 굴	대	소
연 약 지 반 적 용 성	좋다	솟아오른다

문제 5

기성말뚝을 타입하여 말뚝기초를 실시하고자 한다. 타입시와 타입 후에 지반토성이 변하는 과정을 사질토와 점성토를 구분하여 설명하고 문제점에 대한 대책을 쓰시오.

Ⅰ. 사질토지반에 항타 경우

1) 타입시

① 말뚝이 사질토지반에 타입될 때 주변 흙입자의 재배열과 Crushing을 야기시켜 변위와 진동에 의해 흙을 다지는 효과가 발생한다.

② 느슨한 지반에서 타설시 상대밀도의 증가로 인해 말뚝의 지지능력이 증가한다.

③ 느슨한 모래지반에서 타설시 상대밀도(D_r=17%) 말뚝 측면에서 3~4d까지, Pile tip 밑에서는 2.5~3.5d까지 흙의 변위가 발생한다. 중간 모래지반(D_r=35%)에서 말뚝 측면(4.5~5.5d)까지 Tip 밑에서 3~4.5d까지 변위가 발생한다.

④ 느슨한 사질지반에서 말뚝 항타시 Tip 주위 다짐효과 측정법은 Kishida가 고안했는데 현장과 모델 시험결과에서 말뚝 주위의 다져지는 지역은 7d로 밝혀졌다.

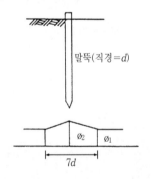

Tip 바로 아래는 $\emptyset_2{}' = \dfrac{\emptyset_1 + 40}{2}$

3.5d되는 부위 $\emptyset_2{}' = \emptyset_1{}'$로 밝혀졌다.

$\emptyset \geq 40$이면 항타에 의한 상대밀도 변화는 거의 없다.

⑤ 느슨한 사질토에 Pile group을 항타하면 말뚝 주위와 사이 부분 흙은 다져진다. 말뚝간격이 6d보다 작으면 군항의 효과는 1보다 커진다.

⑥ 느슨한 지반에 군항타입 효과는 Kishida가 제안한 방법을 사용하는데 이때 중첩의 원리를 사용한다. 최초의 $\emptyset_1{}'$값은 인접 말뚝항타시 다짐효과를 고려한 값이다.

⑦ 나중에 항타한 말뚝은 먼저 항타한 것보다 지지력이 크다.

⑧ 군항의 다짐효과 차이는 중앙부 말뚝이 가장자리보다 큰 지지력을 가진다. 또한 하중 작용시도 중앙부의 말뚝이 큰 지지력을 감당한다.

2) 타입 후

① 물로 포화된 사질토의 경우 24시간 후 타입을 재개하면 약 50%의 저항 손실이 발생한

예도 있다. 이는 타입 휴지기간 중 모래입자 재배열에 의해 내부응력이 소산한 때문이다.

② 따라서 말뚝항타 후 입자 재배열에 의해 지지력이 작아지므로 이 상태의 지지력을 고려해야 한다.

③ 항타 중 일시항타를 중지하면 주변 마찰력과 선단지지력 등에 의해 재항타를 시도한 경우 재항타가 어렵거나 큰 항타장비가 필요하므로 항타는 일시에 끝내야 한다.

II. 점성토에서 Pile 타입시의 효과

1) 타입시

① 점성토에서 Pile 타입시 말뚝 주위 흙의 Remolding에 의해 교란이 되어 강도가 감소한다.

② 항타시 말뚝 주위에 과잉간극이 발생하여 전단강도를 감소시킨다.

③ 이때 발생한 과잉 간극수압은 Effective Overburden Stress와 같거나 크고, 시간과 거리에 따라 매우 빠르게 감소한다.

④ 항타에 의해 말뚝 주의 점토에 Heave가 발생한다.

2) 타입 후

① 타입시 감소했던 전단강도가 증가된다.

② Remolding에 의한 파괴된 점토의 구조(Structural bond)가 부분적으로 회복되는 Thixotropy 현상과 항타시 발생한 과잉 간극수압이 분산되어 말뚝 주위에 국부적인 압밀이 발생하여 강도가 회복된다.

③ 고결 과압밀 점토의 경우 시간에 따른 팽창과 부의 간극수압이 소산되어 강도가 약화되는 수도 있다.

④ 말뚝의 극한 지지력은 과잉 간극수압이 분산되면서 증가한다.

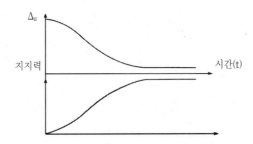

3) 문제점 및 대책

① 문제점

ⅰ) 항타에 의해 말뚝 주위 점토에 Heave가 발생한다. 이로 인해 인접 구조물에 영향을 준다.

ⅱ) 간극수압 분산에 의해 압밀이 발생하여 부의 마찰력이 발생한다.

ⅲ) 여러 개의 말뚝을 박은 경우 먼저 박은 말뚝이 위로 부상하는 경우가 발생

② 대책

ⅰ) 기초 주변부의 항타를 먼저 하면 중앙부의 팽창량이 커지므로 중앙에서 주변부로 항타한다.(구조물 쪽에서부터 항타한다)

ⅱ) 부마찰력을 줄이는 방법은 다음과 같은 것이 있다.

- 표면적이 적은 말뚝을 사용한다(H-pile).
- 항타 전 말뚝보다 큰 구멍을 뚫고 Bentonite slurry 등을 구멍에 넣은 후 항타하여 마찰력을 감소시키는 방법
- 말뚝 직경보다 약간 큰 Casing 사용-부마찰력 차단
- 말뚝 표면에 역청재를 칠하여 부마찰력을 감소시킨다.

ⅲ) 재항타하여 부상된 말뚝을 다시 땅속에 관입시킨다.

문제 6 기성말뚝 시공에 대한 시공 요점을 쓰시오.

I. 개 설

말뚝기초는 축방향의 연직력은 말뚝과 지반의 마찰력과 수평력은 말뚝의 휨강성으로 지지하는 기초로서 기성말뚝을 타입 공법으로 지중에 설치하는 공법이 주류를 이루고 있다. 특히 기성말뚝 타입 공법의 시공 단계는 말뚝 재료 선정 → Hammer의 선정 → 부속설비 선정 → 말뚝박기 순이다.

여기에서는 타입 공법의 각 단계별 주요 시공 요점에 대하여 기술하고자 한다.

II. 말뚝 재료의 선정

1) 기성말뚝의 종류

① 나무말뚝

② 콘크리트말뚝 ┬ 철근콘크리트 말뚝
                └ 프리스트레스 콘크리트 말뚝

③ 강말뚝 ┬ H형 강말뚝
          ├ 강널말뚝
          └ 강관말뚝

2) 말뚝의 치수와 재질 선정

Hammer의 종류, 용량, 성능 감안하여 타입시, 파손되지 않고 신속 시공이 가능하도록 종합적인 검토 필요

① 선정시 고려사항

ⅰ) 설계 하중

ⅱ) 근입심도

ⅲ) 타입 가능성

② 말뚝의 재료 강도

말 뚝 재 료	압축강도(kg/cm²)	인장강도(kg/cm²)
강 말 뚝	2,400	4,100
프리스트레스 말뚝	> 500	50+유효 프리스트레스
철근 콘크리트 말뚝	< 400	40

III. Hammer의 선정 → Pile 무게의 1~3배 정도

가장 중요한 것은 신속하고 안전한 타입 가능성과 경제성이다.

1) Hammer의 종류와 특징

　　① Drop hammer : 토질 적응력이 좋다.
　　② Diesel hammer : 견고한 지층에 유리, 기동성
　　③ Steam hammer : 사항에 적합
　　④ Vibro hammer : 연약한 지층, 타입, 인발 겸용

Hammer의 종류	이 점	단 점	적 용 성
Drop hammer	• 설비가 간단 • 낙하고 자유롭게 조절 • 고장이 적다. • 공비가 싸다.	• 말뚝두부 손상이 쉽다. • 타입심도 얕다. • 편심되기 쉽다. • 타입속도가 느리다.	• 토질순화에 적응성이 크다. • 단면이 작은 말뚝에 적합 • 타격력 조절하는데 적합
기동 hammer Steam hammer	• 능률이 좋다. • 사항 및 수중항에 적합한 기종 • 축방향으로 타격이 확실하므로 두부손상이 작다.	• 대형 설비 필요 • 타격소음, 화기 • 매연, Compresser, 소음 발생	• 토질변화에 적응성이 크다. • 사항에 적합 • Leader 없이 매단 상태로 타입 가능
Diesel hammer	• 기동성이 좋다. • 타격력이 크다. • 능률이 좋다. • 연료비가 싸다.	• 타격력이 크고, 매연발생 • 기름이 비산한다. • 연약지반에서는 능률저하	• 견고한 지층에 적합 • 기동성을 요하는 곳에 적합
Vibro hammer	• 타격위치 및 방향이 정확 • 두부손상이 적다. • 타입 및 인발작업 겸용 작업 가능	• 대용량의 전력 필요 • 견고한 지층에 부적합	• 연약한 지반에 적합 • 타입 인발 겸용 작업에 적합

2) 타격응력에 대한 말뚝 허용 응력

	허용압축응력	허용인장응력
강　　말　　뚝	1,600 ~ 2,000	−
프리스트레스말뚝	400	40~90, 100~150, 50~300
철근콘크리트말뚝	300	40

3) 말뚝 타격 횟수 제한

　　　타격응력이 말뚝 허용 응력보다 작은 경우라도 타격 횟수가 아래값보다 많아지면 반복응력의 영향으로 말뚝 파손율이 높아진다.

말 뚝 종 류		강 말 뚝	프리스트레스말뚝	철근콘크리트말뚝
말 뚝	전 장	3,000	2,000	1,000
타격횟수제한	최후 10m	1,500	800	500

상기와 같이 Hammer의 기종과 용량이 결정되었다 하더라도 견고한 지반 정도에 따라 Hammer 용량을 크게 할 필요가 있다.

4) 낙하고 2m 이하(두부파손 방지), 관입량 2mm 이하

Ⅳ. 부속설비 선정

1) 구 성
  ① 큐션과 캡 : 말뚝두부 보호
  ② 말뚝박기 Leader : 말뚝 위치, 방향 고정
  ③ Crane → 이동

2) 유의사항
  ① 큐션과 캡 두부의 손상방지효과가 크지만, 해머의 타격능률을 저하
  ② 말뚝박기 Leader는 형식과 성능에 따라 시공 정도, 능률 좌우
  ③ Crane의 적용성
    ⅰ) 크롤러 크레인 : 일반적인 작업조건
    ⅱ) 트럭 크레인 : 작업장이 소규모로 여러 군데
    ⅲ) 데리크 크레인 : 협소한 장소
    ⅳ) 타워 크레인 : 장대 말뚝

Ⅴ. 말뚝박기작업

1) 시공계획
  ① 현장관리 인원배치
  ② 시공법의 세부사항
  ③ 공사용 기계, 기구
  ④ 말뚝의 이음공법, 세부구조
  ⑤ 가설비 및 배치
  ⑥ 말뚝배치, 타입순서

⑦ 공해 및 안전 대책

⑧ 공정 계획

⑨ 시공기록방법 및 양식

2) 타입시험

시공 예정지 중 대표적인 지점 선정

① 해머의 종류 및 용량 확인

② 캡, 큐션, 리더, 가설비 및 기구 검토

③ 이음공법 및 기능공의 적성 검토

④ 시공 정도 및 시공속도

⑤ 타입 심도 결정

⑥ 최종 관입량의 조정

⑦ 말뚝 파손에 대한 고찰과 타입 제한 횟수 결정

⑧ 지지력의 추정, 재하시험 실시 여부 결정

⑨ 시공법의 적부 판단

3) 본공사의 작업

① 장비 진입 및 말뚝의 장치

② 해머의 타격

③ 말뚝의 이음

④ 최종 타입 : 말뚝의 최종 타입 심도($N \geqq 30$인 사력층, $N \geqq 20$인 점토층)는 지지층에 도달한 다음 말뚝직경의 2배, 2m 이상 깊이 관입하는 것이 원칙

VI. 결 론

문제 7   디젤 해머와 유압 해머의 구조

1. 디젤 해머

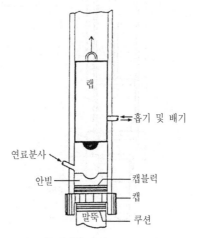

1) 구조적 특성으로 인한 에너지 손실요인

　① 압축과정에서의 에너지 손실

　② 램과 실린더 내벽면 간의 마찰로 인한 에너지 손실

2) 기타 요인으로 인한 에너지 손실

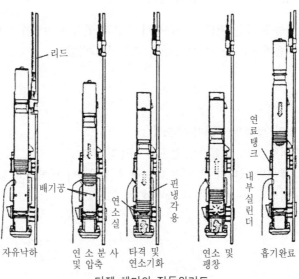

디젤 해머의 작동원리도

2. 유압 해머

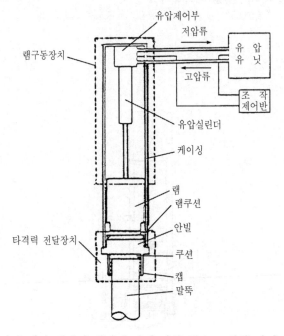

1) 연료의 압축이나 램과 실린더 내벽면 간의 마찰 등으로 인한 에너지 손실요소가 없는바 디젤 해머에 비하여 높은 에너지 효율을 기대할 수 있다.
2) 장비 제작회사별로 작동원리가 상이한 바 해머 효율의 변화가 크게 나타난다.

3. 저소음타격공법(건설공해 저감목적)

1) 디젤 해머와 말뚝을 방음 커버로 둘러싸서 소음과 연기를 저감하는 방법
2) 유압 해머를 방음커버로 둘러싸서 소음을 저감하는 방법

4. 유압해머 특징

1) 유압 해머에 의한 방법은 연기가 없으며,
2) 방음커버를 장치한 해머 전체가 소형으로 시공성 좋고,
3) 진동공해에 대해서는 해머의 램 낙하고를 작게 조정하여 대처하고 있다.
4) 저소음 타격공법의 소음 비교(유압 해머와 디젤 해머)

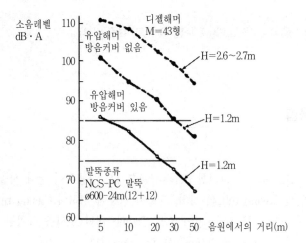

동 음원에서의 거리를 비교할 때 소음이 디젤 해머보다 유압 해머가 적다.

문제 8 굴착식(기계·인력) Pile의 종류와 특징(비교)

I. Benoto 공법

1) 개 요

France의 Benoto사가 고안한 Benoto 굴착기를 사용하여 굴착 시공한 Concrete pile이다. 특수 고안한 Casing tube의 상하, 좌우의 진동에 의하여 Casing tube를 지중에 압입하여 공벽의 붕괴를 막고 Hammer grab으로 Casing 내의 토사를 굴착한 후 철근 Cage를 넣고 콘크리트를 치면서 Casing tube를 서서히 빼올린다.

최대심도 : $L=50\text{m}$
최대구경 : $D=200\text{cm}$

2) 시공순서

Casing tube 세우기 → 굴착 → Slime 제거 → 철근 Cage 설치 → Tremie pipe 배관 → Concrete 및 Casing 인발

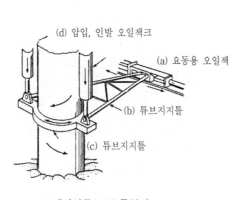

케이싱튜브 요동장치

해머 그래브

3) 특 성

① 암반을 제외한 토질에 적합($N<50$)
② 공벽의 붕괴 우려가 없다.
③ 경사 12°까지 시공이 가능

④ 저소음, 저진동

⑤ 장비가 크고 무거워(32t) 작업장에 (20×20m) 제한을 받고 기동성이 둔하다.

⑥ Casing 인발시 철근이 따라 올라오는 경우가 있다.

⑦ 지하수위 이하에 세립의 모래층이 5m 이상인 경우 Casing 인발이 곤란하다.

⑧ 굵은 자갈, 호박돌이 섞인 지층에는 Casing의 압입이 어렵다.

⑨ 콘크리트량이 설계량보다 4~10% 많이 필요

Ⅱ. Reverse Circuration Drill(RCD)

1) 개 요

1955년 서독의 찰스거터사에 의하여 발명된 것으로 정수압($0.2kg/cm^2$)으로 공벽을 유지하면서 Rotary Boring기의 압력수 순환경로의 반대방향으로 물을 순환시켜 Drill bit로 굴착된 토사를 배출 Pipe를 통하여 배출시킨 다음 철근 콘크리트를 타설하여 Pile을 형성하는 공법이다.

항상 저수지의 수위는 지하수위보다 2m 이상 유지해야 한다.

최대심도 : $L=150m$

최대구경 : $D=600cm$

2) 시공순서

Stand pipe 설치(3~10m)→Pipe 내부 굴착→Rotary Table 설치 이수주입→역순환에 의한 굴착(굴착→흡입→배토)→철근 Cage삽입→Tremie에 의한 콘크리트 타설→Stand Pipe 인발

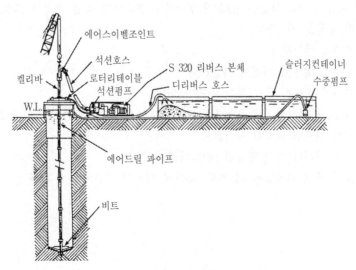

케이싱튜브 요동장치

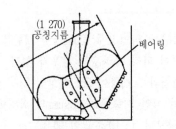

RCD 공법 윤보비트

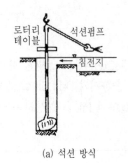

(a) 석션 방식

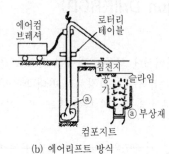

(b) 에어리프트 방식

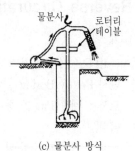

(c) 물분사 방식

이수흡상방법

3) 특 성

① 저소음, 저진동이다.

② 시공속도가 빠르다. 30~40m/day

③ 장비가 가벼워 해상작업이 용이

④ Reverse 본체와 Rotary table이 30m까지 분리되어 작업 반경이 크다.

⑤ 암반 굴착도 가능하다.

⑥ 사력층에 적합하다.

⑦ 대구경 장대 Pile 시공이 가능하다.

⑧ 시공관리 소홀시 공벽 붕괴 우려가 있다.

⑨ 굴착 토사 직경이 배출 Pipe(15~20cm)보다 큰 경우 작업이 곤란하다.

⑩ 전석이 있으면 굴착할 수 없다.

⑪ 수두압 관리가 제일 중요한 공법(다량의 물 필요)

⑫ 지표면 부근 사질토일 때 진동, 충격에 의하여 선단지반 붕괴 우려

III. Earth drill 공법

1) 개 요

미국에서 개발한 공법으로 저면에 칼날이 있는 Bucket 모양의 Earth drill 케리버라 부르는 회전축에 의해서 회전하면서 토사를 굴착하여 Bucket을 끌어올려 토사를 배출한다.

지반과 지하수의 상황에 따라 다르지만 일반적으로 Guide Pipe(7~8m)를 설치하여 굴착공 내에 Bentonite 용액을 주입하여 공벽의 붕괴를 막으면서 소정의 깊이까지 굴착 후 철근 콘크리트를 타설하는 공법이다.

최대심도 : L=50m

최대구경 : D=150cm

2) 시공순서

Guide pipe 설치 → Pipe 내부 굴착 → 안정액 투입 후 굴착 → Slime 제거 → 철근 Cage 설치 → Tremie pipe 설치 → Con'c 타설 → Guide pipe 인발 및 Con'c타설

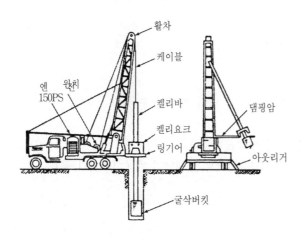

어스드릴기 개요도

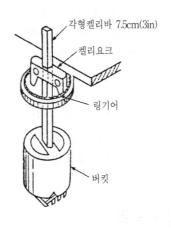

어스드릴 굴착기구

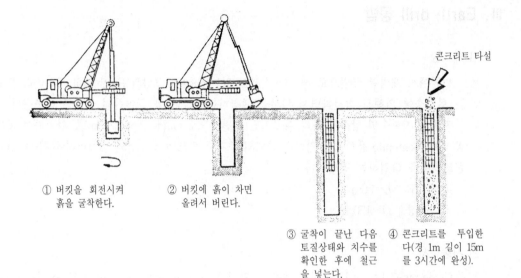

① 버킷을 회전시켜
  흙을 굴착한다.

② 버킷에 흙이 차면
  올려서 버린다.

③ 굴착이 끝난 다음
  토질상태와 치수를
  확인한 후에 철근
  을 넣는다.

④ 콘크리트를 투입한
  다(경 1m 길이 15m
  를 3시간에 완성).

콘크리트 타설

3) 특 성

① 저소음, 저진동이다.

② 연질지반에 적합하다.

③ 시공속도가 빠르다. ø100cm → 15m/hr

④ 장비 거치가 간단하고 기동성이 좋다.

⑤ 경사 18°까지 시공 가능

⑥ Bucket의 회전속도를 조절하면 기존 구조물에 인접 시공할 수 있다.

⑦ 시공관리 소홀시 공벽의 우려가 있다.

⑧ 지중에 전석, 호박돌층이 있는 경우 시공이 곤란하다.

⑨ 안정액을 사용하기 때문에 사토장을 오염시키므로 공해방지 폐·이수처리 필요

Ⅳ. 심초 공법

1) 개 요

19세기 말 미국에서 개발하였지만 일본에서 널리 사용. 특히 건축기초로 많이 이용되고 있으며 무소음, 무진동으로 도심지에서 많이 활용한다.

지형이 나빠 중기 반입이 곤란한 곳, 사력층이 두꺼워 타공법시공이 곤란한 경우에 소형 장비나 인력으로 굴착 후 굴착면에 강재 Ring을 설치하고 Ring 사이를 토류판으로 처리하면서 원형으로 굴착하여 소정의 깊이에 도달하면 하부를 약간 확대시키고 철근망을 설치하고 토류판을 단계별로 철거하면서 콘크리트를 타설하여 기초 Pipe를 형성하는 공법이다.

최대심도 : L=40m
최대구경 : D=500cm

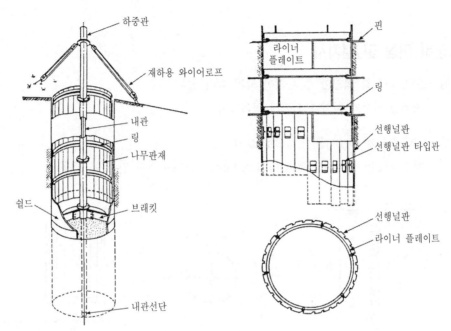

선행흙막이식 심초공법

2) 특 성

① 저소음, 저진동이다.
② 지반을 직접 확인할 수 있다. 지내력 측정 가능
③ 시공설비가 간단하여 산악지, 경사지 등 장소에 제한받지 않는다.
④ 용수가 많고 유독가스가 있는 곳은 시공이 곤란하다.
⑤ 장대 Pile 대구경 기초로는 곤란하다.
⑥ 시공 능력이 떨어진다.

3) 기계화 시공 추진

주로 인력에 의존하므로 시공능률이 떨어지나 공법의 이점을 살려 기계화를 적극적으로 추진중이다.

① 굴착의 기계화
② 토사반출의 기계화
③ 승강설비의 기계화

문제 9   대구경 현장타설 말뚝의 시공시 유의사항(Benoto 공법 중심)

Ⅰ. 장비 이동 및 설치시

1) 지반의 경도를 확인한 후 수평이 되게 장비 설치

    작업중 경사가 지거나 인발시 침하방지

2) Pile의 중심에 Casing을 수직으로 설치

    참조 Pile을 설치하고 초기 Casing tube는 5~6m 정도 긴 것을 사용

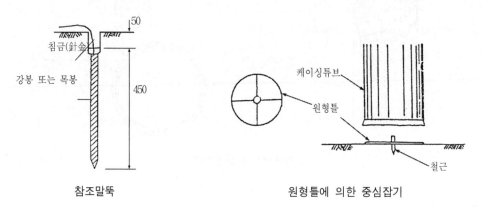

참조말뚝   원형틀에 의한 중심잡기

Ⅱ. 굴착 작업시

1) Casing tube 선단에는 Cutting edge를 부착시킬 것

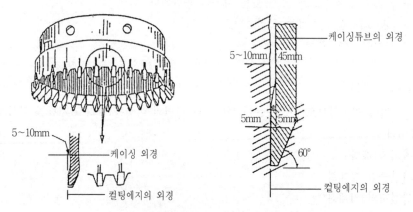

케이싱 튜브 선단의 컷팅 에지

2) Casing tube의 연결상태를 점검하여 작업 중 분리되지 않도록

① Key형

② Lock pin형

3) Heaving, Boiling 현상에 유의

① Heaving

ⅰ) Casing tube를 더 깊게 삽입

ⅱ) 안정액 사용

② Boiling

공내 수위를 인상시킨다.

4) 굴착기가 Casing tube보다 1.5m 이상 선행 굴착이 되지 않도록(특히 구조물에 인접 시공시)

5) Pile 선단 및 주변의 연약화에 유의할 것

① N < 4 정도의 연약한 토질, 사질, 사력층

② Boiling, Heaving 현상에 의하여

③ Cutting edge와 Tube의 차이

ⅰ) 선 Casing 삽입 후 굴착

ⅱ) 굴착시 충격, 진동 감소 ⇒ 회전운동만

ⅲ) 선단에 Grouting 실시

6) 지지층의 확인 및 근입

① 배출되는 토사로 확인하고, 가능하면 1.0m 정도 근입

② 연암인 경우 0.5m 정도 근입

7) 수평, 연직의 정도

① 굴착초기에 결정된다.

② 허용범위

③ 수평도 : 양호한 조건 − 10cm

수상(수상) − 20cm

연직도 − 1%

8) Casing tube는 최초 1본은 장척을 사용하고 상부에는 단척을 사용함이 좋다.

Ⅲ. Slime 제거시

1) 1, 2차로 나누어 시행할 것

   ① 1차 : 굴착 완료 직후(20분 후)

   ② 2차 : 철근망 삽입 후(콘크리트타설 직전)

2) 제거방식

   ① Air lift식

   ② Suction pump식

   ③ Sand pump식

   ④ Water jet식

   ⑤ Hammer grab

   ⑥ Mortar 공법－t=60cm의 특수 Mortar

Ⅳ. 철근망 가공 조립 및 설치시

1) 철근 피복 유지 : Spacer 사용 － Casing이 있는 경우 R=65m/m

                                     Casing이 없는 경우 R=130m/m

                                     설치 : 5m/EA

2) 공상 현상 방지 : 하부에 철판 부착, 또는 Block 사용

3) 이동 운반시 변형 방지용 철근 사용 : ø 19m/m

4) 이음 : 겹이음식 － 40d 이상

      용접이음 － 6d 이상

5) 최상단 철근과 Casing을 가는 철선으로 연결해 둔다.

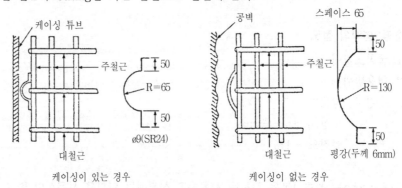

스페이서의 예

Ⅴ. 콘크리트 타설시

1) 재 료
   ① 조골재 최대치수 ⌀25m/m 이하(철근 순간격의 1/2)
   ② Slump치는 18~21cm
2) 트레미관은 2m 이상이 콘크리트 속에 묻혀 있을 것
   ① ⌀25cm : 수심 3m 이내
   ② ⌀30cm : 수심 3~5m
   ③ ⌀30~50cm : 수심 5m 이상
3) 연결 부위의 누수를 방지
4) 밑열림식이나 Plunger(공이)식을 사용하며 초기 타설은 최대한 빠르게 하고 하부 Slime을 떠우면서 연속 타설
5) 콘크리트 타설시 Casing tube 체적만큼 콘크리트면의 하강 확인
6) 타설속도 : $3.0m^3/6$분 연속 작업
7) 계획고보다 50cm 이상 타설

Ⅵ. Casing 인발시

주변 마찰력이 기계의 요동 인발력(42~118t)보다 큰 경우 인발 불가능 사태가 발생한다.

1) 원 인
   ① Cutting edge의 마모
   ② 지질이 특수한 경우
   ③ 굴착방법, 콘크리트 타설 방법의 불량
   ④ 기계 기능의 저하 : 설치 불량

2) 대 책
   ① 장비 및 Casing의 경사 조정
   ② 장비의 인발방향과 Casing의 인발방향을 일치시킨다.
   ③ 서서히 조금씩 요동시켜 본다.
   ④ Casing 주변에 토압 경감
      ⅰ) Jet수나 벤토나이트액 투입
      ⅱ) ⌀150~⌀200m/m 구멍 12개 정도 천공 또는 Auger, Earth dill로
         ⌀600~⌀800m/m 6~8개 천공

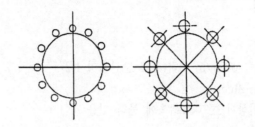

iii) Casing 내부에 가압수를 분출시킨다.

Casing 상단을 용접하여 덮고 5~6kg/cm^2 압력을 가한다.

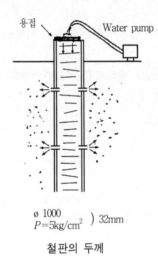

$\varnothing\,1000$
$P = 5\text{kg/cm}^2$ } 32mm

철판의 두께

⑤ Power jack 사용 : Bracket 설치할 것

Oil jack 4개

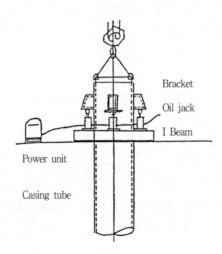

⑥ 요동력을 증가시킨다.

⑦ Casing tube의 절단 : 이음부 절단

시간의 경과에 따라서 신속히 작업방법을 변경시켜야 하며, 또한 트레미관을 인발하는 것도 잊지 말아야 한다.

Ⅶ. 공상 현상

공상 현상은 초기에 발생하므로 세심한 주의를 하여 사전에 확인할 수 있는 방법이나 대책을 강구함이 최선이다.

1) 사전대책

① 초기 콘크리트는 1~1.5m 정도 치고 Casing을 30cm 정도 인상해본다.

② 철근과 Casing의 연결

③ 철근망 하부에 정자형 철근 조립 후 철판, Block을 위에 놓고 콘크리트 타설

2) 사고 발생시 대책

① Casing의 상하좌우 운동

② 철근 두부에 하중을 가하든가, 타격을 준다.

③ 철근, 트레미관을 인발하고 콘크리트를 파낸다(타설된 깊이를 고려하여 판단한다).

3) 원인 : 생략

Ⅷ. 두부의 원인

일반적으로 설계보다 50~100cm 높게 콘크리트를 타설한다. 이때 너무 높으면 두부 정리시 비용이 많이 들고 너무 낮으면 강도에 문제가 있다. 따라서 Pile의 콘크리트 경계면의 확인이 필요하다.

1) 촉감에 의한 방법

검측 Tape에 1.5kg 정도의 추를 사용

ℓ =15cm 사다리꼴

2) 관찰에 의한 방법

Pipe에 채취 용기 부착하여 사용

3) 온도 차이에 의한 방법

이수, 레이탄수, 콘크리트의 온도 변화 이용

4) 알칼리 농도에 의한 방법

　　콘크리트는 알칼리성

Ⅸ. 두부 정리 및 되메우기

　Pile 두부는 일반적으로 지표보다 낮기 때문에 콘크리트가 어느 정도 양생된 후 되메움하는 것이 안전상 좋다. 두부정리는 주변 피복부터 절단하여 Pile 중심으로 진행한다.

1) Breaker를 이용하는 방법 : 굳은 후
2) 안정액을 사용하는 방법 : 굳기 전
3) 파쇄재를 사용하는 방법 : 굳기 전
4) Over flow 시키는 방법 : 굳기 전
5) 진공 Pump로 퍼내는 방법 : 굳기 전
6) 그물망을 설치하는 방법 : 굳기 전

Ⅹ. 시공준비

1) 작업 인원(8명)

　① 작업반장 : 1인
　② 베노토 운전공 : 2인(정, 부)
　③ 크레인 운전공 : 1인
　④ 비계공 : 2인
　⑤ 잡부 : 2인

2) 사용장비 및 기구

　① 베노토기 : 1대
　② 크레인 : 1대
　③ 에어 컴프레서 : 1대
　④ 펌프 : 2대(양수용, 청소용)
　⑤ 전기용접기 : 1대
　⑥ Hose
　⑦ Casing tube
　⑧ 트레미관

문제 10 매설식 Pile에 대하여 기술하시오.

Ⅰ. 개 요

기성 Pile을 지반 중에 매설하는 공법으로 지반의 중심축이 사력층, 전석층, 호박돌층이거나 지지층이 견고한 암반일 때 타입 시공에 따른 Pile의 파손을 방지할 목적으로 개발하였으나, 근래에는 건설공해가 없는 무공해공법으로써 새로운 개발이 이루어지고 있다.

원칙적으로 환경조건이 타입 시공법이 허용되지 않는 경우에 적용되며 원지반의 교란, 해이에 의한 마찰지지력 감소나 침하량 증대가 문제가 된다.

Ⅱ. 공법의 종류

1) 압입 공법
2) 사수식 공법
3) 중굴식 공법(내부굴착식)
4) Pre-boring 공법

Ⅲ. 압입공법

유압 또는 수압 Jack의 반력을 이용한 정적인 압력으로 Pile을 연약지반 중에 압입하는 공법으로 연약점토 지반에 적합하다.

충격 ENERGY에 의하여 주변 지반 교란으로 원지반 강도를 저하시켜 마찰지지력을 감소시킨다.

1) 압입하중
2) 압입하중의 측정으로 Pile의 지지력을 판정할 수 있다.
3) 보조공법 병용으로 압입하중을 줄인다.
4) 대형 기계설비가 필요하고 기동성이 나쁘다.
5) Pile의 선단은 V형으로 한다.

Ⅳ. 사수식 공법 - Water jet 사용

Pile 선단으로 Nozzle에 의해 고압수를 분사하여 지반토를 교란시켜 Pile 자중에 의하여 삽입하는 방법으로, 지반의 중간층이 견고한 사력층, 사질층에 적합하다.

Jet pump, Suction pump 등의 설비가 필요하다.

1) Pipe의 배관방법
2) 압력수를 사출하면서 타입 공법을 적용하면 말뚝의 파손 없이 용이하게 설계심도까지 관입 가능하다.
3) 고압수의 사출에 의한 시방
4) 선단지지력 확보 대책

V. 중굴식 공법

강관 Pile의 내부를 Auger나 Hammer Grab으로 굴착하여 Pile을 지중에 매설하는 공법으로 느슨한 사질토지반에 적합하다.

강관 Pile이 공벽의 붕괴를 막아주고 Pile 자중으로 침설이 불가능시에는 사수식이나 압입식을 병행해야 한다.

1) 시공순서

　　Pile 설치 → 굴착 → 압입굴착 → 스크류 연결 → Pile 용접 → 압입굴착 → 지지층 전달 → Milk 주입 → 교반, Pile 압입 → 스크류 회수 → 완료

2) 선단 시공방법

① 선단 Grouting
② Drop Hammer
③ ①과 ② 병용

3) 효 과

① 소음·진동이 없다.
② 자재비 절감
③ 작업효율 증대
④ 품질확보

VI. Pre - boring 공법(SIP)

Auger나 대구경 천공기로 지반을 굴착 천공한 후 기성 Pile을 삽입하는 공법으로 항타가 곤란한 풍화암, 전석, 호박돌층에 적용하며 소음, 진동의 규제가 심한 도심지에 많이 활용한다.

천공작업시 굴착액을 사용하여 공벽의 붕괴를 막고 밑다짐액을 사용하여 선단의 지지력을 확보하는 공법이다.

1) 시공순서

　　장비설치 → 굴착액 주입 및 굴착 → 밑다짐액 주입 → Auger 인양 → Pile 삽입 → 완료

2) 굴착액 및 밑다짐액의 배합표

용　액	용 액(ℓ)	시멘트(kg)	벤토나이트(kg)	물(kg)
굴 착 액	498~570	120~160	25~50	450~500
밑다짐액	496	483	－	343

3) 굴착액의 붕괴방지 효과

　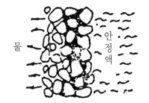　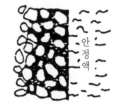

　　(a) 안정액의 침투　　　　(b) 안정액 입자의 잔류　　　(c) 안정액 입자에 의한 벽형성

Ⅶ. 결 론

1) 소음과 진동이 타공법에 비하여 적다.

① 소음레벨(dB)

공　　법	10m	20m	30m	비　　고
압입공법	69	63	59	
Pre-boring 공법	84	80	74/40	확대슈 공법
중굴 공법	71	66	62/40	
사수식 공법	－	－	68	고압제트식
현장타설	84	80	75	RCD 공법
타격식 공법	105	100	99	디젤 해머

② 진동레벨(dB)

공　　법	10m	20m	30m	비　　고
압입공법	51	49	－	
Pre-boring 공법	55	51	45/40	확대슈공법
중굴식 공법	55	48	43/40	
사수식 공법	－	－	－	고압제트식
현장타설	51	45	38/40	RCD공법
타격식 공법	77	73	65/40	디젤해머

2) 타격식 시공이 곤란한 지반에 적용

3) Pile의 손상이 적다.

4) Pile 주변에 토성 변화를 일으킬 수 있다.
  ① 주변 지반의 교란으로 지지력 저하 우려
  ② Slime 제거 불완전으로 Pile의 침하
     대책 : 선단지지력을 확보하도록 한다.

문제 11 | 말뚝 선택기준(시공조건별 구분)

조 건 \ 층 별		타 입			현 장 타 설 말 뚝			
		R.C	P.C	강관	Benoto	Reverse	Earth drill	심 초
1. 표준제원	말뚝의 직경	30~40	15~50	50~80	100~120	100~150	100~120	200~300
	밑면의 길이	10~20	12~25	25~50	30~50	30~50	15~25	10~25
	허용지지력(t)	20~30	35~90	100~160	200~250	200~250	150~180	300~800
2. 지지방식	지지말뚝	○	○	○	○	○	○	○
	불완전 지지	○	○	△	○	○	○	○
	마찰말뚝	○	△	△	×	×	×	×
3. 지지층의 깊이		10m	25m	35m	80m	120m	60m	10m이내
4. 지지층면 상태	경사 30°이상	△	△	○	○	△	△	○
	凹凸	△	△	○	○	○	○	○
5. 점성토층 (5m 이상)	N = 4~10	△	○	○	○	○	○	○
	N = 10~20	×	△	○	○	○	○	○
	N > 20	×	×	×	○	○	○	○
6. 사질토층 (5m 이상)	N = 15~30	△	○	○	○	○	○	○
	N = 30~50	×	△	○	○	○	△	○
	N > 50	×	×	△	○	○	△	○
7. 느슨한 세사층이 두꺼울 때		○	○	○	△	△	△	×
8. 자갈, 호박돌 크기	D < 10	△	△	○	○	○	△	○
	D = 10~30	×	×	△	△	×	×	○
	D > 30	×	×	×	△	×	×	○
9. 지하수위	저하 안됨.	○	○	○	○	○	○	×
	피압지하수 0~2m	○	○	○	△	△	△	×
	유동지하수 0.3m	○	○	○	×	×	×	×
10. 환경	가스 발생(지중)	○	○	○	△	○	△	×
	수상시공	○	○	○	△	○	△	×
	소음·진동	×	×	×	△	△	△	○
	인접 구조물 영향	×	×	△	○	○	○	△
	작업공간이 좁다.	×	×	△	×	△	×	○

문제 12 수심 25m 정도의 해저에 암반이 노출된 경우에 교각의 기초와 같은 대형 하중을 지지할 수 있는 기초에 적합한 공법을 들고, 그 특징을 비교하시오.

Ⅰ. 개 설

수심 25m 정도의 해상에 적용되는 기초는 다음과 같이 분류할 수 있다.

깊은기초 ┬ 현장타설 콘크리트말뚝 : RCD
        ├ 케 이 슨 ┬ Open caisson
        │   ├ Pneumatic caisson
        │   └ 설치 caisson
        └ 특수기초 ┬ 다주식
                  ├ Sheet pile식
                  ├ Jacket식
                  └ 강관주열식

여기에서 수심 25m 정도의 해저에 암반이 노출된 경우, 대형 하중을 지지하는 기초구조의 공법 선정은 다음과 같다.

공법의 선정 ┬ 다주식
            ├ 설치 Caisson
            └ Jacket식

따라서 이에 적용되는 공법의 특징을 비교 기술하고자 한다.

Ⅱ. 공법의 특징

1. 다주식 기초

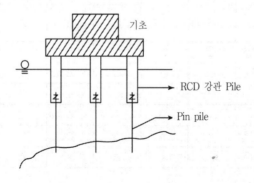

1) 장 점

　① 수중, 해양에 시공하는 기초공법

　② 여러 개의 대구경 말뚝을 두부가 수면보다 위에 오도록 박고, 두부를 RC Slab로 연결하는 공법

　③ 수중이나 해저에서 물막이 없이 시공 가능

　④ 해저의 굴착토량이 적고, 공기도 비교적 짧다.

　⑤ 유수압을 받는 면적이 작다.

2) 단 점

　Caisson 등 강성이 높은 기초에 비해 변형과 진동이 크다.

2. 설치 Caisson

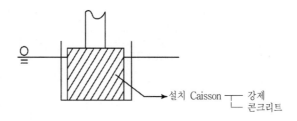

　수평력은 Caisson과 지반의 마찰로 수직력은 지반의 지지력으로 지지하는 기초로 대형기초에 적합

1) 장 점

　① 횡하중을 받는 대형 기초에 적합

　② 지상에서 강제나 Precast box형의 구조물 함체를 만들어 Barge로 운반,지지 지반상에 설치

　③ 구조물의 품질 확보가 쉽다.

2) 단 점

　① 지지 지반의 요철 영향을 받기 쉽다.

　② 대형기계의 시공이 필요

　③ 설치시 침하, 경사 등의 관리가 필요

3. Jacket식

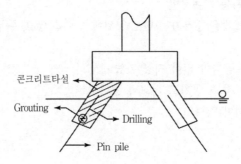

육지에서 만든 재킷(육각, 팔각)을 현지로 옮겨와 설치한 후, Pin pile을 박고 Drilling하여 Grouting 후 설치, Footing으로 긴결시키는 공법

Ⅲ. 결 론

본인의 경험 명기

문제 13 시공중 발생하는 말뚝의 파손원인과 대책

Ⅰ. 파손의 형태

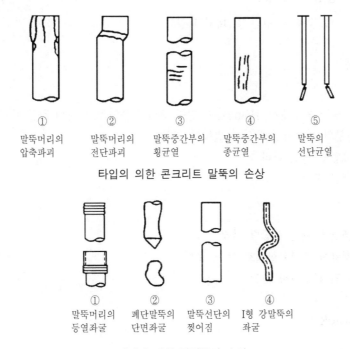

①	②	③	④	⑤
말뚝머리의 압축파괴	말뚝머리의 전단파괴	말뚝중간부의 횡균열	말뚝중간부의 종균열	말뚝의 선단균열

타입의 의한 콘크리트 말뚝의 손상

①	②	③	④
말뚝머리의 등열좌굴	폐단말뚝의 단면좌굴	말뚝선단의 찢어짐	I형 강말뚝의 좌굴

타입에 의한 강말뚝의 손상

Ⅱ. 파손원인과 대책

1. 말뚝 두부 파손

1) 원 인

① 말뚝의 경사

② Cushion재 불량

③ Cap과 말뚝 두부의 간격

④ Hammer 용량 과다

⑤ 과대한 타격(타격횟수, 1타당 관입량)

⑥ 편타 등

2) 대 책

① 말뚝의 연직도는 박기 초기와 말뚝이 2~3m 정도 들어간 시점에 필히 확인한다.
② Hammer와 말뚝의 축선이 일치하는지 확인한다.
③ 관입량, Rebound 양을 조사하여 타지시기를 결정한다. 또 각 부속품의 선정에 유의한다.

2. 말뚝 두부 종방향 Crack

상기 말뚝 두부 파손의 원인 및 대책과 같다.

3. 휨 Crack

1) 원 인

① 지지층, 중간층의 경사, Hammer와 말뚝 축선의 불일치, 말뚝의 취급 불량 등에 의한 말
뚝 선단부의 미끄러짐에 의한 말뚝의 경사
② 상기 요인에 의한 편타
③ 말뚝 취급 불량

2) 대 책

① 지반 조건에 맞는 시공법 결정
② 말뚝 취급시 주의사항대로 보관, 운반
③ 말뚝의 연직도 검사 철저

4. 횡방향 Crack

1) 원 인

연약층에 타입시 과대한 타격력

2) 대 책

① 대용량의 Hammer를 사용하지 않는다.
② Prestress 양이 큰 말뚝을 사용한다.
③ 타격력의 조정이 가능한 Hammer를 사용한다.

5. 선단부 파손

1) 원 인

지지층의 경사, 지중의 장애물로 인한 편타

2) 대 책

하부지반 조사를 철저히 하여 지반조건에 맞는 시공법을 선정, 시공해야 한다.

6. 이음부 파손

1) 원 인

① 연약지반에 타입시의 타격력 과대

② 용접 불량

2) 대 책

① 내충격성이 양호한 용접봉 사용 및 용접 철저

② Hammer 선정 철저

Ⅲ. 말뚝 타입에 있어서의 기본사항

1) 말뚝체의 손상이 없도록 할 것

2) 정확한 말뚝의 위치와 정확한 말뚝의 방향을 유지하도록 할 것

3) 소정의 지지층에 필요한 심도까지 근입시키도록 할 것

Ⅳ. 결 론

1. 말뚝체의 손상 대책

1) 해머를 말뚝으로 하여 적정한 타입으로 교환한다.

2) 강관말뚝의 경우 말뚝의 살두께를 더하든지, 보강을 실시한다. 또 콘크리트말뚝일 경우 말뚝 강도가 높음 말뚝, 또는 다른 종류 말뚝으로 변경한다.

3) 장해물을 제거하든지 중굴공법, 보링공법 등을 병용하는 공법으로 변경. 또한 손상된 말뚝에 대해서는 그 옆으로 더하는 말뚝을 타설하고, 손상말뚝이 인발될 경우에는 이것을 철거, 보강하는 말뚝 등을 다시 친다.

2. 말뚝의 높이정지 대책

1) 장해물을 제거할 수 있는 공법 등의 병용 공법으로 변경한다.

2) 말뚝의 선단층이 지지층으로 추정된다. 타설정지 조건을 만족하는 경우에는 그 말뚝을 타설 정지한다.

3) 해머를 선정 판단하여 응력에 여유가 있는 경우에는 해머를 크게 몇 종으로 교환한다.

3. 말뚝의 타설정지 없음

1) 말뚝을 이어서 타설정지 상태가 될 때까지 타설

2) 말뚝을 폐쇄말뚝으로 하든지 강관말뚝의 경우에는 말뚝선단에 칸막이판을 장치한다.

문제 14 사항을 사용하는 이유와 시공상 유의할 점을 설명시오.

Ⅰ. 개 설

말뚝기초는 기초의 자중을 포함한 상부 구조물의 하중을 지지하기 위하여 소정의 위치에 도달시키기 위한 것이며, 수평력은 말뚝의 휨강성으로, 연직력은 말뚝과 지반의 마찰력으로 지지하는 기초 구조이다.

특히 사항은 수평력이나 인발력이 각 방향으로 분배되어 수평저항이나 인발저항이 크게 되며, 수평변위가 문제되는 구조물의 말뚝 본수를 줄일 수 있으며, 풍하중, 토압, 파압, 수압받는 구조물에 이용되며, 경제적인 기초를 시공할 수 있다.

Ⅱ. 사항을 사용하는 이유

1) 수평력을 사항의 축력이 분담하므로 말뚝의 단면을 줄일 수 있다.
2) 본수를 줄일 수 있어 경제적이다.
3) 직항의 지지력 부족시 사항을 사용
4) 인장력 발생이 없다.

Ⅲ. 설계 시공상 유의사항

1) RC 말뚝은 시공중 휨강도가 문제된다 : 사항에서는 강말뚝이 강도상 가장 유리하다.
2) 연약지반에서 경사각이 큰 사항을 설치하면 압밀침하에 의해 말뚝이 휨 응력을 받는다.
3) 항타지점과 선단부의 토질과 지층 구성이 다르므로 지반조사를 충분히 해야 한다.
4) 말뚝의 타입각도를 맞추어 설계시의 수평저항력을 얻어야 한다.
5) 말뚝의 타입 각도와 순서가 맞지 않으면 말뚝 항타 불가능
6) 타입 각도가 커지면 선단위치가 어긋나기 쉽다.

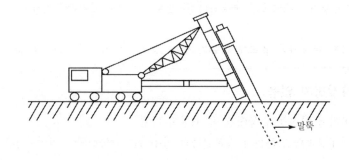
말뚝

7) 경사진 암반이나 절리된 암반에 타입시, 말뚝이 어긋나 타입되기 어렵고, 파손의 원인이 된다.

8) 수평재하시험을 실시하거나 인발시험을 실시 지내력을 확인한다.

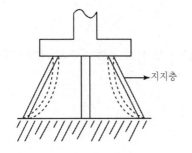

휨응력 받는 사항. 굳은 지반일 때 말뚝이 휨.

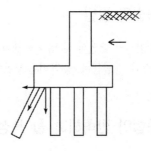

수평변위받는 사항

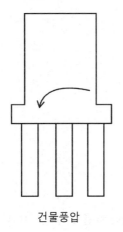

건물풍압

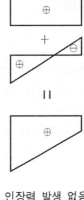

인장력 발생 없음

문제 15 말뚝 이음부의 시공

Ⅰ. 이음공법의 발달

Band식 공법 → 충전식 공법 → Bolt식 공법 → 용접이음공법 순으로 발달되었는데, 현재는 콘크리트 말뚝과 강말뚝에 용접이음공법이 주로 사용되고 있다.

Ⅱ. 이음공법이 만족해야 할 특성

1) 경제적일 것
2) 시공이 간단하고 단시간에 완료할 수 있는 것
3) 이음부의 내력이 크고 실할 것

Ⅲ. 이음공법의 특성

1) Band식

① 이음부에 Band를 채워 이음하는 공법
② 시공이 간단하고 단시간에 완료할 수 있다.
③ 이음부의 내력이 적다.
④ 특히 인장과 휨에 대한 내력이 적다.

2) 충전식

① 이음부의 철근을 보강하고 말뚝 내부에 Concrete를 타설한 것이다.
② 지중에서 부식의 우려가 없다.
③ 경제적이다.
④ 이음부의 파손이 적다.
⑤ 휨압축과 인장력에 대해 저항할 수 있다.
⑥ 내부의 콘크리트가 경화되는데 시간이 걸린다.

3) Bolt식

① 미리 말뚝 제작시 Bolt를 포함한 철물을 삽입한 대로 제작, 타입 후 상부 말뚝과 Bolt로 체결하는 공법

② 이음부의 내력이 크다.

③ 시공이 빠르다.

④ 부식되기 쉽다.

⑤ 타입시 Bolt 체결 철물이 파손되기 쉽다.

4) 용접식

① PC 말뚝에서는 말뚝 제작시 Band 또는 철물을 단부에 붙이고 이음시 상하 말뚝 용접

② 강말뚝에서는 상하 말뚝을 직접 용접

③ 경제적

④ 이음부의 내력이 가장 확실하다.

⑤ 용접작업에 장시간이 걸린다. 이 점은 자동용접으로 Cover가 가능하다.

원심력 콘크리트말뚝과 이음구조의 관계

이음의 종류	적용된 말뚝종류	구 조		장점 또는 결점	지지력 저감율
소켓식	RC 말뚝		상측말뚝 하측말뚝	① 구조단순, 시공용이 ② 가격이 싸다. ③ 구조적으로는 결점이 많다.	이음구조가 단순하며, 휨에 대한 저항이 없으므로 말뚝타입시에 굴곡되는 경우도 있다. 건축관계에서는 1개소당 20%의 축방향지지력을 저감하는 규정이 있다.
충진이음	RC 말뚝		상측말뚝의 위치 이음철근 내측원통 모르타르 외측밴드 하측말뚝	① 소켓식에 비하여 상하의 말뚝이 일체로 된다. ② 시공에 난점	

이음의 종류	적용된 말뚝종류	구 조		장점 또는 결점	지지력 저감율
볼트식	RC 말뚝	 상축말뚝 하측말뚝		① 이음부의 철물을 볼트로 연결하므로 상하의 말뚝이 인체로 되어 휨에 대하여 유리하다. ② 가격이 비싸다.	소켓식, 충전식의 이음보다는 휨에 대한 저항력은 상당히 개선되어 있다. 건축관계에서는 이음 1개소당 10%의 축방향 지지력 저감이 규정되어 있다.
용접식	전체 말뚝	 단강판식 용접이음 원통식 용접이음		① PC강재 및 철근에 의하여 고착되어 있는 이음 철물을 용접하여 상하의 말뚝을 인체화하므로 휨에 대하여 유리하다. ② 용접관리가 필요	PC말뚝의 개발과 함께 개발된 것인데 그 성능은 다른 이음방식보다 높이 평가되어 건축관계에서 하고 있는 이음의 저감은 1개소당 5%로 되어 있다.

IV. 시공상 유의사항

일반적인 이음시 유의해야 할 사항과 현재 대부분 적용하고 있는 용접이음시 유의해야 할 사항을 기술하면 다음과 같다.

1) 일반적인 유의사항

① 이음 강도가 설계 응력 이상이 되도록 한다.

② 구조적으로 단면에 여유가 있는 곳에 둔다.

③ 부식의 영향이 없는 곳에 이음을 둔다.

④ 이음수를 시험항타하여 이음 개소수를 최소가 되도록 길이를 설계, 말뚝길이 계획시 유의한다.

⑤ 타입시 주위 지반을 이완시키지 않는 구조로 한다.

2) 용접이음시 유의사항

① 용접이음은 아크용접으로 한다.

② 말뚝 현장이음부는 용접 전에 Wire brush 등을 사용, 이토, 유지, 수분 등을 제거해야 한다.

③ 기온, 천후, 강우, 강설, 강풍 등으로 기후가 나쁠 때는 용접작업을 중단한다.

④ 용접봉의 유지 각도, 아크길이, 용입 상태를 철저히 점검해야 한다.

ⅰ) 자격과 기능을 갖춘 용접공을 채용, 용접케 하고 용접작업도 수평 또는 하향 작업으로 한정해야 한다.

ⅱ) 용접봉은 모재의 종류, 치수, 용접조건에 적당한 것을 사용한다.

ⅲ) 각층의 용접을 하기 전에 Slag는 제거해야 한다.

ⅳ) 용접부의 내부 결함은 용접완료 후에도 발견될 수 없으므로 시공시 특히 주의해야 한다.

ⅴ) 현재 X-Ray 검사, 방사선 검사(MDT)

문제 16 기초말뚝의 장기 허용지지력은 여하히 결정되며, 또한 말뚝의 부주면마찰 (Negative skin friction)은 어떠한 경우에 발생되며, 어떻게 취급하여야 하는지 기술하시오.

Ⅰ. 개 설

기초말뚝의 장기 허용 지지력의 결정은 재하시험, 정역학적 지지력 공식, 항타 공식, 기존 자료에 의한 추정으로 구한 축방향 극한 지지력을 소정의 안전율로 나눈 값의 작은 값을 허용 지지력으로 결정하며, 또한 연약층을 관통하여 지지층에 도달한 지지말뚝에는 연약층의 침하에 의하여 하향의 마찰력이 작용하여 말뚝을 아래쪽으로 끌어내리려는 현상을 부주면 마찰력이라 한다.

따라서 본문에서는 이들 세부 사항에 대하여 기술하고자 한다.

Ⅱ. 기초말뚝의 허용 지지력 결정방법

1. 축방향 극한 지지력 구하는 방법

1) 재하 시험 : 최적 방법
2) 정역학적 지지력 공식
3) 항타 공식 : 간편한 방법, 정밀도에 문제
4) 기존 자료에 의한 추정

2. 허용 지지력의 결정

1) 기초말뚝의 축방향 극한 지지력을 소정의 안전율로 나눈 값을 기준
　　다음 각항에 대한 고려 후 결정
　① 말뚝재료의 압축응력
　② 이음에 의한 감소
　③ 세장비에 의한 감소
　④ 부주면 마찰력
　⑤ 군말뚝의 작용 (말뚝간격 고려)
　⑥ 말뚝의 침하량

2) 안전율
　　지반파괴에 대한 말뚝의 안정성을 확보할 수 있는 값 → 하한치를 3으로 한다.

3) 세부사항

① 재하시험에서 항복하중값의 1/2, 극한 지지력값의 1/3 중에서 작은 값을 택하여 결정

② 항타시험 또는 정역학적 지지력 공식에 의하여 산정한 값 중에서 적은 쪽보다 적게 하여 결정

③ 이음말뚝에서는 ①의 값에 대하여 20% 감소시킨 값으로 결정

④ 말뚝의 길이가 지름의 60배를 초과하는 경우에는 말뚝의 길이를 말뚝의 지름으로 나눈 값에서 60을 공제한 값의 비율만큼 ①의 값을 감소시킨 값으로 결정

⑤ 지지말뚝이 말뚝 주면에 작용하는 부마찰력에 의한 영향을 고려하여 장기 허용 지지력을 결정

⑥ 기초의 허용 지지력은 흙의 단위중량, 내부마찰각, 점착력과 관계가 있다.

Ⅲ. 부주면 마찰력(Negative skin friction)

1. 문제점

1) 지지력 감소
2) Pile 두부 파손에 의한 이상 응력 발생
3) 지반의 침하 발생

2. 고려사항

1) 지하수위 강하 지역 여부
2) 지지력 감소 여부
3) 지반층의 압밀층 여부
4) 지표면에 하중 작용 여부

3. 부주면 마찰력 발생

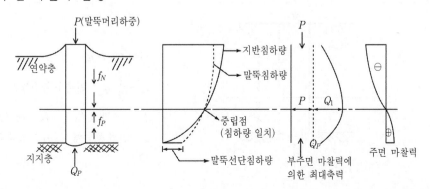

4. 부주면 마찰력 감소법 및 대책공법

1) 감소법

① 역청도포법(Slip layer)

② 무리말뚝(Group pile)

③ Casing을 박은 후, Pile 항타(2중관)

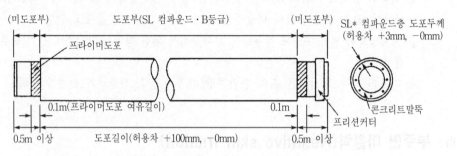

부마찰력 대책말뚝(SL 말뚝)의 구조도

2) 대책공법

① 치환공법

② 고결공법

③ 말뚝 단면적은 크게, 항장은 길게 한다.

④ 두부 보강

⑤ 기초를 크게 한다.

⑥ 공기의 여유가 있을시, Well point 공법

IV. 지지력 검토

1. Negative skin friction을 고려한 말뚝 지지력 계산

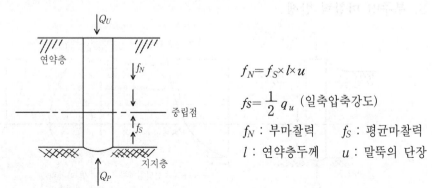

$$f_N = f_S \times l \times u$$

$$f_S = \frac{1}{2} q_u \text{ (일축압축강도)}$$

f_N : 부마찰력 　　f_S : 평균마찰력

l : 연약층두께 　　u : 말뚝의 단장

1) 지반의 저항에 의한 지지력

Q_U(구조물장기하중) + f_N(부마찰력) < Q_P(선단부 극한지지력) + f_P(⊕마찰력) / F_S(안전율)

2) 말뚝 자체의 강도에 의한 지지력

Q_U(구조물 장기하중) + f_N(부마찰력) < a_a(말뚝허용응력도) × A_P(말뚝단면적)

1), 2)값은 작은 값을 결정

2. 재하시험에 의한 것

1) 부주면 마찰력은 하중, Strain, 지표면 침하 등을 측정하여 결정
2) 이중관을 사용하여 주면 마찰력을 고려치 않은 상태에서 지지력을 결정하고, 여기서 주면 마찰력을 빼고 결정

Ⅴ. 결 론

문제 17 현장에서 말뚝의 지지력을 저하시키지 않게 하기 위한 시공상의 대책을 기술하시오.

Ⅰ. 개 설

말뚝은 기초 자중을 포함한 상부 구조물을 안전하게 지지 지반에 전달하는 구조이며, 축방향의 연직력은 지반과 말뚝의 마찰력으로, 수평력은 말뚝의 휨강성으로 지지하는 것이다. 따라서 말뚝은 큰 지지력이 요구되는데 말뚝의 지지력 감소는 설계, 시공상 잘못으로 발생한다.

특히 시공상의 잘못으로 인한 지지력 저하는 조사 잘못, 토층 구성 판단 잘못, 말뚝선정 잘못, Hammer 선정 잘못, 항타 시공 잘못 등으로 발생한다.

여기에서는 지지력 감소원인과 대책에 대하여 기술하고자 한다.

Ⅱ. 지지력 감소원인

1) 이음
2) 부주면 마찰력(Negative skin friction)
3) 군말뚝 (Group pile)
4) 기 타 ┬ 재료의 압축 응력
　　　　├ 세장비
　　　　├ 말뚝 침하량
　　　　└ 두부와 선단부 보강
5) 장비의 선정

Ⅲ. 대 책

1. 이 음

1) 이음 구조는 재질에 따라 적정 공법 선정
① Band식 ┬ RC, PSC Pile
② 충전식 ┘
③ Bolt식 : H-pile
④ 용접식 : 강관 Pile

2) 단면의 여유가 있는 곳에 이음 위치를 둔다.

3) 부식의 영향이 없는 곳에 이음을 둔다.

4) 이음수는 최대한 줄인다.

5) 타입시, 주위 지반을 이완시키지 않는 구조를 택한다.

6) Prestress 손실이나 이완이 일어나지 않도록 한다.

7) 설계상 휨 모멘트가 크지 않은 위치에 둔다.

2. 부주면 마찰력(Negative skin friction)

Pile의 침하보다 주위 지반의 침하가 클 때

1) 발생원인

① 연약지반의 압밀 침하

② 성토지반의 침하

③ 지하수위 변동에 따른 침하

2) 표면적이 적은 말뚝 사용

3) 말뚝박기 전 말뚝구멍보다 큰 구멍을 뚫고, Benotine 등의 Slurry를 넣고 말뚝을 박아 마찰력을 감소시킨다.

4) 말뚝보다 큰 Casing을 박는다.

5) 말뚝 표면에 역청재료로 표면처리

6) 연약지반 Pile 박기 전 침하처리

7) 상재하중 제거 및 지하수위 변동 없게

3. Group pile

지지력을 저하시키고 침하량 증가

1) 말뚝간격

$$D = 1.5\sqrt{r \cdot \ell} \quad \text{유지} \qquad D : \text{말뚝간격}, \ r : \text{반경}, \ l : \text{말뚝 근입심도}$$

2) 점성토 마찰말뚝에서 현저하므로 토질개량

4. 기 타

1) 말뚝재료 품질검사 적정재료 사용

2) 세장비 작을수록 좋다.

$$\lambda = \frac{\ell}{\sqrt{\dfrac{I}{A}}} \qquad I(2\text{차 모멘트}) : \text{클수록 좋다.}$$

3) 탄성침하가 적을 것
4) 기성말뚝의 두부 : 캡이나 큐션으로 보호
5) 철근콘크리트 Pile : 띠철근으로 보강
6) PC 콘크리트 Pile : 두부 보강
7) 강관말뚝 : 강판을 덧씌워 보강

5. 장비 선정

1) Pile 손상치 않고, 소정의 깊이까지 타입 가능한 것
2) Hammer는 중량이 크고, 낙하고 적어 두부의 손실을 적게 할 것

Ⅳ. 결 론

말뚝의 지지력을 저하시키지 않는 방법은 조사 철저 → 시항타 실시 → 재하시험 실시 → 정확한 지지력 추정 → 시공관리이다.

또한 적정 Pile 선정과 적정 항타장비 선정에 있으며, 가장 중요한 것은 말뚝의 현장관리 철저에 있다.

문제 18   단항(Single pile)과 군항(Group pile)에 대해서 귀하의 의견을 쓰시오.

Ⅰ. 개 요

지반 중에 2개 이상의 말뚝을 박을 경우
단항 : 항에 의한 지중응력이 서로 거의 중복되지 않을 정도로 떨어져 있는 경우
군항 : 서로 영향을 미칠 정도로 접근한 항

Ⅱ. 단항과 군항의 판정기준

$$D_O = 1.5\sqrt{\gamma \cdot l}$$

여기서, D_O : 응력이 미치는 범위
  γ : 말뚝의 반경
  l : 말뚝의 길이
  $D_O > S$: 군항
  $D_O < S$: 단항(S : 말뚝의 중심간격)

Ⅲ. 군항의 지지력

기초항에 군항을 사용하게 되면 지중응력이 중복하게 되어 항 한개당 지지력이 약화될 뿐 아니라 침하량도 커진다.

군항의 지지력은 항기초를 최외측열 항으로 둘러쌓인 가상케이슨 기초로 생각하여 산출

1) 군항의 극한 지지력

$$Q_u = A \cdot q_u + L \cdot D_f \cdot \overline{S}$$

2) 항 선단 극한 지지력

$$q_u = \alpha C N_C + \beta r_1 B N_r + r_2 D_f N_q$$

3) 한개당 허용 지지력

$$R_a = \frac{1}{n \cdot F}(Q_u - w)$$

여기서, Q_u : 군항의 극한 지지력

q_u : 항 선단지반의 극한 지지력

L : 군항 주위의 길이

D_f : 기초저면에서 항선단까지 심도

A : 군항의 저면적

$\overline{S}$: 항에 접하는 흙의 평균전단강도

R_a : 항 한개당 허용 지지력

n : 항 개수

F : 안전율(=3)

W : 사선부의 흙의 유효중량

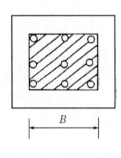

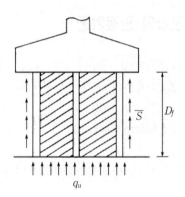

4) 지지력의 저감률

Converse Labarre 저감식

$$E = 1 - \varnothing \frac{(n-1)m + (m-1)n}{90 \cdot m \cdot n}$$

여기서, $\varnothing = \tan^{-1}\dfrac{D}{S}$

m : 말뚝의 열수

n : 1열 속의 말뚝수

D : 말뚝의 직경

S : 말뚝의 중심간격

Ⅳ. 단항의 지지력

선단 지지력과 주변 마찰 지지력의 합으로 극한 지지력 또는 허용 지지력을 구하는 정역학 지지력 공식과 항타할 때에 타격 에너지와 지반의 변형에 의한 에너지가 같다는 동역학적 공식 으로 대별한다.

1) 정역학적 지지력 공식

$$R_U = R_P + R_F$$

$$= q_u \cdot A + uL\, fs$$

① 토압론에 기인한 고전적 지지력 공식

② 토질역학 이론에 기인한 지지력 공식

③ 표준관입시험 또는 정적 관입시험 결과에 의한 지지력 공식

  ⅰ) Terzaghi 공식

$$T_u = q_u \cdot A_p + uL\,\overline{f_s}$$

$$(a\,CN_c + \beta r_1 BN_r + r_2 L\,N_q)A_p + uL\,\overline{f_s}$$

여기서, B : 항 직경 또는 단변길이

       L : 지중부분 항장

       $\overline{f_s}$: 평균 항 주변 마찰력

  항 선단의 얇은 경우나 N치 30 이하의 경우에 사용하는 것이 좋다.

  ⅱ) Meyerhof 공식

$$R_u = 40\overline{N}\,A_p + \frac{1}{5}\,\overline{N_s} \cdot A_s + \frac{1}{2}\,\overline{N_c} \cdot A_c$$

여기서, $A_s : u \cdot l_s$

       $A_c : u \cdot l_c$

       $\overline{N}$: 항의 선단지반 평균 N치 $\overline{N} = \dfrac{N_1 + N_2}{2}$

       $\overline{N_s}$: 항 선단까지의 사층 지반의 평균 N치

       $\overline{N_c}$: 항 선단까지의 점토층 지반의 평균 N치

  ⅲ) Dunham 공식

  점성토 : $R_u = q_u \cdot A_p + u \cdot h \cdot c$

  사질토 : $R_u = q_u \cdot A_p + u \cdot h(1.6H_1 + H_2) \cdot K$

     여기서, $q_u = aCN_c + \beta r_1 BN_r + r_2 L\,N_q$

$$K = K_p \cdot \mu = \tan^2\left(45° + \frac{\phi}{2}\right)\tan\phi$$

2) 동역학적 지지력 공식

① Hiley 공식

$$R_u = \frac{ef \cdot F}{S + \dfrac{C_1 + C_2 + C_3}{2}} \cdot \frac{W_H + e^2 \cdot W_P}{W_H + W_P}$$

여기서, R_u : 극한 지지력

ef : Hammer의 낙하효율(0.5~1.0)

┌ 자유직하해머 $ef=0.75~1.0$

├ 디젤해머 $ef=1.0$

└ 증기해머 $ef=0.65~0.85$

e : 반발계수, $F : W_H \cdot h$: 타격 에너지, h : 해머 낙하고

W_H : 해머무게, W_P : 항의 무게

S : 항의 최종관입량

C_1 : 항의 탄성변형량

C_2 : 지반의 탄성변형량

C_3 : 쿠션의 탄성변형량

② Sander 공식($F_s=8$)

$$R_a = \frac{W_h \cdot H}{8 \cdot S}$$

③ Engineering News 공식

낙추식 Hammer

$$R_u = \frac{W_h \cdot H}{S+2.5}$$

④ Weishach 공식

$$R_u = \frac{AE}{L}\left(-S+S^2+W_h \cdot H\frac{2L}{AE}\right)$$

$$R_a = 0.15R_u$$

Ⅴ. 단항과 군항의 지지력과 침하에 대한 유의사항

1) 일반적으로 기초항에 군항을 사용하게 되면 항에서의 지중응력이 중복되어 항 한개당 지지력이 약화될 뿐 아니라 침하량도 커진다.

2) 특히 점성토 지반층이든가 항 선단 밑에 점성토층이 있을 경우 지지력과 침하량에 대한 영향이 현저하게 나타난다.

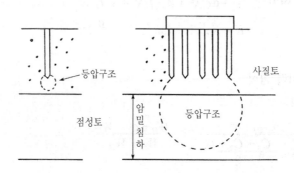

3) 그림의 경우 단항과 군항이 개당 같은 하중을 받는 경우에도 단항은 응력범위에 점토지반에 도달하지 않기 때문에 침하가 거의 일어나지 않지만, 군항의 경우 응력범위가 점토층에 영향을 미치므로 점토층의 압밀침하를 일으킬 수 있다.

4) 사질토지반 중에 박은 군항의 경우에도 지중응력의 중복에 의하여 단항의 경우와 침하 특성이 틀리다.

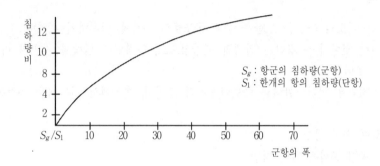

문제 19 현장에서 말뚝의 지지력을 추정하기 위해서 실시해야 할 사항을 쓰시오.

I. 개 설

말뚝기초는 기초의 자중을 포함한 상부 구조물의 하중을 지지하기 위하여 소정의 위치에 도 달시키기 위한 것이며, 수평력은 말뚝의 휨강성으로, 연직력은 말뚝과 지반의 마찰력으로 지지 하는 기초 구조이다.

말뚝의 지지력은 선단마찰력과 주변마찰력의 합이며, 현장에서 지지력을 추정하는 방법은 다 음과 같다.

1) 자료에 의한 방법
2) 정역학적 공식에 의한 방법
3) 동역학적 공식에 의한 방법
4) 재하시험에 의한 방법

지지력을 추정하기 위해선

| 조사 | → | 항타 계획 수립 | → | 시항타 | → | 재하시험 | → | 지지력 추정 | 의 순서로

한다. 여기에서는 이들의 세부사항을 기술하고자 한다.

II. 지지력 추정

1. 조 사

1) 하부지반 구성상태
2) 지하수위 상황
3) 지지층의 깊이
4) 표준관입시험 → N치에 의한 지지력 추정

2. 시항타 계획 수립

1) 정역학적 공식 이용
① 말뚝의 길이 종류
② 시공법
③ 말뚝 선단지층 상태

2) 지지력 추정

3) Test pile 결정

4) 시항타 계획 수립

3. 시항타

1) 동역학적 공식 이용

2) 항타장비의 종류, 작업방법, 말뚝길이 결정

3) 최종 관입량

4) 말뚝타격횟수 제한

RC	PC	강
1,000	2,000	3,000

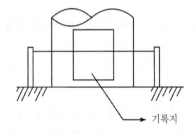
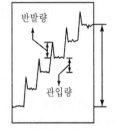

$\dfrac{S}{5}$ = 1타당 관입량

강관, H-pile 최종 10타
콘크리트 최종 5타

기록지

기록사항 ── Hammer 종류
├ Hammer 중량
├ 램의 낙하고
├ 말뚝의 관입량
└ 반발량

4. 재하시험

1) 연직재하시험과 수평재하시험 : 급속재하시험과 완속재하시험 → 급속재하시험

2) 목적 : 말뚝의 지지력 확인

3) 시험하중 = 설계하중 × (2 − 3)

4) Loading(재하) 8단계

Unloading(제하) 4단계

5) 측정시간 :   0   1분   5분   10분 15분

15분 이상   5분   10분 간격으로 추정

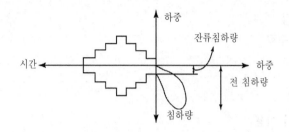

5. 말뚝의 지지력 추정

1) 지지력 추정

① 자료에 의한 방법
② 정역학적인 공식에 의한 방법
③ 동역학적인 공식에 의한 방법
④ 재하시험 : 신뢰도 ④ > ② > ① > ③ → 말뚝의 종류, 길이, 지름, 선단위치 판정

Ⅳ. 결 론

말뚝기초의 지지력을 추정하는 경우 대부분이 경험에 의한 공식이므로 지반 특성에 따라 대규모인 경우 재하시험을 시행하여 지지력을 확인하고, 소규모 공사인 경우 경험식이나 주위 시공사례를 참고한다.

1) 재하시험에 의한 극한 지지력, 허용 지지력

$$허용지지력 = \frac{극한\ 지지력}{안전율} = \frac{추정\ 지지력 - 지지력\ 감소율}{안전율}$$

산정하여 시공관리에 감안한다.
2) 동역학적 공식은 실제로 잘 맞지 않으나, 항타 공식의 계수를 조절, 시공관리하면 지지력이 정확하다.
3) 대규모 공사에서 항타시험치와 재하시험치를 비교하여 항타 기준을 결정하여 항타시공한다면 매우 신뢰성 있는 공사가 될 것이다.
4) 근래에는 계측 System에 의한 지지력 추정방법이 비교적 정확한 측정방법으로 사용된다.

문제 20 말뚝 재하시험 결과로부터 말뚝의 허용지지력을 산정하는 방법에 대하여 설명하시오.

Ⅰ. 연직시험에서 허용 지지력 산정방법

1) 하중-침하곡선

   ① 하중증가 없이 침하가 계속되는 점(A점)

   ② 말뚝 폭의 10%의 침하가 발생되는 점(B점)

   ③ 하중의 증가에 비해 순침하량이 급격히 증가하는 점(D점)

   ④ 하중의 증가에 비해 너무 큰 침하량이 발생하는 점(C점)

   ⑤ 순침하량이 6mm 되는 점

   ⑥ 초기 직선부분과 극한 상태 부근 접선의 교점(F점)

   ⑦ 하중-순침하량 곡선의 기울기가 0.25mm/t이 되는 점

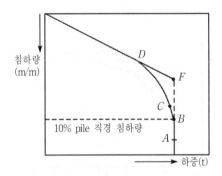

   보통의 경우 극한 하중까지 재하하려면 너무 큰 시험 하중이 필요하므로 항복하중을 찾아 그것의 1.5배를 극한 하중으로 간주하여 사용한다.

2) S-log t 곡선법

   다음 그림에서와 같이 S-log t 곡선을 그릴 때 각 하중 단계의 선이 직선으로 되지 않는 점을 항복하중으로 본다.

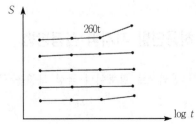

3) $ds/d(\log t) - P$ 곡선법

각 하중 단계에서 일정시간(10분) 후의 대수 침하속도 $ds/d(\log t)$, 즉 S–log t의 곡선의 경사를 구하고 이것을 하중에 표시하여 연결한다.

이와같이 구한 선이 급격히 구부러지는 점의 하중을 항복하중으로 본다.

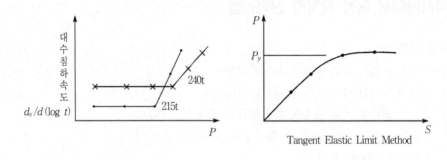

Tangent Elastic Limit Method

4) $\log P - \log S$ 곡선법

P와 S를 양 대수 눈금에 그리고 각 점을 연결하여 얻어지는 선이 꺾어지는 하중을 항복하중으로 한다.

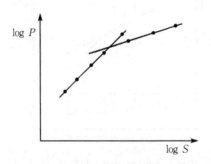

5) 다 Cycle loading 방식에서는 하중–잔류변형량 곡선이 얻어진다.

$\log S - \log P$ 곡선이 말뚝머리 변형량 대신 잔류의 변형량을 사용할 때가 항복하중 결정에 용이할 때가 있다. 말뚝 자체의 탄성변형량이 큰 강말뚝에 이 방법이 적합한데 $\log P - \log S$의 한 방법이다.

Ⅱ. 인발 재하시험에서 허용인발 지지력 산정방법

연직 재하시험에서와 비슷한 방법으로 항복이나 극한 하중을 구한다.

III. 수평 재하시험에서 수평 재하력 산정방법

1) 수평 재하시험에서 하중-말뚝머리 곡선은 일반적으로 구부러진 형태로 나타난다.

2) 짧은 말뚝을 제외하면 명확한 항복하중이나 극한 하중은 얻어지지 않는다.

3) 긴 말뚝에서는 흙의 소규모적인 파괴현상이 점진적으로 발생하고 전면적인 파괴는 발생하지 않는다.

4) 하중-말뚝머리 변위곡선은 항복이나 극한 하중을 구하기 위한 것이 아니고 말뚝머리 변위량을 제한하는데 사용한다.

5) 허용·말뚝머리 변위량이 결정되면 그 변위에 대응하는 하중이 횡방향 허용 지지력이다.

6) 허용 횡방향 지지력에 대한 휨응력을 고려하고 휨응력이 말뚝의 허용 휨응력보다 작아야 한다.

7) 말뚝 내의 휨응력 분포를 알기 위하여 Strain gauge를 설치하여야 한다. 그러나 시간과 비용이 많이 들고 정확한 측정치도 얻기 어려우므로 보통 허용 휨응력을 측정하지 않고 말뚝머리 변위의 측정 결과와 해석 방법을 사용하여 휨응력을 간접적으로 추정한다.

8) 재하시험시 하중을 크게 하면 $P-S$ Curve에서 파괴하중을 추정할 수 있다. 이는 말뚝의 꺾어짐을 나타낸 것이다. 이때는 휨응력 대신 휨방향 허용 지지력이 파괴하중의 1/3을 넘지 않는다는 조건으로 사용한다. 파괴하중을 얻지 못하면 최대하중을 파괴하중으로 보고 휨응력을 검토하기도 한다.

9) 단주의 경우 말뚝머리 변위, 휨 검토 외에도 말뚝의 전도에 대한 고려가 필요하다. 허용하중은 전도하중의 1/3 이하이고 전도하중이 얻어지지 않으면 최대시험을 전도하중으로 간주한다.

10) 횡방향력에 대한 말뚝의 동태를 추정하기 위해 가장 적합한 방법은 횡방향 재하시험이 하중-변위특성, 휨 파괴하중을 구할 수 있다. 횡방향 재하시험에서 주의할 것은 시험조건에 따라 결과가 달라진다. 따라서 시험조건이 실제 하중조건과 같은 경우에는 재하시험 결과를 그대로 사용

11) 보통 횡방향 재하시험에서는 직접 허용 지지력을 구하지 않고 지반반력에 관계되는 계수치를 구하는데 시험결과를 사용한다. 지반반력에 관한 계수치를 알면 실제 구조물의 동태를 해석 방법으로 구할 수 있다.

문제 21　케이슨 공법의 특징

Ⅰ. 오픈케이슨 공법

1) 조건이 양호하면 침수깊이에 제한을 받지 않으나 시공능률이 저하한다.
2) 기계설비가 간소하고 일반적으로 염가이나 장애물, 주면 마찰력의 증대 등에 따른 공정이 지연되어 공사비가 증대하는 경우가 있다.
3) 주로 자중에 의한 침하를 기대하기 위해 측벽이 두꺼워지며, 비경제적이다.
4) 히빙이나 보링을 유발하기 쉽고 주변 지반을 교란시키기 쉽다.
5) 옥석, 전석층 등에서는 수중굴착을 해야 하지만, 그렇지 않은 경우의 대책을 검토해 놓는다.

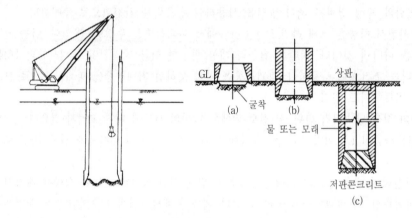

오픈케이슨 공법의 시공상황도

Ⅱ. 뉴매틱케이슨 공법

1) 작업기압의 한계는 4kg/cm^2 정도이며, 보다 깊은 위치에 침설하려면 디프웰, 지반개량 또는 헬륨 혼합가스 사용 등의 대책을 강구한다.
2) 특수한 기계설비를 필요로 한다.
3) 평판재하시험에 의하여 직접 지지지반의 확인이 가능하므로 신뢰성이 높다.
4) 전석, 암반층에의 침설, 장애물의 철거 등이 가능하다.
5) 지하수위를 변동시키지 않으므로 주위 지반이나 구조물에 대한 영향이 적다.

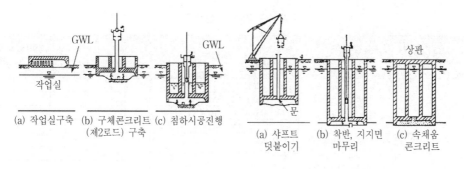

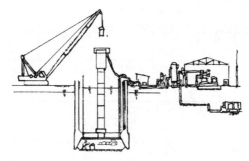

뉴매틱케이슨 공법의 시공상황도

Ⅲ. 설치케이슨 공법

① 기상, 해상 등에서의 급속시공이 가능하다.

② 지지지반이 수면 이하 비교적 얕은 위치에 존재하는 경우에 적용할 수 있다.

③ 설치지반의 수중굴착을 위하여 해수 오탁방지대책이 필요하다.

④ 작업이 단순하며, 공사의 성력화, 효율화를 꾀할 수 있다.

⑤ 용도에 따라 시공 정도에 대한 대책이 필요하다.

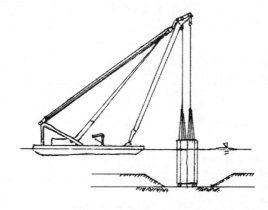

설치케이슨 공법의 시공상황도

케이슨 기초의 선정표

설계조건	케이슨 기초공 종류		번호	개 단 케이슨	공 기 케이슨	강널말뚝식 기 초
하 중 규 모	교대교각 1기당 상시＋일시하중	200tf {2MN} 이하	1	×	×	×
		200~500tf {2~5MN}		×	×	×
		500~1500tf {5~15MN}		△	△	△
		1500tf {15MN} 이상		○	○	○
지 지 방 식	완 전 지 지 D_f(지지층의 깊이)	D_f 0~5m	2	△	×	×
		D_f 5~10		△	△	△
		D_f 10~20		○	○	○
		D_f 20~30		○	○	○
		D_f 30~60		△	△	○
	불 완 전 지 지		3	△	△	△
	마 찰 지 지			×	×	×
지 지 층 면 의 상 태	평 탄 (30°정도 이하)		4	○	○	○
	경 사 (30°정도 이상)			△	○	×
	요 철			△	△	△
중 간 층 의 상 태	점 성 토 N치	4 이상	5	△	○	○
		4~10 이상		○	○	○
		1~20		○	○	○
	모 래 층 N치	15 이하		○	○	○
		15~30		○	○	○
		30 이상		△	○	○
	점착성이 없는 느슨한 모래(N치 10 이하)			△	△	○
	층이 두꺼운 경우(5m 정도 이상)					
	자갈·옥석·전석 무			○	○	○
	입 경	10cm 이상		○	○	○
		10~30cm		○	○	○
		30cm 이상		△	△	○
중 간 층 과 지 층 의 상 태	지 하 수 위	후팅하면 이상	6	○	○	○
		후팅하면 이하		○	○	○
		케이슨선단 이하		○	△	○
	피압지하수	무		○	○	○
	지 표 에 서	0~2m		△	○	○
		2m 이상		×	△	○
	유 동 지 하 수	무		○	○	○
		매분 3m정도이상		△	○	○
	유 해 가 스	무		○	○	○
		유		○	△	○
표 층 강 도	보통의 경우		7	○	○	○
	연약한 점성토 N치 2 이하			△	△	△
	느슨하고 포화된 사질토 N치 10 이하			△	△	△
표 층 의 지 형	평 탄 (10°이하)		8	○	○	○
	경 사 (10°이하)			△	△	△
	요 철			△	△	△
환 경	수 상 시 공		9	△	△	○
	소 음·진 동			△	△	×
	인접 구조물에 대한 영향			△	△	○
	작업공간이 좁은 경우			△	△	△
공 기	1기당의 공기		10	△	△	△
	동 시 시 공 성			○	○	○

주) 지지층의 강도 표준은 사질토의 경우 N치 30 이상, 점성토의 경우 N치 20 이상. 적용조건 ○：적합, △：약간 문제 있음, ×：부적합

문제 22 · Caisson 기초의 종류와 특징 및 시공법을 논하시오.

I. 개 설

Caisson 공법을 시공방법에 따라 구분하면 Open caisson, Pneumatic caisson, 설치 Caisson 공법으로 구분할 수 있으며, Open caisson 공법은 철근콘크리트 통상구조물을 육상에서 제작 내부 토사를 굴착하면서 소요의 지지층 지반에 기초를 형성시키며, Pneumatic caisson 공법은 압축공기를 보내면서 육상에서와 같이 인력으로 기초굴착하여 소요의 지지층 지반에 기초를 형성하고, 설치 Caisson 공법은 Caisson을 육상에서 제작, 바로 수중으로 이동, 소정의 위치에 이르면 밑부분이 폐쇄된 상자형 Caisson 내부에 물을 채워 설치하는 공법이다.

또한 Caisson 기초는 확실한 지층에 하중을 전달시키는 강성이 큰 기초공법으로 연직력은 지반의 지지력으로, 수평력은 지반의 마찰력으로 시공중 소음이 적고 수심이 깊은 곳에 시공할 수 있으며, 횡방향에 대한 저항력이 크다.

II. Caisson 기초의 종류와 특징

특 징 \ 종 유	Open Caisson	Pneumatic Caisson
주변지반 영향	• 지하수위 저하 • 주위지반 침하 • 지반교란 야기	• 지하 수위 변동 없다. • 주위 지반 교란 없다.
시 공 깊 이	• 주변 마찰만 감소시킬 수 있으면 상당한 깊이까지 시공 • 60m 정도	• 고압상태에서 작업 • 작업원의 보건관리상 제한 • 35m 정도
지 반 확 인	• 수중굴착이므로 확인 곤란	• 작업실에서 지반작업 가능 • 재하시험도 가능
기 계 설 비	• 비교적 간단 • 공사비가 싸다	• 공기주입설비, 전기설비 등 대형 • 공사비가 비싸다.
공 사 기 간	• 시공 중 장애물이 나타나면 제거시간이 많이 소요	• 장애물을 제거하기 쉽고 공기가 안정
공 해	• 소음, 진동 없어 시가지 공사 적합	• 컴프레서의 소음·진동 • Lock의 배기음, 시가지 공사 부적합
시공의 확실성	• 수중굴착이며, 수심이 깊어 확실성 결여	• Dry work 상태에서 작업, 확실
침 하 하 중	• 하중재하시 정부가 무거워 경사지기 쉽다. 하중의 재하, 제거하기 위한 공비, 공기에 지장을 준다.	• 중심이 작업실 하부에 있어 경사를 일으키지 않는다. 작업실 천장위에 물, 토사 재하하여 굴착방법에 지장없다.
저반 콘크리트	• 콘크리트 2차 침하 일어남.	• 공극이 있을 시 Grouting 충진 • 2차 침하 없다.

Ⅲ. 시공법

1) 거치법

① 육상

② 축도

③ 수중거치 ┬ 예선식(설치 Caisson 공법)
　　　　　　└ 발판식

2) 시공 순서

① Open caisson

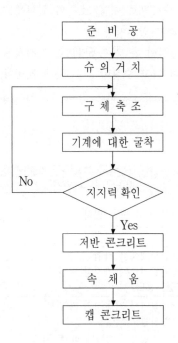

② Pneumatic caisson

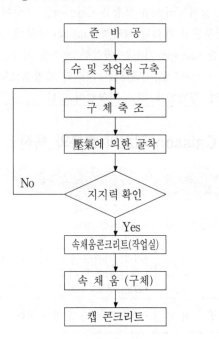

3) Caisson 내부 굴착 순서

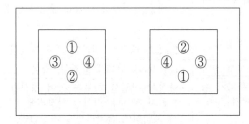

Ⅳ. 침하 조건식

1) Open caisson 침하 조건

자중 + 재하중 > 총주면마찰력 + 선단 부지지력 + 부력

2) Pneumatic caisson 침하 조건

자중 + 재하중 > 총주면마찰력 + 선단부 지지력 + 부력 + Caisson 내 기압압력

Ⅴ. 문제점

1) 사층 굴착시

Boiling 발생 → 침하시 Caisson 내외 수위 관측

2) 점토층의 굴착시

Heaving 발생 → Caisson 관내의 수위 유지

3) Caisson 경사와 편차

① 편심량(침하심도의 1/100~1/200)을 고려하여 상부 구체치수보다 30cm 이상의 여유 필요
② Caisson 길이의 1/50 허용
③ 초기 3m 정도까지의 침하에서 위치이동 경사가 일어나기 쉬우므로 각별히 유의

Ⅵ. 결 론

시공조건 고려, 공법 선정 → 시공방법, 공기, 경제성

문제 23 Caisson의 침하시 조건과 침하시 마찰력을 감소시키는 방법 및 편위되었을 때 대책에 대하여 기술하시오.

I. 개 설

Caisson 기초는 철근콘크리트 통상 구조물을 거치하여 밑바닥에서 토사를 굴착, 배토하여 소정의 지지층까지 침설하는 기초로서 수평력은 지반의 마찰력으로, 수직력은 지반의 지지력으로 지지한다. 특히 자중과 재하중으로 침하시키므로 주면 마찰력을 감소시켜야 하며, 주변 지반의 영향으로 편위가 되어 시공관리에 어려움이 있다. 여기서는 침하조건과 마찰력을 감소시키는 방법, 편위되었을 때의 대책에 대하여 기술하고자 한다.

II. Caisson 침하 조건

1) 침하 조건식

　　Caisson의 하중 + 재하중 > 주면 마찰력 + 선단 지지력 + 부력(양압력)

2) 주면 마찰력이 큰 경우 외벽에 Friction cut이나 마찰감소 장치 설치

3) Caisson 하중은 벽두께나 간 벽의 두께로 조절

4) Caisson의 주면 마찰
   ① 침하중에는 최소한으로 작용하고
   ② 침하 후 최대한 힘을 발휘하는 것이 이상적
   ③ 침하중 주변 마찰 과대하게 평가하고 침하 완료 후의 지지력 산정은 과소 평가하여 안전을 대책 취할 필요가 있다.

5) Caisson 침하시킬 때의 원칙
   ① Caisson의 연직성
   ② 날끝 위치에 지반의 연화 교란을 적게 하여 Caisson을 내린 다음 내부 흙 굴착

III. 마찰력을 감소시키는 방법

1) Friction cut
   ① Caisson 선단부 설치
   ② 5~10cm

③ 근접 구조물에 영향을 주어 위험이 있는 경우 충분한 검토

④ 주변 마찰력을 감소

⑤ 수동 토압을 감소시킬 목적

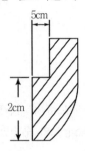

2) Curve shoe의 역할

① 발파로 인한 파손 방지

② 부등침하 방지

③ 침하 용이

④ 장애물, 불규칙한 굴삭에 의한 선단부 공극이 생겼을 때 측벽의 응력 평균화

3) 기 타

① 특수 표면 활성제 도포(점성토와 사질토 사이)

② Jetting에 의한 방법(점성토와 사질토 사이)

③ 전기집수방법

④ 점토막 형성(암반, 조약돌)

⑤ 지반과 외벽 사이에 점성토를 떨어뜨리면서 침하시키는 방법

⑥ 작업실 감압장치

⑦ 상재하중

Ⅳ. 굴착 침하공(편위)

Caisson의 침하 작업중에서 가장 주의할 사항은 Caisson의 편위이다.

1) 침하 작업중 발생하는 편위의 원인

① 조류, 파랑, 홍수 등으로 밀리는 경우

② 지층의 경사, 연약지반 등으로 인하여 슈의 지지력이 불균등한 경우

③ 침하 하중의 불균등, 굴착토의 사토로 인한 편하중이 작용한 경우

④ 호박돌 전석, 유목 등의 장애물이 있는 경우

2) 편위 방지방법

① Caisson 내부의 굴착 순서를 지킨다.

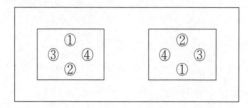

② 전석 장애물이 있어 침하가 순조롭지 않을 때 우각부 슈의 지반토 교란(사수)

③ 주변 마찰력을 감소시키기 위해 사질토층에서는 소규모의 수중발파하는 방법

④ 점성토층에 측벽 외면에 압력수, 압축공기를 사수

3) Open caisson의 편위 수정

① 위치의 수정

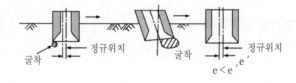

② 경사 수정

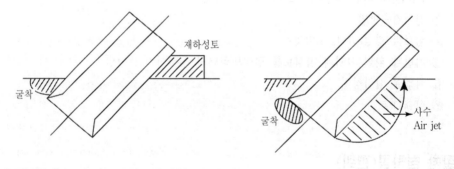

③ 심도가 깊기 전에 수정 필요

Ⅴ. 결 론

1) Caisson 주변 마찰력에 대해 언급

2) 편위 → 사전에 원인 분석

3) 철저한 시공관리 필요

문제 24 우물통 침하시 토질의 종류(점토, 일반 토사, 모래, 자갈 섞인 모래)별로 적당한 침하공법을 제시하고, 그 이유를 설명하시오.

Ⅰ. 개 설

우물통 공법은 통상의 Caisson을 소정의 위치에서 건조한 다음 내부의 토사를 수중굴착하여 침하시키고, 점차 Caisson을 이어가면서 소정의 지지층의 깊이까지 도달시키는 강성이 큰 기초이다. 또한 Caisson의 침하는 굴착방법 및 속도, Friction cut 구조, Curve shoe의 형상구조, 측벽 수위상태, 장애물의 상태, 토질 종류 등에 따라 상당한 차이가 있으며, 탐도가 깊어짐에 따라 침하가 곤란하게 된다.

따라서 여기에서는 토질 종류별 침하공법과 그 이유를 기술하고자 한다.

Ⅱ. Caisson의 침하 조건

$$W > F + U + P$$

W : Caisson의 수직하중(자중＋재하중)(t)

F : 총주면 마찰력 $= fsh$

f : 단위 면적당 주면 마찰력(t/m^2)

s : Caisson의 주장(m)

h : Caisson의 관입깊이(m)

U : 양압력(t)

B : 선단 지지력(t) $= qult \cdot A$

$qult$: 지반의 극한 지지력(t/m^2)

A : 날끝면적(m^2)

상기 조건이 만족하지 못하면 침하촉진공법이 필요하다.

Ⅲ. Caisson의 침하촉진공법의 종류와 적용성

1. 침하촉진공법의 종류

1) 재하중 침하공법(일반 토사, 모래)

2) 물하중식 침하공법

3) Jet식 침하공법 ┬ Air jet식(실트, 점토, 모래)
                  └ Water jet식(일반토사, 모래)

　　4) 발파공법(자갈 섞인 모래)

　　5) 진공식 침하공법(점토, 실트)

2. 토질별 침하공법의 적용성

　1) 재하중 침하공법

　　① 일반 토사, 모래에 적용

　　② Rail, 철괴, Concrete Block 등을 Caisson 위에 재하

　　③ 시공 간편, 경제성

　　④ Caisson을 이을때마다 하중 제거

　　⑤ 새로운 Lot를 만들 때는 양생 완료 후 재하

　2) Air jet식 침하공법

　　① 실트, 점토, 모래 침하시 사용

　　② Caisson의 주면 마찰력 때문에 침하속도 느리게 되는 경우

　　③ 벽면 마찰저항을 감소시켜 침하 촉진

　　④ 구체와 지반 사이에 Air jet으로 분출하여 마찰력 감소

　　⑤ 벽두께 얇게 되는 위험이 있다.

　　⑥ 지반을 교란시킨다.

　3) Water jet식 침하공법

　　① 일반토사, 모래 침하시 사용

　　② Caisson의 주면 마찰력 때문에 침하속도가 느리게 되는 경우

　　③ 벽면 마찰저항을 감소시켜 침하 촉진

　　④ 구체와 지반 사이에 Water jet을 분출하여 마찰력 감소

　4) 발파식 침하공법

　　① 자갈 섞인 모래

　　② 화약에 의한 발파로 Caisson 구체에 충격

　　③ 마찰저항을 감소시켜 침하 촉진

　　④ 세심한 시공관리

　　⑤ 정통의 단면적 $20m^2$당 300g

　　⑥ Caisson 내 물이 약간 있는 것이 좋다.

　　⑦ 수심이 너무 깊으면 횡압력이 벽체에 작용하므로 주의

　　⑧ 4m 이하에서 발파

5) 진공식 침하공법

① 점토, 실트질 연약지반

② 대기압 이용하여 침하

③ Caisson에 강제의 가마개를 통해 수중펌프로 Caisson에 물을 배출

④ Caisson 외벽 강성을 확보해야 하는 제약

⑤ 굴착과 재하를 동시에 할 수 없다.

6) 물하중식 침하공법

① Caisson 하부에 수밀한 선반을 설치하고, 여기에 물을 넣어 침하

② 비용이 싸고, 재하 단기간 완료

③ Caisson에 균등하중이 재하

7) Caisson 내 수위 저하공법

① 부력을 감소구체의 중량을 증가

② 너무 수위를 내리면 Boiling이나 Heaving이 생겨 Caisson의 급격한 침하와 편심의 원인

8) 기 타

Caisson의 침하 검토사항

① Friction cut 유무

② 끝날의 형상

③ Caisson의 단면 형상

문제 25 · 설치 케이슨 공법 시공에 대하여 기술하시오.

Ⅰ. 개 요

해상에 건설하는 교량해중기초시공법은 강체기초인 Coffer dam 공법과 Open caisson 공법이 주로 적용되어 왔다.

Coffer dam은 그 구조 및 시공상 수심이 결정적 요소이며 작업수심 15~20m가 한계이다.

Open caisson 공법은 축도 또는 작업대를 이용하는 방식과 Floating 방식이 있다.

전자는 Coffer dam 공법과 마찬가지로 비교적 얕은 수심에만 적용할 수 있다. 후자는 케이슨을 수면에 띄워서 침설지점까지 예민하기 때문에 작업수심에 따른 제약은 적다.

그러나 Open Caisson은 현장계류 후 굴착침하 완료까지 장기간 불안정한 상태로 있으며, 케이슨 굴착에 의해 침하시키는 한 암반 굴착이 매우 곤란하다. 따라서 해중공사는 확실성과 안정성, 공기단축 및 경제성을 고려하여 설치케이슨 공법으로 시공한다.

설치케이슨 공법은 해저를 굴착한 후 별도 작업장에서 제작한 강제 케이슨을 설치하고 그 속에 콘크리트를 타설하는 공법으로 시공법 자체는 매우 단순한 공법이다.

이 시공법은 작업조건이 까다로운 해상과 해중 작업에서 대형 작업선과 최신 대형 기계설비를 사용하여 단순한 작업 시스템으로 확실성과 안전성 그리고 공기단축을 도모하고 나아가 경제성을 얻으려고 하는 공법이다.

Ⅱ. 설치케이슨 공법 · 시공 순서

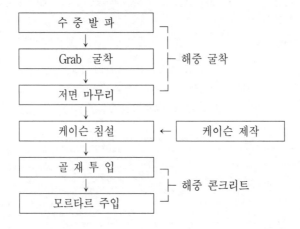

III. 특 징

1) 사전 굴착이므로 시공상 공간적으로 제약을 받지 않는다. 수중발파가 가능하기 때문에 해저 암반의 굴착성 및 개착면의 성형성이 좋게 된다.
2) 케이슨의 사전 제작으로 공기 단축이 가능하다. 케이슨 구조에 부력실 등을 설치하여 용이 하게 해면부상 상태로 예항할 수 있다.
3) 케이슨 침설지점에 계류시키고부터 침설 완료시까지 단기간 소요
4) 해상 작업공기의 단축으로 재래공법에 비하여 원가절감

IV. 세부사항

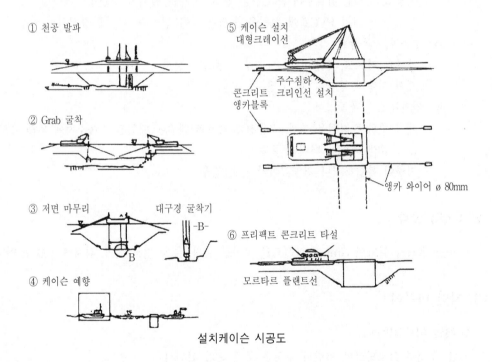

① 천공 발파
② Grab 굴착
③ 저면 마무리   대구경 굴착기
④ 케이슨 예항
⑤ 케이슨 설치 대형크레이션
   콘크리트 앵카블록   주수침하 크리인선 설치
   앵카 와이어 ø 80mm
⑥ 프리팩트 콘크리트 타설
   모르타르 플랜트선

설치케이슨 시공도

1. 해중굴착

1) 수중발파

① 해상작업대(Self elevating platform) : 수중발파를 효율적으로 수행하기 위해 필요한 작업대

  i) 설치·해체 용이

  ii) 측량 유도에 의해 정확한 장소에 위치

　　　iii) 4본의 각주를 해저에 착저

　　　iv) 작업데크면을 Jack으로 상승

　　② 수중발파작업

　　　ⅰ) 유선전기 초차 단발기폭공법

　　　　－ Over Burden 발파로 사전에 해저를 굴착하지 않으므로 작업수심이 깊게 되지 않고

　　　　－ 해상의 시공설비나 발파공법 선택이 용이

　　　　－ 발파진동에 의한 사면붕괴의 우려 없어

　　　　－ 공정단순화에 의한 공비절감 효과

　　　ⅱ) 도화선 기폭공법

　　　　－ 도화선을 이용하므로 안전성 우수

　　　　－ 시공법 ┌ Sep 위로부터 PVC관을 진입, 화약을 일제히 장전방법

　　　　　　　　└ 미리 PVC관에 화약을 충전한 것을 천공과 동시에 장전하는 방법

　　　iii) 초음파 기폭방법

　　　　－ 조류가 빠르고, 수심이 깊은 경우 무선발파 실시

　　　　－ 해저 지형이 복잡한 곳. 깊은 곳 이용

　　　iv) 전자유도 기폭공법

　　　　－ 해저 주위에 전선을 부설, 교류전류 흐르면 해중에 매입된 기폭소자에 의해 유도전류가 발생 뇌관이 터지는 공법

　　　　－ 지형이 복합하거나 천공깊이가 깊은 경우

2. Grab 굴착

　수중 발파가 끝나면 Grab 준설선으로 해저를 굴착. 굴착 정도 목표 위치에 ±50cm 이내

3. 저면 마무리

　1) 저면 마무리방법

　　① 주입한 모르타르와 암반의 부착을 좋게 하기 위해서

　　② 저면의 토사 제거할 필요

　　③ 날끝과의 사이에 공극이 없도록

　　④ Sep에 탑재한 대구경 굴착기로 굴곡을 깎아, 에어리프트 장치로 흡양시킨다.

　　⑤ 기초저면을 평활하게

　　⑥ 저면 마무리 시공 정도는 케이슨의 날끝에 부착된 Seal 고무의 성능에 따라 ±10cm 이내로 규정

　　2) 기초암반의 검사 확인

　　　　① 직접 잠수에 의한 암반 확인

　　　　② 수중 텔레비전 및 사진에 의한 암반촬영

　　　　③ 초음파 측심기에 의한 평탄성 측정

　　　　④ 암반 특성을 파악하기 위한 해저 지진파 속도의 측정

4. 케이슨 제작

　　1) 거푸집 기능과 동시에 운반하는 수단으로서 해상에 부유되도록 이중벽구조 제작

　　2) 부력탱크로 사용한 이중벽 부분에 주수함으로써 침설이 가능

　　3) Seal 고무를 부착하여 모르타르 주입시 외부로 누출방지

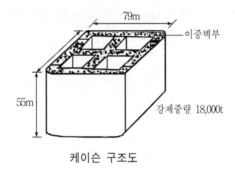

케이슨 구조도

5. 케이슨 침설

　　1) 케이슨 요동 방지 위해 Sinker를 해저에 가라앉히고

　　2) 크레인선·윈치 침설용 기기 장착

　　3) 소정의 위치에 케이슨을 침설

　　4) 케이슨 오차 방지를 위해 기초저면 1m 접근할 때 주입 중지하고 크레인선으로 케이슨 하중
　　　을 지탱하면서 서서히 착저

6. 조골재 충전

　　1) 프리팩트 콘크리트용 골재를 충전

　　2) 투입된 골재에 조패류 부착방지

　　3) 사전에 골재를 작업기지에 쌓아둘 것

7. 모르타르 주입

　　1) 대량의 콘크리트 단시간 타설 필요

2) 모르타르 틀랜트선 컴퓨터로 집중관리

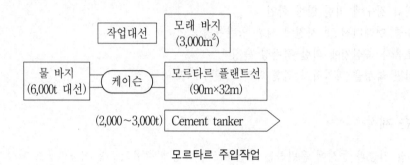

모르타르 주입작업

V. 결 론

해저지반의 개착을 위한 수중발파, Grab 준설 및 대형 케이슨조립, 예항, 침설, 프리팩트 콘크리트 공법 등의 최신 시공기술 개발 필요

문제 26 다주식 기초공법

Ⅰ. 개 요

다주기초는 교축 및 교축직각방향으로 여러 개의 주(기둥)열을 가지고 기둥은 그대로 말뚝기초로서 지지층에 도달하며, 기둥머리는 정판에 연결된 수중 말뚝기초의 일종이다.

즉 수중에 여러 개의 말뚝을 설치하고 수면상에서 말뚝머리를 연결해서 일체로 하여 수평력을 말뚝의 휨저항 및 말뚝의 축방향 반력에 의하여 지지하는 기초구조를 말한다.

Ⅱ. 다주기초의 종류

다주기초는 시공법에 따라 2종류로 나누어진다.

1) 타입말뚝을 시공하여 말뚝머리를 연결한 것

보통의 타입 말뚝기초와 같이 시공하고 말뚝머리부를 수상에서 연결한 것이므로 파일벤트 형식의 기초와 시공법이 같다.

2) 암반에 현장치기말뚝을 시공하여 말뚝머리를 연결한 것

현장치기말뚝을 암반에 시공하고 주열을 건설한 것이다. 로터리식 대구경 암반굴착장비의 실용화로 이것이 가능하게 되었다. 주열은 수상에서 연결되어 다주기초로 된다.

Ⅲ. 다주기초의 특징

1) 축도(축도) 불필요

시공은 작업대 및 작업선에서 하므로 임시물막이나 축도가 불필요하다.

2) 암반상에 축조 용이

로터리식 대구경 암반굴착장비를 사용하므로 암반굴착이 쉬우며, 임시물막이가 곤란하거나 케이슨 침설시의 어려움을 피할 수 있다.

Ⅳ. 시공 순서

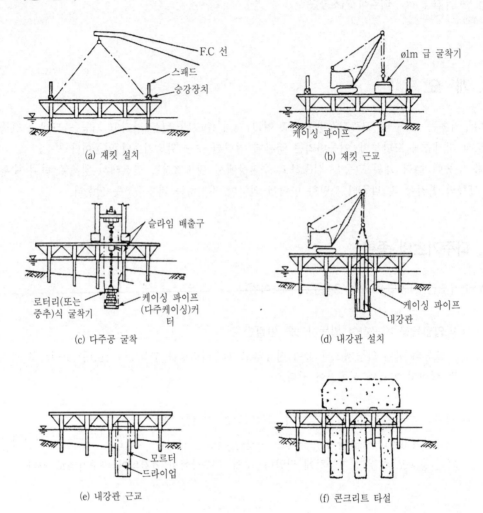

(a) 재킷 설치

(b) 재킷 근교

(c) 다주공 굴착

(d) 내강관 설치

(e) 내강관 근교

(f) 콘크리트 타설

다주기초 시공순서도

제6장
콘크리트

문제 1   시멘트의 일반적 성질과 종류

Ⅰ. 개 설

수화, 응결과 경화, 수축, 풍화(비중 3.15, 단위중량 1,500kg/m³)

Ⅱ. 시멘트의 일반적 성질

1) 수 화

   물과 합하면 응결, 경화

2) 응결, 경화

   ① 시멘트 Gel의 생성
   ② 시간이 지나면 시멘트 Gel이 증대하여 시멘트 입자간이 치밀해져 Gel에서 수분이 감소, 경화, 강도발현

3) 수 축

   ① 경화에 동반한 수축
   ② 건조에 의한 수축
   ③ 탄산화에 의한 수축

4) 풍 화

   ① 공기에 접촉하면 습기 흡수 : 가벼운 수화작용
   ② 탄산가스 흡수 : 응결이 늦어지거나 강도의 발현이 늦어진다.

5) 시멘트의 저장

   ① 3개월 이상 경과하면 굳어져 사용 불가
   ② 포대 콘크리트는 지상 30cm 이상의 창고에 입하시기, 품종 구분 저장
   ③ 입고순으로 사용
   ④ 포대 콘크리트는 창고벽에서 떨어져 쌓아 올리고 13포 이하, 다소 길게 저장할 경우 7포 이하
   ⑤ Bulk 시멘트는 Silo에

III. 시멘트 종류

1) Portland 시멘트

① 보통 Portland 시멘트

② 중용열 Portland 시멘트

③ 조강 Portland 시멘트

④ 저열 Portland 시멘트

⑤ 내황산염 Portland 시멘트

⑥ 백색 Portland 시멘트

2) 혼합 시멘트

① 고로 시멘트

② Silica

③ Fly ash 시멘트

3) 특수 시멘트

① 알루미나 시멘트

② Color 시멘트

③ 팽창 시멘트

문제 2　콘크리트용 혼화재료

Ⅰ. 개 설

1) 시멘트, 물, 골재 이외의 재료
2) 콘크리트 혼합시에 모르타르나 콘크리트의 한 성분으로 추가
3) 콘크리트 성질을 개선, 향상시킬 목적으로 사용되는 재료
  ① Workability 개선
  ② 초기강도, 장기강도 증진
  ③ 응결시간 조절
  ④ 발열 감소
  ⑤ 내구성 개선
  ⑥ 수밀성 증진
  ⑦ 발포
  ⑧ 철근의 부식 방지

Ⅱ. 혼화재

시멘트 중량의 5% 이상, 배합 계산에 관계할 경우

1) 포졸란
  ① 화산재, 이탈리아 Pozzoli 지방
  ② Workability 좋아지며, Bleeding 감소
  ③ 장기강도, 수밀성, 화학저항성이 크다.
  ④ 발열량 감소 : Mass 콘크리트에 적합

2) Fly ash
  ① 화력발전소, Boiler 폐가스 중의 재
  ② Workability 좋아지고, 사용수량 감소
  ③ 수화열에 의한 콘크리트 내부온도 상승 억제
  ④ 수밀성 크게 개선
  ⑤ 건조, 습윤에 따른 체적 변화와 동결융해 저항성 향상

Ⅲ. 혼화제

시멘트 중량의 1% 이하, 배합계산 무시할 경우

1) AE제(콘크리트용 계면활성제, 기포성 우수)

① 연행공기가 베어링 작용 : Workability 개선(공기량 1% 증가, Slump 2.5cm 증가)
② Bleeding 감소
③ 동결융해, 내구성 증가
④ W/C ratio가 일정할 경우 : 공기량 1% 증가하면 압축강도 4~6%, 휨강도 2~3% 감소

2) 감수제(시멘트분산제, 단위수량 감소)

① 소요의 Workability에 단위수량 12~18% 감소
② 동일 Workability에 강도면 단위시멘트량 10% 감소
③ 내구성 향상
④ 수밀성 개선, 선조에 의한 체적 줄이는 데도 효과

3) 촉진제(수화작용 촉진)

① 초기강도 증진, 2% 이상 쓰면 큰 효과 없어
② 한중 콘크리트에 유효
③ 응결이 빠르므로 신속한 운반 타설
④ PS 콘크리트의 PC 강재에 접촉하면 부식 또는 녹
⑤ 염화칼슘 사용하면 황산염에 약하다.

4) 지연제(수화반응 늦추어 응결시간 길게)

① 서중 콘크리트에 사용
② 수조, Silo 등 연속타설을 필요로 한 구조물

5) 급결제

Shotcrete, Grout에 의한 지수

문제 3 촉진제(Accelerator admixtures)

Ⅰ. 촉진제

촉진제는 시멘트의 수화작용을 촉진하는 혼화제로서 보통 염화칼슘 또는 염화칼슘을 포함한 감수제가 사용된다. 염화칼슘의 알맞은 사용량은 온도에 따라 다르지만 일반적으로 시멘트 중량에 대하여 2% 이하를 사용한다.

Ⅱ. 경화 촉진제를 사용하는 경우

1) 될 수 있는 한 빨리 거푸집을 뜯어낼 필요가 있을 때
2) 양생기간을 단축할 필요가 있을 때
3) 구조물의 사용시기를 서두를 필요가 있을 때
4) 한중 콘크리트에 있어서 저온으로 인한 경화의 지연을 회복하고, 또 동해를 받지 않게 방호하는 시간을 단축할 필요가 있을 때

Ⅲ. 촉진제의 효과와 사용상의 주의사항

1) 초기강도를 증대시켜 주나 2% 이상 사용하면 큰 효과가 없으며 오히려 급결, 강도 저하를 나타낼 수가 있다.
2) 초기 발열의 증가, 초기강도의 증대 및 동결 온도의 저하에 따른 한중 콘크리트에 사용하면 효과적이다. 그래서 한중 콘크리트의 경우 시멘트 중량의 1% 정도의 염화칼슘을 섞는 AE 콘크리트를 추천하고 있다.
3) 콘크리트의 응결이 빠르므로 운반, 타설, 다지기 작업을 신속히 해야 한다.
4) 프리스트레스트 콘크리트(Prestressed Concrete)의 PC 강재에 접촉하면 PC 강재는 녹이 슬고 콘크리트는 균열이 생기기 쉽게 된다.
5) 염화칼슘을 사용한 콘크리트는 황산염에 대한 저항이 약하다.

문제 4 해사 이용과 문제점

Ⅰ. 개 설

골재의 고갈로 심각한 골재난을 겪고 있는 우리나라에서는 엄청난 양의 해사이용이 요구되고 있다. 구조물 콘크리트용 잔골재로 해사를 이용하기 전에 입도, 염분, 조개껍질 등의 문제를 해결해야 한다. 여기서는 이러한 해사이용의 문제점과 이용방법에 대해 기술하고자 한다.

Ⅱ. 해사이용의 문제점

1) 입도(粒度)

① 입도가 편중되어 있어 균등계수가 작다.

② 미립분이 너무 많다.

2) 조개껍질

① 크고 속 빈 것은 강도 저하의 요인이 된다.

② 작은 것은 30% 정도까지는 문제없으나 Auto-clave 양생시에는 문제된다.

3) 염분

① 콘크리트의 알칼리성 저하, 철근부식 촉진

② 산화철의 생성으로 체적 팽창

③ 콘크리트의 균열 발생

④ 강도, 내구성 저하

※ 염분량의 허용한도(시방기준)

- 철근 콘크리트 : NaCl 환산중량이 모래건조중량의 0.1%
- 내구성이 특히 요구되는 철근 콘크리트, Pre-tension 부재 0.04% 포함

Ⅲ. 대 책

1) 입 도

① 하천모래와 섞어서 입도 조정

② 미립분은 원심분리기로 분리 제거

2) 조개껍질

　　10mm 이하의 트롬멜로 걸러서 사용

3) 염 분

　① 물로 씻어서 제거

　② 철근에 방청 Coating(아연도금, Epoxy coating) : FRP 철근

　③ 철근 또는 철물에 전기방식 도입

　④ 해사의 염분함유량 측정

　　ⅰ) 시험지법

　　ⅱ) 이온전극법

　　ⅲ) 전기전도도법

　　ⅳ) 이온클로매토그래피

Ⅳ. 결 론

　앞에서 검토한 바와 같이 해사의 문제점을 부분적으로 해결하여 사용하고 있으나 그 모두가 비경제적이기 때문에 본격적인 실용화가 곤란하다. 앞으로 해사이용의 필요성과 그 자원의 방대함에 비추어 볼 때 보다 경제적인 해사이용 방안이 개발되어야 한다.

문제 5 | 알칼리 골재반응에 대하여

Ⅰ. 정 의

알칼리 골재반응은 골재 중의 Slica, 탄산염 등이 시멘트 중의 알칼리와 반응하여 Gel 상태의 팽창성 화합물을 만들어 구조물에 균열을 발생시키고 강도를 저하시키는 현상을 말한다.

Ⅱ. 원 인

1) 반응성 골재의 사용량 증가

　① 강자갈의 고갈로 쇄석골재 사용증가

　② 쇄석골재 중 반응성이 큰 퇴적암, 변성암, 응회암 등을 사용했을 때

2) Pump 사용의 보편화로 단위시멘트량 증가

　　시멘트 사용 증가로 콘크리트 내의 알칼리 함량 증가

Ⅲ 대 책

1) 저알칼리 시멘트 사용(Na_2O 당량 0.6% 이하)
2) 고로, Fly ash 시멘트 사용
3) 반응성 골재의 사용

Ⅳ. 손상 판정

1) 균열 : 불규칙적으로 판단 곤란
2) Popout 현상(터짐현상)
3) 변형 : Joint sealing재가 새어나옴.
4) 백색 Gel 상태 : 반응성 생성물인 Silica Gel의 유출
5) 콘크리트 내부 조사시

　① 피단면 골재 주변이 검게 변색

　② 공극 또는 균열에 백색 Gel이 존재

Ⅴ. 보수방법(균열보수와 동일)

표면처리, 충진 및 주입, 강재보강, 치환, Polymer coating

※ 알칼리골재반응

　　　알칼리가 높은 시멘트를 사용할 경우(Na_2O, K_2O), 수화에 의해 생긴 수산화알칼리와 골재 중의 Slica 광물과 화학반응이 일어남. 알칼리 실리케이트→물흡수→팽창→균열상태

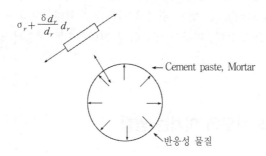

① 알칼리실리케이트반응
② 알칼리실리카반응
③ 알칼리탄산염반응

문제 6 굵은골재의 최대치수가 클수록 콘크리트 품질과 강도가 어떻게 되는지 약술하시오.

I. 서 론

굵은골재 최대치수는 중량비로 90% 이상 통과하는 체들 중에서 최소치수의 체눈의 공칭치수로 정의하며, 소정의 Workability를 얻기 위해서 굵은골재 최대치수의 크기 정도에 따라 소요수량 W/C비, 강도가 영향을 받는다. 따라서 굵은골재 최대치수를 시방서 규정에 준하여 배합설계한다.

II. 콘크리트 품질과 강도에 미치는 영향

1) 최대치수가 크면 경제적이나 시공이 어렵다.
2) 골재 입경이 크면 부착면적 감소로 강도 저하
3) 골재입경이 크면 배합시 시멘트풀이 감소
4) W/C비 감소시켜 건조수축이 적다.
5) 골재 입경이 크면 구조상, 안정상 경제적 유리
6) 너무 입경이 크면 표면 마무리가 좋지 않다.
7) 굵은골재 최대치수가 크면 클수록 단위수량, 단위시멘트량이 적어진다.

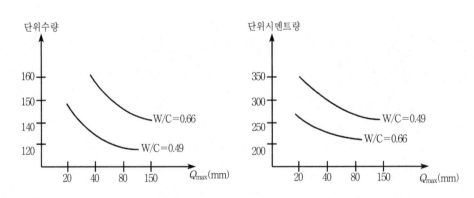

8) 압축강도 $400kg/cm^2$로 클 경우 최대치수 크게 하면 할수록 시멘트량 증가한다.

III. 결 론

1) 굵은골재 최대치수가 클수록 단위수량 적게 되고, W/C비가 적고, 강도는 증가, 경제성이 향상된다.
2) 굵은골재의 최대치수가 38~40mm인 경우와 40mm 넘으면 강도가 변한다. 따라서 강도 측면에서 골재의 최대치수는 배합에 따라서 달라져야 한다.

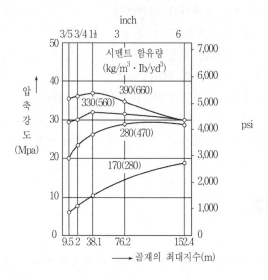

굵은 골재의 최대치수가 콘크리트의 강도에 미치는 영향

3) 시방기준

콘크리트의 종류	구조물의 종류	굵은골재의 최대치수(mm)
무근 콘크리트	매시브한 콘크리트	100mm 이하(부재 최소 치수의 1/4이하)
	상당히 매시브한 콘크리트	
	두꺼운 슬래브	
철근 콘크리트	슬래브, 기둥, 벽, 보	25mm(부재 최소치수의 1/5)
	확대기초	40mm(부재 최소치수의 3/4 이하)
포장 콘크리트		40mm 이하
댐 콘크리트		150mm 이하
고강도 콘크리트		19mm 이하
Prepacked Concrete		16mm 이하

문제 7 | 콘크리트의 배합

Ⅰ. 배합에 대해 설명

1) 총칙 : 소요 강도, 내구성, 수밀성 및 작업의 Workability를 갖는 범위 내에서 단위수량 최소
2) 배합강도 : 할증계수, 시방배합, 현장배합
3) W/C비 : 수밀성 및 내동해성을 기준
4) 단위수량 : 될 수 있으면 적게
5) 단위 시멘트량 : 일반적으로 300kg 이상
6) 굵은골재의 최대치수 : 철근 콘크리트, 무근 콘크리트 경우
7) Slump : 일반적인 경우 5~12cm, 단면이 큰 경우 3~10cm, 무근 3~8cm
8) 잔골재율 : 소요 Workability를 얻을 수 있는 범위 내에서 단위수량 최소
9) 공기량

Ⅱ. 콘크리트 배합

1) 배합의 정의

   소요의 강도, 내구성, 수밀성을 갖도록 각 재료의 비율을 결정

2) 배합의 종류

   ① 시방배합
   ② 현장배합

3) 배합설계 순서

   ① 구조물의 특성, 시공을 고려하여 재료 선정
   ② 품질 변동을 고려하여 변동계수와 할증계수를 결정한 다음 배합강도를 정함.
   ③ 다짐방법, 부재단면, 배근상태를 고려하여 Slump값을 정함.
   ④ 작업성, 내구성을 고려하여 공기량 정함.
   ⑤ 굵은골재 최대치수 정함.
   ⑥ 배합강도, 내구성, 수밀성을 고려하여 물 : 시멘트비 결정
   ⑦ 단위수량 결정
   ⑧ 잔골재율 결정
   ⑨ 1m^{3}당 소요중량 산출
   ⑩ 시험 Batch를 만들어 압축강도 시험후, 배합강도를 얻을 수 있는 W/C 결정.

4) 배합설계시 검토사항

① 배합강도 : 할증계수(품질 변동 고려)

② 물 : 시멘트비 : 내구성 ┬ 내동해성 55~70%

                  └ 화학작용 45~50%

           수밀성 ── 55%

③ 단위수량 : 굵은골재 최대치수↑, s/a 줄이고, AE제 사용, 감수제, 유동화제

④ 단위 시멘트량

⑤ 굵은골재 최대치수 : 철근 콘크리트 1/5, 철근순간격의 3/4, 구조물 25mm, 단면큰 것 40mm

⑥ Slump : 일반 5~12cm, 단면이 클 경우 3~10cm, 무근 3~8cm

⑦ 잔골재율 : 단위수량이 최소가 되도록 결정, 적으면 적을수록 단위수량, 단위 시멘트량 감소, 경제적인 콘크리트가 되나 재료분리가 일어남.

⑧ 공기량 : 4~7%가 표준

Ⅲ. 잔골재율과 배합설계

1) 잔골재율은 소요 Workability를 얻을 수 있는 범위 내에서 단위수량이 최소가 되도록 시험에 의해 결정

2) 잔골재율이 적게 되면 단위수량, 단위 시멘트량이 감소되어 경제적이나 어느 정도보다 적게 되면 콘크리트는 거칠어지고 재료분리 발생

잔골재의 보정

구 분	s/a 의 보 정	w 의 보 정
모래의 조립률이 0.1만큼 클 때	0.5만큼 크게	―
Slump값이 1cm만큼 클 때	―	1.2%만큼 크게
공기량이 1%만큼 클 때마다	0.5~1.0만큼 작게	3%만큼 작게
W/C가 0.05 클 때마다	1만큼 크게	
s/a가 1% 클 때마다		1.5kg만큼 크게
부순돌을 사용할 경우	3~5만큼 크게	9~15만큼 크게
바순모래를 사용할 경우	2~3만큼 크게	6~9만큼 크게

* 바순모래의 미립분이 많은 경우 1.2%만큼 작게(여기서 '미립분'이란 No.100 정도를 통과하는 정도)

배합의 표시법

굵은골재 최대치수	Slump 범위	공기량 범위	W/C	잔골재율	단	위	량(kg/m³)		
					W	C	S	굵은골재(G)	혼 화 재 료
mm	cm	%	%	%					혼화재 / 혼화제

문제 8 · AE 콘크리트 특성 및 공기량이 콘크리트 품질에 미치는 영향

Ⅰ. 개 요

AE 콘크리트(공기연행 콘크리트 : Air entrained concrete)라 함은 어떤 혼화제를 콘크리트 중에 주입하여 혼합, 비비면 콘크리트 속에 무수한 미소기포가 생기게 되는데 이 미세기포의 직경이 0.22~0.05mm로서 마치 볼베어링과 같은 역할을 하기 때문에 여러 가지 우수한 성질을 갖게 한다.

여기서는 AE 콘크리트의 특성 및 공기량이 콘크리트 품질에 미치는 영향에 대하여 기술토록 하겠다.

Ⅱ. AE 콘크리트의 특성

1) AE 콘크리트는 내구성이 좋다.
2) Workability가 좋아진다(기포가 볼베어링 역할).
   ① 유동성 증가
   ② 재료분리 저항성 크게
   ③ 단위시멘트량 및 슬럼프를 일정하게 할 경우 공기량 1% 증가시 → 물·시멘트 비 2~4% 감소
3) 사용수량을 15% 정도 감소시킬 수 있다.
4) 발열, 증발이 적다.
5) 수축 균열을 적게 한다.
6) 골재의 알칼리 반응을 적게 한다.
7) 기타(한중 콘크리트에는 필수임.)

Ⅲ. 공기량이 콘크리트 품질에 미치는 영향

1) 내구성 개선
   ① 동결융해에 대한 내구성 증가 : 공기량 4% 보유시 내구성 지수 3배 정도 증가, 그러나 공기량을 4% 이상 증가시킬 경우에는 내구성 지수도 증가하지 않는다.
   ② 화학적 침식에 대한 내구성 증가

③ 중성화 속도 감소

④ 알칼리 골재의 유해한 반응을 적게 한다.

2) Workability 개선

① 단위수량 같은 경우, Consistency 증가

② 콘크리트를 플라스틱하게 하고 재료분리를 적게 한다.

③ Bleeding을 적게 한다.

④ Finishability를 개선한다.

3) 건조수축

단위수량이 동일한 경우 공기량을 많이 함유하면 건조수축이 크지만, 슬럼프를 같게 하면 단위수량을 감소시켜 건조수축의 차이는 없어진다.

4) 수밀성

공기량을 함유하지 않은 콘크리트보다 수밀성이 낮으나 동질의 시멘트와 물을 사용하면 물·시멘트 비가 감소하여 적정한 공기량을 가질 때에는 수밀성의 차가 거의 없다.

5) 부배합 콘크리트의 경우 강도 감소

공기량 1% 증가시 4~6% 감소하나 Workability 개선으로 단위수량, 물·시멘트 비 감소 되므로 강도 감소율이 그렇게 크지 않다.

6) 콘크리트 중량 다소 감소

7) 철근과의 부착강도 다소 감소

8) 기타

공기량이 과다하면 유해함에도 불구하고 외형상으로 더 좋게 보이는 경향이 있다.

Ⅲ. 공기량 영향을 미치는 요인

1) 시멘트

분말도 및 단위시멘트량이 증가할수록 공기량은 감소한다.

2) 골 재

① 잔골재의 입도에 의한 영향이 크다

② 0.3~0.6mm의 세립분이 증가함에 따라 공기량 증대
③ 잔골재율이 작아질수록 공기량은 감소
④ 굵은골재 최대치수가 클수록 공기량은 감소

3) 혼합, 운반, 취급, 비비기
  ① 혼합시간 : 너무 짧거나 너무 길어지면 공기량은 적어지고 3~5분 정도 혼합할 때 공기량
    이 최대가 된다.
  ② 다짐시 : 진동기를 사용하여 다지면 큰 기포가 없어져 공기량도 감소한다.

4) 콘크리트 온도 : 온도가 낮을수록 공기량이 증가한다.

5) 기포의 분포
    경화 시멘트를 현미경으로 조사한 결과 AE 콘크리트는 기포가 현저하게 많은데 이는 분
  산제를 사용한 것보다 AE제를 사용한 것이 더 많았다. 또 기포의 직경은 400μ 이상의 것에
  좌우된다.

V. 결 론

  상기한 바와 같이 AE 콘크리트는 내구성을 향상시키고 Workability를 좋게 하며, 수축균열을
적게 하고, 알칼리 골재반응을 적게 하는 장점을 가지고 있다.
  또한 공기량이 콘크리트 품질에 미치는 영향은,
    ① 내구성
    ② Workability
    ③ 건조수축
    ④ 수밀성
    ⑤ 강도
    ⑥ 중량콘크리트
등의 변동을 주게 되므로 이에(공기량) 미치는 요인인 재료-배합-시공관리를 철저히 해서 적
정공기량(3~6%)을 확보하여 최고 품질의 콘크리트를 생산토록 최선을 다해야 한다고 사료된다.

문제 9 | 콘크리트의 배합설계

Ⅰ. 배합설계의 개요

1. 배합설계의 정의

1) 콘크리트의 배합이란 콘크리트를 만들 때의 각 재료, 즉 시멘트, 물, 잔골재, 굵은골재 및 혼화제의 비율
2) 배합설계란 소요의 Workability, 강도, 내구성, 수밀성, 균일성을 갖는 콘크리트를 경제적으로 얻기 위해 각 요소의 비율 선정

2. 배합 선정의 기본방침

1) 강도 : 최소단위수량. 최소의 Slump가 되도록 W/C비 적게
2) 내구성 : 기상작용, 알칼리 골재반응, 마모 저항성
3) 경제성 : 최대골재치수 크게 하여 단위시멘트량 적게

3. 시방배합과 현장배합

1) 시방배합
   ① 현장의 설계도서, 시방서 또는 책임기술자가 정한 것
   ② 골재는 표면건조 포화상태
   ③ 잔골재는 5mm번체 통과한 것이고, 굵은골재는 5mm번체 잔류하는 것으로 정한 배합

2) 현장배합
   ① 시방배합에 맞도록 현장에서 재료의 상태와 계량방법에 따라 정한 배합
   ② 실제 현장에서는 시방배합에서 정한 골재의 표면수 상태, 각 골재의 입도인 것이 없으므로 이를 반영 수정한 배합

4. 시방배합의 결정순서

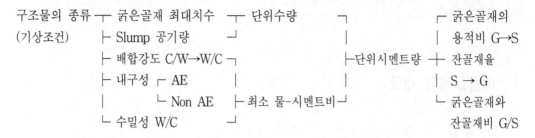

1) 구조물의 특성, 시공 조건을 고려한 재료 선정(비중, 입도, 흡수량, 단위용적 등)

2) 품질 변동을 고려하여 변동계수와 할증계수를 결정한 다음 배합강도 결정
   ① 콘크리트 특성 변동
      i) W/C비 변동
      ii) 소요 단위수량의 변동
      iii) 콘크리트 원료의 특성과 배합비의 변동
      iv) 콘크리트 운반, 타점, 다짐의 변동
      v) 콘크리트의 온도, 양생의 변동
   ② 시험과정의 모순
      i) 시료채취의 부적합
      ii) 공시체 제작기술의 변동
      iii) 양생상태의 변동
      iv) 시험 과정의 부적합(공시체 Capping)

3) 다짐방법 : 부재단면 배근상태 고려하여 Slump값 결정
4) 작업성과 내구성으로부터 공기량을 정한다.
5) 굵은골재 최대치수
6) W/C비 가정
7) Slump, 굵은골재 최대치수에 따라 단위수량 결정
8) 잔골재율 결정
9) $1m^3$ 소요중량 산출
10) 시험 Batch 만든다 : 단위수량 보정 Slump치 측정
   ① W/C비 달리한 ±5% 공시체 3조 제작
   ② 28일 양생 후 강도 측정
   ③ 배합강도 얻을 수 있는 최소 C/W비 결정

Ⅱ. 배합설계의 방법

1. 배합강도의 결정(f_{cr})

$f_{cr} = f_{ck}$(설계기준강도) $\times$ α(증가계수)

2. 설계기준강도와 배합강도

1) 설계기준강도

콘크리트 부재의 설계에 있어서 기준으로 한 압축강도를 말하며, 일반적으로 재합 28일의 압축강도를 기준(f_{ck})

2) 배합강도

콘크리트 배합을 정하는 경우에 목표로 하는 압축강도를 말한다. 일반적으로 재합 28일의 압축강도 기준(f_{cr})

3) 증가계수(α)

배합강도를 정하는 경우, 품질 변동을 고려하여 설계기준강도를 증가시키기 위해 곱하는 계수

3. 물-시멘트비(W/C)의 결정

1) 압축강도를 기준으로 정하는 경우

① 시험에 의하여 정하는 경우

$f = A + B \, C/W$

3종 이상의 서로 다른 C/W비를 가지는 콘크리트에 대하여 시험해서 C/W-f선을 만든다.

② 시험에 의하지 않는 경우(혼화제를 쓰지 않는 경우)

$f_{28} = -210 + 215 \, C/W$

2) 내구성을 기준으로 해서 정하는 경우(AE제 사용)

① 내동해성 기준 : W/C비 55~70%
② 내화학성 기준 : W/C비 45~50%

3) 수밀성을 기준으로 해서 정하는 경우

① 무근·철근 콘크리트 : W/C비 55% 이하

② 댐·외부 콘크리트 : W/C비 60% 이하

③ 수중 콘크리트 : W/C비 50% 이하

1), 2), 3) 중 작은 값

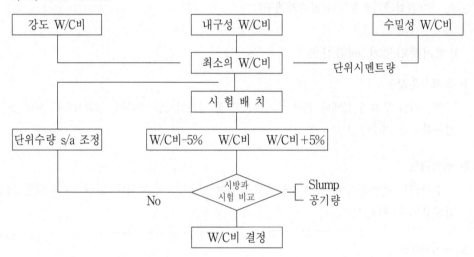

4. 굵은골재 최대치수의 선정

1) 굵은골재 최대치수의 정의

중량비로 90% 이상을 통과하는 체들 중에서 최소치수 체눈의 공칭치수로 나타낸다.

2) 굵은골재 최대치수의 표준

콘크리트의 종류		굵은골재 최대치수	
무근 콘크리트		40mm 표준, 100mm 이하 부재 최소치수의 1/4 이하	
철근 콘크리트 50mm 이하	일반적인 경우	20mm~25mm	부재 최소치수 1/5 이하 철근 순간격 3/4 이하
	단면이 큰 경우	40mm	
포장 콘크리트		40mm 이하	
댐 콘크리트		150mm 이하	

3) 굵은골재 최대치수가 콘크리트에 미치는 영향

① 최대치수가 크면 경제적이나 시공하기 어렵다(재료분리).

② 골재 입경이 크면 부착면적 감소로 강도 저하

③ 배합시 시멘트풀이 감소

④ W/C비 감소, 건조수축 적다.

⑤ 구조상 안정성 갖는다.

5. Slump값의 선정

1) 무근 콘크리트 : 일반적인 경우 5~15, 단면이 큰 경우 5~10

2) 철근 콘크리트 : 일반적인 경우 8~15, 단면이 큰 경우 6~12

3) 포장 콘크리트 : 2.5cm(침하도 30sec)

6. 공기량의 산정

1) 적절한 AE 공기량(4~7%)

① 무근 · 철근 콘크리트 : 3~6%

② 포장 콘크리트 : 4%

③ 댐 콘크리트 : 5%

2) 공기량 시험법

중량방법, 압력방법, 용적방법

3) AE제가 콘크리트에 미치는 영향

① 장점

ⅰ) 내구성 개선(동결융해, 화학 저항성)

ⅱ) 워커빌리티 개선

ⅲ) 단위수량 감소(수화열의 발생이 적다).

ⅳ) 수밀성이 좋아진다.

② 단점

ⅰ) 부배합 콘크리트 강도 저하(공기량 1% 증가 → 강도 4~6% 감소)

ⅱ) 중량 감소

ⅲ) 철근과 부착 감소

ⅳ) 측압이 커진다.

6. 단위수량의 산정

시험에 의해 정한다.

7. 잔골재율(s/a)의 결정

시험에 의해 정한다.

1) 잔골재율을 작게 하면 소요 워커빌리티의 콘크리트를 얻기 위하여 단위시멘트량이 감소(경제적)

2) 너무 작으면 콘크리트 거칠고, 재료분리 발생, Workability, Finishability 작아진다.

3) 잔골재 입도가 변할 경우 : 소요의 Workability 얻기 위해 잔골재율 변경, 잔골재의 조립률이 0.2 이상 변화할 경우, 슬럼프 변경되기 때문에 배합 변경

4) 잔골재율 $= \dfrac{\text{잔골재 전체용적}}{\text{굵은골재 전체용적}} \times 100$

8. 단위시멘트양의 산정

단위수량과 물-시멘트비로부터 정한다.

1) 시멘트의 필요성

① 소요의 Workability를 얻기 위해

② 철근이 녹스는 것 방지

③ 부착강도 충분

④ 수밀성 확보

2) 철근 콘크리트 : 300kg/m^3

3) 포장 콘크리트 : $280 \sim 350\text{kg/m}^3$

9. 혼화재료의 단위량

1) AE제, AE감수제 단위량은 소요의 공기량을 얻기 위해 시험에 의하여 정한다.

2) 그 외 혼화재료 단위량은 시험 결과나 경험을 바탕으로 소요의 효과를 얻을 수 있도록 정해야 한다.

III. 콘크리트의 배합설계에 필요한 시험

1. 재료 선정

1) 시멘트

① 비중

② 분말도

③ 안정성, 응결시간
④ 강도
⑤ 수화열, 화학성분

2) 골 재
① 입도
② 비중
③ 마모감량, 안정성
④ 단위중량, 형상
⑤ 유해물 함유량

3) 혼화재료

4) 혼합수
① 감수율 화학성분
② Bleeding량의 비
③ 응결시간의 차
④ 압축강도비

2. 시험배합

1) Workability 시험 (Slump, 구관입, 진동대)
2) 공기량
3) 압축강도시험

3. 현장배합 수정

1) 입도
2) 표면수량

문제 10 콘크리트의 배합강도가 지역에 따라 다른 이유를 설명하고, 콘크리트의 강도 결정방법을 설명하시오.

I. 개 요

콘크리트의 배합강도는 설계기준강도 및 현장에서의 콘크리트 품질 변화를 고려해서 정하는데 배합강도는,

1) 골재의 품질변동
2) 시멘트의 품질변동
3) 계량의 오차
4) 비비기 작업의 변동
5) 공사기간, 시공 조건의 차

등에 의해 상당한 변동이 있으며, 배합강도 변동의 원인과 결정방법은 다음과 같이 기술할 수 있다.

II. 배합강도 변동의 원인

시공현장에서 콘크리트 품질 변동 원인은 무수히 많으나 크게 분류하면 다음과 같다.

1. 콘크리트 특성의 변화

1) W/C비의 변동 : 골재표면수량의 변동에 따른 혼합 수량 조정의 불철저
2) 소요 단위수량의 변동

① 골재의 입도 흡수율, 형상
② 시멘트 종류, 혼화제의 특성
③ 공기량, 운송시간 및 온도변화

3) 콘크리트 원료의 특성과 배합비의 변동
4) 콘크리트 운반, 타설, 다짐의 변동

2. 시험 과정의 모순

1) 시료채취의 부적합
2) 공시체 제작기술의 변동 : 공시체 제작후의 양생 취급 및 불량한 Mold 사용
3) 양생상태의 변동 : 온도 및 습도의 변화, 양생의 지연
4) 시험 과정의 부적합 : 공시체의 Capping, 시험기구 점검

Ⅲ. 배합강도의 결정

1. 배합강도

설계기준강도에 할증계수를 곱한다.

$f_{cr} = af_{ck}$ (f_{cr} : 배합강도, a : 할증계수, f_{ck} : 설계기준강도)

2. 할증계수(a)

시공현장에서 예상되는 품질변동, 강도 변화, 구조물 등을 고려하기 위한 계수로서 위험물을 뜻한다.

Ⅲ. 배합강도의 결정방법

1. 원 칙

콘크리트강도가 설계기준강도보다 작아지지 않도록 현장콘크리트 품질변동을 고려하여 충분히 크게 정함

2. 배합강도의 결정

$f_{cr} \geq f_{ck} + 1.34_s$ (표준편차) (MPa)

$f_{cr} \geq (f_{ck} - 3.5) + 2.33_s$ (MPa)

1. 3회 연속한 시험값의 평균이 설계기준강도 이하로 내려갈 확률을 1/100로 하여 정한 것
2. 각 시험값이 설계기준강도보다 3.5MPa 이하로 내렬갈 확률을 1/100로 하여 정한 것

3. 압축강도 표준편차 (s)

1) 실제사용실적으로 결정 $s = \sqrt{\dfrac{\sum (xi - \overline{x})^2}{n}}$ ($n = 3$이상)

n이 30 미만일 때 보정계수

n	보정계수
15	1.16
20	1.08
25	1.03

2) 소규모공사에서 실적이 미비하여 표준편차가 없을 때 $s = 0.15 f_{ck}$

문제 11 잔골재율이 콘크리트에 미치는 영향에 대하여 설명하시오.

Ⅰ. 개 요

잔골재율(s/a)이란 잔골재 및 굵은골재의 절대용적의 합에 대한 잔골재의 절대용적의 백분율을 말한다.

즉 $s/a = \dfrac{S}{S+G} \times 100(\%)$

    S : 잔골재 절대용적

    G : 굵은골재 절대용적

콘크리트 배합시 허용범위 내에서 잔골재율을 적게 하면 단위 수량과 단위 시멘트량이 감소되어 콘크리트의 강도가 증대된다.

따라서 잔골재율이 콘크리트에 미치는 영향에 대하여 기술하고자 한다.

Ⅱ. 잔골재율을 적게 적용하는 이유

1) 단위수량과 단위시멘트량이 적게 들어
2) W/C비가 낮아져서
3) 수화열에 의한 온도 균열 및 건조 수축에 의한 균열 발생이 적게 일어나게 되어
4) 강도와 수밀성, 내구성이 증대되고
5) 경제성이 향상된다.

Ⅲ. 콘크리트에 미치는 영향

1) 강 도

잔골재율이 낮을수록 강도는 증가하고, 콘크리트강도는 잔골재율에 역비례한다.

2) 내구성

잔골재율이 낮을수록 W/C비가 적게 되어 건조수축이 작아지므로 균열 발생이 적어 내구성이 커진다.

3) 수밀성

잔골재율이 낮을수록 시멘트 Paste와 굵은골재, 잔골재 등의 구성 재료가 공극 없이 밀실되어 수밀성이 증대된다.

4) 단위수량, 단위시멘트량

콘크리트의 단위 용적당(m^3) 잔골재율이 커지면 단위시멘트량도 비례하여 많아진다. 따라서 단위수량도 비례하여 많아진다.

5) W/C비

잔골재율의 변화에 따라 단위수량과 단위시멘트량이 변화됨에 따라 W/C비도 비례하여 변화한다. 즉 s/a가 작으면 W/C비도 작아진다.

6) 건조수축

잔골재율이 작을수록 W/C비도 작게 되어 건조수축이 적고, 이에 따른 균열 발생도 적게 된다.

7) 시공 측면

잔골재율이 커지면
① Workability가 좋아지나 강도는 저하된다.
② Compactibility가 좋아지나 강도는 저하된다.
③ 표면 마무리가 어려워 Bleeding 현상이 증가된다.

8) 온도변화

잔골재율이 커지면 단위시멘트량의 증가로 수화작용이 빨라져서 수화열이 증가되고, 이로 인한 온도 균열의 발생량이 많아진다.

Ⅳ. 잔골재 선정시 유의사항

유해물 함유량이 없고, 재료의 입수가 용이하며, 염분함유량이 규정치 이하일 것

Ⅴ. 결 론

좋은 콘크리트는 시멘트, 굵은골재, 잔골재 등의 구성 재료가 하나의 공극 없이 밀실하게 결합되어 강도, 내구성, 수밀성을 확보한 것이다. 따라서 잔골재율이 적을수록 단위수량과 단위시멘트량이 적게 사용되어 W/C비가 적게 되어 강도가 증가하게 됨으로써 재료의 선정과 시공시 특히 주의하여야 한다.

문제 12 　이음

Ⅰ. 서 론

　콘크리트 공사를 할 때 1회에 타설하는 양이 있기 때문에 시공상 이음이 불가피하다. 이때 이음부에서는 하자 원인이 될 수 있으며, 여기에서는 이음의 종류, 시공시 유의사항 및 시공방법에 대해 서술하고자 한다.

Ⅱ. 이음의 종류

　1) 시공이음
　2) 수평이음
　3) 연직시공이음
　4) 바닥틀과 일체로 된 기둥, 벽시공 이음
　5) 바닥틀의 시공이음

Ⅲ. 시공시 유의사항

　1) 시공이음은 될 수 있는 한 전단력이 작은 위치에 설치하고, 압축력이 작용하는 방향과 직각이 되도록 한다.

　2) 부득이 전단이 큰 곳은 장부를 설치하든가, 홈 또는 강재를 배치한다.

　3) 시공이음을 할 때 온도, 건조 수축 등에 의한 균열발생에 대해서도 고려한다.

　4) 수평이음시공
　　① 수평이음이 거푸집에 접하는 선은 될 수 있는 한 수평한 직선이 되도록 한다.
　　② 콘크리트를 이을 경우 레이턴스 제거 후에 하도록 한다.
　　③ 새 콘크리트를 치기 전에 거푸집을 바로잡고, 새로 콘크리트를 칠 때 구콘크리트와 밀착되게 다짐한다.
　　④ 역방향치기 콘크리트는 시공시 콘크리트 침하 고려하여 시공이음이 일체가 되도록 한다.

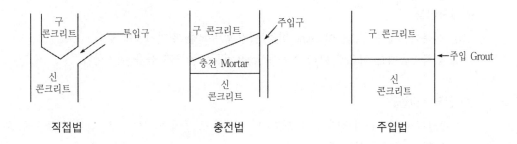

| 직접법 | 충전법 | 주입법 |

5) 연직시공이음

① 시공이음면의 거푸집을 견고히 지지하고 이음부분의 콘크리트를 진공기를 써서 충분히 다져야 한다.

② 구콘크리트 시공이음면은 Wire-brush로 그 표면을 제거하거나 Chipping 등에 의해 거칠게 하고 충분히 흡수시킨 후 시멘트, 풀, 모르타르 또는 습윤면용 에폭시수지 등을 바른 후 새 콘크리트 타설한다.

③ 새 콘크리트를 칠 때는 신·구콘크리트가 충분히 밀착되도록 잘 다짐한다.

6) 바닥틀과 일체로 된 기둥, 벽의 시공이음

① 바닥틀과 일체로 된 기둥 또는 벽의 시공이음은 바닥틀과의 경계 부근에 설치하는 것이 좋다.

② Hunch는 바닥틀과 연속해서 콘크리트를 쳐야 한다.

③ 내민 부분을 가진 구조물의 경우에도 마찬가지로 시공한다.

7) 바닥틀의 시공이음

① 바닥틀의 시공이음은 Slab 또는 보의 지간 중앙 근처에 둔다.

② 다만, 보가 그 지간 중앙에서 작은 보와 교차할 경우에는 작은 보의 폭의 2배 거리를 떨어져서 보의 시공이음을 설치하고 시공이음을 통하는 경사진 인장철근을 배치하여 전단력에 대해 보강한다.

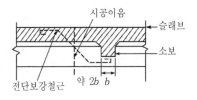

8) 아치의 시공이음

① 아치의 시공이음은 Arch 축에 직각이 되도록 설치한다.

② Arch 폭이 넓을 때는 지간방향의 연직시공이음을 설치한다.

9) 신축이음

① 신축이음에는 구조물이 서로 접하는 양쪽 부분을 절연시켜야 한다.

② 신축이음에는 필요에 따라 이음재(Joint filler) 지수판 등을 설치한다.

10) 균열유발줄눈

콘크리트 구조물의 경우는 수화열이나 외기온도 등에 의하여 온도 변화, 건조수축, 외력 등 변형을 생기게 하는 요인이 많다.

이와 같은 변형이 계속되면 균열이 발생하므로 미리 어느 정해진 장소에 균열을 집중시킬 목적으로 소정의 간격으로 단면 결손부를 설치하여 균열을 강제적으로 생기게 하는 균열유발줄눈을 설치하는 것이 좋다. 균열유발줄눈을 설치할 경우에는 미리 지수판을 설치하는 등 지수대책을 세우는 것이 좋다.

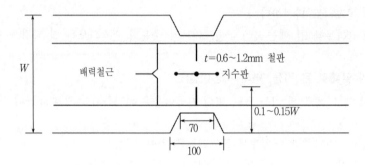

문제 13 거푸집 및 동바리 시공시 유의사항

Ⅰ. 서 론

콘크리트 타설 후 품질면(시공)은 거푸집 및 동바리 시공이 어느 정도로 잘되어 있는가에 따라 큰 차이가 있으며, 이것이 안전하게 설치되었는가에 따라 도괴사고 등을 사전에 방지할 수 있다. 따라서 여기에서는 거푸집, 동바리 시공시 고려해야 할 점, 즉 설계적인 면, 재료역학 측면, 시공시 유의사항에 대해 설명하고자 한다.

Ⅱ. 작용하중

1) 연직방향하중 : 콘크리트, 철근, 작업원, 시공기계기구, 가설설비
2) 횡방향하중 : 풍압, 유수압, 지진(진동, 충격, 시공오차) 등에 기인한 횡방향하중
                → 도괴사고의 원인이 되는 경우가 많다.
   * 횡방향하중 : 사하중의 2%, 동바리상단의 단위길이당 150kg/m, 옹벽의 경우 50kg/m
3) 콘크리트 측압
4) 특수하중

Ⅲ. 거푸집 및 동바리 시공·설계시 유의사항

1) 거푸집 설계시 유의사항
  ① 공법
     ⅰ) 사용재료에 따라 : 목재, 강재, 플라스틱, 고무 등
     ⅱ) 공법에 따라 : 고정 Form, Slip form
     ⅲ) 표면 형상에 따라 : 무늬가 있는 것, 없는 것
  ② 작용하중에 대해 형상과 위치를 보존할 수 있도록 조임쇠 등을 써서 고정
  ③ 거푸집판 또는 패널의 이음은 부재축에 직각 또는 평행으로 한다.
  ④ 모서리에는 모따기를 둔다.
  ⑤ 필요시 검사, 청소가 용이하도록 개구를 만든다.

2) 동바리 설계시 유의사항
  ① 동바리는 연직하중에 대해 충분한 강도를 갖고 좌굴에 대해 안전해야 한다.

② 동바리는 조립이나 떼어내기가 편리한 구조이어야 한다.
③ 동바리의 기초는 과도한 침하나 부등침하가 일어나지 않도록 한다.
④ 시공시 및 완성 후의 하중에 따른 침하, 변형을 고려한다.
⑤ 연약지반 설치시, 하중을 지반에 분포시키거나 보강해야 한다.
⑥ 주요 구조물의 동바리에 대해서는 설계도를 작성한다.

3) 거푸집 시공시 유의사항

① 거푸집은 강봉이나 Bolt로 한다(철선은 제외).
② 거푸집 조임용 강봉이나 Bolt가 콘크리트 표면에 남아서는 안된다.
③ 거푸집 내면에는 박리제를 바른다.

4) 동바리 시공상의 유의사항

① 기초는 소요의 지지력을 가져 부등침하가 일어나지 않아야 한다.
② 매립토에 지지되는 경우 충분히 전압을 요한다.
③ 중량에 의한 동바리의 침하량을 산정하여 동바리에 그만큼 솟음을 두어야 한다.

Ⅳ. 거푸집 및 동바리 검사

1) 위치 및 규격 → 거푸집의 부풀음 → 모르타르의 새어나옴 → 이동, 경사, 침하
2) 접속부의 느슨해짐 → 박리제 도포 여부 → 모따기 설치 여부

Ⅴ. 거푸집 및 동바리 떼어내기

1) 원칙적으로 콘크리트가 경화하여 거푸집 및 동바리가 압력을 받지 않을 때까지
2) 고정보, 라멘, Arch 등은 콘크리트의 Creep를 이용하면 구조물에 균열이 발생하는 것을 적게 할 수 있으므로 자중 및 시공중에 걸리는 하중을 지탱할 수 있는 강도에 이르렀을 때 빨리 떼어낸다.
3) 구조물에 해를 끼치지 않도록 조심스럽게 한다.
4) 떼어내기 시기
   ① 확대기초의 측면 : $35kg/cm^2$
   ② 기둥, 벽, 보의 측면 : $50kg/cm^2$
   ③ Slab, 보의 저면, Arch 내면 : $140kg/cm^2$
5) 전 설계하중中, 사하중이 차지할 비율이 크면 거푸집 및 동바리의 거치기간 연장
6) 제거순서는 하중을 받지 않는 쪽부터 한다.
7) 거푸집, 동바리 제거 후 바로 재하하지 않도록 한다.

문제 14 콘크리트 부재나 구조물의 줄눈(Joint)의 종류를 들고 그 기능 및 시공법에 대해 논하시오.

Ⅰ. 개 요

구조물의 줄눈에는 신축줄눈, 수축줄눈, 시공줄눈이 있다.

Ⅱ. 신축줄눈

1. 기 능

구조물의 온도변화, 기초의 부등침하 등이 예상될 때 각각의 작용에 대하여 신축할 수 있는 여유공간을 제공함으로써 상기의 구조 외적 요소들로 인한 응력 발생을 제거한다.

2. 시공법

가설물로 Joint 형성 → 콘크리트 타설 → 가설물제거 → 채움재 주입

3. 시공시 유의사항

1) 서로 접하는 구조물의 양쪽을 절연시킨다.
2) 줄눈부의 철근은 구조물의 종류나 설치장소에 따라 연속시키는 경우도 있다.
3) 턱이 생길 염려가 있으면 홈을 만들거나 Slip bar를 사용한다.

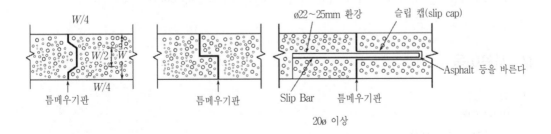

4) 틈 사이로 흙이 들어갈 때는 Filler로 채운다.
5) 수밀을 요하는 구조물의 신축이음에는 적당한 신축성을 갖는 지수판을 사용한다.
6) 지수판 설치 부위에 철근이 촘촘한 경우는 콘크리트의 수밀성을 높이기 위해 유동화제를

사용하는 것이 좋다.

7) 지수판을 설치한 경우는 지수판의 고정을 위해 못을 사용해서는 안 된다.

8) 외부에 노출되는 신축줄눈의 경우, 미관을 고려하여 적절한 선형을 유지하도록 하며, 콘크리트 타설시 Mortar가 새지 않도록 거푸집 설치시 주의한다.

III. 수축이음

1. 기 능

콘크리트 건조수축으로 인한 균열을 이곳으로 유도 → Con'c에 유해한 Crack 방지

2. 콘크리트 타설 전 가삽입물을 넣거나 경화 후 커터로 잘라 소정의 위치에 홈을 만든다.

3. 시공시 유의사항

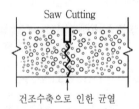

Saw Cutting

건조수축으로 인한 균열

1) 콘크리트가 경화하기 시작한 지 24시간 이내에 홈을 만드는 것이 좋다. 홈의 깊이는 Crack이 유지될 수 있도록 충분히 깊어야 한다.

2) 수평철근은 그대로 연속시키지 말고 끊어야 한다.

3) 필요시 줄눈에는 줄눈재 주입

4) 신축이음과 마찬가지로 턱이 생길 염려가 있는 경우는 Slip bar를 사용한다.

IV. 시공이음

1) 기능

2) 시공법

3) 시공시 유의사항

문제 15 균열유발 줄눈의 설치 목적 및 지수대책과 시공관리시 고려해야 할 내용에 대하여 주안점을 기술하시오.

I. 개 요

콘크리트 구조물의 경우는 수화열이나 외기온도 등에 의하여 온도변화, 건조수축, 외력 등 변형을 생기게 하는 요인이 많다.

이와 같은 변형이 구속되면 균열이 발생한다. 그래서 미리 어느 정해진 장소에 균열을 집중시킬 목적으로 소정의 간격으로 단면 결손부를 설치하여 균열을 강제적으로 생기게 하는 균열유발 줄눈을 설치하는 것이 좋다. 수밀 구조물에 균열유발 줄눈을 설치할 경우에는 미리 지수판을 설치하는 등 적절한 지수대책을 세우는 것이 좋다.

균열의 제어를 목적으로 균열유발 줄눈을 설치할 경우 구조물의 강도 및 기능을 해치지 않도록 그 구조 및 위치를 정해야 한다. 이 가운데 균열제어 철근은 제어 목적에는 충분한 효과가 있지만, 일반적으로 상당한 양의 철근을 배치할 필요가 있으므로 설계상이나 경제성의 검토뿐만 아니라 콘크리트 치기에 장해가 되지 않도록 시공면에서의 검토도 필요하다.

II. 시공관리상 유의사항

1) 매시브한 벽 모양의 구조물 등에 발생하는 온도균열을 재료 및 배합의 대책에 의해 제어하는 것은 어려운 경우가 많다. 이러한 경우 구조물의 길이 방향에 일정 간격으로 단면 감소부분을 만들어 그 부분에 균열을 유발시켜 기타 부분에서의 균열 발생을 방지함과 동시에 균열 개소에서의 사후 조치를 쉽게 하는 방법이 있다. 예정 개소에 균열을 확실하게 유도하기 위해서는 유발줄눈의 단면 감소율을 20% 이상으로 할 필요가 있다.

2) 온도균열을 제어하기 위하여 균열유발 줄눈을 둘 경우에 구조물의 기능을 해치지 않도록 그 구조 및 위치를 정해야 한다.

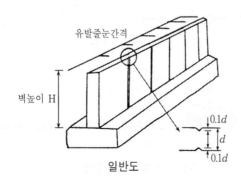

일반도

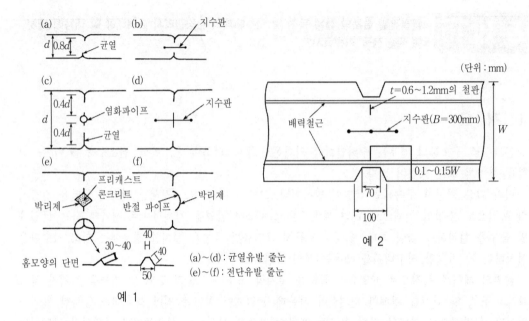

예 1

(a)~(d) : 균열유발 줄눈
(e)~(f) : 전단유발 줄눈

예 2

3) 균열유발 줄눈의 간격은 4~5m 정도를 기준으로 하지만, 필요한 간격은 구조물의 치수, 철근량, 치기온도, 치기방법 등에 의해 큰 영향을 받으므로 이들을 고려하여 정할 필요가 있다.
4) 균열유발 줄눈에 발생한 균열이 내구성 등에 유해하다고 판단될 때에는 보수를 해야 한다.

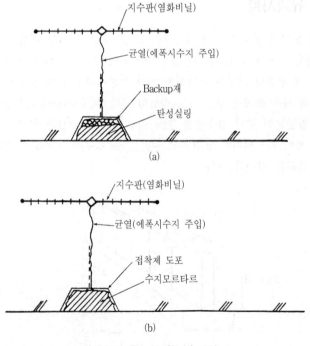

균열유발 줄눈부의 보수방법

문제 16 굳지 않은 콘크리트의 재료분리 원인과 대책

Ⅰ. 서 론

콘크리트는 비중과 입경이 서로 다른 여러 종류의 재료로 구성되므로 시공중에 재료분리가 일어나기 쉽다. 재료분리가 일어나면 콘크리트는 불균질하게 되고 강도, 내구성, 수밀성 등이 저하된다.

여기서는 재료분리의 원인을 배합 및 시공에 관련된 원인으로 분류하고 각각에 대한 대책을 기술하기로 한다.

Ⅱ. 재료 및 배합에 기인하는 것

1) 원 인
   ① 시멘트 : 분말도가 좋지 않은 경우
   ② 골재 : 굵은골재의 최대치수가 큰 경우
   　　　　　잔골재가 거친 경우
   ③ 배합
   　ⅰ) W/C비가 크고 Slump가 클 때
   　ⅱ) 단위수량이 많을 때
   　ⅲ) 골재 중 미립분이 적을 때
   　ⅳ) s/a가 적을 때

2) 대 책
   ① 분말도가 높은 시멘트 사용한다.
   ② 최대치수 줄인다.
   ③ 미립분을 많게 한다.
   ④ 잔골재율을 늘린다.
   ⑤ 단위수량, W/C비를 작게 한다.
   ⑥ AE제, Flyash 등을 적절히 사용한다.

Ⅲ. 시공에 기인하는 것

1) 원 인
　① 비비기 시간이 너무 적을 경우
　② 운 반
　　교반기가 붙지 않은 운반차를 사용하거나 도중에 심한 진동을 받은 경우
　③ 치 기
　　ⅰ) Chute 사용하거나
　　ⅱ) 높은 곳에서 떨어뜨리거나
　　ⅲ) 다짐이 지나친 경우

2) 대 책
　① 1회 타설 두께를 줄이고
　② 비비기를 알맞게
　③ 치기방법을 지키고
　④ 진동기 사용을 알맞게

Ⅳ. 결 론

문제 17   Workability

Ⅰ. 용어의 정의

반죽질기 여하에 따르는 작업의 난이의 정도 및 재료분리에 저항하는 정도를 나타내는 굳지 않은 콘크리트의 성질

Ⅱ. Workability에 영향을 주는 요인

1) 단위수량
   ① 클수록 콘크리트가 묽어지며 재료분리
   ② 적으면 유동성이 적어진다.

2) 골 재
   ① 일정한 W/C에 비해 대해 골재－시멘트비 클수록 Workability 감소
   ② 입자가 둥글수록 Workability 좋다.
   ③ 잔골재는 0.3mm 이하 밀입자 많을수록 Workability 감소
   ④ 표면수량과 흡수량은 Workability에 영향을 미친다.

3) 시멘트
   ① 시멘트량이 많을수록 성형성이 좋아진다.
   ② 혼합 > 보통 시멘트 Workability 좋다.
   ③ 분말도 높을수록 Workability 좋다.
   ④ 풍화된 시멘트 Workability 나쁘다.

4) 혼화재료
   ① AE제 Workability 좋아진다.
   ② 감수제, Fly ash, Pozzolan 사용, Workability 개선

5) 시간과 온도
   ① 시간이 지나면 지날수록 Workability가 나빠진다.
   ② 온도가 높을수록 Workability가 나빠진다.

Ⅲ. Workability 측정법

1) 슬럼프 시험

2) 구관입 시험

3) 진동대에 의한 컨시스턴시 시험
   ① 투명한 판에 콘크리트가 완전히 부착될 때의 시간(Sec)
   ② 포장 콘크리트와 같은 된반죽(Slump 2.5cm → 침하도 30초)

4) 다짐계수시험

문제 18 재료분리가 콘크리트에 미치는 영향(원인과 대책)

Ⅰ. 개 요

콘크리트는 시멘트, 골재 물, 혼화재료 등 비중, 입도가 서로 다른 재료로 구성되어 있어서 비비기, 운반, 타설, 마무리 등의 작업을 실시할 때 재료분리가 일어난다. 재료분리가 일어날 경우, 콘크리트의 품질이 불균질하며, 강도, 내구성, 수밀성이 저하된다.

여기서는 재료분리의 문제점과 그 원인 및 대책에 대하여 기술하고자 한다.

Ⅱ. 재료분리의 문제점 및 결함 형태

1. 문제점

1) 콘크리트의 강도, 수밀성, 내구성 저하
2) 형태 및 결함

2. 형태 및 결함

1) Honey comb
2) Bleeding과 Laitance
3) 모래길
4) 다공질 층
5) 콘크리트 표면에 POP-OUT현상

Ⅲ. 재료분리의 원인과 대책

1. 작업중의 재료분리

1) 원 인
  ① 시멘트
    분말도가 좋지 않은 경우

② 골재

   ⅰ) 굵은골재 최대치수 큰 경우

   ⅱ) 잔골재가 거친 경우

③ 배합

   ⅰ) W/C비 크고, Slump 클 때

   ⅱ) 단위수량이 많을 때

   ⅲ) 잔골재율이 작을 때

   ⅳ) 골재 중 미립분이 적을 때

④ 비비기 시간이 너무 길 때

⑤ 운반

   ⅰ) 수송기간이 장시간

   ⅱ) 교반기가 없는 운반차를 이용

   ⅲ) 도중에 심한 진동을 받는 경우

⑥ 타설

   ⅰ) Chute 사용

   ⅱ) 높은 곳에서 낙하

   ⅲ) 다짐이 지나친 경우

2) 대 책

① 분말도 좋은 시멘트 사용

② 굵은골재 최대치수 줄인다.

③ 미립분 많게

④ 단위수량, W/C비 적게

⑤ 잔골재율 크게

⑥ AE제, 포졸란 적당히 사용

⑦ 비비기를 알맞게

⑧ 타설속도 지키고

⑨ 다짐 알맞게 1회 타설두께 줄인다.

2. 작업후의 재료분리

1) 원 인

① 굳지 않은 콘크리트에 물이 상승되는 블리딩 현상

② 블리딩에 의해 콘크리트 표면에 떠올라서 가라앉은 물질(레이턴스)

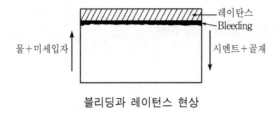

블리딩과 레이턴스 현상

2) 블리딩·레이턴스의 영향

  ① 블리딩이 클 경우

    ⅰ) 다공질

    ⅱ) 강도, 수밀성, 내구성 감소

    ⅲ) 철근 부착 감소

  ② 레이턴스 생기면

    ⅰ) 시멘트+미립자 강도 없다.

    ⅱ) 콘크리트 작업시 제거하지 않으면 이음부의 약점 원인

    ⅲ) 약간의 건조수축 방지 효과

3) 방지대책

  ① 시멘트의 분말도 높인다.

  ② 광물질 화합물 사용(Pozzolith)

  ③ 수화속도 증진, 응결촉진제 사용

  ④ AE제 사용

  ⑤ 소요 워커빌리티 범위에서 단위수량을 적게 한다.

Ⅳ. 결 론

재료분리 현상은 강도, 내구성, 수밀성을 저하시켜 균등질의 콘크리트를 만들지 못한다. 재료, 배합, 운반, 타설 등 시공관리 및 방지대책을 강구해야 한다.

문제 19 굳지 않는 콘크리트의 성질

Ⅰ. 개 요

콘크리트를 혼합한 직후부터 시간이 경과함에 따라 유동성을 상실하여 응결과정을 거쳐 어느 정도의 강도를 발현하기 전까지의 콘크리트를 Fresh concrete라 하며, 굳지 않는 콘크리트에 요구되는 성질은 Consistency, Workability, Plasticity, Finishability 등이 있다.

Ⅱ. 굳지 않는 콘크리트의 특성

1) 반죽질기(Consistency)
수량의 다소에 따라 반죽이 되고 진 정도

2) 작업성(Workability)
반죽질기 여하에 따라 작업의 난이도 및 재료분리에 저항하는 정도

3) 성형성(Plasticity)
거푸집에 쉽게 다져 넣을 수 있고 거푸집을 제거하여도 허물어지거나 재료가 분리되지 않은 성질

4) 마감성(Finishability)
굵은골재의 최대치수 잔골재율, 잔골재의 입도, 반죽질기 등에 따른 마무리하기 쉬운 정도

5) 기 타
기동성(Mobility), 점성(Viscosity), 다짐성(Compactability)

Ⅲ. Consistency에 영향을 미치는 요인

1) 단위수량
① 단위수량이 많을수록 Consistency 증가
② Slump 1cm 증가 → 물량 1.2% 증가

2) 콘크리트의 온도

콘크리트의 온도가 높을수록 Consistency 감소

3) 잔골재율

단위수량과 단위 시멘트량을 일정하게 한 경우 잔골재율이 증가하면 Slump 감소

4) 공기량

AE제 사용 공기를 연행시키면 공기량에 비례하여 Slump 증가

Ⅳ. Workability

1. Workability에 영향을 미치는 요인

1) 시멘트량

① 단위 시멘트량이 많을수록 성형성과 Workability가 좋음.
② 단위 시멘트량이 적으면 재료분리 경향이 생김.

2) 시멘트 품질

시멘트의 분말도, 입형, 원료의 종류 등에 영향

3) 단위수량

단위수량이 클수록 반죽질기가 크게 되나, 단위수량이 너무 많으면 재료분리가 생겨 콘크리트 시공이 어렵게 된다. 너무 적어도 된반죽이 되어 유동성이 적어 시공이 곤란하다.

4) 잔골재의 입도와 입형

입도분포가 연속적인 것이 좋다(입형이 둥근 것).

5) 굵은골재

굵은골재는 모양의 영향이 크며 일반적으로 모가 난 골재를 사용하면 Workability가 나빠진다. 모양 이외에 입자의 표면적, 입도분포 등의 영향을 받는다.

6) 배 합

S/A, W/C, 각 재료의 사용량 등이 Workability에 영향을 준다.

7) 혼화제

AE제, 감수제, 유동화제 등을 사용함으로써 단위수량 감소, 공기연행 효과로 Workability 개선

2. Workability 증진대책

1) 되도록 W/C를 크게 하고, 시멘트량은 골재의 표면을 둘러싸고 골재 간의 공극을 메우는 데 충분한 양이어야 한다.
2) 작업의 목적과 환경상태에 적합한 시멘트의 종류 선정
3) 시멘트의 분말도가 높은 것 사용
4) 적당한 골재입도를 갖는 골재 사용(연속입도)
5) 골재는 편평, 세장한 것이 없는 것
6) 공극률이 작은 골재 입도 선정
7) AE제, 유동화제 사용

3. Workability 측정방법

Slump test, Flow test, 구관입시험, Remolding, 진동식 Consistency Meter, Vee-Bee test, 다짐계수시험

Ⅴ. Plasticity 개선

1) 잔골재량 증가
2) W/C 감소
3) 공기량 증가, 단위 시멘트량 증가
4) 골재 합성입도가 연속성을 갖도록 한다.

Ⅵ. Finishability에 영향을 주는 요소

1) 굵은골재, 최대치수
2) 잔골재율
3) 잔골재 입도
4) 반죽질기

Ⅶ. 결 론

굳지 않는 콘크리트는 운반, 타설, 다짐, 끝마무리가 쉬운 상태인 연성콘크리트 작업중에 재료분리가 적고, Bleeding 현상이 적은 성질을 갖는 것이 요구된다.

문제 20   굳은 콘크리트 성질의 제반 특성을 기술하시오.

Ⅰ. 개 설

콘크리트의 강도는 28일의 압축강도를 기준하는데 이는 휨강도, 인장강도, 전단강도에 비교해서 현저히 커서 부재 설계시 압축강도만 활용하는 경우가 많으며 다른 강도의 대략값은 쉽게 추정할 수 있다.

Ⅱ. 압축강도에 미치는 요소

1. 재 료

1) 시멘트
① 강도에 비례
② 시멘트량 많으면 강도 증대
③ 분말도가 높으면 초기강도가 크고 시공연도 좋아진다.

2) 골 재
① 고강도일수록 골재 영향이 크다.
② W/C비 일정할 때 굵은골재 최대치수가 클수록 콘크리트 강도가 작아진다.

3) 혼화재료
① 혼화재료의 종류와 성질에 따라 미치는 영향이 다르다.
② AE제 : 시공연도, 내구성 개선, 강도 저하
③ 감수제 : 같은 슬럼프에 대하여 단위수량 감소로 강도 증가
④ 촉진제 : 초기강도 촉진

4) 혼합수
① 유기물 없는 깨끗한 물 사용
② 설탕, 글리세린은 강도에 영향을 미친다.
③ 해수는 철근, PC 강선을 부식시켜 장기 강도를 적게 한다.

2. 배 합

1) W/C비 : 강도에 반비례
2) 잔골재율 : 작게 해야 강도 저하
3) 공기량 : W/C비 일정한 경우 1% 공기량 증가 → 4~6% 강도 감소

3. 시공 및 양생

1) 비비기 : 길수록 강도 증가
2) 치기 : 가압성형하면 강도 증가
3) 다지기 : 길면 강도 저하(적당한 진동 20sec)
4) 양생 : 온도 높고, 습도 높으면 강도 증가
5) 재령기간 : 길면 길수록 강도 증대

III. 압축강도와 기타 강도와의 관계

1. 콘크리트 응력 변화

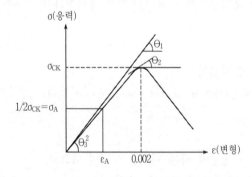

1) 강도가 낮을수록 곡선이 아래쪽으로 굴절
2) 강도가 낮을수록 큰 변형으로 파괴
3) 변형 0.003~0.004 범위

2. 인장강도

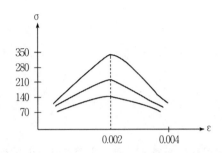

$$\sigma = E\varepsilon \quad \tan\Theta_3 = \frac{\sigma_A}{\varepsilon_A} = E_c$$

콘크리트 영계수는 $\tan\Theta_3$ 이용

$$E_c = W^{1.5} \cdot 4270\sqrt{\sigma_{ck}}\,\mathrm{kg/cm}^2$$

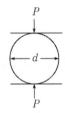 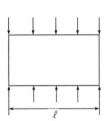

$$\sigma_t = \frac{2P}{\pi d \ell} \qquad P : \text{최대하중(kg)}, \ d : \text{공시체 지름}, \ \ell : \text{길이}$$

압축강도 $\times \dfrac{1}{10} \sim \dfrac{1}{13}$

3. 휨강도

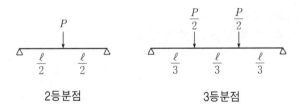

2등분점   3등분점

$$\sigma_b = \frac{M}{I}y \qquad \sigma_b = 2\text{등분점} \times 0.85$$

압축강도 $\times \dfrac{1}{5} \sim \dfrac{1}{8}$

4. 전단강도

$$\tau = \frac{P}{A}$$

압축강도 $\times \frac{1}{5} \sim \frac{1}{8}$

5. 부착강도

철근 콘크리트구조가 성립하기 위해서는 철근과 콘크리트가 합성 일체가 되어 하중에 저항해야 한다.

1) 시멘트와 시멘트풀 사이의 순부착력
2) 철근과 콘크리트 사이의 마찰력
3) 철근 표면의 요철에 의한 기계적 저항력

6. 피로강도

반복하중을 받거나 일정한 하중을 지속적으로 받게 되면 피로 때문에 정적파괴 하중보다 작은 하중으로 파괴

7. 체적 변화

1) 수분 변화에 따른 체적 변화
2) 혼도 변화에 따는 체적 변화

8. Creep

1) 콘크리트에 일정한 하중을 지속적으로 재하하면 응력 변화 없이도 변형은 시간에 따라 증가한다. 이를 Creep라 한다.
2) 주된 원인은 연속재하에 따른 Gel수의 압출

문제 21 콘크리트 표면 손상 원인과 대책 보수방법에 대하여 논하시오.

Ⅰ. 서 론

콘크리트 표면에 주로 생기는 표면손상은 Dusting, Air pocket, Honey comb 및 백화현상 (Efflorescence)이 있으며 그 외 얼룩이나 색깔차 등이 있다.

이러한 표면손상은 미관상 좋지 않을 뿐 아니라 수밀성, 내구성의 저하를 가져오므로 이에 대한 대책과 보수공법에 대해 논하기로 한다.

Ⅱ. Dusting

1) 원 인
① 잔골재에 이토나 미립분 과다 포함시
② 거푸집의 청소상태가 불량한 경우
③ 과도한 표면처리
④ Laitance 처리 불량

2) 대 책
① 잔골재에 먼지, 점토 등의 함유량이 적을 것
② 거푸집 청소 철저
③ 과도한 표면처리 금지
④ Brushing하고, Mortar 처리

Ⅲ. Air pocket

1) 원 인
① 경사와 연직면의 다짐 부족
② Bleeding 현상에 의한 기포
③ 불규칙한 공기 분산
④ 박리제 과다 사용

2) 대책 및 보수
① W/C가 적은 콘크리트 생산

② AE제 사용하고 충분히 비빌 것
③ 다짐을 적절히 할 것
④ Brushing 후 Mortar 처리

Ⅳ. Honey comb

1) 원 인

① 굵은골재가 많고 치수가 클 때
② 재료분리 현상
③ Mortar가 새었을 때

2) 대 책

① 굵은골재 최대치수를 줄인다.
② 입형이 좋은 것을 사용한다.
③ s/a를 키운다.
④ 거푸집 설치시 꽉 조인다.

Ⅴ. Efflorescence

1) 원 인

콘크리트 중의 Cl^- 등이 빗물에 씻긴 후 증발되어 나타난다.

2) 대 책

① 명반으로 닦아낸다.
② 염분을 포함한 골재 사용 금지

Ⅵ. 기타 얼룩이나 색깔차

1) 원 인

① 조임새 구멍처리를 하지 않았을 때 녹물의 흐름
② 종류가 다른 시멘트 사용

2) 대 책

① 조임새 빼어낸 후 구멍을 Mortar로 막는다.
② 동일한 시멘트 사용

문제 22   콘크리트 중성화에 대하여 논하시오.

I . 서 론

중성화(탄산화)란 경화한 콘크리트가 공기중의 탄산가스와 반응하여 탄산칼슘으로 되어 알칼리성이 저하되는 것을 말한다.

$$Ca(OH)_2 + CO_2 \rightarrow CaCO_3 + H_2O$$

Base콘크리트는 시멘트의 수화생성물인 수산화칼슘[$Ca(OH)_2$]를 다량 함유하고 있기 때문에 강한 알칼리성을 띠고 있으나 콘크리트 구조물이 수년 경과함에 따라 공기 중의 탄산가스와 자동차 배기가스 등의 경화한 시멘트 Paste에 침입하여 수산화칼슘과 반응함으로써 탄산칼슘이 되어 콘크리트의 알칼리성을 저하시킨다.

II . 영 향

본래 철근 콘크리트 중의 철근은 콘크리트의 알칼리성에 의해 부식환경으로부터 보호되고 있으나 콘크리트가 중성화됨에 따라 부식되기 쉬운 상태로 되어 철근의 부식은 철근 콘크리트의 내구성에 치명적 손상을 준다.

III . 중성화의 원인

1) 중성화의 깊이는 실외보다 실내가 심하다.
2) 실외에서는 비에 젖지 않는 부분의 중성화 깊이가 비에 젖은 부분보다 심하다.
3) 지중벽이나 지중보에서는 중성화가 거의 일어나지 않는다.
4) 콘크리트의 함수량이 많을수록 탄산가스의 침투가 억제되어 중성화 속도가 줄어든다.
5) 콘크리트의 Honey comb, Cold joint, 균열 등에서는 공극이 많기 때문에 중성화 깊이가 크다.
6) W/C 대 → 중성화 속도가 커진다.
7) 습도가 낮을수록 빠르다.
8) 경량골재 사용 콘크리트는 자체 기공이 많고, 투수성이 크므로 빠르다.

Ⅳ. 중성화에 대한 대책

1. 재료면

1) 선정 시멘트 사용
2) 공극률이 작고 입도분포가 좋을 것
3) 적절한 계면활성제 사용
4) 적절한 마무리재 사용

2. 설계면

1) 부재단면 되도록 크게
2) 피복두께 크게
3) W/C 적게
4) Bleeding이 적고 공극, 홈이 생기지 않게
5) CO_2, SO_2, NO_2에 유효한 마무리재 도입

3. 시공면

1) 균일, 치밀한 콘크리트 사용
2) 다짐 충분히
3) 양생 철저
4) 타설이음 적게

문제 23 철근의 부식에 대해 쓰시오.

Ⅰ. 서 론

철근의 부식은 콘크리트의 중성화와 균열, 침식성 화학물질, 누전전류 등에 의해 철근이 발청하는 것을 말한다. 이와 같은 철근의 부식에 관한 항목은 다음과 같으며 여기서는 다음 사항에 대해 설명하기로 한다.

```
                    ┌ 부식 Mechanism
      철근의 부식 ┼ 부식에 영향을 미치는 요인 ┬ 염분량
                    │                           ├ 콘크리트 품질
                    │                           ├ 철근 덮개
                    │                           ├ 균열
                    │                           └ 중성화
                    └ 대책 ┬ 염분 부식에 대한 대책
                            └ 중성화에 대한 대책
```

Ⅱ. 철근 부식의 Mechanism

콘크리트 중의 철근은 pH 12.5 이상의 강알칼리성이기 때문에 철근 표면은 부동태 피막으로 보호되어 있어 부식되지 않으나 염화물의 침입, 알칼리성 성분 용출, 콘크리트 중성화에 의한 알칼리성 농도가 저하되는 경우 부동태 피막이 염화물에 의해 파괴되어 산소와 물의 존재에 따라 부식이 시작된다.

$$Fe \rightarrow Fe^{-2e} + 2e^-$$

$$\frac{1}{2}O_2 + H_2O \rightarrow 2OH^-$$

$$Fe^{+2e} + 2OH^- \rightarrow Fe(OH)_2 + OH = Fe(OH)_3$$

Ⅲ. 부식에 영향을 끼치는 요인

1) 염분량

시멘트 경화체 중에 NaCl 농도가 0.045% 이상, Cl⁻가 시멘트 중량비 0.4% 이상 되면 부동태 피막이 파손된다. 그런데 이와 같은 염분량의 공급은 해안선에서 100~300m 정도의 범위에서 많이 발생한다.

2) 콘크리트 품질

투수성, 투기성 ↔ W/C비와 관계
① W/C비

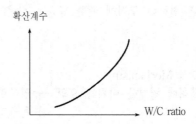

② 시멘트 종류 : 보통 포틀랜드 시멘트, 고로시멘트

3) 철근덮개

일반적으로 콘크리트 중에 침투하는 염화물 등의 부식 인자량은 콘크리트 표면에서의 거리에 관계되며, 침투량은 침투시간에도 영향을 받는다.

$$\frac{\sigma_c}{\sigma_t} = D_C \frac{\sigma^2 C}{\sigma x^2} \ : \ \text{Fick의 확산방정식}$$

$$C(x \cdot t) = C_0 \left\{ 1 - e_r f(\frac{x}{\sqrt{Det}}) \right\}$$

C_0 : 경계면에서의 염분량
D_c : 염화물 확산계수
ef : 오차함수
x : 경계면에서부터의 거리

4) 균 열

철근의 부식이 산소공급에 비례

5) 중성화

중성화가 철근 표면까지 진행하면 강알칼리성 부동태 피막이 파괴되어 철근이 활성화상태로 된다. 이 결과 활성화된 부분과 부동태 피막이 되어 있는 사이에 전위차가 생겨 부식전지가 형성된다.

Ⅳ. 철근 부식에 대한 대책

1) 염분 부식에 대한 대책
 ① 설계상
  ⅰ) 적절한 사양의 재료 사용
  ⅱ) 덮개 크게
  ⅲ) 균열폭 제한
  ⅳ) 전기방식
  ⅴ) Epoxy 수지철근
 ② 시공상
  ⅰ) 적절한 재료
  ⅱ) 배합
  ⅲ) 균열 제한
  ⅳ) 다짐 철저
 ③ 유지관리상 : 유지 철저

2) 중성화에 대한 대책
 ① 설계상
  ⅰ) 철근덮개 크게
  ⅱ) 적절한 표면 마감
 ② 시공상
  ⅰ) 적절한 재료, 결함부 처리
  ⅱ) 배합
  ⅲ) 시공 철저
 ③ 유지관리상

문제 24 콘크리트(철근콘크리트 포함) 구조물에 있어서 균열이 발생하기 쉬운 원인을 열거하고 그 방지대책을 논하시오.

Ⅰ. 개 요

콘크리트는 성질이 다른 복합재료로 균열이 발생하기 쉽고, 이 균열은 강도, 내구성, 수밀성 저하뿐만 아니라 표면 결함과 구조물의 기능상 결함을 초래하기도 하며 누수가 되어 철근을 녹슬게 하여 구조적인 결함까지도 초래하게 된다. 따라서 콘크리트 구조물은 그 균열발생 주원인을 사전에 파악하여 방지에 힘써야 한다.

Ⅱ. 균열의 발생 원인

1) 재 료

① 콘크리트 : 콘크리트 중의 염화물, 콘크리트의 침강, 블리딩, 건조수축
② 사용재료
 ⅰ) 골재 : 골재에 함유된 이토분, 저품질 골재, 반응성 골재
 ⅱ) 시멘트 : 시멘트 이상응결, 시멘트 수화열, 시멘트의 이상팽창

2) 시 공

① 거푸집
 ⅰ) 동바리 : 동바리 침하
 ⅱ) 거푸집 : 누수, 조기 제거, 변형
② 철근 : 배근이완, 덮개의 부족
③ 콘크리트
 ⅰ) 시공줄눈 : 부적당한 시공줄눈처리
 ⅱ) 양생 : 경화 전의 진동이나 재하, 초기 동해, 초기양생 중의 급격한 건조
 ⅲ) 다지기 : 불충분한 다지기
 ⅳ) 타설 : 부적당한 타설순서, 급속타설
 ⅴ) 운반 : 펌프압송시의 배합 변경
 ⅵ) 비비기 : 혼화재료의 불균일 분산, 장시간 비비기

3) 사용환경

① 화학적 작용 : 산 및 염류의 화학작용, 중성화에 의한 내부 철근의 녹, 침입염화물에 의한 내부 철근의 녹

② 물리적 작용(온도, 습도) : 환경온도 및 습도의 변화, 부재 표면의 온도 및 습도의 차, 표면 가열, 동결융해, 화재

4) 구 조
① 지지조건 : 구조물의 부등침하, 동상
② 구조설계 : 단면 및 철근량 부족, 철근 상세의 부적절
③ 하중 : 설계하중 이외의 영구, 장기하중, 초과하중
④ 기타 : 구조세목의 부적절

Ⅲ. 균열 방지대책

1. 재료상의 대책

1) 시멘트의 응결시간을 검사하고, 풍화된 시멘트는 사용을 금한다.
2) Bleeding 방지를 위해 분말도가 높은 시멘트, AE제 사용
3) 단위수량을 적게 한다.
4) 수화열 감소를 위해 중용열 시멘트나 Fly ash 사용
5) 양생 철저

2. 시공상의 대책

1) 타설순서, 타설속도를 준수한다.
2) 밀실한 다짐이 되도록 한다.
3) 타설 이음처리는 시방에 따른다.
4) 거푸집은 측압에 안전하도록 하며 동바리의 침하, 좌굴, 변형이 생기지 않도록 한다.
5) 거푸집 해체는 소정의 콘크리트 강도가 확보되었을 때
6) 양생을 철저히 한다.
7) 동해를 입지 않도록 보양한다.

3. 설계상의 대책

1) 온도응력에 따른 내부응력을 막기 위해 신축줄눈을 설치한다.
① 무근 콘크리트 8m 내외, 철근 콘크리트 13m 내외
② 수평단면이 급변하는 것
③ 무근 콘크리트 바닥판 3~4.5m 내외
④ 건물이 긴 경우, 구조적으로 다른 건물과 연결부

2) 설계시 하중(풍하중, 지진 등) 산정을 충분히 하여 설계 소요단면 및 철근량을 확보한다.
  → 20% 증가

Ⅳ. 균열의 종류 및 원인 · 대책 세부사항

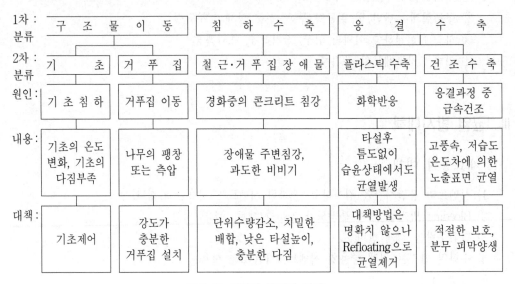

경화 전 균열의 원인과 대책

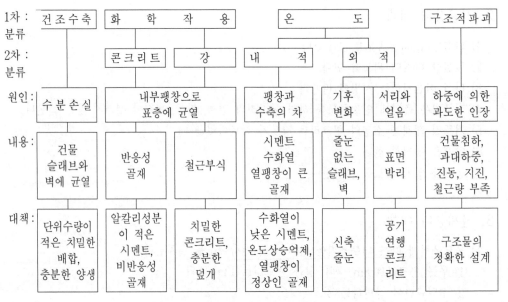

경화 후 균열의 원인과 대책

문제 25 Plastic shrinkage crack(소성수축 Crack)

I. 발생 원인

1) 급속한 건조(Bleeding보다 Evaporation이 클 때)
2) 주위 온도의 급강하 또는 시멘트와 물 조기반응의 원인으로 발생되는 자생 수축에 의한 인장 변형에 의해 발생

II. 형 태

1) Slab 가장자리에서 발생 45°각도(0.2~2m 떨어져서)
2) 부작위 발생
3) 철근 방향으로 발생

III. 대 책

1) Bleeding을 증발(Evaporation)량보다 증가시킨다.
2) Bleeding을 증가시키지 않는 대신 Evaporation을 줄이는 방법(조기양생방법)

IV. 발생시기기준

30분부터 6시간 내

문제 26 콘크리트의 방수성

I. 콘크리트의 방수성

콘크리트는 물, 골재, 시멘트의 합성재료이므로 완전히 방수적인 구조물은 아니다. 방수에 실패면 구조물의 내구성, 강도, 기능 저하, 얼룩 등으로 미관을 해친다. 따라서 여기서는 수밀하게 콘크리트를 타설하거나 방수공법에 대해 요점을 기술하고자 한다.

II. 콘크리트 방수에 영향을 미치는 요인

1) 콘크리트 자체의 물성

콘크리트는 경화에 필요한 물량보다 더 많은 물량을 시공에 사용함으로써 다음과 같은 영향을 미친다.
① 삼투압에 의해 삼투수의 경로가 생겨 공극 발생
② Bleeding으로 수막 발생
③ 골재의 공극
④ 굵은골재 아랫면에 생기는 수막
⑤ 철근 아랫면에 생기는 수막 등에 의해 물이 침투하면 수로 역할

2) 시공상의 영향
① 시공이음설치, 시공불량
② 경화수축균열
③ 경화후의 균열

III. 시공대책

1) 수밀 콘크리트 타설
① W/C : 55% 이하
② 단위수량은 줄이고 단위시멘트량은 늘린다.
③ Slump 8cm 이하

④ 충분한 부재두께 확보

⑤ s/a를 키운다.

⑥ 습윤양생

⑦ 굵은골재 최대치수를 줄인다.

⑧ 시공이음이 생기지 않도록 시공계획

⑨ 양질의 AE제, 감수제 사용

2) 방수공법

① Mortar 방수

ⅰ) 주재료 : 방수제(염화칼슘, 규산소다, Slica 분말, 고무라텍스)

ⅱ) 장점

　－ 가격이 저렴

　－ 바탕면에 요철이 있어도 시공 가능

　－ 바탕면이 습윤상태이어도 시공 가능

　－ 시공 간단

ⅲ) 단점

　－ 방수층 자체 균열

　－ 바탕과의 박리나 Slab의 균열에 의해 방수효과를 잃는다.

② Asphalt 방수

ⅰ) 주재료 : Blown Asphalt, Asphalt 루핑

ⅱ) 공법 : 가열용융된 Asphalt, 루핑 등을 차례로 적층

ⅲ) 장점

　－ 비교적 싸고, 시공실적이 많다.

　－ 여러 층 시공, 시공 Miss가 적다.

　－ 바탕면이 거칠어도 사용 가능

ⅳ) 단점

　－ 인력이 많이 든다.

　－ 심한 구배, 시공이 어렵고 시공 후 처짐

　－ 고온시 처짐이 생기고 저온시 취약

③ Sheet 방수(주재료 : 폴리염화비닐)

④ 도막방수 : 폴리우레탄(주제나 부제 혼합)

⑤ 침투식방수 : 유기질의 폴리머, 유기질계 Mono

문제 27 열화(내구성)

I. 개 요

열화라는 것은 최초의 갖고 있는 재료의 품질이 시간의 경과에 따라 품질이 저하하는 현상이다.

열화는 작용하는 하중, 열, 자외선, 방사선, 공기 중의 산소, 물 등에 의해 발생한다. 이와 같은 열화에 관한 항목을 나타내면 다음과 같다.

```
열화 ┬ 열화현상의 종류
     ├ 콘크리트의 열화 요인 ┬ 콘크리트 외적 요인
     │                    ├ 콘크리트 내적 요인
     │                    └ 강재부식
     └ 열화대책 ─ 설계상, 시공상, 유지관리상
```

II. 열화현상의 종류

콘크리트의 중성화, 철근의 부식, 균열, 누수, 강도변화, 대변형, 표면노화, 동해 등이 있다.

III. 콘크리트의 열화요인

콘크리트의 열화요인은 다음과 같다.

```
          ┌ 물리적 요인 ┬ 하중작용
외적 요인 ┤            ├ 열, 습도
          │            └ 기계적 작용
          └ 화학적 요인 ── 해수에 의한 작용, 온천수, 산성하천수
```

1) 물리적 요인
   ① 하중작용
   ② 열, 습도 작용 : 동결융해, 열충격, 화재
   ③ 기계적 작용 : 마모, Cavitation

2) 화학적 요인

① 해수에 의한 작용

해수 중에는 많은 염류가 용해되어 있으며 이 중 $MgSO_4$, Ma_2SO_4가 시멘트 경화체에 대해 침식성을 갖고 있다.

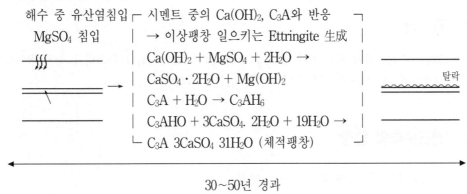

해수 중 유산염침입 ┌ 시멘트 중의 $Ca(OH)_2$, C_3A와 반응 ┐
$MgSO_4$ 침입 │ → 이상팽창 일으키는 Ettringite 生成 │
│ $Ca(OH)_2 + MgSO_4 + 2H_2O →$ │
│ $CaSO_4 \cdot 2H_2O + Mg(OH)_2$ │ 탈락
│ $C_3A + H_2O → C_3AH_6$ │
│ $C_3AHO + 3CaSO_4. 2H_2O + 19H_2O →$ │
└ $C_3A\ 3CaSO_4\ 31H_2O$ (체적팽창) ┘

30~50년 경과

② 해수 침식에 대해 저항성을 증가시키기 위해 C_3A, C_3S의 함유량이 적은 것, Slag량이 많은 시멘트를 사용하는 것이 효과적이다.

3) 강재부식

$$Fe → F_2^{+2} + 2e^-$$

$$H_2O + \frac{1}{2}O_2 → 2OH^-$$

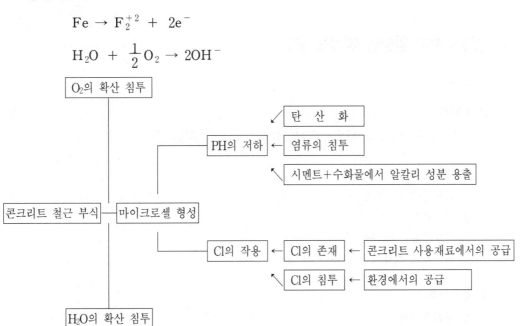

O_2의 확산 침투

콘크리트 철근 부식 ─ 마이크로셀 형성

PH의 저하 ← 탄 산 화
PH의 저하 ← 염류의 침투
← 시멘트+수화물에서 알칼리 성분 용출

Cl의 작용 ─ Cl의 존재 ← 콘크리트 사용재료에서의 공급
Cl의 침투 ← 환경에서의 공급

H_2O의 확산 침투

문제 28 건조수축

Ⅰ. 정 의

  콘크리트 수화작용에 필요한 수량 이외의 잉여수가 증발하면서 콘크리트 속의 잔여수에서 생기는 모세관의 인장력으로 체적이 수축하는 현상을 말한다.

Ⅱ. 건조수축의 영향

  1) 콘크리트 구조물에 해로운 균열 발생
  2) 철근부식 촉진
  3) 수밀성을 감소시켜 방수성 저하
  4) 동결융해에 따른 균열의 확대로 내구성 저하
  5) 부정정 구조물에서는 응력집중현상 초래
  6) Prestress 콘크리트에서는 초기 Prestress의 부분적인 손실 초래

Ⅲ. 건조수축에 영향을 미치는 요인

  1) 단위수량

  2) 시멘트

    분말도가 낮을수록, 단위시멘트가 많을수록 고로, Silica ↑

  3) 골 재
    ① 흡수량이 큰 골재 ㄱ
    ② 경량골재   │↑
    ③ 잔골재율이 클수록 ㄴ
    ④ 굵은골재 최대치수가 큰 쪽이 ↓

  4) 혼화재료
    ① 경화촉진제 ↑
    ② 유동화제, AE감수제 ↓
    ③ 건조수축저감제 ↓

5) 양 생

　① 증기양생은 건조수축 감소

　② 습윤양생

6) 부재의 크기

　부재의 크기가 클수록 건조수축 감소

Ⅳ. 건조수축 균열제어방법

1) 배합시 단위수량, 단위시멘트량을 가급적 적게

2) 적당량의 철근 배치

3) 양생 철저

4) 분말도가 높은 시멘트 사용

5) Control joint 사용하여 유해한 균열 조절

6) 팽창 시멘트 사용

7) 흡수율이 작은 골재 사용

8) 굵은골재 최대치수를 가급적 크게

9) 필요시 적당한 혼화제 사용

10) 잔골재율을 가급적 줄인다.

문제 29 콘크리트의 종류

I. 한중 콘크리트

1) 정 의

일평균 4℃ 이하인 기상 조건에서 타설한 콘크리트

콘크리트 동결온도	$-0.5 \sim -2℃$
시 공 목 표	응결경화의 초기에 동결되지 않을 것 양생 종료 후 해동시까지 받는 동결융해작용에 대하여 충분한 저항성 공사중의 각 단계에서 예상되고 하중에 대하여 충분한 강도를 가질 것 완성된 구조물로써 최종적으로 필요로 하는 강도, 내구성, 수밀성을 갖게 한다.

2) 문제점

① 경화의 시간이 걸리고 강도 증진이 느려 콘크리트가 동결되기 쉽다.

② 응결 초기에 동결되면 시멘트 화학반응이 정상적으로 진행되지 않고 그후 적절한 양생을 해도 강도, 내구성, 수밀성이 몹시 저하된다.

③ 급격한 온도저하, 동결지반이 녹았을 때 지반침하 발생

3) 재 료

① 시멘트

ⅰ) 보통 포틀랜드시멘트를 표준으로 한다.

ⅱ) 용량이 많아 시멘트에 의한 수화열을 고려해야 할 경우를 제외하고는 경화가 빠르고 수화열이 높은 조강포틀랜드시멘트, 초고강포틀랜드시멘트를 사용한다.

ⅲ) 필요시 알루미나시멘트, 초속경시멘트 사용

ⅳ) 시멘트는 직접 가열해서는 안 되므로 될 수 있는 한 냉각되지 않도록 저장

② 골재

ⅰ) 동결, 빙설이 혼입되지 않도록 Sheet 등으로 피복 저장

ⅱ) 골재를 가열할 때는 균일하게 하고 과열되지 않도록 한다.

ⅲ) 골재가열법 : 증기가열법, 화기가열법, 증기분사법

③ 혼화제

ⅰ) AE제, AE감수제

ⅱ) 경화촉진제 : 칼슘, 나트륨

4) 배 합
   ① W/C 60% 이하
   ② 단위수량 적게
   ③ AE, AE감수제 사용을 표준 : 단위수량 감소, 콘크리트 속의 물의 동결로 인한 피해 저감
   ④ 단위시멘트량의 과다나 과소를 피한다.

5) 비비기
   ① 비빈 직후의 온도는 기상 조건, 운반시간 등을 고려하여 쳐넣을 때 소요의 콘크리트 온도
      가 되도록
   ② 비빈 직후의 온도는 각 배치마다 변동이 적게
   ③ 더운물과 시멘트가 접촉하면 시멘트가 급결할 우려가 있으므로 먼저 더운물과 굵은골재,
      다음 잔골재를 넣어서 믹서 안의 온도를 균일하게 한 다음 최후에 시멘트를 넣는다.

$$T_2 = T_1 - 0.15(T_1 - T_0)t$$

   T_0 : 주위의 온도(℃)
   T_1 : 비벼진 온도(℃)
   T_2 : 치기가 끝났을 때의 온도(℃)
   t : 비벼졌을 때부터 치기가 끝났을 때까지의 온도(℃)

6) 운반 및 타설
   ① 운반 및 치기는 열량의 손실이 적게 되도록
   ② 타설시 콘크리트의 온도는 10~20℃
   ③ 콘크리트를 쳐넣을 때 철근 및 거푸집에 빙설이 부착해 있어서는 안됨.
   ④ 시공이음부에 구콘크리트가 동결되어 있는 경우에는 적당한 방법으로 녹이고 타설
   ⑤ 콘크리트 타설 후 표면의 온도가 급랭할 우려가 있으므로 적당한 방법으로 보호한다.

7) 양 생
   ① 콘크리트는 타설 후 초기에 동결하지 않도록 보호하고, 특히 바람을 막아야 한다.
   ② 양생중에는 5~10℃ 이상으로 유지
   ③ 콘크리트에 열을 가할 경우 급히 건조되거나 국부적으로 가열되지 않도록
   ④ 시공중에 예상되는 하중에 충분한 강도가 얻어질 때까지 양생
   ⑤ 심한 기상작용을 받는 곳은 다음의 압축강도가 얻어질 때까지 그후 2일간은 0℃ 이상
   ⑥ 보온양생, 급열양생을 끝낸 후는 콘크리트의 온도를 갑자기 저하시켜서는 안 된다.

단면 시멘트의 종류 구조물의 노출상태		보통의 경우		
		보통 포틀랜드 시멘트	조강포틀랜드+ 보통포틀랜드+ 촉진제	혼합시멘트 B종
① 연속해서 또는 자주 물로 포화되는 부분	5℃	9일	5일	12일
	10℃	7일	4일	9일
② 보통의 노출상태에 있고 ①에 속하지 않는 부분	5℃	4일	3일	5일
	10℃	3일	2일	4일

8) 거푸집 및 동바리

① 거푸집은 보온성이 좋은 것을 사용한다.
② 동바리의 기초는 지반의 동상이나 융해에 의하여 변화를 일으키지 않도록 한다.
③ 거푸집 떼어내기는 콘크리트의 온도가 갑자기 저하되지 않도록 한다.

9) 관 리

Ⅱ. 서중 콘크리트

1) 정 의

일평균 기온이 25℃를 넘는 시기에 타설하는 콘크리트

2) 시공상 문제점

① 소요의 단위수량 증가, σ_{28}일 및 그 이후의 강도 감소, Workability 저하
② 운반 중 Slump 저하, 너무 빠른 응결, 온도 상승이 일어나 Cold joint 발생
③ Cold joint 발생
④ 균열 발생(수분의 급격한 증발), 온도 균열의 발생

3) 재 료

```
┌ 골재    ±2℃    ±1℃
├ 물     ±4℃    ±1℃
└ 시멘트  ±8℃    ±1℃
```

① 시멘트
  ⅰ) 낮은 온도로 보관 시멘트 ±8℃ → 콘크리트 1℃ 상승

ⅱ) 중용열 포틀랜드시멘트 사용

② 골재

ⅰ) 직사광선 피하고 살수하여 온도 강하

ⅱ) 골재온도가 콘크리트 온도에 가장 큰 영향($\pm2℃ \rightarrow 1℃$ 상승)

③ 물

ⅰ) 물저장탱크나 수송관 등은 적절한 방법으로 직사광선 차단

ⅱ) 얼음 사용

④ 혼화제

ⅰ) AE감수제, AE감수제 지연형

ⅱ) 지연형의 유동화제를 사용함을 표준

ⅲ) 사용시 사용방법에 대해 충분히 검토하고 첨가량에 대해 검토

4) 시 공

① 준비작업

ⅰ) 타설에 앞서 거푸집, 철근은 직사광선이 닿지 않도록 덮개를 덮어 보호

ⅱ) 구 콘크리트면, 지반 등은 미리 살수하여 냉각시켜 둔다.

② 배합

ⅰ) 비빈 직후의 온도는 기상조건, 운반시간 등의 영향을 고려하여 소요의 콘크리트 온도가 얻어지도록 해야 한다(30℃ 이하로 관리).

ⅱ) 소요의 강도, Workability를 얻을 수 있고 범위 내에서 단위수량, 단위시멘트량을 될 수 있는 한 적게

③ 비비기

비빈 직후의 온도는 기상조건, 운반시간 등의 영향을 고려하여 쳐넣었을 때 소요의 콘크리트 온도가 얻어지도록

④ 운반

ⅰ) 운반중에 콘크리트가 건조하거나 가열되는 일이 없도록

ⅱ) Slump 저하 방지

ⅲ) Pump truck으로 수송할 경우 젖은 천으로 덮는다.

ⅳ) Ready mixer 콘크리트 사전에 배차계획

⑤ 타설(치기)

ⅰ) 콘크리트 타설하기 전에 지반, 거푸집 등 흡수할 우려가 있는 경우, 미리 살수하여 습윤상태 유지

ⅱ) 비벼서 쳐넣을 때까지 90분 초과 금지

ⅲ) 쳐넣을 때 온도 35℃ 이하

ⅳ) 콘크리트 타설시 Cold joint가 생기지 않도록 적절한 계획

⑥ 양생

ⅰ) 콘크리트 타설 완료 후 콘크리트 표면 및 습윤양생은 적어도 24시간 이상 실시

ⅱ) 양생은 적어도 5일간 이상 실시

ⅲ) 목재 거푸집의 경우 살수

ⅳ) 콘크리트를 쳐넣은 후 콘크리트의 경화가 진행되어 있지 않은 시점에서 갑작스러운 건조로 인한 균열 발생시 즉시 재진동 다짐이나 Tamping을 실시하여 이것을 없앤다.

Ⅲ. Prestressed 콘크리트

1) 정 의

작용하중에 의해 부재에 발생하는 인장응력을 상쇄하기 위해 미리 압축응력을 준 콘크리트를 말하며, 이를 위해 미리 준 응력을 Prestress라 하고 콘크리트에 Prestress를 주는 일을 Prestressing, Prestressing에 의해 콘크리트에 작용하는 힘을 Prestress force라 한다.

① 장점

ⅰ) 설계하중하에서는 균열이 생기지 않으므로 내구성이 크다.

ⅱ) 구조물이 가볍고 강하여 복원성이 우수하다.

ⅲ) 부재에는 확실한 강도 안전율을 갖게 할 수 있다.

② 단점

ⅰ) 철근콘크리트에 비하여 강성이 작으므로 진동하기 쉽다.

ⅱ) 피로를 받기 쉽다.

ⅲ) 공사가 복잡하여 고도의 기술을 요한다.

2) 재 료

① PC 강재

ⅰ) PC 강재, Strand KS 규격에 적합한 것

ⅱ) 접착, 접속, 조립 또는 배치를 위하여 PC 강재를 재가공하거나 열처리를 한 경우는 PC 강재의 품질이 저하되지 않았는지 시험

② 정착장치, 접속장치

정착장치, 접속장치는 정착 또는 접속된 PC 강재가 규격에 정해진 인장하중값에 이르기 전에 파괴되거나 현저한 변형이 일어나는 일이 없는 구조 및 강도를 갖을 것

③ Sheath

ⅰ) Sheath는 취급중 또는 콘크리트 치기를 할 때 쉽게 변형되지 않는 구조

ⅱ) 맞물림이나 이음부로 시멘트풀이 흘러 들어가지 않도록 할 것

④ PC Grout

ⅰ) PC Grout材는 Duct 속을 완전히 메워서 긴장재 보호, 녹스는 것 방지하고, 부재 콘크

리트와 긴장재를 부착에 의하여 일체가 되게 함.

ii) PC Grout의 품질

- 반죽질기 : 덕트길이, 형상, 시공시기, 기온, 강재 단면적, Duct 속에서 차지하는 강재 단면적의 비율 등을 고려
- 팽창률 : 10% 이하
- Bleeding률 : 3% 이하
- 강도 : 200kg/cm^2 이상
- W/C비 : 45% 이하

⑤ 부착시키지 않는 경우의 긴장재 피복재료

긴장재를 녹슬지 않게 하고 콘크리트에 해를 주지 않으며 Prestress 도입시에 긴장재와 콘크리트 사이를 부착시키지 않는 것

⑥ 접합재료

소요의 강도, 수밀성, 접합부의 시공 조건에 적합한 것

⑦ 마찰감소제

마찰감소제를 부착이 되기 전에 제거시킬 수 있는 것으로서 긴장재 Sheath, 콘크리트에 유해한 영향이 없을 것

⑧ 재료의 저장

i) PC 강재, 정착장치, 접속장치는 창고에 보관하여 유해한 성분, 기름, 염분, 먼지 등이 부착하지 않도록 할 것

ii) 접착제는 재료의 분리, 변질, 먼지 등의 불순물이 혼입되지 않도록 저장하고, 저장기간이 오래된 것은 사용 전에 시험하여 품질확인한다.

3) 긴장재의 배치

① 긴장재의 가공조립
② Duct 형성
③ Sheath 및 긴장재의 배치
④ 정착장치, 접속장치의 조립과 배치

4) 거푸집 및 동바리

① Prestressing시, 콘크리트 부재에 악영향이 없도록
② 동바리는 Prestressing에 의한 콘크리트 부재의 변형 및 반력에 이동을 저해하지 않는 구조

5) Prestressing

① 일반 : PC 강재에 소정의 인장력이 주어지도록 한다.

② 인장장치의 Calibraction

③ Prestressing을 할 수 있는 콘크리트 강도

  ⅰ) Prestress를 한 직후의 최대압축응력의 1.7배

  ⅱ) Pretension : 300kg/cm^2 이상

④ Prestressing 관리

  ⅰ) 여러 가지 원인에 의한 변동을 고려하여 긴장재에 주는 인장력이 소정의 값 이하가
되지 않도록 긴장재 1개마다 관리

  ⅱ) 긴장재에 주는 인장력은 하중계가 나타내는 값과 긴장재의 늘음량 또는 빠짐량에 의
하여 측정(늘음량과 빠짐량의 관계가 직선이 되도록)

  ⅲ) 1개의 부재에 여러 개의 긴장재가 배치되어 있는 경우에는 긴장재 1개마다의 관리외
에 몇 개의 조로 나누어 관리

  ⅳ) 집중 Cable 방식에서 1개의 부재에 배치되는 긴장재의 개수가 극단적으로 적은 경우
에 Prestressing 관리는 특별한 고려

  ⅴ) 마찰계수 및 긴장재의 겉보기 탄성계수는 현장에서 시험을 하여 구함.

6) PC grout 시공

① PC grout는 Prestressing이 끝난 후 될 수 있는 한 빨리

② 시공기계 선정시

  ⅰ) Grout mixer는 5분 내에 Mixing을 완료할 수 있는 것

  ⅱ) Agitator는 Grout를 천천히 휘저을 수 있는 것

  ⅲ) Grout pump는 공기가 혼합되지 않게 주입할 수 있는 것

③ 배합 및 주입시

  ⅰ) Duct는 주입 전에 물을 흘러 보내어 깨끗이 씻고 충분히 적신다.

  ⅱ) 주입은 Grout pump로 천천히

  ⅲ) 낮은 곳에서 높은 곳으로

  ⅳ) 주입은 유출구로부터 균일한 반죽질기의 PC grout가 충분히 유출될 때까지 중단하지
말아야 한다.

  ⅴ) Duct가 긴 경우, 주입구는 적당한 간격으로 둔다.

  ⅵ) 한중시는 Duct 주변의 온도를 5℃ 이상으로 올리고 10~25℃를 표준으로 5일간 5℃
이상 유지

  ⅶ) 서중시는 Grout의 온도 상승과 Grout가 급결되지 않도록

Ⅳ. Prestress 손실과 PC 부재의 응력변화

1) 개 설

PC 부재의 Prestress는 최초에 PC 강재를 긴장할 때 긴장장치에서 측정된 인장응력과 같지 않고 여러 가지 원인에 의해 상당량 감소하므로 PC 부재를 제작, 운반, 설치시 각기 다른 응력상태가 된다. 따라서 각 응력상태에 맞추어 시공대책을 세워야 한다.

2) Prestress 손실 원인

① Prestress 도입시
 ⅰ) 콘크리트 탄성수축
 ⅱ) 강재와 콘크리트 사이의 마찰
 ⅲ) 정착장치의 활동
② Prestress 도입 후
 ⅰ) Creep
 ⅱ) 건조수축
 ⅲ) 강제의 Relaxation

3) 응력 변화와 시공상 대책

① 제작시
 ⅰ) 긴장 전 : 긴장 전은 무근 콘크리트와 같은 상태. 따라서 거푸집의 변형, 동바리의 변형 유무 조사
 ⅱ) 긴장시
  - 응력상태 : PC 부재의 긴장시 부재에 가장 큰 응력 발생
  - Pretension 방식의 시공대책
   • 콘크리트 설계기준강도 $350kg/cm^2$ 이상
   • 긴장시 콘크리트 압축강도는 도입응력의 1.7배 이상, $300kg/m^2$ 이상이어야 한다.
  - Post-tension 방식의 시공대책
   • 설계강도는 $300kg/cm^2$ 이상
   • 콘크리트 탄성수축을 고려하여 긴장순서를 결정해야 한다.
   • 부재축에 가장 긴 것부터, 중심에 대해 대칭되도록 일정한 압축응력 작용하도록
 ⅲ) 긴장 후
  - 응력상태 : Prestress 도입시의 즉시 손실이 일어났으므로 초기 Prestress가 작용한다(Initial prestress).
  - 시공대책 : 건조수축, Creep 방지를 위한 양생과 보호에 특히 유의

② 운반시 및 설치시

   ⅰ) 응력상태 : 시간경과에 따라 발생하는 손실이 일어나고 있는 중이며 Prestress와 자중에 응한 휨응력이 작용한다.

   ⅱ) 시공대책

     − 받침위치는 과대한 인장응력이 생기지 않도록 배치하고, 지반침하가 없는 견고한 위치

     − 부재가 흔들려 과도한 인장응력이 생기지 않도록

     − 뒤집거나 비틀려 제작, 설계시와는 다른 응력상태가 되지 않도록

     − Lifting시 Wire 각도는 30°이상을 유지하여 최소의 응력이 부재에 발생하도록

     − 운반로는 급커브, 급경사, 요철이 없도록 하여 진동이나 충격에 지장이 없도록

③ 최종단계

   ⅰ) 응력상태 : 시간경과에 따른 Prestrss의 손실이 끝나 유효 Prestress 작용

   ⅱ) 시공대책

     − 설계하중 이상의 과도한 하중이 작용하지 않도록

     − 정기적인 유지 보수로 균열이나 파손이 일어나지 않도록

※ PC 강재가 갖추어야 할 특성

   ⅰ) 콘크리트와의 부착력이 클 것

   ⅱ) 직선성일 것

   ⅲ) Relaxation이 적을 것

Ⅴ. 해양 콘크리트에 대하여

1) 정 의

   해양 콘크리트란 항만, 해양 등에 시공하는 콘크리트를 총칭하며, 감조부와 해면 아래에 있게 되어 해수의 작용을 받는다.

   해양 콘크리트는 내구성에 큰 문제가 있으므로 배합, 타설, 시공시 주의를 요한다. 따라서 여기서는 해양 콘크리트에 대한 제반사항에 대해 서술하고자 한다.

2) 재 료

   소요의 내구성을 갖는 것이어야 함.

① 시멘트

   ⅰ) 내구적이고 내해수성 ┐

   ⅱ) 장기강도가 클 것   ┤ 중용열, 고로, Fly ash, 내황산염 시멘트

   ⅲ) 수화열이 작은 것   ┘

② 골재

내구성, 안전성, 흡수율이 작은 것

③ 철근

ⅰ) 내염성 철근

ⅱ) 피복두께 크게

ⅲ) 균열제어

④ 혼화재료

ⅰ) 혼화재 : Pozzolan

ⅱ) 혼화제 : 양질의 감수제나 AE제

내구성으로 정해진 최대 물-시멘트비

해	중	50
해 상 대 기 중		45
물 보 라		45

3) 배합(비교적 적은 W/C비 사용)

① 단위 시멘트량 : $280 \sim 330 kg/cm^3$

② 공기량 : 4~6%

③ W/C : 50% 이하

굵은 골재최대치수 단위시멘트량	25mm	40mm
물보라, 해상대기중	330	300
해 중	300	280

4) 설계시공시 유의사항

① 철근피복두께 : 해수 닿는 부분 7.5cm 이상

② 균열제어 : 균열폭이 최소가 되도록 피복두께, 철근비, 철근직경

③ 타설

ⅰ) 가능한 시공이음 × ─┬─ HWL 위 60cm
                        └─ LWL 아래 60cm

ⅱ) 재령 5일까지는 해수에 씻기지 않도록

④ 표면보호

ⅰ) 마모충격 받는 곳(고무, 방충재, 강재로 보호)

ⅱ) 심한 파랑이나 콘크리트 마모받은 곳

Ⅵ. Mass 콘크리트

1) 정 의

① Mass 콘크리트로 취급되는 구조물의 치수는 구조형식, 재료, 시공 조건에 따라 각기 달라서 정하기가 어렵지만 대체적으로 Slab 80~100cm이고 하단이 구속이 된 벽에서는 50cm이상으로 본다.

② Mass 콘크리트는 타설시 발생하는 수화열에 의해 콘크리트에 균열이 발생될 수 있으며 상기와 같은 이유 때문에 시공시 주의를 요한다. 따라서 여기서는 Mass 콘크리트의 온도 균열, 제어방법, 시공시 유의사항에 대해 설명하고자 한다.

2) 온도균열

① 온도균열의 정의

ⅰ) 온도균열이란 콘크리트 강도의 발현이 불충분한 시기에 콘크리트 표면과 내부의 온도 구배에 의한 인장응력에 의해 발생되는 균열

ⅱ) 그 특징은 타설 후 수일 내에 발생한다는 것, 발생 위치에 규칙성이 있다.

ⅲ) 온도균열은 콘크리트의 내구성, 수밀성, 강도 등에 영향을 미친다.

② 온도구배 발생 원인

ⅰ) 수화열에 의해 콘크리트 내부가 고온

ⅱ) 거푸집 제거, 표면 구속에 의해 콘크리트 구속

3) 시공대책

① 재료 및 배합

발열량을 저감시키기 위해 저발열성 시멘트 사용, 단위 시멘트량 감소

ⅰ) 굵은골재 최대치수 키움.

ⅱ) 양질의 감수제나 혼화제 사용

ⅲ) Slump 작게

ⅳ) 강도판정 재령 연장

② 설계

ⅰ) 콘크리트 타설량, 균열 발생 등을 고려하여 이음 위치 결정

ⅱ) 철근으로 균열 분산

ⅲ) 균열 발생에 대비 방수보강

③ 시공

ⅰ) 온도 변화를 적도록 하기 위해 습윤양생, 보온, 가열양생을 한다.

ⅱ) 온도 상승을 적게 하기 위해 대책

－ 온도가 25℃를 넘을 때는 타설 중단

－ Pipe Cooling

－ Lift 높이 작게

－ 재료를 Precooling

4) 시공관리 및 검사

① 일반 콘크리트 관리 외에 온도관리 실시

② 온도관리 방법

ⅰ) 온도균열지수에 의한 방법

ⅱ) 그간의 시공실적에 의한 방법

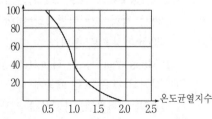

5) 냉각방법

① Precooling

ⅰ) 시공개요 : 콘크리트 재료의 일부 또는 전부를 미리 냉각

(골재 ±2℃ ±1℃, 물 ±4℃ ±1℃, 시멘트 ±8℃ ±1℃)

ⅱ) 냉각방법

- 굵은골재 : 골재 Bin에 1~4℃의 냉풍 또는 냉각수 순환
- 물 : 냉각수와 얼음 사용

ⅲ) 시공시 유의사항

- 골재의 냉각은 전 재료가 균등하게 냉각
- 물과 얼음을 섞을 때 얼음은 물량의 10~40% 정도(콘크리트 비비기가 끝나기 전에 완전히 녹아야 함)
- 골재에 그늘을 만드는 방법
- 시멘트는 열을 내리되 냉각시켜서는 안됨.

② Pipe cooling

ⅰ) 공법 개요

Pipe cooling은 새로운 콘크리트를 타설하기 전에 Cooling용 Pipe를 배치, 그 속에 냉각수 또는 하천수를 순환시켜 콘크리트의 수화열을 저하, 냉각시키는 것

ⅱ) 냉각방법

- Pipe의 배치와 지름은 콘크리트의 수화열 , Dam의 공정, 경제성 등을 고려하여 결정
- Pipe의 표준간격은 1.5m 정도
- 통수량은 보통 15ℓ/min 정도
- 통수기간은 타설 직후에 시작하여 적당한 온도가 될 때까지 계속

ⅲ) 특징

- 콘크리트 제어가 비교적 쉽게 이루어진다.
- 시공이 번거롭고 냉각 Pipe, 이음부 Grouting 비용이 많이 든다.

※ 운반치기 양생

Mass 콘크리트는 보통 콘크리트에 비하여 대량의 것을 연속적으로 시공하는 일이 많고, 또한 일반적으로 Slump가 작고 시멘트량이 적은 것으로 하는 경우가 많으며 균일한 콘크리트를 치기 위해서는 면밀한 시공계획을 요한다.

① 넓은 면적에 칠 경우 : 시공구간면적, Con'c 공급능력, 이어치기, 대기시간 → Cold joint

② 부재두께가 크므로 침강 균열 발생 → 재진동다짐이나 Tamping(충전) 실시

③ 콘크리트 내부온도가 높아져 양생기간 동안 표면건조 발생 → 균열 ← 수분공급 요

Ⅶ. 수중 콘크리트

1) 수중 콘크리트의 정의

교량의 기초, 해양 구조물 등과 같이 수중에서 콘크리트를 타설함으로써 시공이음의 신뢰성, 철근과의 부착성 및 수면하에 비교적 넓은 면적에 품질의 균일성에 문제가 있으므로 배합강도를 높이거나 허용응력도를 낮추는 등 대책이 필요하다.

2) 수중 콘크리트의 문제점

① 품질의 균질성
② 철근과의 부착강도 저하   ├ 확인 불가
③ 이음의 신뢰성 문제

3) 수중 콘크리트 공법의 종류

① Prepacked 콘크리트
② 수중 콘크리트의 타설공법 : Tremie, 콘크리트 Pump, 밑열림상자 및 포대, 포대 콘크리트

4) 수중 콘크리트 타설공법

① 배합
  ⅰ) 콘크리트의 점착성을 증대시켜 수중낙하에도 재료분리가 적게 되도록 수중 콘크리트용 혼화제 사용
  ⅱ) W/C 50% 이하
  ⅲ) 재료분리가 적게 되도록 단위시멘트량을 많게($370kg/m^3$) 하고, 잔골재율은 크게($40\sim45\%$)
  ⅳ) 굵은골재는 둥근 모양의 입도가 좋은 자갈
  ⅴ) Slump는 점성이 좋도록 $10\sim18cm$의 범위 선정
② 철근의 덮개 : 덮개 충분히 7.5cm 이상
③ 타설 원칙
  ⅰ) 콘크리트는 정수중에 쳐야 한다.
  ⅱ) 수중에 콘크리트를 낙하시켜서는 안 된다.
  ⅲ) 타설중 콘크리트 면은 되도록 수평하게 유지하면서 정해진 높이에 이를 때까지 연속해서 친다.
  ⅳ) 레이턴스의 발생을 줄이도록 타설중 물을 휘젓거나 물을 이동시켜서는 안 된다.
  ⅴ) 한 구획의 콘크리트 타설을 완료한 후 Laitance를 완전히 제거하고 다음 콘크리트를 타설해야 한다.

④ 타설공법의 종류

 ⅰ) Tremie

  − Tremie는 수밀성을 갖고 자유낙하되는 것이어야 한다.

  − Tremie 1개로 칠 수 있는 면적은 과대해서는 안 된다.

  − Tremie 내경은 굵은골재 최대치수의 8배 정도

  − 치는 동안 Tremie는 항상 충만되어야 한다.

  − 수평이동해서는 안된다.

  − Tremie의 내경 : 수심 3m 이내 : 25cm

            3~5m : 30cm

            5m 이상 : 30~50cm

 ⅱ) 콘크리트 pump

  치는 방법은 Tremie에 준한다.

 ⅲ) 밑열림 상자 및 밑열림 포대

  − 밑열림 상자 및 밑열림 포대는 사용하지 않는 것이 바람직하나 불가피한 경우

  − 콘크리트 칠 면에서 쉽게 열리는 구조

 ⅳ) 포대 콘크리트

  − 포대 용량의 2/3 정도만 채워 포대가 자유로이 변형되어 인접 콘크리트와 잘 정착되어야 한다.

  − 포대는 가로, 세로 방향으로 번갈아 쌓는다.

  − 유해물이 있는 포대는 사용 금지

※ 신공법

 ① 사베아 공법 : 1970년, 스웨덴에서 개발, 특수장비 이용, 장비 고가

 ② 서보행 : 1974년 서독에서 개발, 특수혼합제(수중 불분리 콘크리트용) 하이드 콘크리트 수중타설

문제 30   Prepacked 콘크리트 공법

Ⅰ. 정 의

1) 일정한 입도의 굵은골재를 미리 거푸집에 채워넣고, 그 공구 속에 특수 모르타르(유동성이
   좋고 재료분리가 적고 수축이 적은 모르타르)를 적당한 압력으로 주입하여 만든 콘크리트
2) 장대교의 하부 구조에 많이 사용

Ⅱ. 특 성

1) 강 도
   ① 일반적으로 Prepacked 콘크리트 강도는 $300kg/cm^2$ 이하이나 고성능 감수제 사용 여부에
      따라 $400 \sim 600kg/cm^2$ 도 가능
   ② 보통 91일 재령의 압축강도를 기준

2) 시공이음의 부착강도
   수평시공이음은 이음면을 처리하고 구콘크리트 타설 경과시간이 4~5시간 이내이면 부착
   강도는 90% 정도를 나타냄.

3) 건조수축
   보통 콘크리트의 절반

4) 내구성

5) 문제점
   ① 품질확인이 어렵다.
   ② 시공시의 품질관리 여부에 따라 품질에 큰 변동 발생

Ⅲ. 재 료

1) 시멘트
   일반적으로 보통포틀랜드시멘트를 사용하나 Flyash, 고로시멘트를 사용해도 된다.

2) 굵은골재

    ① 굵은골재 최대치수는 될 수 있는 한 큰 것 사용

    ② 최대치수는 구조물 최소치수의 1/2~1/4 정도이되 어떤 경우도 16mm 이상

    ③ 굵은골재의 공극률(40~48%)은 되도록 커 모르타르가 균일하게 주입되어야 한다.

3) 혼화재료

    Fly ash, 감수제, Aluminium 분말, 분리방지제

IV. 주입 모르타르의 배합

1) 갖추어야 할 특성

    ① 시공에 적당한 유동성

    ② 재료분리가 적을 것

    ③ 적당한 팽창성을 갖고 굵은골재와 부착이 좋을 것

    ④ 응결시간이 시공상 필요한 범위 내

    ⑤ 소요의 강도를 갖고 건조수축이 작고 내구성이 큰 것

2) 배합 요인

    ① 반죽질기는 유하시간이 16~20초

    ② Bleeding률을 되도록 작게(Bleeding률은 시험개시 후 3시간에서의 값이 3% 이하)
            └─▶ 주입 모르타르의 부착방지 위해

    ③ 적당한 팽창률을 갖도록 Aluminium 분말 사용
                     └─▶ 시험개시 후 3시간에서의 값이 5~10% 이하

V. 시공시 유의사항

1) 시공순서

    | 거푸집 조립 | → | 철근배근 및 주입관, 검사관 설치 | → | 굵은골재 충전 | → | 모르타르 주입 |

2) 시공기계

    Mortar mixer, Agitator, Mortar pump, 수송관, 주입관

3) 시공시 유의사항

    ① 거푸집은 골재와 모르타르의 압력에 견딜 수 있도록 조립

② 모르타르가 새지 않도록 거푸집 이음부에는 Seal재를 바름.

③ 굵은골재는 물에 적시고 균등한 입도분포가 되도록

④ 주입은 최하부에서 시작하여 상부로 뽑아 올리면서

4) 품질관리

① 주입 Mortar의 품질

반죽질기, Bleeding률, 팽창률, 압축강도

② 사용재료 관리

ⅰ) 잔골재 입도 변동

ⅱ) 굵은골재 표면수량

ⅲ) 각 재료의 온도 변동

③ 주입관리

ⅰ) 주입 Mortar의 유동경사도

ⅱ) 주입압

ⅲ) 주입량

ⅳ) 온도

문제 31　Shotcrete 공법

Ⅰ. 정 의

압축공기를 이용하여 호스를 통해 운반된 콘크리트, 모르타르 또는 이들의 재료를 시공면에 뿜어 붙여 콘크리트를 형성하는 공법

Ⅱ. 공법의 특징

1) 비교적 작은 기계로 시공 가능 : 이동 간단
2) 작은 W/C비로 콘크리트 시공
3) 거푸집이 필요없다.
4) 숙련된 작업원 필요
5) 밀도와 수밀성이 낮다.
6) 수축 균열이 생기기 쉽다.
7) 표면이 거칠다.
8) 시공중 분진이 발생한다.

Ⅲ. 공법의 종류

1) 건식공법

물을 혼합하지 않고 골재와 혼합물을 노즐까지 운반, 여기서 물과 혼합하여 압축공기로 뿜어 붙이는 공법
① 작업원의 숙련도에 따라 품질 좌우
② 수송시간의 제약이 적다(500m까지 가능).
③ 분진이 많이 발생한다.
④ 반발량이 많다.

2) 습식공법

전 재료를 Mixer로 혼합하여 노즐까지 운반, 필요시 압축공기를 보에 뿜어 붙이는 공법

① 품질관리가 쉽고, 품질 변동이 적다.
② 미리 혼합하므로 운송시간에 제한이 있고 수송거리도 짧다.
③ 분진발생이 작다.

Ⅳ. 용도 및 재료

1) 용 도
① Mortar 뿜어 붙이기
  ⅰ) 비탈면 보호
  ⅱ) Tunnel, 기타 구조물의 Linning
② 콘크리트 뿜어 붙이기
  ⅰ) 비탈면 보호
  ⅱ) Tunnel의 1차 복공

2) 재 료
① 골재
  ⅰ) 잔골재는 가는 입도일수록 마무리는 쉬우나 건조수축이 크다.
  ⅱ) 굵은골재는 기계의 능력이나 호스의 직경을 고려하여 최대치수를 정함.
  ⅲ) 굵은골재의 최대치수가 클수록 단위시멘트량이 감소한다. 그러나 Rebound량이 커지므로 10~15mm 정도
  ⅳ) s/a는 55~75% 정도
② 시멘트량
  ⅰ) 단위시멘트량이 많으면 압송이 어렵고 경화열, 건조수축상 문제가 있고 적으면 Rebound량이 많아진다.
  ⅱ) 주로 굵은골재의 최대치수, s/a에 따라 결정하는데 콘크리트 뿜어 붙이기의 경우 400~600kg/m^3
③ W/C
  ⅰ) 40~60%
  ⅱ) 건식공법에서는 시멘트 중량의 1~5% 급결제 사용. 경화시간 단축
④ 혼화재료
  ⅰ) 급결제를 써도 좋으나 사용 전에 그 성능 확인하고, 책임기술자의 승인을 받을 것
  ⅱ) 급결제 이외의 혼화재료를 쓸 경우 소요 성능 확인하고 Shotcrete에 악영향을 주지 않을 것
⑤ Wire Mesh : 용접 메시
⑥ 섬유 : Shotcrete에 적합한 것

V. 시 공

1) 준비작업

　① 이물질 제거

　② 노화부분 제거, 동결되어 있는 부분, 빙설, 흡수성이 있는 표면

　③ 용수가 있는 것

2) 뿜어 붙이기 작업

　① 두께는 유화되거나 박리되지 않는 것

　② 검사 Pin 설치

　③ 노즐과 뿜어 붙이는 면 직각

　④ 평활한 경사면은 신축이음

　⑤ 철근이나 철망 사용시 이동 중지

　⑥ 0℃ 이하, 건조시, 햇볕이 있을 때 공사 중지

3) 양생

4) 시공기계

　① Mixer

　② 뿜어 붙이기 기계 : 소정의 연속 재료를 연속적으로 반송할 수 있을 것

VI. 안전위생 관리

1) 분진발생 억제대책

　① 분진 발생을 적게 하는 System(습식)

　② 분진 발생을 적게 하는 재료의 선택 관리(급결제, 분진저감제)

2) 발생 분진의 처리

　① 환기에 의한 처리

　② 집진장치

문제 32 댐 콘크리트에 대하여

Ⅰ. 개 설

댐 콘크리트는 Massive한 구조물이므로 매스 콘크리트로 설계하는 것 외에 시공상 수밀성, 작업하중에 대한 안전성 등 설계 시공시 주의할 점이 많다. 따라서 여기서는 댐 콘크리트가 갖추어야 할 조건 및 시공시 유의사항에 대해 검토하고자 한다.

Ⅱ. 댐 콘크리트 설계의 필요조건

1) 댐 설계의 기본적 필요조건

   ① 댐은 필요성, 수밀성, 예상되는 하중에 대해 안정성, 내구성이 구비된 구조이며, 동시에 경제적인 것

   ② 댐은 예상되는 하중강도와 그 크기를 대상으로 하며 재료의 물성 사용한 구조계산수법에 안전

중력식 댐	2차원 응력상태	상류 끝에 연직방향의 인장력이 안 생길 것
Arch 댐	3차원 응력상태	제체에 생기는 응력이 허용값을 넘지 않을 것

2) 댐 콘크리트 설계의 필요조건

Ⅲ. 댐 콘크리트의 품질

1) 댐 콘크리트의 특성

   댐 콘크리트의 요건을 만족시키는 것 외에 Mass 콘크리트 특성고려

2) 강 도

   ① 설계 계산상 제체 내에 발생하는 응력에 필요한 강도

   ② 설계 강도도 설계압축응력에 4배 이상의 안전율

   ③ Arch 댐의 경우 설계기준 강도는 조합응력의 효과를 고려한 수정계수에 의하여 적절한 보정을 하여 구함

$$\text{Arch Dam 설계기준강도} = \text{설계압축응력} \times \text{안전율} \div \text{수정계수}$$

   ④ 지진시 표준허용응력×30% 이내의 증가값

   ⑤ 압축강도시험은 KS F 2405에 규정(공시체 지름 15cm, 높이 30cm)

3) 물리계수

① Poisson비 : 0.2

② 열팽창계수 $= 1.0 \times 10^{-5}/℃$

③ $\tau = 2 \sim 3.0 \times 10^{5} kg/cm^{2}$

4) 내구성

  기상작용, 화학반응에 의한 열화, 마모에 대해 충분한 내구성을 갖도록

Ⅳ. 시공시 유의사항

1) 재료

① 시멘트

② 물 : 산, 유기불순물

③ 잔골재

  ⅰ) 잔골재의 절건중량에 대해 염소이온 중량은 0.06%

  ⅱ) NaCl 0.1%

  ⅲ) 비교적 많은 잔골재를 쓰는 것이 좋다.

  ⅳ) 조립률 0.2 이상 변화가 있을 때 배합 변경

  ⅴ) 황산마그네슘 5회 시험손실 중량 10%

④ 굵은골재

  ⅰ) 비중 2.5

  ⅱ) 150mm 정도 이하

  ⅲ) 황산나트륨 12%

  ⅳ) 로스엔젤스시험마모감량 40% 이하

2) 배 합

① 배합강도 : σ_{ck} 80% 되는 일 5%, σ_{ck} 이하 25%

② 단위수량 : 될 수 있는 한 작게, 단위수량 120kg 이하

③ 공기량 : 150mm 3±1, 80mm 3.5±1, 40mm 4±1.0

④ W/C : 수밀성, 기상작용 60% 이하

⑤ 반죽질기 : Slump 2~5cm

⑥ 잔골재율 : 소요의 Workability가 얻어지는 범위 내에서 단위수량이 최소가 되도록(23~ 28%)

3) 재료의 계량

  물 1%, 혼화제 2%, 골재 3%

4) 비비기

  ① 콘크리트는 균등질이 될 때까지

  ② Mixer는 배치 Mixer

5) 운반, 치기, 다지기

  ① 신속히 운반

  ② Bucket 운반

  ③ 연속해서 콘크리트 치기

    ⅰ) Bucket은 그 하단이 표면 위에서 1.0m 이하에 달할 때까지 내린다.

    ⅱ) 한층의 두께는 새로이 친 콘크리트로 충분히 다질 수 있도록 한다.

    ⅲ) 너무 두꺼워서는 안 된다.

    ⅳ) 완경사부

    ⅴ) 연속해서 타설

    ⅵ) 원칙적으로 수중 콘크리트는 안된다.

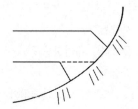

6) 1 Lift 높이 및 치기속도

  ① 1 Lift 높이는 1.5~2.0m

  ② 콘크리트 치기를 장시일 동안 중단하는 것을 피해야 한다.

  ③ 암반 위에서나 장시일 동안 치기를 중단했던 콘크리트를 이어서 칠 때는 0.75~1.0m의 Lift로 여러 Lift를 치는 것이 좋다.

  ④ 먼저 친 콘크리트의 재령이 0.75~1.0m Lift 경우는 3일, 1.5~2.0m Lift의 경우에는 5일이 경과된 후에 새로운 콘크리트를 타설하는 것이 표준

  ⑤ 인접 Block의 쳐올리는 높이의 차는 상류방향에서는 4 Lift, 축방향에서는 8 Lift 이내

외부 ← |←   내부 콘크리트

14	13				
9	8	12			
5	4	7	11		
2	1	3	6	10	

1 Lift

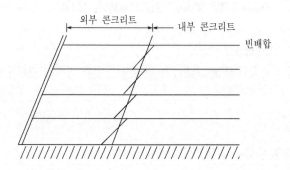

문제 33 콘크리트 포장의 평탄성

I. 개 설

콘크리트 포장의 평탄성은 차량의 주행시 쾌적감과 안정성에 직접적인 영향, 또한 도로의 수명과도 밀접한 관계에 있다. 이러한 평탄성에 영향을 미치는 요소는 설계부터 시공까지 매우 다양하며 복합적으로 나타나는 것이 보통이므로 이들 요인을 체계적으로 정리하고 그에 대한 시공상, 설계상 대책을 강구함으로써 포장의 공용성을 향상시킨다.

II. 평탄성의 중요성

1) 자동차의 진동감소로 승차감 및 안정성 제고
2) 포장의 조기노화 방지 및 도로파손 예방

III. 평탄성에 영향을 미치는 요소

1) 포장설계
   ① 연속 철근의 유무
   ② 중간층의 유무
   ③ 포장줄눈의 간격
   ④ 포장두께

2) 시 공
   ① 포장기계의 중량 및 성능
   ② 인력시공구간
   ③ 시공속도 및 장비조합
   ④ 줄눈부 시공관리
   ⑤ 작업원의 숙련도
   ⑥ 표면처리방법

3) 재 료
   ① 콘크리트 Slump
   ② 콘크리트 균질성

Ⅳ. 평탄성 유지대책

1) 설계상 대책

    ① 가능한 한 연속 철근
    ② 중간층을 두되, 평탄성은 시멘트 안정처리, 빈 배합 콘크리트, Ap 혼합처리 순
    ③ 줄눈간격은 가급적 크게

2) 시공상 대책

    ① 무거운 장비 사용으로 들리지 않도록
    ② 철저한 시공계획, 장비계획
    ③ 적정 시공속도
    ④ 가급적 2차선 동시 포설
    ⑤ 인력시공구간은 특히 조심

3) Slump가 작고, 균질한 콘크리트 생산

Ⅴ. 평탄성의 평가방법 및 조치

1) 노상, 노반

    3m 직선자 또는 Profilemeter 사용 : 표준편차로 규정

2) 표층

    3m 직선자 또는 Profilemeter로 측정, PrI로 판단
    ① 표준편차에 의한 평가
     ⅰ) 일정구간에서 수회 측정
     ⅱ) 구간의 표준편차를 $\sigma = R/a$로 구함[R : 범위의 평균$\{\Sigma(X_{max}-X_{min})/n\}$]
    ② PrI에 의한 평가
     Profilemeter로 1차선당 1회 이상 측정

$$PrI = \frac{\sum hm}{총측정거리} \text{ (cm/km)}$$

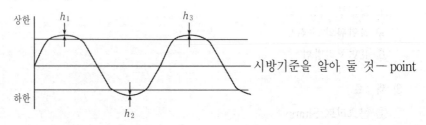

$$PrI \leq 24\text{cm/km(일반도로)}, \quad PrI \leq 16\text{cm/km(고속도로)}$$

문제 34 | Ready mixed Con'c 품질관리사항(운반시간, Slump 허용오차, 소요강도의 허용범위, 공기량의 허용범위)

I. 개 요

Ready mixed Con'c는 먼저 공급원을 선정함에 있어 KS표시 허가공장을 선정함을 원칙으로 하며 현장까지의 운반시간, 콘크리트의 생산능력, 운반능력, 제조설비, 품질상태 등을 고려하여 결정해야 한다. 일단 공급원이 결정되고 현장에서 받아치기 시작하면 Slump 및 강도관리가 병행되어야 한다.

II. 운반시간

이는 콘크리트를 비비기 시작하여 타설이 끝날 때까지의 시간으로서 비비기, 적재, 현장까지의 이송 및 치기시간을 포함하는데 일반적으로,
　① 온난하고 건조한 경우는 1시간
　② 저온이고 습윤한 경우는 2시간
을 넘지 않도록 하되 현장까지의 운반거리가 가급적 짧게 되도록 공급원을 선정해야 한다.
　※ 운반시간이 길어질 경우의 대책
　　① 골재의 온도관리 : 콘크리트의 온도가 높으면 시멘트의 수화작용이 빨리 진행되므로 골재에 살수 등을 하여 온도를 가급적 낮춤.
　　② Chilled Water 사용 : 차가운 물 사용
　　③ 지연제 사용경화를 늦춘다.
　　④ 운반도중 Truck, Mixer가 열을 받지 않도록 Drum을 싸주며 물을 적셔준다.
　　⑤ Slump 조정
　　⑥ 되비비기
　　⑦ 운반시간이 길어 콘크리트의 품질 변화가 클 경우 자체 Plant 생산

III. Slump의 허용오차

지정된 Slump치	허 용 오 차
2.5cm 미만	±1cm
5~6.5	±1.5cm
8~18	±2.5cm
21	±3.0cm

Ⅳ. 소요강도의 허용범위

1. 강도시험

1) 한 종류의 콘크리트에 대해 1회/150m^{3}의 비율로 3회 실시함을 원칙으로 한다.
2) 매회 3개의 공시체(15×30)를 제작하여 재령 28일의 압축강도 실시

2. 소요강도의 허용범위

1) 매회압축강도 시험 결과가 $f \geq 0.85f_{ck}$

2) 설계기준강도보다 작을 확률 $P(f \leq f_{ck})$가 $\dfrac{1}{6}$ 보다 작아야 한다.

3. Ready mixed concrete의 합격 여부 판정

1) 2.의 1), 2)를 동시에 만족하거나
2) $f \geq 0.85f_{ck}$이고, $f_m/f_{ck} \geq k$이면 합격
    f_m : 연속해서 행한 시험의 강도 평균치
    k : 합격판정계수 ($k=1.02\sim\cdots\cdots$)

Ⅴ. 공기량의 허용범위

지정된 공기량	허용공기량
5% 이하	±1.0%
5% 초과	±1.5%

문제 35 콘크리트 펌프 사용시 주의사항

Ⅰ. 정 의

기계적인 Piston이나 Screw에 의해 압력을 가하여 Pipe나 Hose를 통해서 콘크리트를 운반타설하는 장비로서 정치식과 Truck 탑재식이 있다.

타설중 Pipe가 막히면 작업중단 → Cold Joint 발생 → 구조적 결함요인과 콘크리트 손실되므로 배합상, 시공상 주의를 요한다.

Ⅱ. 문제점과 대책

Plug 현상 이유와 대책

1. 콘크리트 배합

1) 굵은골재 입경이 크다 : ø38 이하 사용
2) 입도가 좋지 못하다 : 쇄석은 10~15%, 장시간 Mix
3) Slump가 과소, 과대
  ① 65~125mm 적합
  ② 수량 줄이기 위해 감수제 사용
  ③ Pipe 길이가 긴 경우 지연제 사용
4) 모래의 함량이 적을 때

2. 시공상

1) 콘크리트 전에 Mortar 주입(물 10~20ℓ) : 소요 모르타르 1~2m^3
2) 콘크리트 공급이 연속적
3) Pipe 배관은 상향구배. 하향구배는 Pipe 내에서 재료분리 발생
4) Pipe 청소상태가 나쁘거나 배관상태가 직선이 아닌 경우
5) 콘크리트 타설 후 Pipe 물청소

문제 36   SFRC(Steel Fiber Reinforced Concrete)

Ⅰ. 개 요

콘크리트 중 고분자화합물인 Steel fiber glass 혼입
콘크리트 인장강도, 휨강도 보완, 콘크리트의 결함 보완, 내층충격에 강하고 내구성

Ⅱ. 형상 및 특징

1. 외 형

1) 직경 0.3~0.6mm
2) ℓ = 40mm, 세장비 40~60 정도

2. 용 도

Con'c Paving, Shotcrete

3. 특 징

1) 장 점
① 콘크리트의 인장강도, 휨강도 증진
② 강인성, 내충격성이 크다.
③ 동결융해 저항성
④ 피로저항이 크다.

2) 단 점
① 고가 콘크리트 중량의 1.5~2% 혼입
② Steel Fiber의 혼입량 조정 난이
③ Fiber Ball 형성
④ Consistency 관리에 어려움

문제 37 고강도 콘크리트의 제조, 설계, 시공상의 유의점에 대해 기술하시오.

I. 서 론

고강도 콘크리트는 보통 콘크리트에 비해 압축강도가 크게 개선된 콘크리트로서 국내에서는 고강도 콘크리트에 대한 기준이 정확하게 명시되어 있지 않으나 건축공사시방서에서는 보통 콘크리트는 270~360kg/cm², 경량 콘크리트는 240~300kg 이상을 고강도 콘크리트로 간주하고 있으며 KS에서는 Prestress 콘크리트에 대해 400~550kg/cm²를 요구하고 있다. 국내에서도 장대교량 및 초고층빌딩 등의 시공이 활발히 진행되고 있으므로 적어도 400kg/cm² 이상을 고강도 콘크리트로 볼 수 있다고 판단된다.

고강도 콘크리트의 시공은 기본적으로 일반 콘크리트의 시공과 일치하나 오차의 허용한계가 작으므로 품질관리에 많은 주의를 요하며 부배합에 따른 수화열의 증가, Slump의 경시변화, 콘크리트 내부, 표면의 온도차 등 많은 문제점을 포함하고 있다.

여기서는 고강도 콘크리트의 장단점, 이용되는 주요구조물, 배합 및 시공시 유의사항 및 대책을 서술하고 품질관리사항에 대해 중점적으로 기술하고자 한다.

II. 고강도 콘크리트의 장단점

1) 장 점
① 높은 압축강도에 따른 부재단면 축소, 지름 감소
② 시공성 향상에 따른 공기단축
③ 작업량, 인력절감에 따른 경제성 향상
④ 초고층빌딩 등 고소작업이 요구되는 곳, Pump 압송 가능
⑤ 균일하고 수밀한 콘크리트 타설가능

2) 단 점
① 경제적인 배합비 불확실
② 품질관리의 어려움
③ 연성이 낮다.
④ 설계기준의 불확실
⑤ 고강도 콘크리트에 대한 이해와 경험 부족

III. 고강도 콘크리트를 이용한 주요구조물

1) 교량의 Girder나 Slab
2) 초고층빌딩
3) 각종 기초구조물
4) 원자력발전소
5) PC 제품 : PC pile, Pipe, 전신주, 철도
6) 고강도 Prepacted 콘크리트

IV. 고강도 콘크리트 제조방법

1) 고성능감수제 사용
2) Auto-Clave 양생(고온고압양생)
3) Polymer 콘크리트
4) 가압증기양생
5) 시멘트 클링커를 골재로 사용 제조

V. 고성능 감수제를 사용한 고강도 콘크리트의 제조, 시공상의 특성

1) 배합상의 특성
   ① 단위수량 대폭 감소
   ② W/C비를 줄일 수 있다.
   ③ 단위수량의 적은 변동에도 Slump값의 변화 대

2) 굳지 않은 콘크리트의 성질
   ① 단위수량의 대폭 감소
   ② W/C

문제 38 레미콘(Ready mixed concrete)의 운반시 유의사항을 기술하시오.

Ⅰ. 개 요

Ready mixed concrete는 주문자의 요구에 의해 생산, 구조물 목적에 맞는 Concrete를 말하며, 현장까지의 운반시간 콘크리트 생산능력, 운반능력, 제조설비, 품질상태를 고려하여 결정해야 한다. 특히 공사개시 전에 운반에 관하여 미리 충분한 계획수립 및 품질변동과 강도관리에 유의해야 한다.

따라서 운반설비, 인원계획, 운반을 계획 고려하여 운반은 신속하게 운반하여 재료분리가 적게 일어나도록 한다.

Ⅱ. 제조 및 운반방법

1) Central mixed concrete

콘크리트 Mixing plant에서 비벼진 콘크리트를 Agitator, Truck mixer 등으로 현장까지 운반

2) Transit mixed concrete

Batch plant에서 재료를 Truck mixer에 실어 현장까지 운반하면서 비비기를 하여 현장에 도착하였을 때는 이미 비비기가 완료된 콘크리트

3) Shrink mixed concrete

Mixing plant에서 어느 정도 비벼진 콘크리트를 다시 Truck mixer 속에서 비빈 콘크리트

Ⅲ. 운 반

콘크리트 운반은 운반차, 버킷(Bucket), 콘크리트 펌프, 트럭믹서 콘크리트 플레이서(concrete placer), 벨트 컨베이어(Belt conveyer), 손수레, 트롤리차, 슈트 등을 단독으로 또는 범용하여 작업을 한다. 어느 것이든지 재료분리, 손실, 슬럼프 및 공기량의 감소 등이 일어날 수 있는 방법으로 빨리 운반하여 치는 것이 좋다.

1. 콘크리트 펌프

1) 플런저(plunger)식, 스퀴즈(squeeze)식

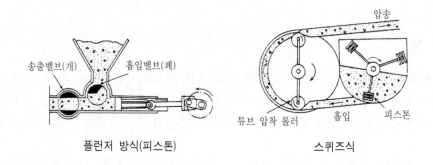

<table>
<tr><td>플런저 방식(피스톤)</td><td>스퀴즈식</td></tr>
</table>

2) 수송거리는 400m 정도

3) 콘크리트의 시간당 평균압송량은 배관의 준비교환, 각종 트러블 등과 콘크리트 치기 능력, 다지기 능력, 끝손질 능력 등을 기준으로 결정(15~25m³/h)

4) 배관직경(4in, 5in, 6in)

5) 배관상 주의사항

① 경사배관은 피하는 것이 좋다.

② 내리막 배관은 수송이 곤란하므로 곡관부에는 공기빼기 콕을 설치해야 한다.

③ 여름철에는 관이 직사광선에 의하여 열을 받게 되므로 가마니 등을 덮어놓고 적당히 살수하는 것이 좋다.

④ 플렉시블한 호스는 5m 정도인 것을 사용한다.

⑤ 관은 수송중의 진동이 철근 및 거푸집에 전달되지 않게 플랜지에 직접 설치한 철근대 위에 배치하고 거푸집 위에 대를 설치할 때는 주의해야 한다.

6) 콘크리트 수송에서 관의 폐쇄를 방지하기 위한 주의사항

① 펌프는 믹서차 2대에 댈 수 있는 위치에 배치한다.

② 콘크리트 수송에 앞서서 10~20ℓ의 물을 압송하는 것과 1m³정도의 1:1 ~1:2 모르타르를 압송하는 것을 시행한다.

③ 휴식, 준비, 교체 등에 의한 콘크리트 수송의 중단은 여름철에는 30분 이내, 겨울철에는 50분 이내로 하고 중단할 때에는 호퍼 내에 비축된 콘크리트를 조금씩 보내거나 정수송, 역수송을 되풀이함으로써 폐쇄를 막을 수 있다.

④ 콘크리트의 포설은 삽, 호미, 괭이 등을 사용하고 내부진동기를 사용하지 않는다.

⑤ 다짐은 7,000rpm 이상의 내부진동기를 토출량에 알맞는 대수만큼 준비하여 충분히 다져야 한다. 내부진동기 1대당의 다짐능력을 $4 \sim 8 m^3/h$로 하고, 진동기는 약 50cm 간격으로 15초 정도 필요하다.

⑥ 폐쇄된 콘크리트는 버리고 폐쇄 원인을 규명해야 한다.

2. 콘크리트 플레이서

1) 용도

터널공사

2) 종류

정치식 Placer, 아치데이터 장비를 조합한 플레이서

3) 압송방법

압송방법은 압력용기에 콘크리트를 넣어 밀폐하고 위에서 압축공기를 도입하여 정압에 의하여 콘크리트 표면을 가압함과 동시에 용기토출부에 설치한 압송노즐에서 콘크리트를 압출하거나 혼합하게끔 압축공기를 뿜게 되어 있다. 따라서 플레이서에 의한 압송에는 수송관 내에서 콘크리트가 공기와 혼재하면서 연속적 혹은 단속적으로 활주한다. 사용 공기압은 보통 $7kg/cm^2$로 되어 있다.

4) 콘크리트 플레이서의 결점

관의 선단이 항상 콘크리트 중에 매입되지 않으면 심한 세력으로 분사되어 콘크리트의 충격에 의하여 굵은골재가 분리한다는 것과 콘크리트의 분사에 의하여 슬럼프의 감소가 대단히 커진다. 따라서 미리 시멘트풀(Cement paste)의 양을 크게 해놓을 필요가 있고 일반적으로 단위시멘트량을 20kg 정도 증가시키기도 한다.

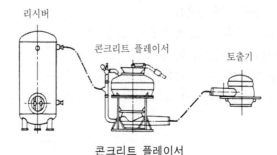

콘크리트 플레이서

3. 벨트 컨베이어 및 슈트

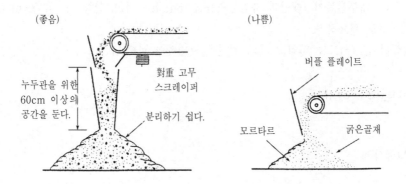

(좋음)   (나쁨)

누두관을 위한
60cm 이상의
공간을 둔다.

對重 고무
스크레이퍼

분리하기 쉽다.

버플 플레이트

모르타르   굵은골재

벨트 컨베이어에 의한 콘크리트의 운반

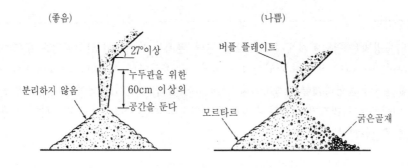

(좋음)   (나쁨)

27°이상

분리하지 않음

누두관을 위한
60cm 이상의
공간을 둔다

버플 플레이트

모르타르   굵은골재

슈트에 의한 콘크리트의 운반

Ⅳ. 결 론

1) 운반시간(콘크리트를 비비기 시작하여 타설이 끝날 때 시간) 온난하고 건조한 경우 1시간 이내, 저온이고 습윤할 경우 2시간
2) 납품일시, 콘크리트 종류, 수량, 배출장소, 납품속도
3) 콘크리트가 중단되는 일이 없도록 한다.
4) 배출장소는 운반차가 안전하고 원활하게 출입할 수 있도록
5) 배출작업은 재료분리가 일어나지 않도록 배출 전 고속회전 교반한다.

문제 39 매스 콘크리트 시공에 있어서 온도균열을 제어하는 방법에 관하여 기술하시오.

Ⅰ. 개 요

시공 조건에 따라 Slab 80~100cm 하단이 구속이 된 벽 등 타설시 발생하는 수화열에 의해 콘크리트에 균열이 발생될 수 있으며, 특히 온도균열을 콘크리트 강도 발현이 불충분한 사이에 콘크리트 표면과 내부의 온도구배로 인한 불충분한 사이에 콘크리트 표면과 내부의 온도구배로 인한 인장응력에 의해 발생되는 균열이며, 타설 후 수일 이내 발생하며 규칙적 발생 위치 내구성 강도, 수밀성에 영향을 미친다.

따라서 온도상승을 억제하여 균열을 방지하려면 재료면, 배합면, 설계면, 시공면에서 유의하여야 한다.

Ⅱ. 온도구배 발생 원인

1) 수화열에 의해 콘크리트 내부가 고온으로 된다.
2) 거푸집 제지 등에 의해 콘크리트 표면이 급랭한다.
3) 온도균열 발생 검토 ┌ 실적에 의한 평가
                             └ 온도균열지수에 의한 평가

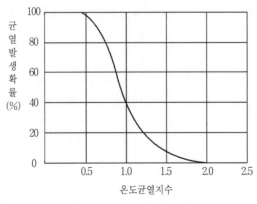

온도균열지수와 발생확률

온도균열지수 $= \sigma_t / \sigma_x$

여기서, σ_x : 수화열에 의하여 생긴 부재 안의 온도응력 최대치

σ_t : σ_x를 정하는 시각에서 콘크리트의 인장강도이며, 재령 및 양생온도를 고려
하여 구한다.

균열을 방지할 경우   1.5 이상

균열은 허용하나 그 폭과 수를 제한할 경우   1.2~1.4

위에 말한 이외의 경우   0.7~1.1

온도만으로 구해지는 온도균열지수 내부구속응력이 지배적일 경우

$$온도균역지수 = 15/\Delta T_t$$

외부구속응력이 지배적일 경우

$$온도균열지수 = 10/(R \cdot \Delta T_0)$$

여기서 ΔT_t : 최고온도시의 내외온도차(℃)

ΔT_0 : 부재평균최고온도와 외기온도균형시 온도차의 차이(℃)

R : 외부구속의 정도를 표시하는 계수로서 다음과 같다.

비교적 연한 암반위에 콘크리트를 칠 때   0.5

경암위에 콘크리트를 칠 때   0.8

이미 경화된 콘크리트위에 칠 때   0.6

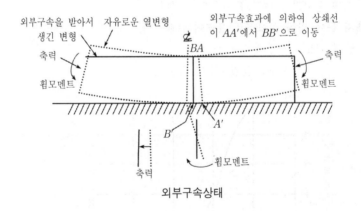

외부구속상태

Ⅲ. 온도균열 제어방법

1. 시공대책

1) 재료 및 배합

① 중용열 저발열, 고로 Slag, Fly ash 사용

② 단위시멘트량을 줄인다.

③ 최대 골재치수 크게 한다.

④ 양질의 감수제나 혼화제 사용

⑤ Slump 작게 한다.

2) 설　계

① 콘크리트 타설량, 균열 발생 등을 고려하여 이음 위치를 결정

② 균열 발생을 대비하여 방수보강한다.

③ 철근으로 균열을 분산시킨다.

3) 시　공

① 온도 변화를 적게 하기 위한 대책으로 재료를 Precooling, Pipe cooling

② 타설시 콘크리트 온도 25℃ 넘을 때 중단

③ Lift 높이를 작게 한다.

2. 시공관리와 검사

일반 콘크리트에서의 품질관리하에 온도제어를 목적으로 콘크리트의 온도관리를 해야 한다.

III. 냉각방법

매스 콘크리트의 온도를 관리하기 위한 인공냉각방법은 다음과 같다.

1. Precooling 방법

1) 개　요

콘크리트 재료의 일부 또는 전부를 미리 냉각하여 콘크리트의 온도를 타설시 저하시키는 것이다.

2) 냉각방법

① 굵은골재 : 골재 Bin에 1~4℃의 냉풍 또는 냉각수를 순환시켜 냉각시킨다. 다른 재료에 비해 냉각효과가 크다(콘크리트 온도 ±1℃ ↔ 골재 온도 ±2℃).

② 물 : 냉각수와 얼음 사용(콘크리트 온도 ±1℃ ↔ 물 온도 ±4℃)

3) 시공시 유의사항

① 시멘트는 열을 내리되 급랭시켜서는 안 된다.

② 골재의 냉각은 전 재료의 각 부분이 균등하게 냉각되도록 한다.

③ 물에 얼음을 넣을 때 얼음은 물량의 10~40% 정도로 하고 비비기가 끝나기 전에 완전히 녹아야 한다.

④ 골재에 그늘을 만드는 방법 : 물에 Chiller plant를 사용하는 방법 적용

2. Pipe cooling

1) 개 요

새로운 콘크리트를 타설하기 전에 Cooling용 Pipe를 배치, 그 속에 냉각수 또는 하천수를 순환시켜 콘크리트의 수화열을 저하 냉각시키는 것이다.

2) 냉각방법

① Pipe 배치 지름 : 콘크리트 수화열, Dam의 공정, 경제성에 따른다(25mm).

② Pipe 표준간격 : 1.5m

③ 통수량 : 15 ℓ/min

④ 콘크리트 통수온도차 20℃ 이내 : 1, 2일마다 물의 흐름을 바꾸어 균등하게 온도를 저하시킴.

⑤ 통수기간 : 타설 직후부터 ┌ 1차 수화열 15~20일
└ 2차 건조수축 40~60일

3) 시공시 유의사항

① 배관 부위에 균열 발생을 억제하기 위해 Pipe cooling시 급격한 콘크리트의 온도구배가 생기지 않도록 한다.

② Pipe cooling이 완료되면 Grouting 처리한다.

4) 특 징

① 시공이 번거롭고 냉각 Pipe, 이음부 Grouting 비용이 고가

② 콘크리트 온도제어가 비교적 쉽다.

문제 40　롤러 다짐 콘크리트의 장단점을 기술하시오.

Ⅰ. 개 설

콘크리트 품질을 향상시키기 위해 수량과 시멘트량이 가장 중요한 인자로 작용함을 알고 있다. 수량은 시멘트 강도에 결정적인 역할을 하지만, 시공성을 고려하여 불필요한 수량이 첨가되어야만 하고, 시멘트량은 수화열을 발생시키는 원인이 되지만 강도 유지를 위하여 수량의 증가에 따라 어쩔 수 없이 증가하여야 한다.

롤러 다짐 콘크리트는 이 중요한 2가지 원인을 해소시키기 위해 고안된 시공법으로서, 사용 수량과 시멘트량을 대폭 줄여서 콘크리트의 강도를 유지하면서 수화열의 발생억제시키는 공법이다.

Ⅱ. 롤러 다짐 콘크리트 시공

1. 재료와 배합

1) 시멘트
 ① 저발열 시멘트 사용(중용열 시멘트)
 ② 단위시멘트량 적게 사용

2) 혼화재료
 ① 혼화재 : Fly ash, 고로 슬래그, 석회 성분
 ② 혼화제 : 감수제, AE제

3) 골 재
 굵은골재 최대치수 : 80~100mm

4) 반죽질기
 ① 된반죽
 ② 진동대에 의한 침하도 10~40sec

2. 시 공

1) 비비기 : 강제식 믹서

2) 운반 ; 펌프트럭, Belt conveyer

3) 부설 : 1Lift 70cm 정도로 Bull dozer 장비

4) 다짐 : 자주식 진동롤러

5) 양생 : 표면에 살수 양생

Ⅲ. 롤러 다짐 콘크리트의 특징

1. 장 점

1) 적은 단위시멘트량 사용 → 경제적

2) 수화열 감소 → Pipe cooling 필요없다.

3) 내외부 균열 감소

4) 적은 단위 수량 사용 → 강도 증진

5) Bleeding 현상, Laitance, 재료분리 없다.

6) 장비 이용한 부설, 다짐으로 시공속도가 빠르다.

7) 양생기간이 짧다.

2. 단 점

1) 바닥용(Dam, 도로, Ground slab) 외에는 사용할 수 없다.

2) 품질관리를 철저히 하지 않으면 콘크리트의 균일성을 유지하기가 어렵다.

3) 층분리현상이 일어나기 쉽다.

Ⅳ. 롤러 다짐 콘크리트의 적용성

롤러 다짐 콘크리트는 수화열이 문제가 되는 매스 콘크리트와 타설 위치상 바닥 콘크리트에 적합하다.

1. 댐 콘크리트

1) 이 점

① 수화열 감소로 Pipe cooling 불필요

② 양생기간의 단축으로 공기 확보

③ 대형장비의 이용이 가능하여 시공속도 증진

2) 결 점

　① 콘크리트 불균일성으로 누수 원인 우려
　② 층분리로 누수 원인이 되므로 관리 철저

2. 도로 포장

1) 이 점

　① 수화열 감소로 균열 발생 방지
　② 대형장비 이용공법, 속도 빠르다.
　③ 양생기간 단축
　④ 거푸집 비용의 절감

2) 결 점

　① 포장두께가 얇은 공사는 부적당
　② 콘크리트 품질관리 필요
　③ 품질의 균질성을 얻기가 어렵다.

V. 결 론

Roller compacted concrete는 단위수량 단위시멘트량을 획기적으로 줄인 콘크리트로서 콘크리트의 품질에 악영향을 미치는 수화열 감소에 큰 효과가 있으며, 이 수화열 감소로 콘크리트 내부응력을 감소시켜 안정된 콘크리트를 생산하는 효과를 가져오고 있으나, 아직도 시공상의 문제가 많이 남아 있다.

향후 시공방법, 품질관리방법의 적정 방향을 제시하면 댐, 매스 콘크리트에 좋은 결과를 기대할 수 있다.

문제 **41**   유동화 콘크리트에 대하여 기술하시오.

I. 개 설

최근 콘크리트 펌프 공법을 비롯한 콘크리트의 기계화 시공의 발달과 골재 자원 고갈에 기인한 품질 저하로 콘크리트 구조물 시공시 묽은 비빔 콘크리트와 동일한 시공성을 유지하면서 된비빔 콘크리트에 가까운 품질의 콘크리트가 요구되고 있다. 이러한 목적으로 사용되는 유동화 콘크리트란 보통의 방법으로 제조된 된반죽의 콘크리트에 분산성이 우수한 고성능 감수제나 유동화제를 첨가함으로써 콘크리트의 유동성을 일시적으로 증가시켜 단위수량이 적으면서도 시공성이 양호한 콘크리트를 말한다.

여기서는 이와 같은 유동화 콘크리트의 문제점, 특징, 사용 목적, 시공시 유의사항을 서술하고 타설에 따른 대책과 품질관리사항에 대해 논하고자 한다.

II. 유동화 콘크리트의 문제점

1) Base 콘크리트 품질변동에 유동화 과정의 품질변동이 추가되므로 면밀한 품질관리 요구
2) 레디믹스트 규격과의 관계가 명확하지 않는 점
3) 슬럼프 손실이 크므로 운반, 타설에 주의
4) 장기간 진동 다짐을 하면 재료분리 염려가 있다.
5) 고성능 감수제는 경우에 따라 효과가 적은 것이 있다(시험에 의해 사용).

III. 유동화 콘크리트의 특징

1. 배합상의 특징

1) 단위수량과 단위시멘트량을 줄일 수 있다.
2) 적합한 Workability를 얻기 위해서는 세골재량이 늘어난다.

2. 굳지 않은 콘크리트의 성질

1) 유동성의 향상
2) 경시 변화에 따른 슬럼프 손실이 크다.
3) 수화발열량 감소
4) 블리딩량의 감소(1/2~1/3) 감소
5) 재료분리가 적다.

3. 경화한 콘크리트의 성질

1) 압축강도, 인장강도는 Base concrete와 같다.
2) 건조수축 저감에 의한 균열 방지(10~15%)
3) 내구성, 수밀성 향상
4) 철근에 대한 부착성 향상

4. 유동성 향상에 따른 펌프 압송성 및 충전성 증가

1) 유동성 향상에 따른 펌프 압송성 및 충전성 증가
2) 타설속도 증가
3) 시공성 향상으로 공기 단축
4) 마무리시간 단축

Ⅳ. 유동화 콘크리트의 사용 목적

1) 묽은반죽 콘크리트의 품질 개선
2) 된반죽 콘크리트의 시공성 개선
3) 고강도, 고품질 콘크리트 제도
4) 매스 콘크리트의 수화발열량 감소

Ⅴ. 배합 및 시공시 유의사항

1. 사용재료

1) 혼화재료
   ① 분산성이 큰 고성능 감수제 사용
   ② 시멘트 입자 분산되도록 음이온계 표면활성제
   ③ 현저한 감수성 : 20~30%의 감수률
   ④ 공기 연행성이 적다. : AE제 첨가로 공기량 조정
   ⑤ 강재에 대한 부식성이 좋다.

2) 골 재
   ① 일반 콘크리트와 같이 견고하고 내구성이 좋을 것
   ② 유해한 물질을 함유하지 않을 것

③ 입도 분포가 양호할 것

④ 굵은골재 최대치수는 40mm 이하

3) 잔골재율

① 슬럼프 15cm일 때 : Base concrete를 0~2% 크게

② 슬럼프 18cm일 때 : Base concrete 1~3% 크게

2. 배 합

1) 유동화 콘크리트의 배합은 소요강도, 내구성, 수밀성 및 Workability를 갖도록 시험 비비기를 한 후 유동화제의 첨가량을 정한다.

2) 유동화 콘크리트의 Slump는 18cm 이하로 한다.

3) 슬럼프 증가는 베이스 콘크리트에서 최대 10cm 정도가 되도록 유동화제를 첨가한다.

4) 물-시멘트비는 압축강도, 내동해성, 화학작용 및 수밀성을 기준으로 정한다.

5) 잔골재물은 소요 Workability가 얻어질 수 있는 범위에서 최소가 되도록 한다.

3. Mixing

1) 혼화제를 정확히 계량한다.

2) 혼합부터 유동화제 첨가시까지 시간은 25℃ 이상이면 40분

3) 후첨가 쪽이 유동화 효과가 크다.

4. 운반 및 타설

1) 유동화로부터 타설까지의 시간은 30분 이내로 한다.

2) 운반거리가 먼 경우 트럭애지테이터 사용

3) 콜드조인트 방지를 위해 배차계획 등 타설계획을 수립하여 타설간격은 1시간 내로 한다.

4) 분리나 공보가 생기지 않도록 충분히 다짐한다.

5) 콘크리트 펌프를 이용할 경우 콘크리트 품질, 운반거리, 운반계획, 1회 타설량 및 타설속도 등을 고려하여 기종을 선정한다.

6) 콘크리트 배출시 Agitator를 고속으로 회전시켜 잘 비빈다(교반시간 고속 1~2분, 중속 3분 이상)

5. 양 생

보통 콘크리트에 비해 표면 건조가 빠르므로 초기의 표면 건조방지에 유의한다.

Ⅵ. 품질관리 및 검사

1. 유동화 콘크리트의 문제점

1) 보통 묽은반죽 콘크리트보다 분리되기 쉽다.
2) 경시 변화에 따른 Slump 손실이 크다.
3) 과다 사용시 분산성이 매우 크므로 골재 분리 및 Bleeding량이 증가한다.
4) 품질관리

2. 품질 변동

1) 시험 비비기에 의해 잔골재율 및 혼화제 첨가량 결정
2) 콘크리트 재료에 대한 적합성 검토 및 선정
3) 유동화 콘크리트의 사용 목적, 재료, 시공 조건에 따른 적절한 배합설계
4) 베이스 콘크리트와 유동화 콘크리트의 슬럼프 기준을 정해둔다.

3. 시 험

1) 소요 품질을 확보할 수 있도록 재료선정 시험과 배합시험 실시
2) 주요 시점 항목 : Slump 시험, 공기량시험, 단위용적중량, 블리딩량 응결시간, 압축강도, 길이 변화

Ⅶ. 적용성

1) 고강도 콘크리트 : 단위수량감소, 시멘트량을 줄인다.
2) 인공경량 콘크리트 : 시공성 확보, 경화한 콘크리트의 품질 개선
3) 매시브 콘크리트 : 단위수량 감소, 단위시멘트 감소, 건조수축 적다.
4) 서중·한중 콘크리트
　① 서중 : 시공성 개선, 단위수량 증가
　② 한중 : W/C비 저감, 초기강도 증진

Ⅷ. 결 론

지속적인 연구개발과 실용화, 유동화 콘크리트 공법 다양 및 인식 변화 재고

문제 42 포장 콘크리트

Ⅰ. 개 요

휨응력, 마모작용, 기상작용, 건습반복 작용에 대한 저항성이 커야 한다.

Ⅱ. 재료와 배합

1) 시멘트 : 포틀랜드 시멘트, 중용열시멘트
2) 골재 : 마모감량 35%, 일반 50% → 마모저항성 크기 때문에
3) 혼화재료 : Fly ash, AE제, 감수제, AE 감수제
4) 배 합

설계기준휨강도 (MPa/cm²)	단위수량(kg)	단위시멘트량(kg)	굵은골재 최대치수(mm)	침하도(S) 슬럼프(mm)	공기량(%)
4.5	150	280~350	40, 공항 50	30sec 40cm	4~6 5~7

Ⅲ. 콘크리트 슬래브의 포장

1) 비비기

가경식 1분 30초, 강제식 1분

2) 운 반

비빈 후부터 치기 끝날 때 시간 1시간 이내

3) 부 설

콘크리트 Spreder, Finisher

4) 다지기

포설두께 15% 정도 더돋기(Slip form paver)

5) 표면 마무리

① 초벌 마무리 : Finisher, Slip form paver
② 평탄 마무리 : 표면 마무리 기계, 마무리판
③ 거친 마무리 : 미끄럼 방지솔, 빗으로 사용

6) 줄 눈

① 가로 팽창줄눈 : 줄눈간격 60~480m 이내 폭 25mm
② 가로 수축줄눈 : 커터로 홈줄눈 간격 10m 폭 6~13m/m
③ 세로줄눈 : 도로 중심선에 평행 간격 3.25~4.5m 차선에 설치

7) 양생(보통 14일)

① 초기 양생 : 건조수축 균열방지
② 후기 양생 : 콘크리트를 빨리 경화시키는 목적(덮개, 가마니)

문제 43   Post-tension과 Pretension

I. Post-tension

1) 부재 콘크리트는 타설 후 Sheath 내에 강재 설치하고 콘크리트 경화 후 부재를 지승으로 하여 긴장 실시
2) 장대 지간의 부재를 현장 제작 가능, 공장설비 불필요
3) 변곡배치가 용이, 역학적 유리
4) 수개의 블록으로 분할 및 접속시공 가능
5) 정착장치에 의해 확실히 Prestress 도입. 경우에 따라서는 Prestress의 재도입 가능
6) Pretension에 비해 저강도 콘크리트 사용

II. Pretension

1) 콘크리트 타설 전 PC 강선을 인장대의 양단에서 긴장한 다음 콘크리트 타설하고 콘크리트가 소요의 강도로 경화한 후 긴장을 풀어주어 부재에 PS 도입
2) PC 강선과 콘크리트 부착력에 의해 PC 강선은 콘크리트 내부에 정착하며 직경이 작은 강선 사용 필요(ø5mm 이하)
3) 큰 인장력 주기 위해 인장대 제작, 설치 → 공장생산
5) 운반 형편상 부재의 길이 제한
6) PC 강선의 굴곡배치가 용이치 않아 역학적으로 비경제적
7) Post-tension과 같이 정착장치 Sheath 등 보조재료 필요없고, PC grout도 불필요

문제 44 PS 콘크리트 부재의 제작·시공중에 발생하는 각종 응력상태 및 유의사항

I. 제 작

1. Prestressing 전

1) 무근 콘크리트와 동일

2) 유의사항

① 지승부나 받침대의 국부적 침하에 유의
② 콘크리트의 건조수축에 의한 균열 발생 방지
③ 약간의 Prestress를 가하여 건조수축에 의한 균열 방지

2. Prestressing 작업중

1) 응력상태 : Prestress에 의해 부재에 큰 압축응력 발생

$$(\sigma = \frac{P}{A} \pm \frac{Pe}{I} y)$$

2) 유의사항

① Prestress 손실(건조수축, Creep, PC 강재, Relaxation)
② 하연에 큰 압축응력 작용 → 콘크리트 파괴 경우
③ 비대칭 Prestressing 경우 → 부재 단면 편심작용하여 큰 응력이 작용하게 되므로 간장작업 순서 미리 연구

3. Prestress 전달 직후

1) 응력상태

① 자중 외에는 정하중이 별로 없다.
② 응력상태는 Prestressing 작업중과 같다(최대응력 발생).

$$(\sigma = \frac{P}{A} \pm \frac{P_e}{I} y \pm \frac{M}{I} y)$$

2) 유의사항

① 부재 설계시 Prestress에 의한 부재의 솟음 고려

② 보의 자중이 동시에 부재에 작용

③ 제작대는 솟음에 의해 양단 지지 상태로 보의 변형에도 안정해야 한다.

④ 솟음에 따라 부재의 주앙 상연에는 인장응력 발생하고, 균열 발생 우려

II. 취급중 상태(PSC 부재를 설치현장까지 운반·가설)

1) 중앙에서 부재를 들어 올리는 경우, 내민 부분을 갖는 상태로 지지하는 경우에는 균열 발생 (상연 인장 균열)

2) 뒤집거나 기울이거나 하면 측면·상면에 인장응력 발생하고 균열 발생

3) 균열 방지를 위해 양단에 인장고리 설치

III. 최후의 상태

1) 구조물에 전 설계하중이 작용한 상태

2) 상당한 시일이 경과된 상태이므로 건조수축. Creep, 강재의 Relaxation이 대부분 끝난 상태이고, Prestress 강재의 인장응력은 초기응력이 감소하여 유효 Prestress만 작용된다.

문제 45 Prestressed Con'c 부재 제작시 주의사항과 신장량의 오차에 대한 원인 및 대책

Ⅰ. 개 설

PS 콘크리트는 실제적으로 RC 구조물의 많은 문제점을 보강하였으나, 시공시 정확한 관리를 하지 못하면 그 효과를 살릴 수 없으므로 다음과 같은 단계별 주의사항을 준수 시공한다.

Ⅱ. 제작시 주의사항

1. Prestress 전

1) 설계계산서의 이해
   ① PC 강재 신장량
   ② PC 강재 정착 장치시의 세트 및 인장량
   ③ 콘크리트 탄성변형에 의한 손실량 계산

2) 콘크리트 압축강도 발현 여부 Check
   ① 최대도입응력의 1.7배 이상
   ② Pre-tension 부재 300kg/cm^2
      Post-tension 부재 250kg/cm^2
   ③ 정착부의 지압응력 Check

3) 긴장순서 결정
   ① 중심에 대해 대칭, 인장응력 발생이 적은 순서로
   ② 압축응력분포가 가급적 일정하도록

4) 강재점검 및 인장장치 점검
   ① 강재의 확인(인장강도, 신장량, Relaxtion, 부식저항, 부착력이 좋은 것)
   ② 인장장치점검
   ③ 하중계의 Calibration
   ④ 전동 Pump 작동상태 점검
   ⑤ 가설비의 계획

5) 거푸집지보공의 구속 검토

2. Prestressing시

1) 결정된 순서에 따라 긴장
2) 하중과 변형량 Check
3) 1개 및 다수의 통계적 관리

3. Grouting시

1) 비비기가 5분에 될 수 있는 Mixer 사용
2) 천천히 휘저을 수 있는 Agitator 사용
3) 공기 흡입이 안 되는 주입 Pump 사용
4) 지연제나 Fly ash 사용 온도상승방지
5) Duct 청소 및 공기유출구 청소
6) 주입은 낮은 곳에서 높은 곳으로
7) Duct가 길 때는 적당한 간격으로 유출구 설치
8) 한중시는 따뜻한 물(50℃)로 청소하고
9) 서중시는 알루미나 분말을 사용하고, 주입은 단시간 내에 끝낸다.

Ⅲ. 신장량의 오차 원인 및 대책

1. Prestressing 전 계산치에 의한 신장량과 인장력의 직선관계를 설정오차의 범위를 설정

1) 정착장치의 Slip
2) 콘크리트의 탄성수축량
3) 마찰손실 고려

2. 오차의 발견방법

1) 관계가 직선인가 확인
2) 허용범위를 벗어났는가 확인
3) 순서에 의한 통계적 관리

3. 오차의 원인

1) 측정시의 실수

2) 인장장치의 Calibration 불량
3) 정착장치의 활동
4) 강재 재질상의 문제
5) Sheath관의 마찰이 클 경우
6) 콘크리트 지압응력 부족

4. 대 책

1) 시험 및 시공관리 철저
① 강재시험
② 측정시 오차가 없도록
③ Calibration 실시
④ 정착면을 고르게 하고, 완전히 정착시킨다.

2) 마찰손실이 클 경우
① 양단긴장
② Grease 등으로 저항 감소
③ 손실량만큼 더 긴장
④ Duct에 넣어 긴장

5. 품질관리

　　PC prestressing 관리에 있어서는 PC 강재의 인장력의 변동차를 고려하여 PC cable 혹은 PC 강봉 1개에 정해진 인장력이 주어지고 있는가를 확인하여야 한다.
　　PC 강선이나 PC strand를 써서 부재에 소정의 Prestressing을 도입하기 위해서는 '마찰계수에 의한 관리 방법'에 의해 PC cable 1개마다 관리도를 작성해서 관리한다.

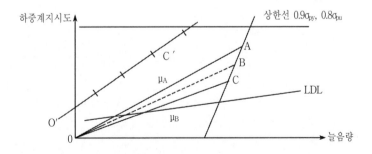

① Prestressing 중의 측정값에 의한 하중계 지시도와 늘음량의 관계
② O'C'선을 O'가 0에 오도록 평행이동한 것

1) PC 강선의 총탄성계수 E_p 및 서로 다른 마찰계수(μ_A, μ_B)를 써서 Jack 위치에서 긴장력과 늘음량의 관계를 세로측 하중계 지시도, 가로측 PC 강재의 늘음량으로 하고 설계계산상의 PC cable 멈춤점(A, B점)을 Plot한다.

2) 실제 Cable 멈춤점은 Prestressing 중에 측정된 하중계 지시도와 PC 강재의 늘음량의 관계를 Plot해서 얻은 선을 원점이 O'에 오도록 평행이동시켜 OC선을 얻어 OC선과 멈춤선의 교점을 C점으로 하여야 한다.

3) PC 강재의 응력이 허용응력을 넘는 경우에는 마찰계수를 작게 하는 조치를 취하든가 OC선의 상한선의 교점 위치에서 긴장 중지하고 수축된 Prestress는 다른 Cable로 보충

4) Cable 1개마다에 Prestressing 관리는 멈춤점이 관리한계선 내에 들어가도록

5) μ_A, μ_B를 통계적으로 채택한 경우 마찰계수 μ의 관리한계는 μ평균값의 ±0.4로 한다.

6) PC 강봉을 써서 부재에 소정의 Prestress를 도입하기 위해서는 PC 강봉의 늘음에서 추정된 인장력과 지시도에서 추정한 인장력의 차이가 10% 이내가 되도록

7) 1개 부재에 여러 개의 PC 강재가 배치되어 있는 경우는 PC 강재 1개마다의 관리 외에 PC 강재를 조로 나누어 관리해야 한다.

8) 집중 Cable 방식, PC 강재의 개수가 적은 부재의 경우에는 Prestressing 중의 오차가 그대로 Prestress 오차가 되어 부재의 안정성에 현저한 영향을 미치므로 이런 경우에는 재인장을 하는 등 오차를 작게 할 특별한 조치를 취해야 한다.

문제 46 Prestressed 콘크리트(PS 콘크리트) Grout 재료의 품질조건 및 주입시 유의사항에 대하여 기술하시오.

I. 개 요

PSC 그라우트는 덕트 속을 완전히 메워서 긴장재를 둘러쌈으로써 녹슬지 않도록 보호할 뿐 아니라, 부재 콘크리트와 긴장재를 부착에 의하여 일체가 되게 하는 것이어야 한다.

또한 PSC 그라우트 주입의 효과를 얻기 위해서는 주입에 사용하는 PSC 그라우트는 주입작업이 끝날 때까지 좋은 유동성과 충전성을 가져야 하며, 될 수 있는 대로 적은 블리딩률 및 알맞은 팽창률을 가져야 하고, 경화한 PSC 그라우트가 긴장재 쉬스 등과의 사이에 충분한 부착강도를 발휘할 수 있고, 수밀성이 풍부하며, 긴장재가 녹슬지 않아야 한다.

II. PSC 그라우트 재료의 품질조건

1) 반죽질기

반죽질기는 덕트의 길이 및 형상, 시공시기 및 기온, 강재의 단면적 및 덕트 속에서 차지하는 강재 단면적의 비율 등을 고려하여 시공에 적합한 값을 선정해야 한다.

① PSC 그라우트의 혼화제로서 일반적으로 사용되는 감수제 대신에 고성능 감수제 등의 특수혼화제를 사용한다.

② 일률적으로 반죽질기의 값을 정하는 것은 새로운 PSC 그라우트 재료의 출현을 저해하는 일이 되기도 하므로 이 규정에는 반죽질기의 값을 규정하지 않았다. 따라서 사용하는 PSC 그라우트의 성상에 가장 적합한 반죽질기의 범위는 미리 시험에 의하여 구하고 시공 중에 항상 PSC 그라우트의 성상이 그 폭의 범위에 들도록 관리해야 한다.

③ 보통의 감수제를 사용한 종래의 배합 반죽질기에 대해서는 KS F 2432에 의하여 측정한 그라우트 유하시간 15~30초의 범위로 한다.

2) 팽창률

① 팽창률은 10% 이하로 한다.

② 주입 완료 후의 팽창률은 블리딩의 발생이 최대가 되는 시점까지 항상 블리딩률을 윗돌아야 한다.

③ 일반적으로 휘젓기가 끝난 후 주입이 완료될 때까지의 시간은 30분을 표준으로 해도 좋다.

④ 팽창률에 상한치를 설정한 것은 콘크리트에 유해한 압력이 작용치 않기 때문이며 하한치를 두지 않는 것은 블리딩률이 0이면 팽창률이 0인 배합에도 채용할 수 있게 하기 위해서이다.

3) 블리딩률

블리딩률은 3% 이하로 한다.

① 블리딩률의 진행은 매우 느리며, 3~5시간 후에 블리딩률이 최대가 되는 것이 일반적이다.

② 블리딩에 의한 물의 배제를 확실하게 하기 위해서는 배기 파이프를 설치하고 배기를 충분히 할 필요가 있다.

③ 기온이 높은 여름철에는 발포현상이 현저히 진행되므로 특별한 처리를 한 알루미늄 분말을 사용하여 지연대책을 취할 필요가 있다.

④ 측정은 주입 완료 후 1, 3, 5시간 후에 하는 것을 표준으로 한다.

4) 강 도

재령 28일의 압축강도 $200kg/cm^2$ 이상이어야 한다.

5) 염화물 함유량의 한도

PSC 그라우트 중의 전 염화물 이온량 $0.3kg/m^3$로 한다.

6) PSC 그라우트용 혼화재료

① 지연제를 겸한 감수제(단위수량 적게 해야 PSC 그라우트 침투 용이)

② 알루미늄 분말은 수소가스를 발생하여 PSC 그라우트를 팽창시켜 품질 개선(시멘트 중량의 0.005~0.015%)

③ 서중의 시공에는 플라이애시 사용

7) PSC 그라우트의 물-시멘트비는 45% 이하

III. 주입시 유의사항

1) PSC 그라우트는 프리스트레싱이 끝난 후 될 수 있는 대로 빨리 해야 한다.

2) 그라우트믹서는 5분 이내에 그라우트를 충분히 비빌 수 있는 것이어야 한다. 또한 주입작업을 중단하지 않고 계속할 수 있는 충분한 용량을 갖는 것이어야 한다.

3) 애지테이터는 PSC 그라우트를 천천히 휘저을 수 있는 것이어야 한다.

4) 그라우트 펌프는 PSC 그라우트를 천천히, 그리고 공기가 혼입되지 않게 주입할 수 있는 것이어야 한다.

5) 비비기는 그라우트믹서로 한다. 재료는 물 및 감수제, 시멘트, 기타의 고운 분말의 순서로 투입하는 것을 표준으로 하며, 균질한 그라우트가 얻어질 때까지 비벼야 한다.

6) PSC 그라우트는 주입이 끝날 때까지 천천히 휘저어야 한다.

7) 덕트는 PSC 그라우트 주입 전에 물을 흘려 보내어 깨끗이 씻고 충분히 적셔 놓아야 한다.

8) 주입은 그라우트 펌프로 천천히 해야 한다.

9) PSC 그라우트는 그라우트 펌프에 넣기 전에 적당한 체로 걸러야 한다.

10) 주입은 유출구로부터 균일한 반죽질기의 PSC 그라우트가 충분히 유출될 때까지 중단하지 말아야 한다. 유출구는 주입방향에 쫓아서 차례로 막아 나가야 한다. 덕트가 긴 경우 주입구는 적당한 간격으로 두는 것이 바람직하다.

11) 한중에 시공을 하는 경우에는 주입 전에 덕트 주변의 온도를 5℃ 이상으로 올려놓아야 한다. 또한 주입시 그라우트의 온도는 10~25℃를 표준으로 하고, 그라우트의 온도는 주입 후 적어도 5일간은 5℃ 이상을 유지하는 것을 원칙으로 한다.

12) 서중 시공의 경우에는 그라우트의 온도가 상승되지 않고 그라우트가 급결되지 않도록 해야 한다.

문제 47   표준갈고리와 철근 구부리기

Ⅰ. 개 요

철근이 콘크리트와 부착력이 다 발휘된 다음에 기계적인 부착력으로 철근과 콘크리트의 이탈에 저항하기 위한 물리적인 수단이다.

Ⅱ. 표준 갈고리

1) 분 류

```
┌ 주철근 ┌ 반원형 갈고리(180°)
│        └ 90°갈고리
└ 스터럽과 띠철근의 갈고리 ┌ 90°갈고리
                          └ 135°갈고리
```

① 반원형 갈고리

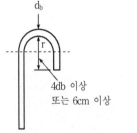

d_b : 공칭지름
r : 최소반지름

② 90°갈고리(90°원의 끝에서 $12d_b$ 이상 더 연장해야 한다.)

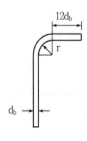

③ 스터럽과 띠철근의 갈고리

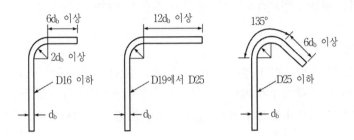

2) 갈고리의 최소반지름

① 갈고리의 최소 구부림 내연 반지름은 재질이 손상되지 않는 한도 내에서 정한다.

② 갈고리의 최소반지름(r)

철근의 지름	최소반지름
D10~D25	$3d_b$
D28~D35	$4d_b$
D38 이상	$5d_b$

Ⅲ. 철근 구부리기

1) 표준갈고리 이외에서의 최소내면 반지름

① 스터럽이나 띠철근에서 철근을 구부리는 내면 반지름은 철근 지름 이상

② 절곡철근의 내면 반지름 : $5d_b$ 이상

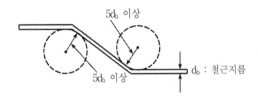

③ 라멘 구조의 모서리부분 : $10d_b$ 이상

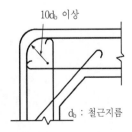

④ 큰 응력을 받는 곳에서 철근을 구부릴 때는 그 구부리는 반지름을 더 크게 하여 철근 반지름 내부의 콘크리트가 부스러지는 것을 방지해야 한다.

2) 철근가공

① 책임기술자가 승인한 경우를 제외하고 모든 철근은 상온에서 구부려야 한다.

② 콘크리트 속에 일부가 매립된 철근은 현장에서 구부리지 않는 것이 원칙이다. 다만, 설계 도면에 도시되어 있거나 책임기술자가 승인한 경우은 예외이다.

Ⅳ. 결 론

상기한 바와 같이 표준갈고리의 종류는 반원형 갈고리, 90°갈고리, 스터럽띠 철근의 갈고리 등이 있으며, 갈고리의 최소반지름은 재질이 손상되지 않는 한도 내에서 구부리도록 한다. 특히 절곡철근의 내면반지름은 $5d_b$ 이상, 라멘 구조의 모서리부분은 $10d_b$ 이상으로 하여 큰 응력을 받는 곳에서의 철근을 구부릴 때는 더 크게 내부콘크리트가 부스러지는 것을 방지해야 한다.

문제 48 평형파괴

평형파괴(Balanced Failure)

평형파괴란 콘크리트 압축연단의 변형도가 극한 변형도(0.003)에 도달함과 동시에 인장철근이
동시에 항복하는 파괴 형태를 뜻하며, 이때의 철근비를 평형철근비라 한다.

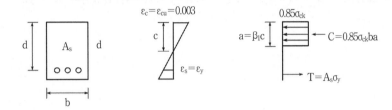

1. 평형철근비 유도 과정

$$T = C$$

$$A_s \sigma_y = 0.85 \sigma_{ck} ba$$

$$pbd\sigma_y = 0.85 \sigma_{ck} b \beta_1 c$$

여기서, $\dfrac{0.003}{c_1} = \dfrac{0.003 + \varepsilon_y}{d}$

즉 $c = \dfrac{0.003}{0.003 + \varepsilon_y} d$

$$p_b = \frac{0.85 \sigma_{ck} \beta_1}{\sigma_y} \frac{0.003}{0.003 + \sigma_y / E_s} \quad (E_s = 2,040,000 \, \mathrm{kg/cm^2})$$

또는 $\sigma_b = 0.85 \beta_1 \dfrac{\sigma_{ck}}{\sigma_y} \dfrac{0.003 E_s}{0.003 E_s + \sigma_y}$ (평형철근비)

$$p_b = 0.85 k_1 \frac{\sigma_{ck}}{\sigma_y} \frac{6,120}{6,120 + \sigma_y}$$

2. 최대배근 가능철근비

$$p_{max} = 0.75 p_b$$

1) 철근비를 제한하는 이유

부재의 취성파괴를 방지하고 연성파괴를 유도하기 위함이다.

2) 과소 철근보(연성파괴)되는 조건식

$$P_{min} = \frac{14}{\sigma_y} \langle P = \frac{A_s}{bd} \langle P_{max} = 0.75P_b$$

철근이 먼저 항복되어 연성파괴가 안전하다.

3) 과다 철근보

$$P = \frac{A_s}{bd} \rangle P_{max} = 0.75P_b$$

콘크리트가 먼저 파괴되고 철근이 나중에 파괴된다(취성파괴 불안정).

문제 49 철근의 정착길이, 부착길이

I. 개 요

철근 콘크리트 부재에서 철근과 콘크리트으 부착거동은 콘크리트가 경화한 후 부착이 두 재료 사이에 유지된다는 사실에 근거를 둔다.

묻혀 있는 철근의 길이가 충분히 길다면, 철근은 콘크리트 속에 일부를 남긴 채 항복하고 말 것이다. 부착은 주로 철근 표면의 조도, 콘크리트의 배합, 콘크리트 건조수축, 콘크리트 덮개 등에 영향을 받는다. 철근의 단부를 콘크리트에 정착시키기 위해서는 다음 하나 또는 2가지 이상의 방법을 병용하여 사용한다.

1) 매입길이에 의한 정착
2) 갈고리에 의한 정착
3) 정착하고자 하는 철근의 가로방향에 따른 철근을 용접해 붙이는 방법

II. 정착길이

인장력은 철근과 콘크리트 사이의 부착응력에 의해 저항되는 것이다. 최대 인장력은 $A_s\sigma_y$와 같다(여기서는 A_s는 철근의 단면적). 이 힘은 내력 $U_nO\ell_d$에 저항되어지는데, 여기서 U_u는 평균 부착응력이고, ℓ_d는 철근의 묻혀진 길이, O는 철근의 둘레 πD이다.

$$\ell_d = \frac{A_s}{U_u}\frac{\sigma_y}{O}$$

길이 ℓ_d는 최소허용정착(Anchorage)길이이며, U_u는 극한허용부착응력이다.

III. 정착길이에 영향을 미치는 요인

1) 철근 덮개 : 클수록 정착길이는 짧아진다.
2) 철근 간격 : 크면 정착길이가 짧아진다.
3) 압축철근의 정착길이는 인장철근의 정착길이보다 짧아도 된다.
4) 압축철근의 정착에는 갈고리를 사용하지 않는다.

Ⅳ. 철근의 정착방법

1) 매입길이에 의한 정착

① 이 방법은 철근을 직선인 채 그대로 콘크리트 속에 충분한 길이만큼 묻어 넣어서 콘크리트와의 부착에 의해 정착하는 방법이다.

② 이와같이 철근이 전강을 발휘할 수 있도록 콘크리트 속에 묻어 넣는 철근의 매입길이(Embedment length)를 정착길이(Development length)라고 한다.

③ 정착길이는 철근의 덮개와 철근의 간격에 관계된다.

④ 철근에 대한 콘크리트 덮개가 크고, 또 철근의 간격이 크면 정착길이는 짧아진다.

⑤ 이 정착방법은 이형철근에 한하여 사용된다.

2) 갈고리에 의한 정착

① 이 방법은 철근 끝에 표준갈고리(Standard hook)를 만들어서 갈고리의 기계적 작용과 직선부분의 부착과의 조합작용으로 정착하는 방법이다.

② 갈고리는 정착력을 증가시키는 데 매우 효과적이다.

③ 그러므로 종래 많이 사용되어 왔으며, 보통의 원형철근의 정착에는 반드시 갈고리를 두어야 한다.

④ 이형철근을 사용할 경우라도 부재의 접합부, 확대기초, 캔틸레버의 고정단과 자유단 등의 정착부에서는 갈고리를 두는 것이 좋다.

⑤ 갈고리의 기계적 작용 때문에 갈고리 안쪽의 콘크리트는 지압응력을 받으므로, 이 부분의 콘크리트는 밀실하게 해야 한다.

3) 기타 방법에 의한 정착

① 정착하고자 하는 철근의 가로방향에 따라 철근을 용접해 붙이는 방법이 있고, 또 특별한 정착장치를 사용하는 경우도 있다.

② 일반적으로 인장철근의 정착에는 1) 또는 2)의 방법이 많이 쓰인다. 압축철근의 부착거동은 인장철근의 경우와 다르다.

③ 실험 결과에 의하면 압축철근의 정착길이는 인장철근보다 짧아도 된다.

④ 또 갈고리의 효과도 별로 없어서 압축철근의 정착에는 갈고리를 사용하지 않는다.

문제 50 콘크리트의 Creep

I. 개 요

1) 콘크리트에 하중을 계속 재하하면 응력 변화 없어도 변형과 처짐이 재령과 함께 증가하는 현상 (소성변형)

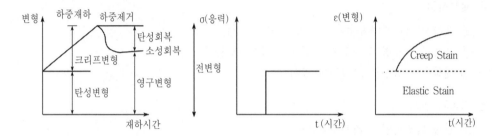

2) 크리프의 주원인

① 시멘트풀의 탄성 성질과 시멘트풀과 골재 사이의 소성 성질의 복합적
② 연속 재하에 의한 Gel수의 완만한 압출

II. 특 징

1) Creep 변형률은 $\dfrac{1}{2}\sigma_{ck}$ 이하의 응력에서는 가해진 응력에 비례
2) 같은 응력에서는 고강도 콘크리트 < 저강도 콘크리트
3) W/C비가 클수록 크다.
4) 콘크리트 재령이 클수록 Creep 작게 발생
5) 주위의 온도가 높을수록, 습도가 낮을수록 Creep가 크게 발생

III. 크리프에 영향을 주는 요인

1) 재 료

① 시멘트 : 보통시멘트가 조강시멘트보다 크리프가 크다.
② 혼화재료 : 염화칼슘, 감수제는 크리프가 크다.
③ 골재 : 골재량이 많을수록, 탄성계수 클수록 작다.

2) 배 합

① 시멘트량 많을수록 크리프가 크다.

② W/C비가 클수록 크리프가 크다.

③ 공기량 많을수록 크리프가 크다.

3) 대기의 조건

① 온도 높을수록 크리프양이 크다.

② 습도 낮을수록 크리프양이 크다.

4) 재하시간

① 재하시기나 재하하중이 빠르고 클수록 크다.

② 재하시의 재령 작을수록 크리프의 양이 크다.

③ 재하시간 길수록 크리프의 양이 크다.

5) 다짐과 양생

① 진동 다짐하면 크리프가 적다.

② 양생온도 높으면 크리프가 작다.

Ⅳ. 구조물에 미치는 영향

1) 장 점

① 균열 방지

ⅰ) 인장응력 감소

ⅱ) 응력 집중 방지

② 응력 재분배에 따른 단면적의 저감 완화

2) 단 점

① 변형 증가

ⅰ) RC에서 비정상 휨 발생

ⅱ) PC에서 Relaxation

② Prestress 감소

③ 크리프 파괴

Ⅴ. 크리프 계수

1) 옥내인 경우 : 3

2) 옥외인 경우 : 2

문제 51 Relaxation

I. 정 의

재료에 외력을 작용시키고 변형을 억제하면 시간이 경과함에 따라 재료의 응력이 감소되는 현상이며, Creep의 반대이고, 강재에서 일어난다. 즉 일정한 변형이 지속될 때 응력이 감소하는 현상이다.

II.

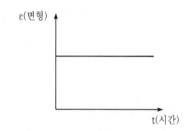

III.

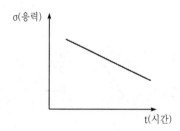

IV.

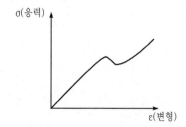

문제 52   극한한계상태와 사용한계상태 비교

Ⅰ. 정 의

극한한계상태(Ultimate limit state)는 구조물 또는 부재가 파괴 또는 파괴에 가까운 상태로 되어 그 기능을 완전히 상실한 상태를 말한다.

사용한계상태(Serviceability limit state)는 처짐, 균열, 진동 등이 과대하게 일어나서 정상적인 사용상태의 필요 조건을 만족하지 않게 된 상태를 말한다.

이러한 한계상태로 되는 확률을 구조물의 모든 부재에 대하여 일정한 값이 되도록 하려는데 목적을 둔 설계를 한계상태설계법이라 한다.

Ⅱ. 세부사항

1) 하중작용 및 재료강도의 변동을 고려 확률론적으로 구조물의 안정성 평가
2) 안정성의 척도를 구조물의 파괴될 확률 또는 파괴되지 않을 확률(신뢰성)을 나타냄.
3) 하중작용과 재료강도에 대한 부분 안전계수를 도입
4) 현재 영국에서 채택

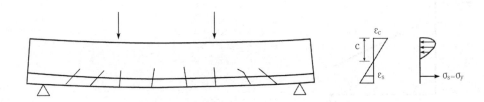

문제 53 한계상태설계법과 강도설계법의 문제점

Ⅰ. 개 요

구조물 또는 부재가 파괴 또는 파괴에 가까운 상태로 되어 그 기능을 완전히 상실한 상태를 극한한계상태(Ultimate limite state)라 하고, 처짐, 균열 또는 진동 등이 과대하게 일어나서 정상적인 사용상태의 필요 조건을 만족하지 않게 된 상태를 사용한계상태(Serviceability limit state)라고 한다.

한계상태설계법은 이러한 한계상태로 되는 확률을 구조물의 모든 부재에 대하여 일정한 값이 되도록 하려는데 목적을 두고 있다. 구조물에 작용하는 실제의 하중과 실제의 강도가 어떤 형태의 분포를 가지는 확률량이라는 것은 이미 알려진 사실이다. 그러므로 하중작용 및 재료강도의 변동을 고려하여 확률적으로 구조물의 안전성을 평가해야 한다. 한계상태설계법은 안정성의 척도를 구조물에 파괴될 확률(신뢰성)로 표현하고자 하는 설계법이다. 그러자면 하중작용이나 재료강도 등에 관한 통계자료가 충분히 있어야 한다.

그런데 현재 단계에서는 그러한 자료가 충분하지 못하기 때문에 하중작용과 재료강도에 대한 부분 안전계수를 도입함으로써 이 방법에의 접근을 시도한 설계법이 현재 영국에서 채택하고 있는 한계상태 설계법(CP 110)이다.

Ⅱ. 강도설계법의 문제점

1) 안전성의 검토가 임의 형태로 행해지므로 통일성이 없고, 신뢰성이 낮다.
2) 재료의 불확실성 및 변동을 일정계수를 규정함에 따라 설계자가 구조물의 안정성과 사용성의 안전 여유를 확인하기가 곤란하다.
3) 부재 설계시 재료강도는 소성 개념인 종국 내력을 기본으로 하면서 해석방법은 탄성 개념으로 사용하므로 설계 개념의 일괄성이 결여되어 있다.
4) 일반 작용하중에 대한 처짐 및 균열 등 사용성 보장에 대한 직접 설계방법이 확립되어 있지 않다는 등의 설계방법 및 설계방법 및 설계 개념과 사용성에 대한 추가 연구 및 시방서 보완이 요구되고 있다.

문제 54 과다철근보와 과소철근보

I. 정 의

과다철근보는 P_b보다 큰 철근비로 설계된 보이며, 과소철근보는 인장측 철근이 항복되면서 동시에 압축측 콘크리트가 압축파괴되도록 배치한 철근비이다. 즉 평형철근비(P_b)보다 적은 철근비로 된 보를 말한다.

II. 문제점

1) 과다철근보 : 인장응력이 비교적 크기 때문에 보의 파괴는 철근의 항복 이전에 압축측 콘크리트가 먼저 파괴, 갑자기 발생
2) 과소철근보 : 최소 철근비로 설계된 보는 연성파괴를 일으키므로 철근항복에 의한 파괴를 보증하기 위하여 철근비가 $0.75P_b$를 넘지 않도록 규정

III. 결 론

과다철근보의 파괴는 취성파괴로 위험을 초래하기 때문에 설계는 피해야 한다.
과다철근보(과보강보＝취성파괴＝압축파괴)
과소철근보(저보강보＝연성파괴＝인장파괴)
따라서 평형상태의 철근비 설계가 필요하다.

문제 55 콘크리트 구조물의 시공에서 시공관리상 점검시기와 점검항목에 대하여 구체적으로 기술하시오.

Ⅰ. 개 설

콘크리트 구조물 시공관리의 점검시기는 공사개시 전, 공사중, 공사완료 후로 구분할 수 있으며, 점검항목은 기계설비의 성능, 각 재료품질, 시험혼합, 골재시험, Slump 시험, 공기량, 강도, 비파괴시험, 시험편 채취, 재하시험 등이 있다. 따라서 각 시기별 점검항목에 대하여 기술하면 다음과 같다.

Ⅱ. 점검시기 구분 및 점검항목

1. 공사개시 전 점검항목

1) 기계설비의 성능
   ① 사용 정도에 의해 공칭능력, 정도가 상이할 때가 있다.
   ② 기계설비 개조 및 정비

2) 재료의 품질
   ① 시멘트
     ⅰ) 제조공장의 시멘트 시험성적 저장기간이 긴 경우 품질시험
     ⅱ) 강도시험 실시
   ② 물
       공장폐수, 하수 사용할 경우 수질검사
   ③ 잔골재
     ⅰ) 입도, 비중, 단위용적중량, 유기물 해사는 염분
     ⅱ) KS에 의한 시험
   ④ 굵은골재
     ⅰ) 입도, 비중, 단위용적중량, 쇄석은 입형
     ⅱ) KS에 의한 시험
   ⑤ 혼화재료
     ⅰ) 혼화재 : 비중
     ⅱ) 혼화제 : 사용 실적 참조

3) 시험혼합

① 시방 배합의 상태 확인

혼합된 콘크리트의 상태, Slump, 공기량, Bleeding, 압축강도

② 나쁜 것은 배합 조정

2. 공사중 점검항목

1) 골재시험

① 비중 : 계량, 중량의 보정

② 입도, 모래 FM 0.2 이상의 변화는 배합을 변경

③ 함수량 : 현장배합의 조정

2) Slump 시험

Slump 맞추기 위해 현장에서 가수해서는 안 된다. → 허용범위 내 사용

① 무근 콘크리트 3~8cm

② 철근 콘크리트 3~12cm

③ 포장 콘크리트 2.5cm

3) 공기량시험

① 유동성인 경우 타설시에 공기량이 많으면 많을수록 좋다.

② 내구성이 주로 하는 경우 타설된 콘크리트 중의 공기량이 중요

③ 공기량 손실 1/4~1/6이다.

④ 공기량이 너무 많으면 강도가 떨어진다.

4) 강 도

① 표준양생

② 표준공시체에 의한 압축강도를 KS에 의하여 시험

③ 현장양생 : 거푸집 탈형, 조기하중의 경우 강도 확인

3. 공사완료 후 점검항목

1) 비파괴시험

① 완성된 구조물의 콘크리트 강도의 추정

ⅰ) 압축강도 결과 좋지 않고, 콘크리트의 품질이 의심나는 경우 Test hammer

ⅱ) 시공중 동결을 받았다고 생각되는 경우 양생이 잘되지 않은 경우 초음파측정기

2) 시험편 채취

    ① 구조물에서 콘크리트 코어를 채취한다.

    ② ø10×20, ø15×30 코어 채취하여 압축강도시험을 한다.

3) 재하시험

    ① 강도가 의심스러울 경우

    ② 중요 구조물

    ③ 특수한 설계

    ④ 신재료를 사용할 경우

문제 56 | 콘크리트 관리방법에 대하여 기술하시오.

Ⅰ. 개 설

콘크리트를 관리하는 이유는 콘크리트의 품질 변동, 시공 조건이 같지 않은 오차로 인해 관리도나 Histogram을 이용하여 품질을 관리, 강도추정, 배합관리 등을 관리할 목적이며, 콘크리트 관리방법의 종류로는 압축강도에 의한 관리방법과 W/C비에 의한 관리방법이 있다. 여기서는 이들의 관리방법에 대하여 상세히 기술하고자 한다.

Ⅱ. 압축강도에 의한 관리방법

1. 압축강도에 의한 콘크리트 관리는 조기재령의 압축강도에 의한다.

1) 관리시험에 조기재령(3일, 7일)

시험 결과를 신속하게 공사에 반영할 수 있어 재령 28일 압축강도에 비해 품질관리유리

2) 콘크리트 강도를 조기에 판정하는 방법
① 급속경화강도시험
② 촉진양생하여 강도 구하는 방법

2. 콘크리트 압축강도 1회의 시험체는 동일 배치에서 취한 공시체 3개의 압축강도의 평균치로 한다.

1) 공시체 3개의 평균치 정하는 이유는 콘크리트 품질 변동, 공시체의 제조, 양생 등 조건이 같지 않기 때문에 일어나는 오차 때문
2) 성형 후 공시체 온도, 양생 온도 변동에 따라 시험 결과치에 영향을 주므로 취급, 제작시 유의

3. 시료를 채취하는 시기와 횟수

1) 하루에 쳐서 넣는 콘크리트마다 1회
2) 구조물의 중요도, 공사규모에 따라 20~150m^{3}마다 1회

3) 현장에서 품질이 만족하지 않을 때
　　① 배합 수정, 계량, 비비기, 운반, 치기방법을 개선
　　② 콘크리트 배합 달라지면 그때마다 시험 준수

4. 콘크리트 품질관리할 경우

　　┌ 관리도
　　└ Histogram 이용

1) 관리대상 : 압축강도 슬럼프
2) 관리한계선 밖으로 나간 경우 적당한 조치 강구 → 원인 파악
3) 히스토그램에서 제조공정에 일어나는 이상 추측 → 이상 제거

Ⅲ. W/C비에 의한 관리방법

1. 굳지 않은 콘크리트를 W/C비로 관리

1) 가장 빨리 콘크리트 품질 정도를 알 수 있는 방법
2) 사용재료 변화 없고 슬럼프가 변동범위에 내에 있으면, W/C비와 압축강도 관계에서 재령 28일의 압축강도를 추정관리한다.

2. 물ㆍ시멘트비의 시험방법

1) 효　과
　　① 배합관리
　　② 강도추정
　　③ 품질 조기 판정

2) 시험방법
　　① 굳지 않은 콘크리트 씻기분석시험법
　　② 비중계로 시멘트량을 측정하는 방법
　　③ 시멘트와 염소의 접촉반응열에 의한 시멘트량 측정방법
　　④ 시멘트 칼슘분을 염광분석에 의해 측정

3) W/C비 시험치는 동일 Batch에서 취한 2개의 시료 W/C비 평균치

3. 시료를 채취하는 시기와 횟수

1) 1일 타설 콘크리트마다 1회 실시
2) 구조물의 중요도와 공사규모에 따라 $20 \sim 150m^3$마다 1회 실시

4. 관리도, Histogram이용

1) 한계관리선 밖으로 나간 경우 조치 강구 → 원인 파악
2) 히스토그램에서 제조공정에 일어나는 이상 추측 → 이상 제거

문제 57 RC와 PC의 차이점을 비교하시오.

Ⅰ. 개 요

1. RC(Reinforced concrete)

1) 압축강도는 크나 인장강도는 작다.
2) 구조물에 작용하는 압축응력은 콘크리트가, 인장응력은 철근이 받도록 한 것
3) 중립축을 중심으로 압축측 콘크리트는 압축응력을, 인장측 철근은 인장응력을 받는다.

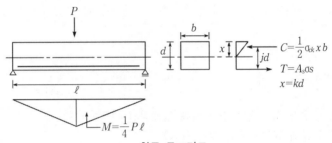

철근 콘크리트

$$M = \frac{1}{2}\sigma_{ck}\,x\,b\,jd \qquad \sigma_c = \frac{2M}{kjbd^2}$$

$$M = A_s\sigma_s jd \qquad \sigma_s = \frac{M}{A_s jd}$$

$$= \frac{M}{pjbd}$$

$$\boxed{\begin{array}{l} C = T \\ \frac{1}{2}\sigma_{ck}\,x\,b = A_s\sigma_s \\ x = k \cdot d \\ A_s = Pbd \end{array}}$$

2. PC(Prestressed concrete)

1) RC에서는 인장측의 응력을 철근이 받으나 인장측에 발생하는 균열은 막을 수 없다.
2) 인장측에 작용하중에 의해 발생되는 인장응력을 상쇄하기 위해 미리 압축응력을 준 콘크리트이다.
3) (a), (b)와 같이 단면 전체에 인장응력 발생을 전혀 허용치 않는 것을 Full prestressing이라 한다.
4) (c)와 같이 콘크리트가 가지고 있는 인장응력만큼의 인장응력을 허용하는 것을 Partial prestressing이라 한다.
5) Full prestressing이 구조적인 면에서 안전하나 경제성을 위해서는 Partial prestressing이 유리하다.

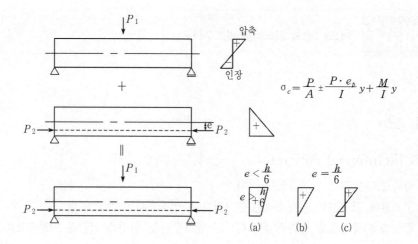

$$\sigma_c = \frac{P}{A} \pm \frac{P \cdot e_p}{I} y + \frac{M}{I} y$$

Ⅱ. 특 성

1. RC

1) 장 점

1) 재료 입수가 쉽고 강구조에 비해 경제적인 재료이다.
2) 풍화에 대해 내구적이고 내화적이다.
3) 진동충격에 저항력 크다.
4) 구조물 형상 치수를 현장에서 임의 시공 가능
5) 유지보수비가 적게 든다.

2) 단 점

1) 인장응력, 건조수축, 온도 변화에 균열발생하기 쉽다.
2) 자중이 크기 때문에 장시간에 불리
3) 보강과 개량이 어렵다.
4) 시공 후 검사가 어렵다.

2. PC

1) 장 점

① 내구성과 복원성
② 중량 경감
③ 경간 증대
④ 구조물의 적응성 : 공장제품으로 신뢰성 확보, 공기단축

⑤ 구조물의 안전성
⑥ 경제성

2) 단 점

① 고강도 재료 다른 단가 상승
② 정착장치, Sheath, 기타 보조장치 필요
③ 내화성에 불리
④ 설계와 시공에 세심한 주의 필요

문제 58   콘크리트 구조물의 유지관리 체계에 대하여 설명하시오.

Ⅰ. 개 요

국가 경제 사회가 발달함에 따라 사회간접자본이 증가하고 이러한 자본의 서비스 수준 향상에 대한 사회적 기대가 증가하고 있다. 이에 따라 구조물의 특수화, 다양화, 장대화에 따른 전문적 유지관리가 필요하다. 콘크리트 구조물 유지관리계획의 필요사항은 다음과 같다.

1) 구조물의 적정한 안전 및 유지관리를 위한 조직, 인원, 장비 확보에 관한 사항
2) 구조물 안전 점검항목
3) 정밀 안전진단 실시계획
4) 안전 및 유지관리 예산 확보 및 비용계산에 관한 사항
5) 전년도 안전의 유지관리 실적
6) 기타 건설교통부령이 정하는 사항

성공적인 구조물 점검은 적절한 계획과 기법, 필요한 장비의 확보 그리고 점검자의 경험과 신뢰성에 의하여 좌우된다. 또한 보이는 결함의 발견에만 국한하지 말고 발생 가능한 문제의 예측까지도 포함하고, 예방 차원에서의 콘크리트 구조물의 과학적 관리체계(Management System)를 위하여 수행되어야 한다.

Ⅱ. 유지관리 체계도

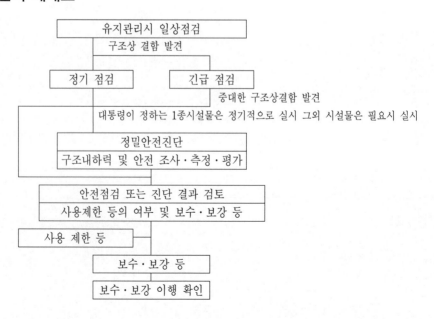

Ⅲ. 세부사항

1. 점검계획과 기법 선정시 고려사항

① 점검 및 진단 계획을 수립함에 있어, 각 교량에 대한 특수한 구조적 특성을 이해하여 특별한 문제가 없는지 검토
② 점검 및 진단에는 최신 기술과 실무 경험 적용
③ 점검 및 진단의 빈도 및 수준은 구조 형식, 부위 그리고 붕괴 가능성에 따라 결정
④ 점검 및 진단 책임기술자는 법에 의한 자격기준에 따라 선정

2. 일상점검

① 공용중의 모든 교량의 상태파악을 위해 실시되는 육안에 의해 외관조사로 분기별 1회 이상 실시한다.
② 이상점검은 시설물의 유지관리를 책임지고 있는 자에 의하여 통상적으로 수행되는 순찰과 유사한 성격의 점검이다. 점검은 시설물이 현재의 사용 요건을 계속 만족시키고 있는지 확인하는 데 필요한 관찰로 이루어지는 계획된 점검으로 시설물의 이상이 발견되는 경우 즉시 보고하여야 한다. 실례로 일상점검을 실시한 경우, 예기치 않은 손상이나 판정이 어려운 손상이 발생하고 있는 경우도 있다.

3. 정기점검

① 정기점검은 매년 1회 이상 실시하며 시설물의 물리적, 기능적 상태를 판단하고, "최초" 혹은 이전에 기록된 상태로부터의 변화를 확인하며, 구조물의 현재의 사용요건을 계속 만족시키고 있음을 확인하는 데에 필요한 관찰과 측정으로 이루어지는 계획된 점검이다.
② 정기점검은 점검빈도, 시설물관리대장 및 평가자료의 갱신 그리고 점검자의 자격에 대한 시설물 안전관리에 관한 특별법의 요건을 만족시켜야 한다. 이러한 점검은 일반적으로 바닥판의 지면 혹은 수면 및 가능한 경우 영구작업대와 통로로부터 실시한다. 하부 구조의 수중 부위에 대한 점검은 갈수기 동안의 관찰 및 침식의 흔적조사만을 포함한다.

4. 긴급점검

긴급점검은 손상점검과 특별점검으로 나눈다.

점 검 명	내 용
손 상 점 검	환경요인과 인간활동에 의한 구조적 손상 평가
특 별 점 검	관리주체의 개량에 따라 계획 시설물 성능에 대한 기능적 상관관계에 대한 검사

현장에서 사용하는 점검양식과 보고서는 체계적으로 작성되어야 하며, 그림과 주석을 위한 공간을 확보하여야 한다. 완성된 보고서는 시간이 경과한 후에도 주석과 그림에 대한 해석이 가능할 정도로 상세하고 명확해야 한다. 현장사진을 촬영하여 결함을 확인할 수 있도록 하여야 한다.

그림과 사진은 결함의 위치와 특성에 관한 설명을 보충하기 위한 수단으로 사용하여야 한다. 노후화된 부재에 대한 간단한 입면도와 단면도를 사용하여 결함의 형태와 치수를 명확히 하고, 점검일시와 기타 자료의 근거도 기록하여야 한다.

5. 정밀안전진단

공용중인 교량을 대상으로 재해를 예방하기 위하여 시설물의 물리적 · 기능적 결함을 발견하고 그에 대한 신속하고 적절한 조치를 하기 위하여 구조적 안전성 및 결함의 원인 등을 조사 · 측정 · 평가하여 보수 · 보강 등의 방법을 제시하는 전단의 최종 단계이다.

1) 진단시기

본 진단은 매 5년마다 실시하며 노후화 또는 손상 정도에 따라 부재나 부재의 잔류 성능을 평가하기 위한 하중평가가 포함될 수 있다. 비파괴 · 재하 시험은 시설물 내하력을 결정하는데 도움을 주기 위하여 수행될 수 있다. 이러한 형태의 진단은 일반적으로 정기점검보다 긴 빈도로 수행되지만 정기점검과는 독립적으로 계획될 수 있고, 손상점검 또는 초기점검에 뒤이어 실시될 수 있다.

2) 진단지침

정밀안전진단을 수행하기 위한 내용은 다음의 각각을 포함해야 한다.
① 정밀안전진단에 필요한 설계도면, 시방서, 사용재료 등 시설물 관련 자료 수립 및 검토
② 점검 및 진단장비
③ 점검 및 진단 항목별 점검방법
④ 시설물 사용재료 시험
⑤ 점검 및 진단 결과의 평가
⑥ 진단 결과에 따른 공법 연구
⑦ 진단 결과에 대한 해석

Ⅵ. 안전진단 장비

1. 콘크리트 구조물

1) 현장검사

① 육안검사 : 돋보기 · 망원경 · 카메라 · 비디오카메라 및 균열폭 측정현미경

② 콘크리트 표면강도검사(Rebound & penetration methods) : 반발경도측정기
③ (초)음파측정(Stress wave methods)
　음파측정장치(Sonic pulse velocity methods) : 망치·체인
　초음파측정장치(Ultrasonic pulse velocity methods)
④ 자기감응검사(Magnetic methods)
　 콘크리트 피복 측정장치
⑤ 전기에 의한 부식검사 (Electrical nethods)
　콘크리트 전기저항 측정장치(Rresistivity)
　전위차측정장치(Half cell potential)
⑥ 화학적 분석(Chemical methods)
　염분 측정장치(Cl content)
⑦ 내하력조사
　정적 또는 동적 응력 측정장치

2) 시험실검사
　① 페트로그래픽 분석(Petrographic analysis)
　　코어시험기(Core test) : 강도시험·수분함량·공기량·염분함량
　② 중성화 측정방법 : 페놀프탈레인 시험

2. 강재 구조물

1) 염색침윤시험(Dye Penetrant Examination)
2) 초음파시험[Ultrasonic method(PUNDIT)]

문제 59　콘크리트 균열의 조사 및 보수·보강 공법

Ⅰ. 개 요

1) 콘크리트 구조물에서 균열은 피할 수 없는 문제이며, 균열 발생 원인은 다양하고 복합적이다.

2) 균열로 인한 문제는 내구성 저하, 강도 저하, 안정성 저하, 외관 손상 등이 있다.

3) 균열 방지하기 위해선 품질 변동을 최소화하여, 설계시 온도균열제어 및 줄눈시공, 시공시는 시공관리 철저

Ⅱ. 균열의 종류

1) 굳지 않은 콘크리트
   ① 소성수축 균열
   ② 침하 균열

2) 굳은 콘크리트
   ① 건조수축 균열
   ② 열응력 균열(수화열) : 내외부 온도차 균열, 외부구속 균열
   ③ 화학적 작용 균열(알칼리 골재반응)
   ④ 기상작용 균열
   ⑤ 철근부식 균열
   ⑥ 시공불량 균열
   ⑦ 설계불량 균열

Ⅲ. 균열의 조사

1) 조사의 목적
   ① 균열 원인 규명
   ② 보수 여부 판단
   ③ 보수방법 강구 및 선정

2) 조사의 종류

  ① 표준조사

   ⅰ) 균열 전개도 작성 : 균열의 간격, 균열의 길이, 균열의 방향

   ⅱ) 균열의 진행상태

   ⅲ) 설계도서의 조사 : 도면, 하중계산, 설계강도 등

   ⅳ) 시공시의 특기사항

   ⅴ) 구조물의 기능 장애 요인 조사

  ② 상세조사

   ⅰ) 압축강도

   ⅱ) 부재치수검사

   ⅲ) 균열상세조사

  ③ 기술적 판단자료를 위한 조사

   ⅰ) W/C비

   ⅱ) 구조물 재하시험

3) 보수 판단 기준

  ① 내력 보강, 강도 필요 여부

  ② 내구성, 방수성, 미관 필요 여부

  ③ 보수 기준, 균열폭 제한 여부

4) 보수 판단방법

  ① 사진촬영법(육안검사)

  ② 비파괴검사

  ③ 코어채취시험

Ⅳ. 보수·보강 대책

1) 보수의 목적

  ① 강도 회복

  ② 강성 회복

  ③ 구조물 기능 개선

  ④ 내구성 개선

  ⑤ 방수 기능 개선

  ⑥ 외관 개선

  ⑦ 철근 부식 방지

V. 공법의 종류

1) 표면처리공법

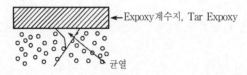

① 균열을 따라 콘크리트 표면에 피막을 만드는 것
② 균열폭을 좁을 때 미관상의 보수

2) 충전주입공법

① 균열폭이 비교적 클 경우 강도 회복 목적
② V형, U형 커팅 후 Primer 바른 후 수지 모르타르 팽창성 시멘트
③ 주입용 Pipe 설치 → 피막 접착 Tape 밀봉

3) 강재 Anchor

4) Prestress에 의한 방법(균열에 직각방향으로 구멍을 뚫고 PC 강선)

5) 치환공법 : 균열부위 제거 → 철근 재배치 → 재타설

6) 강판접착방법 : 콘크리트 인장부에 강판을 Epoxy 수지로 접착

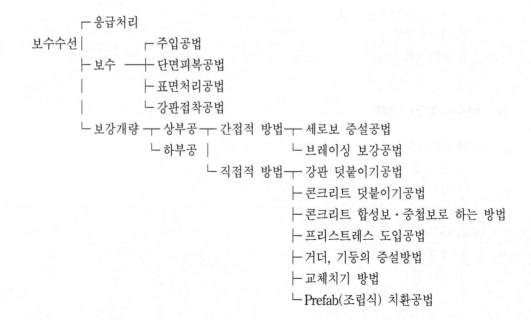

문제 60 철근콘크리트 설계 요건

Ⅰ. 사용성과 안전성

구조물은 파괴에 대하여 안전해야 하고 동시에 사용성(Serviceability)이 있어야 한다. 따라서 구조물은 외력에 대해 안전성과 사용성을 확보해야 한다.

1) 사용성의 요구 조건

① 처짐이 적을 것

② 허용한도 이내의 균열 발생 적을 것

③ 진동이 적을 것

④ 이용자의 감각적 불안함을 배제함.

2) 안전성은 구조물의 강도가 작용하는 모든 하중에 대하여 적절한 수준의 안전 확보가 요구된다.

3) 안전성 확보의 문제점

① 철근 콘크리트 구조 해석 불확실성

② 설계, 시공상의 불확실성

③ 하중의 불확실성

④ 하중재하, 분포의 불확실성

⑤ 해석 가정의 불확실성

⑥ 예상된 외력의 불확실성

4) 설계법에 따른 차이점

① 허용응력설계법 : 사용성 중심으로 설계

② 강도설계법 : 안전성 중심으로 설계(하중계수설계법)

③ 한계상태설계법 : 사용성, 안전성 고려하여 설계한 것

5) 하중 검토

① 부재의 안전성 : 극한 하중에 의한 검토

$$U = 1.2D + 1.8L$$

② 처짐이나 균열 등 사용성 : 사용하중 검토

$$U = D + L$$

Ⅱ. 하중계수와 강도감소계수

1) 하중계수 : 파괴하중의 변동 가능성과 구조 해석상의 단순화 가정 등의 불확실성에 의한 초과작용 외력을 고려한 방법
2) 강도감소계수 : 재료 및 시공에 의한 불확실성을 고려한 방법
3) 설계하중조합과 부재 또는 발생응력의 종류에 따른 강도감소계수를 부재의 안전물을 확보하는 방법으로 사용하고 있다.

Ⅲ. 안전율

1) 구조물의 강도(S) > 작용하중(L)인 경우 구조물은 안전여유(Safety margin, Z)를 확보하고 있다.
2) 안전여유(Z) 또 확률밀도함수의 분포를 갖는다.
3) 강도감소계수와 하중계수는 강도 및 하중의 평균치와 무관하고 공칭강도 및 사용하중에 관련되어 있다.
4) 통계 자료에 기초하여 경험과 실험 결과에 비중을 둔다.
5) 구조물 안전성에 관련되는 계수 연구 축적 필요

문제 61 구조물 해체공법과 시공시 유의사항에 대하여 기술하시오.

Ⅰ. 개 요

최근 토지의 이용 극대화, 고지가의 형성, 공공시설의 노후화의 개선과 정비 등으로 기존 구조물을 해체하고 새로운 구조물의 건설이 가속화되고 있는 실정이다.

이러한 구조물의 해체에는 사회적 법규 제약이 많아지면서 무진동, 무소음, 저분진, 공법의 합리화, 안전문제, 경제성 등을 고려한 새로운 공법의 개발과 연구가 진전되고 있다. 해체공법의 종류와 공법비교 이에 따른 문제점과 전망에 대하여 기술하고자 한다.

Ⅱ. 해체공법의 종류

1. 기계에 의한 방법

1) 외부충격에 의한 ┌ 브레이커
　　　　　　　　　└ 철구
2) 유압기계에 의한 ┌ 유압파쇄기
　　　　　　　　　└ 전도식(잭 이용)
3) 절단기계 ┌ Cutter
　　　　　　└ 코어보링

2. 화학적 방법

1) 화학 사용 ┌ 고속폭파 : 다이너마이트(발파)
　　　　　　 ├ 제어폭약 : 아바나이트, CCR(발파)
　　　　　　 └ 파쇄약 : Cardox(파쇄)
2) 정적파쇄재 : 생석회 + 발열재

3. 화기·전기적 방법

1) Fire Jet
2) 철근직접통전, 철근유도가열

4. 고압수 방법

Water Jet

5. 기 타

레이져

Ⅲ. 공법 비교

공 법	특 징	문 제 점	소음	진동	분진
B/H Breaker	• 진동이 적고 발파 허가 불필요 • 장비의 이동, 사용 간편	• 시공효율 저하 • 시공이 느리다. • 공사비 과다소요	大	中	中
발파 (다이너마이트)	• 시공간편, 공기단축 • 별도장비 불필요	• 민원 발생 우려 • 진동에 의한 구조물 피해 우려	大	大	大
Hydro jack (파쇄)	• 무진동, 안전 • 발파허가 불필요	• 시공속도 느리다. • 단가 고가 • 자유단면 필요	小	小	中
Cardox	• 무진동 • 비교적 정교 • 발파허가 불필요	• 시공속도 느리다. • 단가 고가 • 자유단면 필요	大	小	大
Fire jet	• 무진동 • 발파허가 불필요 • 장비가격 저렴	• 시공속도 느리다. • 소음이 크다.	大	小	大
Water jet	• 무진동 • 발파허가 불필요 • 도심지 공사	• 시공속도 느리다. • 소음이 크다. • 단가 고가	大	小	中

Ⅳ. 해체공법의 문제점과 전망

1) 발파공법은 화약주임이 필요하고, 화약량, 양수 허가가 필요하나 파쇄공법은 상기 사항이 필요하지 않으나, 경제성 면에서 불리하다.
2) 최근의 파괴기술은 사회적 요구와 환경 조건에 따라 무소음, 무진동, 저분진 등이 요구
3) 방법으로는 전기, 레이저, 다이아몬드, 화학약품을 이용하는 방법 등이 활발히 연구 개발
4) 저소음공법은 단가가 고가인 것이 장애 요인이 되고 있어, 구조물 종류, 시공 조건, 입지 조건에 따라 최적의 공법 선정이 이루어져야 한다.
5) 구조물에 따라 몇 개의 공법을 병행 시행하는 것이 효과적이다.
6) 해체공법의 신공법, 신기술의 연구, 개발이 필요하다.

문제 62 철근콘크리트 슬래브의 내구성을 확보하기 위한 건설·시공상의 유의사항

I. 개 요

콘크리트는 타재료에 비하여 내구성이 우수한 재료로 평가받고 있다. 그러나 근래에는 콘크리트 구조물이 조기 열화함에 따라 사회적 문제점으로까지 대두되는 사례가 자주 발생하고 있다. 이러한 조기 열화에 대한 원인 및 대책과 설계·시공시 유의사항을 RC Slab를 중심으로 기술한다.

II. 내구성 저해요인

다음의 요인에 의해 콘크리트의 내구성이 조기에 열화한다.
  1) 염해
  2) 알칼리 골재 반응
  3) 피로에 의한 손상
  4) 자동차 교통량의 증가
  5) 차량 중량의 증대

III. 콘크리트의 내구성 확보를 위한 일반적 대책

설계 및 시공시 내구성에 유념하여 이의 확보방안을 정리하면 다음과 같다.

1. 설계시

  1) 적절한 설계법을 적용한다.
  2) 허용응력도를 저감한다.
  3) 상판 두께를 크게 한다.
  4) 피복 두께를 크게 한다.
  5) 교면 방수공을 한다.

2. 시공시

  1) 재 료
    ① 총염소이온중량을 규제한다.

② 알칼리 골재반응성 골재를 배제한다.

③ 시멘트의 알칼리량을 억제한다.

2) 시공방법

① 적절한 Spacer를 사용한다.

② 다짐을 충분히 한다.

③ 적절한 양생을 실시한다.

④ 타설순서 및 관리를 철저히 한다.

Ⅳ. Slab의 내구성 확보를 위한 유의사항

1. 설계상 유의사항

1) 설계방법에 따른 유의사항

① 허용응력 설계시

ⅰ) 철근의 허용응력도를 저감한다.

ⅱ) 배력 철근량을 증가시킨다.

ⅲ) 상판의 강성을 증가시킨다.

ⅳ) 피복 두께를 크게 한다.

② 극한강 설계시

ⅰ) 피로한계 상태를 검토한다.

ⅱ) 반복하중에 대한 안전성을 확보한다.

2) 수축균열

① RC Slab의 내구성 손상 요인 중 하나로써 Slab 시공 후 초기 건조 수축 및 온도에 의해 발생한다.

② 설계시 팽창 콘크리트를 사용한다.

3) 침투수

① 교량 공용 후 Slab 표면의 Crack으로 표면수가 침투하면 Crack이 발전한다.

② 특히 염화칼슘 살포, 해수의 비말 등에 염분의 침투가 있는 경우에는 상당한 내구성 저하 요인이 된다.

③ 교면(橋面)방수공을 실시한다.

2. 시공상 유의사항

1) 일반 사항

전술한 콘크리트의 내구성 확보를 위한 일반적 유의사항과 동일하다.

2) 재료의 선정

① 콘크리트 중 염소이온 중량을 $0.3kg/m^3$ 이하로 규정한다.
② 알칼리 골재반응을 나타내는 골재를 사용하지 않는다.
③ 시멘트 중의 알칼리 성분은 0.6% 이하로 규제한다.

3) Spacer 사용

철근의 피복두께를 확보키 위해 사용하며 다음의 사항에 유의한다.
① 콘크리트 타설중 손상되지 않도록 강도가 충분한 것을 사용한다.
② 염분의 영향이 큰 곳에서는 콘크리트나 모르타르로 Spacer를 제작하여 사용토록 한다.

V. 결 론

철근콘크리트 슬래브의 설계·시공상 유의사항에 대해 기술하였다. 특히 설계시에는 상판의 두께, 허용응력도, 배력철근, 교면 방수공에 유의토록 하여 피로, 휨모멘트, 전단력 등에 의한 균열의 발생을 억제토록 한다.

시공시에는 철저한 시공관리로 적절한 피복두께의 확보와 콘크리트의 재료 선정·배합·운반·타설·양생시의 품질관리에 유의토록 한다. 내구성의 향상은 어느 한 항목만 아니라 복합적인 항목의 개선에서 이루어질 수 있다.

문제 63 철근의 부착과 정착

Ⅰ. 부착과 정착의 정의

1) 부착(Bond)

철근과 콘크리트의 접촉면에 작용하는 전단응력에 의해 활동(Slipage)에 저항하는 성질로, 이와 같은 전단응력은 휨모멘트의 변화에 따라 변하므로 휨부착응력(Flexural bond stress)이라고도 한다.

2) 정착(Anchorage)

철근이 콘크리트 속에 매입되어 철근이 인장응력을 받을 수 있도록, 즉 위험단면에서 철근이 설계강도를 발휘하도록 철근을 매입(Embed)하는 것

Ⅱ. 철근과 콘크리트의 부착작용

1) 시멘트풀과 철근표면과의 교착(Adhesion)
2) 콘크리트와 철근표면의 마찰(Friction)
3) 이형철근(Deformed bar)의 표면요철에 의한 콘크리트와의 엇물림(Interlocking)

Ⅲ. 부착에 영향을 미치는 제요인

1) 철근의 표면요철 상태
2) 콘크리트의 압축강도
3) 철근의 매입 위치 및 방향
4) 콘크리트 피복두께
5) 콘크리트의 다짐

문제 64 철근과 콘크리트 부착의 중요성에 대하여 기술하시오.

Ⅰ. 개 요

콘크리트는 압축강도에 비하여 인장 및 전단강도에 취약하여 부재에 응력이 작용하면 콘크리트에 균열이 발생하여 내력을 상실한다. 따라서 이러한 점을 보완할 목적으로 철근을 배근한다.

콘크리트 중에 철근을 배치한 부재의 설계는 "변형은 중립축으로부터의 거리에 비례한다"라는 가정하에 실시한다.

이 가정은 콘크리트와 철근이 일체가 되어야 성립하며, 따라서 콘크리트와 철근의 부착이 확실해야 한다.

Ⅱ. 부착의 기본 원리

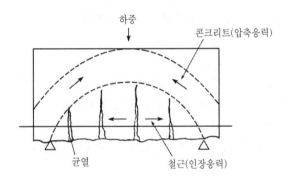

부재의 내력 발생 메커니즘은 앞의 그림과 같다. 철근과 콘크리트의 부착과 철근의 정착이 확실하면 그림과 같은 내력을 얻을 수 있다.

여기에서 콘크리트 부재의 인장응력이 작용하는 부분에 발생하는 균열은 부착력이 부족하게 되면 개소수는 작지만 큰 폭의 균열이 발생하며 처짐도 크게 된다.

Ⅲ. 철근의 이음과 부착

1) 이음의 정의

그림과 같이 철근을 인장부에 한 개로 배치 정착시키는 것은 거의 불가능하고, 특히 비경제적이다. 따라서 부재의 중간에서 이음을 하여 정착시키게 된다.

이 경우 일반적으로 철근의 이음은 겹이음 방법을 이용하며, 철근의 정착은 콘크리트 부재의 압축부에 정착시킨다.

2) 철근의 겹이음식 하중전달 메커니즘

철근의 겹이음은 철근에 발생하는 인장응력을

① 일단 콘크리트와의 부착력으로 콘크리트에 전달하며

② 겹이음된 철근과 콘크리트의 부착력으로 철근으로 다시 전달된다.

따라서 철근과 콘크리트의 부착이 확실하면 겹이음은 문제되지 않는다. 철근을 콘크리트 인장부에 정착하면 정착단의 콘크리트에 균열이 발생하여 발생응력을 콘크리트가 받을 수 없기 때문에, 일반적으로 콘크리트의 압축부에 철근을 정착시킨다.

Ⅳ. 콘크리트 강도와 철근의 단면형상에 의한 부착강도

철근과 콘크리트가 확실히 부착하지 못하면 철근을 배치하는 의미가 없으므로 부착은 상당히 중요한 사항이다. 사용 철근과 콘크리트의 강도가 부착강도에 가장 중요한 Factor이다.

1) 철근의 형상

① 보통 환봉은 이형강봉에 비해 부착강도가 약 1/2 정도이다.

② 겹이음부나 정착부에서는 부착강도의 보강 목적으로 Hook을 둔다.

③ 균열이 많이 발생한다.

④ 일반적으로 인장철근에는 부착강도가 큰 이형철근을 사용한다.

2) 콘크리트의 강도

콘크리트의 강도와 부착강도는 비례한다. 따라서 적절한 강도의 콘크리트를 사용한다.

Ⅴ. 시공시 부착강도 증진대책

시공시 부착강도에 유해한 사항 및 대책방법은 다음과 같다.

1) 들뜬 녹 및 기름 제거

부착강도를 저해하므로 사전에 깨끗이 제거한 후 철근을 배근한다.

2) 충분한 콘크리트 다짐 실시

    콘크리트 타설시 다짐이 부족하면, 철근직하부에 Bleed된 물이나 기포가 간히게 되며, 이
로 인해 부착강도가 저하한다. 따라서 충분히 다짐시공한다.

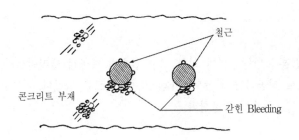

3) 이형철근의 사용
    ① 철근의 표면적, 즉 부착면적을 증가
    ② 돌기에 의한 마찰저항력 증대

문제 65   Cap beam 콘크리트

Ⅰ. 개 요

Slurry wall 또는 주열식 말뚝공법에 의한 지중 연속벽 시공시 엘리먼트나 주열말뚝 상호간의 구조적 결합을 목적으로 시공하는 최상부의 Beam 콘크리트를 말한다. 지하 연속벽의 각 엘리먼트에는 다음 그림과 같은 하중이 작용한다.

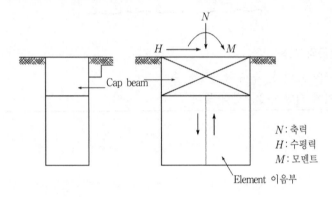

Ⅱ. Cap beam 콘크리트의 역할

    1) 각 Element의 부등침하 방지
    2) 각 Element의 구조적 이음으로 부담하중강도 균일 분배
    3) 수평력(수압, 토압 등)에 의한 전단력 휨모멘트 분배

Ⅲ. 시공방법

지중 연속벽 공법 등과 같은 현장타설 콘크리트에 의한 벽체 형성공법에서는 수중콘크리트공법이 적용된다. 따라서 각 Panel 최상부의 약 0.5~1.0m에서는 Slime과 Bentonite slurry 등이 혼입된 설계강도 이하의 저품질 콘크리트층이 형성된다.

이 층을 제거 후 Cap 콘크리트를 시공하며, 시공방법은 다음과 같다.

    1) 최상부 불량 콘크리트 범위 제거(0.5~1.0m)
    2) 각 Element가 연결되도록 수평철근 배근
    3) 본 구조체와의 이음용 철근 배근
    4) 거푸집 설치 및 콘크리트 타설

문제 66   콘크리트의 품질관리 방법

Ⅰ. 개 요

 콘크리트의 품질관리란 사용 목적에 맞는 콘크리트를 경제적으로 만들기 위해 공사의 모든 단계에서 행해지는 효과적이고 조직적인 기술활동을 말한다. 목적을 달성하기 위해 콘크리트의 재료, 기계설비, 작업 등을 적절히 관리해야 한다. 콘크리트 품질관리의 목적 및 순서, 품질관리에 영향을 미치는 요소와 그의 관리방법에 대해 기술한다.

Ⅱ. 품질관리의 목적

 1) 설계서, 시방서의 규격에 맞는 콘크리트 축조
 2) 콘크리트 구조물의 결함 사전예방
 3) 품질변동의 최소화
 4) 구조물의 신뢰성 제고
 5) 새로운 문제점의 발견과 사전예방

Ⅲ. 품질관리의 순서

 1) PDCA Cycle

   계획(Plan), 실시(Do), 검토(Check), 조치(Action)의 기본 4단계(Cycle)를 되풀이 하는 것이 품질관리의 기본이다.

 2) 품질관리 순서(업무의 흐름)

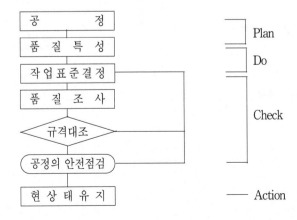

Ⅳ. 콘크리트 품질 특성에 영향을 주는 요인

1) 사용재료 : 재료의 선정, 품질 저장
2) 배합 : 설계조건, 시방배합, 현장배합
3) Mixing : 장비 생산능력, 계량 정도, Mixing 시간, 장비관리
4) 운반 및 타설 : 운반장비 및 시간, 거리, 타설방법, 속도, 다짐장비 및 방법, 시공이음 및 조건
5) 양생 및 마무리 : 양생방법, 양생온도, 습도, 양생기간, 탈형시기
6) 철근 및 거푸집 : 재료, 배근 및 가공, 피복, 거푸집 설계 조립, 청소상태

Ⅴ. 콘크리트 품질관리에 필요한 시험

1) 콘크리트 시험
　① 공사 개시 전 시험
　　ⅰ) 재료의 선정, 사용장비의 성능확인
　　ⅱ) 시멘트 분말도, 응결시간, 안정도, 강도시험
　　ⅲ) 골재의 입도, 유해물 함량, 안정성, 마모시험
　　ⅳ) 콘크리트의 배합설계
　② 공사중 필요한 시험
　　ⅰ) 골재의 입도, 표면수량, 흡수율, 비중, 염화물 함량
　　ⅱ) 슬럼프, 공기함유량 시험
　　ⅲ) 콘크리트의 강도 및 단위중량 시험
　　ⅳ) 굳지 않은 콘크리트의 씻기 분석시험
　③ 공사 완료 후 시험
　　ⅰ) 콘크리트의 비파괴시험
　　ⅱ) 콘크리트 Core의 압축강도시험

2) 강재의 시험
　① 철근의 품질시험 : 인장시험, 규격확인
　② 철근의 이음시험
　③ PC 강재의 시험
　④ 정착장치, 접속장치, Sheath 시험

Ⅵ. 콘크리트의 관리

1) 압축강도에 의한 관리
　① 조기 재령의 압축강도(3일, 7일)

② 1회의 시험치는 동일배치 공시체 3개의 평균값

③ 시료 채취 1일 1회 또는 $20{\sim}150m^3$마다 또는 배합이 변경될 시

④ 콘크리트 품질관리는 관리도 및 Histogram 사용

2) 물-시멘크 비에 의한 관리

① Fresh 콘크리트 씻기 분석 시험하여 W/C 비 산출

② 동일 배치의 2개 시료의 평균

③ 시료 채취는 1일 1회, $20{\sim}150m^3$마다

④ 시험치에 의한 품질관리는 관리도 및 Histogram 이용

Ⅶ. 통계적 품질관리 기법

콘크리트 구조물 공사시에는 통계적 관리기법으로 $\overline{X}-R$ 관리도 및 Histogram을 이용한다.

1) Histogram

① 개 요

ⅰ) 규격이 허용범위 내에 있는가를 확인하기 위한 것으로서

ⅱ) 시험 데이터의 분산상태를 일정규칙에 의거 도수분포표를 작성하여 판정한다.

ⅲ) 도수는 정규 분포를 이루어야 한다.

② 특 성

Histogram과 이것이 정규분포를 이룰 경우 각 표준편차에서의 합격률은 다음과 같다.

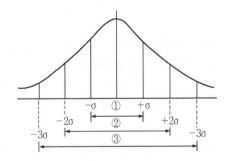

합격률
① ±σ의 범위 : 68%
② ±2σ의 범위 : 95%
③ ±3σ의 범위 : 99.7%

2) $\overline{X}-R$ 관리도

① 개 요

공사 진행에 따라 데이터를 수집 기록하여 공정의 안정상태를 점검하고 품질 향상을

기하기 위해 관리의 한계치를 결정 관리한다.

② 관리 한계치 계산

ⅰ) $\overline{X}$ 관리도의 한계

– 중심선 $CL = \overline{\overline{X}}$

– 관리상한선 $UCL = \overline{\overline{X}} + A_2 \overline{R}$

– 관리하한선 $LCL = \overline{\overline{X}} - A_2 \overline{R}$

ⅱ) R 관리도의 한계

– 중심선 $CL = \overline{R}$

– 관리상한선 $UCL = D_4 \overline{R}$

– 관리하한선 $LCL = D_3 \overline{R}$

여기서 $\overline{\overline{X}}$: 총평균, $\overline{R}$: 범위의 평균, A_2, D_3, D_4 : 도수의 수에 따라 정해지는 계수

③ 관리도의 작성

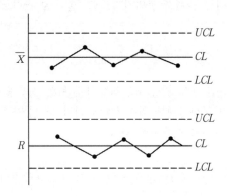

④ 안정상태의 판정

ⅰ) 측정치가 관리한계 내에 있으면 안정, 벗어나면 불안정

ⅱ) 측정치가 한쪽으로 몰리거나 경향이 반복되면 공정 Recheck

Ⅷ. 결 론

공사 수행시 일반적으로 품질관리가 엄격히 적용되면 공사비가 증가하고, 공기가 지연된다. 이의 원인은 공사 단계마다 효과적이고 조직적인 품질관리 조직이나 체계가 미흡한 때문이다. 품질에 영향을 미치는 요소를 각 단계별로 양호하게 관리하면 변동의 폭을 최소화할 수 있으며, 콘크리트 구조물의 신뢰성을 확보할 수 있다.

품질관리 기법과 적용체계를 현장에 접목시키려는 노력의 정도가 공사 품질의 양부를 좌우하므로 이에 대한 대비가 있어야겠다.

문제 67 콘크리트 양생

Ⅰ. 양생의 목적

1) 콘크리트 타설 후 수분 증발 방지 위해
2) 건조수축 균열방지

Ⅱ. 양생작업

1) 직사광선, 바람, 비에 대해 콘크리트 노출면 보호
2) 경화중 충격과 과대하중 피한다.
3) 경화중 온도 4~35℃, 높을수록 강도 증가
4) 경화중 습윤상태로 유지

Ⅲ. 양생방법

1) 수중양생(표준양생)

   수중 18~24℃에 담가둔다.

2) 습윤양생

   ① 표면을 가마니, 마포 등을 덮거나 물을 뿌려 양생
   ② 콘크리트의 최소 습윤양생기간(일)

종 류	보통 포틀랜드 시멘트	조강 포틀랜드 시멘트	중용열 포틀랜드 시멘트	슬래그, Fly ash 실리카시멘트
무근 및 철근 콘크리트	5	3	시험 후 결정	시험 후 결정
포장 콘크리트	14	7	21	–
댐 콘크리트	14	–	14	21

3) 피막양생

   ① 양생재를 뿌려서 수분 증발 방지
   ② 에멜션, 아스팔트, 콘크리트 포장 Slab 사용

③ 살포는 방향을 바꾸어서 2회 이상 실시

④ 철근·시공이음 등에 부착되지 않도록 한다.

4) 온도제어 양생

① 저온, 고온, 급격한 온도변화에 대한 양생

② 한중·서중·매스 콘크리트의 콘크리트 온도차 제어 목적, 파이프쿨링

③ 온도 응력에 의한 균열제어

5) 촉진양생

① 증기양생

② 절연양생, 오토 클레이브 양생

문제 68 정철근, 부철근

Ⅰ. 정 의

Slab나 Beam에서 (＋), (－)의 휨모멘트에 의해서 발생하는 인장력을 받도록 배치한 주철근

Ⅱ. 교량 Slab의 BMD

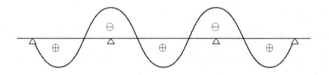

1) 교량 Slab의 하부는 ⊕ 모멘트
2) 교량 Slab의 상부는 ⊖ 모멘트

Ⅲ. 결 론

1) ⊕ Moment를 부담하는 주철근 : 정철근
2) ⊖ Moment를 부담하는 주철근 : 부철근

문제 **69** 콘크리트 방식공법

I. 콘크리트 방식공법의 필요성

1) 콘크리트의 품질저하

① 골재의 품질저하, 해사 사용, 오염된 골재 사용 : 콘크리트의 대부분을 골재가 차지하고 있기 때문에 골재품질의 저하는 콘크리트 품질에 큰 영향을 미친다.

② 균일한 시공품질을 얻기가 힘들다. : 비빔 부족, 타설지연, 가수 등 레미콘 품질관리의 한계와 골재분리, 쟝카, 곰보, 이어치기, 레이턴스, 균열 등의 결함 발생으로 균일한 품질을 얻기가 힘들다.

③ 가혹 환경에 노출 : 콘크리트 구조물은 자동차 매연, 해수 및 해풍, 고온 및 다습, 동결융해의 반복, 부식성 물질의 접촉(상·하수시설) 등의 가혹 환경에 노출되어 있다.

2) 수질 보호

상수도 시설에 있어서는 수질의 조건이 최우선 항목인데 콘크리트의 표면으로부터 용출되는 미량의 물질과 외부로부터 침입한 가용물질의 차단이 절대적이다.

II. 요구되는 방식도막 성능

1) 내환경 성능

① 시설의 공동 환경하에서 자연조건, 화학적 침식조건, 물리적 열화조건에 피복층이 양호한 저항성을 내구적으로 지속하는 능력

② 피복층이 공동 환경하에 팽윤, 용해, 균열, 취약화를 일으키는 것이 없어야 하고, 통상의 공통 조건에서 마모되어 닳아 없어지지 않도록 내마모성을 갖고 있을 것

2) 환경차단 성능

① 시설의 공동 환경하에서 침식성을 가진 화학물질 등이 피복층으로 침투 또는 확산시켜 콘크리트가 침식 열화되지 않는 능력

② 피복층이 콘크리트를 열화 환경으로부터 내구적으로 차단할 수 있는 품질 요망

③ 상수도 시설 사용시 수도수가 콘크리트에 의해 오염되는 것을 방지하며 수질보호 및 피복층 자체도 수질에 악영향을 미치지 않을 것

3) 접착안정 성능(내구성 좌우)

    ① 피복층이 콘크리트에 대해 양호한 접착력을 갖는 것

    ② 콘크리트와 수지접착계 면에 생기는 응력에 의한 피복층의 부풀림, 박리 등 접착파괴가 없도록 안정된 접착유지 능력

Ⅲ. 방식도막 공법의 재료

1) 금속재료

2) 무기질 피복재료 : 모르타르, 세라믹라이닝재, 타일에폭시수지

3) 유기질 피복재료 : 타르에폭시수지, 비닐에스테르수지, 불포화 폴리에스테르수지, 폴리우레탄수지

4) 유기·무기질 복합 피복재료 : 폴리머 시멘트 모르타르

Ⅳ. 방식 피복재료의 선정

조 건	내 용	환 경	피 복 재 료	두 께	비 고
화학적 공용 조건	완 만 (약침식)	수도수 PH5 이상의 산성용액 동결방지염 콘크리트의 오염 고순수	• 에폭시수지 • 우레탄수지	1mm 이하	—
	보 통 (중침식)	하수, 분뇨, 산업배수 등 처리시설에 의해 희석된 산이나 화학약품	• 에폭시수지 • 불포화 폴리에스테르수지	0.5~3mm	필요조건에 따라 유리섬유, 불활성 충진재 보강
	격 심 (강침식)	강한 침식성이 갖는 무기 혹은 유기산 강 알칼리용액	• 에폭시수지 • 불포화 폴리에스테르수지	2mm 이상	〃
		오존 살균	• 아크릴에멀션-수지 모르타르	10mm 이상	
물리적 조건		동결, 융해의 반복물이나 용액 중에 혼입된 모래 및 자갈 등에 의한 충격, 침식, 마모	• 에폭시수지 모르타르 • 불포화 폴리에스테르 모르타르 • PMMA수지 모르타르	2~10mm	〃

V. 결 론

1) 콘크리트 자체가 방식방수의 기본적 주체이며 피복도막은 콘크리트의 열화를 방지하고 방수 및 방식성을 높여주는 부가적 역할을 수행한다.

2) 우수한 방식도막의 성능을 얻기 위해서는 설계상의 배려와 검토, 바탕 콘크리트 구체 및 표면의 품질, 적재적소에 적절한 재료와 공법의 선택, 시공관리, 유지관리 모두가 중요한 요인이 된다.

3) 콘크리트조 → 황산이온의 용출, 잔류염소 소멸 및 철이온 검출

   코팅수조 및 유리용기 → 용출성분이 극히 적고, 멸균용 염소 보지성이 우수, 안전하고 양호한 수질 유지

제7장
터 널

문제 1   암석과 암반의 공학적 특성에 대해 논하시오.

Ⅰ. 개 요

1) 암석 : 1가지 또는 그 이상의 광물로 견고하게 결합되어 있는 지각의 물질로서 거의 풍화가 되지 않는 상태로 원래의 조직과 광물을 그대로 유지

2) 암반 : 현장에서 지질학적인 암층을 말하며 암석의 조그마한 암편뿐만 아니라 암반도 포함하는 포괄적인 의미. 현장암석을 구태여 암반으로 구분하여 사용하는 것은 자연상태의 암층에는 불연속면이 많이 발달되어 있으며, 불연속면이 전혀 없는 온전한 암석과는 구분되어야 하고 이것이 암석 역학 분야에서 가장 중요한 요소가 된다.

    암반 내에 존재하는 불연속면은 여러 가지 원인으로 생성되며 그 빈도, 현상, 상태 등은 암반 공식적인 성질을 크게 좌우하므로 암반을 공학적으로 판단하는 데는 이에 대한 이해가 절대적으로 필요하다.

3) 공학적 특성 : 변형성, 강도 → 역학적 특성, 투수, 수리학적 특성, 열 전달 특성

    ※ 암석(Rock material)은 주먹만한 크기의 작은 돌을 의미하고, 암반(Rock mass)은 암석뿐만 아니라 절리나 단층을 포함한 규모가 큰 돌덩어리를 의미한다.

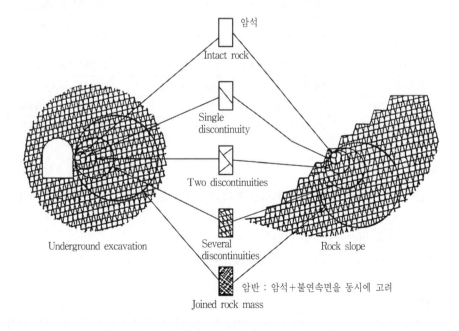

암석과 암반에서의 실험의 의미(Scale 고려)

Ⅱ. 암 석

1. 공학적 특성

1) 암석의 변형성 : 비선형 거동 → 정탄소성체 재료
2) 암석의 강도 : 압축강도, 인장강도, 전단강도
3) 기타 기본 물성치 : 밀도, 단위중량, 간극률

2. 암석의 종류

1) 화성암

용암으로부터 암석이 형성되는 위치, 구성 광물질의 함유량 및 성분 입자의 크기 등에 의해 분류

화성암 분류표

		알칼리 암렬	몬조나이트 암렬	칼크-알리카 암렬
산 성 암 류	심성암	화강암 Granite	Adamellite	화강섬록암 Granodiorite
	반심성암	석영 반암(Quartz-prorphyry)		
	화산암	유문암 Rhyolite	Toscanite	석영안산암 Diorite
중 성 암 류	심성암	섬장암 Syenite	Monzonite	석록암 Diorite
	반심성암	반암(Porphyry)		
	화산암	조면암 Trachyte	조면안산암	안산암 Andesite
염기성 암 류	심성암	알칼리반려암	Kentallenite	반려암 Gabbro
	반심성암	Mugearite	Teschenite	조립현무암 Dolerite
	화산암	알칼리 현무암	Ciminite	현무암 Basalt

2) 퇴적암

암석의 풍화작용 또는 화학적 침전에 의하여 토질입자가 열, 압력, 결합 및 재결정 작용에 의하여 형성된 암석
① 쇄설암과 비쇄설암으로 분류
② Conglomerate, Sandstone, Silitstone, Shales

3) 변성암

화성암 및 퇴적암이 열, 압력, 물 및 가스의 영향으로 인하여 변성작용을 받아 형성된 암석으로 그 변석 원인에 따라 접촉 또는 열 변성암과 압력 변성암이 있다.

3. 암석의 풍화작용

1) 풍화생성물질

암석은 풍화작용에서 물리적 또는 화학적 변화를 일으키는데 풍화의 요인은 기후, 모암의 종류, 시간, 암반의 구조, 지형, 지하수위 등이다. 풍화의 속도, 깊이, 풍화의 생성물질은 일반적으로 Quartz 입자, 산화철 및 점토광물의 혼합된 형태로 나타난다.

점토광물은 Fwldsper(장석)과 Ferromagnesian(망간철)으로부터 생성되는데 이 망간철은 산화철로 풍화되어 풍화잔류토가 붉은색을 띠게 한다.

2) 암석의 풍화형태
① 화성암층

화성암 중 석영의 함유량이 많은 산성암의 처음에는 절리면을 따라 풍화하는데 절리가 좁은 간격으로 발달된 부분은 풍화가 빨리 진행된다. 풍화가 진행되면서 암석은 부식되어 결합력을 상실하면서 사질토로 되는데 이는 풍화진행이 늦어지는 Corestone 주위에 형성되게 되고, 이 토질은 석영과 장석으로 이루어진다.

풍화가 진행되면서 토층은 쉽게 세굴되어 Corestone만 남게 되는데 이것들이 하부로 이동하거나 그 자리에 남아 있을 수도 있다. 반면에 석영의 함유량이 적은 염기성암은 변성암 지대와 유사한 풍화층을 이루는데 다음과 같이 4개층으로 구분할 수 있다.

ⅰ) 풍화 잔류토층 상부로, 점토로 구성되며 약간의 유기질을 포함하고 있는 토층
ⅱ) 풍화 잔류토층으로, 점토로 구성되며 상부의 잔류토에 비해 덜 풍화된 토층
ⅲ) 암반구조를 알 수 있도록 유지된 상태의 풍화토층
ⅳ) 풍화가 시작되는 풍화 압층

② 변성암층

석영의 함유량이 적은 화성암층의 풍화형태와 유사하나 Foliation으로 인하여 지하수가 쉽게 침투되므로 더욱 깊은 층까지 풍화가 이루어진다.

Ⅲ. 암 반

1. 공학적 특성

1) 암반의 변형성 : 암석의 변형, 불연속성의 변형(불연속면의 폐합, 개구, 미끄러짐)
　　영향 : 방향성, 연속성, 개구성, 협재성, 조면성, 연결성
2) 암반강도
3) 암반의 투수성

2. 암반의 공학적 특성에서 연성문제

1) 암반의 특성 : 열역학적 특성, 수리학적 특성, 열전달 특성, 화학적 특성
2) 암반 내 지하수의 분포에 따라 간극수압이 분포한다.
3) 암반 내 응력의 증감에 따라 간극률이 변하고, 침투류를 지배한다.
4) 온도 변화에 따라 열응력이 증감한다.
5) 힘에너지가 열에너지로 변한다.
6) 열에 의해 물의 점성이 변한다.

3. 암반(불연속면)의 형태

1) 절리(Joint)
   ① 암반 내에 규칙적으로 깨져 있는 불연속면으로 절리면을 따라서 움직인 증거가 없다.
   ② 절리의 연장 : 수센티미터에서 수미터로 다양
   ③ 작은 암괴의 낙반 원인
   ④ 화성암과 퇴적암 절리의 발달이 규칙적
   ⑤ 변성암은 절리의 발달이 불규칙

2) 단층(Fault)
   ① 불연속면을 따라서 현저하게 움직인 불연속면
   ② 단층면
     ⅰ) 반들반들한 면
     ⅱ) Fault Breccia(파쇄된 암석)
     ⅲ) Fault Clay(단층점토)
   ③ 단층은 절리에 비해 연장선이 수십미터에서 수천킬로미터까지 분포
   ④ 단층이 대규모 암반 붕괴의 원인

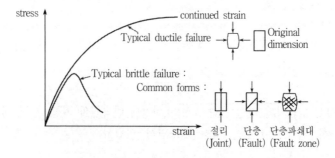

절리, 단층이 발달하는 지반조건

3) 분류기준

① Intact rock의 강도

암반의 공학적 성질은 주로 절리에 의하여 좌우되나 모암의 Intact specimen의 압축강도도 암반을 판단하는 데 도움이 된다.

② 절리간격

암반에서 모암의 일축압축강도는 일반적으로 토목 구조물에서 이것이 문제되어 압축파괴가 발생하는 경우가 없다. 그러므로 암반에서의 문제는 절리면의 문제라고 해도 될 만큼 절리는 토목 구조물에 지대한 영향을 미치며, 그런 관점에서 볼 때 절리의 간격이 중요함은 당연한 것은 절리의 간격이 토목 구조물의 Failure mechanism을 좌우하게 되므로 이때 적용되는 설계 및 분석기법의 선정에도 영향을 미친다. 암반에서 절리의 간격과 빈도를 나타내는데는 정성적인 표현이 많이 사용되어 왔으나 Deere에 의하여 정량화된 지수인 RQD가 제안된 이후에는 현재 세계의 거의 모든 나라에서 RQD를 암반에서의 절리 빈도에 대한 지수로 사용하고 있다.

③ 절리상태

암반은 절리면에 따라 거동하며 파괴되기 때문에 절리면에서의 전단강도가 암반에 관련된 구조물의 안전에 직접적인 영향을 미친다. 절리면에서 전단강도는 절리면의 연속성, 형상, 거칠기, 벌어짐 등의 물리적인 형상과 절리면에 면한 부분의 압축강도와 풍화 정도 등 암석 자체의 변화 정도에 의하여 영향을 받으며 틈 사이의 충진물 여부에도 관련된다.

④ 절리면의 방향 및 경사

절리면의 방향과 경사는 암반 내의 토목구조물의 안전에 직접적인 영향을 미친다. 그러므로 암반 절취면의 안정, 터널의 안정, 암반사면의 안정을 취급하게 될 때 절리면의 방향과 경사를 조사하지 않고서는 적절한 분석이 불가능하다. 절리면의 방향성은 "주향"으로 표시하고 '경사'는 수평면으로부터 절리면에 이루는 각으로 표시하는데 다음 그림과 같이 표현할 수 있다.

현장에서 절리면에 대하여 주향과 경사를 측정한 자료를 분석하는데 사용하기 위하여 이들 절리면을 평면에 투영하는 방법이 있다.

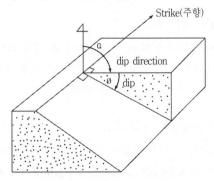

Definition of Geometrical Terms

문제 2 암반의 공학적 분류방법 중 RMR에 대하여 논하시오.

I. 개 요

지하 터널공사의 설계시공 과정에서 안정성을 평가하기 위하여 이용되는 암반역학적 설계방법은 다음 3가지로 분류된다.

1) 해석적 방법

굴착공동 주위의 응력과 변형 거동을 이론적으로 해석하여 굴착 및 보강설계에 이용하는 유한요소법(FEM) 경계요소법(BEM) 등을 이용한 전산해석방법이 있으나, 고도의 이론과 전문성을 요하는바 현장실무면에서 활용되기 어렵다.

2) 계측을 이용하는 방법

NATM이 대표적으로 우리나라 터널공사의 설계시공에 많이 활용되고 있으나 계측의 까다로움, 정밀성, 설계에 Feed back에 문제가 있다.

3) 경험적 방법

암반역학적 시험 결과를 토대로 하여 공학적으로 분류하고, 그 분류등급에 따라 굴착 및 보강 방법을 적절히 설계시공할 수 있다.
① Terzaghi의 암반하중에 대한 분류법
② RSR(Rock Structure Rating)에 의한 분류법
③ RMR(Rock Mass Rating)에 의한 분류법

II. 암반의 공학적 분류방법

1) Terzaghi의 Rock load에 의한 방법

터널 굴착 후 암반의 거동에 있어 이완영역 형성과 이에 의한 하중은 암반의 상태와 터널 폭의 지배를 받으며, 암반의 특성을 고려하여 경험적으로 분류하였으며, 토사 터널이나 풍화암 터널에 있어서는 현재도 많이 활용되고 있다.

2) RSR(Rock Sstructure Rrating)에 의한 방법

암질을 결정하는 요소들에 대한 등급을 수치화하여 요소별 수치의 합으로 암질을 분류하는 방법이다. 요소는 A(General geology), B(Joint pattern), C(Ground water condition)의 3가지로 분류한다.

3) RMR(Rock mass rating)에 의한 방법

RMR은 1973년 Bienawski가 제창한 방법으로 암반에 점수를 주어 평가하는 방법이다. 신선한 암반에서의 단축압축강도 RQD(Rock quality designation 암질계수) 불연속면의 상태, 지하수상태, 불연속면의 방향 등에 가중치를 주어 점수로 나타낸다.

즉 신선한 암반의 단축 압축강도   15점
   RQD   20점
   절리면의 간격 2.0m 이상   20점
   전리면의 상태(거칠은 정도)   30점
   지하수   15점
   계   100점

절리면의 주향과 경사에 따라 점수 보정을 하여 5등급으로 나타내며 암반등급에 따라 무지보상태에서 지속시간, 마찰각 등을 경험적으로 알 수 있다

Ⅲ. 터널 굴착에서 활용

RMR 암반분류방법에 의해 1차 지보 패턴과 굴착방법을 결정하는 기준 예는 다음과 같다.

RMR 지반분류와 지보공

지반분류	굴착	Roek Bolt	Shoterete	Steel Rib
Ⅰ. 대단히 양호 RMR 100~81	• 전단면 • 굴진장 3m	• Random bolt • Rock bolting		
Ⅱ. 양호 RMR 80~61	• 전단면 • 굴진장 0.9~1.5m	• Arch부 ℓ=3m • Rock bolt 일정한 간격	A r c h 部 Shotcrete	
Ⅲ. 보통 RMR 60~41	• 반단면 • 상부 1.5~2.0m 굴전	• Arch 側壁 ℓ=3.6m • Rock bolt	전 단 면 Shotcrete	
Ⅳ. 불량한 지반 RMR 40~21	• 반단면 • 상부 0.9~1.5m	• Arch 側面 ℓ=3.6~4.5m • Rock bolt	전 단 면 Shotcrete	필요시 0.9~1.5m
Ⅴ. 대단히 불량 RMR < 20	• Ring cut 또는 Short bench • 굴 착 과 동 시 에 Shotcrete 타설			필요시 Invert 폐합

즉 RMR 지수를 활용하여 무지보 유지시간(Stand-up-time) 내부마찰각 터널의 지보형태, 굴착방법 등을 예측할 수 있는바, 현장기술자가 쉽게 활용할 수 있는 경험적 설계 시공자료로 터널공사를 위한 토목기술자의 숙지사항이다.

문제 3 하저터널 구간에서 NATM으로 시공중 연약지반 출현시 발생되는 문제점과 대책을 기술하시오.

Ⅰ. 개 요

하저터널 공사구간에서 NATM 공법은 지반이 크게 이완되지 않아야 하며, 지표침하 등의 영향을 받지 않는 곳에 적용성이 좋다. 특히 연약지반 출현시에는 막장붕괴, 지하수에 대한 붕락 등 문제점이 많이 발생한다. 따라서 불연속면, 용수량은 절리면을 따라 흐르고 있는 쐐기파괴상태에 대한 굴착방법, 보강공법 등 추가 사항이 필요하고, 계측관리를 통해 Feed back하여 시공하는 것이 원칙이다. 연약지반 출현시 발생되는 문제점과 대책은 다음과 같다.

Ⅱ. 문제점

1) 지반조사와 지반 종류(Field Mapping의 불충분자료)

2) 막장관찰조사(선진수평 지반조사 철저)

3) 설계도에 나타난 지보패턴 적용(지반상태, 지하수 현황분석, 지보패턴 탄력적 조정)

4) FEM 해석

① 지반특성치 입력데이터 설계사마다 큰 차이
② 적용하는 하중분담률 차이
③ 주요 구조물과 지하시설물에 대한 영향평가 무시

5) 굴착설계

① 가인버트 폐합시기 및 거리
② 막장안정 위한 Ring cut 공법 적용 문제
③ 지반조건 변경에 따른 적절한 굴착공법 제시 여부

6) 방·배수 체계

① 수압 무시한 라이닝설계
② 내부습도 높여 부식촉진
③ 지하수위에 따른 장기 침하 예상

7) 계측계획과 관리기준치

① 계측위치 획일적 설정 : 특정구간 배려
② 주계측 단면과 FEM 해석 단면위치 불일치

8) 연약지반 개량

① 적절한 주입공법 선정

② 개량 목적 제시 여부

Ⅲ. 대 책

1) 필요시기

① 지반이 연약하여 지보 설치 전 막장 자립이 곤란한 경우

② 용수가 많아 숏크리트 타설이 곤란한 경우

2) 보조 공법의 종류

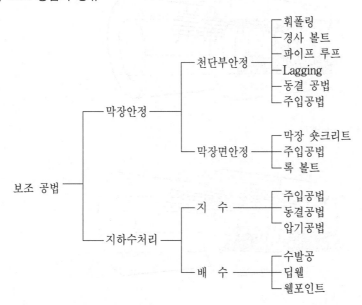

1. 굴착시공 개요도(하저터널)

1) 수평 지질 조사

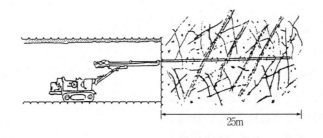

25m

2) 주입 공사

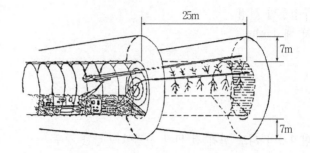

3) 강관 보강

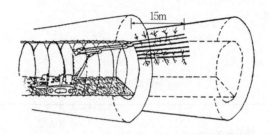

4) 기계 굴착(Road header)

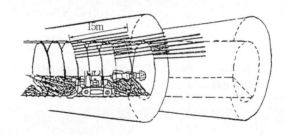

2. 연약지반 굴착 및 지보 패턴

1) 굴착 패턴

① 굴착 방법 : 링카트 분할굴착

② 지보제원

ⅰ) 1회 굴진장 : 0.8m

ⅱ) 숏크리트 두께 : 25cm

ⅲ) 막장 숏크리트 두께 : 5cm

ⅳ) 강지보공 규격 : H 125×125×9×12

ⅴ) 가인버트 숏크리트 두께 : 20cm

ⅵ) 코어 유지장 : 4스팬(3.2m) 이상

③ 굴착장비 : 인력 및 백호우 0.5m^2

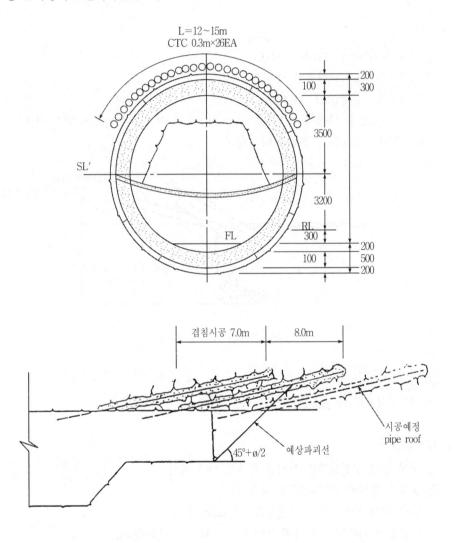

3. 방수공법

하저터널은 상부에 무한량의 하천수가 흐르는 하천통과 구간임을 감안하여 전주방수(비배수방식)로 설계하였다. 수압에 견딜 수 있도록 원형으로 시공된 2차 라이닝 콘크리트에는 복철근 배근을 하였다. 2차 라이닝 공사중에는 시공성을 고려하여 터널 주변의 물이 원활히 배수되도록 터널바닥 중앙에 유공관을 매설하여 유도하였다. 방수재를 터널 전 둘레에 설치 폐합함으로써 구조물 내부로는 누수가 전혀 없도록 하였고, 부직포를 통해 유공관으로 유입된 물은 중앙집수정으로 모아서 수직구를 통하여 지상으로 양수 처리하고 있다.

4. 보강공사

1) 보강공법

① 공동 부위 충진 그라우팅 시행

② 강관다단 보강 그라우팅 시행

ⅰ) 1단계 : 14공(c.t.c 30cm)

기존 지보공 뒤에서 설치하여 기존 지보공이 지지점이 되도록 안전 확보

ⅱ) 2단계 : 14공(c.t.c 30cm) 추가설치

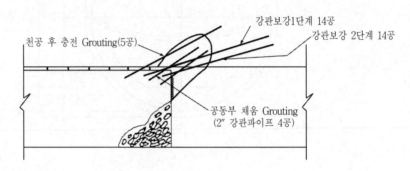

강관다단 보강그라우팅 단면도

③ 록볼트 설치

④ 선지공볼트(Fore poling)설치

2) 굴착공법

① 굴착 전에 선진보링을 실시하여 공동 여부 확인

② 굴착은 상부반단면을 2분할 굴착 시행

붕락 부위 통과구간의 굴진장은 1회 0.5m 유지

③ 지보공 규격증대 : H-100×100×7×9 → H-125×125×9×12

④ 숏크리트 두께 증대 : 20cm → 30cm

⑤ 선지공볼트(Fore poling) : 붕락구간 천장부 매 막장 시공

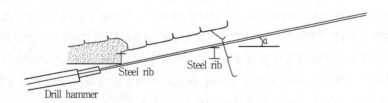

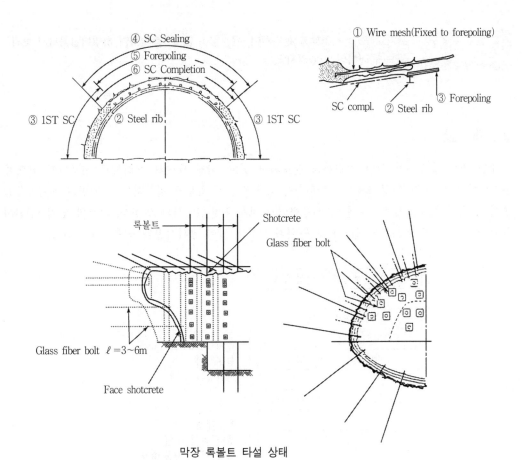

④ SC Sealing
⑤ Forepoling
⑥ SC Completion
③ 1ST SC   ② Steel rib   ③ 1ST SC

① Wire mesh(Fixed to forepoling)
SC compl.   ② Steel rib   ③ Forepoling

록볼트   Shotcrete
Glass fiber bolt
Glass fiber bolt ℓ =3~6m
Face shotcrete

막장 록볼트 타설 상태

록볼트   록볼트
Shotcrete
Face shofcrete
Core
Face shotcrete

막장 숏크리트 타설 상태

문제 4 고가교 교각 직하부를 통과하며, 용수량이 많고, 충적층인 하부터널공사시 보강 대책에 대하여 기술하시오.

Ⅰ. 개 요

주변 지반 충적층이 천단 주변까지 분포되어 있고, 막장 내에는 풍화토로 이루어져 있으며, 용수량에 의해 막장 안정 확보가 문제이며, 고가교 안전 확보가 필요하므로, 지반의 전단강도를 높이고, 침하량을 억제하기 위함이 최우선이기 때문에 터널공사의 안정성, 막장의 안정, 천단의 붕괴 방지, 고가교 기초부의 안전확보를 위해 다음과 같이 공사시공을 수행하여야 한다.

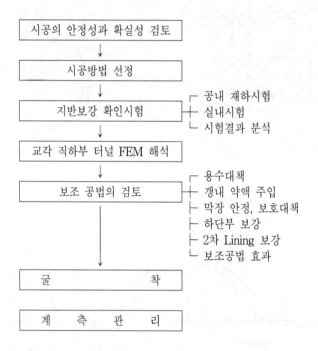

Ⅱ. 시공의 안정성과 확실성 검토

1. 터널시공의 안정성 굴착공법 비교

굴착공법별 검토

구 분	Ring cut 굴착	Silot 굴착	CD 분할굴착
시공순서	① 1구간 굴착 후 W/M 및 1차 Shotcrete R/B 타설 ② 2구간에 대하여 같은 방법으로 시공 ③ 강 지보공 설치 후 2차 Shotcrete ④ 3구간 굴착 ⑤ 2차 W/M 및 2차 Shotcrete	① 1구간 굴착 후 W/M 및 1차 S/C와 R/B 시공(이때 2구간측 벽체는 S/C만 타설) ② 2구간 굴착 후 같은 방법으로 시공 ③ 강 지보공 설치 후 2차 S/C ④ 2차 W/M 및 3차 S/C	① 1구간 굴착 후 W/M 및 1차 S/C와 R/B 타설(이때 2구간측 벽체는 S/C만 타설) ② 2구간 굴착 후 W/M 및 1차 S/C ③ 강 지보공 설치 후 1차 S/C ④ 2차 W/M 및 3차 S/C
보조공법	Mini Pipe Roof 또는 Forepoling	Mini Pipe Roof 또는 Forepoling	Mini Pipe Roof 또는 Forepoling
공 법 의 특 성	① 단면을 여러 단계로 분할굴착 ② Bench의 단계나 길이는 굴착단면의 크기, 지반 조건, 토압상태에 의해 결정 ③ 중단면 이상에서 적용이 좋다. ① 장점 • 굴착 중 지반의 변화에 대처가 비교적 용이 • 일반적인 장비 운용이 용이 ② 단점 • 상반 작업공간의 여유가 적어질 가능성이 있다. • 버럭 반출이 어려워질 수 있다.	① 지반이 연약하거나 도심 터널에서 변형을 극소화시킬 필요가 있을 때 ② 굴착전 상세한 지하수 및 지반조건을 파악할 필요가 있을 때 적용 ① 장점 • 대단면 시공에서 변형을 최소화할 수 있다. • 용수가 많을 경우 도갱으로 매우 적합 • 안정성 확보가 용이 ② 단점 • 공사비가 타공법보다 높다. • 공기가 장시간 소요된다.	대단면 터널에서 개구부 등 토피가 적은 곳이나 연약지반인 경우 적용, Shotcrete 중벽은 반대측 굴착시 지주로서 역할을 한다. ① 장점 • 연약지반이나 응력하중이 심한 터널에서 비교적 안정성이 있는 굴착공법 • Silot 공법보다 공기와 경제성에서 유리 ② 단점 • 중앙에서 지주를 별도로 만들기 때문에 장비 운용에 어려움.
경 제 성	양호	불리	비교적 양호
시 공 성	양호	공종이 복합하여 불리	비교적 양호(Silot보다 양호, Ring cut보다 불리)
평 가	① 주변 지반이 비교적 양호한 곳에 적용되나 안정성에 비교적 불리 ② 보수공법을 강화할 필요가 있다.	안정성 확보는 용이하나 공기와 경제성에서 불리	안정성, 시공성, 경제성 등을 고려할 때 비교적 좋은 공법

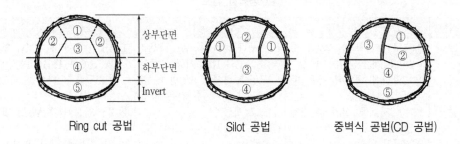

Ring cut 공법   Silot 공법   중벽식 공법(CD 공법)

Ⅲ. 시공방법 선정

1) 고가교 안전운행을 확보하는 것이 목적
2) 중벽식(CD) 공법 채용시 고려해야 할 사항
   ① 용수대책
   ② 막장 자립
   ③ 시공성
   ④ FEM 해석 결과
   ⑤ 안전성

Ⅳ. 지반보강 확인시험

지반보강 후 FEM 해석 결과 시공된 상부 Shotcrete가 파괴 양상 → PUIF grouting 시행 → 확인시험 실시

1) 공내재하시험(Pressuremeter test)
   ① 지반 거동의 변형 특성 파악 : 3회 시험
   ② 단계별 압력하중 $1\sim5kg/cm^2$ 가압 : 변위 측정

2) 실내시험
   물성시험과 역학시험 실시

3) 시험결과 분석
   우레탄 Grouting(PUIF grouting)의 시험결과 확인

Ⅴ. 교각 직하부에 대한 FEM 해석 검토

1) 교각 주변부에 대한 현장 원위치 시험 실시
2) 결과를 토대로 FEM 해석 실시
3) 그 결과(CD 굴착) 교각하부 및 터널 상부의 지반과 Shotcrete가 파괴되는 양상
4) 지반을 보강한 후 재해석 실시

Ⅵ. 보조 공법의 검토

1. 용수대책

1) 지상 주입으로 터널 주변을 □형으로 Curtain wall을 SGR grouting으로 형성, 그 사이를 물 유리로 Gel-time을 조성
2) Cement milk로 충분히 주입효과 높이기 위하여 정량주입＋정압주입($5 \sim 10 kg/cm^2$)으로 터널 주변 지반 개량
3) SGR 배합 및 LW 주입배합
   ① SGR 주입
   ⅰ) 주입재료 : 시멘트 $150 kg/m^3$, 규산소다 $250 kg/m^3$, SGR 약액 $60 kg/m^3$
   ⅱ) 주입재의 표준배합

구 분	규산소다	물	약 액	시멘트	비 고
규산소다 3호(A)	100 ℓ	100 ℓ			200 ℓ
현탁급결액(A1)		168 ℓ	24kg	60kg	200 ℓ
현탁급결액(A2)		169 ℓ	24kg	60kg	200 ℓ

(주) 주입은 A액＋A1, A액＋A2의 복합주입임.

   ② LW 주입
   ⅰ) 주입재료 : 시멘트 $200 kg/m^3$, 규산소다 $315 \ell/m^3$
   ⅱ) 표준배합

A 액		B 액	
규 산 소 다	물	시 멘 트	물
315 ℓ	185 ℓ	200kg	437 ℓ

③ 지반개량 전후 성과 비교

구 분		Grouting전	Groutinggn
용 수 현 황		70~80 ℓ/분/10m	0~5 ℓ/분/10m
투수계수	충 적 층	K=4.2×10^{-3}	K=1.8×10^{-3}~7.6×10^{-6}
	풍화토층	K=1.4×10^{-3}	K=(1.4−8.3)1.8×10^{-6}

보조공법

공 법	주 재 료	시 공 개 요	특 징	적용가능지반	장 단 점
L.W (Labiles Wasser) Grouding	• 물유리 용액 • 시멘트 • 벤토나이트	• 천공 후 케이싱 설치하고 내부에 만젯튜브 설치 • 만젯튜브와 케이싱 사이에 Seal재 주입 • 주입재는 주입공을 통해 seal재를 뚫고 지반 속으로 침투	• 1.5shot 방식 • 장비 및 주입재가 국산화되어 공사비가 저렴함. • 압축강도가 큰 편임. (σ$_{28}$=30~60kg/m^2)	• 자갈, 모래층 : 침투 가능	• 용수에 의한 영향이 크고 고결강도 저하 • 맥상주입(Frac Turing)이 되기 쉬움 • 지층에 따른 Gel-time 조정이 용이 • 경화시간은 경화재를 사용하여 조정 가능
SGR(Space Grout Rocket) Grouding	• 규산소다 • 시멘트	• 이중관 Rod의 내관으로 천공수를 보내 소정의 지반까지 천공 • 내·외관을 함께 Grout 주입관으로 운전시키고 1step씩 Rod를 올려 유도공간 (Space)을 통하여 주입	• 주입재의 종류가 많아 대상 토질별 선택 폭이 큼. • Gel-time 조정이 용이(6초~15분) • σ$_{28}$=30kg/m^2	• 모든 지층이 대상	• 공간을 이용한 저압주입이므로 지반의 교란 및 인접구조물에 미치는 영향이 적다. • 차수성은 양호하나 지반강도효과는 기대하기 어렵다. • 시공 후 상당기간이 경과되어야 터널굴진 가능
PU-IF	• TBU 약액 (AB제) 1:3 배합 • 압입볼트 : 외경 27.2m/m, 내경 14.4m/m 中空타입	• 천공(ø38~45mm) 후 A액, B액을 교반하여 Packer에 의해 압입펌프로 주입	• 단층, 파쇄대 등 균열이 많은 암반을 고결 • 경량(60kg)인 주입기로 신속 시공 • 압축강도 50kg/m^2 • 투수계수 K=5×10^{-5}	• 모래, 풍화토, 가는 균열이 있는 암반 등 침투성이 요구되는 지반 • 풍화 정도가 심하여 균열이 많고 해머타격으로 쉽게 부서지는 지반	• 주입작업은 막장의 진행과 병행시킬 수 있고 고결효과 확인 • 용수에 의한 용해나 손실이 없다. • 재료가 수입품으로 공사비가 고가이다.

공 법	주 재 료	시 공 개 요	특 징	적용가능 지 반	장 단 점
Mini pipe roof	• 강관 ø52m/m $L=12\sim16m$	• 강관을 터널주변에 평행 또는 방사선으로 시공 • Double packer를 사용하여 다단식 Grouting	• Cement milk 주입으로 절리부분에 맥상 주입	• 토사~풍화암~연암	• 암반 내 균열을 통한 Grouting으로 차수 및 보강(Pre-grouting 효과) • 터널 Arch를 보강 (Fore poling 효과)
Fore poling	• 강관 ø32m/m $L=3.0m$	• 강관을 터널주변에 방사선으로 시공 • 강관 주변에 Cement Milk주입	• 재료비, 시공비가 저렴하다.	• 토사~풍화암~연암	• 강관 주변에 주입, 충진이 부족한 경우 강관 사이에 붕락이 발생하기 쉽다. • 주입작업은 막장의 진행과 동일

2. 갱내 약액주입

교각에 직접 영향을 미칠 우려가 크기 때문에 굴진범위의 전단면을 주입

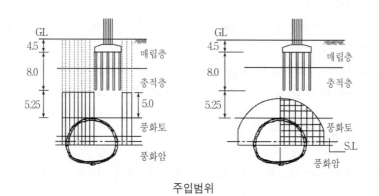

주입범위

3. 막장안정 보호대책

Crown부의 지반, 붕락, 붕괴 및 지료 침하량 억제 위한 보조 공법

1) Mini pipe roof
2) 주입식 Fore poling과 PUIF(우레탄) 공법 병용

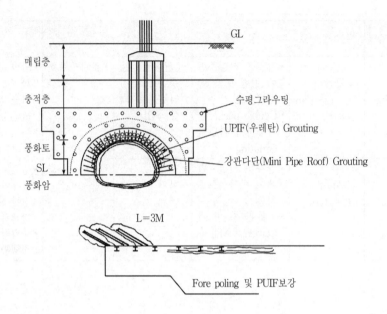

4. 하단부 보강

1) 연약지반 시공이기 때문에 SL(Spring line)상부 : 지반 개량과 보강을 하여 CD 공법에 의한 굴착 초기침하 억제
2) SL 하부에서는 용수에 의한 지반의 열화 발생, 강도 부족에 의한 이완, 토압분포 재형성, 지지력 부족 가속
3) Invert 바닥에서 지하수의 Boiling 현상
4) 현탁액 Grouting 주입 및 양 측벽부 지보마다 PUIF 3공씩 지반 보강시켜 안정화

5. 2차 Lining 보강

1) 고가교 상부에 의한 분포하중 및 터널굴착에 따른 응력 재배치 등 추가적인 불안정 요인 발생
2) 복철근 배근의 보강으로 안전율 증대

Ⅶ. 굴 착

1) 완전한 폐합에 의해서만 조기안정화 확보
2) 하반굴착은 상반굴착과 10m 수행하여 폐합
3) 천단침하 최소화 : 상반과 측갱 Shotcrete 두께 50cm 타설, 길이 4.0m Rock bolt 측벽부 설치, Wire mesh 상·하부 연결부에 2격자로 겹이음 시공

Ⅷ. 결 론

교각 직하부에서 터널굴착을 위하여 지상 Grouting, 갱내 약액주입을 보조 공법으로 시행 지반을 개량, 보강하고 굴착방법을 선정. 계측 결과에 의하면 터널굴진에 의한 침하 약액주입에 의한 융기가 상호 발생하여 침하가 억제되었다.

또한 FEM 해석을 통해 안전관리의 효율 증대와 교각의 침하를 관리기준치 이내에서 수렴되었다. FEM 해석 결과 미흡하다면, 시공 패턴을 조정 시공관리가 필요하다.

또한 다음과 같이 지질 조건, 시공 조건에 따라 보조 공법 채택이 필요하다.

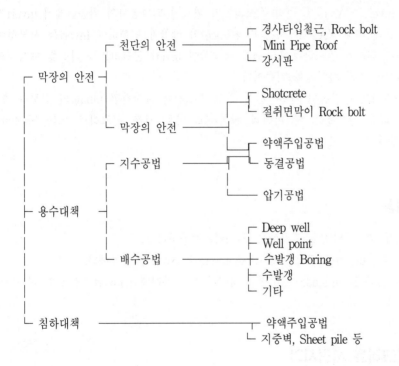

문제 5   Invert 시공

I. 개 요

NATM에서는 원칙적으로 Invert 콘크리트를 시공하는데 막장에서 Invert에 의한 Ring 폐합까지의 시간이 설계상 요구에 어느 정도 한정된다.

재래공법일 때 Invert는 Arch 및 측벽 콘크리트가 완료된 터널공사의 최종단계에 Invert가 시공되는 경우가 많은데 비해 NATM에서는 막장(Face)의 굴착과 병행하여 Invert를 시공하여 나가는 것으로 상응한 배려가 필요하다. Invert를 굴착하여 Invert 콘크리트를 타설할 때까지의 시간이 터널에 있어서의 가장 불안정한 기준이다.

지질 조건에 따라서는 원지반의 자립시간이 짧고, Invert를 굴착하면 Lining의 침하나 측벽압출이 걱정되는 이러한 경우에는 몇 미터씩 굴착하고 바로 보통 콘크리트 또는 Shotcrete로 Invert arch를 만든다.

II. Invert 시공

1) 일주간 내에 몇 번 막장을 중지하고 Invert를 시공한다.
2) 측벽과 동시에 Invert를 굴착을 하고 Shotcrete로 Invert를 시공한다.
3) Belt conveyer나 Train loader로 버력을 처리하고 그 아래에서 Invert부의 굴착 및 콘크리트 타설을 한다.

III. Invert 콘크리트 시공시기

1) 시공시기는 계측 결과를 기초로 하여 정한다.
2) 특수 원지반에서는 2차 라이닝 시공 전에 Invert 콘크리트를 타설해야 한다(원지반 내 응력의 재분배에 의해 2차 라이닝 콘크리트 악영향).

① 특수한 지반에서는 지지력도 작고, 상반 벤치가 길게 되면, 터널이 붕괴될 우려가 있으므로, 굴착은 쇼트벤치, 미니벤치로 시공하는 것이 통례이며, 조기에 전단면을 폐합하여, 원지반의 안정을 도모할 필요가 있다.

② 인버트 시공에 의하여 굴착공정에 지장을 주는 경우(Invert 콘크리트의 시공 때문에 굴착을 쉽게 하는 경우)에는, 하반굴착과 Invert 굴착을 동시에 시공하고, 뿜어붙이기 콘크리트(필요하면 록볼트 타설)도 하반과 동시에 시공하여 조기에 전단면을 폐합하는 것이 좋다.

Ⅳ. Invert Concrete 시공방법

1. 굴착연장(1타설 연장)은 지질 및 원지반의 거동을 감안하여 정한다.

1) Invert 시공의 경우, 굴착에서 뿜어붙이기 콘크리트(콘크리트타설)에 의한 폐합까지의 사이가 가장 불안정한 시기이며, 원지반 조건에 따라서는 Invert 굴착에 의한 측벽부의 압출 또는 침하가 생기는 수가 있으므로, 원지반 조건이 나쁠수록 1타설 연장은 짧게 하는 것이 좋다.

2) 팽창성 원지반 또는 원지반 강도가 작은 경우에는 하반과 동시에 인버트를 굴착하여, 뿜어붙이기 콘크리트 및 록볼트를 시공하고, 조기에 전단면 폐합을 시키는 것이 좋다.

3) 시공상 동시에 작업을 하기 곤란한 경우에도 상반의 버력은 트레인로더, 벨트 컨베이어 등에 의하여 반출하고, 병행하여 하반 및 Invert의 작업을 행하고, 하반 막장과의 거리를 짧게 한다.

4) 하반 및 Invert의 동시 시공
   ① 미니벤치 공법의 경우(벨트 컨베이어 없음.)

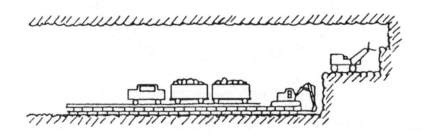

 ⅰ) 상반 버력을 하반에 떨어뜨린다.
 ⅱ) 하반에서 버력 적재 후, 하반 및 Invert 굴착
 ⅲ) 하반 Invert의 뿜어붙이기 콘크리트
 ⅳ) 하반 Invert의 록볼트 타설
 ⅴ) Invert 되메우기
 ⅵ) 레일 연장

상·하반 동시 작업 가능

② 쇼트벤치 공법의 경우(트레인로더 사용)
    ⅰ) 트레인로더 하부 Invert 굴착
    ⅱ) 하반 Invert 뿜어붙이기 콘크리트
    ⅲ) 하반 Invert의 록볼트 타설
    ⅳ) Invert 되메우기
    ⅴ) 레일 연장

2. 시공시 측벽 하부와의 이음에 주의하는 동시에 배수를 충분히 행하고, 뿜어붙이기 콘크리트의 튕겨 나온 재료 및 불량부분은 제거하여야 한다.

3. 콘크리트 타설은 굴착 완료 후 빨리 행하여야 한다.

뿜어붙이기 콘크리트 ①로 폐합한 후, 새들 기초 ②를 시공하고, 2차 라이닝 ③을 타설한다.

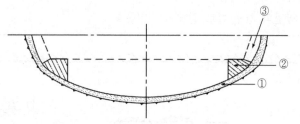

하반과 동시에 Invert를 뿜어붙인 경우

Invert ①을 한번에 타설한다. 2차라이닝 ②를 타설한다.

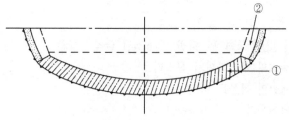

Invert 뿜어붙이기가 없는 경우

Ⅴ. 결 론

Invert 상부에는 그 앞의 터널시공 때문에 장비나 트럭 등이 주행하므로 도로터널이나 철도터널에서는 Invert arch 부분뿐만 아니라 노반공 또는 심목 밑까지의 콘크리트를 동시에 시공하여 나가는 것을 고려할 필요가 있다.

또한 Invert의 시공에 있어서는 측벽 하부의 시공 Joint에 주의하고 Shotcrete의 반발재나 불량한 부분을 제거하여야 하며, 용수량이 비교적 적은 원지반에서도 Invert부는 물이 고이기 쉬우므로 충분한 배수처리를 하고 Shotcrete나 콘크리트를 타설한다.

문제 6 발파의 기본 이론

폭약이 폭발할 때 발생하는 고에너지를 이용하여 물체를 파괴시키는 방법

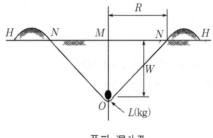

폭파 漏斗孔

1) $H\text{-}H'$: 자유면
2) 최소저항선(W) : 자유면까지의 최단거리
3) 누두공(Crater) : 폭발하였을 경우 자유면을 향하여 원추형 구멍이 발생하는데 이 구멍을 누두공이라 한다.
4) 누두반경 : 원추형 구멍의 반경(R)
5) 누두지수 : $\mu = \dfrac{R}{W}$
6) 표준장약 : $R = W$ 경우

   Hauser 공식 $L = CW^3$(L : 표준장약, C : 폭파계수, W : 최소저항선)
7) 누두지수

   $\mu = \dfrac{R}{W}$ $\qquad$ < 1약장약

   $\qquad\qquad\qquad$ > 1과장약

문제 7 | 폭약의 종류와 특성

I. 폭 약

1) 다이너마이트

2) ANFO 폭약
   ① 초안유제폭약(Ammonium Nitrate Fuel Oil)
   ② 연암으로 용수가 없는 항외용으로 사용

3) Slurry(함수폭약)
   ① 초안＋TNT＋물의 혼합물
   ② 강력하고 내수성이 있고 경암이나 용수개소가 많은 곳에 쓴다.
   ③ 특 징
     ⅰ) 충격 등에 대단히 둔감하다.
     ⅱ) 후 가스는 극히 양호하다.
     ⅲ) 내수성이 대단히 좋다.
     ⅳ) 다이너마이트에 비하여 약간 약하고 비중도 낮다.

4) 정밀폭약(FINEX Ⅰ,Ⅱ)
   ① 여굴 발생 억제
   ② 진동 발생 억제
   ③ T/L 등 단면을 미려하게 할 목적으로 사용
   ④ FINEX Ⅰ, Ⅱ 병행 사용

II. 도폭선 및 도화선

1) 흑색 화약에 마사, 지사를 감아 방수약을 발라 만듦.
2) 공업뇌관에 점화하기 위함.

III. 공업뇌관(Blasting cap)

폭약에 폭발을 주기 위한 강관체 뇌관

Ⅳ. 전기뇌관

1) 종 류

① 순발뇌관 : 전류에 의해 백금선이 발열, 점화는 동일함.

② 지발뇌관

 ⅰ) 전류에 의해 백금선이 발열,점화는 동일함.

 ⅱ) 점화극과 기폭약 사이에 지연제 삽입한다.

2) DS(Deci-Second) : 0.1 초 이상 늦음 표시

3) MS(Milli-Second) : $\dfrac{1}{1,000}$ 초 이상 늦음 표시

4) MSD 특징

① 진동이 적고 암석이 상하지 않는다.

② 폭발음이 적다.

③ 근접발파공을 압괴시키지 않는다.

④ Cut off가 없다.

⑤ 잔유약이 남지 않는다.

⑥ 암석이 작게 파쇄된다.

⑦ 암석이 고르게 비산되어 처리가 용이하다.

⑧ 광산, 탄광, 토목 공사에 이용한다.

문제 8 — Control blasting(제어발파) 공법에 대해 기술하시오.

Ⅰ. 개 설

발파작업에서 여굴 발생을 될 수 있는 한 적게 함과 동시에 원지반의 손상을 가능한 억제하고 평활한 굴착면이 얻어지도록 하는 목적으로 제어발파를 해야 하며, 시공법의 종류는 Line drilling, Cushion blasting, Pre-splitting, Smooth blasting이 있으며, 현장조건에 부합되는 천공 Pattern을 작성, 시험발파를 거친 후 결정하는 것이 바람직하다

여기서는 이들의 시공방법과 특징을 기술하고자 한다.

Ⅱ. Line drilling

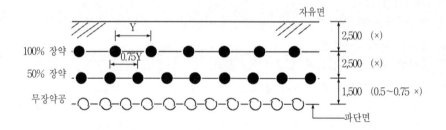

1. 시공법

1) 굴착선에 무장약공을 일렬로 천공, 인공적으로 파단면을 형성시킴.
2) 제2열 보통 장약의 50% 장약
3) 제1열에는 보통 장약을 실시한 후 발파

2. 특 징

1) 천공 연장이 증가함에 따른 Cost 상승과 평행한 착공이 어렵다.
2) 균질한 암질인 경우 갱의 작업에 활용

Ⅲ. Cushion blasting

1. 시공법

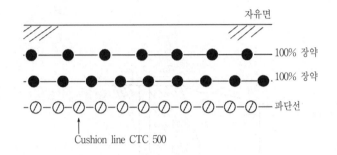

1) Line drilling 공법과 같이 천공을 하는데 분산경 장약으로 한다.
2) 구멍의 공간을 Cushion 작용으로 하여 주천공 완료 후 발파하는 공법
3) Line drill 보다 천공수 절감

2. 특 징

1) 견고하지 않은 암에서 채택
2) 경암에서는 무전색이 효과적

Ⅳ. Pre-splitting(선균열발파)

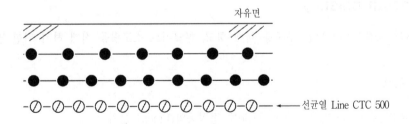

1. 시공법

1) 굴착예정선에 50~100m/m의 천공 실시
2) 자유면 측에 보통의 발파공 2열 설치
3) 굴착 예정선상의 장약은 1차 폭파하여 연쇄시켜 보통의 발파공 2열을 발파한다. 즉 후열을 먼저 균열 일으킨 후 전열을 발파한다.

2. 특 징

미려한 굴착면을 확보할 수 있어 도로공사시 채택

3. 시공순서

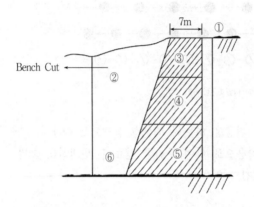

1) ①의 Pre-splitting 발파를 안벽면을 따라 실시
2) ②의 안벽 중앙부 Bench cut 공법으로 굴착 측벽 7m 남김.
3) ③, ④, ⑤의 측벽 굴착 3단계로 나누어 소규모 발파 실시
4) ⑥의 저반 마무리 굴착 별도로 한다.

Ⅴ. Smooth blasting

암석면의 요철면이나 남은 부분을 적게 하고, 콘크리트 소모량을 적게 하기 위한 발파

1. 시공법

1) 굴착 예정선을 따라 천공한 Hole에 정밀화약(Finex) 설치
2) 자유면 측에는 보통 화약 설치
3) 동시에 폭파한다.

2. 특 징

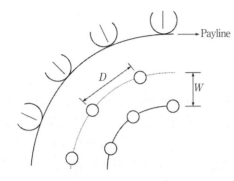

D : 천공간격
W : 최소저항선
$D \leq 0.8W \qquad W = 0.7 \sim 0.8$

1) 낙석이나 낙반이 적어 안전성은 좋으나 절리, 층리 등이 발달한 암석에서는 효과가 적고, 고도의 천공기술과 천공수가 많게 된다.
2) Smooth blasting에서 가장 중요한 요소는 천공간격과 최소저항선 길이이다.
   ① 천공간격(D)이 커지면 요철 정도 크고, 최소저항선(W)이 적어지면 요철 정도 적어지나 Cost 상승
   ② $D \leq 0.8W$ 정도
3) Smooth blasting 발파의 필요 조건
   ① 각 발파공의 천공각도차가 적어야 한다.
   ② 저폭 속의 화약(FinexⅠ, Ⅱ) 사용
   ③ 시간의 오차가 적은 전기뇌관 사용
   ④ 다단 발파시 MSD를 사용
   ⑤ 모든 천공간격을 규칙적으로 동일하게 한다.

Ⅵ. 결 론

제어발파는 암석면의 여굴 발생을 적게 하고, 원지반의 손상을 적게 하기 위한 발파로서 암석의 재질, 균열, 절리, 주향 등을 고려하여 천공과 최소저항선 길이를 현장에서 반드시 확인하여 시험발파 후 발파 패턴을 채택 시공함과 동시에 안전관리에도 유념하여야 한다.

문제 9 NATM 공법에 대하여(NATM과 ASSM 공법 비교) 기술하시오.

Ⅰ. 개 설

재래의 Tunnel 공법(ASSM : American Steel Support Method)에서는 Tunnel 굴착 후, 목재 또는 강재에 대한 지보공을 설치하고 상당 기간이 경과된 시점에 콘크리트에 한한 Lining을 시공함에 따라 원지반의 이완영역의 확대와 낙석 등으로, Steel support에 작용하는 하중이 증대되어, 지보공의 규격이 증대되고, 지반 이완영역의 확대는 지표침하를 초래하여 도심지 Tunnel에서는 바람직하지 못하며, 특히 막장 자립도가 부족한 연약지반에서는 재래식 Tunnel 건설에 어려움이 많다. NATM 공법은 Tunnel을 구성하는 주체가 지보공이 아니고, 주변 지반이라고 생각하는 개념에서 지반이 가지고 있는 지보 능력을 적극적으로 이용하는 합리적 설계와 계측을 통한 안전시공 관리기법을 채택하고 있다.

NATM의 특징

① 가능한 조기에 Shotcrete를 타설하여 원지반의 초기 변형 억제

② System rock bolt에 의해 암반이 본래 가지고 있는 지지력을 충분히 이용한다.

③ 토압이나 암반변형을 계측하여 지보의 적정 여부를 판단하고 정적평형이 얻어지는지 확인한 후 2차 Lining 실시

Ⅱ. NATM과 ASSM 공법의 비교

구 분	NATM	ASSM
지보의 원리	• 지반 자체의 지보가 주체이며, Shotorete, Rock bolt, Steel rib 등은 지반의 강도를 유지보강하는 역할	• Steel Rib와 콘크리트 Lining이 主支保材임.
지보의 설계와 하중	• 지보의 파괴원인은 전단력 • 지반 자체와 Shoterete, Rock Bolt 등의 전단력에 대하여 저항하는 설계 • 계측관리에 의해 설계와 시공의 Feed back이 이루어짐.	• 지보의 파괴원인은 Bending Moment • 경험에 의해 판단하며 전체 이완하중을 지지하므로 Steel rib의 단면이 크다. • 계측관리를 하지 않음.
支保材의 역할	① Shotcrete • 굴착면에 Sealing은 풍화방지와 이완억제 • Rock bolt와 함께 地軸의 내벽면에 구속압을 준다.	① Steel Support • 초기에는 목재와 함께 낙석방지 및 지반하중지지 • 최후에는 콘크리트와 함께 지반이완하중지지

구 분	NATM	ASSM
支保材의 역할	• Arch 작용에 의해 높은 저항효과를 나타냄. ② Rock bolt • 암반의 균열과 절리에 따라 발생하는 활동을 방지 ③ Steel rib • 팽창성 지반에서는 Shotcrete의 전단력 보강효과 기대	② Concrete Lining • Steel rib와 함께 이완하중을 지지한다.
안전성	• 계측에 의해 지반 거동을 파악함으로써 대책을 강구한다. • 응력재배치에 필요한 약간의 변형만을 허용함으로써 지표침하 억제	• 육안에 의해 경험적으로 대처해 감으로써 안전성 결여 • 지반이 이완을 허용하므로 지표침하 발생에 따라 지하매설물 및 상부 구조물에 영향을 준다.
시공성	• 전단면 시공시 대형 장비 투입 가능 • Invert 콘크리트가 있는 경우 운반차량의 주행 용이 • 여굴 발생이 적다. • 지반이 연약한 경우 단면 분할시공 가능 • 2차 Lining은 최종적으로 동시에 시공하므로 시공이음이 줄어든다(2차 Lining 25~30cm).	• 양단면 시공으로 대형장비 투입 곤란 • Invert 타설시기가 늦어 운반차량 불편 • Steel rib 단면으로 인하여 여굴발생률이 많다. • 분할시공이 어렵다. • 2차 Lining 두께가 두껍다(60~70cm).
경제성	• 계측관리에 의한 경제적 설계시공이 가능 • 시공성 및 안전성 우수	• 지보재 콘크리트 Lining 두께가 두껍다.

III. NATM의 적용한계

1) 용수량이 많은 원지반
2) 용수에 따라 유사현상을 일으키는 원지반
3) 원지반이 파괴되어서 Rock bolt의 천공, 정착이 어려울때
4) 막장이 자립할 수 없는 지반

등의 지반에서는 NATM의 시공이 곤란하므로 일반적으로 보조 공법(수발공법, 지반개량공법, 압기공법 등)이 필요하다.

그러므로 재래공법으로 시공이 가능한 원지반이면, 당연히 NATM도 가능

문제 10   터널 지보재로써 Rock bolt의 기능, 종류에 대하여 기술하시오.

Ⅰ. Rock bolt의 기능

암반보강에 사용된 Rock bolt는 어떤 기능을 수행하는지에 대한 많은 연구논문이 발표되었으나 대체적으로 다음과 같다.

1) Block의 지보 기능

굴착에 의해 이완되어 탈락하려고 하는 Block을 깊은 곳의 견고한 부분과 결합하여 지지

2) 암반과의 일체 작용 기능

Rock support interaction(암반 지보 일체작용)에 의하여 Support pressure에 저항

3) Beam의 형성 작용

층상의 암반을 Rock bolting에 의하여 일종의 중합보를 형성하여 지지

4) Arch 형성 작용

Bolt를 Tunnel 면에 따라서 규칙적으로 배열시킴으로써 Arch 형태의 압축대를 형성

5) 암반보강 기능

Grouting 되었을 때 철근 콘크리트 중의 철근과 같은 기능 수행. 상기의 기능을 충분히 수행하기 위해서는 다음과 같은 조건이 필요하다.

① 사용강재는 인장강도($4000kg/m^2$ 이상)가 높고 신장량이 커야 한다.
② 정착부의 Anchor가 확실할 것
③ 시공성이 우수할 것
④ 내구성 및 내부식성이 우수할 것
⑤ 경제적일 것

   ┌ System rock bolt : Arch 형성 효과를 목적으로 주로 Tunnel의 전 둘레에 배치하는
   │   Rock bolt
   └ Random bolt : Tunnel의 Arch부에 있어서 암리의 봉합을 목적으로 적절하게 사용하는 Rock bolt

Ⅱ. Rock bolt의 종류

Rock bolt는 종래 산악식 Tunnel이나 비탈면 등에 사용하여 오다가 NATM용으로 개발된 것을 합치면 약 15종류가 있다. 가장 널리 사용되고 있는 대표적인 Rock bolt의 종류를 살펴보면 다음과 같다.

1) Slotted bolt : Wedge를 사용하여 정착, 인장력을 가함.
2) Resin bolt : 화학접착제를 사용하여 정착, 인장력을 가함.
3) Expansion bolt : Bolt의 선단을 확장하여 정착, 인장력을 가함.
4) Slack bolt : Bolt의 전 길이에 Cement paste를 주입, 부착력으로 지지

Ⅲ. Rock bolt 시공

1) Slotted bolt

제작이 간단하고 염가이며 최초로 개발된 Bolt이다. 이 Bolt는 끝에 긴 홈(Slot)이 있어 천공된 내부를 밀어 넣으면 쐐기가 박혀 Bolt의 끝을 확장함으로써 암반과의 압착에 의하여 고정

① 구성

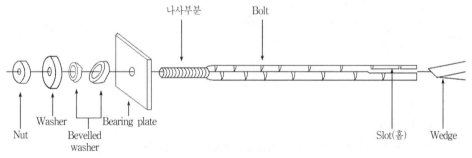

Slotted bolt

② 시공

ⅰ) Drilling : Bolt 길이 10cm까지 천공장은 ø38m/m로 한다.
ⅱ) Bolt의 가조립 및 삽입 : Bolt 끝 Slot에 Wedge가 빠지지 않을 정도로 끼우고 천공 끝부분에 닿을 때까지 삽입한다.
ⅲ) Hammering
ⅳ) Tensioning : 두부의 Bearing plate, Bevelled washer와 Nut를 끼우고 인장력을 가한다. 이때 Torque wrench를 사용, 인장력 확인한다.
ⅴ) 두부의 보호 : Plate나 Nut의 부식 방지를 위하여 Epoxy paint나 Shotcrete로 피복하여 보호한다.

③ 특징

장 점	단 점	이 용 도
• 간단하고 염가임. • 강한 암반에서도 뛰어난 정착력 발휘 • 즉시 인장을 가할 수 있음.	• 사용중 쐐기의 탈락 등으로 작업의 능률성과 확실성을 기하기 어려움. • 정착부의 면적이 작으므로 탈동이 일어날 수 있음.	• 정착의 불확실성 때문에 Expansion bolt로 대치되어 활용치 않음.

2) Expansion bolt

Slotted bolt보다 더 확실하고 안전한 정착을 가하기 위하여 개발되었다. Cone형의 쐐기가 원추형의 Shell 속에 들어가 Shell을 공벽 쪽으로 확장시켜 압착에 의하여 지지하는 기본 원리이다.

① 구성

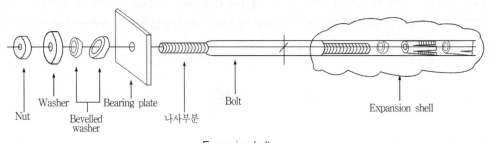

Nut   Washer   Bevelled washer   Bearing plate   나사부분   Bolt   Expansion shell

Expansion bolt

② 시공

  ⅰ) Drilling

  ⅱ) Bolt의 가조립 : Bolt에 Expansion shell을 조립한다.

  ⅲ) Bolt 삽입

  ⅳ) 정착 및 긴장 : Bolt를 회전시켜 정착이 되면 Nut를 조여 Shell을 확장하고 Bolt에 인장력을 가한다.

  ⅴ) Bolt 두부의 보호

③ 특징

장 점	단 점	이 용 도
• 설치 즉시 인장할 수 있음. • 양질의 암반에서는 좋은 정착을 얻을 수 있음. • 출수에 영향을 받지 않음.	• 비교적 고가임. • 정확한 설치를 위해 기능도와 감독이 요구됨. • 발파의 영향을 받기 쉬움. • 극경암에서나 연암에서는 사용할 수 없음.	• 토목공사 보강용 • 광산 • 감소 추세

3) Resin bolt

Resin은 합성수지로 된 주제와 촉진제가 각각 분리되어 하나의 Capsule 속에 들어 있다. 이것이 공내에 넣어져서 Bolt에 의하여 Capsule이 깨트려지고, Bolt가 회전하여 주제와 경화 촉진제가 혼합되어 경화된다.

① 구성

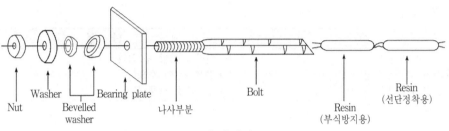

Resin bolt

② 시공

   i) Drilling

   ii) Resin capsule 공저에 삽입

   iii) Bolt를 회전시킴으로써 Resin을 교반함.

   iv) 경화

   v) Nut의 체결 및 긴장

   vi) Bolt 두부의 보호

③ 특징

장 점	단 점	이 용 도
• 사용이 간편하고 편리 • 연약한 암반에서도 고강도의 정착이 가능 • 용수부나 수중에서도 정착이 가능 • 기계화 시공 가능	• Resin이 고가임. • 저장기간이 짧음(6~12개월).	• 공사비에 비하여 시공속도와 확실성이 더 중요한 개소에 사용이 점차 증가

4) Slack bolt

Bolt의 전 길이에 걸쳐서 Grouting하여 부착 강도에 의해서 지지되는 Bolt이다.

① 구성

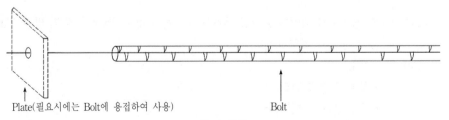

Plate(필요시에는 Bolt에 용접하여 사용)   Bolt

Slack Boit

② 시공

 ⅰ) Drilling → Cartridge 삽입 → Bolt 삽입 → 양생

  (Cement motor 주입)

 ⅱ) 주입방법은 : Cartridge를 이용하는 공법

      Pump를 이용하는 공법

③ 특징

장 점	단 점
• 간단하고 염가임. • 내구성 및 내부식성 우수 • Bolt 길이에 대한 제한이 적음.	• 인장을 가할 수 없다. • 양생기간이 소요 • 누수개소 사용 불가

Ⅳ. Rock bolt의 설계

1) Rock bolt의 선정기준

 ① 소요강도의 확실성

  Resin bolt − Slack bolt − Expansion bolt − Slotted bolt

 ② 경제성

  Slack bolt − Slotted bolt − Expansion bolt − Resin bolt

 ③ 시공의 난이도 및 안전성

  Resin bolt − Slack bolt − Expansion bolt − Slotted bolt

 ④ 장대 Bolt 필요시 : Slack bolt

 ⑤ 누수지대의 시공성 : Resin bolt

2) Bolt의 재질

	인강강도(최소)	항복점(최소)
보통 Bolt	$4,200 kg/cm^2$	$2,100 kg/cm^2$
고인장 Bolt	$5,600 kg/cm^2$	$2,800 kg/cm^2$

3) Bolt의 간격과 길이

 Rock bolt의 삽입간격 깊이를 결정할 때에는 원지반의 강도, Joint의 간격, 방향, Tunnel의 치수, 사용 목적 등을 고려하여 결정

 ① Bolt의 길이(L)

   L ≥ Bolt 간격의 2배

   L ≥ 평균 Joint 간격의 3배

   L ≥ B/2(B가 6m 이하일 때)

　　　L ≥ B/4(B가 18~30m일 때)

　　　L ≥ H/5(높이가 18m 이상인 Tunnel의 측벽 Bolt)

② 간격(a)

　　a ≤ L/2

　　a ≤ 평균 Joint 간격의 1.5배

　　a = 0.9~2.4m

Ⅴ. Rock bolt의 품질관리

1) 시공관리

① 시공중 Motor가 Rock bolt와 원지반 간에 확실하게 진충되어 있는가 관찰한다.

② 시공 후의 Rock bolt의 정착효과를 매일 확인한다.

2) 품질시험

① Rock bolt의 인발시험 ┐ 1회/200~300본당
② Motor의 압축강도시험 ┘

문제 11 Tunnel 지보재로써의 Shotcrete에 대하여 기술하시오.

Ⅰ. 개 설

NATM의 특징은 원지반의 지보 기능을 유용하게 활용하기 위해서 1차 지보를 시행한다. 1차 지보방법은 Rock bolt, shotcrete, Steel support를 적절히 조합하여 실시하고 있다.

Shotcrete는 NATM의 지보재로서 중요한 기능을 발휘하고 있으며, 시멘트 세골재, 조골재, 급결제, 물 등의 뿜어붙이기 재료를 압축공기에 의해서 원지반에 고속분사시켜 지보를 형성시키는 방법이다.

1) Shotcrete의 응용분야
   ① 철근 또는 무근 콘크리트 구조물의 보수
   ② 비탈 사면의 방호
   ③ 지하매설물에 대한 외부로부터 각종 충진 작업
   ④ 면적이 넓고 곡면이 많은 콘크리트의 타설
   ⑤ 각종 Lining
   ⑥ Tunnel 공사에 응용

2) Shotcrete의 효과
   ① 굴착면의 요철을 없애고 Smooth한 면을 형성함에 따라 응력의 국부적인 집중을 방지한다.
   ② 원지반 암반의 절리, 균열 등의 갈라진 틈을 보강하고, 폐합된 원활이나 고정된 Arch형 부재로써 구조물의 지보 능력을 갖는다.
   ③ 원지반을 조기에 피복함으로써 원지반의 Creep 변형에 대해 조기에 저항반력을 형성할 수가 있고, Creep에 대한 탄성계수의 열화, 누수 방지, 공기나 물에 의한 풍화를 방지할 수 있다.

3) Shotcrete가 효과를 발휘하기 위해서는 다음과 같은 조건이 필요하다.
   ① 붙임성(Shootability) : Rebound율을 최소화하면서, 상향작업이 원활
   ② 높은 조기강도 : 4~8시간 양생으로 지보 기능을 얻을 수 있는 것
   ③ 장기강도 : 규정된 28일 강도를 갖출 것
   ④ 내구성이 우수할 것
   ⑤ 경제성이 있을 것

II. Shotcrete 작업방법

1) Dry type

Dry mix된 뿜어붙이기 재료를 압기에 의하여 반송하고, Nozzle에서 별도의 Hose로부터 압력수와 혼합되어 굴착면에 부착시키는 방법(Aliba+Compresser)

2) Wet type

Wet mix된 뿜어붙이기 재료를 Nozzle을 통하여 압축공기 굴착면에 부착시키는 방법. Dry type에 비하여 재료의 공급 등에 어려움이 있으나, 배합 및 혼합의 관리가 용이하다. 또한 시공중에 발생하는 분진 발생이 적다.

3) Dry type과 Wet type의 비교

구 분	Dry type	Wet type
콘크리트 품질	Nozzle에서 물과 Dry mix된 재료를 혼합시키므로 품질은 작업원의 숙련도, 능력에 의해 좌우된다.	물과 모든 재료를 미리 계량하여 혼합하므로 품질관리가 용이하다.
작업의 제약	Dry mix 재료를 공급하므로 공급작업원 제한을 받지 않는다.	재료 공급의 제한을 받는다.
압송거리	비교적 장거리 압송이 가능	장거리 압송이 부적절
분 진	다	소
소요공기량	소	다
Rebound	비교적 다	소
기계설비	소	비교적 대

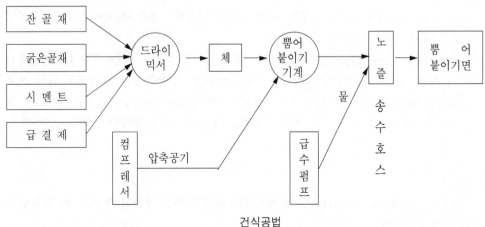

건식공법

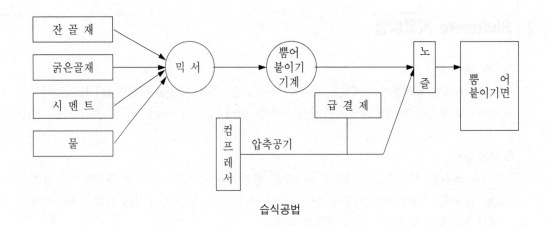

습식공법

III. Shotcrete의 재료

가급적 Rebound량이 적고, 뿜어붙어진 콘크리트가 벗겨져서 탈락되는 양이 적으며, 조기에 소요강도가 얻어지고, Hose의 막힘이나, 분진의 발생이 적어야 한다.

※일반 콘크리트와의 차이점

① 급결제를 사용한다.

② 골재의 밀도조정에 관하여 충분한 배려가 필요하다.

③ 세골재의 표면수에 유의할 필요가 있다.

1) Cement

신선한 Portland cement 사용

2) 골　재

① 깨끗하고 강하며, 적당한 입도를 가지며 유기불순물과 염분 등을 함유하지 말 것

② Dry mixing에는 골재의 표면수는 4~6%, 7%를 넘어서는 경우 Shotcrete 기계의 내부에 부착하든지 Hose를 폐색시킬 수 있다.

③ Shotcrete의 잔골재율(S/A)는 50~70% 범위로 굵은골재의 최대치수는 Rebound율과 Nozzle의 Size를 감안하여 최대치수 19m/m이하로 하여야 한다.(세골재를 많이 쓰면 Cement paste의 소요량이 많아져서 비경제적이며 완성된 Shotcrete 품질이 저하되며, 굵은골재의 최대입경이 너무 큰 것을 사용하면 Hose의 폐색을 초래하고, Rebound율이 높아진다.)

3) 급결제

급결제는 Shotcrete의 Rebound나 탈락을 최대한 적게 하고, 부착된 콘크리트의 경화를 촉진시키기 위함이다.

① 콘크리트의 부착성이 높아야 한다.

② 콘크리트의 최종강도가 저하되지 않아야 한다.

③ 강재를 부식시키지 않아야 한다.

④ 사용상의 안전성이 확보되어야 한다.

⑤ 초기강도 발현효과가 있어야 한다.

⑥ 용수가 있는 곳에서도 효과가 있어야 한다.

⑦ 주로 탄산소다, 알린산소다 등을 주성분으로 한 것으로 단위시멘트 중량의 3~5% 사용한다.

Ⅳ. Shotcrete 시공

1) 준비작업

① 뿜어붙일 암면은 Scaling(부석 제거)를 실시하고 압축공기와 물을 분사시켜 청소한다.

② 겹쳐서 Shotcrete 재타설할 면은 초기 경화가 끝나야 되며, 들뜬 부분 Laitance, Rebound 되어 떨어진 것 등은 Wire brush로 제거한다.

③ 용수가 있는 경우 Shotcrete의 부착성이 나빠질 뿐만 아니라, 콘크리트 배면에 수압을 작용시켜 콘크리트에 악영향을 초래하므로 미리 배수 처리해야 한다.

④ 사용재료의 계량은 중량비에 의하여 비빈 후 1시간 이내에 사용하여야 한다.

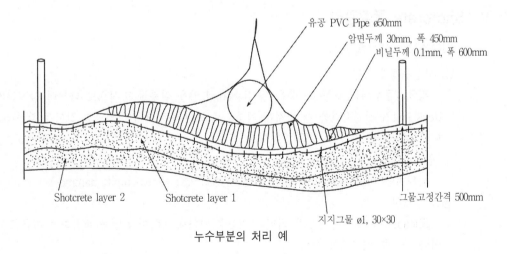

유공 PVC Pipe ø50mm
암면두께 30mm, 폭 450mm
비닐두께 0.1mm, 폭 600mm

Shotcrete layer 2   Shotcrete layer 1

지지그물 ø1, 30×30

그물고정간격 500mm

누수부분의 처리 예

2) 뿜어붙이기 작업

Shotcrete의 품질과 Rebound율은 작업원의 숙련도에 따라 차이가 많아 숙련도가 요구된다.

① 암반면과 Nozzle과의 거리 : 1.0~1.5m

② 뿜어붙이는 각도 : 암반면과 수직일 때 Rebound율이 가장 적다

③ 물－시멘트비 : 40~60% 범위 내에서 암반면의 누수 정도와 Rebound량에 따라 Nozzleman이 조절

④ 시공순서 : 수직벽은 아래에서 위로, 천장은 한쪽 끝에서 다른 쪽으로 시공

⑤ 시공두께 : Shotcrete 평균두께는 25~30m/m/Layer

⑥ 시공 Joint 처리 : 먼저 사용한 Shotcrete를 경사지게 하여 다음 사용시 Overlap를 시키고, 시공 Joint부는 다음 Shotcrete 뿜기 전까지 습윤상태가 유지되어야 한다.

⑦ Wire mesh나 철근으로 보강하는 경우 미리 굴착면을 Motor로 Sealing하여 가능한 평활하게 한 다음 일정한 간격으로 drill하여 밀착시켜 고정시켜야 한다.

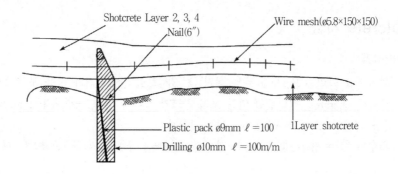

V. Shotcrete 품질관리

1) 시공중 및 시공 후 조사

① 시공두께의 측정

　　평균시공두께는 보통 총 뿜은 양-Rebound 양을 취부한 면적으로 나누어 산정하거나 Rock bolt가 설치되었을 때 이것을 기준으로 하여 추정하거나 일정한 길이를 갖는 pin을 미리 설치하여 측정할 수도 있다.

② 원지반면과의 밀착도

　　쇠망치에 의한 다음 Core boring 등의 방법으로 측정(Schmitt hammer)

③ 균열조사

　　Shotcrete에 발생한 균열은 터널의 거동을 나타내므로 이 균열을 관찰하여 대규모 낙반이나 파괴를 예방해야 한다.

2) Shotcrete의 강도시험

Core boring에 의해 시료를 채취하여 압축강도시험 실시

문제 12   NATM 굴착공법에 대하여 설명하시오.

Ⅰ. 개 설

Tunnel 시공에 있어서 가장 중요한 것은 굴착공법의 결정이다. NATM은 ASSM에 비하여 유연성을 지니고는 있지만 그래도 시공중 굴착공법의 변경은 공기지연과 공사원가 상승 원인이 된다.

1) 지질, 지형, 용수, 파쇄대 유무, 토피
2) Tunnel의 형상, 선형, 연장, 규모
3) 공기

등에 따라 굴착공법을 채택하는데 대표적인 굴착공법은 전단면공법, 上半先進 Bench cut 공법의 2가지 공법이 많이 활용되고 있으나 Shot bench, 다단 bench, Mini bench 공법 등이 있고 대단면에서의 연약지반의 경우에는 측벽도갱선진공법도 채택되고 있다.

Ⅱ. 굴착공법의 종류

1) 전단면공법

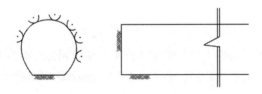

① 적용조건 : 철도복선($60m^2$)에서는 극히 안정된 원지반

　　　　　　단선($30m^2$)급에서는 비교적 안정된 원지반까지

② 주의사항 : 시공 도중 지층의 변화에 따라 Long bench 또는 Mini bench로 바꿀 수 있는 체제가 요구됨.

③ 특징

ⅰ) 대형장비투입이 가능하고 생산능률이 높다.

ⅱ) 지층이 양호하고 높이가 8~9m의 막장이라도 자립이 가능하다. 만일 불량 지반을 만났을 때는 공법의 변경(Short bench)이 가능하도록 시공설비(Shotcrete공)를 준비하여야 한다.

2) Long bench 공법(상반선진공법)

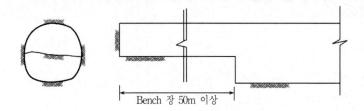

Bench 장 50m 이상

① 적용 조건

전단면에서는 막장이 자립하지 않는 원지반. 단, 비교적 안정되어 있고 시공 도중에서 Invert 폐합이 필요없는 경우

② 주의사항

원지반의 상황에 따라 시공단계 도중에서 Invert의 폐합도 있을 수 있다.

③ 특징

SL 부근에서 상부 반단면을 선진굴착하면서 1차 Lining을 완료한 후 하부 단면을 굴착하는 공법

3) Short bench 공법

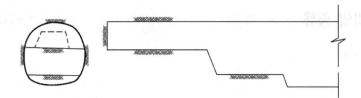

① 적용 조건

ⅰ) 토사 원지반으로부터 팽창성 원지반까지 NATM으로서 가장 일반적인 시공방법

ⅱ) 일반적으로 막장으로부터 30m 이내에서 Invert를 폐합해야 한다.

② 주의사항

지반침하가 현저한 경우에는 폐합시기를 조기에 실시하여야 하므로 Bench의 연장은 여건에 따라 다소 조정함.

4) 가 Invert 공법

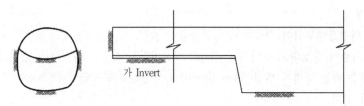

가 Invert

적용대상 : Short bench 공법으로 진행하면서 침하를 억제시키기 위하여 Invert를 1차
Shotcrete로 시행하는 방법

5) 다단 Bench 공법

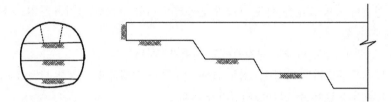

① 적용 조건

　Short bench 공법에서 막장이 자립되지 않은 경우, 지질에 따라서는 頂設部를 지보하면
서 하반을 시공
② 주의사항

　Bench를 다단으로 함에 따라 폐합시기가 늦어진다. 또는 변형이 크게 된다.

6) Mini bench 공법

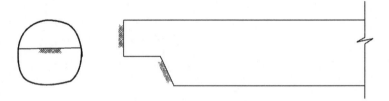

① 적용 조건

　도시 Tunnel에서 침하를 억제할 경우, 또는 Short bench 공법으로 침하가 크게 되었을
경우의 대책의 하나이다.
② 주의사항

　막장의 안정성이 최대의 문제. 상반, 하반의 병행작업이 어려우므로 시공속도는 저하되
기 쉽다.

7) 측벽도갱공법(Side drift method, Side lot method)

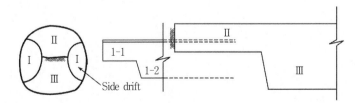

① 적용대상

비교적 대단면으로서 원지반의 지지력이 불량한 경우 침하를 억제하면서 굴진할 수 있
다.

② 시공순서

양측의 측벽 도갱을 선진→측벽 콘크리트 타설→상반 아치를 굴착→1차 Lining→
내부 굴착

ⅰ) 지반이 극히 연약한 구간에서도 시행가능하다.

ⅱ) 측벽 콘크리트 타설 후 상부 Arch지보공을 시행하므로 침하 발생이 적다.

ⅲ) 공기가 많이 소요되며, 건설비가 높다.

③ 주의사항

Side lot의 단면 또는 간격을 확인하기 위하여 어느 정도의 단면이 필요, 可縮구조로 하기
어려우므로 팽창성 원지반에서는 적용이 곤란하다.

문제 13 NATM에 있어 계측 결과의 판단과 시공과의 관계에 대해 기술하시오.

I. 서 론

1) NATM에 있어 1차 지보공(Shotcrete, Rock bolt, 강지보공)의 거동은 계측에 의해 관리한다. 계측은 NATM 중요한 요소 중 하나이다.

2) 현장계측은
   ① 암반의 지질 조건
   ② 지보의 종류
   ③ Tunnel 규모
   ④ Lining 타설시기
   등에 따라 적절한 방법을 선정, 터널시공의 전반적인 요소가 포함되게 된다.

3) 결과를 총합적으로 판단하여 설계, 시공에 반영토록 하여, 공사의 경제성, 안정성을 확보한다.

II. 계측항목 및 판단내용

NATM의 계측은 계측 A와 계측 B로 구분하며, 그 내용은 다음과 같다.

1. 계측 A

일상의 시공관리를 위해 실시하는 계측항목

1) 갱내 관찰조사
   ① 기굴착구간의 관찰을 통해 터널의 이상 유무를 판단한다.
   ② 미굴착구간의 지질상황을 사전에 예상하여 지보 패턴을 결정한다.
   ③ 터널의 종단방향과 횡단방향의 Geological mapping을 실시한다.

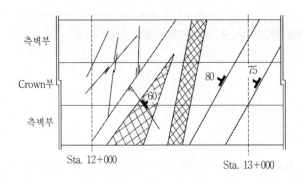
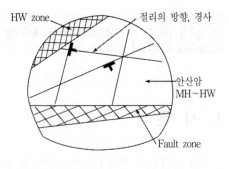

2) 내공변위측정 및 천단침하측정

① 터널 내공의 변위상태로부터 주변 지반의 안정성, 지보의 타당성, 콘크리트 Lining 타설 시기, Invert 폐합시기를 결정한다.

② 갱내 관찰조사, 천단침하측정 자료와 병용하여 결정한다.

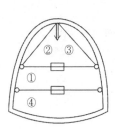
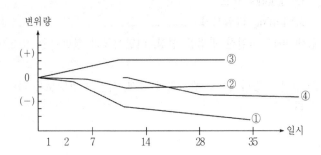

2. 계측 B

지반조건에 따라 계측 A에 추가하여 실시하는 계측항목

1) 지반시료시험

암반의 물성치를 조사하여 주변 지반의 응력상태 및 변위상태를 파악하는 자료로 사용한다. 주로 FEM 해석시 필요한 중요 자료이다.

① 일축압축강도

② 탄성파속도

③ 탄성계수

④ 포아슨비

⑤ 비중, 밀도, 내부마찰각 등

2) 지중변위측정

암반의 이완 범위, 형태 등을 파악하여 지보공의 적정 여부를 판단한다.

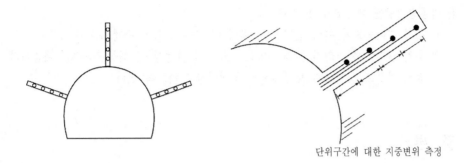

단위구간에 대한 지중변위 측정

3) Shotcrete 응력측정

① Shotcrete에 발생하는 법선 방향 응력과 반경 방향 응력을 측정하고, 배면에 작용하는 토압의 크기와 분포상황을 측정하여 응력의 크기 및 방향을 파악한다.

② Shotcrete의 적정성 여부를 판단한다.

4) Rock bolt 축력측정

Rock bolt에 발생하는 축력의 크기와 단위 길이별 분포상황을 파악한다. 지중변위측정 결과와 함께 비교검토하여 Rock bolt 부재의 길이, 직경, 간격 등의 적정성 여부를 판단한다.

5) Rock bolt 인발시험

Rock bolt의 품질관리를 위한 시험으로서 계측항목은 아니다.

Ⅲ. 계측 결과의 시공에의 반영

1) 계측 결과를 시공에 반영하는 목적은 다음과 같다.
   ① 안정성의 확보
   ② 경제성의 확보
2) 계측에서 얻은 결과를 신속히, 그리고 정확히 시공에 반영해야 한다.
3) 지반조사 및 시료시험을 통해 대상 공사구간의 지질상태에 맞는 관리기준치를 설정한다.

주의 Level	관 리 기 준 치	조 치
1단계	주의 5mm 이하	책임기술자에게 보고
2단계	위험 10mm 이하	책임기술자에게 보고 지보공 추가시공
3단계	매우 위험 10mm 이상	책임기술자에게 보고 공사중지, 보강, 원인조사

4) 최종변위량을 예측코자 할 경우

    ① 초기 변위속도와 최대 변위속도, 최대 내공변위량과의 관계도를 작성한다.

    ② 초기 단계에서 관리기준치와 비교, 검토하여 안정성 및 최종변위량을 예측한다.

    ③ 범위 밖으로 벗어나면 보강대책과 설계변경을 하도록 한다.

Ⅳ. 결 론

계측의 위치 선정, 판단, 시공에의 반영에 대해 기술하였다. 문제는 임의의 지반을 여하히 신뢰성 있게 변형 거동을 파악할 수 있는가이다. 즉 계측개시시기, 계측기기의 신뢰도 및 계측기술력의 유무가 문제점이다.

또한 계측의 관리한계치를 상회하는 변위량에서도 터널이 안정되는 경우도 있다. 향후 지반의 지보공의 상호작용, 지보효과 및 시공경험의 축적이 요망되며, 올바른 지질조사와 계측기술에 대한 신뢰도 향상에 보다 많은 연구개발의 노력이 요망된다.

문제 14 터널 계측관리에 대하여 기술하시오.

Ⅰ. 개 설

터널 시공에 따른 계측을 시행하고 그 결과를 평가, 반영함으로써 당해 지점의 지반 조건에 적합한 지보구조와 시공법을 선정하고 이를 통하여 공사의 안전성을 높이고 경제성을 추구할 수 있다.

현장계측의 목적은 다음과 같다.

1) 원지반 거동의 관리
2) 지보공 효과의 확인
3) 안정상태의 확인
4) 근접 구조물의 안정성 확인
5) 장래의 유사 공사에 대한 자료축적

Ⅱ. Tunnel 계측항목

Tunnel 계측에서는 효율적인 계측항목의 선정에 있어 당면한 시공관리를 위하여 반드시 실시하여야 할 항목을 계측 A, 지반 조건에 따라 추가해서 선택하는 항목은 계측 B로 정한다. 다만, 표피가 얕은 경우와 주변 구조물에 미치는 영향이 문제가 되는 Tunnel에서는 지표침하 측정을 반드시 실시하도록 한다.

1) 계측 A(일상의 계측)

① 항내관찰조사 : Tunnel 전 연장구간에 각 막장에 대하여 1회/1일
② 내공변위측정 : 10~50m마다 1~2회/일
③ 천단침하측정 : 10~50m마다 1~2회/일
④ Rock bolt인장시험 : 50~100EA/회

2) 계측 B(지반조건에 따라 계측 A에 추가하여 선정하는 항목)

① 지반변위측정
② Rock bolt 축력측정
③ Linning 응력측정
④ 지표, 지중 침하측정
⑤ 갱내 탄성파속도측정

계측 항목별 주요 검토 및 평가사항

계측항목	계측에 의한 주요 검계, 평가사항	계측거리 및 측정빈도	비고
갱내관찰조사	• 막장의 자립도, 굴착면의 안정성 • 암질, 단층파쇄대 등의 성상파악 • Shotcrete 등 지보공의 변형 파악 • 당초 지반 구분(Scheme 분류)의 재평가	전연장에 걸쳐 각 막장마다 실시 1회/일	A
내공변위측정	• 주변 지반의 안정성 • 1차 지보, 설계, 시공의 타당성 • 2차 Lining 타설시기	10~50m 간격 1~2회/일	A
천단침하측정	• Tunnel 천단의 절대침하량을 관찰하여 단면변형 상태 파악 • Tunnel 천단의 안정성 판단	10~50m 간격 1~2회/일	A
Rock bolt 인발시험	• 적정정착방법, 적정 Rock bolt 길이 판단	50~100개/회	A
지중변위측정	• Tunnel 주변의 이완영역, 변위량 파악 • Rock bolt의 길이, 설계시공의 타당성 파악	3~5개소/단면 1~2회/일	B
지표지중의 침하측정	• 터널의 굴착에 의한 지표의 영향, 침하방지대책의 효과 판정 • Tunnel에 작용하는 하중의 범위추정		B
Lining의 응력측정	• 1차 Lining의 배면 토압 • Shotcrete의 응력		B

2) Tunnel 시공 중 다음과 같은 경우에는 계측거리, 빈도의 변경이 필요하다.

① 팽창성 지질로 장기간 원지반이 안정되지 않을 때

② 굴착의 진행이 현저하게 빠르거나 늦을 때

③ Tunnel 연장의 변화가 있을 때

④ 양호한 지질이 연속일 때

⑤ 지질의 변화가 현저하게 심할 때

⑥ 측정치가 대단히 빨리 수렴될 때

Ⅲ. 계측시 관리요점

1) 갱내 관찰조사

막장(Face)의 지질관찰과 지보공의 변형(Shotcrete의 Crack, Rock bolt의 Plate 변형 등)을 관찰함.

① 막장의 지질관측은 매 막장마다 실시

ⅰ) 지질(암석명)과 분포, 성상

ⅱ) 지층의 고결도, 연경, 절리의 갈라진 틈의 양

ⅲ) 단층의 분포와 방향, 경사, 점토화, 연약화의 상태

ⅳ) 용수개소

② 지보공의 변형 관찰

ⅰ) Rock bolt 설치위치와 방향

ⅱ) Bolt의 Bearing plate의 느슨함

ⅲ) Bearing plate와 원지반과의 접촉 정도

ⅳ) Shotcrete의 소정의 두께

ⅴ) Shotcrete의 Crack(발생 위치, Crack의 종류, 폭, 길이)

ⅵ) Steel rib의 변형, 좌굴위치, 상황

ⅶ) Steel rib의 원지반과의 밀착

2) 내공변위와 천단의 침하측정

① 내공변위의 측정은 Tunnel 내공(HD)의 상대변위를 측정하는 것으로, 현장계측 중에서 가장 중요하게 이용되는 것으로 Tunnel의 안전성에 관하여 판정자료가 될 뿐 아니라, Rock bolt의 추가시행 여부, 2차 Lining 타설시기를 결정하는 기준이 된다.

② 천단의 침하측정은 토피가 얇은 경우와 단층 등의 붕괴가 일어나기 쉬운 장소에서는 특히 중요한 측정이다.

③ Rock bolt의 정착효과를 확인하기 위한 시험(Rock bolt의 인발시험)

3) 1차 Lining의 응력측정

4) 지표, 지중의 침하측정

토피가 얇을 때(특히, h<2D, h : 토피 D : Tunnel경)은 중요한 계측이다.

원지반의 안정상태의 확인과 지보효과를 파악하는 것이 목적이며, 지표의 침하는 Tunnel 굴착에 따라 침하 영향이 미칠 것으로 예상되는 영역의 지표에 침하 Point를 설치하여 Level 측량에 의한다.

Ⅳ. 결 론

계측은 시공중의 Tunnel의 안정성의 확인뿐만 아니라, 설계의 적합성 확인을 위해 필수적인 요소이므로 계측전문요원을 고정 배치시켜 규칙적인 계측관리를 수행해야 한다.

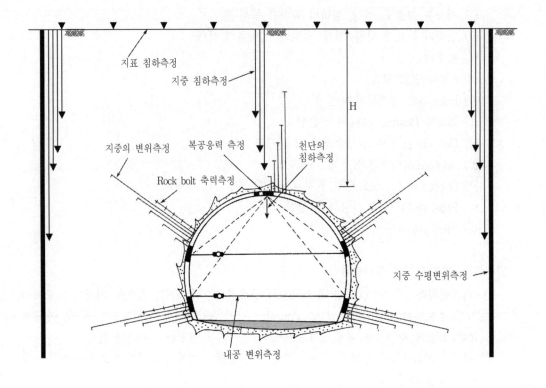

지표 침하측정

지중 침하측정

지중의 변위측정

복공응력 측정

천단의
침하측정

Rock bolt 축력측정

H

지중 수평변위측정

내공 변위측정

문제 15 여굴에 대하여 기술하시오.

I. 여굴과 낙반의 정의

터널 굴착에서는 그림과 같이 굴착선을 지분선(Pay Line)과 여굴선으로 구분한다.

Pay line이란 터널의 내공과 허용 지보재의 두께를 포함하여 굴착하고자 하는 선을 말하며, 여굴선은 이 지지선을 굴착할 때 자연 발생 목적으로 생기는 여굴의 평균두께를 포함한 선을 여굴선이라 한다.

낙반은 지형적으로 발파시 이원된 절리가 떨어지는 것을 낙반이라 하며, 이를 방지하기 위해서는 Fore poling과 같은 보조공법이 활용된다.

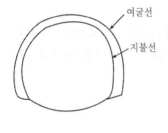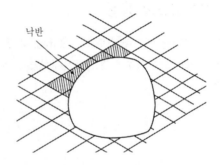

II. 여굴의 발생 원인

1) 굴진장 및 천공장비에 따라 장비두부의 두께로 굴착면과 각을 이루어 여굴의 원인이 된다. 이 각은 굴진장의 길이가 길어지면 여굴의 폭이 넓어진다.

2) 천공 기능에 대한 원인

천공시 대차나 Jumbo drill 조작시 착암공이 작업하기에 적합치 못한 공간이 나오기 때문에 천공각도의 오차나 발파면의 요철로 정확한 위치에 천공을 하지 못하기 때문에 생기는 여굴

3) 발파공법에 대한 원인

사용하는 화약의 세기 및 공간간격 등에 대해 발생된다.

4) 암반절리에 대한 원인

발파시 충격에 의해 암반 사이에 절리가 발달되어 떨어져 나오는 것이다. 이는 보조 공법인 Fore poling, 경사 Rock bolt 등에 의해 최대한 적게 할 수 있다.

Ⅲ. 여굴방지대책

터널 공사에서 발생하는 여굴은 그 양이 증가함에 따른 버럭 처리량 Shoterete 시공량 및 Concrete lining 시공량이 증가하면서 시공원가가 상승하며, 터널 지보에서 불리하므로 최대한 여굴을 줄여야 한다.

터널 여굴의 방지대책

1) Smooth blasting 공법 채택
2) 발파 후 조속한 Shotcrete 실시
3) 적절한 장비 선정
4) 숙련된 작업원의 활용과 기능교육 실시
5) 정밀 화약 사용 및 적정량의 폭약 사용

Ⅳ. 설계상 여굴의 적용

도로 터널에서는 Arch부 15~20mm, 측벽부 10~15mm는 필연적으로 발생하게 되며, 여굴 채움 콘크리트는 지보공 설치구간에서는 여굴두께의 70%까지 무지보공구간은 100%까지 계상한다.

문제 16   TBM 굴진방법의 특징 및 타공법과의 비교

Ⅰ. TBM 적용 의의

1) 지하공간 활용의 시대적 흐름 및 도시지하공간 확보의 필요성 대두
2) T/L 공사의 대형화, 장대화 경향
3) 도심지 공사에서의 각종 민원 해결(소음, 진동 등)
4) 인력부족현상 심화에 따른 기계식 대체 필요
5) 경제성
6) 발파공법에 대한 안전성 문제 제기

Ⅱ. TBM 굴착방법

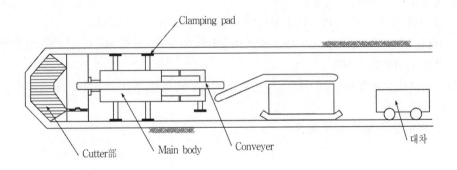

1. 적용 토질

경암 : 압축강도 $500 \sim 2,000 kg/cm^2$ 일반적

2. 굴진 원리

Bit와 Cutter를 이용하여 압쇄, Cutting 굴진
1) 압쇄식(Rotary type) : 경암
2) 절삭식(Shield type) : 풍화암

Ⅲ. TBM의 장단점

1. 장 점

1) 굴진속도가 월등히 빠르다. 평균 5~10m/일(최대 30m/일)
2) 장대 T/L의 경우 공기가 단축된다.
3) 여굴 최소화 및 터널 단면의 안정성
4) 발파로 인한 각종 작업환경문제, 민원문제 등을 해결할 수 있다.
5) 기계굴착에 의한 기계시공이므로 노무비 절감 및 안전사고 방지

2. 문제점

1) 지질조건 및 지질조사에 따른 제약성
   ① 3,000kg/cm^2 극경암에 적용 어려움
   ② 굴진중 암질 변화에 대한 대응이 어렵다.
2) 시공중 T/L 단면 변경이 어렵다.
3) 굴진효율이 저하 → 가동률 문제
4) 초기 투자가 크다.(장비가격과 단면에 따른 장비 선정이 국한된다.)
5) Bit와 Cutter의 형식이 특정 암질에만 적용되어 주문제작되기 때문에 굴진중 암질 변화에 따른 교체작업이 길다.
6) 고압전력 사용에 따른 대용량 전력설비, 장비이동에 따른 진입도로 개설, 침전설비 등 초기 투자가 크다.
7) 굴착시 분진 발생 대책 필요

Ⅳ. 적용 사례

1) 부산구덕 수로터널 ø4.5m, L=2,238m
2) 부산 지하철 ø7.0m, L=1,835m
3) 주암댐 도수 T/L ø4.5m, L=8,594m
4) 남산 쌍굴 T/L
5) 지하철(서울)

V. 공법 비교

구 분 \ 공 법		ASSM	NATM	TBM
굴착공법	경 암 보통암 연 암	전단면 굴착 전단면 상하반 상하반	→ → 상하부, Bench	→ 전단면 →
	굴진공정	① 천공 및 발파 ② 버럭처리 ③ 강재 지보공	① → ② → ③ Shotcrete, R/B ④ 강지보공	① 천공굴착 및 버럭공사
굴진능력 ø5~7m(7 이상)		2~3m/日 (1~1.5)	2~3m/日 (1~2m)	5~8m/日 (4~6m)
시공성	단면 및 선형 유지	비 정 밀	→	정 밀
	암반의 이완영역	0~1.3m	0.3~0.7m	0~0.3m
	여 굴	20~30cm	12~15cm	0
	버럭처리	대소암 혼성	→	ø8cm 골재상태
환경성	안 전 성	발파 및 낙반에 대한 안전시설 필요	→	극소함
	작업환경	분진 및 발파 가스불량	→	굴착분진
	주변환경	발파진동과 소음 등으 로 지하매설물 손상, 각종 공해 보상 필요	→	기계굴착으로 민원 및 보 상분쟁 최소화
공사비 (순수굴착비)	ø4.5	−	280만/m	230만/m
	ø7.0	−	520만/m	500만/m
공사개요		① 굴착과 동시에 강 재 지보공을 설치하 여 터널에 작용하는 하중을 지지시키는 공법이다. ② 쐐기목과 지보공으 로 원지반의 이완과 낙석을 방지한다. ③ 지반이 양호하고 소 단면인 경우 유리하 다. ④ 종래 많이 사용되었 다.	① 터널의 주변 지반이 본래 지니고 있는 지보력을 충분 히 이용하고, 록볼트, 숏크리 트, 가축지보공 등을 적절히 조합, 사용하여 터널을 축조 하는 공법이다. ② 지반이 삼축적인 응력상태 를 유지하여 안전성을 증대 시키고, 시공시 계측으로 안 전 여부를 판단하므로 시공 성이 우수하다. ③ 대단면터널, 연약지반, 지반 변화가 큰 지반 등 지반 조 건이 불량한 곳에 유리하다.	① 전단면굴착기(Tunnel boring machine)에 의한 완전 기계화된 공법이다. ② 원추형의 굴착기가 앞에 서 회전하며 터널을 굴 착, 앞에서 나오는 배출, 토석은 자동으로 후방으 로 운반된다. ③ 비발파 작업으로 단면 이 최소화되며, 굴착면 과 일체가 되도록 숏크 리트를 타설하고 완전한 원형 구조를 형성시킨다.

구 분＼공 법	ASSM	NATM	TBM
장 점	① 공종이 단순하고 효과적인 관리로 공기단축처리가 가능하다. ② 시공경험이 많아 시공성이 우수하다. ③ 장비가 간단하여 소단면 터널에 유리하다. ④ 각 작업시마다 동시작업이 양호하다.	① 원지반의 지보력을 이용하는 합리적인 공법 ② 변화의 발견과 대비책에 연계성이 크다. ③ 대단면 터널과 지반 조건이 불량한 곳에 적응성이 우수하다. ④ 지반침하가 적다.	① 비발파로 지상, 지하 안전도가 증대된다. ② 공사기간이 단축된다. ③ 터널 내 작업 환경이 양호하다. ④ 여굴량이 적고 버럭처리가 용이하다. ⑤ 굴착 단면이 원형으로 구조적으로 안정 ⑥ 노무인력이 감소한다.
단 점	① 연약지반, 지반변화가 심한 곳에서는 보조 공법이 필요하다. ② 1, 2차 복공시 각각 이동식 거푸집이 필요하다. ③ 원지반과 1차 복공의 상부가 밀착되지 않으므로 밀착을 위해서는 1차 복공 후 모르타르 그라우팅이 필요하다. ④ 단면이 커지면 공사비가 급격히 증가한다. ⑤ 지반침하가 우려된다.	① 정확한 지질조사가 필요하다. ② 다수의 장비가 필요하므로 적은 단면은 비능률적이다. ③ 계측 및 시공시 높은 훈련도를 요한다. ④ 발파작업으로 균열이 많이 생겨 비경제적이다.	① 소요작업구 면적이 크다. ② 기계능력이 버럭반출 능력에 좌우된다. ③ 고압배선이 막장까지 필요하다. ④ 기계중량이 무겁고 크며 설치해체 기간이 길다. ⑤ 기계도입가격이 비싸 손료가 증가한다. ⑥ 암질 변화에 대한 적응력이 결여되어 있다.

문제 17 터널 공사시 지표면 침하방지 대책에 대해 기술하시오.

Ⅰ. 개 요

토피층이 얕은 터널의 경우에는 터널 시공에 수반하여 지표침하가 발생한다. 특히 도심지 터널의 경우 이러한 현상을 방지 또는 최소화해야 한다.

Ⅱ. 지표면 침하의 원인

지표면 침하의 원인은 적용 공법에 따라 다소 차이는 있으나 다음과 같이 분류할 수 있다.
1) 지보 구조물의 변형
2) 굴착시 응력 변화에 의한 지반의 변위
3) 지보재와 지반 사이의 간극을 느슨히 한 경우의 변위
4) 지하 수위 저하에 의한 압밀침하

Ⅲ. 지표침하 방지대책

1. 개 요

지표침하는 지표에 위치한 구조물(건물, 교량, 도로…) 등에 따라 허용량 및 영향이 차이가 있으므로 사전에 면밀히 조사한 후 대상 구조물의 관리자와 그 목표치를 설정토록 한다
- 침하 방지대책
1) 지표침하의 원인을 제거하는 방법
2) 침하 전달을 차단하는 방법

2. 지보의 침하, 변형의 억제

1) 토피가 얕은 지점에서는 전체 토피중량이 하중으로 굴착 즉시 작용키 때문에, 지보재를 강성이 큰 것으로 신속히 시공해야 한다.
2) 지보 각부에는 응력이 집중하기 때문에 지내력이 약한 경우에는 침하 방지대책을 세워야 한다.
3) 침하 방지대책

① 측벽도갱선진공법
② 지보 각부의 확폭
③ 가설 Invert 시공
④ 기초지반의 개량

3. 막장의 안정성 향상

1) 지반의 고결도가 낮은 경우에는 막장의 안정대책이 가장 중요한 침하 방지대책이다.
2) 막장 Crown부의 안정대책으로는 Fore poling, 강제 Masser에 의한 시공방법이 많이 적용된다.

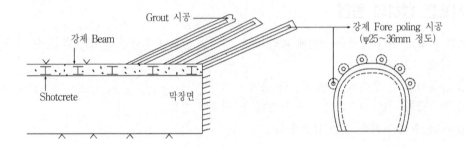

3) Fore poling 시공시 최근에는 중공 Pipe를 이용하여 Grout를 시공함으로 효과를 증진시킨다.
4) 막장의 붕괴, 유출 등이 우려될 경우에는 굴착방식을 Ring cut, 분할굴착방식을 채택하며, 막장면에 Shotcrete를 타설하면 효과적이다.

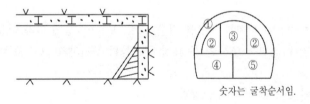

숫자는 굴착순서임.

Ⅳ. 특수대책공법

1. 개 요

1) 굴착에 따른 지반의 변형은 막장 전방에서부터 시작되며, 아주 불안정한 지반에서는 그 영향이 매우 크다.
2) 지표침하관리의 제한이 엄격한 경우에는 굴착, 지보단계에서의 대책만으로는 충분치 못하며, 굴착 전 단계에서의 대책이 필요하다.

3) 대책공은 특수한 설비를 요하므로 공사비도 많이 소요되며, 필요성, 효과에 대한 적용 전 검토가 중요하다.

2. Pipe roof 공법

1) 굴착 전 Crown부에 Pipe를 시공하여 지반과의 사이는 Grout를 하는 공법이다.
2) 갱구부분, 중요 구조물 하부에 시공한다.
3) 최근에는 갱내에서도 가능한 비교적 짧은 Pipe roof도 개발되었다.

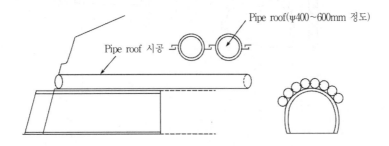

3. 주입공법

1) 약액을 지반 중의 공극에 주입하여 지반의 역학적 특성을 개량할 목적으로 시공한다.
2) 지하수위의 저하를 방지할 지수 목적으로 시공한다. 즉 지하수위 저하에 의한 압밀침하를 방지한다.

4. 수직보강공법

1) 지표로부터 Boring을 하고 공내에 철근 등을 삽입 후 모르타르를 충전한다.
2) 터널 상부의 지반을 일체화시키고, 경사진 지반의 이동을 방지하며, 막장의 안전성 향상을 목적으로 한다.

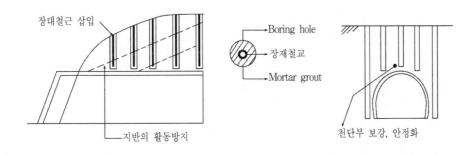

5. 차단벽공법

침하의 영향을 받지 않도록 지중에 차단벽을 형성하는 공법이다.

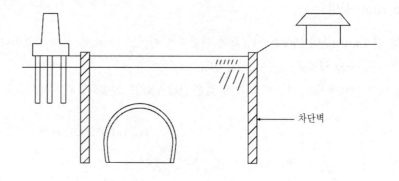

차단벽

문제 18　주입공법에 대하여 기술하시오.

Ⅰ. 개 설

지하굴착공사중 현장 조건 및 지질 조건에 따라 굴착지반의 지지력 부족, 용수의 발생 및 지반의 과대한 변형에 따른 주변 시설물과 인접 건물에 피해가 발생되며, 이에 따른 주입공법 채택이 불가피하다. 주입공법의 목적은 지반, 구조물의 안정과 시공의 용이성에 있다.

1) 지반강화

지반의 역학적 강도가 부족할 때 기초지반의 지지력 개선, 터널 굴착시 붕괴 방지, 굴착작업시 인접 구조물 방호 및 굴착저면의 융기 방지 그리고 토압의 경감 등을 도모한다. 즉 굴착에 따른 위험이 발생할 부분을 고결시킴으로써 공사를 용이하게 하며, 안정성을 확보한다.

2) 지층의 지수성 증대

터널 굴착시 용수 방지, 굴착시 Piping 현상 방지, 지하수위 저하 방지, 댐에서 지수를 위한 지수영역을 형성시킨다.

3) 지층의 변형 방지

Ⅲ. 주입공법

1) 재료에 따른 주입공법

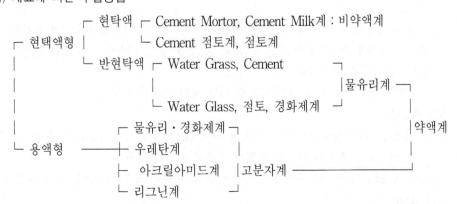

2) 주입방법

① 주입관 설치방법

　ⅰ) Rod 주입방법

　ⅱ) Strainer 주입방법

　ⅲ) 이중관 Double Packer 주입방법

　ⅳ) 이중관 Rod 주입방법

　ⅴ) 이중관 복합주입방법

② 주입재의 혼합방식

1shot, 1.5shot, 2shot

Ⅲ. 주입공법의 종류

1) JSP(Jumbo Special Pile)

① 개요

분사교반공법의 메커니즘을 응용하여 지중에서 다중관 Rod의 선단부에 장착한 Nozzle 로부터 Air jet를 이용하여 Grout를 200kg/cm^2 이상의 초고압으로 분사시켜 대구경(ø600~2,000m/m) Cement paste 주상을 형성시킨다.

Soil cement 기둥의 강도 σ_{ck}=170~180kg/cm^2, 시공속도 3.0~20m/일

② 적합한 지질 및 효과

비교적 투수계수가 큰 모래층, 사력층 및 일반 토사층에 ø700~800m/m의 확실한 Soil cement 기둥을 형성. 본 공법은 일반 Grouting 공법과 달리 H-pile에 근접하여 시공하여도 pile에 거의 영향을 주지 않으며, Heaving을 방지할 수 있다. 그러나 공사비가 너무 고가인 것이 결점이다.

2) LW

① 개요

Water glass 용액과 Cement 현탁액을 혼합하여 지반에 유입시켜 지반 공극을 매움은 물론 토립자와 화학반응을 일으켜 Water glass를 형성, 지반을 고결 또는 안정시키는 일종의 약액 주입 공법이다.

주입작업의 간편성, 경제성 등으로 가장 많이 사용되고 있다.

② 주입방법

　ⅰ) 1shot : 터널 누수 방지를 목적으로 하며, Gel화 시간은 8~20min 누수방지와 지수성 향상을 위해 점성이 높으며 작업이 일관성 있고 단순하다.

　ⅱ) 1.5shot : 지하 지반 유입으로 지반 안정 및 개량을 목적으로하며, Gel time은 10set~3min

③ 효 과

　　LW 공법은 각종 약액주입공법 중 가장 저렴한 가격의 무공해 주입공법으로 누수 방지와 지반고결 및 보강에 적합하다.

④ 적용 사례

ⅰ) 터널 : 기존 T/L의 누수 방지, 신설 T/L의 복공 배면 주입

　　　　　토사 T/L의 용출수 방지 및 붕괴지반 고결

ⅱ) Shield T/L : Shiled T/L 배면충진 및 보강

ⅲ) 토류벽 배면 차수성 확보

3) SGR(Space Grouting Rocket System)

① 개요

ⅰ) 이중관 Rod를 사용 천공수를 보내면서 소정의 심도까지 천공한 후 Rod를 1step씩 끌어올리면서 형성되는 유도공간을 Gel time이 다른 2종의 다른 Grouting재를 연속적으로 주입시키는 방법임.

ⅱ) 주입관리는 Gel time이 Set된 경화제를 쓰므로 Gel time 관리는 확실하고, 용이하다.

　　Grouting 토출량 주입압력은 Grouting pump에 연결시킨 자기유량압력기록계로 압력관리에 의한 정량주입방식으로 시행

② 적용범위 및 특징

ⅰ) SGR의 적용범위

　　점성토에서 사질토까지 가능하며, 점성토에 대해서는 원지반의 파괴없이 조용히 주입

ⅱ) 특징

　　－ 유도공간을 이용하는 조용하고도 완만한 이중관 저압주입방식이다.

　　－ 3조식 교반장치로 순결성 Grout와 완결성 Grout의 연속적인 복합주입이 용이하고, 또 완만하게 할 수 있다.

　　－ Space에 대한 복합 주입은 일반 Grouting에 비하여 지반의 융기가 없다.

Ⅳ. 주입공법의 성과시험

1) 주입 후 주입 결과를 확인하기 위해 Check boring에 의한 Core 채취, 투수시험, 약품시험의 방법으로 주입성과시험을 실시하여야 한다.

2) 주입공법은 그 이용도가 급격히 증가하는 추세에 있으나 지반개량효과의 판정방법, 주입재의 내구성, 공해 등 해결해야 할 문제가 많이 남아 있다. 앞으로 안전하게 주입효과를 얻을 수 있는 철저한 시공관리가 필요하며, 주입재의 발굴이 요구되는 실정이다.

문제 19   산악지역의 터널 공사시, 갱구부 시공상 유의점에 대해 기술하시오.

I. 서 론

통상 터널의 갱구부는 지질적으로 취약한 지층이 존재한다. 취약지점에는 침식 및 복잡한 사면형상을 나타내는 것이 일반적이다.

공사중은 물론이고 완공 후 유지관리시에도 문제가 많다. 이에 따라 지질 및 지형 조건에 따른 특이점을 찾아 면밀한 대응이 필요하다.

II. 갱구부의 특이성

터널은 일반적으로 긴 선상 구조물로써 전체적으로 이상적인 위치에 배치하기가 매우 곤란하다. 다소의 문제점이 항상 내포되며, 시공 단계에서 이에 적절히 대응토록 계획을 수립한다. 갱구부의 범위에 대한 특별한 정의는 없으나 통상 Crown부의 토피가 D의 2, 3배 이상 되는 구간에 위치토록 한다.

1. 지형, 지질의 특이성

1) 갱구부는 미고결 퇴적물이나 풍화가 심한 지층으로 구성된 경우가 대부분이다.

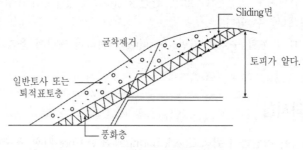

갱구부 지질 개요

2) 토피가 얕고, 막장의 자립성 및 지내력이 불안정하다.
3) 굴착에 따라 토압 Balance의 변화로 편토압이나 Sliding으로 붕괴를 유발하기도 한다.

2. 자연재해

   돌발적 자연재해가 시공중 또는 완공 후에 발생할 우려가 있다.
1) 토석류
2) 붕괴
3) 낙석

3. 구조물과의 근접 및 사회적 제약

   인접한 가옥, 철탑, 도로 등의 기존 구조물과 근접된 경우가 대부분이어서 환경문제를 포함한 사회적 제약 요소가 많다.

Ⅲ. 시공시 유의사항

1. 조 사

   갱구부는 복잡한 지형 및 지질상태를 나타내므로 설계시 도면화하는데 한계가 있으며, 통상 획일적으로 나타내는 경우가 대부분이다. 따라서 시공시에 현장 상황을 상세히 검토하여 시공법, 시공순서 등을 적절히 계획하여 대응토록 해야 한다.

2. 갱구 시점의 위치결정 및 보강

1) 터널의 연장을 짧게 하기 위해 사면을 깊고 길게 가져가면 사면의 활동을 유발하는 경우가 많다.

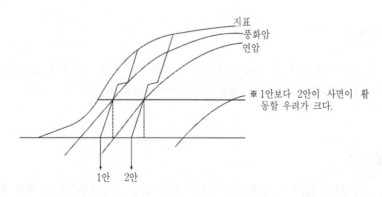

2) 사면의 안정성, 공용시 사면의 관리, 환경 등을 고려하여 갱구 시점을 정한다.
3) 갱구부는 압성토나 성토 등으로 편토압 및 사면측으로부터의 활동에 대응토록 한다.

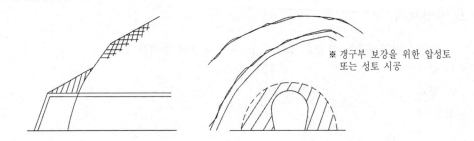

※ 갱구부 보강을 위한 압성토
또는 성토 시공

3. 지보구조

1) 갱구부는 특히 지반을 이완시키지 않고 시공해야 하는 점이 중요하다.
2) 통상 토피층이 얕은 경우에는 Ground arch 형성 기능이 미약하기 때문에 터널 내부보다 강성이 큰 지보부재를 사용한다.

4. 보조 공법의 적용

1) 갱구부는 복잡한 지형, 지질로 인해 여러 가지 문제가 복합적으로 발생한다.
2) 이에 적절히 대응키 위해 Bolt, Shotcrete, Grout 등의 보조 공법을 적용하여 갱구부를 보강한다.

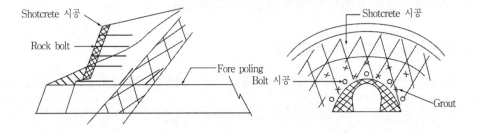

5. 계측관리

지표면 침하 및 활동, 지중변위 등을 적절한 위치에서 측정하여, 효과적인 보조공법의 적용과 시공 단계별 대응조치를 효과적으로 할 수 있도록 한다.

IV. 결 론

이상 갱구부의 시공에 관련한 유의사항을 약술하였으나, 시공시에는 특히 갱구부 쪽으로 물이 유입되는 계곡부에 위치한 경우에는 별도의 대책이 필요하다. 갱구부 시공시에는 각별히 지표변위를 확인할 방법과 주변에 미치는 영향 등을 총괄적으로 검토해야 한다.

문제 20 NATM 터널 2차 Lining 콘크리트 파손, 균열 발생원인, 대책에 대하여 기술하시오.(B)

Ⅰ. 개 설

ASSM에서 복공 콘크리트는 터널을 영구적으로 지탱하고 있으나, NATM에서는 1차, 2차 Lining으로 그 명칭을 구분하며, 2차 복공의 특징은 원지반에 밀착하여 뿜어붙인 Shotcrete 내측에 터널의 全周에 걸쳐서 30cm 전후로 일시에 시공하는 것이다.

NATM에서 2차 Lining 콘크리트 균열의 원인은 1차 Lining 콘크리트를 포함한 원지반에 구속되고, 2차 Lining 콘크리트의 경화 과정에서 생기는 응력에 의하여 발생되므로 복공시기, 콘크리트 타설방법, Lining의 콘크리트 균열 방지대책에 대하여 기술하고자 한다.

Ⅱ. 2차 Lining 콘크리트의 특징

1) 장 점

① 1차 복공이 원지반에 밀착되어 있기 때문에 ASSM에서 행하는 복공 콘크리트 배면에 대한 Grouting이 필요없다.

② 全周에 대한 2차 Lining을 일시에 시공하므로 Joint가 없어 지수성이 높다.

2) 단 점

① 터널 全周에 걸쳐 일시에 시공된 얇은 두께의 콘크리트 복공구조이므로 건조 수축, Crack이 발생하기 쉽다.

② 작업공간이 협소하여 Sliding form 등의 부착물 제거를 위한 청소 등을 할 수 있는 발판 설치가 어렵다.

Ⅲ. 2차 Lining의 시공시기

1) 계측자료에 기초하여 변위가 수렴된 후 시공

2) 변위 수렴시기는 원지반 상태에 따라 다르나, Invert의 폐합 후에는 급속히 수렴하는 수가 많다.

Ⅳ. 2차 Lining 콘크리트의 타설방법

1) NATM 공법은 일반적으로 2차 Lining 두께가 25~30cm로서 ASSM에 비하여 얇고 전단면타
   설이 보통이다.
   ① 이 때문에 천단으로부터 타설하나 재료분리가 생기기 쉬우며 두께가 얇기 때문에 거푸집
      내부에 들어가기도 곤란하다.
   ② Pipe cut 방식, 인발방식은 충분한 충전이 어렵다.
   ③ 뿜어붙이기방식, Piston 공법에 의하여 거푸집에 편압이 생기지 않도록 좌우대칭되도록
      수평으로 쳐올려 가야 한다.

2) 콘크리트 타설속도
   ① 타설속도가 빠르면 재료분리가 일어나기 쉽고, Sliding form에 큰 압력이 미칠 우려가
      있는 바 속도를 느리게 하는 것이 좋다.
   ② Arch 어깨부에서는 크라운부와 측벽과의 콘크리트 침하량에 차이가 있으므로 어깨부에
      시공이음이 생기지 않을 정도에서 타설을 중단한 후 작업함이 필요하다.

Ⅴ. 2차 Lining 콘크리트의 균열 방지대책

1) 2차 Lining 균열 발생 원인
   ① 시멘트 수화열에 의한 온도응력
   ② 건조 수축
   ③ 환경상태
   ④ 원지반의 Creep, 용수 등
   ⑤ 팽창성 이암, 큰 토압 작용시

2) 균열의 발생
   ① 초기 균열(타설 후 1~7일에 발생)
      ⅰ) 수화열에 의해 상승한 콘크리트의 온도저하
      ⅱ) 2차 Lining 뒷면의 구속 정도
      ⅲ) 콘크리트 실제 두께가 부분적으로 얇은 곳에서 인장의 응력집중 발생으로 인한 균열
   ② 중·장기 균열(타설 수주 후 2~4개소 발생)
      ⅰ) 건조 수축
      ⅱ) 외부공기와 원지반의 온도 강하
      ⅲ) 2차 Lining 뒷면의 구속 정도 : 균열 발생 방지 위해서는 현장 조건, 경제성, 시공성을
         고려하여 대책공법을 채택한다

3) 균열 방지대책

① 1차 Lining과 2차 Lining을 절연하는 방법

　i) 균열의 주원인이 'Shotcrete 및 암반에 의한 수축변형의 구속'이기 때문에 Shotcrete 표면에 절연재를 끼어넣어 양자를 절연한다.

　ii) 지수 Sheet는 지수와 균열을 방지하는 이중의 효과가 있다.

② 2차 Lining 콘크리트의 품질개량에 의한 방법

　i) 팽창재의 첨가

　ii) Fly ash, 시멘트의 사용

　iii) 유동화제를 사용하여 단위시멘트량, 단위수량 감소

③ 콘크리트 타설방법의 검토

　i) 콘크리트 1타설 길이의 단축

　ii) 측벽부와 Arch부의 분리 시공

　iii) 쳐올라 가는 타설속도의 지연

④ 균열을 분산시키는 방법 : 철근 콘크리트 구조로 함

⑤ 1차 Lining의 요철을 적게 하여 구속력을 감소시켜 2차 Lining의 실제 두께를 균일화하여 응력집중 방지하는 것이 중요

⑥ Smooth blasting에 의한 굴착면 평활화

⑦ Shotcrete 면의 평활화

⑧ Rock bolt 머리의 평활처리에 유의

문제 21   터널 방수공법에 대하여 논하시오.

Ⅰ. 개 설

터널 방수의 목적은 구조물 내의 지하수 유입을 방지하거나, 구조물 기능상 허용하는 범위내까지 지하수 유입을 억제함으로써 구조물의 기능 확보와 유지관리에 지장을 초래하지 않도록함에 있으며, 방수효과는 터널 구조물의 수명확보 및 안전 확보, 운전기능 확보, 전기, 통신, 설비 등의 내부 기능 저하방지, 유지관리비 절감, 미관 확보 등의 효과가 있다.

따라서, 터널의 방수 불량과 누수에 의하여 하자 발생 요인을 갖기 때문에 설계·시공상 철저한 품질관리·사전대책이 요구되는 실정이다.

여기에서는 방수공법의 분류 및 특징과 각각의 적용, 방수재의 선정에 대하여 기술하고자 한다.

Ⅱ. 방수공법의 분류 및 특징

1. 분 유

1) 사용재료에 따라 ┬─ 도막방수
                 └─ Sheet 방수

2) 형식에 따라 ┬─ 완전방수(Dry system)
              └─ 배수식 부분 방수(Wet system)

3) 시공방법에 따라 ┬─ Sheet 설치방법 ┬─ 전면접착
                  │   └─ 釘에 의한 打設
               └─ 이음대 접합방법 ┬─ 접착제에 의한 방법
                                 └─ 가열 용융에 의한 방법

2. 완전방수

1) 터널 전 주변에 방수 Sheet에 의한 차수층을 설치, 지하수의 유입을 완전히 차단하는 형식
2) 복공 콘크리트 단면이 수압에 충분히 견딜 수 있을 때

3) 터널의 형상이 원형이어서 유입수의 압력이 라이닝 콘크리트에 축력으로 작용하는 경우 적용한다.

3. 배수식 부분 방수(Wet system)

1) 방수 Sheet를 터널 Arch부와 측벽부만 설치
2) 유입수를 별도의 배수층으로 유도하여 배수처리함므로써 수압이 걸리지 않도록 한다.

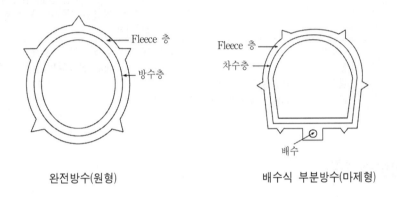

완전방수(원형)   배수식 부분방수(마제형)

Ⅲ. 터널 방수공법

1. 방수 형식에 따른 설계 개념

1) NATM에서 구조적 안정은 1차 Lining 구조의 Shotcrete, Rock bolt, Steel rib 등의 지보재에 의해 확보된다. 방수층은 Shotcrete와 2차 Lining 사이에 형성시킨다.
2) 2차 Lining 콘크리트의 역할은 완전방수공법에서는 방수층 보호, 지하수압 지지, 구조적 안정 및 미관 확보에 있고, 배수식 방수공법에서는 방수층 보호와 구조물 자중 지탱과 미관확보에 있다.

2. 터널 방수 형식별 특징 비교

구 분	Dry system	Wet system
적 용 조 건	하천통과부 등 지하수 유출이 과다하여 유지관리상 문제 있는 곳, 지하수위 강하시 터널 주변에 압밀침하로 피해가 예상되는 지층	Shotcrete층을 일종의 방수층으로 고려하면 층을 통과하는 지하수량이 많지 않으므로 일반적 적용

구 분	Dry system	Wet system
터널 단면	원 형	마 제 형
2차 Lining 설계시 고려 하중	하중 및 수압 내부 Lining 콘크리트 자중	내부 Lining 콘크리트 자중
경 제 성	원형으로 굴착량이 많아 비경제적	원형 단면에 비해 경제적
유 지 관 리	청결하고, 유지관리가 용이함. 누수시 보수가 극히 어려움.	유지관리비 비교적 많이 듦. 누수시 보수가 용이함.
주변 환경에 미치는 영향	건설 후에는 거의 침하가 없음.	점성토 지반에서 장기침하 우려됨. 사질토 지반에서는 Shotcrete가 일종의 방수층 역할을 하므로 침하 우려가 극히 적음.
적 용 성 및 시 공 성	대단면 및 변단면에서는 시공이 어려움. 현실적으로 완전방수는 거의 불가능 콘크리트 Lining에 철근배근이 요구됨.	대단면 및 변단면 시공 용이 내부 Lining 콘크리트는 무근 콘크리트 구조

Ⅳ. 방수공법의 적용

1. 특별한 경우를 제외하고는 배수형 방수공법을 원칙으로 하는 이유

1) 마제형 단면이 경제적이다.
2) 토피가 큰 구간에 Dry system 채택시, 2차 Lining 콘크리트 두께가 커져 비경제적이다.
3) 대단면, 변단면 구간에서 시공성이 양호하다.
4) 시공 후 장기압밀 침하가 우려되는 점성토구간이 적고, 사질토지반에서도 1차 Shotcrete층의 투수계수가 적아 수위 저하에 따른 지하수 관리에 문제가 없다.

2. 완전방수공법을 채택하는 구간

1) 지하수 유출이 심하여 배수설비의 용량이 커질 우려가 있는 구간(하천 통과구간)
2) 점성토 지반에서 압밀침하로 인하여 인접 구조물에 피해가 예상되는 구간
3) 문화재 등과 같이 시설이 엄밀히 보호되어야 할 구간
4) 주요 시설물 통과구간 등
터널을 완전방수식으로 시공하였어도 유입수가 발생되므로 배수구를 설치하여야 한다.

Ⅴ. 터널 방수재

1) 2겹 Sheet 방수방식을 많이 채택한다.
2) 배수층인 Fleece, 방수층인 Membrane으로 구성된 2 Layer System으로 방수 Sheet 배면수를 유도처리
3) 내부 복공 콘크리트에 작용하는 수압 경감
4) 방수 Sheet는 압력수의 침입에 저항하고, 순응성이 양호하고, 강도가 높고, 이음부 접합이 간단
5) Lining 콘크리트 타설시 방수 Sheet가 파손되지 않아야 한다.

Ⅵ. 터널 누수 방지대책

1) Lining 시공 전 누수개소를 배수식 방수처리하여 Lining 콘크리트 면에 수압이 걸리지 않도록 처리한다.
2) Lining 콘크리트에 수밀성이 우수한 혼화제를 주입, 수밀성 콘크리트를 만든다.
   Tunnel 개통 후 Invert에 발생하는 양압력 처리방안
   ① Invert에 Rock bolt 설치 보강
   ② 기초 유공관의 물을 중앙 배수로에 연결, 양압력을 절감시킨다.

문제 22 Shield 공법에 대하여 논하시오.

I. 개 설

Shield 공법은 Cutter head가 전진 회전하여 굴착, Jack으로 Shield를 추진 Segment를 지보공으로 조리, 2차 복공 순으로 작업을 진행한다. Shield 공법은 하천이나 해저 등의 연약지반, 대수지반 터널을 시공하기 위해 개발된 것으로 주로 원통형의 Shield를 사용한다.

여기서는 공법의 종류, 특징, 구조, 시공순서, 시공상의 문제점에 대하여 기술하고자 한다.

II. 공법의 종류

1) 굴착방법에 따른 분류
   ① 인력굴착 Shield
   ② 기계굴착 Shield

2) 단면형상에 따른 분류
   ① 원형
   ② 마제형
   ③ 구형
   ④ Roof shield(반원형 Shield)

3) 구조에 따른 분류
   ① Open shield
   ② Pneumatic shield
   ③ 맹 Shield(Blind shield)
   ④ 나수 Shield

III. Shield의 특징

1) 장 점
   ① 작업이 안전하고 확실하다.
   ② 비교적 깊은 장소까지 시공 가능하다.

③ 노면 교통장애가 적고 소음, 진동이 적다.

④ 하저, 교량, 해저 등의 구조물 아래서 시공 가능하다.

⑤ Segment는 공장제품이어서 공기에 영향이 적다.

⑥ 지반 이완이 적다.

2) 단 점

① 곡선부 시공 곤란

② 토피가 얕은 경우 곤란

③ 막장 고압배선 필요

④ 토질 변화 적용성 결여

⑤ 압기 사용시 작업상의 제약

⑥ 시공에 따른 침하

Ⅳ. Shield의 구조

1) Hoad부

① Shield의 전면부

② 주벽에 Skin plate가 돌출하여 토사의 붕괴를 방지하고 막장 굴착의 작업공간 확보

2) Ring girder부

① Shield의 골격부를 형성하는 중앙부

② Shield jacky, 흙막이 Jacky, Erector가 부착되어 이것들을 작동하는 중추부

3) Tail부

① 후미의 세그멘트를 조립하는 공간

② 세그멘트 외벽과 테일부의 스킨 플레이트 내면 사이는 고무패킹으로 밀폐

Ⅴ. 적용성

1) 연약지반 도심지 지하 터널, 상하수관에 적용

2) 손파기 Shield는 토질이 대체로 양호한 토사 터널에

3) Mechanical shield는 연약지반에서 굴진속도 향상과 안전을 확보코자 할 때

4) Pneumatic shield는 토질이 극히 연약하고, 지하수위 높을 때

5) Blind shield는 예민비가 높은 연약한 점성토에 적당, 사질토에서는 마찰력이 커서 불가능

6) 니수가압 Shield는 대수모래층이나 대수자갈층의 굴진에 적당

Ⅵ. 시공순서

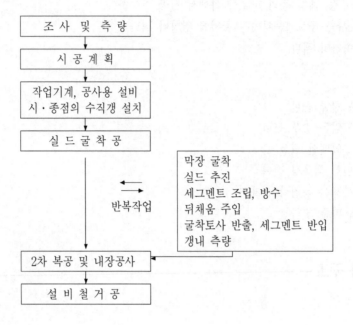

Ⅶ. 시공상의 문제점

1) 토질의 변화

　① 굴착한 단면은 Shield 외경보다 크므로 지반침하의 원인이 된다.

　② 막장면 전방에 사질토층이 있는 경우, 그 수압이 갑자기 토사류를 일으켜 Shield 내로 유입할 위험이 있다.

2) 연약지반(Tail noid에 따른 지반침하)

　① 연약한 점성토 지반 막장의 안전을 확보하기 위해 Blind shield, 압기 Shield를 채용

　② Shield tail의 통과와 더불어 뒤채움 주입를 완전히 행하기가 어렵다(지반침하 발생).

3) 용수

　① 지하수위 저하에 따라 주변 지반 압밀침하

　② 용수 방지 목적으로 압기 Shield 사용할 경우 공기가 샐 염려가 있다.

　③ 주입공법 사용할 경우 공해가 문제

4) 뒤채움 주입

　　Shield 외경은 Segment 외경보다 크므로 Shield 추진시 지반과 Segment 사이에 공극발생

Ⅷ. 대 책

1) 방지대책

① Tail noid의 축소
② 뒤채움 주입의 조속한 시공
③ 주입재 경화시까지 가속의 지속
④ 이완부 공극에 대한 2차 주입
⑤ 복공 변형의 최소화
⑥ 막장 개방 면적 및 시간 최소화
⑦ 압기공법 및 니수가압공법에 의한 막장의 가압
⑧ 선행고결
⑨ 여굴 방지

2) 방호공법

① 약액주입공법
② 지중 연속벽
③ Underpinning공법

Ⅸ. 지하굴착공법 선정 조건

1) 지반 조건
2) 지하수위 영향
3) 인접 구조물 매설물
4) 노면 교통처리 → 시공방법 선정 → 시공관리 철저 → 확고한 신념과 자신감
5) 공사비, 공기 ├ 확실한 품질관리
6) 시공성, 안정성 └ 안전사고 방지
7) 주변 환경 영향을 고려

문제 23   T/L의 환기방식에 대해 기술하시오.

Ⅰ. 개 설

터널 환기는 시공중, 시공 후 환기가 있다. 공사중에 발생되는 발파, 장비의 가스, 작업원의 호흡 가스 등의 기타 처리를 위한 임시적인 환기와 완성된 터널의 교통량에 의한 발생 가스를 처리하기 위한 영구환기장치가 있다.

1) 먼지, 매연 가스
2) 악취, 산소결핍
3) 땅속에서 나오는 유해 가스

Ⅱ. 환기방식

1. 공사중 환기방식

1) 집중식

① 배기식

ⅰ) 장점 ┬ 공사 진척에 따라 풍관을 연결
        ├ 송풍기의 설비가 집중되어 유지보수가 쉽다.
        └ 풍관을 경질관으로 하면 누풍이 없다.

ⅱ) 단점 ┬ T/L의 진척에 따라 송풍기의 규격 변동이 어렵다.
        ├ 막장에 Local 팬이 필요
        └ 연한 풍관 사용이 어렵다.

② 송기식

ⅰ) 장점 : 배기식과 동일

ⅱ) 단점 ┬ 오염공기가 전 갱내로 통과
        ├ T/L 진척에 따라 송풍기 규격 변경이 어렵다.
        └ 연한 풍관 사용이 어렵다.

2) 직열방식

① 연속식

ⅰ) 장점 : 송풍기의 규모가 작고, 경제적이다.

  ii) 단점 ┬ 관의 이음 부위가 많으므로 누풍의 위험이 있다.
        ├ 풍관이 연질이면 부압을 받아 단면이 축소되어 저항이 커진다.
        └ 1대의 송풍기가 고장이 나면 인접 송풍기의 부담이 커진다.
  ② 단속식
    ⅰ) 장점 : 연속식과 동일
    ii) 단점 ┬ 단속되어 있어 누풍이 대단히 커진다.
          └ 기타 연속식과 같다.

2. 완성된 터널의 환기방법

개개 터널의 기상 조건, 선형, 교통량에 의하여 결정된다.

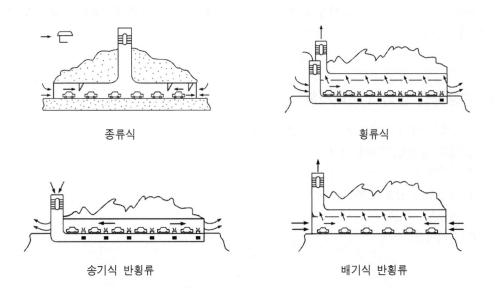

종류식   횡류식

송기식 반횡류   배기식 반횡류

Ⅲ. 환기대책

막대한 예산이 소요되므로 다음과 같은 대응책을 마련한다.
  1) 터널 내의 교통량을 제한한다.
  2) 터널의 선형을 하향구배로 두고, 주행시 자동차의 엔진을 정지시켜 배기 가스량을 적게
    한다.
  3) 철도터널, 도로터널, 인도터널 등과 병설하여 어느 하나가 환기 Duct 역할을 수행하게 한다.

문제 24 지하철 시공시 기존 구조물(기존 노선) 밑을 통과하는 공법을 선정하고 설명하시오.

I. 개 설

　기존 로선의 밑을 통과하여 새로운 노선(구조물)을 시공하기 위해서는 우선 기존 노선의 안정을 확보하고, 가급적 신설 노선의 시공을 경제적으로 할 수 있는 공법이 필요하다고 할 수 있으나, 이러한 경우 시공의 중요성, 작업장소의 협소함에 비추어 상당히 공사비와 공기가 소요되리라고 판단되며, 기존 구조물의 안정 확보에 최우선 역점을 두고 차후에 시공성, 경제성을 고려하여야 할 것으로 사료된다.

　따라서 우선 적용 가능한 공법들을 열거하고, 그 중에서 적절하다고 판단되는 공법을 한 가지 선정, 이를 중심으로 설명하기로 한다.

II. 적용공법 선정시 고려사항

　　1) 상부 구조물의 상태(노후화, 균열 정도)
　　2) 상부 하중의 종류와 크기
　　3) 지하수위
　　4) 지층구조, 토질 조건
　　5) 시공성, 경제성
　　6) 공사예산, 공기

III. 적용 가능한 공법의 선정

　1. Underpinning 공법

　2. Pipe roof 공법

　　Pipe roof의 강성을 보강하고 갱내 지보를 촘촘히 하면 가능할 것으로 판단되며, Underpinning 공법의 경우 전체 통과 단면을 몇 개의 부분으로 분할 시공하여 전체를 완성시키는 방법이 적절할 것이다.

　　여기서는 Underpinning 공법을 채택하여 설명하기로 한다.

Ⅳ. Underpinning 공법

1. Underpinning 공법의 종류

1) 직접지지방법
2) 하부지지방법
3) 보첨가방식
4) 기둥첨가방식
5) 절연공법

2. 공법의 선정 및 단면분할

본 공사의 경우는 하부지지방식 중 보첨가방식에 의하여 단계적으로 보강하기로 하며 단면을 분할하면 다음과 같다.

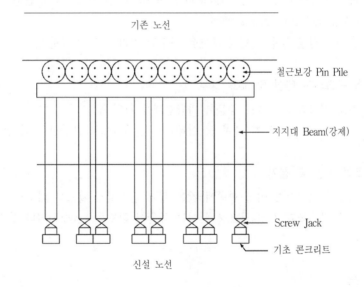

3. 시공순서

1) Pin pile 설치용 수평천공
2) Pin pile 설치 및 내부 콘크리트 보강
3) 단계별 굴착 및 지보공 설치(수평 Beam, Column)

4. 시공시 유의사항

1) 천 공

① 천공은 대형 Auger 또는 Drill bit를 사용하여 시공하되 굴진이 곤란한 토사층인 경우에는 추진공법 적용
② 천공작업시 기존구조물을 손상시키지 않도록 주의

2) 철근보강 Pin pile 시공

설치된 Pipe 내부에 철근 콘크리트를 채워 넣고 상부 공극을, Mortar grouting하여 완전히 채운다.

3) 바닥 지질의 터파기

① 지질이 토질일 경우는 인접 분할구역까지 이완되지 않도록 굴착
② 지반이 연약할 경우 고결처리한 뒤 굴착
③ 바닥이 암반일 경우 인력 Breaker를 이용하여 먼저 지보공 주변을 제거한 뒤 중앙부는 무진동 폭약으로 소규모 발파
④ 용수가 심할 경우는 먼저 주변을 차수벽 처리한 뒤 시공한다.

4) 기초 콘크리트 타설 및 Jack 설치

① 기초 콘크리트 타설은 충분한 바닥상태를 확인 후 시공
② Jack 설치 후 적당히 조여 둔 상태에서 전체적으로 균등한 힘이 전달되도록 재긴장

5) 구조물 시공 후 철거

① 지보공 철거시는 어느 한쪽에 많은 힘이 집중되지 않도록 대칭으로 균형있게 철거
② 기존 구조물과 신설 구조물 사이는 공극이 없도록 Grout하거나 안정처리

V. 결 론

이러한 대형 중요구조물 밑을 관통하는 공사에는 Underpinning 공법이 조심스레 적용될 수 있지만 고도의 기술과 축적된 경험을 바탕으로 시공관리에 만전을 기하여야 할 것이며, 특히 공사도중 작업공간 확보에 어려움이 뒤따르며 단계별 시공이 원만하게 연결되어야 한다.

특히 실제설계와 시공상의 제반 변동 요인을 고려하여 계측을 활용, 기존 구조물의 거동 및 지보재의 응력상태 등을 관찰하면서 시공함이 바람직할 것으로 사료된다.

문제 25 침매공법의 특징, 시공법에 대해 기술하시오.

Ⅰ. 시공 개요

지상, 수면상에서 제작한 함체(Element)를 굴착된 하상 위에 예항 침설시켜 수중에서 Element를 연결하여 터널을 완성하는 공법이다.

Ⅱ. 공법의 특징

1) 장 점
   ① 품질이 좋은 수밀성 구조물을 만들 수 있다.
   ② 터널 연장 최소화
   ③ 부력을 이용하므로 연약지반상에 시공 가능
   ④ 수면 점유율이 낮다.
   ⑤ 제작, 침설이 분리되어 병행 공사 단축
   ⑥ 압기작업 없어 시공상 제약이 적다.

2) 단 점
   ① Element 제작 위한 부지가 필요
   ② 부력에 대한 고려해 불필요한 단면 필요
   ③ 접합부의 시공이 까다롭다.
   ④ 기초처리가 어렵다.

Ⅲ. 시공순서

1) Element 제작
2) 예항(Trench 굴착 및 기초 조성)
3) 침설공
4) 가접합공
5) 기초공
6) 되메우기공
7) 본접합공
8) 내부 마무리

Ⅳ. Element 제작

1) 항체 형식

① 함형강각방식

ⅰ) 제작장에서 강판으로 제작

ⅱ) 구조적으로 깊은 수심에 적합

ⅲ) 2차선 정도의 터널에 사용

② 구형 콘크리트 방식

ⅰ) 제작장에 Box형 콘크리트 구체 제작

ⅱ) 예항, 침설시키는 방식

ⅲ) 필요한 단면을 최소로 설계 가공

ⅳ) 터널길이 단축

③ 혼합방식

2) Element 제작 방식

① Dry dock 제작

② 조선태에서 제작

③ 육상제작, Slip way 이용

Ⅴ. Trench 굴착

1) Dry선, Grab선 사용

2) 준설구에 1 : 1.5~1 : 5 정도임.

Ⅵ. 기초공사의 종류

1) Screed 방식 : 깬돌, 자갈고르기

2) 모래충전법 : 굴착저면과 함체 사이에 모래 투입

3) 말뚝지지방식 : Beam식 지지와 전면지지방식

4) 모르타르주입법 : Screed 방식과 병용

Ⅶ. 침 설

1) 함체의 예인

Barge의 부력 Float를 안정성재로 부상시켜 Winch나 Tug boat로 견인

2) 침 설

　① 통상 Element 내의 탱크 또는 자체에 주수하여 가라앉힘.

　② 사용장비 : 해상기중기선, 폰제이싱 바지, 폰툰 사용

　③ 0.5m/min 정도의 속도로 침설

　④ 기설치된 Element에 있는 Jack으로 당겨서 결합

Ⅷ. 접합공

1) 가접합공

　① 본접합 위해 결합 후의 수밀성 확보

　② 수중 콘크리트 방식 : 접합부를 강판으로 둘러싸고 수중 콘크리트 타설

　③ 수압압착방식, Jack과 고무개스킷에 의해 접합 후 물을 배수, 수압으로 압착

2) 본접합공

　① 강접합

　② 신축결합

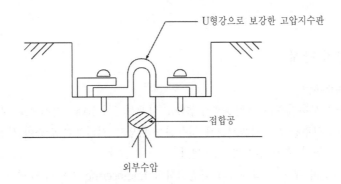

3) 되메우기

　Element 양쪽을 깬돌, 강사로 메우고 나머지는 양질토 되메움.

Ⅸ. 결 론

문제 26 　NATM 설계, 시공의 현실과 개선방안에 대하여 논하시오.

Ⅰ. 개 설

　　NATM 공법은 1981년 서울 지하철 3, 4호선의 터널 및 삼연식 터널(3-Arch) 정거장 건설에 적용하여 안전한 시공으로 완성된 것이 계기가 되어 이후 철도 T/L, 대단위 석유비축기지(U-2), 고속도로 터널 국도확장공사 등에 광범위하게 활용되고 있는 공법이다.

　　NATM의 설계는 시공설계가 아닌 추정설계로써 각종 계측 결과를 이용하여 원지반의 안정성과 지보의 규모 등을 점검하여 설계 시공에 Feed back하여 합리적인 설계법을 취득하여야 하나, 시행과정에서 설계 단계에서는 지질조사에 문제가 있으며, FEM(유한설계법)에 의한 기본설계수치가 국내지질 특성에 차이가 있고, 시공 단계에서는 원가절감을 위한 하도급자의 기능 부족, 계측자료의 불확실 유기적인 조직체계의 문제 등으로 시공과정에서 불연속면의 상태와 지하수 등으로 인하여 적절한 대응책을 강구치 못해 붕괴사고가 발생되고 있는 현상이다. 이에 따른 설계, 시공 단계별 개선방향은 다음과 같다.

Ⅱ. 개선책

1. 터널 설계 단계

　1) 시추 토질조사

　　① 현황 : 시추간격은 예비설계시 200m, 실제설계시 100m 간격으로 실시함.

　　② 개선 : 시추간격을 일률적으로 적용하는 방법을 개선하여 단층이 사전 지반조사에서 인지되는 곳의 추가 실시가 요구된다.

　　　ⅰ) 경험이 부족한 설계자의 암반역학적 Engineering 개념이 부족

　　　ⅱ) 시추심도는 경암 터널 구간 1m 또는 Invert level 이하 2m를 터널의 응력 영향권 1/2 D~3D까지 시추하는 것이 좋다.

　2) NATM 설계입력 자료의 허실

　　유한요소법(FEM)의 설계자료 중 E(Element : 탄성계수, 변형계수)가 제일 예민한데 조사지역의 지질특성에 부합되는 완벽한 E 추정은 불가능하다.

　　① 현황(E mass 추정방법)

　　　ⅰ) 공내 재하시험 : 원지반 특성 파악이 목적

　　　ⅱ) 탄성파검사 : 국부적 변화(예 : 단층 등의 존재) 파악 곤란

ⅲ) 암반육안분류(RMR Q System)로써 기본자료로 추정하는데 국내 암반 특성에 부합되지 않는 경우가 많다.

② 개선 : 어떤 방법이든 변화가 심한 암반을 정확히 분석하기는 불가능하므로 현장계측, Face mapping의 필요성이 증대됨.

2. 터널 시공 단계

1) 시공회사의 전문지식 결여

① 대부분 원가절감을 목적으로 하도급에 의해 요구되고 있는 터널 공사에 NATM의 기본 개념의 이해도가 낮다.

② Face mapping에 의한 보강·보완이 안 되고 있다.

③ 계측의 중요도와 시공상태 불량은 계측효과를 기대할 수 없다.

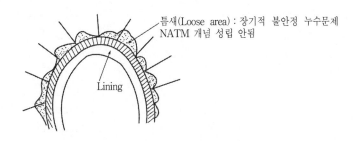

틈새(Loose area) : 장기적 불안정 누수문제
NATM 개념 성립 안됨

Lining

2) 감독·감리·시공자 간의 조직상의 문제

① 감독, 감리, 시공자 간에 설계 변경에 대한 과대한 책임 여부로 현장 여건을 고려한 신속성과 융통성이 적어 적극적으로 대처 부족

② 터널 시공계 지질기술자의 참여 요구됨.

③ 토목기술자에게 터널 공사에 미치는 지질구조의 영향과 분석능력의 교육 필요

④ 유기적인 관계 성립 : NATM은 조사설계 시공간의 유기적인 관계가 효과적이다.

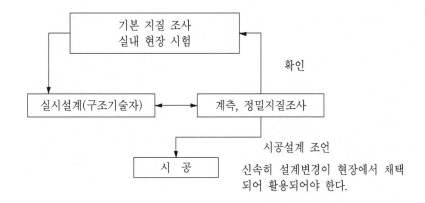

III. 결 론

1) 터널 공사를 위한 암반분야기준(현재 1일 기준 RMR, Q)으로써 국내기준을 작성하여야 한다.

2) Face mapping과 계측 결과를 근거하여 미리 비상대기 확보된 자재와 인력을 활용하여 신속하게 대처하는 유기적인 조직체계의 확립이 절실히 요구된다.

3) 시공 및 품질 관리 : NATM 터널을 터널 주변 지반의 지지력을 활용하여 안전성을 확보하기 때문에 얇은 지보 System을 채택하는바, 활용지보재(Shotcrete, Rock bolt)에 대한 시공관리와 품질관리를 해야만 가능하므로 품질관리체계의 개선

문제 27 RQD

Ⅰ. 정 의

RQD란 Rock Quality Designation의 약자로써 통상 '암석비'라 하며, 시추공에서 회수된 Core 중 10cm(4″) 이상 되는 Core의 길이의 합을 시추길이에 대한 백분율로 나타낸 값이다.

$$RQD = \frac{\text{Core 중 10cm 이상의 길이의 합}}{\text{총시추길이}} \times 100(\%)$$

Ⅱ. 용 도

1) 암반의 균열이나 절리의 발생 정도를 개략적으로 판단
2) 심도별 암반의 단층도를 작성

RQD(%)	Rock Quality
<25	매우 불량
25~50	불 량
50~75	보 통
75~90	양 호
90<	매우 양호

3) 기 타

Core recovery는 총회수된 Core의 길이를 시추길이에 대한 백분율로 나타낸 값이므로, RQD 와는 개념이 다르며, 이 값으로도 암반의 풍화 정도, 균열이나 절리의 발달 정도를 추정한다.

문제 28   Lugeon test

Ⅰ. 정 의

암반의 간극을 포함한 불균질 지반의 투수성을 파악하는 시험으로써 통상 심도별로 5m Stage로 실시한다. 특히 Grout pump를 이용하여 소정의 압력을 가해 실시한다.

Ⅱ. 방 법

1) 공경 ø46~66mm 정도의 시추공에 압력 $10kg/cm^2$로 청수를 암반으로 주입한다.
2) 통상 5m Stage마다 실시한다.
3) 주입길이 1m당의 주입량과 주입압력의 관계로부터 Lugeon치를 구한다.

$$Lu = \frac{10Q}{PL} \ (cm/sec)$$

P : 주입압력, L : 주입길이, Q : 주입량

4) Single packer법과 Double packer법이 있다.

Ⅲ. 이 용

1) 심도별 Lugeon map의 작성
2) Grout의 패턴 및 종류 결정 기준
3) Grout 후의 차수효과 확인

문제 29 터널에서 Lattice girder(삼각지보)

Ⅰ. 개 요

터널의 주지보공의 하나인 강지보재는 지금까지 H형강이 주로 사용되어 왔으나 이는 무겁고 다루기가 어려워서 강지보재 설치가 지연되어 후속 지보재인 Shotcrete나 Rock bolt의 설치를 지연시켜 터널의 초기안정에 불리하게 작용하였을 뿐만 아니라 대단변 터널인 경우 강지보재의 자립이 곤란한 경우가 많았다. 더구나 H형 강지보재의 경우 배면간극이 Shotcrete로 충진되지 않아서 국부적인 지반 이완을 초래할 가능성도 많았다.

이러한 점을 개선하기 위하여 서유럽이나 일본 등지에서 널리 적용되고 있는 강봉 격자형 지보재에 대하여 기술하고자 한다.

Ⅱ. 삼각 지보재의 특성

1) 강봉 격자형 지보재는 하중지지 역할을 담당하는 지지강봉과 이들을 연결하는 연결용 부재로 구성된다.
2) 일반적으로 지지강봉은 3개 또는 4개로 삼각형 또는 사각형의 형태가 많으며, 연결용 부재와 지지강봉의 이음은 Angle connector 나 Screw collar를 사용하는데 터널 단면에 작용하는 휨모멘트, 축력, 전단력 등을 견딜 수 있어야 한다.
3) 분할굴착의 경우 지보재의 연결은 Plate, Bolt, Nut 등으로 쉽게 이음부 작업을 할 수 있으며, 다소의 유연성이 있기 때문에 약간의 과소 발파시 추가 발파 없이 지보재를 설치할 수 있으며, 여굴 발생시는 지반에 지보재를 밀착하도록 할 수도 있고 Prestress를 가할 수도 있다.

Ⅲ. 주요 기능 및 장점

1) 작업장의 초기 안정을 위한 즉각적인 지보 역할
2) 굴착 및 숏크리트 시공시 주형 역할
3) 숏크리트의 보강 역할
4) 다음 굴착의 선행지보(Forepoling)의지지 역할
5) 가볍고 설치 용이
6) 선행지보의 설치각도를 최대한 작게 할 수 있음.
7) 연결이용이 다단굴착시 이음부 처리가 간편
8) 지보재 배면공극 발생 억제

제8장
교 량

문제 1 교량 하부 기초공사 시공 및 문제점(Caisson 기초 중심)

I. 공법의 선정기준

1) 구조물 지지 기초지반 조사
2) 구조물의 지간
3) 상류지역 수제형식과 수제량
4) 홍수 데이터
5) 공기

II. Caisson 기초

1) 종 류
    ① Open caisson
    ② Pneumatic caisson
    ③ Box caisson

2) 구 조
    ① 상부구조에 의해 결정
    ② 고려사항
        ⅰ) 수류
        ⅱ) 파압
        ⅲ) 주변마찰력
        ⅳ) 시공속도
        ⅴ) 토질
    ③ 일반적인 구조
        ⅰ) 측벽 THK 40~80cm의 RC
        ⅱ) Caisson 선단부 Curve shoe
        ⅲ) Friction cut

Ⅲ. 시 공

1) 시공순서

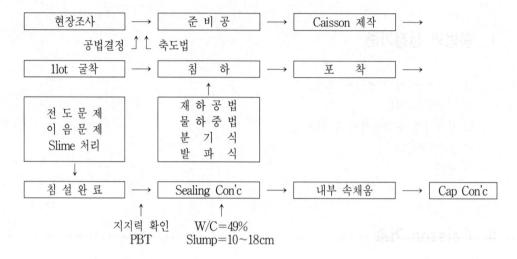

2) 거치방법
   ① 육상거치 : 1Lift=3.6m 거푸집 설치
   ② 축도거치 : 한겹·두겹 말뚝식, 흙가마니식
   ③ 수중거치 : Prepacked Con'c 타설, 외각거푸집, 수심 5m 이상

Ⅳ. 시공시 유의사항

1) 가설설비
   ① Open caisson : 배수 Pump, 인력굴착, 삼각 Derrick
   ② Pneumatic : Compressor, Shaft, Air lock, Hospital lock, 소형 굴착기

2) Caisson 본체 제작
   ① Dense Con'c 타설
   ② Con'c 강도 발현 후 굴착
   ③ 공기 caisson → 작업실과의 기밀 유지

3) 굴착 및 침하

① Caisson 기울기에 유의 : 수평 유지
② 공기 Caisson 시공시 제반 안전관리
  ⅰ) Caisson씨 병
  ⅱ) 작업자 감압에 유의
  ⅲ) 작업 보조장비 점검(Compressor, Air lock 등)
  ⅳ) 건강 및 안전 관리
  ⅴ) 안전수칙 철저히 준수

4) 지지력 확인

  ① Open caisson : 지질조사와 비교 확인
  ② Pneumatic : 평판재하시험

5) 바닥 Con'c : 두께 1~3m, W/C < 50%, Slump 10~18cm

6) Caisson 주변 마찰력

  ① Shoe 부근 공기압 또는 수압 분사
  ② Bentonite 주입
  ③ 재하하중

Ⅴ. Open/Pneumatic 비교

조 건	Open	Pneumatic
시공설비	간 단	복 잡
굴착침하	• Clamshell/Cat mel • 지반 교란 큼 • 장애물 제거 어려움. • 경사 보정 어려움. • 침하심도 50~60m	• 인력 굴착 • 지반 교란 적음 • 35~40m 심도
침하하중	• 두부 중량 재하 • 사수, 진동, 폭파 • 경사, 전도 위험	• 토사 재하 • 사수, 감압
지반확인	• 수중 잠수부 • 지내력 시험 불가	• PBT
지반 콘크리트	• 토사 완전제거 불가 • 2차 침하 • 수압에 의한 콘크리트 파괴 가능	• 없음. • 공극 발생시 Grout
노무관리	• 일반 육상작업	• 숙련공, 잠함설비

조 건	Open	Pneumatic
공정관리	• 여유공기	• 일정관리
공 해	• 소음공해 없음. • 인접 구조물 영향	• 건설공해 있음 • 방음벽 • 압기 누출방지

※ 침하방법

   1) 재하중에 의한 방법 : 초기에는 자중으로 침하되지만 주변 마찰력에 의해 Con'c Block, 흙가마니 등 재하하중을 가하여 침하

   2) 분사식 침하 : Caisson 날 끝에 Air 분사, 물분사, Bentonite 주입 등으로 마찰력을 감소시키는 방법

   3) 물하중식 침하 : Caisson 하부에 물받이 수밀성 선반을 만들어 수위로써 침하하중을 조절하여 침하, 분사식과 병행

   4) 발파에 의한 침하 : 발파에 의해 충격력 침하, 벽체에 영향

   5) 내수위 저하

   6) 전기집수공법

문제 2 교량 세굴의 원인과 대책

I. 개 요

세굴이란 하천이나 해상에서 여러 가지 원인으로 인해 발생한 물의 흐름이 수중구조물의 주변이나 하천 또는 해저의 바닥면을 제거하는 현상이며, 특히 하상이나 해상에 건설하는 교량 구조물의 기초에서 발생하는 세굴은 교량의 수명과 안정성에 좋지 않은 영향을 미칠 뿐 아니라, 우리나라 교량과 같이 교통량이 많고 홍수시에 단시간에 걸쳐 유량이 급증하는 경우에는 급격한 교량기초 저면의 세굴로 인하여 갑작스러운 교량 붕괴사태를 초래할 수 있다. 특히 홍수시에 발생한 교량 피해의 대부분이 세굴에 의한 피해로써, 근래에 문제점으로 대두되고 있다.

세굴의 종류 및 원인, 세굴 방호대책에 대하여 기술하고자 한다.

II. 세굴의 종류와 원인

1. 세굴의 종류와 원인

1) 장기 하상변동
   ① 교량이 놓인 하천의 흐름에 의해 발생되는 침식작용과 퇴적작용
   ② 영향
      ⅰ) 하천의 유역 특성, 상하류의 구조물, 하상재료
      ⅱ) 해양의 조류나 파도

2) 단면 축소세굴
   ① 유수단면이 축소됨으로 인해 흐름이 가속을 받게 되어 발생되어 하상전단응력(Bed shear stress)이 증가
   ② 영향
      ⅰ) 하상재료의 이동이 증가되어 하상고가 낮아진다.
      ⅱ) 유속과 전단응력을 감소시키게 되어 평형상태에 도달한다.

3) 국부세굴

① 교각과 교대 등과 같은 교량 구조물 주위에서 발생되는 와류(Vortex)의 작용은 상류 측면에서 물이 돌고, 흐름이 가속됨으로써 발생된다.

② 영향

ⅰ) 교각 전면에서 발생하여 하류로 진행하는 말발굽와류(Horse shoe vortex)

ⅱ) 교각 직하류에서 발생되는 후류와류(Wake vortex)

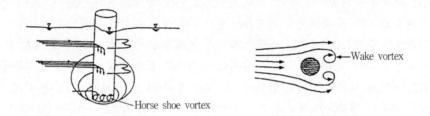

Ⅲ. 기존 교량의 방호대책

1) 세굴 깊이를 측정하고, 만약 과다하면 교량 사용을 중지한다.
2) 교대 및 교각 기초를 여러 가지 보호공으로 보호한다.
3) 하천을 개량한다.
4) 기초를 보강한다.
5) Drop structure를 설치한다.

Ⅳ. 세굴 방지 공법

1. 사석을 이용한 방법

1) 설치가 쉽고 한 번 설치하므로 효과적이다.
2) 조사와 관리 유지가 어려워 시간이 지남에 따라 유실되는 경우가 있다.
3) 사석으로 보호된 곳은 정기적인 조사가 필요하다.

2. 콘크리트 블록 매트를 이용한 방법

1) 케이블로 연결된 콘크리트 블록을 매트 형태로 설치함으로써 세굴을 방지하는 방법
2) 콘크리트 블록은 사다리꼴 피라미드 형태, 케이블은 스테인리스 스틸, 폴리프로필렌, 저면에서 토목섬유가 설치

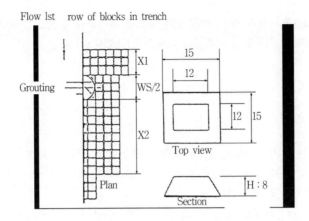

3. 테트라포드를 이용한 방법

1) 기하학적 형상은 에너지를 감소시키도록 고안
2) 테트라포드의 큰 억물림효과로 인하여 매우 높은 안정성 기대
3) 사석과는 달리 설치시에 세심한 관리 필요

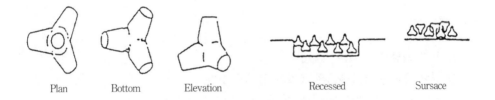

| Plan | Bottom | Elevation | Recessed | Sursace |

V. 결 론

1) 우리나라에는 세굴에 관한 설계기준이 없기 때문에 세굴에 대한 대책이나 문제점을 제기하기가 매우 어렵다. 무엇보다 설계기준 마련 필요
2) 계속적인 측정과 분석을 통하여 꾸준히 수정, 보완하는 방향으로 진행되어야 된다.

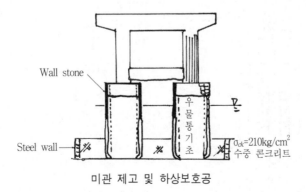

미관 제고 및 하상보호공

문제 3   육교로서 높이 50m 이상 되는 교각을 콘크리트 구조로 현장시공코자 할 때, 그 공법과 시공상의 유의점에 대하여 기술하시오.

I. 개 설

육교의 교각과 같은 탑상 구조물을 타설할 때는 거푸집을 다수의 Jack을 연동해서 이동하면서 연속적으로 상승되게 하며, 그 사이에 철근 배근 콘크리트 타설이 중단 없이 시행되는 특수 거푸집인 Slip form 공법으로 시공한다.

Slip form 형식에는 고교각이나 수조에 사용하는 수직방향 이동형과 수로 등의 공사에 사용하는 수평이동형이 있으며, 콘크리트가 굳는 시간에 따라 1시간당 15~30cm씩 유압 Jack으로 거푸집을 끌어 올리면서 콘크리트를 칠 수 있어 시공속도가 빠르고 이음 없이 고교각의 구조물을 만들 수 있다.

II. Slip form 공법

1. 구 조

1) 철재 패널 높이 90~120cm
2) 끌어 올리는 틀(Yoke)은 목재와 철재가 있다.
3) 유압 Jack으로 잭로드(심봉) 따라 거푸집이 올라온다.
4) 거푸집의 골동 속도는 탈형 직후의 콘크리트 압축강도가 작용하는 하중의 2배 이상이 되게 정한다.

2. 구성요소

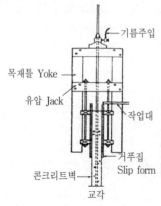

III. 시공상의 유의점

1) 콘크리트의 조기강도를 이용하여 시공하기 때문에 콘크리트의 품질관리를 철저히 하여야 한다.
2) 작업이 시작되면 중간에 작업을 중단할 수 없기 때문에 사전에 치밀한 시공계획과 관리가 필요하다.
3) 구조물의 본체는 내외면을 포함하여 돌출물이 있어서는 안 된다.
4) Slip form 공법은 전하중을 Jack Rod에 의해 골동 상승하기 때문에 Jack Rod의 공간과 철근 간극을 고려하여야 한다.
5) Yoke의 배치는 구조물 중심에 대칭하는 방사선상으로 한다.
6) Slip form 공법이 허공에 높게 뜬 채로 건설되기 때문에 충분한 안전대책을 세우지 않으면 안 된다.

IV. 결 론

현재는 동일 단면의 탑상 구조물뿐만 아니라 단면이 점차 변화하는 탑상 구조물에도 Slip form을 이용할 수 있도록 개발되었고, 특히 시공이음이 없어 시공이음을 처리하는 시간을 단축할 수 있는 이점이 있다.

문제 4   SCF(Self Climbing Form)

I. 특 징

1) 전동자동상승기구에 의하여 거푸집, 비계의 상승을 크레인이 없이 행한다. 철거에도 사이저 스핀돌(sizer spindol, 치수를 재면서 돌리는 지레)로 자동적으로 수평방향으로 해체된다.

2) 풍속 20m/sec에도 안전하고 또 용이하게 상승한다. 장치 고정 후에는 50m/sec까지 가능하다.

3) 거푸집의 탈형, Kern(케른 : 장식 꼬리, 상하 半部) 작업 등을 비계상에서 할 수 있다.

4) 장치 상승은 1회당 최대 1.75m까지 가능하다.

5) 거푸집 계획을 자유롭게 할 수 있다(거푸집 최대폭 6m×높이 4.5m).

6) 장치의 경사는 ±20°까지 가능하다.

7) 장치기구가 system화되어 소인원, 단시간으로 거푸집 공사를 할 수 있다.

8) 역치기, 기타에도 적용이 가능하다.

9) 고교각, 양생탑, 원자력 건물벽 등 광범위하게 적용할 수 있다.

II. SCF 시공

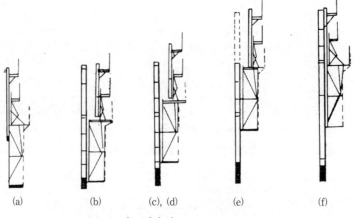

(a)	(b)	(c), (d)	(e)	(f)

(a) 콘크리트 치기 완료
(b) 경화된 콘크리트 면부터 거푸집을 탈형
(c), (d) 1회, 2회 장치의 상승을 시행
(e) 3회 상승 후 철근 조립
(f) 다음 회 타설 위치에 거푸집 set

자동상승거푸집

문제 5   PS 콘크리트 교량건설공법

    PS 콘크리트 교량건설공법의 발달과정을 보면 초기에는 지면으로부터 동바리를 설치하여 교량을 가설하는 동바리가설공법(FSM)과 프리캐스트 거더를 공장에서 Pretention 방식으로 제작하고 가설 위치까지 운반하여 조립하는 프리캐스트 거더 공법이 주로 사용되어 왔다. 그러나 1950년대 초에 캔틸레버 공법의 일종인 Dywidag 공법이 개발되면서 PS 콘크리트 장대교량의 시공이 점차 늘어났다. 그리고 1960년대 들어서는 더욱 노임절약과 공기단축을 꾀할 수 있는 과학적이고 합리적인 공법이 개발되었다.

    이의 대표적인 공법으로는 이동식 비계공법(MSS), 압출공법(ILM), 캔틸레버 공법(FCM) 및 대형가설장비를 이용한 프리캐스트 세그먼트 공법 등이 있다.

분 류

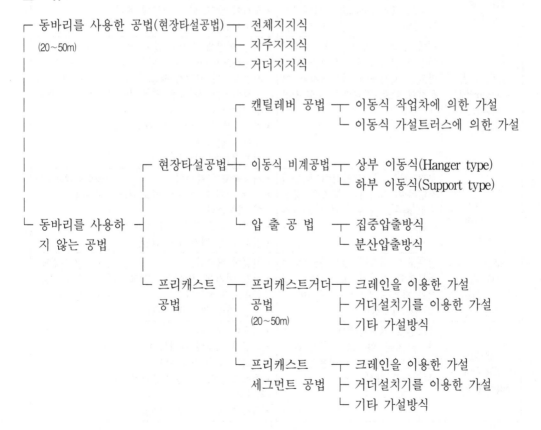

```
                      ┌ 전체 지지
              ┌ FSM ┼ 지주 지지
┌ 현장타설방식 ┤      └ 간이 지지
│             ├ FCM ┬ 이동식 작업차
│             │      └ 이동식 가설 트러스
│             ├ ILM ┬ 집중압출방식
│             │      └ 분산압출방식
│             └ MSS ┬ 상부 이동식(Hanger type)
│                    └ 하부 이동식(Support type)
└ 프리캐스트 방식 ┬ 프리캐스트 거더 공법
                 └ 프리캐스트 세그먼트 공법
```

	시 공 방 법	특 징	국내 시공 예
FSM 공법 (Full Staging Method)	동바리를 설치하고 그 위에 콘크리트를 타설하여 상부 구조를 제작하고 Prestressing 작업실시 후 동바리 해체, 다음 경간 시공	• 공사가 평이하다. • 작업장비의 비용이 저렴하다. • 교각이 낮고, 짧은 교량에 유리 • 시공속도가 느리다.	팔당대교(사장교＋연속교)
ILM 공법 (Incremental Launching Method)	교대 후방에 위치한 작업장에서 일정한 길이의 압출장치를 세그먼트를 제작하여 압출장치를 이용하여 압출, 전교량을 가설한다.	• 현장 여건에 관계치 않고, 공사 가능하므로 안전성이 우수하다. • 시공속도가 비교적 빠르다. • 교각의 높이가 높을 경우 특히 경제적이다. • 평면곡률이 작은 교량에는 적용이 곤란하다. • 적용경간은 40~60m	• 황산대교 • (연속교) • 행주대교(사장교＋연속교) 등 다수
FCM 공법 (Free Cantilevering System)	교각 시공 후 교각상에 이동식 작업차에 설치하여 교각을 중심으로 좌우로 상부 구조를 가설해 나간다.	• 시공속도가 빠르다. • 현장 여건에 관계치 않고 시공이 가능하다. • 교각이 높을 경우 유리하다. • 적용 가능 경간 50~200m	올림픽대교 사교 부분
MSS 공법 (Movable Scaffolding System)	상부구조 제작에 있어 소요되는 대부분의 장비가 교각상에서 그대로 다음 경간으로 이동하여 전교량을 가설한다.	• 시공이 빠르다. • 현장 여건에 지배되지 않고 시공속도가 빠르다. • 적용 가능 경간 40~50m	• 올림픽대교 연속교 부분 • 노량대교
PSM 공법 (Pre-Cast Segmental공법)	세그먼트 제작상에서 이미 제작한 후 가설 위치로 운반하여 크레인 등 가설장비를 이용하여 상부 구조를 가설한다.	• 시공이 빠르다. • 다경간 교량에 유리하다. • 곡교도 적용 가능하다. • 공장제작이므로 품질관리가 양호하다. • 적용 가능 경간 50~100m	북부도시 고속도로

문제 6   FCM 공법(Free Cantilever Method)

Ⅰ. 개 요

상부 시공시 동바리 지보공이 필요로 하지 않고 기시공된 교각으로부터 좌우로 평형을 유지하면서, 작업차(Form traveller)나 이동식 가설 트러스(Moving gantry truss)를 이용하여 3~5m 길이의 Segement를 순차적으로 시공하는 공법으로, 주두부 양쪽에 각각 1태씩의 작업차를 설치하고, 거푸집 조립, 철근 및 Sheath 조립, 타설 전진의 반복 Cycle 공정으로 진행되는 공법이다.

Ⅱ. 공법의 적용성

1) 깊은 계곡, 하천, 해상, 교통량이 많은 구간에 동바리 없이 시공하므로 경제적
2) 최적 경간장(80~200m)이 FSM, MSS, ILM보다 긴 경간에서 시공 가능
3) Form traveller를 이용 3~5m의 Segment 단위로 시공하므로 변단면 시공이 유리
4) Form traveller 내부작업이므로 기후 조건에 관계없이 품질관리, 공정관리가 확실
5) 동일 공정 단순반복으로 시공속도가 빠르고 기능공의 숙련도가 높다.
6) 각 시공구간 오차의 수정이 가능하여 시공 정도를 높인다.

Ⅲ. 공법의 종류

1. 시공방법에 따른 종류

1) 현장타설공법
2) P&Z식 이동지보공 공법
3) Precast Segment Method
4) Precast Segment Method의 장단점

장 점	단 점
• Block 제작으로 품질관리 용이 • 하부공과 병행하여 Block 제작하므로 공기단축 • Block 제작시 충분한 양생, 건조수축으로 인해 변형 적다. • 장비에 의한 성력화 가능	• Block 제작시 Yard 별도로 필요 • 운반시 가설설비와 중장비 필요 • Block과 Block 사이에 접착제를 이용하므로 압축 응력이 저하, PC 강선량 증가

2. 구조형식에 따른 분류

1) 라멘구조형식(원효대교, 청풍교, 상진교)

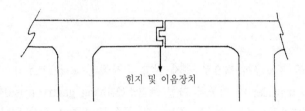

힌지 및 이음장치

① 교각과 상부 Girder가 강결되어 교좌장치 불필요
② 중앙에 힌지가 있으므로 시공 후 Creep에 대한 처짐이 크고, 연속보에 비해 주행성이 좋지 않다.
③ 교량 가설중 발생하는 불균형 모멘트에 대한 가시설 불필요

2) 연속교인 경우(강동대교)

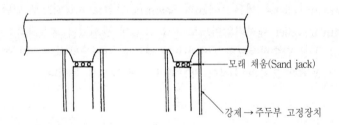

모래 채움(Sand jack)

강제 → 주두부 고정장치

① 교각과 상부 구조가 분리되어 교좌장치 필요
② 지간 중앙에서 발생하는 정모멘트에 대한 하부에 강성 배치
③ 처짐이 작으므로 주행성이 좋다.
④ 교량 가설중 발생하는 불균형 모멘트에 대한 지지가시설 필요

Ⅳ. 시공순서와 시공방법

1. 경제적인 시공을 위하여 검토해야 할 사항

1) 한 Segment 길이는 콘크리트의 1일 타설능력과 사용 가능한 작업차의 용량을 고려하여 결정한다.
2) 지형, 교장, 교면높이 조건 고려하여 Cable crane, Tower crane 등 사용에 대한 경제성과

재료 공급 방법을 충분히 검토한다.

3) 교각 주두부 및 측경간부에 대한 시공을 동바리 설치방법, 콘크리트 타설방법, 순서 등에 대해서 세밀히 검토한다.

4) 거푸집 상당 횟수 반복 사용하므로 그 재질, 구조 등에 대해 미리 검토한다.

5) 작업차 대수는 교량 규모, 공기, 경제성을 고려하여 효율적인 대수로 한다.

6) Girder의 처짐관리는 신중하게 검토한다.

7) 가고정 장비 검토(불균형 모멘트)

2. 시공순서

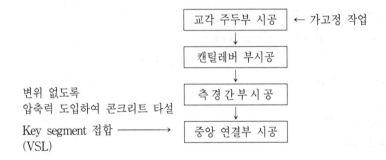

1) 교각 주두부 시공

   ① F/T를 교각상에 조립하기 전에 교각의 두부에 미리 제작하는 부분을 주두부라 한다.

   ② 폭 10~13m

   ③ 주두부 콘크리트 타설순서 Bottom, Web, Top slab의 순서

   ④ PC 강재가 조밀하게 배치되므로 충분한 양생관리 중요

2) 가고정 작업

   ① 연속교 형식인 경우

   ② 교각과 주두부를 임시로 고정

   ③ 동바리지지식, 형강지지식, Braket 지지식

3) Cantilever부 시공

① 완성된 주두부상에 F/T 설치

② 첫번째 Segment를 제작하고 F/T 전진시킨 후 다음 Segment 제작

③ Segment 길이 3~5m

④ 한 Cycle 표준공정 8~10일 정도

4) 측경간부 시공

① Cantilever의 시공이 완료되면 교대측의 측경간부 시공

② 동바리를 조립하여 행하지만 지형상 제약 있는 경우 Pylon 공법 이용

5) 중앙연결부 시공(Key segment 접합)

① 변위 없도록 압축력 도입하여 콘크리트 타설

② 시공순서

  ⅰ) 외측 바닥판과 거푸집 설치

  ⅱ) 고정장치 설치

  ⅲ) 철근, Sheath관 조립

  ⅳ) 내측 거푸집 설치

  ⅴ) 콘크리트 타설, 양생

  ⅵ) Tendon 인장

  ⅶ) 거푸집 해체

6) Cantilever부 시공

① F/T 이음 : 0.5일

② 외부 거푸집 : 0.5일

③ 강재 철근, 내부 거푸집 : 2일

④ 콘크리트 타설 : 1일

⑤ 양생 : 2.5일

⑥ Prestress : 1일

⑦ F/T 이동준비 : 0.5일, 8일

3. 문제점

1) 처짐관리

① Camber 조정 문제 : 콘크리트의 건조수축 Creep Posttension 개발

② 응력 재분배 문제 : 연속교 형식에서 정정 구조물이 부정정으로 변할 때 단면 응력 변화 발생

2) 구조적 안정성

　① 교각을 중심으로 좌우 균형시공이므로 구조적 안정성 양호

　② 가고정 설비 필요

3) 작업시 안전대책 주안점

　① 강봉 취급 및 조립작업시 특별관리

　② 유압펌프, 인장기, Grouting 작업시 안전대책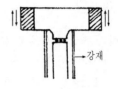

　③ Form traveller 설치시 충격, 편심하중 주의

　④ 고소작업, 안전수칙 준수

V. 향후 전망

　현재 주두부 고정장치, 작업차 선정, Camber 양, Key segment 접합은 외국기술에 의존하는 실정이므로 기시공, 시공중인 교량의 자료정리, 보완을 통한 기술축적으로 좀더 상기 사항에 대한 연구, 개발이 요구된다.

문제 7 ILM 공법(Incremental Launching Method)

I. 개 요

동바리 시공이 비경제적인 계곡, 하천 횡단시 교량의 상부 구조물(PC Box girder)을 교량 후방의 제작장에서 1分切(Segment)씩 제작하여 교축 방향으로 밀어내어 가설하는 공법으로, 압출작업은 테프론을 이용한 활동 지승(Sliding Bearing)과 압출장치에 의한 것이며, 완료 후 활하중에 저항하는 Continuity tendon을 인장, 교좌장치에 영구 고정하는 교량이다.

II. ILM 공법의 장단점

1) 장 점
   ① 비계작업 불필요(하천, 계곡, 도로 장애물)
   ② 거푸집 대량 생산 가능, 공사비 절감
   ③ 전천후 시공 가능, 공기단축
   ④ Camber 조정과 기하학적 조정이 쉽다.
   ⑤ 대형 크레인 등 거치 장비가 필요없으며 Launching Truss 등 설치비 절감

2) 단 점
   ① 교량 선형의 제한(직선 및 단곡선 선형일 것)
   ② 교대 후방의 상당 면적 제작장 필요
   ③ 교량연장이 짧을 경우 비경제적
   ④ 압출시 응력과 완성시 응력이 다르므로 압출시 사하중에 견디는 축방향 Prestressing 필요하여 PC 강재 소비량이 많다.
   ⑤ 엄격한 품질 및 규격관리 필요

III. 공법선정 효과

1) 연속교이므로 주행성 양호
2) 외관 미려
3) 계획적인 공정관리 가능
4) 철저한 품질관리로 확실한 가능
5) 신공법 적용으로 건설 기술 발전 기여

Ⅳ. 압출방식에 의한 공법 분류

집중압출방식 ┬ Lift & Pushing 공법
　　　　　　　└ Pulling 공법

분산압출방식 : 곡선교의 경우 각 교각에서 수평 압축력을 가한다.

압출시 교각의 침하 등 예상치 못한 상태가 발생하여도 연직력에 의해 미끄럼판의 높이를 조정할 수 있다. 여기서는 집중압출방식에 대하여 기술하고자 한다.

1. Lift & Pushing 공법

1) 단면도

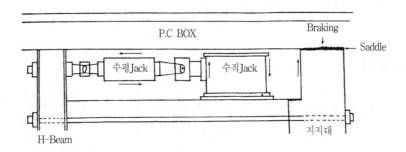

2) 압출순서

① 수직 Jack을 위로 올린다(5mm)
② 수평 Jack으로 압출(25cm)
③ 압출 후 수직 Jack을 내린다.
④ 수평 Jack 후진
⑤ 상기 반복 작업(1cycle당 1분 소요)

2. Pulling 공법

1) 단면도

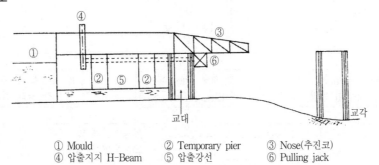

① Mould　　　　　　② Temporary pier　　③ Nose(추진코)
④ 압출지지 H-Beam　⑤ 압출강선　　　　　⑥ Pulling jack

2) 압출순서

① 구체에 미리 구멍을 뚫어 압출지지 H-Beam을 고정한다.
② 압출지지 H-Beam에 압출강선 연결
③ Pulling jack으로 압출강선을 당긴다.
④ 압출강선을 놓고 Jack을 후진한다.
⑤ ③, ④를 반복(1cycle당 1.5분 소요)

3) Nose(추진코)의 기능

① 추진시 수직 및 수평 방향의 Girder 역할
② 추진시 Cantilever 모멘트 감소
③ Nose 길이 0.6+0.65×경간장

Ⅴ. 시공순서

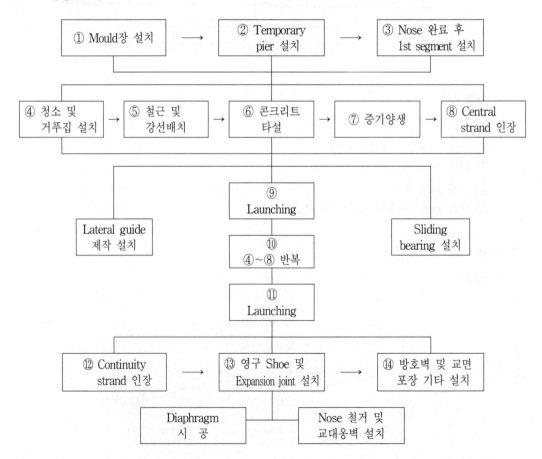

Ⅵ. 시공상 문제점 및 대책

공 종	문 제 점	대 책
제작장	① PC box 하부 바닥면 요철 ② Bottom form의 Joint로 단차 발생, 압출시 마찰 커지며 Sliding pad 소모 많다. ③ Nose와 PC box가 정착되는 부분의 Cr-ack 발생 ④ 기압출된 PC box의 후단부와 Mould와의 사이에 단차 발생	① Mould 장의 지반심하 방지 ② Bottom form의 Hand plate의 폭 개조 ③ 콘크리트 타설 및 정착시 확실한 시공 ④ Temporary pier와 Mould장의 간격 확대
Launching	① Temporary shoe 부분에 마찰력이 크므로 Lauching 잘 안 된다. ② Sliding pad 과다 소모 발생	① Shoe 폭을 확대시켜 마찰력을 감소시킨다. ② 공법개선 요망 : 작업원의 교육, 숙련화 Jacking하여 Pad 재배치
인 장	① Central strand 인장시 접착부 부분의 Crack 발생 ② Central strand 인장시 신장률 부족 ③ Sheath관 막힘	① 정착구 부분 콘크리트 피복두께 유지소 요강도시까지 충분한 양생 ② 장시간 노출시 녹막이 Oil 사용 양생시 비닐로 싸서 증기 양생에 의한 부식 감소 ③ Vibrating 주의 : 막힘 방지 위해 비닐호스로 보호
Nose	설계시 Nose를 통상 1조로 하나 시공시 연장이 긴 구간에 계속 사용하면 변형이 심함.	상·하행 1조씩 설치해야 한다.
Jack	상·하행 런칭을 1조의 Jack으로 사용하게 되면 철거, 운반, 설치로 인한 손실이 큼.	상·하행 1조씩 설치해야 한다.
Mould장	Mould장 처짐	콘크리트 구조물을 견고한 지반에 설치하여 정확한 EL을 유지하며, 또한 주위 배수를 철저히 하여 처짐을 방지함.
Lifting 크랙	① Lifting시 제작장 Segwent.의 크랙 발생 (1/3 정도만 긴장된 상태임.) ② 마찰계수	① 구조검토 후 소요되는 철근 보강 ② 구리스를 충분히 도포하여 마찰계수를 최대한 줄인다(마찰계수 0.05 미만유지).
Box 하단부 균열	Box 하단부 균열 및 Punching 현상	① ② 현치부 보강 및 지압 철근 보강 ③ Punching이 심한 경우 털어내어 신콘크리트 타설
교각변위	런칭시 교각상단 변위	구조검토 후 허용변위량 이내가 되도록 관리함.

공 종	문 제 점	대 책
신 율	Cable 연장이 길 경우 긴장관리가 어렵고 신율이 허용오차 이상으로 나타남.	50m 이내에 정착구를 설치함이 긴장관리가 용이하고 신율관리가 유리함.
돌기 정착부	Continous cable 긴장시 돌기정착부 균열 및 파손	구조검토하여 정착 철근을 충분히 배치
시스관 꺾임	Segment 연결부의 시스관 꺾임 및 파손에 의한 균열 및 콘크리트가 시스관 내로 침투 	관리를 철저히 하여 꺾임현상을 방지하고 파손 부위는 테이프 등으로 완전히 때운다.
Pad 삽입	Pad 삽입시 기능공에 대한 교육소홀로 Box 하단 내측부로 편기삽입시 Box 하단 균열 발생	교육을 철저히 하여 항상 Box web 쪽으로 삽입되도록 관리

Ⅶ. 구조적 안정성과 안전관리

1. 구조적 안정성

1) Nose부의 연장은 지간의 0.6~0.65이므로 Cantilever 구조에 의한 편심 안정은 양호
2) 추진코부의 긴결 및 제작상의 결정이 수반될 경우 대형사고가 불가피한 점 유의

2. 안전관리의 주안점

1) Nose 제작시 부재검사, 긴결부(용접, 볼트)의 점검
2) Nose부 하중에 의한 Weight check, 부재보강 등에 의한 중량 Balance 유의
3) 상부 고소작업이므로 Segment 추진시 특별수칙 준수 요망

Ⅷ. 향후 전망

ILM 공법은 PC 제작 및 압출작업 성과에 따라 공정관리에 영향을 준다. 점차 기술개발과 장비 및 자재의 국산화로 공사비 절감할 수 있는 가능성이 있고, 계획공정관리가 가능하며, 향후 기술개발 과제는 변단면의 압출 PC box 내구성 저하에 대한 기술개발 겸용 지승개발이 필요하다.

문제 8 MSS(Move Scaffolding System) 시공시 유의사항

문 제 점	대 책
주 거어더(Main Girder) 제작 설치	• 각종 용접 부위 및 부재 이음부 Bolt 체결상태 확인 • 구동장치의 가동 여부 • Main girder와 Rear cross beam과의 연결관계 • 교각 주변의 지점부 처리여부 • Main girder 내, 외부 각종 유압 Jack의 적정성 여부 • 종횡방향 고정장치 적정성 여부
Pier Bracket	• 설치 위치 및 높이 검토 • 교각에 설치시 고정상태 및 고정장치 점검 • 교각의 Block out 상태 점검 • 교각과 Bracket 사이의 유격 및 이동 여부 확인 • 각종 용접 부위 상태 점검
외부 및 내부 거푸집	• 거푸집 제작단면 검사 철저 • 외부 거푸집과 Rear cross beam과의 관계 검토 • 내부 거푸집 이동방법 및 거푸집 제거방법 검토 • 외부 거푸집 Cross beam의 Camber 조정
종방향 이동장치	• Girder 마찰면의 평탄성 여부 확인 • 마찰면의 Teflon pad 설치 및 오일 도포 여부 확인 • 각종 유압 Jack의 작동 여부 점검 • Cable 고정상태 여부 및 파손상태 점검
Rear cross beam(RCB)	• 고강도 강봉 손상 여부 확인 • 고강도 모르타르의 충분한 지압강도 여부 확인 • 고강도 강봉의 인장력 적합성 여부 • 강봉의 정착부 상태점검
Jack	• 모든 Jack의 용량 및 Stroke 검토
Lifting & Pushing	• 이동시 종단구배 및 Cable의 응력 검토

문제 9 Precast segment 가설공법에 대하여 쓰시오.

Ⅰ. 개 설

Precast segment 가설공법이란 Precast된 콘크리트 Segment를 제작공장에서 사전에 제작하며, 동시에 하부공사를 진행하여 하부구조공사가 끝나면 상부구조 Segment를 트레일러나 바지 등을 이용하여 순서대로 정해진 위치에 거치시킨 다음 Posttension 공법을 이용하여 각 Segment들을 일체화시켜 나가는 공법으로 교량의 상부 구조뿐만 아니라 교태 등의 하부 구조에도 적용되는 공법이다.

이 공법은 서울 강변북로 건설 및 북부간선도로 건설에 적용되었으며, 도시고속도로, 해안고속도로, 고속전철 건설 등의 장대교량건설에 도입이 검토되고 있다.

Ⅱ. Precast segment 공법의 특징

1. 장 점

1) 장대 경간 시공 가능(30~120m 정도)
2) 세그먼트 제작은 하부 공사와 병행하므로 공기단축
3) 일정한 장소 제작이므로 품질관리와 고강도 콘크리트 생산(인력관리 및 거푸집 전용 유리)
4) 공사중 항하공간 확보와 주위환경 영향 최소화
5) 표준화 가능, 균열 최소화, 가설 후 수축 Creep에 의한 Prestress 손실 적다.
6) Expoxy 사용시를 제외하고는 기상 영향별로 없다.
7) 구조물 선형에 수평, 수직 곡선이 사용

2. 단 점

1) Segment 제작, 가설시 치수와 형상관리 위해 고도의 통제와 품질관리 필요
2) Segment 제작, 저장을 위한 넓은 장소 필요
3) Casting Yard, 가설장비 등 초기 투자 많이 소요

3. 연결방식에 의한 분류

1) Wide joint 방식

① 가설거치 후 연결부를 콘크리트 Dry-pack mortar, Grouting을 주입하여 Segment 조립

② 이음부 경화 후 Posttension하여 완성하므로 시공이 간편하나 시공속도가 느리다.

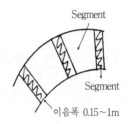

2) Match joint 방식

① 경화된 노출면에 붙여 콘크리트 타설 후 분리운반하여 다시 조립하는 방식

② Expoxy 바르는 Wet 방식과 바르지 않는 Dry 방식이 있다.

③ Segment가 부정확하게 되면 조립할 수 없다.

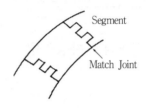

3) 추후 현장 타설로 Match

① Wide joint, Match joint 방식 혼용 조합

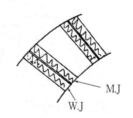

Ⅲ. 시공순서

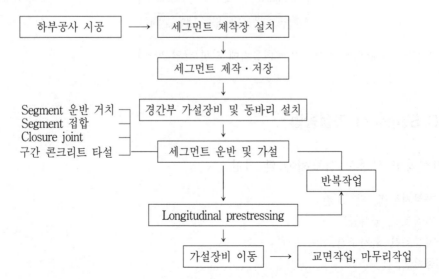

Ⅳ. Segment 제작

1. 거푸집 작업

		거푸집 이동식	거푸집 고정식
장 점		• 제작 Bed 설치 용이 • 거푸집 해체 후 Segment 이동시킬 필요없다.	• 소요 공간 작고, 모든 작업 중앙집중화 • 수평, 수직 콘크리트 변위량 처리

단 점		• 큰 공간
		• 제작대 기초침하 발생 변형되어서는 안된다.
		• 타설장비, 양생 장비도 이동성이 있어야 한다.
			• Match cast segment의 위치가 정확해야
			  하므로 정확한 측량과 장비의 철저한 품
			  질관리 필요

2. 콘크리트 타설순서

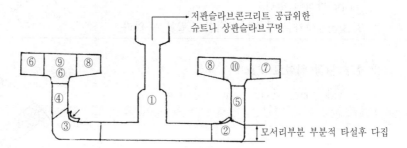

3. 세그멘트 분리방법

바닥판을 수평으로 잡아당김(들어올림에 의한 균열 방지).

Ⅴ. PC Segment 가설방법

1. 가설방법 선정시 검토해야 할 사항

1) 가설지점 및 지형조건
2) 지질조건, 공사규모
3) 기상조건, 환경조건
4) 공기, 경관

2. 가설장비 선정

제작장 위치, 가설조건에 따라 선정 : 트럭크레인, 부설크레인, 문형크레인, 케이블크레인, 타워크레인, 가동인양기, 가설 Girder

3. 가설형식

1) 켄틸레버 가설법

① 독립적인 장비로 가설

ⅰ) 크레인 인양법 : 교각과 교각을 연결하는 Assembly truss 설치 → Segment를 크레인 인양 가설

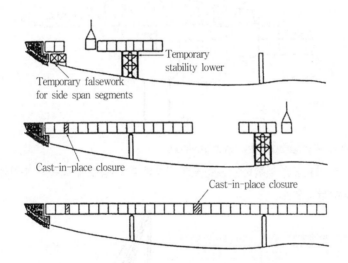

ⅱ) 문형 크레인 : Segment를 해상, 육상을 통해 가설 지점까지 운반이 어려운 경우

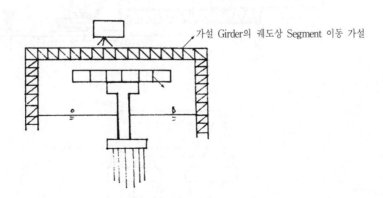

② 가동 인장기 위한 가설방식 : 이미 조립된 상부 구조에 설치 가동인장기 이용 가설

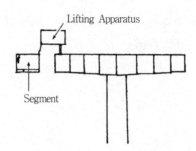

③ 가설 Girder에 의한 방식

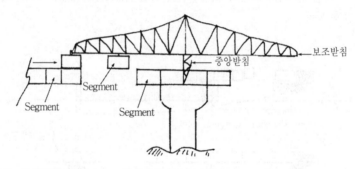

2) 경간 단위의 가설법(Span by span method)

경간 간에 지보공을 설치하고 Segment 거치한 후 이음부에 애폭시 수지나 콘크리트친 후 Posttension하는 방식

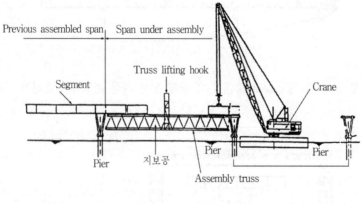

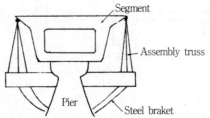

3) 기 타

ILM 공법, MSS 공법 응용

Ⅳ. 시공시 발생하는 기술적인 문제점

1) 에폭시 도포 접착 불량
2) 시공중에 발생하는 초과 하중의 재하
3) 철근 배근 잘못
4) Segment 조립 불량
5) Match cast segment 조립시 서로 맞물리지 않음.
6) 탠덤(Tandom)이 뽑혀 나감.
7) Deck delamination(조각조각 갈라짐.)
8) 균열 발생

Ⅴ. PC Segment 공법의 전망 및 요구

인력부족, 임금상승, 공사기간, 품질관리, 원가상승 등 직접 제약요인과 환경공해문제, 교통문제, 민원문제 등 간접 제약요인을 극복하는 방법으로 표준화, 산업화, 기계화 시공이 가능한 공법이며, 설계, 시공기술의 연구, 기술축적이 초보적 단계로 부족하며, 향후 설계 해석에 대한 연구, 시공시 제작장 설비, 장비의 연구, 계측관리 등 기술발전이 이루어져야 한다.

문제 **10**　Arch교 가설공법

Ⅰ. Arch의 일반 형상 및 명칭

　1) 하부 Arch식

　2) 상부 Arch식

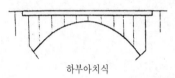

하부아치식　　　　　　　　　상부아치식

아치교 형식

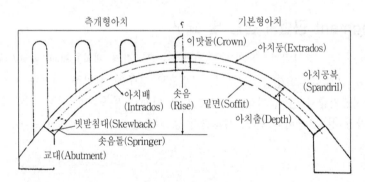

아치교 각부의 명칭

Ⅱ. 철근 콘크리트 아치교의 가설

　1) 형식 선정 조건

　　① 경제성

　　② 시공성

　　③ 안정성 및 미관

2) 가설법

① Saddle 공법

ⅰ) 동바리공을 강재 Saddle 사용, 폐합 후 Crown에 Jack을 걸어 응력 조정

ⅱ) 현장타설공법, Block 공법

② 머론공법

강제 Saddle을 가설하여 Wagon 등에 의해 Saddle을 갖는 형으로 솟음선부터 시공

③ 필로우공법

솟음선부에 Pillow를 세워 이 가지기에 의해 Arch를 사조기로 달면서 시공

④ 트러스공법

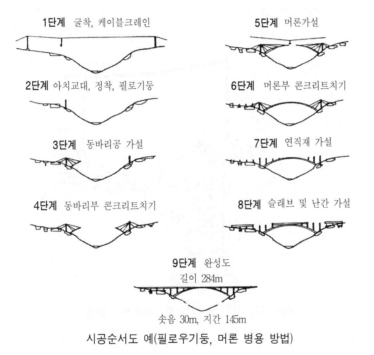

시공순서도 예(필로우기둥, 머론 병용 방법)

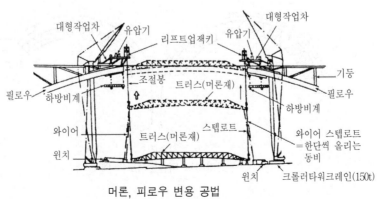

머론, 피로우 변용 공법

III. Arch교 가설 동바리공

1) 강제 Saddle에 의한 Arch교 가설
   ① 제작된 강아치 Saddle 양쪽 Lift
   ② 좌안 Shoe에 고정 ─┐
   ③ 우안 Shoe에 고정 ─┴─벨트로 고정
   ④ 중앙부 폐합
2) 강제 Truss에 의한 Arch교 가설
3) Truss 동바리에 의한 Arch교 가설
4) Arch rib 각주 콘크리트 타설 순서

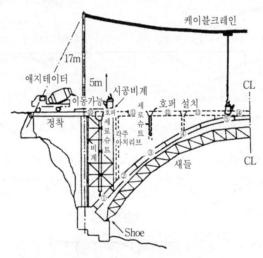

아치리브, 각주 및 상부 콘크리트치기 순서

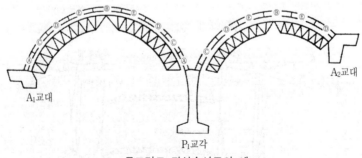

콘크리트 타설순서도의 예

Ⅳ. Lowering 공법

1) 특 징

① Arch테 밑에 동바리 및 비계 불불요

② 교대부에서 Arch테 단계적으로 시공하므로 공사용 기자재 비교적 소규모

③ 작업이 안전하고 급속 시공 가능

④ 시공시 제반구조 간단 → Cable 인장력 관리 용이

⑤ 시공시 Arch테에는 축력이 작용, 휨에 크게 저항하므로 보강재 불요

2) 순 서

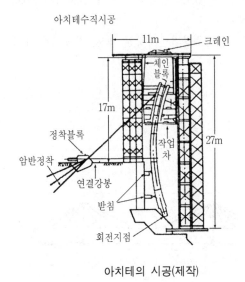

아치테의 시공(제작)

Arch 교대 시공 → 정착 Block 및 암반정착 시공 → Arch테 시공 → Arch lowering 가설 → Arch Crowon 폐합 → 연직재 시공 → Slab 시공 → 관성

문제 11 사장교 가설공법

Ⅰ. 사장교의 특징

1) 주항을 좁은 간격으로 배치한 다수의 Cable로 매달음으로써 좌굴에 대한 안정과 변형 허용, 곡률 확보하고 보의 높이와 휨 강성을 적게하는 것이 가능함.
2) 사장교 구성부재에 순인장과 압축이 우선한다.
3) 고장력선 사용시 Cable 정착이 간단해지고 시공이 용이하며 안정성이 우수해진다.
4) Con'c교의 경우, 주경간이 약 700m, 강교의 경우 1,700m까지 Span 거리 확보 가능
5) 현수교에 비하여 경제적이다.
6) 타공법과 병행하여 시공 가능(주경간 : 사장교 채용, 접속교량 : PC 연속교)

Ⅱ. 항구조

1) 다단 Cable system

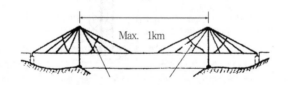

보강 Rope

① Cable 정착간 거리 : 8~15m
② Cable의 강성은 Cable 장력의 3제곱에 비례하고 수평길이의 2제곱에 반비례
③ Cable 수령길 $\ell_c > 50m$ 또는 주경간이 500m 이상일 경우 보강로프 사용

2) 경사 Cable 배치
① 부채꼴형 Cable 배치

(케이블이 타워헤드 1점에 집중해 있을 경우)

부채꼴형 케이블 배치

② Harp 형 Cable 배치

하프형 케이블 배치

③ Cable Tower 헤드 일부 구간에서 배치된 경우

케이블이 타워헤드 일부 구간에서 배치된 경우

Ⅲ. Tower 및 Cable 횡방향 배치

1) Tower

$h/l = 0.2 \sim 0.25$

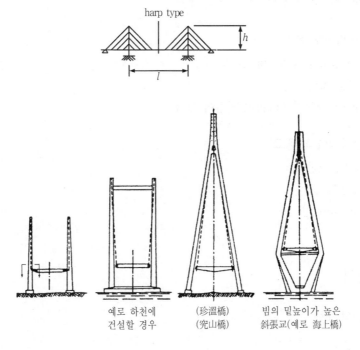

harp type

예로 하천에
건설할 경우

(珍溫橋)
(兗山橋)

빔의 밑높이가 높은
斜張교(예로 海上橋)

2) Cable 횡방향 배치와 주형 단면형상

문제 12 현수교 가설공법(Suspension Bridge)

Ⅰ. 현수교의 형상 및 특징

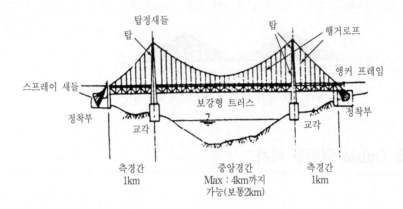

1) Cable에 사하중과 활하중의 일부를 부담

2) 탑은 직립상태 유지
   ① 교각 설치가 불가능한 곳
   ② 지간을 최대로 할 경우
   ③ Hanger 지점이 Moment 지점이 된다.

3) 보강형의 가설이 중요
   ① Steel Box형
   ② Con'c Box형
   ③ Truss Box형

Ⅱ. 가설순서

1) 탑기둥의 조립

2) Cable 설치
   ① Spinning 원리

② Rope 비계 설치 : Storm cable의 경우 40~50t의 Pretension 도입과 동시에 경사 Hanger 를 사용 Rope 비계의 내진성 기도
③ 주 Cable의 가설

3) Cable 밴드 붙이기

4) Hanger rope 가설

5) 보강형 가설
양측 주탑에서 양측으로 보강형의 가설 조립, Traveller crane 사용

6) Girder 위 Slab 시공 완료

Ⅲ. 주 Cable 가설

1) 가설용 임시 Rope 가설

2) Cat walk 가설(작업비계) 및 Cable 설치

3) 주 Cable 가설
① 공중 가설법
② PC 공법

4) Squeezing machine에 의한 여러 Strand를 주 Cable로 형성 가설

5) Hanger rope 가설을 위한 Cable Band 설치

6) Cable tensioner : Cable 긴장장치

Ⅳ. 보강형 가설법

1) 가설부재형상에 의한 분류
① 단재가설공법
② 면재가설공법
③ Block 가설공법

2) 가설장비

　① Cable crane 공법

　② Traveller crane 공법

　③ Lifting crane 공법

3) 부재의 가설순서, 방향

　① Tower → 양 경간 방향

　② 주경간 중앙부 → Tower 방향

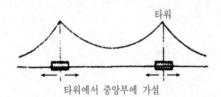 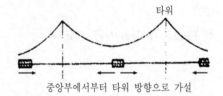

타워에서 중앙부에 가설　　　　　　중앙부에서부터 타워 방향으로 가설

부재가설의 순서 방향도

문제 13　교량의 콘크리트 타설순서

Type	Bending Moment Diagram(BMD)	타　설　순　서
단순보 (Simple Beam)		교량 중앙에서 시작하여 양쪽으로 타설해 나감.
내민보 (Cantilever Beam)		교량 중앙에서 타설하고 자유단을 타설한 다음 지점을 타설한다.
내다지보 (Cantilever Beam)		교량 중앙에서 시작하여 양쪽으로 타설해 나감.
게르버 (Gerber Beam)		
연속보		

문제 14   단순교, 연속교, Gerber교의 특징 비교

I. 정 의

교량의 형식을 지지 조건에 따라 분류하면 다음과 같다.

1) 단순교(Simple beam bridge)

① 주형·주트러스를 양단에서 단순하게 지지한 교량

② 한쪽 단을 고정받침, 다른 쪽 단을 가동단으로 지지한 교량

2) 연속교(Continuous bridge)

2경간 이상에 걸쳐 연속한 주형, 주트러스를 사용한 교량 지점 중의 어느 1개를 고정단, 기타는 모두 가동단.

3) 게르버(Gerber bridge)

연속교의 지점 이외의 적당한 곳에 힌지를 넣어 부정정구조를 정정구조로 만든 교량

II. 특징 비교

구 분	구 조	적 용 성
단순교	정정구조	온도의 변화, 적응성 양호
연속교	부정정구조(외적)	신축이음수 적어 교통 주행성 양호
게르버	정정구조	진동에 약함, 지반이 견고한 곳에 용이

III. 세부사항

1. 연속교를 동일지간 단순교와 비교

1) 장 점

① 작용 최대 휨모멘트가 작아 단면을 줄일 수 있어 경제적

② Girder 높이를 낮게 할 수 있어 하부공간을 이용 유리

③ 지진시 낙교 위험이 적다

④ 신축이음수 줄어 유지 보수가 쉽고 교통 주행상 유리

2) 단 점

　① 중간 지점상의 Slab에 ⊖ Moment와 인장력이 작용하므로 균열 방지를 위해 배력근을
　　배치(인장 보강 철근)

　② 지점의 부등침하에 의해 응력이 발생

　③ 중간 지점 부근은 큰 휨 Moment와 전단력이 작용하고 지점 반력이 집중되므로 보강 필
　　요

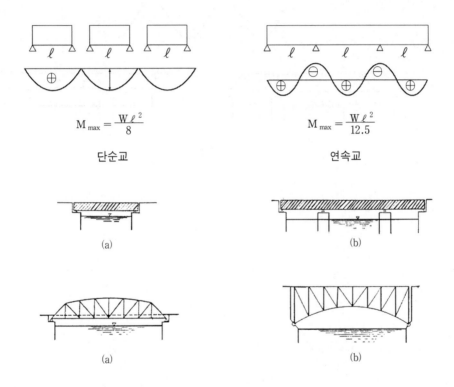

$$M_{max} = \frac{W\ell^2}{8}$$

단순교

$$M_{max} = \frac{W\ell^2}{12.5}$$

연속교

　　　　(a) 　　　　　　　　　　　　　(b)

　　　　(a) 　　　　　　　　　　　　　(b)

2. Gerber교

1) 장 점

　① 휨모멘트가 연속교에 가까운 분포형태를 나타내므로 경제적

　② 외적으로 정정구조물로 구조 해석 간단

　③ 지정의 부등침하에 의한 응력이 발생하지 않는다.

　④ 교축방향의 지지력을 분산할 수 있다.

2) 단 점

　① Hinge부가 구조적인 약점이 된다.

　② 진동하기 쉬운 구조이다.

③ 최근에는 거의 사용치 않는다.
④ Hinge부 장비 이용
⑤ 지반이 견고하지 않으면 가설할 수 없다.

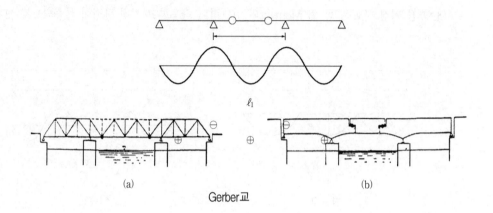

(a)   (b)

Gerber교

문제 15　교량의 파손 원인, 유지 보수시기 우선순위 결정방법 및 보수·보강 대책

Ⅰ. 개 설

강도로교 보수·보강 대책편 참조

Ⅱ. 교량의 파손원인

No.	조 사	설 계	시 공	外力·환경요인
1	예상교통량	구조계산	재료 : 철근, PC 강재	과적차량 통과, 변형 피로균열
2	기후조건	SN치	콘크리트일, 거푸집 동바리	하중, 속도, 배수 불량
3	기초 토질	교통량 추정	신축이음	재해사고(홍수, 지진)
4	세굴 영향	단면 부족	고장력 Bolt rivet	동결 융해
5	수세	재료 선정	Cable의 긴장시기	화학적 작용
6	교량의 하부 조건	가설공법	재료의 강성 부족 처짐	알카리 골재 반응 중성화 염해, 박리, 균열
7	교량의 위치선정	PC부재의 α_{ck} 선정		부등침하
8	난간, 연석	강래부식	상부 구조 변형	차량충돌
9	받침 교좌장치	신축이동량	부식 방지 용접	신축, 회전 과다
10	교대		시멘트, 골재	수분침투
11	Slab	덮개	피복두께 부족 다짐 불량	철근 노출, 부식

Ⅲ. 교량의 유지 보수시기 및 우선순위 결정방법(검토방법)

1. 1단계 : SR(Sufficiency Ratio) 건전도 평가

$$SR = S_1 + S_2 + S_3 - S_4(0 \sim 10\%)$$
$$= 구조적 \ 안정성 + 기능도 + 필요도 - 정책요인$$

　1) $SR = 0 \sim 50\%$ 교체
　2) $SR = 50 \sim 100\%$ 보수

2. 2단계 : 보수 긴급도 검토

결함상태에 따라서 시기 기능 검토

3. 3단계 : 정책요인

1) 도로 확장
2) 단계 건설
3) 신설 계획
4) 도시 및 국토 개발계획

4. 4단계

1, 2, 3단계 종합 검토 후 보수시기 우선순위 결정

Ⅳ. 보수 · 보강 공법

1. 표면보수공법

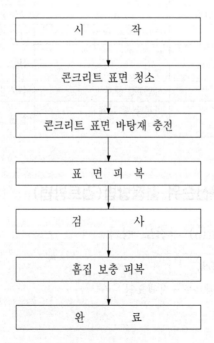

```
┌─────────────────────┐
│      시      작      │
└─────────────────────┘
           ↓
┌─────────────────────┐
│   콘크리트 표면 청소    │
└─────────────────────┘
           ↓
┌─────────────────────┐
│ 콘크리트 표면 바탕재 충전 │
└─────────────────────┘
           ↓
┌─────────────────────┐
│     표 면 피 복       │
└─────────────────────┘
           ↓
┌─────────────────────┐
│      검      사      │
└─────────────────────┘
           ↓
┌─────────────────────┐
│   흠집 보충 피복       │
└─────────────────────┘
           ↓
┌─────────────────────┐
│      완      료      │
└─────────────────────┘
```

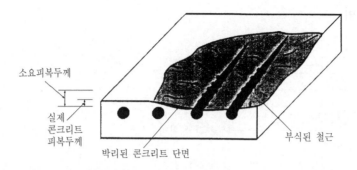

피복두께가 부족한 콘크리트 부재의 철근 노출

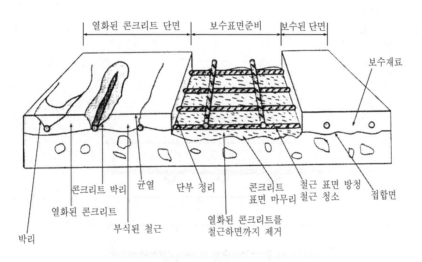

표면보수공법 개요도

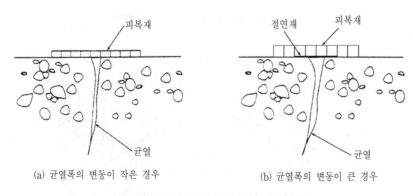

(a) 균열폭의 변동이 작은 경우   (b) 균열폭의 변동이 큰 경우

균열폭에 따른 표면피복공법의 시공방법

2. 주입공법

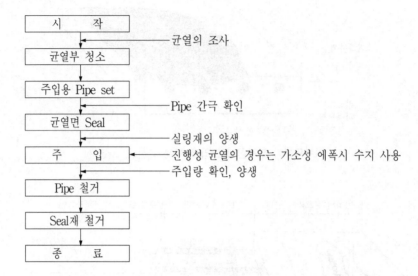

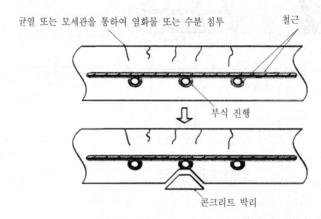

철근의 부식과 콘크리트 박리 진행과정

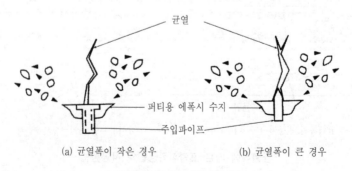

(a) 균열폭이 작은 경우   (b) 균열폭이 큰 경우

균열폭에 따른 주입공법

3. 강판압착공법

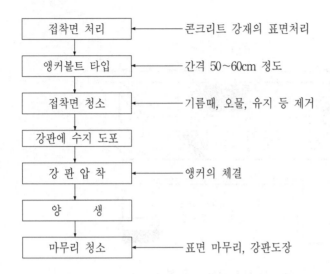

접착면 처리	← 콘크리트 강재의 표면처리
앵커볼트 타입	← 간격 50~60cm 정도
접착면 청소	← 기름때, 오물, 유지 등 제거
강판에 수지 도포	
강 판 압 착	← 앵커의 체결
양 생	
마무리 청소	← 표면 마무리, 강판도장

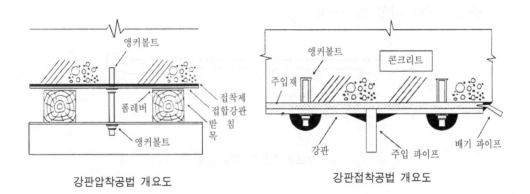

강판압착공법 개요도　　　　강판접착공법 개요도

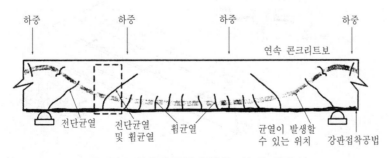

콘크리트 균열의 유형과 발생 가능한 위치

4. 탄소섬유시트 보강공법

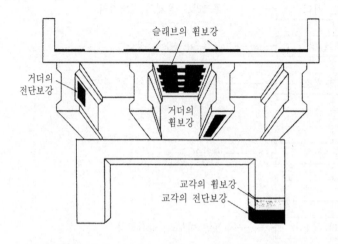

탄소섬유시트 공법 시공 부위

5. 종형 증설에 의한 보강공법

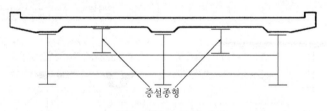

가로보를 이용한 종형 증설

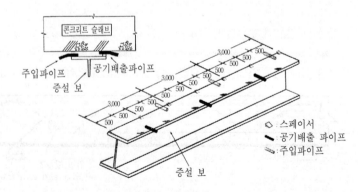

종형 증설 공법 개요도

6. 외부 프리스트레싱 공법

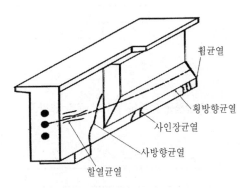

휨균열
횡방향균열
사인장균열
사방향균열
할열균열

PC보에 발생하는 균열의 유형과 위치

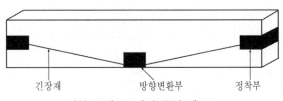

긴장재   방향변환부   정착부

외부 프리스트레싱 공법 개요도

7. 교각 증설 방법

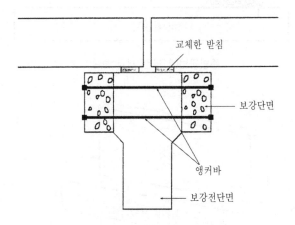

교체한 받침
보강단면
앵커바
보강전단면

보강된 교각 두부 콘크리트

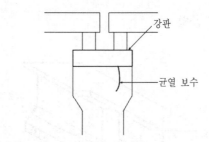

응력집중을 억제하기 위한 교각 보강공

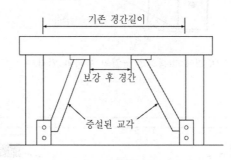

지보공 개요도

8. 세굴 보강공법

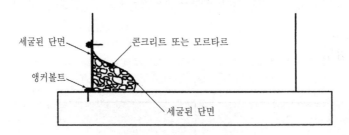

주입공법에 의한 세굴 보수

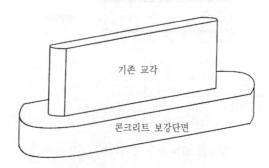

단면증설에 의한 세굴 보강공

문제 16 강교 제작

Ⅰ. 제작공정

1) 제작공정 흐름도

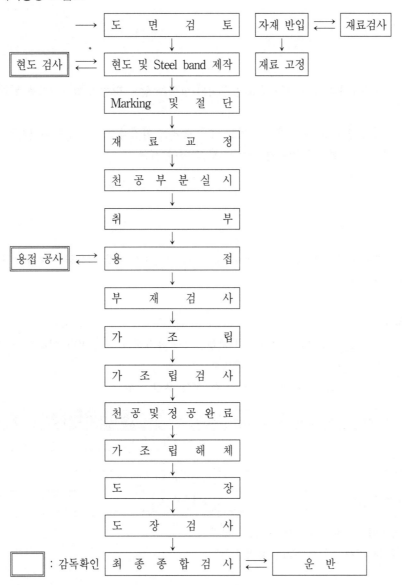

II. 재료 및 부품

1) 구조용 강재 SWS 50(용접구조용 압연강재)
2) 이음용 강재 HT Bolt M20, M22
3) STUD : ø22
   검사구 손잡이 : ø13, L형 Angle
   슬래브 앵커 : D16

III. 제 작

1) 판끊기 : 주요부재의 판끊기는 주요한 응력의 방향과 압연 방향을 일치시킴을 원칙으로 한다.
2) 금긋기 : 금긋기를 할 때는 완성 후에도 남을 곳에는 원칙적으로 흠집을 내어서는 안 된다.
3) 절단 : 주요부재 절단은 자동가스절단기로 하여야 한다.

IV. 용 접

1) 용접사는 6개월 이상 용접공사에 종사하고, 공사 전 2개월 이상 계속해서 동일 공장에 용접공사에 종사한다.

2) 용접의 검사
   ① 육안검사 : 전 용접부의 용접비드의 관형상에서 유해한 기공 오버랩, 언더킷 부정한 굴곡선, 크레이터, 용접 목두께 치수 과부족
   ② 방사선검사 : Box 상하부 Flange, V형, X형 용접 부위

구 분	방사선 투과시험
상자형보 인장부재	한 이음에 1장
상기 부재 압축측	5이음에 1장
상자형보 복부판	2이음에 1장(인장측)
강상판, 판형복부판의 수평이음	1이음에 1장

   ③ 초음파검사 : 방사선검사 후 의심 부분
   ④ 액체침투검사 : 주로 Fillet 용접부

V. 가조립

1) 일 반

① 가조립시 각 부재가 무응력 상태로 되도록 적당한 지지

② 가조립시 중요한 현장 이음부 또는 연결부는 리벳 또는 볼트구멍수의 30% 이상의 볼트 및 드리프트핀을 사용하여 견고히 조임.

VI. 운 송

1) 부재는 발송 전에 조립기호 기입

2) 1개 중량이 5톤 이상인 부재는 중량 및 중심위치 표기

3) 운송중 손상의 우려가 있는 곳은 견고히 포장

VII. 부재 보관

1) 현장에 부재를 임시 적치시는 지면에 닿지 않도록 조치

2) 현재, 사재 등 긴 부재는 보관중 겹침으로 인한 변형이 생기지 않도록 받침공 설치

3) 장기간 보관시 오손, 부식 방지

4) 가설에 사용되는 가설비 및 가설용 자재는 공사중 안전확보를 위한 규모와 강도 확인

VIII. 조 립

1) 조립은 조립기호 및 순서에 따라 시공

2) 부재의 접촉면은 시공 전 청소

3) 가체결 볼트 및 드리프트핀은 현지 여건을 고려하여 시공

IX. 고장력 볼트

1) 접합된 재면의 접촉면은 흑피를 제거하고 면을 거칠게 한 후, 포장을 하여서는 안 된다.

2) 볼트 체결

축력 도입은 너트를 돌려 시행하며, 볼트의 체결을 토오크법에 따라 할 때에는 표준볼트 축력이 도입되도록 토오크를 조정하여야 한다.

3) 동력렌츠

대표적 3개 볼트를 사용 최소볼트의 인장력보다 5~10% 더 큰 힘

4) 검사용 힘을 가하였을 때 너트나 볼트 머리가 돌아가면 전 볼트를 다시 조이고 재검사

Ⅹ. 현장용접

1) 일 반

① 가설공사에 따른 현장 이음을 용접으로 시공할 때

② 공장 내에 있어도 지붕이 없는 장소에서 용접 시공시

2) 현장 용접을 피할 때

① 우천 또는 작업중 우천이 될 위험이 있을 시

② 비가 그친 직후

③ 강풍시

④ 온도가 5℃ 이하

Ⅺ. 도 장

1) 도장을 피해야 할 조건

① 기온 5℃ 이하

② 습기가 많을 때

③ 도장 겉면이 굳기 전에 강우 염려시

④ 강재 표면이 습기가 찰 때

⑤ 폭서로 강재의 온도가 높고 포장면에 거품이 생길 염려가 있을 때

⑥ 도장시 피도면의 온도는 이슬점보다 3℃ 이상

2) 녹털이 및 청소

① 강재 표면은 도장작업 전에 녹, 흑피, 먼지, 유류, 기타 부착물을 충분히 제거하고 청소하여야 한다.

② 도장면은 완전히 청소한 후, 감독원의 승인을 받아 설계서에 명시된 방법으로 도장

③ 브라스팅 클리닝(Sand blest)은 피도물에 기름, 용접똥, 먼지, 기타 오염물질을 제거한 후 실시한다.

문제 17 강교의 가설공법

Ⅰ. 개 설

교량 가설공사는 다른 구조물의 가설공사와 달라 가설지의 지형조건에 크게 좌우된다.
1) 가설지점의 지형, 지질, 기상, 해상
2) 가설공사 현장의 환경조건
3) 수송 및 반입로
4) 교량의 구조형식, 설계조건 및 가설 도중의 구조계와 응력
5) 가설시기 및 전체공기
6) Jeck대 기재와 그 능력
7) 경제성, 안전성

Ⅱ. 종 류

1. 벤트 공법(Bent method)

교체를 직접 지상에서 지시하면서 가설 조립하는 공법이고 이때 지상에서 교체를 지지하는 설비가 벤트이다. 이 공법이 가설의 기본형이 된다.
① 교체지지방법(예 : Cable erection 공법 등)보다 시공이 쉽고
② 장소만 허락한다면 모든 교량형식에 적용된다.
③ 소형 벤트(높이 30m 이하 정도)에 대해서는 각 벤트와 파이프 벤트(Pipe bent)가 일반적

1) 벤트 구조
① 주기둥(Main column)
② 하중 배분을 위한 최상부보
③ Jeck대 및 중간 수평보
④ 가새

2) 벤트 기초
① 침목과 H강형식의 기초
② 콘크리트 기초 및 말뚝기초

③ 기초의 형식은 지반의 지지력에 의하여 결정

　　i) 콘크리트 기초나 말뚝기초는 작용 하중이 크거나 수중 벤트의 경우에 적용

　　ii) 지반이 나쁠 때에 이 형식을 함.

3) 유의 사항

① 하천 부지를 이용할 경우 하천법에 따라 수속을 해야 한다.

② 기초지반의 내력, 벤트 내력, 구조 확인, 또는 Check해야 한다.

③ 가설구조계를 고려한 각종 떠올림량의 설정과 벤트고의 확인

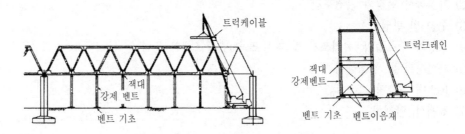

트럭크레인에 의한 스테이징식 가설

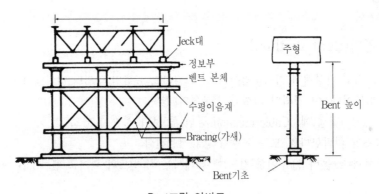

Bent조립 일반도

4) Bracing

① 종류

　　i) X-Bracing

　　ii) V-Bracing

　　iii) 수평 Bracing

　　iv) 수직 Bracing

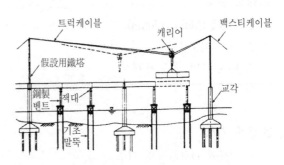

케이블크레인에 의한 스테이정식 가설

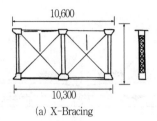

(a) X-Bracing

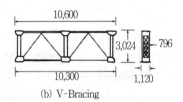

(b) V-Bracing

벤트(강제) 구조(H형강)

② 역할

i) H형, L형강(EI 증대)

ii) 좌굴 방지

iii) 변형, 비틀림방지

iv) 세장비 100 이하

2. 캔틸레버 공법

1) 가설지점이 깊은 계곡 등으로서 지형적 벤트를 세울 수 없거나 형하공간의 사용에 제한을 받을 때

2) 벤트를 세워도 대단히 불경제적인 경우에 사용

3) 교체의 내력을 이용하여 교체나 가설용 크레인 설비 등의 하중을 지지하면서 가설하여 조립

4) 적용되는 교량형식

① 평행현트러스

② 각종 대형 트러스교

③ 연속의 상형교(Box girder)

④ 판형교(Plate girder)

5) 가설방법

① 1span(혹은 측경간)을 가설한 후 정착부를 보조하여 교체를 켄틸레버로 조립하고 고장력 볼트의 본조이기를 하면서 차례로 이어서 가설

② 양측에서 가설하여 오면서 지간 중앙에 폐합하는 방법

③ 지점 위를 가설한 후 측경간과 중앙경간의 밸런스를 취하면서 가설하는 밸런싱 캔틸레버 식(Balansing cantilever type) 공법

④ 길이가 길 경우에는 적당한 위치에 벤트 설비를 하여 지지

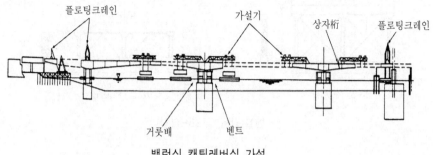

밸런싱 캔틸레버식 가설

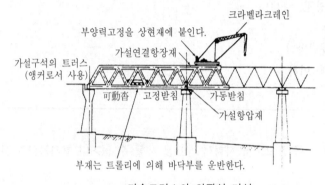

단순트러스의 외팔식 가설

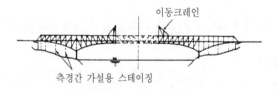

연속트러스의 외팔식 가설

6) 교체 조립에 사용되는 장비

① 데릭(Derick)

② 트래블러 크레인(Traveller crane)

③ 플로팅 크레인(Floating crane)

④ 케이블 크레인(Cable crane)

7) 설계 · 시공시 유의할 점

설계시에 가설응력을 고려해 놓거나 중앙벤트를 세움. 특히 유의할 점은 설계시부터 가설 공법의 채용을 전제로 하여 캔틸레버 가설강도나 이음(Joint) 위치(결합점) 고려

3. 케이블 이렉션 수직 매달기(직조) 공법

1) 교량 구조상 캔틸레버식 가설을 할 만큼 강성이 없고 가설 지점의 지형이 깊은 계곡이나 해상, 호상에서 벤트를 세우는 데 대단히 비경제적인 경우
2) 형하공간의 사용에 제한이 있을 경우
3) 플로팅 크레인이나 Barge 진입이 곤란한 경우
4) 가설방법
   ① 가설은 Main rope를 철탑(Tower)에 걸쳐서 양 앵커 콘크리트 간에 끌어 걸쳐넣고 Marking 위치에서 행거 로프(Hanger rope)를 매달아 내려 매달기 기구나 강형을 사용하여 직접 교체를 매달아 지지하면서 조립한다.
   ② 철탑 후방에 Stay rope용의 앵커 콘크리트(Anchor concrete, anchor wall)를 설치할 장소가 필요하다.
   ③ 부재의 운반, 조립용으로 케이블 크레인을 가설하는 곳도 고려하여 가설작업상의 안전설비 및 연락 통로용으로 교대, 교각 사이에 와이어 브리지(Wire bridge 또는 Catwalk 등)를 가설하는 것이 일반적이다.
   ④ 아치계(Arch system)의 랭거형(Langer girder), 트러스(Truss)교의 가설에는 적합한 공법

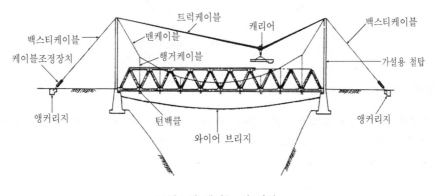

트러스의 매다는 식 가설

4. Cable Erection 경사매달기공법

1) Cable Erection 경사매달기공법은 수직매달기공법과 동일한 지형에서 교항의 강성이 높고 이것을 압축부재로 하여 경사매달기 케이블로 교체를 달아서 지지하면서 가설할 수 있는 경우에 사용되는 공법이다.
2) 따라서 설비, 구조면에서는 수직매달기공법보다 긴 Span을 가진 교량 가설에 적합하다.

3) 가설방법

① 가설은 교대 후방의 앵커 콘크리트에서의 공색과 경사매달기용 Tower를 걸쳐서 경사매
달기 Wire rope로 교체를 지지하면서 장출하고 지간 중앙에서 폐합 가설한다.

② 이 경우 폐합시의 경사 매달기의 개수에 의하여 정정매달기(1회 매달기)와 부정정매달기
(다짐 매달기)로 나눈다.

③ 부정정매달기는 경사매달기 색에 작용하는 힘이 불명확하게 될 우려가 있으므로 가설 도
중의 형상관리나 조정작업이 복잡하게 되나 Arch rib의 변형이 적고 안전상 이점은 많다.

④ 이 공법으로 아치계 상로교를 가설할 때는 교가 자중의 End post가 경사매달기 철탑에
사용할 수 있고, 또 측경간 교대 등이 공색의 앵커로 사용되는 경우가 많다.

⑤ 이 경우에는 케이블크레인만을 단독으로 설비하게 된다.

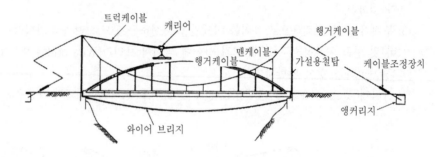

랭커형의 매다는 식 가설

5. 송출공법(Protrusion method)

가설하려는 Span의 후방에서 조립 완료 후 또는 조립하면서 교체의 곡내력을 이용하여 다음
의 교각, 교대까지 단번에 송출하여 가설하는 공법이다.

1) 벤트를 세울 수 없을 때

2) 세워도 대단히 비경제적인 경우에 유리한 공법

3) Box girder나 Plate girder 가설에 적합한 공법

4) 가설 지점의 지형에 따라서는 기타의 형식(아치나 랭거형)에도 적용되는 공법

5) 교량형식, Span 수, 가설 지점의 지형 등에 의하여 송출할 경우의 Girder 지지방법이 다르고
공법이 다음과 같이 분류된다.

    ┌ 선반받기(수연)식 송출공법
    ├ 중연식 송출공법
    ├ 대선식 송출공법
    └ 이동 벤트식 송출공법

송출설비에는 롤러(roller)식, 유압에 의한 송출장치, 구동장치가 붙은 자주대차, 보통대차

① Nose 송출공법(선반받기)

ⅰ) Span 길이와 같은 길이의 교체를 다음의 교각, 교대까지 송출하여 가설하려는 경우, 교체의 전방에 경중량의 Nose를 이어내어 교형 본체보다 전방으로 Nose가 교각, 교대에 도착하게 하는 공법

ⅱ) Nose truss 형식인 것이 많이 사용

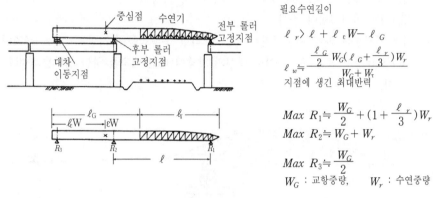

필요수연길이

$$\ell_r > \ell + \ell_e W - \ell_G$$

$$\ell_w = \frac{\frac{\ell_G}{2} W_G(\ell_G + \frac{\ell_r}{3}) W_r}{W_G + W_r}$$

지점에 생긴 최대반력

$$Max \ R_1 = \frac{W_G}{2} + (1 + \frac{\ell_r}{3}) W_r$$

$$Max \ R_2 = W_G + W_r$$

$$Max \ R_3 = \frac{W_G}{2}$$

W_G : 교항중량,　　W_r : 수연중량

수연식 가설

ⅱ) 시공시 유의해야 할 점
- 교체의 캠버(Camber, 휘어 오름)를 고려하여 각 지점부의 높이나 선반받이(Nose)의 연결각도를 결정할 것
- 송출시의 최대반력(일반적으로 후방 롤러에 적용)으로 교체의 복판(Web plate)과 Frange plate의 구석용접의 강도나 복판의 국부 좌굴을 Check하여 안전성을 확인해 둔다.
- 송출롤러의 경우 첨접부를 롤러가 Smooth하게 통과하기 위하여 밑 Frange의 첨접부에 Taper plate 및 고력볼트용 Carmber plate를 미리 붙여 놓는다.

② 중연식 송출공법

　2span 이상의 교체를 연결(강결 또는 Pin 결합)하여 2span째 이후의 교체도 균형 유지용으로 이용하면서 송출 가설하는 공법

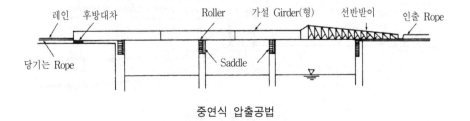

중연식 압출공법

③ 대선식 송출공법

빔의 아래가 수상부이고 또 장해물이 있으므로 플로팅 크레인(Floating crane)이 진입할 수 없는 경우 등에 사용되는 공법

ⅰ) 가설은 Span의 후방에서 교체를 조립하여 앞쪽을 대선으로 지지하고 후방은 대차에 올려 놓아 한 번에 가설

ⅱ) 대선에는 윈치(winch)나 발동발전기 등을 장치

ⅲ) 4점 지지력법이 좋다.

ⅳ) 지점부는 배를 사용하거나 동요에 의한 수평력을 유지할 수 있는 구조여야 함.

ⅴ) 교대상에 잭을 준비하거나 대선의 가중에 대한 배수를 하는 설비를 준비할 필요가 있다.

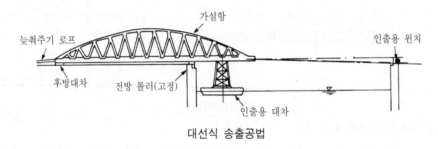

대선식 송출공법

4) 이동 벤트식 송출공법

① 형하 공간의 사용에 제한이 있고 장기간 점용할 수 없을 때 사용하는 공법

② 형하 공간의 점용을 될 수 있으면 단시간으로 제한한 공법이다.

③ Span 후방에서 조립한 교체를 앞쪽 또는 이동 가능한 벤트로 지지하고 뒤쪽은 대차 등에 올려놓아 한 번에 송출하여 가설

④ 이동벤트는 대차나 송출롤러를 역용하여 그 위에 벤트재를 조립하여 사용한다.

⑤ 이때 벤트고에 따라서는 횡방향의 안정을 유지하기 위하여 횡단방향에는 Rail을 2열 설치하는 등의 배려가 필요하다.

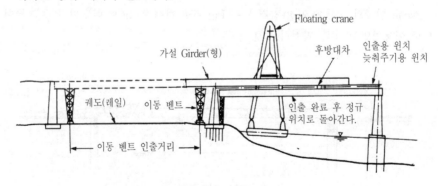

이동 Bent식 송출공법

6. 가설형(트러스) 공법(Erection girder or Truss method)

1) 고가교의 가설에 적합
2) 벤트나 Erection cable 대신 미리 가설 트러스를 가설
3) 교체를 매달아 내리거나 거치하여 지지, 조립하는 공법
　① Rail girder로서 사용한 공법
　　ⅰ) 가설 Girder상의 대차에 처음의 교체(Rail 설비를 한다)를 올려놓고 송출한다.
　　ⅱ) 교체는 일단 가로 밀어서 놓고 가설형을 다음의 Span에 송출한다.
　　ⅲ) 처음의 교체를 Rail상에 도로 거치한다.
　　ⅳ) 가설 Girder를 사용하여 교체를 차례로 송출하여 가로 밀어서 거치
　② Crane girder로서 사용하는 공법
　③ 가설 트러스를 교문형 크레인으로 사용하는 경우

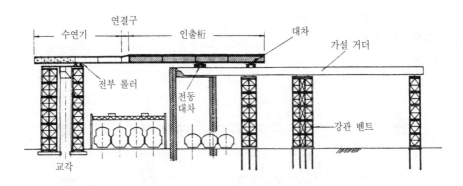

가설 거더에 의한 이송

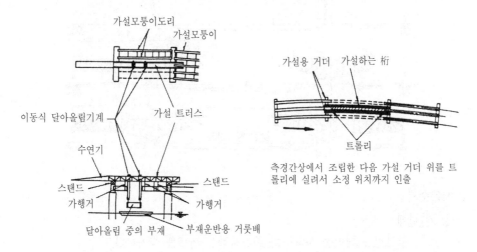

가설 트러스에 의한 가설 예　　　　　중간 경간부항의 인출

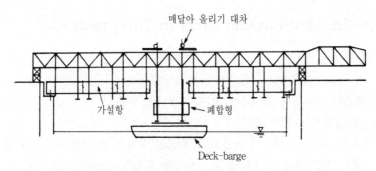

가설항공법(Crane girder로서 사용)

7. 플로팅 크레인(floating crane)공법

① 대블록으로 조립하여 거치
② 장대교에 적합
③ 하구, 항만, 해협 등에 가설하는 장대교
④ 충분한 접근시설
⑤ 충분한 수심

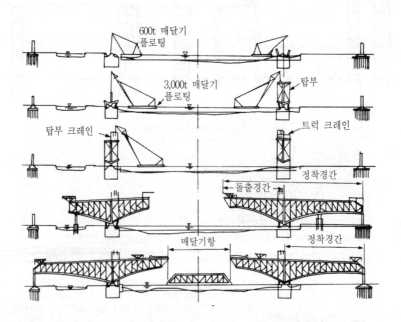

1) 시공순서

① 제1단계

 i) 플로팅 크레인을 사용하여 중간교각상 벤트를 장치한다.

ii) 3,000t 매달기 플로팅 크레인을 사용하여 탑부 2패널을 가설한다.

iii) 플로팅 크레인으로 탑부 크레인을 조립한다. 다음에 이 탑부 크레인을 사용하여 트레블러 크레인을 조립한다.

② 제2단계

정착경간 내에 벤트를 1기 설치하여 트레블러 크레인으로 정착형을 Balanced Cantilever 공법으로 가설한다. 부재는 탑부 크레인으로 교상에 올려 운반대차에 의하여 운반한다.

③ 제3단계

정착형 가설 완료 후 매달아 올리기 장치에 의하여 매달아 올리기항을 한 번에 매달아 올려 전 가설을 끝낸다.

8. 대선공법

대선으로 대블록 빔을 운반하여 현지에 도착한 후 대선의 물을 밸러스트(Ballast) 수로 조절하고, 또 호수의 간만이 있으면 그것도 이용하여 대선이 자력으로 가설하는 방법이고 가설고가 6~8m 정도의 교량에 적합하다.

※ 이 공법에서 특히 유의해야 할 점

① 대선으로 대블록 빔을 운반할 경우 안정성만으로 대선을 선택하지 말고 장출량 등도 고려하여 대선 선택

② 지지점의 수는 대블록 빔과 대선의 크기나 지점간격 등을 고려하여 선택

③ 대선과 대블록 빔의 결박은 동하중이나 풍하중에 견딜 수 있도록 하여야 한다.

④ 기타로서는 플로팅 크레인의 경우와 동일하다고 말할 수 있다.

9. 리프트업 바지(Liftup barge) 가설공법

대선공법과 동일하나 유압식 lift, frane guide tower 선박 조종용 기기가 추가로 장치

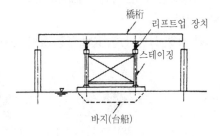

리프트업 바지에 의한 이송

문제 18 강구조물의 용접 종류와 균열(결함)을 검사하고 평가하는 방법

Ⅰ. 서 론

용접(Welding)이란 높은 온도를 이용하여 금속을 녹여서 양쪽의 부재(모재)를 결합시키는 작업으로 강구조에서는 주로 금속아크(Arc)용접이 사용되나, 소형 구조물에서는 가스용접이나 전기저항용접이 쓰이기도 한다.

강판을 용접하는 방법으로는 다음 그림과 같이 맞대기이음(Butt joint), 겹대기이음(Lap joint), T이음(T-joint), 단부이음(Edge joint), 모서리이음(Corner joint) 등 5가지 종류가 있다.

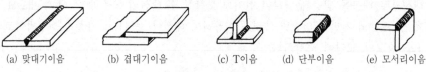

(a) 맞대기이음   (b) 겹대기이음   (c) T이음   (d) 단부이음   (e) 모서리이음

강판의 용접방법

따라서 용접작업은 부재의 일부에만 행해지므로 용접작업 후 부재냉각시 변형이나 응력이 남아 있고, 이음한 후의 내부검사도 어렵고, 응력집중이 생기기 쉽다. 이에 대한 강구조물 용접 종류와 균열을 검사하고 평가하는 방법은 다음과 같다.

Ⅱ. 용접의 종류

1. 홈용접

① 양쪽의 강판 사이에 홈을 두어 서로 맞대거나 용접금속으로 용접하는 것을 홈용접이라 하며, 목두께 a의 방향이 모재의 표면과 직각 또는 거의 직각이 되게 하는 용접방법이다.

② 다음 그림과 같은 홈용접에서 루트(Root)란 맞대기이음시 홈의 최소간격이며, 강판이 얇을 때는 I형, 일반적인 경우는 V형, 강판이 19mm 이상의 두꺼운 경우는 X형 홈용접을 사용하는 것이 일반적이다.

③ 이외에도 형태에 따라 U형, H형, L형, K형, J형 등이 있다.

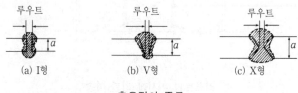

(a) I형   (b) V형   (c) X형

홈용접의 종류

2. 필렛용접

1) 필렛용접이란 다음 그림과 같이 목두께 a의 방향이 모재의 면과 45°가 되게 하는 용접방법으로 용접선의 방향이 응력을 받는 방향과 평행을 이루거나, 경사가 지거나, 직각을 이루는 데 따라 측면 필렛용접, 사방향 필렛용접, 전면 필렛용접 등으로 나눈다.

2) 필렛용접은 삼각형의 다리길이 s가 같도록 하는 것이 원칙인데, 이때의 목두께 a는 이등변 삼각형의 높이로 취하며 다리길이가 서로 같지 않을 때도 마찬가지이다.

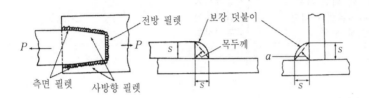

3. 플러그용접

강판을 용접할 때 모재를 서로 겹친 후에 둥근 구멍을 적당한 간격으로 뚫고 이를 완전히 메우는 것이 플러그용접이다.

4. 슬롯용접

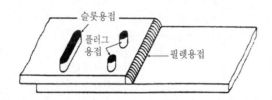

Ⅲ. 용접결함의 종류

결함의 종류		시험 및 검사방법
치수상의 결함	• 변형(비틀림) • 용접금속부의 크기 부적절 • 용접금속부의 형태 부적절	• 적당한 게이지를 사용하는 육안검사 • 용접금속용 게이지를 사용하는 육안검사 • 용접금속용 게이지를 사용하는 육안검사
구조상의 불연속 결함	• 기공, 다공성 • 비금속 개재, 슬래그 개재 • 용융 불량 • 용입 불량 • 언더컷 • 균열 • 표면 결함	• 방사선검사, 자분탐사, 와류검사, 초음파검사, 파단검사, 현미경검사, 매크로 조직검사 〃 〃 〃 • 육안검사, 방사선검사, 굽힘시험 • 육안검사, 방사선검사, 초음파검사, 현미경검사, 매크로 조직검사, 자분탐사, 침투검사, 굽힘시험 • 육안검사, 기타

결함의 종류		시험 및 검사방법
재질상의 결함	• 인장강도의 부족	• 전용착금속인장시험, 맞대기용접인장시험, 필렛용접전단시험, 모재인장시험
	• 항복강도의 부족	• 전용착금속인장시험, 맞대기용접인장시험, 모재인장시험
	• 연성의 부족	• 전용착금속인장시험, 자유굽힘시험, 형틀굽힘시험, 모재인장 시험
	• 경도의 부적당	• 경도시험
	• 피로강도의 부족	• 피로시험
	• 충격에 의한 파괴	• 충격시험
	• 화학성분의 부적당	• 화학분석
	• 내식성 불량	• 부식시험

Ⅳ. 검사 및 보수

1. 용접 검사

검사방법	적용부분	검사내용	장 단 점	비 고
육안검사	전 용접부	균열, 오버랩, 언더컷 용접 부족, 비드 불량, 뒤틀림	• 비용이 거의 들지 않는다. • 즉시 수정할 수 있다. • 표면결함에만 한정된다.	• 확대경 • 각장 게이지 • 휴대용 자
방사선검사 (Radio-graphic Test : RT)	박스 상하부 Flange V형, X형 홈용접부	내부균열, 기포 슬래그 용입, 용입 부족, 언더컷 등	• 증거를 보존할 수 있다. • 즉석에서 결과를 알 수 없다. • 결과분석에 많은 경험이 필요하다. • 취급상 위험하다.	검사비가 비싸기 때문에 중요한 부분의 검사 및 다른 방법으로 만족치 못한 경우
자분탐상검사 (Magnetic Test M.T)	홈 또는 필렛 용접부	표면의 갈라짐, 기포, 용입 부족, 피로상태	• 표면의 결함을 쉽게 발견할 수 있다. • 신속하며 즉석 판단이 가능하다. • 자성을 띠는 철 계통 금속에만 유효하다. • 현장해석에 경험이 필요하다.	시험 후에는 자력을 소멸시켜 주어야 하며 전원이 필요하다.
약물탐상검사 (Penetrants Test : PT)	주요 필렛용접부	눈으로 볼 수 없는 미세한 크랙	• 사용이 간편하고, 비용이 저렴하다. • 대개 표면의 결함만을 볼 수 있다.	세척액, 침투액, 현상액의 3종으로 검사
초음파검사 (Ultrasonic Test : UT)	방사선 검사 후의 의심부분	• 표면 및 깊은 곳의 결함 탐사 • 미세한 내부결함 및 부식상태	• 정밀하고 신속한 결과를 즉석에서 얻을 수 있다. • 해석에 고도의 기술과 숙련이 필요하다.	초음파 탐상기

2. 결함부의 보수방법

결함의 종류	보 수 방 법
강재의 표면상처로 그 범위가 분명한 것	용접, 그라인더 마무리, 용접 비드는 길이 40mm 이상으로 한다.
강재의 표면상처로서 그 범위가 불분명한 것	정이나 아크 에어 게이징(Arc air gauging)에 의하여 불량부분을 제거한 후 용접덧붙임, 그라인더 마무리를 한다.
강재 끝면의 층상 균열	판 두께의 1/4 정도의 깊이로 게이징을 하고, 용접덧붙임, 그라인더 마무리를 한다.
아크 스트라이크	모재 표면에 오목부가 생긴 곳은 용접덧붙임을 한 후 그라인더 마무리를 한다. 작은 흔적이 있는 정도의 것은 그라인더 마무리만으로 족하다. 용접 비드의 크기는 위이 40mm 이상으로 한다.
가붙임용접	용접 비드는 정 또는 아크 에어 스커핑법으로 제거한다. 모재에 언더컷이 있을 때는 용접덧붙임, 그라인더 마무리를 한다. 용접 비드의 크기는 위의 같다.
용접균열	균열부분을 완전히 제거하고 발생 원인을 규명하여 그것에 따른 재용접을 한다.
용접비이드 표면의 피트, 오버랩	아크 에어 게이징으로 그 부분을 제거하고 재용접한다. 용접 비드의 최소길이는 40mm로 한다.
용접비이드 표면의 요철	그라인더 마무리를 한다.
언더컷	비드 용접한 후 그라인더 마무리를 한다. 용접 비드의 길이는 40mm 이상으로 한다.
스터드 용접의 결합	해머 타격검사로 파손된 용접부는 완전히 제거하고 모재면을 정리한 다음 재용접한다. 언더컷 덧붙임 부족에 대한 피복용에 의한 보수용접은 피한다.

문제 19 용접기호

I. 개 요

각종 강재의 용접방법과 종류를 알기 위해 사용하는 용접기호는 화살표 방향의 치수를 선 하단에, 화살표 반대방향의 치수를 선 상단에 기록한다.

II. 용접기호

용접의 종류		기호	기 재 예	설 명
홈 용 접	I형	II		루트 간격 2mm의 경우
	V형	V		홈의 깊이 16mm 홈의 각도 60° 루트 간격 2mm의 경우
	X형	X		홈의 길이 화살표 쪽 16mm 반대쪽 9mm 홈의 각도 화살표 쪽 60° 반대 쪽 90° 루트 간격 3mm
	V형	V		화살표 반대쪽의 홈의 각도 45° 루트 간격 3mm
	K형	K		홈의 깊이 화살표 쪽 16mm 반대쪽 9mm 홈의 각도 화살표 쪽 45° 반대쪽 45° 루트 간격 3mm

용접의 종류		기 호	기 재 예	설 명
필렛용접	연속	△	(6 / 6 / 6 / 6 / 6 / 6×9)	다리의 길이 6mm의 경우 다리길이가 다른 경우 작은 다리의 치수, 큰 다리의 치수를 차례로 쓰고 묶음으로 한다.
			500 / 6 / 6 / 6 500 / 6 500	용접의 길이 500mm의 경우
	단속	병렬 ▷	50 / 50 / 50 / 50 / 50~150 / 50~150	용접의 길이 50mm, 피치 150mm의 경우
		지그재그 ▷	6 / 50 150 / 50 300 / 9 50~300 6 / 9 50~300 6	화살표 쪽의 다리길이 6mm 화살표 반대쪽의 다리길이 9mm 용접의 길이 50mm, 피치 300mm의 경우
			6 6 / 50 150 / 300 / 50 300 / 50 150 / 50~300 6 / 50~300 6	

III. 각 요소의 주요 위치

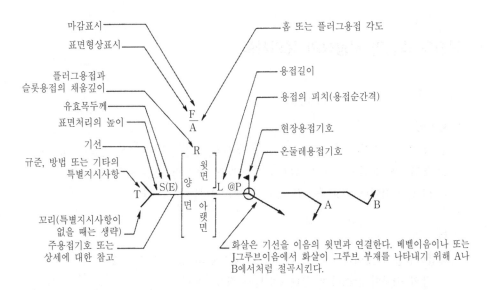

마감표시 — 흠 또는 플러그용접 각도
표면형상표시 —
플러그용접과 슬롯용접의 채움깊이 — 용접길이
유효목두께 — 용접의 피치(용접순간격)
표면처리의 높이 — 현장용접기호
기선 — 온둘레용접기호
규준, 방법 또는 기타의 특별지시사항 —
꼬리(특별지시사항이 없을 때는 생략) —
주용접기호 또는 상세에 대한 참고

F / A / R / 윗면 / 양 / 면 / 아랫면 / T / S(E) / L @P / A / B

화살은 기선을 이음의 윗면과 연결한다. 베벨이음이나 또는 J그루브이음에서 화살이 그루브 부재를 나타내기 위해 A나 B에서처럼 절곡시킨다.

문제 20   강부재의 연결공법

I. 종 류

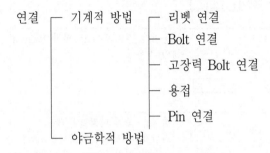

연결 ┬ 기계적 방법 ┬ 리벳 연결
      │   ├ Bolt 연결
      │   ├ 고장력 Bolt 연결
      │   ├ 용접
      │   └ Pin 연결
      └ 야금학적 방법

II. 연결부가 가져야 할 일반적인 성질

1) 응력전달이 확실할 것
2) 각 장편에 편심이 작용하지 않을 것
3) 응력집중이 일어나지 말 것
4) 잔류응력과 2차응력이 없을 것

III. 공법의 특성과 시공상의 유의사항

1. 용 접

1) 통용성

① 응력을 전달하는 곳 : 전단면 용입 홈용접, 부분용입 홈용접, 연속 Fillet 용접
② 용접선에 대해 직각으로 인장응력을 받는 곳 : 전 단면 용입 홈용접
③ Plug 용접이나 Slot 용접은 중요부재에 써서는 안 된다.

2) 특 징

용접이음은 리벳이나 고장력 Bolt에 비해 다음과 같은 이점이 있다.
① 강의 중량이 감소하여 장대교에서는 경제적이다.

② 구조가 간단하고 설계가 쉽다.

③ 외관이 경쾌하다.

④ 시공시 소음이 적다.

그러나 다음과 같은 결점이 있다.

① 열에 의해 변형을 일으킨다.

② 야금학적 결함이 생기기 쉽고 취성 파괴의 원인이 되는 경우가 많다.

③ 엄격한 시공관리가 필요하고 우수한 용접공이 필요하다.

3) 시공시 유의사항

① 용접순서는 원칙적으로

ⅰ) 2대 이상의 용접기를 이용하여 동시 대칭으로 하고

ⅱ) 구속단에서 자유단으로 향하고

ⅲ) 종단 방향을 먼저 한 후 횡단방향으로 하고

ⅳ) 구배는 상향 방향으로 진행한다.

② 용접에 앞서 용접재료의 청소상태, 건조상태, 홈경사, 材片의 구속상태 등을 조사한다.

③ 현장 용접은 우천시, 비가 그친 직후, 강풍시, 온도가 5℃ 이하일 때는 해서는 안 된다.

2. Bolt

1) Bolt는 지압이음에 주로 이용

2) 진동력이나 충격이 작용하는 곳에는 사용치 않는 것이 좋다.

3) Bolt는 종래는 가끔 사용되었으나 현재는 토목용으로는 거의 사용치 않고 있으며, 고장력 Bolt가 일반적으로 사용되고 있다.

3. 고장력 Bolt

1) 적용성

고장력 Bolt의 이음에는 다음과 같은 것들이 있으나 대부분 마찰이음을 사용한다.

① 마찰이음 : 고장력 Bolt로 이음재편을 체결, 재편 사이에 일어나는 마찰력으로 응력을 전달한다.

② 지압이음 : 볼트 원통부의 전단저항 및 볼트 원통부와 볼트구멍벽 사이의 지압력에 의해 저항

③ 인장이음 : 볼트의 줄기방향에 외력 작용하면 이곳에 저항하는 이음

2) 특 징

① 소음이 적다.
② 치환이 쉽다.
③ Bolt의 강도를 크게 하면 Bolt의 본교를 줄일 수 있어 경제적이다.
④ 설계가 쉽다.
⑤ 그러나 지연파괴의 우려가 크다.

3) 시공시 유의사항

① 접합면은 면을 거칠게 하고 도장을 하거나 부식된 부분, 기름 등이 남아 있어서는 안된다.
② 표면에 두께 차이가 있을 때는 다음과 같이 처리한다.

차이량	처리방법
1mm 이하 3mm 미만 3mm 이상	처리 불필요 Taper를 지어 깎는다. 채움판을 채운다.

③ 체결 전에는 체결기구를 검정한다.
④ Bolt 축력 도입시는 Torque 계수치의 변화를 확인하여 균일하게 도입되게 한다.
⑤ 체결 Bolt는 설계 볼트 축력의 110% 이상을 얻을 때까지 조인다.
⑥ Bolt 체결 순서는 중앙에서 단부 쪽으로 하고 2회를 조인다.
⑦ 체결검사

　ⅰ) Torque법에 의해 체결했을 때는 볼트를 조인 후 특시 토크렌치로 검사한다.
　ⅱ) 회전법에 의할 때는 최종회전각으로 검사한다.
　ⅲ) 기타 체결검사 방법에는 내력점법, 자기검출법 등이 있다.

4. 리벳이음

1) 적 용

리벳 축에 전단 및 지압에 의한 힘을 전달하는 곳에 사용하고 축방향 인장력을 받는 곳에 사용해서는 안 된다.

2) 특 징

과거에는 강교 등의 접합에 주로 사용 가열설비가 필요하고 소음이 문제되며 작업에 숙련을 요하는 등의 결점이 있어 고장력 Bolt 발달 후 잘 쓰이지 않는다.

3) 시공시 유의사항

① 박은 리벳머리는 리벳구멍을 완전히 채우고 리벳머리는 규정한 상태를 유지해야 한다.
② 접합될 재편의 접촉면에는 Primer를 바른다.

③ 현장 리벳은 시공 완료 후 Test hammer로 검사한다.

④ 결함이 있는 리벳은 리벳머리를 가스절단기로 모재를 다치지 않게 절단하고 새것으로 바꾼다.

5. Pin

① 구조용으로는 잘 사용되지 않고 임시구조물용으로 사용

② 연결시 부재가 이동하면 진동의 원인이 되어 2차 음력이 일어나지 않도록 칼라를 사용하여 재편의 위치를 고정시켜야 한다.

문제 21 교량의 Shoe 종류와 역할 및 특성

Ⅰ. Shoe의 종류와 이동 회전방향

Shoe 명칭		가동, 고정의 구별	형 태	이동방향	회전방향
철제 Shoe	오일레스 Shoe	가동 또는 고정		1방향 또는 전방향	1방향 또는 전방향
	핀 Shoe	고정		―	1방향
	피포트 Shoe	고정		―	전방향
	Pot Shoe	가동 또는 고정		1방향	전방향
	롤러 Shoe	1본롤러 Shoe	1본롤러 SHOE		1방향	1방향
		핀복수롤러 Shoe	핀복수롤러 SHOE		1방향	1방향
		피포트 복수 Shoe	가 동		1방향	전방향
	로커 Shoe	가 동		1방향	1방향
고무 Shoe		가동, 고정 또는 반력분산		전방향	전방향

Ⅱ. 종 류

1) 신축 지승(Expansion type) ┌ 활동형(Sliding type)
                                  ├ Roller type
                                  └ Rocker type

2) 고정 지승(Fixed type)

Ⅲ. 각 지승의 역할 및 특징

1. 신축 지승

1) 역 할

① 온도 변화로 인한 신축과 수축에 따라 교량 단부가 전후로 자유로이 이동하게 한다.
② 활하중에 의해 교량의 길이 변화가 있을 때 단부에서 교량이 자유로이 이동하게 한다.
③ 수평하중이 가해져서는 안될 때 이와 같은 하중이 작용되지 않도록 한다.

2) 종 류

① Sliding type

ⅰ) 단경간 교량에 사용

ⅱ) Expansion plate와 Elastomeric pad형이 있는데 일반적으로 후자가 초기 비용은 적게
드나 유지비가 많이 든다.

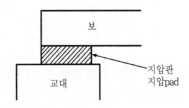 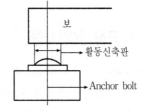

② Rocker type

ⅰ) 장경간이며 중량하중을 받을 때 사용

ⅱ) 신장과 수축은 Rocker 곡면상의 회전에
의해 가능하다.

ⅲ) Rocker와 지압판 사이는 선 접촉만이 가
능하다.

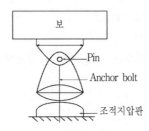

③ Roller type

　i) Rocker type은 Rock와 지압판 사이에 선
　　접촉만 작용하므로

　ii) 큰 반력이 작용할 때는 문제가 있으므로
　　이의 해결을 위해 Roller를 단 것이다.

　iii) Roller는 자주 청소하여 원활히 작동되도
　　록 하는 것이 중요하다.

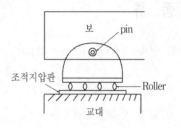

2. 고정 지승

　1) 역　할

　　① 중량하중이 작용할 때 교량단부가 이동하지 않고 다만 자유로이 회전할 수 있게 한다.

　　② 장경간에서는 교량의 처짐을 고려, 지승을 사용해야 한다.

　2) 형　태

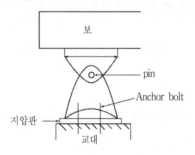

Ⅳ. 시공상 유의사항

1) 정해진 기능을 다하도록 정해진 위치(높이, 각도, 방향)에 바르게 설치한다.

2) 지승 아래의 무수축 Mortar는 공극이 생기지 않도록 한다.

3) Anchor bolt는 정해진 위치에 대칭으로 설치한다.

4) Mortar는 유동화제를 사용한다.

5) Elastomeric pad는 교환이 필요하므로 지승 부근에 Jack을 설치할 수 있는 공간을 확보해
　둔다.

6) 지승은 방창 처리를 철저히 하여 내구성을 향상시켜야 한다.

문제 22   Pot bearing과 탄성고무 받침판 특성 비교

교좌장치의 특성 비교

구 분	형 태	장 점	단 점
탄성받침		• 설치가 대단히 용이하다. • 내진에 유리하다. • 모든 방향으로 회전과 이동이 가능하다. • 교체가 간단하여 보수시 유리하다. • 광폭이라 사교에 이상적이다.	• 제품의 허용하중에 한계가 있다. • 허용신축량에 한계가 있다. • Pad가 외부에 노출되어 있어서 정기적인 교체가 필요하다.
Pot bearing		• 허용하중별 선택의 폭이 다양하다. • 제품의 크기 및 중량이 적다. • 방향별로 3가지 타입이 있어서 광폭교량에도 사용 가능하다. • 두께가 얇아 교량의 미적 구조가 가능하다.	• 지진에 약하므로 내진설계시 따로 보강이 필요하다. • 장기적으로 Ptfe판의 교체가 필요하다. • 제품은 분리할 수 없으므로 설치시 주의가 필요하다.
Oilless bearing		• 내진에 유리하다. • 따로 낙교방지시설이 필요없다. • 수명이 길어 반영구적이다. • 분리가 가능하며 설치가 용이하다.	• 제품의 크기 및 중량이 커서 장비를 사용해야 한다. • 양 방향이 없으므로 광폭의 교량설치가 곤란하다. • 두께가 두꺼워서 보수시 곤란하다.

문제 23 연속곡선교의 교좌장치(Shoe)의 배치 및 설치방법

Ⅰ. 서 론

교좌장치는 상부 구조에서 전달된 하중을 확실히 하부 구조에 전달하고, 지진, 바람, 온도변화 등에 안전하며, 또한 상부 구조 형식, 지간길이, 지점반력, 내구성, 시공성 등에 의해 교좌장치 형식과 배치 등이 결정된다. 특히 연속곡선교 등은 지점반력의 작용기구, 신축과 회전방향을 충분히 검토하여 배치와 설치방법을 결정해야 한다.

Ⅱ. 교좌장치의 배치

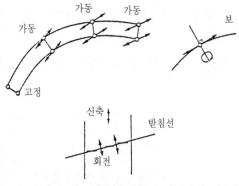

곡선교, 사교의 신축방향과 회전방향

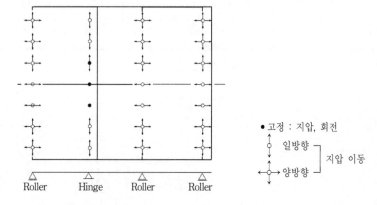

3경간 연속교인 경우

Ⅲ. 설치방법

1. 가동받침 이동량 고려

$$\Delta l = \Delta l_t + \Delta l_s + \Delta l_c + \Delta l_r$$

> Δl : 계산이동량
>
> Δl_t : 온도변화에 의한 이동량
>
> Δl_s : 콘크리트의 건조수축에 의한 이동량
>
> Δl_c : 콘크리트의 크리프에 의한 이동량
>
> Δl_r : 활하중에 의한 보의 처짐에 의한 이동량

2. 세부사항

1) 소울판(Sole plate) 및 받침판(Base plate)의 두께는 원칙적으로 22mm 이상으로 한다. 솔판은 주형에 확실히 정착시켜야 한다. 주요부의 두께는 주강재 받침에 있어서는 25mm 이상, 주철재 받침에서는 35mm 이상으로 한다.
2) 앵커볼트의 직경과 매입길이는 수평력 및 부착력을 고려하여 산정한다.
3) 하부구조와 받침의 고정 및 앵커 볼트의 매입은 무수축성 모르타르를 사용하는 것을 원칙으로 한다.
4) 물기가 있는 곳에 받침을 설치하는 경우에는 받침의 방청을 고려하여 배수가 양호한 구조로 한다.
5) 가동받침부에는 지진과 같은 예측될 수 없는 사태가 발생했을 때 보의 비정상적인 이동을 방지하기 위한 장치를 설치하여야 한다.

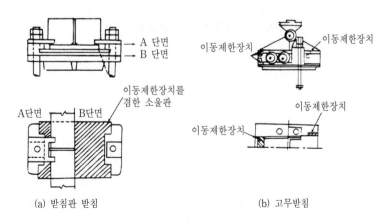

(a) 받침판 받침   (b) 고무받침

가동받침의 이동제한장치

6) 받침의 유지관리 및 재해시 보수 등을 위해 적절한 형하공간(하부구조물 상단과 상부 구조물 하단 사이의 공간)이 확보되어야 한다.

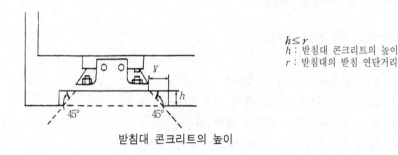

$h \leq r$
h : 받침대 콘크리트의 높이
r : 받침대의 받침 연단거리

받침대 콘크리트의 높이

　받침대의 높이는 받침대부의 받침 연단거리 이하로 제한하여야 하며 받침부에 충분한 지압이 전달되도록 하여야 한다.

IV. 결 론

　교량의 받침은 상부 구조에 작용하는 하중을 하부 구조에 전달하는 목적을 가진 기구로서, 교량의 안전성과 내구성에 관련된 중요 구조요소이다. 받침의 종류를 선정할 때는 다음 사항이 고려되어야 한다.
　　1) 상하부 구조의 형식과 규모
　　2) 받침에서 요구되는 특성(재질의 강도, 마찰계수)
　　3) 지지해야 할 하중
　　4) 상부 구조의 이동량과 방향(받침의 배치에 영향을 줌.)
　　5) 하부 구조의 변위
　　6) 상하부 구조에서의 받침의 정착조건과 보강방법
　　7) 유지관리의 간편성
　　8) 미관

문제 24 Preflex beam

Ⅰ. 정 의

1) 강합성교는 압축에 강한 콘크리트를 압축측으로 하고 引張에 강한 강을 인장측으로 하여 이상적으로 합성시킨 교량이다.

2) Preflex beam이란 강합성교로서 강재 Beam에 Prestress를 주어 Prestress를 도입한 PC화 된 Beam

Ⅱ. Preflex beam 제작원리

1) 강재 H-Beam 또는 I-Beam을 Camber가 주어진 상태로 제작한다.

2) Prestress(Preflexion : 강형에 정모멘트 주는 과정)를 가한다.

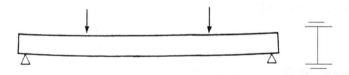

3) Preflexion 상태에서 하부 Flange에 콘크리트를 타설하고 완전히 양생한다.

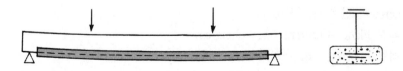

4) Preflexion 하중을 제거하면 콘크리트에는 Precompression이 작용하고 원래 Camber는 감소

5) 4)에서 PC 부재가 완성되면 현장에 가설하고 상부 Concrete를 타설

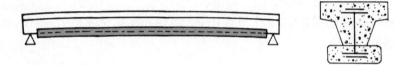

Ⅲ. 특 징

1) 강성이 크다.
2) 공장에서 제작하므로 품질 확보가 쉽고 공사기간이 단축된다.
3) 유지보수가 경제적이다.
4) PC와 강합성교의 원리를 이용하므로 경제성과 안전성이 높다.
5) 고가
6) 운반, 가설시 시공관리에 유의해야 한다.
7) 시공시 균열, Concrete의 강도관리에 유의해야 한다.
8) 지간/형고비가 낮으므로 장애물 구간에 유리하다.
9) 지간장 30~50m에 적용한다.

Ⅳ. Preflex beam 제작

1. 사용재료

1) Concrete의 설계기준강도(σ_{ck})
    ① 하부 Flange Concrete : σ_{ck}=400kg/cm^2
    ② 복부 Concrete : σ_{ck}=270kg/cm^2
    ③ 가로보 Slab Concrete : σ_{ck}=270kg/cm^2
    ④ Release시 Concrete : σ_{ck}=350kg/cm^2

2) 시멘트 : 1종 Portland cement

3) 강재 : SWS 58, SWS 53B, SWS 53C, SWC 50Y

4) PC강재를 콘크리트 및 강형과 조합하여 사용할 수도 있음.

2. Preflex beam의 제작순서

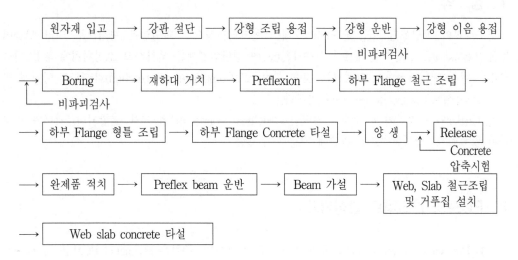

문제 25 합성형교(Composite Girder Bridge)

Ⅰ. 정 의

강도로교의 합성형인 강형을 프리스트레스 콘크리트형으로 바꿔놓은 형식으로 미리 만들어 놓은 Precast PC 부재나 강재보의 상부 Flange에 전단연결재를 부착하고 소정위치에 놓은 다음 Slab를 현장에서 타설하여 완성하는 것을 합성구조(Composite construction)라 하고, 이렇게 만든 보를 합성보(Composite beam)라 말한다.

즉 Girder와 현장치기 바닥판이 전단연결재(Shear connector)에 의해 결합되어, 거더와 바닥판이 일체로 된 합성단면으로 하중에 저항하는 교량

Ⅱ. PC보와 콘크리트 합성형교

1) Precast Concrete(PC)교도 합성단면에 많이 쓰인다. 주형은 Precast의 PC보를 Crane으로 소정 위치에 올려놓고, 그 위에 현장치기 콘크리트로 바닥판 슬래브를 타설한다. 이때 바닥판 슬래브는 전단연결재(Shear connector)에 의해 PC보에 연결된다.

2) 합성응력의 검토를 요하는 시공단계별 응력 및 합성응력

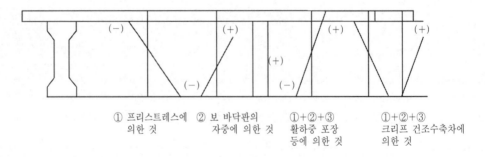

| ① 프리스트레스에 의한 것 | ② 보 바닥판의 자중에 의한 것 | ①+②+③ 활하중 포장 등에 의한 것 | ①+②+③ 크리프 건조수축차에 의한 것 |

콘크리트에 생기는 휨응력

① 프리스트레스 도입 직후 : (합성 전 보단면에 대한 프리스트레스+보자중)에 의한 응력
② 바닥판 합성시 : (합성 전 보단면에 대한 프리스트레스+보바닥판 자중)에 의한 응력
③ 합성 후 사하중 작용시 : (합성 후 보 및 플랜지 단면에 대한 프리스트레스 혹은 유효

프리스트레스+보, 바닥 판자중 및 포장)에 의한 응력

④ 활하중 작용시 : [합성 후 보 및 플랜지 단면에 대한 상기의 응력＋활하중(충격 포함)]에
　의한 응력

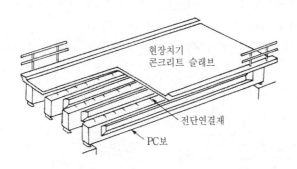

합성 PC형교(PC보와 콘크리트의 합성구조)

3) 응력의 검토에 있어서 거더와 바닥판에서의 콘크리트 크리프의 차 및 건조수축의 차를 고려
　한다.

4) 그러나 보의 솟음(Camber) 등의 시공 정도를 조정하기 위해 프리캐스트 콘크리트보의 상부
　플랜지상의 바닥두께를 보정할 필요가 있는 경우에는 바닥판에 헌치를 붙여서 처리

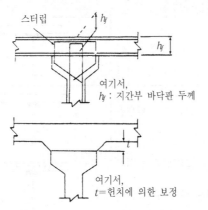

보의 상부 플랜지를 바닥판에 매립하지 않는 경우

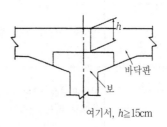

보를 바닥판에 매립할 경우의 바닥판의 최소두께

5) 보의 상부 플랜지 일부를 바닥판에 매립하는 경우에는 보의 위에서의 바닥판의 최소두께는
　15cm로 한다.

6) 전단연결재의 철근 지름은 13mm 이상이라야 한다.

7) 전단연결재의 철근 중심간격은 합성 플랜지의 평균두께의 4배 이하, 60cm 이하라야 한다.

Ⅲ. 강재보와 콘크리트 합성형교

1) 강재보와의 합성형교는 전단연결재(Shear connector)에 의하여 콘크리트 바닥판이 강재보와 일체로 작용하도록 만든다. 전단연결재는 강재보의 상부 플랜지에 용접되고, Concrete slab 속에 묻히게 된다.

2) 연속합성형에서는 한 단면에서 활하중의 재하 상태에 따라 정 및 부의 휨모멘트가 생길 수 있다.

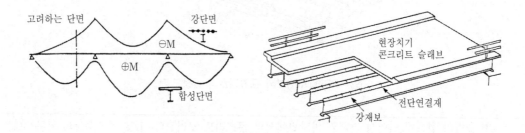

합성형교(강재보와 콘크리트의 합성형교)

3) 단순합성형 및 프리스트레스하는 연속합성형 합성 작용(바닥판)

휨모멘트의 종류	합성 작용의 취급	적 용
정	바닥판 콘크리트를 주형 단면의 일부로 본다.	
부	인장응력을 받는 바닥판에서 콘크리트의 단면을 유효로 하는 경우	
	인장응력을 받는 바닥판에서 콘크리트의 단면을 무시하는 경우 바닥판 내의 교축방향 철근만을 주형 단면의 일부로 본다.	

4) 인장력을 받는 바닥판 배근
　① 주장률 0.045km/cm² 이상
　② 바닥판 콘크리트 단면적의 2% 이상의 교축방향 철근을 배근
　③ 철근은 사하중에 의한 휨모멘트의 부호가 변하는 점을 지나서 바닥판 콘크리트의 압축측에 정착시켜야 한다.

제9장
도 로

문제 1　포장 구조

Ⅰ. 개 요

아스팔트 포장은 골재를 역청재료와 결합시켜 만든 표층이 있는 포장이며, 일반적으로 표층, 중간층, 기층, 보조기층 순으로 이루어진다. 이에 반하여 보조기층 및 기층 위에 직접 두께 3~4cm의 표층을 둔 것을 간이포장이라 하며, 두께 2.5cm 이하의 표층을 시공한 것을 표면처리라 한다.

포장 아랫부분 두께 약 1m 부위를 노상이라 부르며, 노상이 연약한 경우에 노상토가 침입하는 것을 방지하기 위하여 모래, 모래 섞인 자갈 등으로 차단층을 두기도 한다. 또한 포장층의 두께가 얇은 경우에는 노상토의 동결을 방지하기 위하여 동상방지층을 두기도 한다. 차단층이나 동상방지층은 보조기층 두께에는 가산하지 않으며 마모층도 포장두께에 가산하지 않는 것이 통례이다.

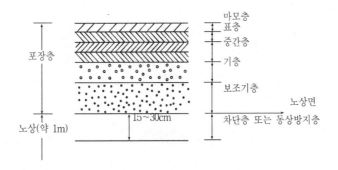

아스팔트 포장의 구성

Ⅱ. 각층의 기능과 공법

1. 보조기층

보조기층은 기층과 함께 위쪽에서 전달되는 교통하중을 분산시켜 노상에 전달하는 역할을 한다. 보조기층은 경제성을 위주로 공사현장 부근에서 발생하는 재료를 최대한 이용한다. 최근 고속도로공사에는 발생암을 크러싱하여 이용한다.

2. 기 층

기층은 지지력이 크고 질이 좋은 재료를 사용하나 이와 같은 재료가 매우 고가여서 입수하기 어려운 경우는 시멘트나 역청재료로 안정처리하는 경우도 있다. 기층공법에는 역청 안정처리, 시멘트 안정처리, 입도조정 안정처리(부순돌), 수경성 Slag, 침투식 공법 등이 있다.

3. 중간층

노면에 작용하는 교통하중을 균일하게지지 분산시킨다. 통상적으로 가열아스팔트 혼합물이 사용된다.

4. 표 층

교통하중에 접하는 최상부의 층으로 가열아스팔트 혼합물이 사용된다.

문제 2 역청재료

Ⅰ. 개 요

역청(Bitumen)이란 일반적으로 "이황화탄소(CS₂)에 용해되는 탄화수소의 혼합물로서 고체 또는 반고체의 것"을 말하며 역청을 주성분으로 하는 것을 역청재료라 한다.

도로용 역청재료에는 포장용 아스팔트, 커트백 아스팔트, 유화 아스팔트 및 포장타르 등이 있으며 그 밖에 개질 아스팔트가 있다.

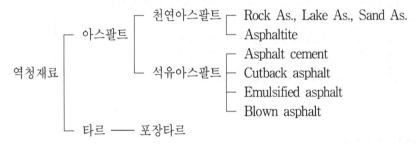

Ⅱ. 포장용 아스팔트

Asphalt cement, Straight asphalt라고도 한다. 침입도에 따라 5종으로 나눈다(KS M 2201).
1) AC 40~50
2) AC 60~70(AP-5, 열대지방)
3) AC 85~100(AP-3, 온대, 한대)
4) AC 120~150
5) AC 200~300

Ⅲ. 커트백 아스팔트

침입도 60~150의 아스팔트 시멘트에 석유용제를 섞어 연하게 만든 아스팔트이다. 점도는 사용하는 아스팔트의 성질, 용제의 조성과 양에 따라 다르며, 상온에서 액상이다.
1) RC : Rapid Curing(급속경화)
2) MC : Medium Curing(중속경화)
3) SC : Slow Curing(완속경화)
4) KS M 2202에서는 RC와 MC에 대하여 점도에 따라 -0, -1, -2, -3, -4, -5의 6종으로 분류

Ⅳ. 유화 아스팔트

아스팔트를 미립으로 만들어 물에 분산시킨 것이 아스팔트 유제 또는 유화 아스팔트(Asphalt emulsion, Emulsified asphalt)이다. 암갈색의 윤기 나는 액체로 쇄석에 뿌리면 물과 아스팔트가 분해되어 아스팔트만이 쇄석의 표면에 부착되어 검은색을 나타낸다. 물과 아스팔트가 분리되는 현상을 유제의 분해(breaking)라 하며, 일반적으로 분해하는 속도는 유화제가 많으면 분해가 늦고 또 온도가 낮으면 분해가 늦다.

양이온계	음이온계	용 도
RC(C)-1	RS(A)-1	보통 침투용, 표면처리용(동계제외)
RC(C)-2	RS(A)-2	동절기침투용, 동절기표면처리용
RC(C)-3	RS(A)-3	프라임코트용, 소일시멘트양생용
RC(C)-4	RS(A)-4	택코트용
MS(C)-1	MS(A)-1	조립도골재혼합용
MS(C)-2	MS(A)-2	밀입도골재혼합용
MS(C)-3	MS(A)-3	소일아스팔트 혼합용

Ⅴ. 블로운 아스팔트

아스팔트에 중합 또는 축합 등의 작용을 일으키게 하여 분자량이 큰 물질로 변화시킨 것으로 일반적으로 공기를 불어넣어 만든 것이다. 상온에서 고체로 콘크리트 포장의 줄눈채움재, 방수에 쓰인다.

Ⅵ. 개질 아스팔트

포장의 내구성 향상을 목적으로 아스팔트에 고무, 수지 등의 고분자 재료를 첨가하여 점도, 타프네스-테나시티, 감온성 등을 개선시킨 고무혼입 아스팔트, 수지혼입 아스팔트, blowing에 의해 감온성을 개선시킨 Semi-blown Asphalt 등이 있다.

문제 3 | 광물성 채움재

Ⅰ. 개 요

광물성 채움재(Mineral filler, 석분, 충전재)란 석회암분말, 시멘트 또는 화성암류를 분쇄한 것
으로 Asphalt concrete 제조시 필수재료이다.

Ⅱ. 품 질

1) 입도 : No.30체 100% 통과
   No.200체 70% 이상 통과
2) 수분 : 1% 이하
3) 비중 : 2.60 이상

Ⅲ. 역 할

1) 골재간극을 채워 안정도를 높인다.
2) 아스팔트와 혼합된 (Asphalt paste Filler bitumen) 상태로 골재를 피복하여 감온성을 적게
   한다.
3) 아스팔트의 점성을 개선한다(유동 및 취성 방지).

Ⅳ. 배합량

1) 일반적인 밀입도 아스콘의 No.200체 통과량은 4~8%로 규정되어 있다. F/A(아스팔트에 대
   한 채움재의 중량비)는 0.8~1.2를 목표로 한다.
2) 회수 dust를 채움재로 사용할 때에는 별도의 사이로에 저장하여 석회석분의 혼합량보다 적
   게 혼합되도록 하여야 한다.
   ※ 회수 더스트 : 아스팔트 플랜트에서 As. Con'c 제조시 드라이어에서 가열된 골재로부터
   　　　　　　　 발생하는 미립분으로, 집진장치에서 포집하여 채움재로 재사용된다.

문제 4 입도조정(안정처리) 기층

Ⅰ. 개 요

아스팔트 포장 기층공법의 종류
1) 입도조정 안정처리공법(부순돌 기층, Mechanical stabilized base)
2) 아스팔트 안정처리공법(Black base)
3) 시멘트 안정처리공법
4) 머캐덤 공법
5) 아스팔트 침투식 공법
6) 전압콘크리트 포장공법(RCCP=Roller Compacted Concrete Pavement, Lean concrete)

입도조정 기층공법은 부순돌, 크러셔런, 슬래그, 산모래, 모래, 스크리닝스 등을 적당한 비율로
혼합하여 부설하고 다져 완성하는 공법이다(예 : 서울-부산간 고속도로).

Ⅱ. 재 료

1) 입도 : B-1, B-2
2) 마모감량 : 40% 이하
3) 수정 CBR값 : 80 이상
4) 소성지수 : 4 이하
5) 파쇄율 : 70% 이상(5mm체에 남는 것 중 2면 이상 파쇄면함유율, Interlocking에 의한 지지
    력 향상을 위함.)

Ⅲ. 시 공

2종 이상의 재료를 현장에서 모터그레이더로 혼합, 부설하는 노상혼합방식보다 현장 밖에서
혼합하는 중앙혼합방식이 품질면에서 좋으며, 이때에는 살수하여 최적함수비(OMC)로 맞추어 재
료를 출하한다.

시공순서
① 재료의 부설에는 도저, 그레이더 또는 스프레더(Aggregate spreader)가 사용된다.

② 다짐 후 1층 완성두께는 15cm를 넘지 않도록 균일하게 포설한다.

③ 다짐에는 철윤롤러와 타이어롤러의 조합이 많이 쓰인다. 철윤롤러는 10t 이상의 머캐덤 롤러 또는 이와 같은 효과를 갖는 진동롤러가 좋고, 타이어롤러는 15t 정도의 것. 대형 공사에는 초기에는 선압이 적은 롤러로 1, 2회 다지고, 2차전압에 무거운 타이어롤러(예 : 25t) 또는 대형 진동롤러로 다진 후 마무리전압으로 철윤롤러로 다지는 방법이 효과적이다.

④ 다짐시 함수비는 최적함수비 부근에서 다지는 것이 효과적이며, 재료가 너무 건조했을 때는 살수하여 다진다.

⑤ 재료분리를 일으켜 다짐이 안될 때는 그레이더로 일으켜 혼합한 후 정형하여 다지면 되는데, 이때 보충재료를 더 섞는 것이 좋다.

⑥ 기층 시공 후 파손이나 표면수 침투를 방지하기 위해 Prime coat를 시공한다. 프라임코트 시공 후 충분히 양생한다(48시간).

⑦ 마무리두께는 설계두께와 ±10% 이상 오차가 있어서는 안 된다.

⑧ Proof-rolling 실시후 변형량이 3mm 이상이어서는 안 된다.

문제 5

도로포장용 가열아스팔트 혼합물의 종류와 용도 및 혼합물이 갖추어야 할 성질에 대하여 설명하시오.

Ⅰ. 개 요

표층 및 중간층은 교통하중이나 기상작용의 영향을 많이 받는 부분으로 여기에는 가열아스팔트 혼합물(Hot mix asphalt concrete)을 사용한다. 가열아스팔트 혼합물의 종류는 용도, 교통조건, 기상조건 등을 고려하여 적절한 것을 선정한다. 따라서 배합설계, 품질관리, 시공관리 등에 대하여 주의하여야 한다.

골재입도에 따라, 즉 No.8(2.38mm)체 통과율에 따라 개립도, 조립도, 밀입도, 세립도 아스팔트 콘크리트 등이라고 하고, 입도분포가 불연속적인 것을 Gap 아스팔트 콘크리트라 한다.

Ⅱ. 가열아스팔트 혼합물의 종류와 용도

1. 가열아스팔트 혼합물의 종류와 용도

1) 미국 Asphalt institute의 분류

아스팔트혼합물은 골재입도 중 잔골재 비율, 즉 No.8(2.38mm)체 통과율에 따라 다음 표와 같이 나눈다.

$$F = (f + d) / (c + f + d) \times 100 \,^{(중량 \ 백분율)}$$

  F : 잔골재비율(No.8체 통과율)

  c : 굵은골재(No.8체 잔류분) 중량

  f : 잔골재(No.8체 통과~No.200체 잔류분) 중량

  d : dust(No.200체 통과분) 중량

아스팔트 혼합물의 분류 명칭

AI 명칭	일반 호칭	F
Ⅰ. Macadam	머캐덤	0 ~ 5
Ⅱ. Open graded	개립도 As. 콘크리트	5 ~ 20
Ⅲ. Coarse graded	조립도 As. 콘크리트	20 ~ 35
Ⅳ. Dense graded	밀입도 As. 콘크리트	35 ~ 50
Ⅴ. Fine graded	세립도 As. 콘크리트	50 ~ 65
Ⅵ. Stone sheet	토페카(Topeka)	65 ~ 80
Ⅶ. Sand sheet	샌드 아스팔트	80 ~ 95
Ⅷ. Fine sheet	시트 아스팔트	95 ~100

2) 우리나라의 실용상 분류

건설부 발행 '도로포장 설계시공지침' 및 KS F 2349에서는 아스팔트 혼합물의 종류로 ①
조립도 As. Con'c ② 밀입도 As. Con'c … ⑨ 개립도 As. Con'c의 9종으로 나누어 각각 표준
배합을 제시하고 있다.

혼합물 명칭	용 도	특 징
① 조립도아스팔트 콘크리트(19)	기층, 중간층에 사용함.	잔골재량이 적고 마무리면은 거칠다. 일반적으로 내류동성은 우수하나 내구성, 시공성이 떨어지므로 표층에 사용할 때 주의해야 함.
② 밀립도아스팔트 콘크리트(19, 13)	대형차 교통량이 많은 경우의 표층과 마모층의 밑층에 사용함.	일반적으로 내류동성, 미끄럼 저항성이 우수. 특히 최대입경 19mm의 것은 내류동성이 우수함.
③ 세립도아스팔트 콘크리트(13)	교통량이 적은 도로와 보도 등의 표층에 사용함.	내구성, 시공성은 우수하나 내유동성이 떨어짐.
④ 밀립도갭아스팔트 콘크리트(13)	미끄럼방지포장에 사용함.	내구성, 미끄럼 저항성이 우수함.
⑤ 밀립도아스팔트 콘크리트(19F, 13F)	대형차 교통량이 많은 경우의 내마모용 표층에 사용함.	내마모성이 우수함. 최대입경 19mm의 것은 내유동성도 우수함.
⑥ 세립도갭아스팔트 콘크리트(13F)	내마모용 표층에 사용함.	내마모성, 내구성이 우수함.
⑦ 세립도아스팔트 콘크리트(13F)	교통량이 적은 도로와 보도의 내마모용 표층에 사용함.	내마모성, 내구성이 우수하나 내유동성이 떨어짐.
⑧ 밀립도갭아스팔트 콘크리트(13F)	미끄럼방지와 내마모성을 겸한 표층에 사용함.	내마모성, 미끄럼 저항성이 우수함.
⑨ 개립도아스팔트 콘크리트(13)	특히 미끄럼방지를 중요시하는 경우에 사용함.	미끄럼 저항성은 매우 우수하나 내구성, 내마모성이 떨어짐.

2. 아스팔트 혼합물의 품질

1) 재 료

① 아스팔트 : AC60~70이나 AC85~100이 사용된다.

② 굵은골재 : 부순자갈을 표층용에 사용할 경우에는 2면 이상의 파쇄면을 갖는 입자가 굵은
골재 전체 중량의 85% 이상이어야 한다.

굵은골재의 품질규정 : 마모감량 35% 이하

흡수량 3.0% 이하

피복률 95% 이상

③ 잔골재 : 천연사, 스크리닝스 또는 이들이 혼합된 것 사용

④ 석분 : KS F 3501(포장용 채움재)의 규정에 맞는 것

2) 혼합물

최근 시판 KS제품의 As. Con'c를 구입 시공하는 경우가 빈번하다. KS의 종류는 ① 조립
도 As. Con'c는 중간층에 쓰이며, 나머지는 표층용이나 현재 우리나라에서는 주로 ② 밀입도
As. Con'c가 표층에 쓰인다.

밀입도 As. Con'c의 품질 :

항 목 \ 도 로	국 도 용	고속도로용
안정도(kg)	500 이상	750 이상
흐름치(1/100cm)	20~40	20~40
공극률(%)	3~6	3~6
포화도(%)	70~85	70~85
다짐횟수	양면 50회	양면 75회

Ⅲ. 혼합물이 갖추어야 할 성질

1) 안정성(Stability)

2) 내구성(Durability)

3) 가요성(Flexibility)

4) 미끄럼 저항성(Skid resistance)

5) 피로저항성(Fatigue resistance)

6) 불투수성(Permeability)

7) 인장강도(Tensile strength)

8) 내마모성

1) 안정성

① 외력에 의하여 혼합물에 일어나려고 하는 변형에 대한 저항성

② 소성변형을 일으키지 않는 배합

ⅰ) 골재입도의 최대입경 크게

ⅱ) 침입도가 적은 아스팔트나 점도가 큰 개질 아스팔트 사용

ⅲ) 배합설계시 마샬안정도시험 외에 휠 트랙킹 시험 실시

2) 내구성

① 노화나 박리(골재와 아스팔트 분리)에 대한 저항성

② 내구성을 증대시키는 배합 : 골재 세립분과 아스팔트량을 많게 하여 치밀한 혼합물을 만
든다.

3) 가요성

① 부등침하를 일으키면 아스팔트 혼합물층은 변형할 수 있는 유연성을 갖게 된다. 이를 가요성이라 한다.

② 가요성을 증대시키는 방법

　ⅰ) 아스팔트량 많게

　ⅱ) 골재입도는 밀입도보다 개립도가 좋다.

4) 미끄럼 저항성

① 미끄럼 저항성이 적은 혼합물은 교통사고에 문제 야기

② 미끄럼 저항성은 크게 하기 위한 방법

　ⅰ) 아스팔트량 적게

　ⅱ) 개립도 아스팔트, 밀입도 아스팔트 콘크리트 적합

5) 불투수성

① 혼합물의 불투수성 요구

② 아스팔트량 많게 하고 골재 배합 치밀할 것

③ 빗물로부터 포장을 보호하는 역할

6) 인장강도 및 피로 저항성

① 아스팔트 혼합물의 인장강도는 압축감소의 1/10 정도, 하연의 인장응력이 포장 파괴의 원인

② 피로 파괴는 반복재하로 일어남.

③ 대책은 재료 선정과 배합설계에 의해 아스팔트량은 많게하고, 골재입도는 치밀한 것이 좋다.

7) 내마모성

① 한랭지의 타이어체인, 스파이크타이어에 의한 표층 마모

② 내마모 혼합물의 배합

　ⅰ) 아스팔트량과 필터량을 많게 한다.

　ⅱ) No.200번체 통과량의 아스팔트량에 대한 비 F/A=1.3~1.6 정도

　ⅲ) 골재 치밀한 것 사용

문제 6 아스팔트 혼합물의 포설

I. 개 요

아스팔트 혼합물의 포설작업은 여러 종류의 장비가 조합으로 이루어지므로 포설에 앞서 시공계획을 상세히 세우고 시험포장의 결과를 참조하여 다짐도, 포설두께, 포설 및 다짐방법 등을 정한다.

II. 포설 준비

1) 포설 전 기층 또는 중간층의 점검, 청소
2) 장비점검, 기구 정비
3) 기구 가열

공사규모와 장비조합의 예

공 종	장 비	시공량(1일 8시간 가동)	
		300t 정도	500t 정도
① 혼합물 생산	As. 믹싱플랜트	60t/h : 1대	100t/h : 1대
② 혼합물 운반	덤프 트럭	(운반거리에 따름.)	
③ 포설	As. 피니셔	3m형 1대	3m형 2대 또는 7.2m형 1대
④ 1차 다짐	머캐덤롤러(10t)	1대	2대
⑤ 2차 다짐	타이어롤러	1대	2대
⑥ 마무리 다짐	탠덤롤러	1대	2대
⑦ 택코팅	디스트리뷰터	1대(또는 스프레이어)	1대
		5cm 두께 25~30a/日	5cm 두께 50~60a/日

III. 포 설

가열 As. Con'c 공법에서는 혼합물이 식기 전에 포설을 완료하는 것이 가장 중요하다. 혼합물이 현장에 도착하면 즉시 균일하게 포설한다.

1) 포설시의 혼합물 온도는 120℃ 이하가 되지 않도록 한다.
2) 기온이 5℃ 이하일 때는 '한랭기 포설'에 준하여 특수한 대책을 세운 후 포설한다.
3) 포설 작업중 비가 내리기 시작하면 작업을 즉시 중단한다.

Ⅳ. 다 짐

가열혼합물은 포설이 끝난 즉시 소정의 밀도가 얻어지도록 충분히 다진다.
다짐작업 순서 : 이음 다짐 → 1차 다짐 → 2차 다짐 → 마무리 다짐

1) 1차 다짐

① 1차 다짐은 로드롤러로 시행한다. 일반적으로 8~12t의 머캐덤롤러를 사용한다.
② 1차 다짐은 2회(1왕복) 정도가 좋다.
③ 1차 다짐온도는 110~140℃이다.
④ 다짐중에 생긴 요철 등은 신속히 인력으로 손질한다.

2) 2차 다짐

① 1차 다짐에 연이어 실시하고 소정의 다짐도가 얻어지도록 다진다.
② 타이어롤러 또는 진동롤러로 다진다. 진동롤러로 다질 때는 일반적으로 중량 6~10t, 진동수 2,000~3,000 VPM, 진폭 0.4~0.8mm 정도이다(VPM=Vibrations Per Minute).
③ 다짐횟수는 충분한 다짐도가 얻어질 때까지 실시한다.
④ 2차 다짐 종료온도는 70~90℃이다.

3) 마무리 다짐

① 마무리 다짐은 요철수정이나 롤러 자국을 없애기 위해 실시한다.
② 타이어롤러, 탠덤롤러로 시행한다.
③ 다짐횟수는 일반적으로 2회 정도가 좋다.
④ 마무리 다짐의 종료온도는 60℃이다.
⑤ 다짐장비의 작업속도
  ⅰ) 로드롤러(머캐덤, 탠덤) : 2~3 km/h
  ⅱ) 진동롤러 : 3~6 km/h
  ⅲ) 타이어롤러 : 6~10 km/h

문제 7 아스팔트 콘크리트 포장공사의 공정별 장비조합

Ⅰ. 개 요

아스팔트 콘크리트 포장공사 장비조합은 공사규모, 공사기간, 시공방법에 크게 좌우되므로 대단히 중요한 일이다. 장비조합은 일표준시공량, 아스팔트 플랜트의 생산능력을 고려해야 하며, 특히 포설능력이 과대하면 현장에서 대기시간이 길어 균일한 시공이 어렵고 혼합물을 생산하기 위해 플랜트를 무리하게 가동하는 것은 품질에 변동이 일어나는 원인이 되기 쉽다.

Ⅱ. 공정에 따른 공사의 규모와 기계의 조합

1. 공사규모와 기계조합

시공양 (1일 8시간 가동)	기종과 조합	대 수	비 고
혼합물 200t/일 정도	① 아스팔트 믹싱 플랜트(20~40t/h) ② 혼합물운반 덤프트럭 ③ 아스팔트 피니셔(3m형) ④ 머캐덤롤러(10t) ⑤ 타이어롤러 ⑥ 탠덤롤러 ⑦ 디스트리뷰터 또는 스프레이어	1대 운반거리에 따름. 1대 1대 1대 1대 1대	5cm 두께 17~20a/일 시공
혼합물 300t/일 정도	① 아스팔트 믹싱 플랜트(40~60t/h) ② 혼합물운반 덤프트럭 ③ 아스팔트 피니셔(3m형) ④ 머캐덤롤러(10t) ⑤ 타이어롤러 ⑥ 탠덤롤러 ⑦ 디스트리뷰터 또는 스프레이어	1대 운반거리에 따름. 1대 2대 1대 1대 1대	5cm 두께 25~30a/일 시공
혼합물 500t/일 정도	① 아스팔트 믹싱 플랜트(100t/h) ② 혼합물운반 덤프트럭 ③ 아스팔트 피니셔(3m형 또는 7.2m형 1대) ④ 머캐덤롤러(10t) ⑤ 타이어롤러 ⑥ 탠덤롤러 ⑦ 디스트리뷰터	1대 운반거리에 따름. 2대 2대 2대 2대 1대	5cm 두께 50~60a/일 시공

2. 장비조합 예

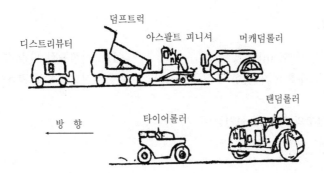

Ⅲ. 세부사항

1. 아스팔트 플랜트와 아스팔트 페이버의 조합

1) 아스팔트 플랜트

$$C = \frac{A \times H \times d}{T \times P \times t}$$

   C : 아스팔트 플랜트의 공칭 능력(t/hr) A : 포설면적(m^2)

   H : 기층과 표층의 합계 두께(m) d : 혼합물의 마무리 밀도(t/m^3)

   T : 포설 예정일수(일) P : 월실가동률(일/30일)

   t : 1일당 가동시간(6시간)

2) 아스팔트 페이버(피니셔)

  ① 작업능력 산정식

     $Q = V \times W \times t \times d \times E$ (ton)

      Q : 시간당 포설량(t/hr) V : 페이버의 평균작업속도(m/hr)

      W : 페이버의 시공폭(m) t : 포설 마무리두께(m)

      d : 다져진 후의 밀도 E : 작업효율(0.8)

  ② 아스팔트 플랜트와 아스팔트 페이버의 조합

     $Q_p = Q_f \times N$

     Q_p : 아스팔트 플랜트의 시간당 생산량(t/hr)

     Q_f : 아스팔트 페이버의 시간당 포설량(t/hr)

     N : 아스팔트 페이버의 소요 대수

2. 운반과 포설

1) 포설두께

$$T = D \times \frac{T'}{D'}$$

D : 규정된 두께(cm)   D' : 시험포설 다짐 후 평균두께(cm)

T : 규정두께를 얻기 위한 포설두께(cm)   T' : 시험포설의 평균두께(cm)

2) 덤프트럭 1대분의 예정 포설연장

$$L = \frac{Q}{R \times D \times W}$$

Q : 트럭 1대분의 혼합물 중량(t)   R : 다져진 혼합물의 밀도(t/m^3)

W : 포설폭(m)   L : 트럭 1대분의 예정 포설연장(m)

D : 다짐 후의 평균 마무리두께(m)

3. 전압장비 조합

전압순서	혼합물 정도	전 압 장 비	주 의 사 항
1차 전압	110~140℃	Tandem 또는 Macadam Roller (10~12t)	될 수 있는 대로 고온에서 가벼운 Roller로 다진다.
2차 전압	70~90℃	Tire Roller (8~15t)	타이어롤러는 직각의 타이어 공기압이 동일하여야 하며 충분히 다진다.
3차 전압	60℃	Tandem (8~10t)	Roller 자국을 없애도록 한다.

Ⅳ. 결 론

1) 고속도로의 경우 기층공은 피니셔 2대로 하트조인트 방식
2) 표층공은 피니셔 2대 또는 넥스텐션을 붙인 피니셔 1대에 의한 시공
3) 일반공사 경우 피니셔 1대에 의한 콜드 조인트 방식 조합계획
4) 장비의 선정과 조합은 과거의 경험, 공종, 혼합물 종류, 시공두께, 경제성 고려

문제 8 소성변형의 발생원인과 배합, 시공상 주의점

I. 개 요

아스팔트 포장에 있어서 소성변형(Plastic deformation, Rutting, 바퀴자국)은 균열과 더불어 중요한 파손의 한 형태이다. 소성변형이 발생하는 원인으로는 도로폭, 교통량과 그의 질, 포장구조, 아스팔트 혼합물에 사용하는 재료와 배합설계, 혼합물의 다짐 등이 관계되며 이들 몇 가지의 원인이 겹쳐서 발생하는 경우가 많다.

II. 발생원인

  1) 더운 날씨(고온)
  2) 중교통량(중차량, 오르막 구배구간에서의 저속)
  3) 부적당한 혼합물(공극률 과소, 아스팔트양 과다, 골재입도의 변동)
  4) 택코트의 과다
  5) 시공의 잘못(다짐 부족, 시공 직후 식지 않은 상태에서 교통개방)

III. 배합설계 및 시공상 주의점

  1) 배합설계상 설계 아스팔트 양의 선정시 마샬기준치를 공통으로 만족시키는 범위의 중앙치와 하한치의 중간값으로 하되, 시험혼합, 시험시공 등의 관찰 결과를 중시하여 아스팔트 양을 결정한다.
  2) 배합설계시 마샬다짐횟수를 75회로 하고, 유효공극률(2.0~2.5%)을 확보하고, 다짐횟수의 변동에 의한 혼합물의 변화를 검토한다.
  3) 사용하는 아스팔트의 침입도는 60~70의 것으로 한다.
  4) 골재의 입도는 최대입경 19mm, 2.5mm체 통과량 40%와 같은 조입의 것을 검토한다.
  5) 혼합물의 안정성과 내구성을 고려, 채움재의 일부로 소석회(2~3%)를 사용한다.
  6) 혼합물의 안정성을 높힐 목적으로 잔골재의 50% 정도를 스크이닝스로 사용한다.
  7) 혼합물의 다짐은 소요의 다짐온도에서 충분히 다진다. 표면의 블리이딩 유무 등을 잘 관찰하고, 타이어롤러의 타이어압은 $7kg/cm^2$ 정도로 균일하게 높여 사용하는 것을 검토한다.

ⅰ) 입도 : 2.5mm체 통과량(%) : 42±3

      F/A 목표치   : 0.8(F : No.200체 통과량 A : 아스팔트 양, %)

ⅱ) 마샬기준치 : 안정도, P(kg) : 1,000 이상

           플로치, f(1/100cm) : 25~35

           P/f(지지력비)   : 35~45

ⅲ) 마샬시험 다짐횟수 : 양면 각 75회

문제 9 | 교면포장의 종류

I. 개 요

교면포장으로서는 가열아스팔트 혼합물, 구스아스팔트 혼합물에 의한 포장이 일반적으로 많이 이용되며 개질아스팔트 및 특수 결합 재료를 이용하는 경우도 있다.

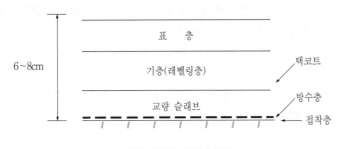

6~8cm

표 층

기층(레벨링층)   택코트

교량 슬래브   방수층
접착층

교면포장의 표준단면도

포장은 일반적으로 슬래프 표면상태의 영향을 고려해서 2층으로 마무리하는 것이 바람직하고 그 두께는 6~8cm가 표준이다. 표층은 3~4cm로 시공하는 경우가 많고 기층은 슬래브의 표면 상태 및 볼트 등의 영향도 고려해서 표층보다 두껍게 시공해야 경우도 있다.

표층에는 밀입도아스팔트 혼합물, 밀입도갭아스팔트 혼합물, 세립도갭아스팔트 혼합물 등을 이용하고 기층에는 콘크리트 슬래브의 경우 조립도아스팔트 혼합물, 밀입도아스팔트 혼합물 등을, 강슬래브의 경우에는 일반적으로 구스아스팔트 혼합물을 사용하는 일이 많다.

II. 교면포장의 종류

(1) 가열아스팔트 포장

일반적으로 교량 슬래브의 요철을 고려하여 두께 5~8cm가 좋다. 요철이 큰 경우에는 레베링층(평균두께 3~4cm)을 둘 필요가 있으며, 이 레벨링층에는 토페카(다음 표 참조), 수정 토페카, 밀입도아스팔트 혼합물, 구스아스팔트 혼합물 등이 사용된다.

강슬래브 등에서 여름철에 온도가 상승하여 혼합물이 유동할 염려가 있을 경우에는 재료의 선택, 배합 등에 충분한 주의를 하여야 한다.

포장이 얇을 경우에는 슬래브와의 부착이 특히 중요하므로 택코트에는 고무혼입유화 아스팔트를 $0.3l/m^2$ 정도 사용하는 것이 좋다.

토페카의 표준 배합

체	통과중량 백분율(%)	체	통과중량 백분율(%)
13mm	100	0.30mm(No.50)	25~49
10mm	85~100	0.15mm(No.100)	15~30
4.75mm(No.4)	75~90	0.075mm(No.200)	6~12
2.36mm(No.8)	65~80	아스팔트 혼합물	7.0~9.5
0.60mm(No.30)	35~60	전량에 대한 %	

2) 구스아스팔트 포장

① 구스아스팔트 포장은 고온에서 구스아스팔트 혼합물을 유입시키므로 온도저하에 의한 체적수축을 수반하여 구조물과의 접촉면에 간격이 생기기 쉬우므로 이 부분에는 미리 간격을 두었다가 줄눈재를 주입하든가 블로운아스팔트, 모래, 석분의 혼합물 등을 채워 넣어야 한다.

② 강슬래브 위에 포장을 할 때에는 택코트로서 고무혼입유화아스팔트 등을 $0.1~0.3 l/m^2$ 정도 사용하는 것이 좋다.

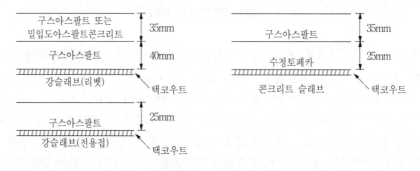

구스아스팔트 포장의 시공

3) 고무혼입아스팔트 포장

고무와 슬래브와의 부착성과 마모 및 변형에 대한 저항성을 기대하는 포장

4) 에폭시수지 포장

① 보통 0.3~1.0cm 두께로 시공하며 슬래브와의 부착성에 대해서 충분히 주의하여야 한다.

② 강슬래브는 특히 기름이나 녹을 충분히 닦아내야 하므로 희산, 중성세제로 씻어내거나 샌드브래스트나 와이어브러시에 의한 브러싱을 해야 한다.

③ 콘크리트 슬래브와의 부착에는 염화비닐 양생피막이나 레이턴스의 제거를 충분히 하여야 한다.

④ 에폭시수지는 3~12시간 정도에서 경화하나, 경화가 불충분한 때에 물이 침투하면 경화
되지 않든가 슬래브와의 부착을 나쁘게 하므로 주의해야 한다.

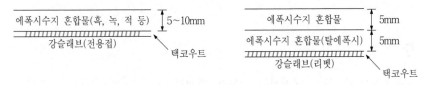

에폭시수지 포장의 시공예

문제 10 | 내유동 혼합물

I. 개 요

대형차 교통량이 많은 도로 등에서는 노면에 바퀴자국이 생기기 쉬우므로 특히 내유동성에 대해서 충분히 고려한 혼합물을 표층, 기층에 사용한다.

II. 재료 및 배합설계

1) 역청재료의 선정

① 포장표면이 한여름의 최고온도(약 60℃)에서 혼합물의 유동저항성이 커야 한다.
② 혼합 및 포설작업에 너무 큰 지장을 주어서는 안 된다.
③ 저온시에도 포장용 역청재료로서의 성질이 충분히 있어야 한다.
④ 아스팔트 시멘트는 침입도 40~60의 것이 효과가 크다.
⑤ 개질아스팔트(고무수지아스팔트)는 내유동성과 내마모성이 좋다.
⑥ 60℃에서의 점도를 높인 세미블로운 아스팔트는 내유동성이 크다.

2) 배 합

① 혼합물은 밀입도아스팔트 콘크리트 및 밀입도갭아스팔트 콘크리트 중에서 선정한다.
② 골재의 입도는 중앙치를 목표로 하고 0.075mm(No.200)체 통과량은 적게 한다.
③ 아스팔트량의 선정은 마샬기준치를 만족하는 공통범위의 중앙값을 목표로 한다.
④ 마샬안정도는 75회 다짐으로 750kg 이상, 안정도/플로의 비는 25 이상으로 한다.
⑤ 0.075mm(No.200)체 통과분 중 플랜트의 회수 더스트율은 30%를 넘지 않도록 한다.

3) 시 공

① 통상적인 포설방법에 따른다.
② 아스팔트의 온도와 점도와의 관계에 주의하여 혼합과 시공시의 온도관리를 정확하게 하고 충분히 다져야 한다.
③ 개질아스팔트를 사용한 혼합물인 경우에는 아스팔트 시멘트보다 15℃ 정도 높은 온도에서 작업한다.

문제11 내마모용 혼합물

I. 개 설

적설 한랭지역 및 노면의 동결이 우려되는 지역에서는 타이어체인 및 스파이크타이어에 의한 노면의 마모가 심하다. 따라서 적설 한랭지역에서는 내마모성이 높은 혼합물을 표층에 사용할 필요가 있다.

내마모용 혼합물로서는 사용 골재를 마모에 강한 골재를 사용하는 경우도 있으나 일반적으로는 아스팔트 모르타르, 내마모용 토페카, 구스아스팔트 또는 롤드아스팔트 등이 사용된다.

II. 아스팔트 모르타르

아스팔트 모르타르는 일반적으로 아스팔트량과 필러분이 많아 타이어 마모에 대한 저항성이 크다.

1) 재 료

스트레이트 아스팔트는 침입도 85~100 또는 100~120의 것

내마모용 혼합물에 사용하는 아스팔트의 기준

항 목	기준치
소성지수(PI)	+0.5~ -1.2
후라스 취화파괴점(℃)	-12 이하
박막 가열감량(%)	1.0 이하
박막가열 증발 후의 침입도(원침입도에 대한 %)	45 이상

아스팔트 모르타르용 모래의 표준입도

체	통과중량 백분율(%)	체	통과중량 백분율(%)
4.75mm(No.4)	100	0.30mm(No.50)	25~80
2.36mm(No.8)	95~100	0.15mm(No.100)	2~30
0.60mm(No.30)	65~98	0.075mm(No.200)	9~5

(2) 배 합

① 배합의 결정은 경험에 중점을 두어 실시한다.

② 일반적으로 아스팔트량을 11.0~12.5%의 범위 선정하고, 석분의 No.200체 통과분과 아스팔트와의 중량비가 1.35 : 1로 되도록 석분량을 구하여 배합비 결정

아스팔트 모르타르의 표준치

	항 목	표 준 치
마샬시험	안정도(kg) 흐름치(1/100cm) 공극률(%)	200 이상 80 이하 1~6
레벨링시험	마모량(cm^2)	1.3 이하

3) 시 공

① 마무리두께는 1.5~2cm로, 보통조립도아스팔트 콘크리트, 밀입도아스팔트 콘크리트 등의 상층에 포설한다.

② 아스팔트 모르타르는 하층의 아스팔트 혼합물을 포설한 후 빨리 마무리하는 것이 좋다.

③ 아스팔트 모르타르층은 포설두께가 얇기 때문에 혼합물을 포설한 후의 온도저하가 크므로 다짐은 신속히 실시하여야 한다.

III. 내마모 토페카

내마모 토페카는 아스팔트량 및 필러분이 많으므로 아스팔트 모르타르와 같이 마모층으로서의 작용을 기대할 수가 있다.

1) 재료 및 배합

① 배합의 결정은 경험을 중시하여 실시한다.

② 일반적으로 아스팔트량을 8.0~9.5%의 범위로 선정

내마모 토페카용 골재(석분 제외)의 표준입도

체	통과중량 백분율(%)	체	통과중량 백분율(%)
19mm	100	0.60mm(No.30)	25~65
13mm	85~100	0.30mm(No.50)	10~50
4.75mm(No.4)	70~95	0.15mm(No.100)	2~30
2.36mm(No.8)	55~87	0.075mm(No.200)	0~7

내마모 토페카의 표준치

	항 목	표 준 치
마샬시험	안정도(kg) 흐름치(1/100cm) 공극률(%)	200 이상 80 이하 1~5

2) 시 공

마무리두께는 3~5cm로 포설한다.

문제 12 Repaver와 Remixer

Ⅰ. 개 요

　기존 아스팔트 포장의 표층을 예열기(Preheater)로 가열한 후 주기계인 리믹서(Remixer)나 리페이버(Repaver)로 긁어 일으켜, 필요에 따라 재생첨가제 등을 첨가한다든지 하여 처리하고, 신재의 혼합물을 상부에 포설하거나, 新材와 혼합하거나 하여 재생하는 공법이다.

　이 공법을 보수공법으로 채택할 경우 전제조건은 다음과 같다.

1) 중간층(또는 기층) 이하의 포장구조에 구조상 문제가 없을 것

2) 재생 가능한 두께는 3cm 정도

　따라서 실제의 현장조건을 검토하여 이 공법의 채택 여부를 결정하는 것이 중요하다.

Ⅱ. 공법의 특징 및 분류

1. 특 징

1) 손상된 아스팔트포장 노면을 현장에서 재생할 수 있으므로 교통에 주는 피해가 적다.

2) 현존하는 포장재료를 그대로 사용하므로 Overlay 공법에 비하여 상당히 경제적

3) 폐기물이 발생하지 않으므로 사토장이 필요치 않다.

2. 분 류

1) 리페이버

　① 기존 포장을 가열한 후 긁어 일으켜서 정형한 구아스팔트 혼합물층 위에 얇은 층(2cm 정도)의 신재 아스팔트 혼합물을 포설하고 동시에 다져 마무리하는 것

　② 구아스팔트 혼합물을 첨가제로 처리하는 경우

　③ 가열 → 보온, 열 침투 → 긁어 일으킴 → 밭갈이 Window → 정형 → 신재혼합물 공급 → 포설 → 동시 전압

　④ 소성변형(마모)의 수정

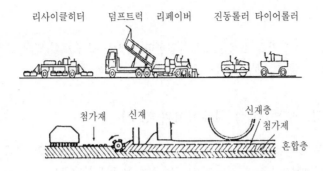

2) 리믹서

① 기존 포장을 가열하고 긁어 일으킨 구아스팔트 혼합물에 신재의 혼합물을 가하고 혼합하여 포설하는 것

② 가열 → 보온, 열 침투 → 긁어 일으킴 → 밭갈이 Window → 신재혼합물 보충 → 혼합 → 포설 → 전압

③ 표층 혼합물의 상태 개량을 겸한 소성변형의 수정

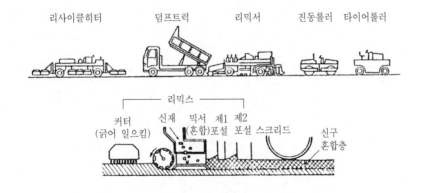

III. 시공순서

1. 준비공

시공에 앞서 기존 노면의 소성변형의 형상 등을 조사, 측정하고 새로 보충할 신재 혼합물의 두께와 필요한 혼합물의 양 및 계획고 등을 확인한다.

노면에 지지력 부족으로 인한 균열발생개소는 보수하고 용착형 레인마크는 제거하는 것이 좋다.

2. 노면가열

노면히터로 기존 노면을 소정온도로 가열한다. 다만, 아스팔트의 열화 방지를 위해 표면온도를 200℃ 이하로 하고, 내부온도는 100℃ 이상이 되도록 한다.

3. 긁어 일으킴, 정형, 포설(리페이버의 경우)

1) 가열된 기존 노면을 천천히 리페이버로 긁어 일으키고, 정형하여 그레이딩한다.
2) 긁어 일으킬 때는 소정의 깊이까지 노면 형상에 맞도록 한다.
3) 긁어 일으켜서 정형한 상부에 신재 혼합물을 보충하여 포설한다.
4) 신재 혼합물의 운반에는 보온대책을 실시한다.

4. 다 짐

신재 혼합물을 포설한 후 재생 혼합물과 동시에 진동롤러, 타이어롤러에 의해 소정의 다짐도가 얻어지도록 충분히 다진다.

문제 13 보조기층면의 분리막(Separation membrane) 설치 이유

Ⅰ. 필요성

1) 줄눈이 있는 무근콘크리트 포장에서는 2차 응력에 위한 균열이 줄눈에 집중되도록 Concrete slab와 보조기층면과의 마찰을 줄여야 하므로 이 사이에 분리막을 설치한다.

2) 연속철근콘크리트 포장에서는 Concrete Slab와 보조기층면 사이의 마찰과 철근으로 균열의 폭을 제어해야 하므로 분리막을 설치하지 않는다.

Ⅱ. 기 능

1) 콘크리트 슬래브의 온도변화 또는 습도변화에 따른 슬래브의 팽창작용을 원활하게 하도록 슬래브 바닥과 보조기층면의 마찰저항을 감소시키기 위하여 설치한다. 이는 슬래브가 경화 중인 시공 직후에 특히 필요하게 된다.

2) 콘크리트 중의 모르타르가 공극이 많은 보조기층으로 손실됨을 방지한다.

3) 보조기층 표면의 이물질이 콘크리트에 혼입됨을 방지한다.

Ⅲ. 분리막 재료

1. 갖추어야 할 특징

1) 보조기층에 부설하기 쉬어야 한다.
2) 콘크리트 타설시 찢어지지 않아야 한다.
3) 물은 흡수하지 않아야 한다.

2. 종 류

1) 폴리에틸렌 필름
2) 크래프트지
3) 석회 석분
4) 유화 아스팔트 등

Ⅳ. 시공시 유의사항

1) 분리막으로 보통 폴리에틸렌 시트(Polyethylene sheet) 사용
2) 콘크리트 포설 전 시트에 손상이 없도록 설치
3) 콘크리트 포장에서는 120μm 두께가 적합하다.
4) 시트의 겹이음폭은 300mm 이상 이어야 한다.
5) 방수지(Water proof paper)를 이용하여 강수시에 대비한다.
6) 시멘트 안정처리 기층에서는 기층의 양생 목적으로 유화 아스팔트를 사용할 수 있으나 마찰이 증가되지 않도록 한다.

문제 14   콘크리트 포장의 이음

Ⅰ. 시멘트 콘크리트 포장

무근콘크리트포장 줄눈의 종류 ┬ 가로수축줄눈
                                ├ 팽창줄눈
                                └ 세로줄눈

연속철근콘크리트 포장 ┬ 팽창줄눈
                            └ 세로줄눈

줄눈은 콘크리트가 수축팽창시 발생되는 균열을 방지하고 일정한 방향으로 균열을 유도하기 위해 설치한다. 그러나 주행성 및 구조적인 결함이 되기 쉬운 장소이므로 설계시공시 유의해야 한다. 줄눈시공의 양부는 콘크리트 포장의 내구성, 평탄성, 포장 전체의 성패를 좌우하므로 시공시 우려된다.

Ⅱ. 세로줄눈

1) 간 격

4.5m 이하, 보통 차선 위에 설치한다.

2) 기 능

세로방향의 불규칙한 균열 방지

3) 구 조

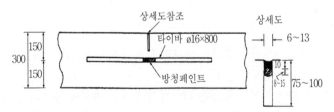

(a) 2차선폭으로 시공하는 경우의 횡단면도(단위mm)

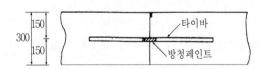

(b) 1차선 시공의 경우 횡단면도(단위 : mm)

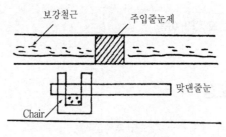

시공 줄눈인 경우(맞댄줄눈)

4. 시 공

1) 맹줄눈인 경우

   하층 Con'c 타설 → 타이바 설치 → 철망 및 보강철근 설치 → 상층 Con'c 타설 → 경화후
   절단

2) 맞댄줄눈의 경우

   타이바 Assembly 설치 → Con'c 타설

3) 맞댄줄눈의 줄눈홈 만드는 법

   ① 커터로 절단

   ② 가삽입물 넣는 방법

4) 절단길이 : 슬래브 두께의 1/3 이상

5) 절단폭 : 6~13m/m

6) 주입 줄눈제 채움깊이 : 20~40m/m

7) 타이바 ┌ 이형봉강 16m/m, 길이 800m/m
        └ 간격 750m/m

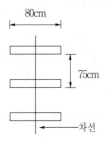

5. 유의사항

1) 맞댄줄눈은 미리 타설하여 경화된 콘크리트 슬래브에 돌기를 붙여서 인접한 콘크리트 슬래
   브를 타설함으로써 만들어진다.

2) 세로맹줄눈의 저면을 잘라낸 것은 타이바가 강하기 때문에 윗면의 홈[溝]만으로는 타이바
   의 위치에서 빗나간 곳에 균열이 발생할 위험성이 있을 것을 고려한 것이다. 상하의 잘라낸
   부분을 합하여 슬래브 두께의 30% 정도로 하면 좋다.

3) 타이바는 줄눈이 벌어지는 것을 방지하는 것만이 아니고, 층이 지는 것을 방지하며, 하중전
   달능력에 의하여 콘크리트 슬래브의 연단부를 보강하는 효과가 크므로, 일반적으로 사용하
   는 것으로 하였다.

4) 타이바의 내구성을 높이기 위하여 방청페인트 등을 중앙 약 10cm에 칠하는 것이 좋다.

Ⅲ. 가로팽창줄눈

1. 간 격

교량, 접속 슬래브 등의 접속부, 터널갱구 일반적으로 포장 인접부에 필요하고, 시공시기, 두께에 따라 60~480m마다 1개소씩 설치

2. 기 능

콘크리트 슬래브가 구조물에 미치는 영향을 줄이고 온도상승에 의한 Blow-up 방지

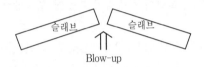

3. 구 조

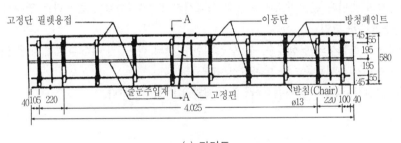

(a) 평면도

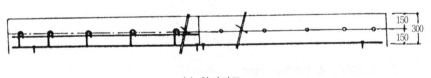

(b) 횡단면도

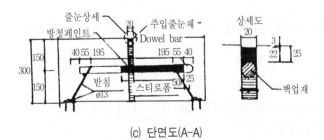

(c) 단면도(A-A)

4. 시 공

1) Dowel bar는 도로중심선에 평행하게 설치
2) 1일 마감시에 팽창줄눈을 만들 때는 가설막음판으로 막아서 시공
3) 포설중에 설치하는 팽창줄눈은 줄눈부를 지지, 1차 시공한 후 표면 마무리하여 설치한다.
4) 시공시는 가삽입물을 넣어 시공하고 경화 후 이를 빼내고 성형 줄눈재를 투입한다.
5) 시공이 불량할 경우 하자 요인과 평탄성을 저해한다.

5. 유의사항

1) Dowel bar는 일단을 고정, 타단이 신축하기 때문에 부착방지재를 씌우거나 역청재료로 도포한다.
2) 부착방지길이는 Dowel bar 길이의 1/2에서 5cm를 더한 길이로 한다.
3) 주입줄눈재를 주입하기 전에 줄눈재와 콘크리트와의 확실한 접착을 위해 프라이머를 반드시 도포하여야 한다.
4) 주입줄눈재 대신에 성형줄눈재를 사용할 때는 성형줄눈재와 줄눈판 사이에 여유를 두고 성형줄눈재의 측면은 콘크리트에 확실히 접착시켜야 한다(하절기 콘크리트 열팽창시 줄눈재의 압축변형을 고려).
5) 일반적으로 채움부의 형상계수, 즉 폭에 대한 깊이의 비는 1.0~1.5의 범위 내에 있어야 하며 가로수축줄눈과 세로줄눈도 마찬가지이다.
6) 일반적으로 Dowel의 직경은 슬래브 두께의 1/8이 적당하다.

Ⅳ. 가로수축줄눈

1. 간 격

1) 연속철근콘크리트 포장에서는 생략
2) 슬래브 두께, 콘크리트 온도팽창계수, 콘크리트 경화시 온도, 보조기층, 마찰저항에 따라 다르다.
3) 무근콘크리트에서는 6m 이하, 철근철망 포장에서는 8~10m가 표준

2. 기 능

1) 콘크리트의 수축에 의한 인장응력 해산과 균열 제어가 목적
2) 수축줄눈 : 1/4 이상

폭 : 6~13m/m
　　주입줄눈재 : 채움길이 20~40mm
　3) Dowel bar ┬ 원형 25~32m/m
　　　　　　　　├ 길이 500m/m
　　　　　　　　└ 간격 30cm/m

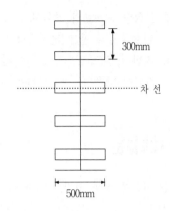

3. 구 조

　Dowel bar를 사용한 맹줄눈구조가 표준이나 가로수축줄눈이 시공줄눈일 때는 Dowel Bar를 사용한 맞댄줄눈으로 한다.

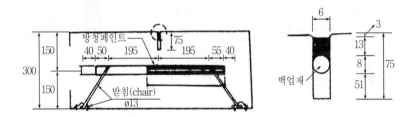

4. 시 공

　1) 맞댄줄눈일 때는 팽창줄눈과 같은 방법으로 시공
　2) 맹줄눈일 때는 가삽입물이나 커터로 줄눈을 만든다.

5. 유의사항

　1) 수축줄눈에 사용되는 Dowel bar의 역청재, 방청페인트 등의 도포는 팽창줄눈의 경우와 같다.
　2) 커터줄눈의 깊이는 슬래브 두께의 1/4 이상으로 하는 것이 좋다. 카터줄눈의 폭은 좁은 편이 바람직하고 주입줄눈재의 품질과 주입방법을 고려해서 확실하게 주입되도록 결정할 필요가 있다.
　3) 주입줄눈재가 하절기에 돌출을 작게 하기 위해서 백업(Back-up)재를 사용하는 경우 백업재의 하부에는 여유를 두어야 한다.
　4) 인접한 슬래브를 포설하는 경우, 뒤에서 포설하는 슬래브의 타설줄눈의 설치 위치는 먼저

포설한 슬래브의 균열이 타설줄눈부에 합치는 것으로 함이 좋다.

5) 타설줄눈의 판삽입물 매립길이는 슬래브 두께의 1/4 정도로 하는 것이 좋다.

6) 지반이 좋고 보조기층에 빈배합콘크리트(Lean Con'c)와 시멘트 안정처리(CTB)로 되어 지지력이 매우 큰 곳은 Dowel bar를 생략할 수도 있다.

V. 시공줄눈

1) 시공중 장비 고장, 급작스런 일기변화

2) 1일 시공 마무리에 설치 ┌ 수축줄눈
　　　　　　　　　　　　　└ 경우에 따라 팽창줄눈

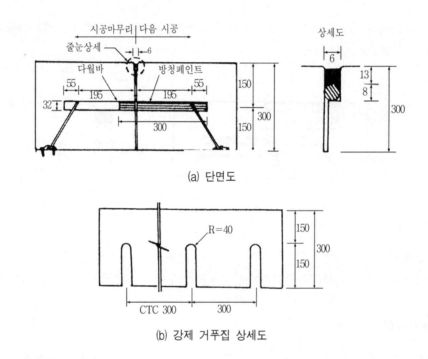

(a) 단면도

(b) 강제 거푸집 상세도

VI. 결 론

시멘트 콘크리트 포장은 줄눈부 하자가 가장 많이 발생하고, 평탄성에 지장을 주는 요인으로서 정밀시공관리를 통해 줄일 수 있다.

1) 줄눈의 위치는 보조기층, 거푸집 위에 표시한다.

2) 수축줄눈, Cutting 시기 조절

3) 주입줄눈재의 주입시 시공 및 품질관리, 모든 줄눈을 일직선에 둔다.

문제 15 ┃ 콘크리트 포장 표면 마무리

표면 마무리는 초벌 마무리, 평탄 마무리, 거친면 마무리 순으로 시행한다.

Ⅰ. 초벌 마무리

봉 바이브레이터 등에 의한 다짐에 이어 템플레이트 템퍼, 간이 피니셔 및 롤러형 간이 마무리장비 등으로 초벌 마무리를 시행한다.

  1) 템플레이트 템퍼에 의한 초벌 마무리

   ① 템플레이트 템퍼는 콘크리트의 표면을 두드려 가면서 표면을 거푸집 윗면에 맞추어 깎아 내리기 위한 목재의 정규이다.

   ② 템플레이트 템퍼는 일반적으로 10cm×20cm 정도의 각재로 거푸집의 끝에서 양측으로 10cm 정도 길게 만든다.

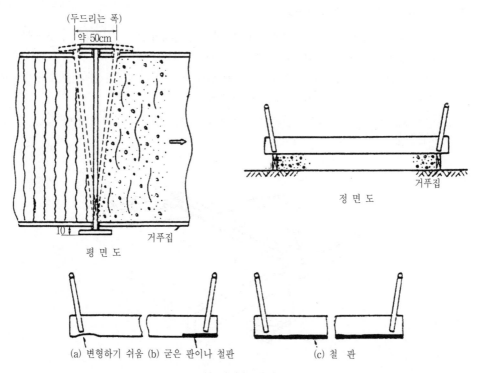

(a) 변형하기 쉬움 (b) 굳은 판이나 철판   (c) 철 판

템플레이트 템퍼

③ 거푸집에 닿는 곳은 강한 타격을 받아서 변형되기 쉬우므로 항상 점검하고 필요에 따라 보수를 해야 한다.

④ 변형되기 쉬운 부분에는 견판이나 철판을 붙이든가 전면에 철판을 붙여 보강하면 좋다.

⑤ 템플레이트 템퍼는 포설방향에 거의 직각으로 놓고 일단을 거푸집에 붙이고 타단은 들어 올려 콘크리트면에 낙하시키면서 포설방향으로 진행한다.

⑥ 그 다음 반대측을 같은 방식으로 하여 약 50cm 전진시키고 이를 교대로 반복작업을 한다.

⑦ 한쪽 1회의 두드림 폭은 50cm 정도로 하고 거푸집에 맞추어 콘크리트를 고르는 동시에 여분의 콘크리트는 깎아낸다.

⑧ 마무리면은 거푸집이 기준이 되므로 거푸집 윗면은 항상 청소하고 템플레이트 템퍼를 바르게 조작할 수 있도록 하여야 한다.

⑨ 템플레이트 템퍼로 두드리는 것은 콘크리트면을 거푸집에 맞추어 횡단형상을 정리하고 평탄 마무리가 되도록 모르타르를 표면에 올라오게 하는 데 있다.

⑩ 템퍼로 너무 많이 두드리면 높은 쪽의 콘크리트가 낮은 쪽으로 유동하거나 모르타르가 너무 많이 올라오게 되므로 처음에는 강하게, 그 다음은 가볍고 작게 2, 3회 두드리는 정도로 마무리하는 것이 좋다.

2) 간이 피니셔에 의한 초벌 마무리

① 간이 피니셔는 양측의 거푸집에 걸리는 철재 빔(beam)으로 콘크리트의 표면에 진동을 주어 소정의 횡단형상으로 마무리하는 것이다.

② 빔은 포설방향에 직각으로 양측의 거푸집 위에 바르게 올려놓아 들떠 오르지 않도록 또 좌우가 같은 속도로 진행하도록 주의해야 한다.

③ 간이 피니셔는 I형 빔 위에 진동기를 올려놓은 것으로 빔의 길이는 일반적으로 3~5.5m 정도이다.

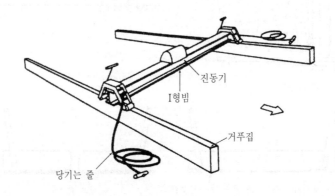

간이 피니셔

3) 롤러형 간이 마무리 장비에 의한 초벌 마무리

① 롤러형 간이 마무리 장비는 양측의 거푸집 상단에 걸쳐 있는 3개의 롤러에 의하여 앞쪽의 롤러에 진동을 주어 콘크리트를 정형하고 두 번째 롤러와 뒤쪽 롤러의 회전에 의하여 초벌 마무리를 하는 것이다.

② 일반적으로 마무리폭은 3~6m의 것 사용

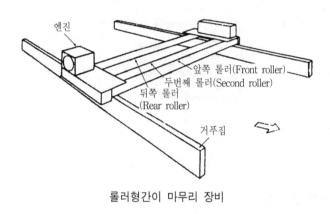

롤러형간이 마무리 장비

II. 평탄 마무리

평탄 마무리는 초벌마무리에 이어 플로우트 또는 파이프 등에 의하여 시행한다.

1) 플로트에 의한 평탄 마무리

① 초벌 마무리가 끝나면 바로 플로우트로 콘크리트면의 소파를 잡으면서 평탄 마무리를 한다.

② 플로우트는 초벌 마무리 직후에 사용하는 것으로 길이가 1~1.2m 정도이고 중량이 있는 형식이며, 평탄 마무리에 사용하는 것은 길이가 1.5~2.0m 정도이고 되도록 가벼운 것의 두 종류를 염두에 두는 것이 좋다.

③ 플로우트의 자루는 평탄 마무리하는 플로우트 조작의 역할을 위하여 탄력이 있는 것이 좋다.

(a) 초벌 마무리 직후에 사용하는 목재 플로우트   (b) 평탄 마무리에 사용하는 목재 플로우트

④ 플로우트에 의한 마무리는 플로우트를 절반씩 중복되도록 시행한다.

⑤ 콘크리트면이 낮아서 플로우트에 닿지 않는 곳이 있으면 콘크리트를 보충하여 콘크리트 전면에 플로우트가 닿을 때까지 마무리한다.

⑥ 평탄성을 수정하려고 하여 과도한 작업을 하게 되면 표면을 약하게 할 뿐만 아니라 양생이 늦어져서 오히려 좋지 않다.

⑦ 플로우트 마무리를 할 경우는 적당한 직선 규준대를 대어서 평탄성을 점검하면서 행한다.

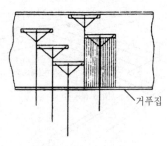

거푸집

플로우트의 사용법

2) 파이프에 의한 평탄 마무리

① 초벌 마무리가 끝나면 즉시 직경 15cm 정도의 강제파이프를 경사로 하여 파이프 양단을 거푸집 위에 올려놓고 파이프 양단에 붙어 있는 견인용의 와이어로프 등으로 끌어당겨 파이프에 의하여 콘크리트 표면을 잘라내면서 고른다. 이 작업을 2, 3회 반복하여 평탄 마무리를 한다.

② 파이프를 경사로 하는 경우, 횡단구배의 낮은 쪽을 앞으로 하는 것이 좋다.

③ 강제 파이프의 처짐을 사전에 점검하여 처짐량이 2mm 이하가 되도록 확인하여야 한다.

④ 배관용 단소강관 SGP 150A를 사용하여 강산을 5.5mm로 하였을 때의 차검량은 약 1.4mm이다.

⑤ 플로우트 마무리의 경우와 같이 파이프 마무리를 하는 경우 적당한 정규를 대고 평탄성을 점검하면서 시행한다.

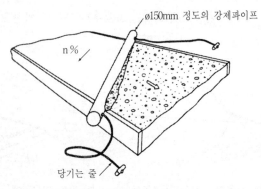

ø150mm 정도의 강제파이프

n%

당기는 줄

파이프에 의한 평탄 마무리

III. 거친면 마무리

거친면 마무리는 빗자루나 브러시로에 의하여 시행한다.

 1) 거친면 마무리는 슬래브 전체에 균등하게 한다.

  ① 균등한 거친면을 얻기 위해서는 발판을 직각으로 놓고 이에 연하여 끄는 것이 좋다.

  ② 빗자루나 브러시에 붙은 모르타르는 물로 씻어 떨어뜨린다.

인력에 의한 거친면 마무리

 2) 거친면 마무리는 이 작업에 의하여 콘크리트의 표면이 아주 거친 상태가 되지 않는 동안에 완료해야 한다.

 3) 급구배부 등에는 필요에 따라서 피아노선을 붙인 타인 브러시로 골이 깊은 거친면 마무리를 하는 것이 좋다.

 4) 거친면 마무리가 끝나면 기설 슬래브나 구조물 등에 부착된 모르타르를 흙손 브러시나 와이어 브러시 등으로 제거하여야 한다.

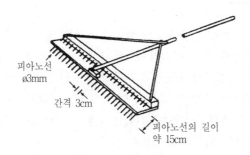

피아노선을 붙인 타인(tine)브러쉬

문제 16 리플렉션 균열(Reflection crack)

I. 반사 균열

1) 콘크리트 포장 위에 덧씌우기를 실시한 경우 콘크리트 슬래브의 줄눈 및 균열이 덧씌우기 표면에 나타나는데 이 균열을 리플렉션 균열(Reflection crack)이라고 한다.

2) 리플렉션 균열은 콘크리트 포장 위에 덧씌우기를 했을 경우 숙명적인 결함이다. 균열 사이를 침입한 물은 노상, 보조기층을 연약화시켜 펌핑 작용을 일으켜 포장을 파괴에까지 이르게 하는 수가 있다.

3) 리플렉션 균열은 덧씌우기 두께가 얇을수록 쉽게 나타나고 두꺼울수록 생기지 않는다. 또 리플렉션 균열은 덧씌우기 두께가 얇을 경우(5cm 정도)에도 1본의 균열로 나타나니 두꺼울 경우에는 2본 또는 그 이상의 균열로 되어 나타난다.

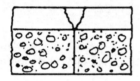

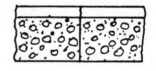

(a) 덧씌우기가 두꺼운 경우   (b) 덧씌우기가 얇은 경우

덧씌기위 두께에 의한 리플렉션 균열의 발생 모양

II. 리플렉션 균열의 원인

1) 콘크리트 슬래브의 줄눈 또는 균열 부분에 하중이 실렸을 때, 줄눈 또는 균열 부분에 있어서 수직변위(심하)가 발생한다. 또한 콘크리트포장 슬래브는 기온의 상하에 따라 팽창 또는 수축하여 줄눈 또는 균열 부분에서 수평변위가 발생한다. 이 줄눈 또는 균열 부분에 있어서의 수직 및 수평변위가 덧씌우기의 아스팔트층에 리플렉션 균열로 되어 나타나는 것이다.

2) 콘크리트포장 슬래브 자체의 수직변위(심하)는 보통 10/100mm 이하이며, 팽창줄눈에서의 변위가 수축줄눈 또는 균열에서의 변위보다 크다.

   또한 줄눈부의 수직변위는 다월바를 사용해도 20/100mm보다 작게는 되지 않는다. 콘크리트 포장 슬래브의 수평변위는 팽창줄눈간격이 90m인 경우에 약 10mm를 나타낸 예가 있다. 수직변위는 하중이 실렸을 동안에 생기는 급속한 변위인 반면 수평변위는 반년 사이에 서서히 생기는 변위이다.
3) 실험에 의하면 수직변위 줄눈의 상대차가 35/100mm 정도인 경우에는 아스팔트층에 상하 관통한 리플렉션 균열이 발생하였다. 또한 수평변위가 3mm 이상으로 된 경우에 리플렉션 균열이 발생하였다.

Ⅲ. 리플렉션 균열 방지방법

1) 종래 여러 가지 방법이 강구되었으나 어느 것이나 완전히 방지할 수는 없다.
2) 주입공법에 의하여 슬래브의 수직변위를 작게 하는 것
3) 줄눈부분의 아스팔트 콘크리트층과 콘크리트 슬래브 사이에 리플렉션 균열 방지제를 넣어 절연하는 것
4) 주입공법은 리플렉션 균열을 완전히 방지할 수는 없어도 그것을 감소시키는 효과는 상당히 크다. 리플렉션 균열이 상당히 심하고 분명하게 수직변위를 나타내고 있는 것에 대해서는 먼저 주입공법을 실시하여 변위의 변호를 관찰하는 것이 좋다.
5) 리플렉션 균열을 방지할 목적으로 줄눈부분에 넣는 방지제
   ① 철망
   ② 비닐론망
   ③ 비닐론 범포
   ④ 동박과 루핑을 첨부한 것
   ⑤ 알류미늄박과 역청가공한 퀜버스를 첨부한 것
   ⑥ 알류미늄박과 아스팔트 펠트를 첨부한 것
   ⑦ 나일론 필름

문제 17 시멘트 포장과 아스콘 포장의 품질관리방법에 대하여 기술하시오.

Ⅰ. 서 론

시멘트 포장은 강성포장(Deflected beam on Elastic Foundation)
상부층은 Concrete 강도
하부층 Spring 역할
2차 응력 감소시키기 위해서는 판을 작게, 철근보강한다.
아스콘포장은 층구조
각층 탄성계수 균형 유지
하중강도보다 큰 노상층 강도 필요

Ⅱ. 시멘트 포장 품질관리방법

1. Flow chart

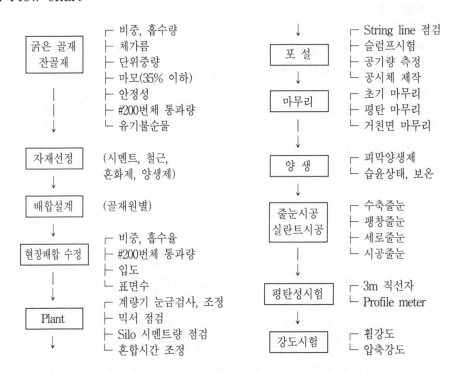

2. 보조기층의 품질관리

공종	항 목	시험방법	표준적인 관리의 한계	불만족하는 경우의 처리 및 참고사항
입 상 재 료	함수비	KS F 2206 또는 프라이팬법, 알코올연소법 등에 의함. 5mm 이하의 시료에 대해서 하면 변동이 적다.		습윤이 지나친 경우 볕에 쐬어 건조시킨다. 건조되어 있을 경우는 부설중에 살수한다. 자갈분이 많은 재료에 대해서는 5mm 이하 재료의 함수비에 의하여 관리하는 편이 좋을 경우도 있다.
	소성지수	KS F 2303 및 KS F 2304에 의함. 시료의 0.425mm(No. 40)체 통과분에 대해서 한다.		석회, 시멘트 등으로 처리한다. 흙재료의 PI를 조사하여 경우에 따라 변경한다.
	입 도	KS F 2302에 의함. 현장부설중 또는 소일플랜트에서 시료 채취	2.36mm(No.8)체 통과량 : ±10% 0.075mm(No.200)체 통과량 : ±4% 침하량 $\chi<0.25mm$ 이하	원재료의 입도를 조사하여 필요에 따라 현장배합을 수정한다.
	다 짐 지지력	프루프롤링 또는 현장밀도 측정	밀도 95% 이상	다짐을 계속한다. 국부적인 함수비 과대 또는 재료의 불량개소는 치환한다. χ는 미리 시험시공 등으로 정해둔다.
시 멘 트 안 정 처 리	함수비 입 도 빈 도	입상재료와 같음. KS F 2306 KS F 2303 KS F 2304		
	시멘트량	시멘트 사용량을 조사한다. 이상을 인정한 경우 적정법에 의한다.	설계량의 0.8% 기준강도의 96%	공정 초기에는 적정법과 시멘트사용량의 조사를 병용하고, 이후는 적정법을 생략한다. 검사를 위한 샘플링은 주문자 입회하에 한다.
	일축압축강도	공시체의 7일간 양생 후에 시험 KS F 2328		시멘트량을 관리할 경우 이 시험은 하지 않아도 좋다.

3. 콘크리트의 품질관리

공종	항 목	시험방법	표준적인시험빈도	관리한계	불만족하는 경우의 처리 및 참고사항
콘 크 리 트	골재의 체분석, 골재의 단위용적 중량	KS F 2508 KS F 2502	잔골재 300m², 굵은골재 500m³ 마다 또는 1일 1회, 공사 초기에는 골재의 취급의 적부를 알기 위하여 2회/일 이상 하는 것이 좋다.	관리의 한계는 관리도에 의하여 정한다.	기준시험 결과와 다를 때는 필요에 따라서 시방배합을 변경해야 한다.
	잔골재의 표면수량	KS F 2509 또는 열판법 등에 의함.	2회/일, 오전과 오후에 행하는 것을 표준으로 한다. 또 저장소에서 골재를 빼내기 시작한 직후 또는 강우 후에는 반드시 행한다.		필요에 따라 현장배합을 수정한다.

공종	항 목	시험방법	표준적인시험빈도	관리한계	불만족하는 경우의 처리 및 참고사항
콘크리트	컨시스턴시	KS F 2402	2회/일 이상. 다만, 운반차마다 또는 배치마다 목측 등으로 컨시스턴시와 이상 변화의 유무를 관찰한다.		필요에 따라 시방배합을 변경하여 현장배합을 수정한다. 포설이 곤란한 경우의 콘크리트는 폐기한다.
	공 기 량 콘크리트의 온도	KS F 2421	2회/일, 또 컨시스턴시에 이상이 있을 때는 반드시 행한다. 컨시스턴시 시험 또는 공기량시험을 할 때에 반드시 시행한다.		필요에 따라서 시방배합을 변경해야 한다.
	콘크리트의 강도	KS F 2403 KS F 2407 KS F 2408 KS F 2405	2회/일, 공사 초기는 특히 휨강도시험을 다른 시험과 병행하여 행하고 소요의 품질의 콘크리트임을 확인한다.		
	기타 시험	기타	수시		

III. 아스콘 포장 품질관리방법

1. Flow chart

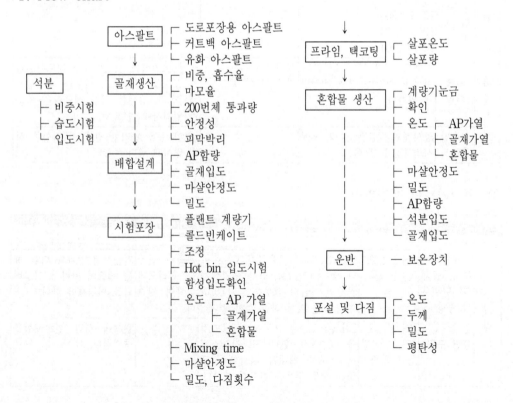

2. 품질관리 기준

구 분	기 층	표 층	구 분	기 층	표 층
소 성 지 수	9 이하	–	Flow치 1/1000cm	10~40	20~40
마 모 감 량	40% 이하	35% 이하	공 극 률	3~10	3~6
피 막 박 리	95% 이하	95% 이하	채 움 률(%)	–	75~85
안 정 성		12% 이하	아스팔트 함량(%)	±0.3	±0.5
편평 세장률	20% 이하	20% 이하	아스팔트배출온도	±15	±15
비 중	–	2.45 이상	두 께	+10~-5	+5~-5
흡 수 율	35% 이하	3.0% 이하	밀 도(%)	96 이상	96 이상
안 정 도	350 이하	500 이상			

문제 18 도로포장 공법 비교

Ⅰ. 아스팔트 포장과 콘크리트 포장의 차이점

구 분	아 스 팔 트 포 장	콘 크 리 트 포 장
일반사항	• 표층, 기층, 보조기층으로 구성되며, 교통하중을 부담하여 노상에 윤하중 분포 • 포장구조는 교통조건과 노상의 강도 특성을 기초로 설계 • 기층 또는 보조기층에도 큰 응력 작용 • 반복되는 교통하중에 민감	• 콘크리트 슬래브 자체가 교통윤하중을 휨저항으로 지지 • 가로수축줄눈 또는 팽창줄눈을 설치하여 균열 유도 • 콘크리트 슬래브가 응력을 받으므로 기층이나 보조기층에 발생되는 응력이 저감된다.
시 공 성	• 시공 경험이 풍부	• 콘크리트 품질관리 • 고도의 숙련도 필요 • 슬립폼 공법의 경우 콘크리트의 공급이 원활해야 함.
내 구 성	• 대형차량 및 과적차량의 증가로 인하여 급속도로 공용기간 단축(소성변형) • 3~5년마다 덧씌우기 필요	• 중차량에 대한 적용도 양호 • 포장 수명 20년 이상
유지관리	• 유지관리 비용 고가 • 부분 보수 용이 • 잦은 보수로 교통소통에 지장 • 보수시기가 지연되면 큰 하자 발생	• 유지관리비 저렴 • 국부적인 파손 보수 곤란
토질영향	• 적용성이 양호	• 불균질 토질에 불리
기 타	• 시공 후 즉시 교통 개방 • 평탄성 및 승차감 양호 • 소음이 적다.	• 장기간 양생 필요 • 주행성 및 소음은 아스팔트 포장에 비하여 불리 • 시멘트의 원활한 공급 가능

Ⅱ. 각 포장의 특성

1) 가요성 포장

① 노상의 강도가 상부에서 오는 하중강도
보다 큰 지지력을 가져야 한다.

② 각층의 탄성 계수 균형 유지

③ 각층별로 유효하게 작용

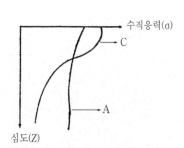

Asphalt 포장과 콘크리트 포장의 응력과 심도 관계

2) 강성 포장(Deflected beam on elastic foundation)

① 상부층 콘크리트 포장강도가 가장 중요

② 표층의 슬래브가 전 하중 분담.

③ 하부층은 스프링 역할

④ 2차 응력으로 인한 수축 온도 팽창

비틀림 방지대책 ┬ 판을 작게 한다.
└ 철근으로 보강(강성 높임.)

Ⅲ. 시멘트 콘크리트 포장 특징

1) 무근콘크리트 포장

① 판 내의 균열을 허용하지 않는다. → 줄눈 설치

② 슬래브와 하부층 마찰을 최소화시키기 위해 → 분리모 설치

2) 철망무근콘크리트 포장

무근 콘크리트판 내 균열 방지 → 철망을 넣는다.

3) 철근콘크리트 포장

Approach Slab, 대형 장비를 위한 포장

4) 연속철근콘크리트 포장

① Crack을 철근이 잡아준다.

② 균열을 허용한다.

③ 줄눈 없다.

④ 종방향의 철근을 둔다.

⑤ 슬래브와 하부층 마찰을 크게 한다(분리막 없음).

Ⅳ. 시멘트 콘크리트 포장 공법 비교

구 분	무 근 콘 크 리 트 포 장(JCP)	연 속 철 근 콘 크 리 트 포 장(CRCP)
균 열	• 가로수축줄눈을 설치, 건조수축에 의한 균열을 유도하여 포장 슬래브에는 균열을 허용하지 않는다.	• 건조수축, 보조기층과 슬래브의 마찰 특성, 온도변화에 따른 균열을 세로방향 철근의 부착력을 이용하여 무수히 발생토록 유도

구 분	무 근 콘 크 리 트 포 장	연 속 철 근 콘 크 리 트 포 장
줄 눈	• 팽창줄눈, 가로수축줄눈, 세로줄눈 필요	• 팽창줄눈, 세로줄눈 필요
활 동	• 콘크리트 슬래브가 활동할 수 있도록 분리막 설치	• 이형 철근을 삽입하여 활동을 억제하므로 분리막 불필요
하중전달	• 다월바(Dowel bar)	• 조골재의 맞물림 및 세로 철근
기 타	• 연속철근포장에 비하여 공사비 저렴 • 유지 보수가 용이	• 가로수축줄눈이 없어 주행성 양호 • 철근이 있어 보수 곤란

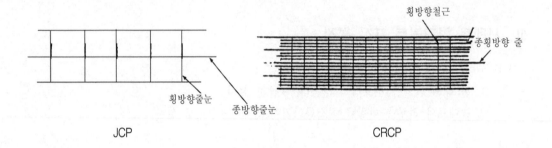

JCP   CRCP

문제 19 시멘트 콘크리트 포장 공법 비교

I. 개 요

시멘트 콘크리트 포장을 구분하면 무근콘크리트 포장과 연속철근콘크리트 포장으로 나눌 수 있다. 따라서 각 시공의 차이점을 균열의 상태, 줄눈 위치, 활동 작용, 하중전달방식, 기타 등으로 비교하여 설명하기로 한다.

II. 시멘트 콘크리트 포장 공법 비교

1. 균 열

1) 무근콘크리트 포장

① 가로수축줄눈을 설치하여 건조수축에 의한 균열 유도(6~13m/m)
② 포장 슬래브에는 균열을 허용치 않는다.

2) 연속철근콘크리트 포장

건조수축, 보조기층과 스래브의 마찰 특성, 온도변화에 따른 균열을 세로방향, 철근의 부착력을 이용하여 무수히 발생토록 유도(0.6~1.3m/m)

2. 줄 눈

1) 무근콘크리트 포장

① 팽창줄눈(60~120m, 120~480m 간격)
② 가로수축줄눈(6m 이하 간격)
③ 세로수축줄눈(차선에 위치)

2) 연속철근콘크리트 포장

① 팽창줄눈(양단부)
② 세로수축줄눈(차선 위에 위치)

3. 활 동

1) 무근콘크리트 포장

① 포장 단면 일정치 않은 곳, 단면 두께 작은 곳에 균열 발생(평탄성 유지 필요)
② 콘크리트 슬래브가 활동할 수 있도록 분리막을 설치하여 구속력 방지(비닐, 방수지, 왁스를 깐다.)
③ 마찰력 저항을 최소화하고, 초기 건조수축에 의해 균열 예방

2) 연속 철근 콘크리트 포장

① 구속력 작용시킨다.(분리막설치 불필요)
② 이형철근 삽입하여 활동 억제시킨다.

4. 하중 전달

1) 무근콘크리트 포장

① 다월바 설치
② 단차 방지, Pumping 현상 방지, 하중전달 유지 시킴

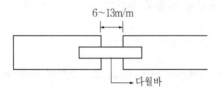

2) 연속철근콘크리트 포장

조골재의 맞물림과 세로철근으로 하중 전달한다.

5. 기 타

1) 무근콘크리트 포장

① 연속철근 포장에 비하여 공사비 저렴
② 유지 보수가 용이

2) 연속철근콘크리트 포장

① 가로수축줄눈이 없어 주행성 양호
② 철근이 있어 보수 곤란

문제 20

아스팔트 포장의 표층포설에 있어 헤어크랙이 많이 발생하였다. 그 원인과 시공 관리 방법에 대하여 기술하시오.

I. 개 요

아스팔트 혼합물의 전압에 있어 헤어크랙의 발생 원인은 다음과 같다.

1) 혼합물의 배합 부적당   ┐
2) 아스팔트량의 부족   ├ 혼합물
3) 혼합물의 세립분 과잉   ┘
4) Roller의 중량 과대   ┐
5) 전압 온도의 지나친 고온   ├ 시공다짐
6) Roller의 통과횟수 과다   │
7) 전압시기의 부적당   ┘
8) 보조기층 이하의 지지력 부족   ┐ 구조체
9) 노상토 중의 수분과잉   ┘

상기 몇 가지가 조합하여 일어날 수도 있다. 따라서 발생 원인과 시공정리방안에 대하여 열거하면 다음과 같다.

II. 혼합물의 원인

1) 아스팔트량의 부족
　　① 골재 상호간의 결합력의 부족을 일으켜 헤어크랙 발생
　　② 혼합물의 Over heating일 경우도 크랙 발생

2) 안정도의 부족
　　① 안정도가 적은 세립 혼합물에서 발생
　　② 다짐시 혼합물의 유동과 변형에 대한 저항성이 약하기 때문

3) 세립분의 과잉
　　No.30번체 통과량과 석분량이 많으면 아스팔트량이 부족하여 크랙 발생

III. 피니셔에 의한 원인

1) 혼합물

혼합물이 부적당하거나 온도가 너무 내려가면 크랙 발생

2) Screed

① Tamper의 마모 또는 Tamper가 돌출
② Tamper와 Screed 사이에 아스팔트 모르타르가 끼어 있을 때 크랙 발생

3) 조 작

Screed의 지나친 가열은 크랙발생의 원인

IV. 롤러에 의한 원인

1) 온 도

높은 온도에서 전압은 아스팔트의 점성이 부족하여 골재의 결합을 유지하는 점도 부족으로 크랙 발생

2) 중 량

① Roller의 중량이 너무 무거우면 혼합물의 결합 작용 방해하여 크랙이 발생
② Roller의 전압은 구륜축을 앞세워 전압하나, 후륜축을 앞세워 다지면 혼합물을 앞쪽으로 밀어 올리는 경향이 있어 크랙이 발생

3) 속 도

① 주행속도가 빠르면 골재 배열을 교란시켜 크랙이 발생
② 필요 이상의 전압 반복으로 크랙 발생

V. 기타 원인

1) 한랭, 찬바람 불 때 시공을 하면 혼합물의 내, 외부 온도차로 크랙 발생
2) 포설 두께가 두꺼울 때
3) Tack coating 불량
4) 노상 보조기층의 부족

Ⅵ. 결 론

1) 헤어크랙은 교통 개방 후 소멸
2) 포장이 여름철을 향하고 있으면 별문제 없다.
3) 발생시 Seal coating으로 대처

문제21   아스팔트 포장 파손 원인과 시공상의 대책

Ⅰ. 아스팔트 포장 파손 원인

1) 토공 불량 : 다짐 불량, 재료 불량

2) 노상, 보조기층, 기층 : 다짐 불량, 재료 불량

3) 아스팔트 혼합물 불량
① 재료 불량
② 배합 불량
③ 혼합 불량
④ 운반 불량
⑤ 부설 불량
⑥ 다짐 불량
⑦ 마무리 불량

4) 기 타
① 동상
② 설계 Miss(두께)
③ 배수 불량

Ⅱ. 대 책

1) 시공상
2) 설계상
3) 보수 대책

1. 토 공

1) 시방서 설계도서에 맞는 품질, 규격, 관리
2) 목적에 맞는 입도, 함수량 액소성 한계비중을 시험
3) 양질의 재료 사용, 다짐 철저

2. 노상, 보조기층, 기층 시공

1) 각층의 입도에 맞는 재료 사용
2) 노상은 지지력이 상부층에서 하중을 전달하는 최대응력, 최대전단응력을 분담해야 한다.
3) 보조기층, 기층 역시 표층의 하중을 분산시켜 노상에 전달한다.
4) 함수비 조절 철저
5) 각층의 품질관리, 규격관리 철저
6) 보조기층의 뜬돌, 유해물질을 제거해야 한다.

3. 아스팔트 혼합물

1) 재 료

① 굵은골재
  ⅰ) No.8번체에 잔류하는 골재로서 둥근 것이 많을 경우 혼합물의 안정도가 떨어진다.
  ⅱ) 입자가 많은 부순자갈의 경우 혼합물의 최적 아스팔트량이 적어진다.
  ⅲ) 세편하거나 엷은 석편은 시공 도중 파쇄하기 쉽고, 혼합물의 균질성을 상실하게 되어 혼합물의 다짐이 곤란하다.
  ⅳ) 비중이 적은 골재 : 파쇄되기 쉽다.
      비중이 큰 골재 : 아스팔트 과잉되기 쉽다.
  ⅴ) 흡수량이 큰 골재 : 역청분을 흡수해서 내구성이 나쁘다.

② 잔골재
  ⅰ) No.8번체 통과하고 #200번체에 남는 골재
  ⅱ) 강모래, 바닷모래, 스크리닝스(부순돌 찌꺼기)
  ⅲ) 깨끗하고 강경하고 내구적이고 유해물의 유해량을 함유해서는 안 된다.
  ⅳ) 스크리닝스가 젖으면 건조가 어렵고, 결함의 원인이 된다.
  ⅴ) 석분은 수분 1% 이하, 비중 2.6 이하로서 혼합물의 박리현상 방지와 점착력을 크게 하므로 꼭 필요하다.

2) 배 합

① 골재의 입도는 입도곡선이 비교적 완만한 것
② 시험배합 : 마샬안정도 시험(내구성, 시공성 판단)
③ 현장배합 ┬ 아스팔트 함량의 차이 ±0.3% 이상
            └ 혼합배출온도차 ±15℃ 이상이면 골재의 입도, 아스팔트량 수정
④ Hair crack : 표면 질감이 나쁠 때는 배합 수정

3) 플랜트 선정

① 배치식 플랜트 : 혼합물량이 적든가, 배합이 달라지는 경우

 ⅰ) Cold bin : 골재입도조정과 골재공급 원활하게

 ⅱ) Hot bin : 입경이 다른 골재 저장과 시료채취장치, 품질관리 필요

② 연속식 플랜트 : 동일배합 혼합물 장기간 연속생산

 ⅰ) 입도조정장치

 ⅱ) 골재와 아스팔트 동조장치

4) 혼 합

① Plant에서 혼합 : 콜드빈, 핫트빈

② 혼합물의 입도

③ 혼합물의 온도

④ 세부사항

 ⅰ) 혼합물의 골재입도는 콜드피셔의 운반에 따라 정해지므로 콜드피셔의 점검과 세심한 주의를 하여야 한다.

 ⅱ) 체가름장치 체눈이 메워지지 않도록 청소를 철저히 한다.

 ⅲ) 아스팔트 온도변동의 범위는 ±10℃ 범위

 ⅳ) 믹서 배출시 온도 145~175℃이며 운반거리가 길거나 凍期 등에 높이 선정

 ⅴ) 골재 온도조절은 혼합물의 온도 ±15°범위에서 조절하며 180℃를 넘어서는 안 된다.

 ⅵ) 혼합시간 ┬ 배치식 믹서 : 골재 석분 5초 이상. 이후 아스팔트 30초 이상 혼합
              └ 연속식 믹서 : 45초 이상 혼합

5) 운 반

① 운반시간은 2시간 이내

② 온도 저하방지 위해 덮개를 덮어야 한다.

③ 트럭에 적재한 내면에 이물질 부착 방지

6) 포 설

① 포설준비 : 먼지, 진흙, 뜬돌을 청소

② 프라임코트, 택코트의 양생이 충분히 끝나지 않은 기층이나 중간층 위에 혼합물을 포설하여서는 안 된다.

③ 한층 마무리 두께 7cm 이하. 두꺼우면 평탄성이 나쁘다.

④ 혼합물이 분리되지 않도록 주의

⑤ 혼합물의 포설시 온도는 1차 다짐에서 Hair crack이나 변위가 생기지 않는 범위의 높은 온도

7) 다 짐
  ① 다짐시 온도관리
    ┌ 1차 다짐 온도 : 120~150℃
    ├ 2차 다짐 온도 : 80~100℃
    └ 마무리 : 70~90℃
  ② 장비
    ┌ 1차 전압 : Road roller
    ├ 2차 전압 : 타이어 roller
    ├ 마 무 리 : 12t 이상의 탬덤롤러, 머캐덤롤
    └ Roller 다짐 불가능한 곳 : Tamper로 다짐
  ③ 다짐시 유의사항

8) 이 음
  ① 이미 포설한 끝부분이 충분히 다져 있지 않은 경우나 균열이 많은 경우에는 그 부분을
    절취해 버리고 인접부를 시공한다.
  ② 표층과 중간층의 세로이음 위치는 15cm 이상, 가로이음의 위치는 1m 이상의 간격 유지
  ③ 마무리면 3m 직선자로 요철 3mm 이하

9) 시험 포장
  ① 시험 포장 면적 500m^2 정도
  ② 다짐도, 다짐 후의 두께, 재료분리, 부설 및 다짐방법 검토

문제 22 아스팔트 포장파손의 종류, 원인, 보수방법

종 류	파 손 내 용	원 인	보 수 방 법
Ravelling	포장체 표면 또는 가장자리로부터 골재가 이탈되는 현상	• 아스팔트 혼합 당시 골재에 흙이나 수분이 제거되지 않음. • 아스팔트 함량 부족 • 다짐 불량 • 아스팔트의 경화(Aging)	결함이 심한 곳에 아스팔트 Spray를 실시하거나 덧씌우기 실시
Flushig	① 아스팔트가 표면으로 유출 ② 주로 더운 여름철에 바퀴 자국을 따라 발생	• 아스팔트 함량 과다 • 프라임 코트가 과다한 경우 • Flushing이 있던 아스팔트 포장위에 덧씌우기한 경우	결함이 심한 경우 덧씌우기나 Seal coating 실시
Rutting	① 바퀴 자국을 따라 발생한 영구 변형 ② 하중에 의한 압축과 아스팔트층 재료의 수평이동에 의해 주로 발생	• 다짐 불량(노상, 기층, 표층 등) • 높은 온도에 비해 비교적 무른 아스팔트를 사용한 경우 • 노면이 역학적으로 아스팔트의 수평이동을 억제하지 못하는 경우 • 과적으로 노상면에 영구 변형이 발생	• 국부적으로 심한 곳에 소파 보수 • 넓은 구역에 심한 Rutting이 있는 경우에는 덧씌우기 실시
균 열 (Cracking)	① 바퀴자국을 따라 발생한 균열	• 과적(특히 봄철 해동기) • 아스팔트 표층이 약한 경우	• 심한 경우 Sealant 주입 • 거북등 균열로 발전한 경우 소파 보수
	② 차선 중앙을 따라 중앙선에 평형으로 발생한 균열 또는 중앙선을 따라 발생한 균열(구불구불한 모양인 경우도 많음.)	• 시공 불량으로 인해 Weak plane이 형성된 경우, 온도 강하에 의한 수축으로 인해 균열 발생	• 심한 경우 Sealant 주입 • 거북등 균열로 발전한 경우 소파 보수
	③ 포장 가장자리의 중앙선에 평행하게 발생한 균열	• 동결 융해 • 포장 가장자리의 지지력 부족 • 포장 가장자리의 배수 불량 • 포장 폭이 불충분한 경우	• 배수 개선 • 소파 보수

종 류	파 손 내 용	원 인	보 수 방 법
균 열 (Cracking)	④ 횡방향 균열	• 온도 강하에 의한 수축 • 아스팔트의 온도 민감도가 심한 경우 • 동결 융해 • 반사 균열	• 심한 경우 Sealant 주입 • 거북등 균열로 발전한 경우 소파 보수
	⑤ 거북등 균열	• 지지력 부족 • 배수 불량 • 반복 하중	• 소파 보수 • Recycling • 재시공 • 소파 보수 후 덧씌우기

문제 23 무근콘크리트 포장 시공

Ⅰ. 포설 작업순서

시멘트 콘크리트 포장 시공시 시공장비의 종류 등에 따라 시공방법은 상이하나 포설 작업순서는 다음과 같다.

시멘트 콘크리트 포장시공 순서도

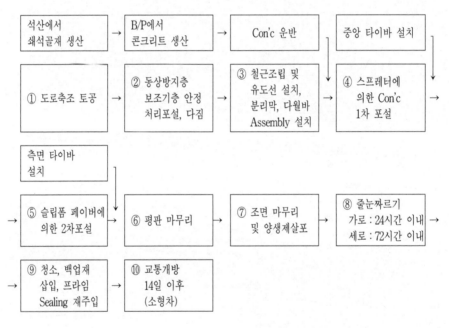

포설 장비 조함

장 비 명	작 업 내 용
1차 포설기(Spreader)	Dumping 된 Con'c 1차 포설
2차 포설기(Slip form paver)	4개 Sensor와 Vibrator로 다지면서 2차 포설
표면 마무리	Paver 부착 Con'c Slab의 표면 마무리(Super smother, Auto float, Float pan.)
표면처리 및 양생제 살포기 (Texturing/Curing machine)	미끄럼 방지, Tinning 시공, 양생제 살포

1) 1일 표준작업량 산출

　　① 기준 : 2차선

　　② 본선 : 슬래브 포장

　　③ 규격 : 두께 30cm, 폭 7.95m

2) 일작업량(Paver 포설작업)

　　① 포설길이 : 300m

　　② 포설량 : 715m³

3) 산출근거

　　Slip form paver를 기준 1일 포설능력 판단

　　① 적정포설속도 : 0.5~1m/분

　　② 장비효율 : 0.7~0.8

Ⅱ. 슬립폼 페이버에 의한 포설

1. 포설 작업순서

　　시멘트 콘크리트 포장 시공시 시공장비나 종류 등에 따라 시공방법은 상이하나, 포설작업은 다음과 같은 순서로 시행된다.

1) 배치플랜트에서 생산된 콘크리트의 운반

2) 운반된 콘크리트를 포설면에 공급

　　① 덤프트럭에 의한 직접 적하

　　② Side feeder에 의한 측면 공급

　　③ Side feeder를 갖춘 Spreader에 의한 측면 공급

3) 포설면에 공급된 콘크리트의 1차 포설

　　① 백호우에 의한 포설

　　② Spreader에 의한 1차 포설

4) 슬립폼 페이버에 의한 2차 포설

5) 평탄 마무리

6) 조면 마무리 및 양생

2. 장비 조합

1) 시멘트 콘크리트 포장의 종류, 시공방법, 사용장비, 도로구조, 도로폭원과 도로의 신설, 확장 및 Overlay 등 제반 현장 여건에 따라 장비 조합을 달리하는 것이 합리적이다.

2) 포설 작업순서별로 사용장비가 상이하고 공법별로도 사용 장비가 상이하나, 이를 적절히 조합하여 현장 실정에 맞게 선택 사용하는 것이 가장 바람직하다.

3) 시멘트 콘크리트 포장은 타공사에 비하여 모든 작업이 연속적으로 진행되어야 하는 일관된 작업이므로 배치플랜트에서의 콘크리트 생산, 운반, 포설까지의 장비를 충분한 용량으로 조합하는 것이 가장 중요하다.

4) 조합기준이 되는 장비는 포설장비인 슬립폼 페이버로서, 작업량의 기준은 슬립폼 페이버가 일일작업 시작부터 종료까지 전혀 중단 없이 동일한 속도로 포설작업을 할 수 있는 양이며, 기타 장비는 이 기준에 맞추어 용량을 결정하는 것이 가장 이상적이다.

5) 포설장비는 기본적으로 스프레터(Spreader),슬립폼 페이버(Slipform paver), 평탄 마무리기 (Supper Smoother), 조면 마무리 및 양생제 살포기(Texturing & Curing machine)를 완전 조합하여 시공하는 것이 포장 콘크리트의 품질, 내구성, 시공성, 승차감 등을 가장 양호하게 할 수 있다. 또한 슬립폼 페이버는 주작업인 콘크리트 슬래브 포장을 시공하면서 다음과 같은 기구 및 장비를 부착하여 부수작업도 시행할 수 있으므로 콘크리트 포장의 종류 및 구조에 맞게 적의 조합하게 되면 거의 모든 작업을 기계화하여 작업효율을 더욱 향상시킬 수 있다.
   ① 중앙 타이바 삽입기(Center tie bar inserter)
   ② 측면 타이바 삽입기(Side tie bar inserter)
   ③ 다웰바 삽입기(Dowel bar inserter)
   ④ 진동빔(Oscillating beam)
   ⑤ 줄눈 테이프 삽입기(Tape inserter)
   ⑥ 줄눈 홈 설치(Key way설치)
   ⑦ 평탄 마무리기(Super smoother)
   ⑧ 연속 철근 삽입장치(Tube type positioning device)

6) 장비 조합시의 요령
   ① 배치플랜트의 용량은 충분하되 소용량 여러 대보다는 대용량 1대를 설치하는 것이 품질의 균일 및 관리면에서 유리하다.
   ② 시멘트 사일로는 약 3일분 소요량을 저장할 수 있도록 설치해야 한다.
   ③ 운반트럭은 거리에 따라 적의 조정하되 배치플랜트 및 포설현장에 각각 1대씩 대기할

수 있는 차량 대수를 확보한다.

④ 스프레더 또는 Side feeder는 운반된 콘크리트를 포설면 중앙에 지체없이 포설할 수 있는 충분한 용량을 갖고 있어야 한다.

⑤ 슬립폼 페이버는 전체 시공물량과 공기를 감안하여 선택하되 가능한 한 2차선 또는 3차선을 동시 포설하여 세로 줄눈 이음부의 처짐을 방지한다.

⑥ 슬립폼 페이버는 중량이 무거운 것일수록 압밀이 잘되어 평탄성이 양호하므로 가능한 한 대형장비를 사용한다.

⑦ 포설장비는 동일 회사 제품을 조합하는 것이 좋다.

3. 포설 전 준비작업

시멘트 콘크리트 포장은 일단 시공하면 수정 또는 보수가 쉽지 않기 때문에 포설전 준비작업을 완벽하게 실시하여야만 훌륭한 도로를 만들 수 있다. 포설 전 준비작업을 단계별로 열거하면 다음과 같다.

1) 보조기층면 정리

① 표층 슬래브의 평탄성에 미치는 영향은 여러 가지가 있으나 보조기층면의 요철 정도에 따라 크게 좌우하므로 보조기층면을 소요의 평탄성이 되도록 시공을 철저히 해야 한다.

② 빈배합 콘크리트 표면의 부스러진 부분은 모르타르로 보수하거나 세립의 아스팔트로 편평하게 씌워 매끈한 활동면을 유지함으로써 팽창 수축시 균열을 방지할 수 있다.

③ 슬립폼 페이버의 Side plate를 상하로 조정이 가능한 장비도 있으나 조정이 불가능한 장비도 많이 있다. 표층 슬래브 시공시 보조기층면에 요철이 있을 경우 빈배합 콘크리트는 강도가 크기 때문에 Side plate가 빈배합 콘크리트면에 접촉하여 장비 전체가 들리면서 표층 슬래브의 평탄성이 불량해진다. 이를 피하기 위하여 Side plate의 밑부분을 2~3cm 절단하여 사용하면 모르타르가 빠져 나와 콘크리트 손실이 많아진다.

④ 더운 날씨에는 보조기층면에 물을 뿌리는 것이 효과적이다. 왜냐하면 콘크리트의 혼합수가 보조 기층으로 빼앗기는 것도 방지할 수 있고, 철근 및 빈배합 콘크리트 표면의 온도를 낮추어 응결 특성의 이상으로 인한 균열을 방지할 수 있고, 슬래브 바닥의 불균등성도 막을 수 있기 때문이다.

⑤ 빈배합 콘크리트의 Working crack에 의한 Reflection crack을 방지하기 위해 균열면에 가벼운 루핑을 약 0.4m 폭으로 덮는다.

⑥ 입상 보조기층일 경우는 장비의 궤도 주행면의 다짐에 특별히 유념하여야 한다. 트랙 주행면의 요철이 표층 슬래브 평탄성에 큰 영향을 미칠 뿐 아니라 전압이 부실하여 느슨하면 트랙이 공회전하면서 파고 들어감으로써 포설이 불가능해진다.

2) 유도선(String line) 설치

　　포설장비유도선은 포장 끝선으로부터 2~2.5m 떨어진 점에 선형을 따라 일정한 등간격을 유지하면서 설치. 이 유도선은 표면 평탄성, 편구배, 선형의 유일한 기준이 되므로 정밀하게 팽팽히 설치되어야 한다.

① 설치간격은 직선부 5~10m, 곡선부 5m로 하며, 장력은 25kg 이상 되도록 설치한다.

② 철재 Arm(L=60cm)은 Stick에 따라서 수직, 수평으로 이동이 가능하므로 유도선의 미소한 조정도 이루어지도록 하며, 설치방향은 끝부분이 밑으로 향하게 설치한다.

(○)　　　　　　　　　　　　　(×)

③ 유도선은 가늘고 잘 보이지 않을 수도 있으므로 부주의에 의한 충격이나 건드리지 않도록 눈에 잘 띄게 표시를 하거나 보호용 보조선을 설치한다.

④ Spreader hopper 부위의 유도선은 Belt Conveyer 밑부분에 닿지 않는 높이로 설치한다.

⑤ 유도선의 재료는 특수 Nylon선(ø2.5m/m) 또는 강선을 사용하며, Stick은 강봉(ø19m/m)이며, 길이는 120cm 정도이다.

⑥ 시공중에도 유도선이 당초 설치된 상태로 유지되고 있는가를 수시 점검하여야 하며, 이상 발견시 즉시 수정하여야 한다.

3) 분리막 설치

　　일반적으로 분리막의 설치 목적은 콘크리트 슬래브의 온도변화 또는 습도변화에 따른 슬래브의 팽창작용을 원활하게 하도록 슬래브 바닥과 보조기층면과의 마찰저항을 감소시키기 위하여 설치한다. 이는 슬래브가 경화중인 시공 직후에 특히 필요하게 된다.

　　그러나 슬래브 바닥과 보조기층면 사이의 마찰저항이 구조적으로 필요한 연속철근콘크리트 포장공법을 제외하고는 모두 사용한다.

① 재료는 보통 Polyethylene film을 사용하며, 파라핀 및 방수지도 사용될 수 있으나 역청재를 살포하는 방법은 부적당하다.

② 양생 목적으로 아스팔트 유제를 살포하였을 경우에는 마찰력이 증가하므로 콘크리트 포설 전에 분리막을 깔아주어야 한다.

③ 분리막은 가능한 한 이음 없이 전폭으로 깔아야 하며 세로방향 겹이음은 10cm 이상, 가로방향 겹이음은 30cm 이상이어야 한다.

④ 분리막의 두께는 0.1m/m 이상으로서 작업중 찢어지지 않아야 한다.

⑤ 아스팔트 중간층의 경우 분리막은 폴리에틸렌 필름 0.2m/m 이상이어야 한다.

4. 줄눈 설치

1) 가로수축줄눈(무근콘크리트 포장)

① 다웰바는 포장면과 수평으로, 차선방향에 평행하게 제작 설치한다.

② 다웰바 Assembly는 Con'c 포설층 변형이나 위치 변동이 없도록 고정핀을 견고하게 박아야 한다.

③ 포설 후 줄눈의 정확한 절단을 위하여 포장끝단 밖에 줄눈 중심을 표시한다.

④ 가로수축줄눈의 위치는 인접중분대, 노견 및 차선과 동일 위치에 설치한다.

2) 가로팽창줄눈

① 팽창줄눈은 콘크리트 슬래브의 신축에 대비하여 다웰바 Assembly 중앙에 콜크판 또는 스티로폼을 설치한다.

② Paver 진행시 콘크리트 압력으로 밀려나지 않도록 진행방향과 반대방향에 선택층을 쌓아 놓는다.

③ 다웰바의 Slip 작용이 원활토록 비닐 Cap을 씌워야 하며 비닐 Cap의 길이는 Bar의 절반보다 5cm 길게 하고 Cap과 Bar 사이에 콘크리트가 들어가지 않도록 Bar에 Tape로 밀봉한다.

④ 팽창줄눈은 무근콘크리트 포장의 경우 시공시기에 따라 설치간격을 정하고 있으며, 연속철근콘크리트 포장의 경우는 정착부에만 설치한다.

⑤ 온도 상승에 따른 Blow-up 방지

⑥ 교량접속부, 터널 진입부분

3) 시공줄눈

① 줄눈보강 철근에 피복된 콘크리트를 털어내고, 바닥도 깨끗이 청소한다.

② 시공이음부는 수직으로 정리한다.

③ 다웰바의 방향이 수평 및 도로 방향과 일치하는가 확인하여 조정한다.

④ 경우에 따라 팽창 줄눈

문제 24   연속철근콘크리트 포장 시공

연속철근 조립 및 설치

연속철근크리트 포장의 배근방법은 기계에 의한 방법과 인력으로 사전 조립 설치하는 방법이 있다.

1) 철근규격 및 배근간격
   ① 종철근 : 16, 19m/m, 10~20cm 간격
   ② 횡철근 : 10, 13, 19m/m, 0.6~1.3m 간격

2) 겹이음
   ① 깊이 : 직경의 25배 또는 410~510m/m 이상
   ② 이음부 배치 : 경사지거나 엇갈리게 설치

3) 시공이음 보강 철근

전단보강을 위하여 주철근과 같은 규격의 철근을 주철근량의 1/3~1/2을 사용하나 주로 1/2 추가하고, 철근길이는 0.8~1.8m이다.

4) 철근 조립시 유의사항

① 철근은 설계도대로 정확한 간격 및 위치에 정확히 배치해야 한다.

② 철근의 방향은 도로 방향과 일치하여야 하며, 받침은 규정된 공차 이상 항구적으로 처지는 일이 없이 제자리에서 철근을 받쳐 줄 만큼 튼튼해야 한다.

③ 철근의 이음은 수평이음이 되어야 하고 수직이음시는 바이브레터에 저촉되고 피복이 부족하여 세로균열 발생이 우려된다.

(×)   (○)

④ 철근에 부착력을 약화시키는 진흙, 기름 또는 그 밖의 오염물질이 묻지 않게 해야 한다.

⑤ 철근 조립은 최소한 1일 포설연장(500m 내외) 정도는 사전에 완료되어 있어야 한다.

⑥ 더운 날씨에 특히 아스팔트 보조기층이나 흑색 보조기층에 배근시는 열에 의한 팽창이 일어날 수 있으며, 팽창이 심하면 좌굴이 생기므로 여유를 남겨두기 위해 겹이음을 다시 묶어야 할 때도 있다.

⑦ 세로철근은 가능한 한 긴 철근을 주문하여 사용하고, 가로철근은 도로포장 폭원에 맞게 주문하여 사용하면 손실량을 감소시킬 수 있다.

2) 스프레더에 의한 1차 포설

① D/T으로 운반한 콘크리트는 D/T를 후진하여 스프레더의 Side feeder belt conveyer의 Hopper에 적하하며, 이때 적재함을 서서히 들어 콘크리트가 한꺼번에 내려오지 않게 한다. 만일 한꺼번에 떨어지면 Conveyer의 모터가 작동을 중지한다.

② Belt conveyer로 운반한 콘크리트는 포설면에 고르게 떨어지게 하여야 하며, 일부 높이 쌓인 부분은 Spreader 앞에 붙은 Plow 또는 Auger에 의하여 좌우로 이동하여 전폭에 고르게 포설한다.

③ 포설은 Conforming plate에 의하여 소요의 높이와 폭을 포설하며, 1차 포설폭은 포장폭보다 약간 적고, 포설두께는 다짐을 하지 않은 흐트러진 상태이므로 보통 4~5cm 더 높게 포설한다.

④ 포설량이 너무 많으면 슬립폼 페이버 앞에 콘크리트가 높이 쌓이게 되며, 슬립폼 페이버가 부상하여 평탄성이 불량하게 된다.

⑤ 1차 포설 속도를 빨리하면 모서리부분에 포설되지 않는 경우가 있다. 이럴 때는 슬립폼 페이버 앞의 모르타르가 채워져 단부 처짐 및 내구성이 부족하게 된다.

3) 슬립폼 페이버에 의한 2차포설

슬립폼 페이버는 콘크리트를 포설 전압하여 최종적으로 표층 슬래브를 소요의 폭과 높이에 맞게 성형하는 작업을 하는 장비이다. 이 장비의 기능별 작업내용은 다음과 같다.

① 기능별 작업내용

ⅰ) Auger 또는 Screw : 1차 포설된 콘크리트를 재혼합하며 페이버 뒤쪽으로 밀어넣고, 특히 횡단구배 얇은 부위에 몰려 있는 모르타르를 수시로 Auger를 작동하여 균질의 콘크리트를 유지케 한다.

ⅱ) Strike off : 상하로 조정하여 페이버 뒤쪽으로 들어가는 콘크리트량을 조절한다.

ⅲ) Spud vibrator : 경사진 삽입식 봉 바이브레터로 콘크리트를 전압한다.

ⅳ) Tamper : 상하작용에 의해 콘크리트 표면에 있는 굵은골재를 콘크리트 속으로 밀어 넣는다.

ⅴ) Conforming plate : 거푸집으로서 상부면은 도로 횡단구배와 동일하게 조정하여야 하며, 양 측면의 Side plate는 상하작동 또는 바깥쪽으로 벌어진다.

ⅵ) Float pan : 압밀된 콘크리트의 표면을 매끈하게 마무리한다.

② 포설요령

ⅰ) 포설속도는 콘크리트 공급량에 따라 포설중, 장비가 정지하지 않도록 일정하게 유지해야 한다.

ⅱ) 오가를 수시로 작동하여 콘크리트를 페이버 앞에 균일한 높이로 펴주고, 횡단구배에 따라 얇은 부분에 모르타르가 쌓이는 것도 방지한다.

ⅲ) 슬럼프값, 공기량측정시험을 실시하고 표면이 거친 경우 마무리를 위해 살수해서는 안 된다.

ⅳ) 진동기의 삽입깊이 및 진동수는 슬럼프에 따라 매끈한 마무리가 될 수 있게 조정하여야 하며, 너무 깊이 삽입하여 철근 또는 철망을 건드리지 않게 주의해야 한다.

ⅴ) 페이버가 정지할 때는 바이브레터의 작동을 중지하여 골재분리가 발생치 않게 해야 한다.

ⅵ) 시공이음부의 위치는 무근의 경우 수축줄눈 위치에, 연속철근의 경우 겹이음이 없는 위치에 둔다.

ⅶ) 포장두께는 표준두께보다 10m/m 이상 얇아서는 안 되며, 균일한 두께를 유지하여야 동일한 내구성을 확보할 수 있고, 연속철근의 경우 무리 균열을 방지할 수 있다.

ⅷ) 포설중 모서리가 자주 무너질 경우 표면에 블리딩 현상이 발생하면 슬럼프가 크기 때문이므로 슬럼프를 재조정한다. 슬럼프가 이상이 없는 경우에도 모서리가 무너질 때는 조골재의 편평 세장률이 기준에 맞는가 확인하여 조정한다.

ⅸ) 표면에 블리딩이 생기는 경우는 먼저 배합의 단위 수량을 확인하여 조정하고, 단위수량이 알맞은 경우는 세골재의 입도를 확인한다. 즉 잔골재의 입도 중 No.50과 No.100체를 통과한 재료의 양이 모자라면 블리딩이 심해질 수 있다.

ⅹ) 시공이음부는 부득이 인력마무리를 해야 하므로 이음깊이는 가능한 한 짧게 해야 한다. 페이버의 Conforming plate를 위로 올리고, Side plate는 벌린 채 페이버를 후진하여 기 시공된 콘크리트면에 밀착한 후 포설을 시작하게 되면 인력 시공구간을 최소로 줄일

수 있어 평탄성이 향상된다. 또한 시공 끝부분의 마구리판은 페이버가 그대로 진행하여
도 밀리지 않을 정도로 고정시키고, 마구리판 바깥의 남는 콘크리트를 제거하게 되면
끝부분의 압밀도 중앙 부위와 같은 정도로 된다.

xi) 2차선 이상 동시 포설시 세로줄눈 타이바 삽입시 중앙 타이바 삽입기 밑부분이 다웰
바에 저촉되는가 확인하여야 한다.

xii) 측면 타이바 삽입시 연속철근배근 위치와 동일한 위치에서 박게 되면 마무리된 표면
이 갈라지게 되므로 위치를 조정하여야 한다.

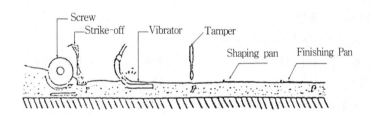

Caterpillar slipform paving mechanics

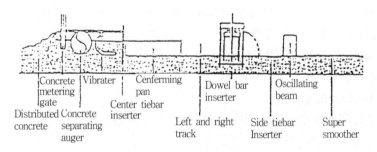

SGM Slipform paving mechanics

문제 25 콘크리트 포장 파손 및 균열의 원인과 대책

I. 콘크리트 포장 파손의 원인과 대책

1. 하자의 종류 및 발생 원인

1) 무근콘크리트 포장

① 노상 보조기층에 기인한 손상
  i) 지지력 저하 또는 길이 : 압축 또는 압밀에 의한 부등침하, 침투수에 의한 재료 세굴, 유실
  ii) 재료의 품질 변화 : 절취 후 급속한 풍화, 동결 융해
  iii) 체적 변화 : 점성토가 수분을 흡수하여 팽창

② 가로균열, 세로균열
  i) 슬래브 중앙에 발생한 가로균열 : 하중에 의한 파괴 또는 온도응력
  ii) 가로줄눈에서 조금 떨어진 위치의 균열 : 줄눈 부근의 보조기층, 지지력 부족
  iii) 가로줄눈에 근접한 균열 : 줄눈 절단시기 지연
  iv) 세로균열 : 간격이 부적당 또는 성토의 부등침하

③ 우각부 균열 : 하중 응력이 최대

④ 라벨링(Ravelling)
  i) 줄눈의 성형시기 또는 절단시기가 빨라서 조골재가 일어나는 듯한 형태
  ii) 평탄성 손상의 원인

⑤ 스폴링(Spalling) : 비압축성 물질이 줄눈 중심에 침입하여, 콘크리트 열팽창시 압축 파괴

⑥ 경화시에 발생하는 균열
  i) 침하균열 : 철망이나 철근의 매설깊이 부적당
  ii) 플라스틱 균열 : 콘크리트 표면의 직사광선, 온도의 급격한 저하, 강풍 등 양생 불량

⑦ 구속균열 : 비압축성 입자의 침입

⑧ 블로업(Blow-up)
  i) 줄눈 또는 균열에서 발생
  ii) 비압축성 이물질이 침입되어 콘크리트 슬래브의 온도와 습도가 높게 되어 팽창시 압축응력이 발생하여 좌굴
  iii) 공용 개시 후 수년 경과된 포장이 고온다습한 날 발생

⑨ 압축 파괴
  i) 블로업과 같은 원인
  ii) 압축강도가 국부적으로 작다. : 줄눈부 다짐 부족, 줄눈에 침입한 염분 등에 노화촉진,
    동결 융해

⑩ 펌핑(Pumping)
  i) 우수의 침입과 교통하중의 반복 작용으로 보조기층 또는 노상의 연약화 및 공동 발생
  ii) 단차 및 콘크리트 슬래브 파괴의 원인

⑪ 줄눈부의 단차(Faulting)
  i) 단차 2m/m 정도 : 타이어의 충격 소음 발생
      3m/m 이상 : 주행성에 유해
  ii) 펌핑 및 다월바 파단

⑫ 교통의 마모작용에 의한 손상 : 타이어체인 또는 스파이크타이어 : 마모감량 25% 이하의
  내구성이 큰 조골재 사용

⑬ 스케일링(Scaling) : 동결방지제(식염, 염화칼슘)에 의한 콘크리트 침식, 동결 융해의 반
  복, 스파이크타이어에 노출

2) 연속철근콘크리트 포장
  ① 스폴링(Spalling) : 철근 부식에 의한 팽창 : 수분 또는 염화물의 침투
  ② 철근의 파단 : 철근 부식
  ③ 펀치 아웃(Punch-out) : 교통하중의 반복에 의한 철근응력의 증대

3) 콘크리트 포장의 유지 보수
  ① 줄눈의 손상
    i) 팽창줄눈의 손상 발생률 20~30% : 팽창줄눈 1개 추가 설치로 간격 단축, 팽창줄눈
      유간 확대 재시공
    ii) 줄눈모서리 부위의 손상

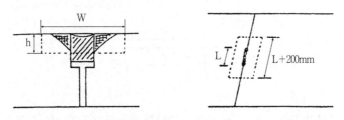

줄눈모서리 부위의 손상

iii) 줄눈모서리 부위의 과도한 손상

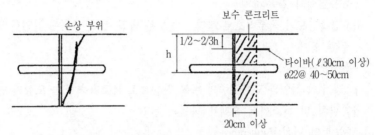

줄눈모서리 부위의 과도한 손상 예

손상된 부위가 심하지 않을 때의 예

② 노면 균열
  i) 미세균열(폭 0.5m/m 이하) : 레이진 모르타르 충진
  ii) 중간균열(폭 0.5~1.5m/m)

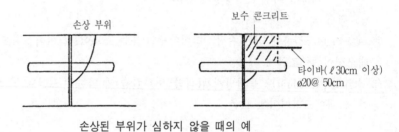

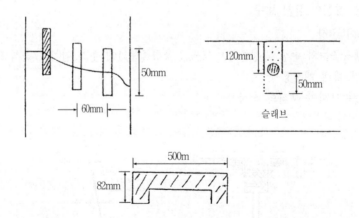

iii) 대균열(균열폭 1.5m/m 이상) : 과다한 활동에 기인한 균열이므로 활동작용이 계속될
  수 있게 다월바를 정확히 설치한다.

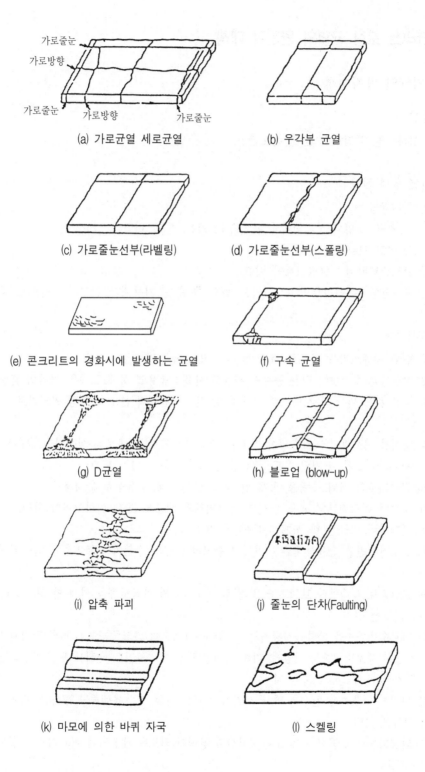

가로줄눈

가로방향

가로줄눈   가로방향   가로줄눈

(a) 가로균열 세로균열

(b) 우각부 균열

(c) 가로줄눈선부(라벨링)

(d) 가로줄눈선부(스폴링)

(e) 콘크리트의 경화시에 발생하는 균열

(f) 구속 균열

(g) D균열

(h) 블로업 (blow-up)

(i) 압축 파괴

(j) 줄눈의 단차(Faulting)

(k) 마모에 의한 바퀴 자국

(l) 스켈링

II. 콘크리트 포장 균열의 원인과 대책

1. 초기균열 방지대책

1) 종류
침하균열, 플라스틱 균열, 온도균열

2) 균열 발생 원인
① 침하균열
 ⅰ) 철근, 철망의 설치깊이와 포설속도, 기온, 온도, 바람의 기상조건
 ⅱ) 콘크리트의 재료, 배합
② 플라스틱균열 : 콘크리트의 배합
③ 온도균열 : 콘크리트의 온도, 기온, 습도, 바람 등 기상조건, 콘크리트 슬래브 구속 조건

3) 방지대책
① 단위 시멘트량을 되도록 적게 할 것 : $10kg/m^3$, $1℃$ 온도 상승
② 발열량과 수축량이 적은 종류의 시멘트 사용 : 중용열 시멘트 사용, 양질의 혼화제 사용
③ 고온($70℃$ 이상)의 시멘트를 사용치 말 것 : 시멘트의 온도 $±8℃$당 콘크리트 온도 $±1℃$ 변화
④ 장시간 직사광선에 노출되어 건조된 골재는 사용 전에 충분히 살수하여 습윤시킬 것 스프링클러 설치, 골재의 온도 $±2℃$당 콘크리트 온도 $±1℃$ 변화
⑤ 콘크리트의 단위 수량을 적게 할 것 : AE감수제, 고유동화제 사용
⑥ 포설시 콘크리트의 온도는 시중 콘크리트의 경우도 $35℃$ 이하이어야 한다.
⑦ 블리딩이 가능한 한 적게 되도록 할 것
⑧ 보조기층면을 습윤상태로 유지하여 콘크리트 중의 수분이 보조기층에 흡수되지 않도록 할 것
⑨ 콘크리트 슬래브와 보조기층 및 인접 구조물과의 마찰구속을 적게 할 것 : 분리막 설치, 스티로폴 설치
⑩ 가로수축줄눈을 맹줄눈시공시는 약 30m에 1개소씩 타설줄눈으로 시공할 것과 타이바를 사용한 세로맞댄줄눈 시공시, 기존 인접판을 갖는 콘크리트 슬래브 포설시는 타설줄눈 설치간격을 적절히 단축할 것
⑪ 나머지 맹줄눈은 될수록 빠른 시기에 커터로 자를 것 : 세로줄눈 72시간 이내, 가로줄눈 24시간 이내
⑫ 다월바는 도로중심선 및 노면계획선과 평행이 되도록 매설하여 미끄러지기 쉽도록 처리할 것

⑬ 콘크리트 슬래브에 큰 온도 상승이나 건조가 생기지 않도록 충분한 양생을 행할 것
⑭ 강풍시에는 통상의 경우보다 특히 양생의 개시시기를 빨리 할 것 : 수분의 증발이
0.5kg/cm^2 이상인 기상 상황에서 주의 필요

4) 균열 발생시 조치
① 굳지 않은 경우 : 흙손으로 두드려서 틈을 없앤다.
② 굳은 후의 경우 : 파라핀, 합성고무 등 고분자 재료로 실링, 단 1매의 콘크리트 슬래브에
전폭에 걸쳐 저면까지 도달한 균열이 2개 이상의 경우는 재시공

문제 26   평탄성 지수(Profile Index)

I. 정 의

콘크리트 포장이나 아스팔트 포장에서 평탄성을 평가하기 위해 사용하는 지수

II. 규 정

1. 아스팔트 콘크리트 포장

1) PrI $\leq$ 10cm/km
2) 7.6m Profile meter 사용할 때

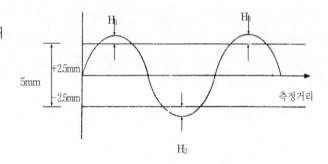

2. 시멘트 콘크리트 포장

① PrI $\leq$ 24cm/km
② 7m Profile meter
사용할 때

3. PrI(1차선당 1회이상 측정)

$$Pr I = \frac{\sum h_{ni}}{L(총측정거리)} \ (cm/km)$$

III. 조 치

검사 후 기준치 이상인 구간
1) 콘크리트 포장 : Grinding하고 Grooving 실시
2) 아스팔트 포장 : Patching 후 재시공
$$\Sigma Hni = H_1 + H_2 + H_3 + H_4 + \cdots + H_n$$
기준 PrI $\leq$ 24cm/km 시멘트 콘크리트 포장
PrI $\leq$ 10cm/km 아스팔트 콘크리트 포장
기준에서 벗어날 때는 Grinding 또는 재포장한다.

제10장

댐

문제 1 댐의 종류 및 건설순서

Ⅰ. 댐의 종류

1) Fill type dam(휠형 댐)
   ① Earth dam
   ② Rock Fill dam(돌이 50% 이상)

2) 콘크리트 댐
   ① 중력 댐
   ② 중공중력식 댐(40m 이상)
   ③ 아치 댐
   ④ 부벽식 댐

댐의 종류

3) 형 식
   ① 월류부
   ② 비월류부

Ⅱ. 댐의 건설순서

1) 예비 타당성 조사
2) 타당성 조사 : 기술적, 경제적
3) 실시설계 : 측량, 지질조사, 용지보상조사, 세부설계
4) 공사공정 : 시공설비계획, 보상기준 설정
5) 용지 보상
6) 공사용 도로, 공사용 가설비, 공사시행
7) 유수전환공사
8) 기초굴착 : 댐 기초처리공사
9) 댐 축조공사 개시(병행 : 이설도로, 이주대책, 수몰지 청소)
10) 댐 축조 완료 : 시험 담수, 각종 계측 실시
11) 본 담수 시작

문제 2 | Earth 댐과 Rock fill 댐의 종류 및 특징

I. Earth 댐

1. 특 징

1) 댐 재료를 경제적인 운반거리에서 충분한 양을 확보할 수 있어야 한다.
2) 재료의 성질에 따라 댐의 표준단면이 결정되며, 공사비에 지대한 영향을 준다.
3) 기초가 다소 불량해도 시공이 가능하다.
4) 충분한 여수토가 없을 경우 댐에서 월류되는 물의 침식작용으로 파괴의 위험이 있다.

2. 형 식

1) 균일형

① 수밀성이 대개 균일한 재료로 축조
② 침윤선이 하류단 비탈에 나타나면 안정성을 잃어버린다. : 구배 완만, 하류측 비탈면에 투수성 재료

2) Zone형

① 댐 내부에 수밀성이 높은 재료로 축조
② 상하부 비탈면에 큰 알맹이가 많은 투수성 재료를 사용하므로 전단강도가 크고, 간극수압 발생이 적다.
③ 다짐도 용이

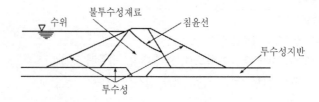

3) 심벽형

① 댐의 중심부에 불투수성 벽을 만든다.

② 심벽의 신뢰도가 적고, 누수를 보이는 경우가 많다.

Ⅱ. Rock fill 댐

1. 특 징

1) 저수한 물의 하중을 지지하는 본체 Rock fill과 차수벽, 중간층, 상류측, 보호층으로 형성되어 있다.

2) Earth 댐과 같이 물의 월류에 의하여 손상 또는 파괴되기 쉬우므로 적당한 용량의 여수토를 만들어 홍수를 방류시켜야 한다.

2. 형 식

1) 표면차수벽형

① 차수벽이 콘크리트 나 Asphalt로 되어 있어 상부 보호층이 필요없다.

② Rock Fill의 양은 적으나, 그 침하가 차수벽에 나쁜 영향을 주므로 시공시 주의를 요한다.

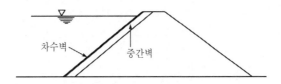

2) 내부차수벽형

① 변형하기 쉬운 토질로 축조하여 침하, 균열을 방지하고, 상류에 보호층이 필요하다.

② 적당한 입도배합으로 또, 강한 재료를 사용한 차수벽 구축이 좋다.

③ Grouting이나 차수벽시공을 본체보다 늦게 할 수 있는 장점도 있다.

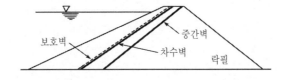

3) 중앙차수벽형

① 침하에 의한 영향이 적다.

② 수평하중을 하류측 기초로 지지하므로 댐의 체적이 커진다.

③ 차수벽은 본체 Rock fill과 거의 동시에 시공하여야 한다.

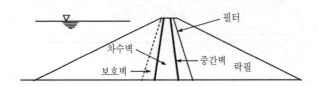

Ⅲ. Fill Dam의 안정조건

1) 경사면 안정

2) 침윤선(piping)

3) 누수량

문제 3   가배수로(Diversion)에 대하여 기술하시오.

I. 개 설

하천공작물(댐, 지하철, 수중보)를 Dry한 상태에서 시공 능률를 올리기 위해 기존 유하량을 유수 전환하는 방법(전류공). 그 종류는 다음과 같다.

1) 양천물막이(반하천 체절공)

河幅이 크고, 유하량이 큰 하천에서 채택하는 방법

2) 암거(Box)(가배수로 개거)

하폭이 좁고, 유역면적이 적어 유수전환의 대상 유량이 적은 경우 채택하는 방법

3) 가배수 터널

일반적으로 댐 건설시 많이 채택하는 방법

II. 공법의 특징

1. 반하천 체절공

먼저 하천의 절반을 막아 하천의 흐름을 다른 절반에 흐르게 해놓고 제체의 반을 시공한 다음(콘크리트 댐이라면 제체 내에 배수공을 설치함) 나머지 반을 이와 같게 시공하는 것이다. 유량이 많고 가배수 터널이나 혹은 가배수 개거로 홍수를 처리하기 힘들 경우나 하폭이 넓고 한쪽씩 시공이 가능할 경우에 채용된다.

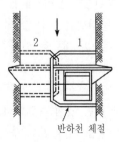

반하천 체절공

2. 가배수로 개거

하폭이 비교적 넓고 유량이 너무 많지 않은 댐 지점으로서 한쪽 하안에 개거를 설치하여 하천의 흐름을 이곳에 소통시켜 상하류를 막은 후 하상부에서부터 제체공사를 하는데, 이 제체에 설치하여 다시 하천을 돌려서 반하천 체절과 같은 공사로서 시공하는 것이다.

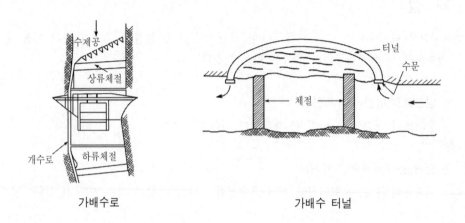

가배수로   가배수 터널

3. 가배수 터널

하폭이 좁은 협곡상인 곳에 댐 상류의 하안부터 산복을 지나 댐 하류에 이르는 가배수 터널을 설치하여 이로 하천의 흐름을 유통시키는 공법이다. 이 방법으로는 댐 굴착이든지 콘크리트 치기를 댐 지점인 골짜기에 전면적으로 실시할 수가 있다. 단, 댐 상류 가터널 입구에서 하류측에는 가체절공을 하여야 하므로 공사비가 증가한다.

III. 결 론

하천 전류계획 대상 유량은 댐 형식, 시공방법, 공정을 감안하여 공사중 전류공을 상회하는 홍수가 물막이 댐(Coffer dam) 및 제체를 월류하여 피해를 줄 것을 생각해서 정한다.

휠형 댐의 경우는 홍수 재현기간을 20년으로 보아 계획, 콘크리트 댐의 경우는 기초 굴착중에 홍수로 인한 매몰 우려가 많기 때문에 중력댐은 1/3~2/3의 확률년을 보아 계획, 중공중력 댐의 경우는 댐 콘크리트를 치는 과정중에 홍수의 월류로 인한 제체 중공부에 토사 등의 유입을 고려해서 중력댐의 경우보다 큰 유량, 즉 1/5~1/10의 확률년을 보아 계획홍수량을 산정하여 가제방을 계획한다.

아치댐의 경우도 큰 유량을 대상으로 하는 것이 유리하다.

전류를 위한 수로의 완성과 함계 댐 상류 개거 입구 부근의 하류를 막고, 또 댐 하류부에 배수가 있을 때는 댐 하류 개거방류부 부근의 상류를 막아 댐 지점에서의 침수를 방지해야 한다.

문제 4 흙댐식 가체절공의 차수공법

I. 개 설

가체절공에 물이 침입하면 제체 안전상 큰 문제가 발생한다. 그러므로 용수를 최대한 방지하여야 한다. 지수공을 적용하는 방법은 가체절공의 구조, 사용재료에 따라 상이하다. 대표적인 것을 기술하면 다음과 같다.

II. 흙댐식 가체절공의 지수공

축제된 지반이 균열이 없는 양질암으로 형성되었거나 제체 자체가 불투수성의 양질 토사로 축제되었을 경우는 다음과 같이 한다.
  1) 물에 접한 부분을 아스팔트나 비닐시트로 덮는 것이 좋다.
  2) 모래나 투수성 지반의 경우는 Sheet pile나 Icos pile이 필요한 경우는 충분한 깊이까지 하는 것이 좋다.

III. 한겹식, 두겹식, Cell식 가체절공

  1) 한겹식, 두겹식 및 Cell식 가체절공의 경우는 Sheet pile 이다. Icos pile을 불투수층까지 근입 깊이를 충분히 하면 거의 지수가 가능하다.
  2) Sheet pile의 이음부의 누수는 항타시 시공관리로 거의 방지가 가능하다.
  3) 이음부는 Pile gum 등 점질재료로 충진이 효과적이다.

IV. Well cassion식 가체절공

  1) 제체 자체는 불투수성이므로 누수는 하부의 침투류에 의한 경우이다.
  2) 제체 하부에 모르타르나 약액주입방법으로 지수가 가능하다.
  3) 침투류에 의한 Heaving이나 Boiling에 대한 검토 후 적당한 대책을 마련한다.
  4) 속채움 토사는 입도분포가 좋은 모래 또는 자갈층이 적당하다.
  5) 진동 다짐으로 충분한 시공을 하며, 때로는 Well Point를 사용하는 경우도 있다.

※ 흙댐식 경우 지수

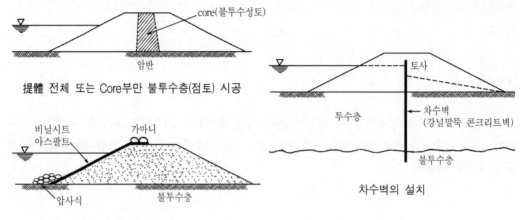

提體 전체 또는 Core부만 불투수층(점토) 시공

전면피복 경우

차수벽의 설치

※ 댐 지수공

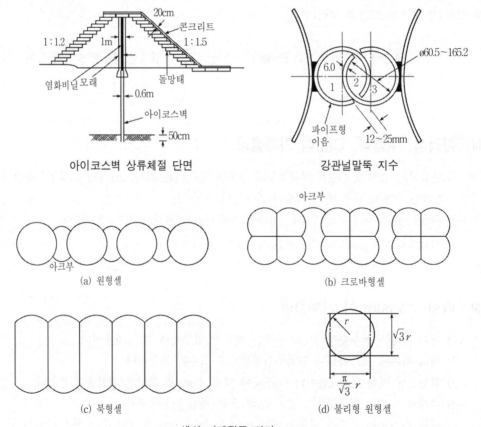

아이코스벽 상류체절 단면

강관널말뚝 지수

(a) 원형셀

(b) 크로바형셀

(c) 북형셀

(d) 불리형 원형셀

셀식 가체절공 평면

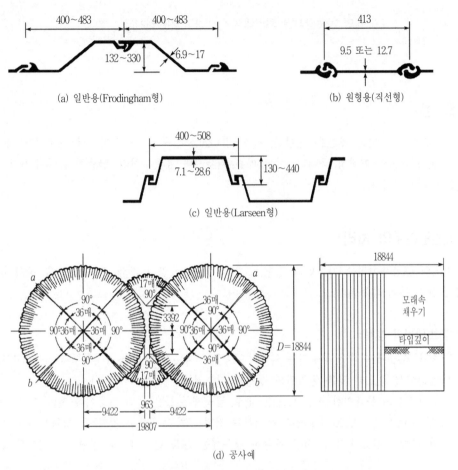

(a) 일반용(Frodingham형)

(b) 원형용(직선형)

(c) 일반용(Larseen형)

(d) 공사예

강널말뚝과 공사(서해대교예)

문제 5 Fill 댐의 기초굴착면 처리대책에 대하여 기술하시오.

Ⅰ. 개 설

기초지반으로 요구되는 조건은 댐형식, 목적 및 Zone의 구성 등에 따라서 다르지만 차수성, 비변형성 및 Piping의 저항성 등이다. 이에 따른 기초지반 표층부처리, 단층처리, 용수처리 등이 시공관리의 주요점이다.

Ⅱ. 기초표층부의 처리

암반기초의 표층부처리는 기초면의 정형, 요철의 제거, 균열의 폐쇄, 용수처리 및 풍화작용에 따른 보호방법 등이 대두된다.

1) 기초암반의 정형

차수 Zone에 대한 굴착순서는 일반적으로 Dam site의 Abutment에서부터 이루어지며, 표면처리에서 중요한 것은 굴착면의 정형과 지수처리를 위한 대책이다.

기초암반의 불규칙한 요철, Overhang부, 급구배부 등은 응력 집중이나 전단 파괴의 원인이 될 우려가 있으므로 급구배부, 돌기부는 정형 굴착할 필요가 있다. 또 정형을 위한 큰 규모의 굴착이 필요한 경우 시공 곤란한 경우에는 채움 콘크리트로 정형하는 경우도 있다.

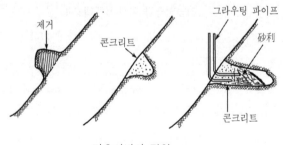

기초암반의 정형

Final 굴착은 가능한 발파을 피하고, Pick hammer 등에 의하거나 인력 굴착 등 세심한 주의가 필요하다.

2) 균열 및 개구절리 등의 처리

암반표층부에 균열이 많은 경우 또는 개구절리, 파쇄대 등이 존재하는 경우 이것들은 기초 Grouting에 지장을 초래하기 때문에 적절한 방법으로 제거 또는 표층처리를 할 필요가 있다. 표층처리방법은 일반적으로 Slash grouting에 의한 표층처리이다. Slash grouting이란 Mortor cement paste를 재료로 주입 또는 도포하여 표면을 처리하는 방법이다.

3) 청소와 살수

성토면은 Air 또는 Waterjet에 의하여 泥土나 버럭 등을 청소하고 암반이 건조하였을 경우 암착재 시공 전에 충분한 수분을 흡수할 수 있도록 살수를 요한다.

4) 용수개소의 처리

① 용수가 적은 경우

Hair crack 등을 통하여 새어나오는 경우 Core재나 Mortor로 Dike를 만들어 인력으로 Pumping하면서 성토가 Balance를 이룰 때 용수개소의 물을 제거하고 Core재로 다짐한다.

② 용수가 약간 많은 경우

용수개소에 맹암거를 설치, Stand pipe를 설치하고 성토면이 소정의 높이에 도달했을 때 Stand pipe 내를 grouting한다.

③ 용수가 많은 경우

용수개소에 자갈을 부설하고 ø300m/m Hume pipe로 물을 양수하면서 성토가 일정한 높이에 도달한 경우 Cement milk나 Mortor grouting 처리한다.

④ 사면에서 물이 새어나오는 경우

Temporary dike를 설치, 물을 유도처리한다.

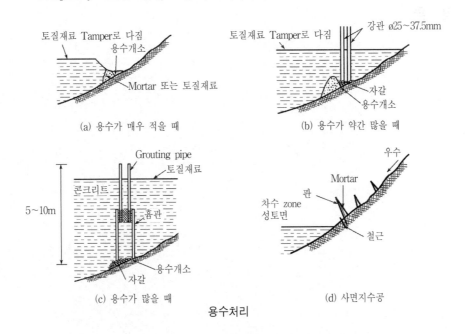

(a) 용수가 매우 적을 때

(b) 용수가 약간 많을 때

(c) 용수가 많을 때

(d) 사면지수공

용수처리

5) 연암의 처리

기초암반이 풍화되기 쉬운 연암인 경우는 일부를 보호층으로 남겨두고 굴착하여 Blanket grouting이 실시하고 Core zone 축조 이전에 굴착 제거하여 풍화를 방지하는 방법도 적용된다.

6) 차수 Zone 기초의 단층처리

처리방법은 콘크리트에 의한 치환 및 토질재료에 의한 치환과 Grouting 방법이 있다. 그 기준은 다음과 같다.

① 특히 느슨한 부분을 제외하고는 치환하지 않는다.

② 심하게 느슨한 부분, 점토층를 포함하여 표면이 이완될 우려가 있는 경우 Cut off한 후 콘크리트로 치환시킨다.

③ 심하지 않는 경우나 Cut off가 작업이 힘든 경우 Grouting으로 치환한다.

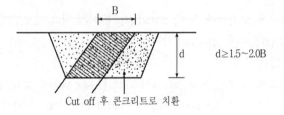

Cut off 후 콘크리트로 치환

III. 결 론

문제 6 | 댐의 기초 그라우팅 공법

Ⅰ. 기초굴착

댐의 기초는 댐의 일부라고 생각한다. 기초암반 역학 및 지수성을 고려하고, 기초개량을 적게 할 수 있는 곳, 공사중 기초가 손상되지 않는 곳, 기초개량할 때 국부적인 점보다도 기초 전체의 안정성을 기해야 한다.

1) 기초암반은 균일하지 않고 동결, 성층, 파쇄대 및 단층 등의 약점을 지니고 있다.
2) 표면부는 풍화되어 있어 암반 내부보다 약화되어 있다.
3) 이러한 지층이 댐의 하중을 받으면 변형을 일으키고, 댐의 기초전단 저항을 약화시킨다.
4) 담수 후 수압에 의한 누수로 양압력 발생하므로 기초지반의 열화의 원인이 된다.
5) 이와 같은 약점처리 방법으로 기초 Grouting이나 콘크리트 치환방법이 있다.

Ⅱ. 기초 Grouting

1) 개 설

① 시멘트풀이나 약액 등을 Boring 구멍을 통하여 고압력으로 압입시켜 암반 속의 공극을 완전히 밀폐시켜 견고한 지반으로 개량시킨다.
② 차수성을 확보하여 댐의 안정성 도모
③ 주입재료
    ⅰ) 시멘트액
    ⅱ) 벤토나이트와 점토혼합액
    ⅲ) Asphalt 유재액
    ⅳ) 약액

2) Consolidation grouting

    기초 전면에 시행 : 비기초 고결방식
    기초암반의 변형성이나 강도를 개량하여 균일성을 주기 위함.
① 배치
    ⅰ) Boring : ø46m/m
    ⅱ) 5m 격자 중앙에 12.5m²당 1EA씩

② 주입압

ⅰ) 월류부 : 10m(2층 주입)

ⅱ) 비월류부 : 5m(1층 주입)

ⅲ) 주입압 : 1층 $3kg/cm^2$

2층 $5kg/cm^2$

ⅳ) 주입순서

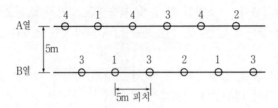

③ 주입농도(중량배합비)

$W : C = 10 : 1$에서 시작

$W : C = 1 : 1$까지 주입

④ 주입 후 시험방법

주입 전 Grouting 때와 같은 압력 물을 주입 Lugeon치를 계산 후, Grouting 후 Grouting Lugeon치와 비교하여 허용치 내에 있는지를 비교

$$Lu = \frac{10Q}{PL}$$

Q : 주입량(ℓ/min)

L : 보링길이(m)

P : 주입압(kg/cm^2)

A열

B열

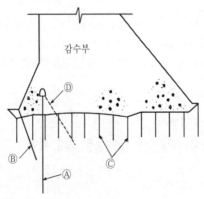

ⓐ : 주커튼 그라우트

ⓑ : 보조커튼 그라우트

ⓒ : 컨솔리데이션 그라우트

ⓓ : 배수공

감수부

댐 기초 Grouting의 예

3) Curtain grouting

기초암반을 침투하는 물을 방지하기 위한 지수 목적의 Grouting

기초 상류측에 병풍 모양으로 실시

① 주입심도 : $d = \dfrac{1}{3}H + C\,(\mathrm{m})$

　(단, C=5~15m, H : 수심)

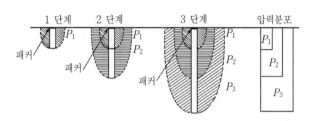

② 주입방법

　1단계 저압 5kg/cm^2

　2단계 중압 10kg/cm^2

　3단계 고압 15kg/cm^2

③ 주입순서 : A열 → B열 → C열

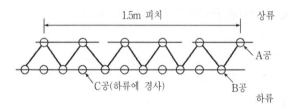

④ 주입 후 시험 : Consolidation grouting과 동일

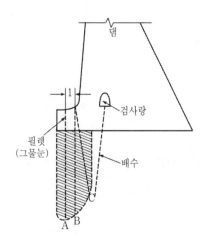

4) Contact grouting

　　댐 Abut의 구배가 심한 경우나 콘크리트 온도저하 등에 의한 콘크리트와 암반 사이의 틈을 차수하는 목적

5) Rim grout

　　댐 Abut 부분에 갑작스런 수위저하에 따른 차수효과 보강 목적

6) Grouting 공법

　① 1단식
　② 다단식 → Curtain grout 등
　　ⅰ) 연암구간, 균열이 많은 구간
　　ⅱ) Cost가 높다.
　　ⅲ) Drilling과 Grouting 작업연결 관계로 공기가 많이 소요된다.
　③ Packer grouting
　　ⅰ) 천공 후 하단부터 Packer 설치 Grout
　　ⅱ) 균열이 적은 암반부에 적용
　　ⅲ) 공기단축과 연속작업 가능
　　ⅳ) Grout 상부 Hole이 막히면 Packer의 인수가 어렵다.

7) Lugen test(암반의 투수시험)

　① Boring hole을 H=5m로 천공
　② Packer 설치하여 물 주입
　③ $10kg/cm^2$의 압력으로 주입시 누수량 측정
　④ 단위 $\ell/min/m$ 표시
　　1Lugen=10－5cm/sec
　⑤ 중력식 콘크리트 댐 : 2~3Lugen
　　사력 댐 : 5~10Lugen

Ⅱ. 결 론

1) 기초처리 목적 ┬ 균일성 있는 지반 확보
　　　　　　　　└ 차수층 형성
2) Seepage에 의한 양압력 작용 방지
3) 댐 체의 안정 도모

문제 7 — Fill 댐의 시공에 대하여 논하시오.

Ⅰ. 개 설

Fill 댐 건설공사에 있어서 각 Zone의 재료와 역할이 각각 다르므로 각 Zone의 재료 채취, 즉 토취장선 시공중 홍수대책, 성토다짐에 따른 시공기계의 선정관리는 공사와 공사비에 지대한 영향을 미친다. 따라서 토취장 선정, 홍수대책, 성토다짐 및 토공기계의 선정 및 유지관리에 대하여 논하고자 한다.

Ⅱ. 토취장 선정 및 재료 채취 운반

1) Fill 댐에 사용되는 재료는 Core재, Filter재, Rock재, Rip rap재로 대별할 수 있으므로 토취장 선정시 각종 재료의 양, 품질, 운반거리, 운반경로, 보상비 등에 따르는 경제성을 충분히 검토한 후 선정하여야 한다.

2) Core재의 채취 및 운반
   ① 균일한 Core재
   ② OMC와 γd_{max}가 얻어지는 재료
   ③ 불투성 점토재료
   ④ 소요의 전단강도와 투수계수를 갖는 재료
   ⑤ Dozer 표층처리, Pay loader 및 Back hoe로 적재, 운반은 Dump truck
   ⑥ Stock pile Yard 50×150m 정도 : 5개 정도
   ⑦ 포설 20~30cm층으로 Dozer로 포설
   ⑧ 다짐은 Tamping roller 사용 : 8회 다짐

3) Filter재 채취 및 운반
   ① 투수성 및 반투수성 재료, 점착성이 없다.
   ② No.200체 통과량 5% 이하
   ③ 채취 : Dozer, Pay loader, Dump truck
   ④ 다짐 : 진동계 Roller, Tire Roller, Dozer 4회
   ⑤ Filter 두께는 시험 후 시공한다(최소폭).

4) Rock재, Rip rap재

① 채취는 Bench cut 공법으로 한다.
② 굴착은 Crawler Drill이나 T-4, 적재 및 운반은 Pay loader, Dump truck
③ 내구성이 커야하고, 풍화 저항이 강해야 한다.
④ 다짐은 진동계 Roller 적당

Ⅲ. 시공순서 및 시공시 유의사항

1) 댐 기초처리

① 댐 기초 전면에 실시하는 Consolidation grouting과 상류부 전면의 차수를 목적으로 하는 Curtain grouting을 실시한다.

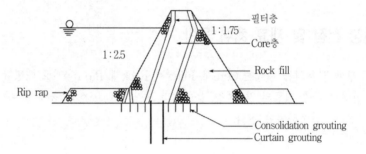

② Core zone은 차수의 가장 중요한 부분이므로 접촉부와 Core 사이에 다짐을 철저히 해야 한다.

2) 본체 및 여수토 굴착

① 전류공 시공 후 본체 굴착, 이때 Core zone 및 Gallery를 동시에 시공한다.
② 댐 Site 상류에 사토장을 마련한다.
③ Bull dozer를 이용하여 굴착, Ripping 및 암발파 Braker 이용
④ Pay loader 및 Dump truck으로 운반

3) 각층의 성토법

① Core층 : 포설두께 20cm, Tamping roller 8회
② Filter층 : 선별 후 입도 선정. 20cm 중복 다짐

$$입도규정 \quad \frac{D_{15}}{D_{15}} > 4\text{~}5배$$

$$\frac{D_{15}}{D_{85}} < 4\text{~}5배$$

Core층 외부에 반투수성 재료를 사용하므로 세심한 다짐처리를 해야 한다.

③ Rock층 : 층당 150cm로 Bull dozer로 다짐. 입경이 클수록 외부에 둘 것

④ Rip rap : 침식, 파랑 등에 대해 이동이 없을 것

　　　　　　　입경 50~100cm 이상은 Back hoe로, 공극충진은 인력으로 시공한다.

V. 결 론

1) Fill type은 시공중 재료가 수시로 변하기 때문에 댐의 안정성을 수시로 검사하고, 필요에 따라서 다짐층의 설계 변경할 것

2) 재료가 흙이나 Rock이므로 강우나 강설시 영향을 많이 받으므로 충분한 조사 후 운반기계 능력을 산정할 것

3) 각 Zone의 재료분리를 방지하고, 경계부는 인력으로 세심한 처리할 것

4) 각 재료의 Over size는 제거 후 시공

5) 각 Zone의 마무리 장비는 진동 Roller의 20cm 이하로 8회 다짐. 3~4km/m 저속 다짐

6) 각 재료 저장은 강우나 강설로부터 보호해야 한다(필요시, 시트커버 준비 등)

문제 8 Fill 댐에서 계측장치의 설치목적, 종류 및 시공상 유의사항에 대하여 기술하시오.

Ⅰ. 개 설

1) Fill 댐의 특징

① 제체가 입상체로써 콘크리트 댐에 비하여 제체의 강성이 적기 때문에 시공중 및 하중작용 후의 변형이 크고, 축조재료가 균일하지 않은 경우에는 제체내 각 Zone의 상대변위가 발생할 가능성이 크다.

② 제체의 투수계수가 크기 때문에 침투수에 대한 수리적 안정성이 요구된다. 또한 불투수 Zone의 상재하중에 의한 간극수압의 발생에 대한 검토가 필요하다.

③ 제체재료는 기초지반의 변형에 대하여 비교적 추도성이 있으므로 기초지반의 변형은 콘크리트 댐의 경우보다 허용범위가 크나 제체(불투수 Zone)와 기초지반의 사이 및 기초지반 표층부의 변형성을 고려한 침투유속에 대한 배려가 필요하다.

2) 댐의 종류와 특징

① 균일형 댐의 경우에는 침투수에 대한 수리적 안전성 및 시공중 간극수압의 억제가 중요

② 표면차수벽형 댐의 경우에는 차수벽의 제체 변형에 대한 추도성, Cut off와 차수부의 접합부 및 시공이음의 구조적 안전성에 대한 배려가 필요하다.

따라서 계측계획은 Fill 댐의 각각의 특성을 고려하여 시공 중 및 장기에 걸친 안전성의 중시 및 거동의 해명 등 그 목적에 부합되어야 한다.

Ⅱ. 계측장치의 설치 목적

계측장치의 중요한 설치 목적에는 ① 댐의 안전관리용으로써 법적 의무화되어 있는 것, ② 댐의 시공관리용으로서 설치하는 것, ③ 댐 거동의 종합적인 감시와 설계 시공으로서 Feed back을 위하여 설치하는 것 등 3가지가 있다.

1) 댐의 안전관리용

① 균일형 댐 : 누수량, 변형, 침투선

② Zone형 댐 : 누수량, 변형 등이며, 특히 변형에 대해서는 외부 변형, 계측장치를 설치하는 것으로 되어 있다.

2) 시공관리용

시공 중의 과잉간극수압, 제체 내부의 변형 측정을 위하여 간극수압계, 침하계 등이 설치되며, 이들은 모두 담수개시 후 댐 거동감시용으로 이용된다.

Ⅲ. 측정항목

1) 공사기간 중

간극수압, 토압, 성토의 침하량, 수평변위, 성토부의 지하수위 기초의 변형, 지상의 지하수위, 용수량

2) 담수개시 후

간극수압, 토압, 제체의 내부 변형(수평 및 연직) 제체의 외부 변형, 제체의 침윤선, 기초의 변형, 누수량

이들 측정항목에 대해 일반적으로 적용되는 것

① 토압, 간극수압 : 토압계, 간극수압계

② 침하 : 침하계, 연직변위계

③ 수평변위 : 크로스암식 변위계, 상대수평 변위계

④ 누수량 : Weir를 설치하여 수위관측에 의해 측정

⑤ 지진 : 가속도계

Ⅳ. 매설계기의 설치

1) 매설계기의 고장은 공사중에 거의 발생하는데 시공기계의 충돌 혹은 낙석에 의한 계측장치의 파손, Lead선의 절단, 고장 등이 생기지 않도록 방호대책을 강구해야 하며, 또한 전기장치에 의한 계측기는 철저한 방수대책을 강구하여야 한다.

2) 매설계기, Lead선 및 제체 내 변형, 계측장치의 설치시 댐 본체의 구조상 약점이 생기지 않도록 포설방향, 매입재료, 시공법 등에 대하여 검토하여야 한다.

3) 매설계기의 설치위치는 골동해석의 기초자료가 되므로 정확히 측량하여 표고 및 평면위치를 정확히 하여야 한다.

① 누수량 측정설비의 설치

댐 본체 및 기초지반으로부터 누수량을 측정하기 위하여 하류부에 삼각 Weir를 설치하여 누수량, 수질측정, 탁도측정을 실시할 수 있다.

② 변형계측장치의 설치

댐 완성 후의 제체 및 기초지반의 외부 변형을 계측하기 위하여 계측장치를 설치하는 것으로 특히 시공중에도 전체의 변형 거동을 파악하기 위해서 내부 변형 측정용 계측장치를 설치한다.

ⅰ) 외부변형 계측장치

측정방법은 제체 표면 및 변위가 고려되는 기초지반에 표적을 좌우안에 고정점을 설치하고 시준, 수평측량에 의해 그 수평 연직변위를 측정하는 것이다.

ⅱ) 내부변형 계측장치 :

- 상대변위계, 수평연직변위계 : 측정부를 제체 내부에 설치하고 댐 법면에 설치하는 측정과의 상대변위를 측정하는 것이다.

- 침하계 : 댐 기초면에 설치하고, 제체 내에 강관 등을 연직방향으로 매설하여 측정하는 것으로 제체 내부 댐 기초의 침하량을 측정하는 것이 가능하다.

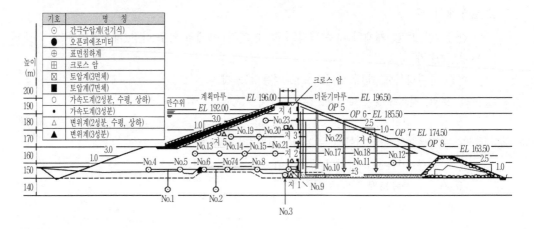

문제 9

Fill 댐의 Piping 현상 발생원인과 그 진행 및 균열 발생의 정도를 설명하고, 이에 대한 대책을 기술하시오.

Ⅰ. 개 설

Fill 댐의 Piping 현상의 누수에 대한 문제점은 댐체의 붕괴 초래와 저수효율 저하에 대한 경제성 저하이다.

Piping의 발생 과정은 다음과 같다.

```
Piping ← 누수 ← ┌ 댐체의 균열 ←┬ 침하
               │                 ├ 지진
               │                 ├ 건조
               │                 └ 하류에 휨
               ├ 댐체와 기초의 경계
               ├ 기초 단층 등의 약선, 약면
               └ 기초의 수용성 물질 용해
```

따라서 Fill 댐의 Piping 현상 발생 원인과 그 진행 및 균열 발생 정도와 이에 대한 대책에 대하여 기술하고자 한다.

Ⅱ. Fill 댐의 Piping 발생 원인 및 균열의 정도

1. 토질 부적합

1) $I_p > 15$인 고소성 점토 : Piping에 최대 저항
2) $I_p < 6$인 잔모래는 Piping에 가장 약하다.

2. 다짐의 불충분

1) 흙쌓기 자체 다짐 불량
2) 여수토 등 구조물 주변의 다짐 불충분
3) 기초 접착부의 접착 불량

3. 기초처리 불량

1) 댐체와 기초 경계부 시공 불량

2) 투수성 기초지반

3) 단층 등의 약선, 약면 처리 불량

4) 기초 암반 내의 용해작용, 침식작용에 의한 공극, 공동현상

4. Core zone 시공 불량

1) Core zone 재료 선정 및 다짐 불량

2) 부등침하로 상하류 방향 균열

① Core trench 기초지반 압축성이고, 양안은 경사 급한 암반기초인 경우

② 하천 중앙부와 양안의 Core 침하량 차이

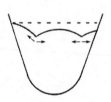 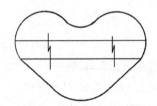

3) 아치 작용으로 발생한 수평 균열

① Core trench 및 양안은 모두 암반기초. 계곡폭이 좁고 급경사인 경우

② Core 내부의 댐 축방향 아치 작용으로 Core 상하부의 침하량 차이로 발생

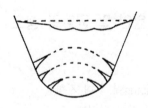

4) 기초의 요철에 의한 수평 균열

① Core 기초부, Abutment부에 요철이 있는 경우

② Core 부등침하로 Core 상하부 사이 침하량에 의한 균열 발생

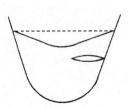 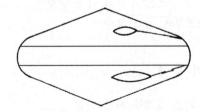

5) 다짐 차이에 의한 부등침하 균열

   ① Core부만 암반에 놓이고 충적층 등 압축성 기초 위에 놓이는 경우

   ② 댐 전체 기초지반 위에 중앙 Core부와 기타 부위 다짐 차이 원인

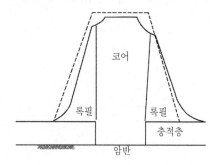

6) 코어부 Silo 현상으로 인한 상하류 방향 수평 균열

   중앙 Core형 댐의 Core재가 고압축성인 경우

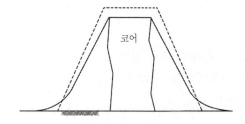

7) 응력집중에 의한 균열

   Core와 콘크리트 구조를 접속부에 응력집중이 발생 원인

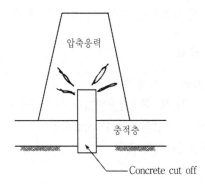

5. 댐 체내의 수용성 물질

III. Piping의 진행

1) 댐이 처음 만수되었을 때 발생하는 누수는 깨끗한 물이 나오고 큰 위험은 없다.
2) 몇 년 지난 후 누수시 하류 비탈 끝이 침식포화되어 진흙탕이 되고, 작은 활동이 발생하여 진행성 파괴로 된다.

IV. 대 책

1. 기초처리 철저

1) 기초조사 철저
2) Lugeon test 실시하여 Lugeon map 작성
3) 기초처리공법 ┬── Grouting 공법 ┬ 선정 철저
　　　　　　　　└── 연약층처리 공법 ┘
4) Filter, 불투수성 Blanket, Relief well, 배수공 설치

2. 댐체 시공 철저

1) 시방에 맞는 양호한 각 Zone의 재료 선정
2) Filter 및 Drain재의 적정선정 및 시공 철저

① $\dfrac{\text{Filter재의 15\% 입경}}{\text{Filter로 보호되는 재료의 15\% 입경}} > 5$

② $\dfrac{\text{Filter재의 15\% 입경}}{\text{Filter로 보호되는 재료의 85\% 입경}} < 5$

③ Filter재와 Filter로 보호되는 재료의 입도곡선은 서로 평행한 것이 좋다.
3) 댐체의 다짐철저
4) 댐체 시공품질관리 철저(함수비, 밀도, 다짐, 입도, 투수, 전단, 비중 등)

3. Core zone 시공 철저

1) Core Zone과 인접 Zone 동시에 다짐
2) Core재는 소성이 큰 재료를 최적함수비보다 약간 습윤측에서 다짐
3) Core재 함수비, 밀도, 균질성의 엄중한 시공관리
4) 시험성토를 통한 다짐관리방법 결정

4. 기 타

댐체나 기초에 나무뿌리 등과 같은 이물질이 출입되지 않도록 관리

문제 10 표면차수벽 댐의 구조, 특징, 시공순서 및 전망에 대하여 논하시오.

Ⅰ. 개 요

표면차수벽 댐은 Core층, 필터층 없이 제체를 축조, 불투수성 차수벽을 설치하여 차수벽과 벽본체 사이에 입경이 작은 쇄암석의 Transition zone을 형성, 완충 역활을 하는 댐이다. 따라서 표면차수벽 댐의 구조, 특징, 시공순서 및 전망에 대해서 기술하고자 한다.

Ⅱ. 구조형식과 각 요소

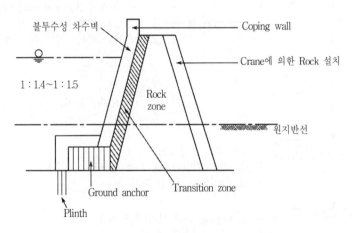

표면차수벽댐 구조

1. 구성요소

1) 차수벽재 : 아스팔트, 포장 콘크리트 구조
2) Transition재 : 배수 기능, 동상 방지
3) Rock zone 재 : 댐 본체, 석괴부분으로 수압 지지
4) Cut off : 차수벽을 하상 암반에 연결

Ⅲ. 시공순서

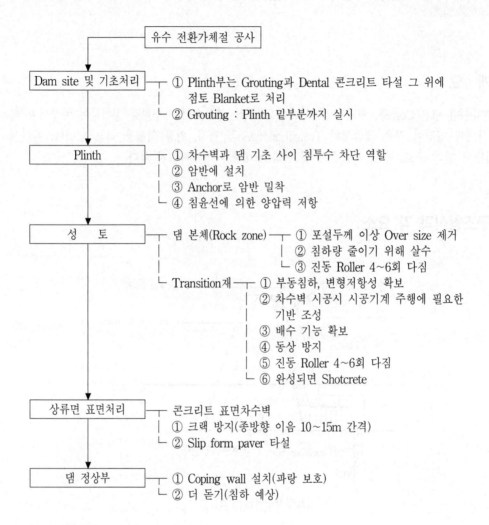

유수 전환가체절 공사

Dam site 및 기초처리 ── ① Plinth부는 Grouting과 Dental 콘크리트 타설 그 위에
　점토 Blanket로 처리
└ ② Grouting : Plinth 밑부분까지 실시

Plinth ── ① 차수벽과 댐 기초 사이 침투수 차단 역할
② 암반에 설치
③ Anchor로 암반 밀착
└ ④ 침윤선에 의한 양압력 저항

성　토 ── 댐 본체(Rock zone) ── ① 포설두께 이상 Over size 제거
② 침하량 줄이기 위해 살수
└ ③ 진동 Roller 4~6회 다짐
└ Transition재 ── ① 부동침하, 변형저항성 확보
② 차수벽 시공시 시공기계 주행에 필요한
　기반 조성
③ 배수 기능 확보
④ 동상 방지
⑤ 진동 Roller 4~6회 다짐
└ ⑥ 완성되면 Shotcrete

상류면 표면처리 ── 콘크리트 표면차수벽
① 크랙 방지(종방향 이음 10~15m 간격)
└ ② Slip form paver 타설

댐 정상부 ── ① Coping wall 설치(파랑 보호)
└ ② 더 돋기(침하 예상)

Ⅳ. 특 징

1. 장 점

1) Core, Filter층 필요없이 시공 가능(경제적인 시공)
2) 강우나 동절기에도 시공 가능(단기간 시공)
3) 급경사면 구배여서 저폭과 전체의 체적을 적게 할 수 있다.
4) 추후 댐 높이 증축 예상시 좋다.
5) 다량 암 확보 가능한 지역 유리

2. 단 점

1) 제체의 누수가 많다.
2) 차수벽 고분자 화합물 개발 시급
3) 공정이 복잡하고, 시공경험이 별로 없다.

Ⅴ. 전 망

홍수조절 및 수자원 확보를 위한 다목적댐이 점차 표면차수벽 댐으로 설계, 시공되는 추세이다. 표면차수벽 댐은 본체 구조의 다짐효과를 극대화시켜, 제체의 강도 증대로 인한 침하를 최소화시켜, Rock zone의 입도관리 어려움과 시공 후 1~2m 침하가 발생하고 있다.

현재 국내 시공은 동복댐, 평화의 댐, 남강댐, 밀양댐 등 시공중이거나 시공한 실적이 전부이나 공기, 공비면에서 경제적인 공법이라 생각되며, 다량의 암 확보가 가능한 지역에서 활성화가 요망된다.

문제11 콘크리트의 시공과 설비 계산 예

Ⅰ. 골재 제조설비

　골재 제조설비 계획에 앞서 콘크리트의 시방배합과 콘크리트 치기 공정계획이 결정되어야 한다. 이것을 기본으로 골재 플랜트의 흐름도가 작성되고 생산능력의 결정과 기계 종류, 규격의 선정이 행해진다. 골재 생산능력을 A라 하면

$$A = \frac{G \times V \times a}{d \times h \times (1 - l)}$$

　　G : 콘크리트 1m³당 골재중량(t)　　　V : 월 최대 치기량(m³)
　　a : 원석 공급의 불균형에 의한 여유율　　d : 월당 작업일수
　　l : 골재생산 과정에 있어서 손실률　　　h : 일당 실작업시간(h)

1. 원석채취량의 결정

　　원석채취의 경우 콘크리트 1m³당 골재 소요량 G를 2.1t으로 하고, 원석에서 제품이 될 때까지의 손실률 a=25%로 가정하면 콘크리트 1m³당의 원석 소요량 R는

$$R = \frac{G}{1 - a} = \frac{2.1}{1 - 0.25} = 2.799 ≒ 2.8t$$

　원석채취 작업능력 A의 결정은 월 최대 치기량 V를 기본으로 월당 작업일수를 25일로 하면

$$A = \frac{R \times V}{25 \times h} = \frac{2.8 \times V}{25 \times h} \text{ (t)}　　　h : \text{일당 작업시간(h)}$$

　이를 부피로 표시하면

$$A = \frac{R \times V}{25 \times h \times r} = \frac{1.75 \times V}{25 \times h} \text{ (m}^3)$$

　　r : 폭파 원석의 겉보기 비중 1.6(t/m³)

2. 기초의 벤치 컷 공법

　　소요 폭파길이　$L = \dfrac{V \times t}{25 \times H \times W}$ (m)

소요 천공길이 $l = \dfrac{L \times aH \times Z}{p}$

소요 천공시간 $T = \dfrac{l}{v}$

Crawler drill 소요시간 $N = \dfrac{T}{(t-1)h \times n} + 1$

V : 월 최대 폭파량(m³) H : 굴착 bench 높이(m)

W : 굴착 bench 폭(m) a : 여굴률

Z : 천공열수 p : 천공 피치(m)

v : Crawler drill 천공속도(m/h) t : 폭파 사이클(일)

h : 일당 작업시간 n : 실천공시간율

　+1: 예비차

3. 제1차 파쇄설비

  석산에 제1차 파쇄설비를 설치하여 체가름, 재차 파쇄, 제사, 제품저장 등의 각 설비가 댐 쪽으로 배치되어 있고 그 사이를 덤프트럭, 벨트 컨베이어 혹은 삭도 등의 운반기계로 결합된다.

  원석은 보통 채취장에서 덤프트럭으로 운반되어 1차 크러셔에 투입된다. 1차 파쇄의 기계배열은 그리슬리 호퍼(Grisly hopper, 불쾌한 깔대기), 특중형 에이프런피터(Apronfitter) 및 조크러셔(Jaw crusher)의 배열과 자이러토리 크러셔(Gyratory crusher)를 사용한 직접 투입방법이 있다. 그리고 1차 크러셔에서 크게 깬 돌을 2차 크러셔에서 작게 깨는 것이 보통이다.

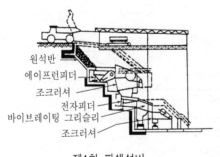

제1차 파쇄설비

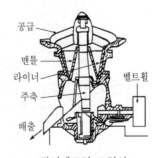

자이레토리 크러셔

4. 체가름 설비

  체가름 기계로서는 바이브레이팅 스크린(Vibrating screen)을 사용하고 있으나 골재생산량에 알맞는 체가름 면적을 가져야 한다.

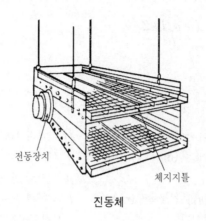

진동체

5. 제2차 파쇄설비

일반적으로 세파쇄용 크러셔로는 유압형 콘 크러셔(Cone crusher)가 사용된다. 제사 설비는 로드밀(Rod mill, 제분기의 일종)을 사용하고 있다.

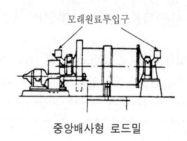

중앙배사형 로드밀

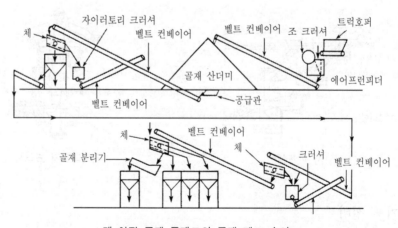

댐 현장 골재 플랜트와 골재 제조 순서

Ⅱ. 댐 콘크리트의 시공(가설계획의 예)

배치 플랜트에서 콘크리트를 칠 댐 블록까지의 콘크리트의 운반은 능률이 좋고 분리되지 않도록 운반해야 하므로 댐에서는 보통 케이블 크레인 또는 Trestle을 조립 Jib crane을 사용하여 콘크리트를 친다. 케이블 선상의 콘크리트 운반은 버킷으로 하고 지상에서는 버킷 운반을, 레일 선상(Bunker line)에서는 기관차로 끌거나 트롤리(Trolley)로 운반할 때가 있다.

1. 공사 개요

공기 10개년, 공사하중 굴착 58m^3, 콘크리트 99만 m^3, 시공 조건은 강우량 및 기온의 조건에서 콘크리트 타설의 작업가능일수를 산정한다.

2. 가설비계획

1) 콘크리트 댐의 골재제조 능력

콘크리트 댐의 가설비계획은 월최대타설량에서 결정된다. 그 예로써 다음과 같이 계산한다.

제체 콘크리트량 : $V = 857,035\,\mathrm{m}^3$

타설기간 : $T = 51$개월

월평균타설량 : $v = V/T = 857,035/51 = 16,805\,\mathrm{m}^3/$월

월최대타설량 : 기설 댐의 실적 또는 타설공정에 의하여 결정한다.

실적에서 $V_m = 1.97v - 3.07$

$$= 1.97 \times 16,805 - 3.07 = 30,036 \fallingdotseq 30,000\ (\mathrm{m}^3/월)$$

타설공정에서 40,000m^3/월로 한다(공정계획상으로).

2) 골재제조

석재 재질은 경사암, 채취는 Bench cut 공법에 의하여 댐 Side의 골재 Plant까지 덤프트럭으로 운반한다.

골재 Plant 능력의 산정 : $A_P = \dfrac{G \times V_m \times a}{d \times h \times (1 - l)}$

A_p : 골재 Plant의 능력(t/h)　　　G : 단위골재중량(t/m^3)

V_m : 월최대타설량(m^3/월)　　　a : 공급 불균형의 여유율

d　: 월당 작업일수(일/월)　　　h : 일당 작업시간(h/일)

l　: Plant 내 손실률

$$1\text{차 Plant}: A_P = \frac{2.12 \times 40,000 \times 1.15}{22 \times 8.5 \times (1 - 0.05)} = 548.95 \fallingdotseq 600 \, \text{t/h}$$

$$2\text{차 Plant}: A_P = \frac{2.12 \times 40,000 \times 1.0}{22 \times 15 \times (1 - 0.09)} = 282.38 \fallingdotseq 290 \, \text{t/h}$$

3) 타설설비의 결정

콘크리트 타설설비의 능력 결정은 월간 최대 타설용량에 작업 조건을 고려하여 결정한다. 단, A_G는 굵은골재의 체가름 능력(콘크리트의 고르기 능력).

$$A_G(\text{소요능력}, \ \text{m}^3/\text{h}) = \frac{V_m}{d \times h \times s \times n}$$

V_m : 월최대타설량 d : 월당 작업일수

h : 1sift 고르기의 작업시간 s : 1일 sift의 수(고르기 횟수)

n : 실타설 시간율(실적에서 0.65)

그러므로 $A_G = \dfrac{40,000}{22\,\text{일} \times 11\text{h} \times 2 \times 0.65} = 127 \, \text{m}^3/\text{h}$

① 케이블 크레인 능력

케이블 크레인의 형식은 양단고정, 양단이동, 호동방식이 있으나 지형 조건을 검토하여 호동방식으로 한다.

$$\text{크레인 능력} = \frac{6\text{m}^3 \times 60\,\text{min}}{\text{사이클 타임}} = \frac{6 \times 60}{3} = 120 \, (\text{m}^3/\text{h})$$

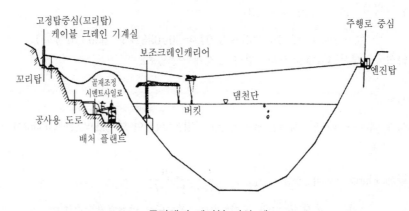

중력댐의 케이블 가설 예

② 콘크리트 혼합설비 능력

배처 플랜트는 각 혼합재료를 개별로 계량 가능한 전자동형을 사용한다. 혼합설비의 용

량은 믹서의 대수와 크기에 의하여 결정함과 동시에 케이블 크레인의 능력과의 조합도 고려하여 정한다.

콘크리트의 비비기 시간은 2.5 ~ 3.0분으로 3m³×2기의 Plant로 한다.

$$배처\ 플린트\ 능력 = \frac{믹서용량 \times 대수 \times 60\ min}{비비기\ 시간} = \frac{3 \times 2 \times 60}{3} = 120\ (m^3/h)$$

③ 시멘트 관계의 설비

시멘트 수송에는 공장에서 포대 시멘트와 산적 수송이 있다. 도로가 정비된 최근에는 댐 Side까지 산적 수송하여 시멘트 사일로에 저장한다.

시멘트 사일로의 용량은 일반적으로 최대 타설량의 2~5일분의 설비용량이 필요하다.

$$C_s = \frac{V_m \times C \times D}{d} \times r_c$$

C_s : 사일로의 용량(m³)

V_m : 월최대타설량(m³)

C : 콘크리트 1m³당에 필요한 시멘트량(kg/m³)

D : Stock 일수

d : 월당 작업일수

r_c : 시멘트의 겉보기 비중(1,300kg/m³)

$$C_s = \frac{40,000 \times 200 \times 4}{22 \times 1,300} = 1,118.9m^3 = 1,455t ≒ 1,500t$$

그러므로 시멘트 사일로는 용량 1,500t 1기를 설치한다.

④ 콘크리트 냉각설치

콘크리트 타설 후 시멘트의 화학반응에 의하여 수화열이 발생한다. 이 발열이 콘크리트 내부에 축적되면 균열 발생의 원인이 된다. 따라서 기계적으로 콘크리트를 블록별로 냉각하는 설비를 한다.

Cooling plant 용량의 결정은 월최대타설시의 각 타설 블록에 15ℓ/min의 냉각수를 주입하는 것으로 결정한다. 1블록의 평균 콘크리트량을 450m³로 한다.

월최대타설의 블록수 = 40,000÷450m³≒89블록

냉각수량 = 89블록×15ℓ/min = 1,335ℓ/min

하천수온 34℃, 냉각온도 12℃라 하면,

$$냉각기\ 용량 = \frac{(하천수온 - 냉각수온) \times 수량 \times 60\ min}{3,320\ kcal/JRT/h} \times 1.1$$

$$= \frac{(34℃ - 12℃) \times 1,335 \times 60}{3,320} \times 1.1 = 583 ≒ 600\ JRT$$

손실 등을 고려하고, 또 블록수의 변화에 대응시키기 위하여 250JRT 1대와 350JRT 1

대, 계 600JRT

⑤ 탁수처리설비

공사현장에서 발생하는 탁수는 거의 골재제조 과정에서 발생한다. 골재 Plant에서 배출되는 탁수의 탁도는 원석의 질, 표면처리의 양부, 물의 사용량에서 변하나 일반적으로 최대원석량(M_{max}) + Loss율을 10%로 보아 세정수량(W_{max})으로 능력의 산출을 한다.

최대 유출 Loss량(S_{max}) $i = V \times 0.1 (t/h)$

최대 탁수량 $Q_{max} = S_{max} \times W_{max} (t/h)$

탁수농도 $V = \left(\dfrac{S}{W + S} \right) \times 100 (\%)$

탁수처리 계획을 진행시키려면 먼저 침전물 및 Slaggy의 양을 추정해야 한다. 이것은 골재제조시의 Loss(먼지, Dust)의 양으로 결정한다. Loss율은 보통 10~15%

$$침전물의\ 양 = \frac{원석\ 투입량(t) \times Loss\ 율}{침전물의\ 단위체적중량(t/m^3)} (m^3)$$

침전물의 단위체적중량은 $1.3 \sim 1.8\,t/m^3$ 정도이다.

문제 12 콘크리트 댐의 콘크리트 타설방법에 대하여 기술하시오.

I. 개 설

Massive한 댐 콘크리트가 양생중 발생되는 수화열에 의한 Crack을 계획적으로 발생시키는 목적과 시공능력 등을 고려하여 제체 콘크리트를 적당한 간격으로 분할하며 블록상으로 타설한다.

가로, 세로 방향으로 Block을 분할하여 타설하는 Block 방식과 가로 방향으로만 분할하는 Layer 방식이 있다. 특히 Layer 방식은 온도 응력에 의한 Crack이 발생하는 경우가 없도록 면밀한 온도규제가 요구된다.

일반적으로 Arch 댐, 중심 규모는 Layer 방식을, 대규모인 동 댐은 Block 방식을 채택한다.

II. 콘크리트 타설계획

콘크리트 댐은 Block별 Lift별로 콘크리트 타설 스케줄을 작성하여야 한다.

1) Lift schedule 작성시 고려사항

① 콘크리트의 성질에 의한 규제 : 콘크리트의 온도 상승을 규제할 목적으로 30cm/day 정도로 타설속도 유지

② 신·구 콘크리트의 재령에 의한 온도차 등으로 인접한 선행 Block과의 Lift차가 규제된다. [예] 댐 축방향으로 최대 8Lift, 상하류 방향으로 최대 4Lift

③ 콘크리트 공급능력과 Block의 Lift별 체적에 의한 제약

④ 도수관, 여수로, 검사랑 등의 시공 일정에 의한 제약

⑤ 시공상의 제약

⑥ Service crane의 유무에 의한 제약

⑦ 계절, 기상에 의한 제약

2) 이음의 구조

Massive 콘크리트가 냉각수축할 때 주변이 구속되어 있으면 내부에 인장응력이 발생하고, Crack이 발생된다. 이것을 억제하기 위해 미리 계획적으로 분할하여 타설하고, 규칙적이고 인위적 균열을 유도시키고 지수판을 삽입시키거나 틈으로는 Grouting를 하여 댐의 안전성과 수밀성을 유지시킨다.

① 수축이음 ┌ 가로이음 : 간격 15~20m
　　　　　　 └ 세로이음 : 간격 30~40m

② 시공이음

ⅰ) Arch 댐의 가로이음 : 댐축의 접선에 직각되게 이음에는 Key를 두고 Joint grouting을 한다.

ⅱ) 동 댐의 가로이음

ⅲ) 이음의 간격은 수축에 의한 균열을 방지하고, 기초의 상황, 여수로의 배치 콘크리트 타설 능력, Cooling의 정도 등 시공상의 제조건을 종합 판단하여 결정한다.

ⅳ) 이음에는 동지수판과 배수공 Joint Grouting용제기구가 설치되므로 콘크리트타설 중에도 계속 감시가 요구된다.

3) 콘크리트 타설

① 콘크리트 타설 전 작업

ⅰ) 암반 위에 타설하는 경우 Wire brush 또는 Air로 신선한 암반면을 노출시켜 물로 씻어낸 후 타설 전 습윤상태 유지

ⅱ) Block 또는 연속 타설하는 경우 Wirc brush나 Sand Blast 등을 이용, 신선한 콘크리트 표면을 노출시킨다.

ⅲ) 각종 매설물(Joint grouting용 배관계측기, Cooling pipe)의 설치는 설계도면에 의해 사전에 설치 확인할 것

ⅳ) 1Lift의 콘크리트는 연속적으로 타설해야 하므로 작업원 배치, 생산·운반·타설 설비를 사전에 점검해야 한다.

② 타설작업 및 타설 후 작업

ⅰ) 콘크리트 타설은 보통 3~5층으로 나누어 실시되는데 보통 40~50cm 두께로 하고 타설은 상류 또는 하류의 가로이음에 개시하여 종단방향으로 Block 끝에 도달한다.

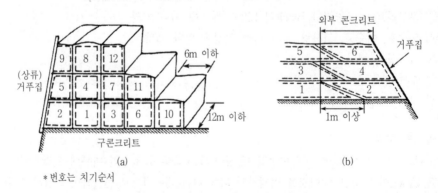

*번호는 치기순서

콘크리트 치기 순서와 시공이음법

ⅱ) Vibrator는 $3m^3$ Bucket 사용할 때 4~5대, $6m^3$ Bucket 사용할 때 6~7대

ⅲ) 최근에는 Vibrator를 장착한 무한궤도식 다짐기를 활용한다. 콘크리트 타설 후 표면이

건조하지 않도록 심수 양생 실시. 콘크리트 표면이 어느 정도 경화된 시점에 Jet수 또는 Wire brush로 Laitance와 표면의 Mortor를 얇게 벗겨내고 물로 씻는다. 이 작업을 Green cut이라고 한다.

4) 콘크리트의 온도 규제

① 온도 규제의 목적

양생중 수화열에 의한 콘크리트의 온도 상승으로 발생되는 균열을 막기 위함.

댐에 작용하는 응력을 일체로 작업시키기 위하여 Joint grouting을 실시하는 경우 일반적으로 이음의 벌어짐이 0.5mm 이상이 될 때까지 Pipe cooling에 의해 콘크리트를 냉각시킨다.

② 온도 규제의 방법

소규모 구조물에서는 자연열발산에 의해 Lift의 높이와 타설속도를 조절하고, 수화열이 적은 시멘트를 사용하여 Fly ash 등의 혼화재를 사용하여 발열량을 줄인다.

대규모 댐에서는 Pre-cooling이나 Pipe cooling 방법과 같은 인공냉각방법을 채택하고 있다.

ⅰ) Per-cooling : 콘크리트에 사용되는 재료의 일부를 혼합 전에 냉각시켜 타설온도를 저하시켜 온도상승 억제
- 혼합수를 냉각수로 사용하는 방법
- 굵은골재를 냉수에 침적하는 방법
- 굵은골재를 공냉하는 방법
- 시멘트나 잔골재 공냉하는 방법

ⓛ Pipe cooling

콘크리트 타설 전 냉각관으로 강관 코일을 매설하고 양생중 냉각수를 보내어 콘크리트의 온도상승 저하

문제 13 댐의 매스 콘크리트 타설방법, 특징, 시공시 유의사항

Ⅰ. 개 설

중력식 댐의 콘크리트 타설 방식이다.

1. Block 타설

  1) (0.5~15m) × (15m) × (15~30m)
      높이   폭   길이
  2) Cable crane, Jip crane 사용
  3) Pipe cooling 적용

2. RCD 콘크리트

  1) Roller(Vibrating), Dozer 사용
  2) 평면적 연결성을 갖고, 중기에 의해 콘크리트 타설법

Ⅱ. Block과 RCD 비교

	Block 타설	RCD 타설
타설, 운반	Cable crane, Jip crane	Crane, Dump truck
포설다짐	Vibrator dozer, 내부 진동기	Dozer 포설, Vibrating, Roller 다짐
1Lift	1.5~2.0m(0.5m/Layer)	0.75m(0.25× 3Layer/Lift)
굵은골재의 최대치수	ø150 이하	ø80 이하
Slump량	3~5cm	No Slump
시멘트량	160kg/m^3	120kg/m^3(시멘트 90 + Flyash 30)
단위수량	120kg/m^3	100kg/m^3
Joint	가로줄눈, 세로줄눈 설치 Joint는 Grout 처리	세로줄눈 및 Joint Grout는 필요없음
시공속도	5일/Lift	1일/Lift
냉각시설	Pipe cooling	필요없음

	Block 타설	RCD 타설
타설방식	Block 타설	Layer 타설
품질관리	• Slump test • 91일 압축강도시험	V.C Test
시공시 유의사항	• 1Layer는 50cm 이하로 수평치기(Cold joint가 발생되지 않도록) • 인접 Block과 연직이음 높이는 4~5Lift 이하 • 시공 Joint 처리 : 레이턴스 제거 　－ Green chipping → 타설 후 6~12시간 후 Water jet으로 시행 　－ 새 Lift타설 전 → Wet sand blasting 실시 • 습윤양생 철저 ┬ 보통 시멘트 14日 　　　　　　　 └ 중용열 시멘트 21日 • 경화열관리 → Pipe cooling 필요	• 운반 타설중 재료분리 방지와 다짐에 적당한 Consistancy 확보를 위한 조치가 이 공법의 Key point • 각 Lift에 균일성 있는 콘크리트 품질 확보 • Dozer를 이용 3Layer(75cm) 포설하고, 다짐은 Vibrating 롤러 진동 8회 다짐, 무진동 2회 다짐 • 가로수축줄눈은 20cm 간격 • 시공 Joint부의 레이턴스 제거를 위해 Water jet를 이용 Green cut 시행 • 암착부는 5일 후, 기타부위 24시간 후 다른 Layer 타설
댐 콘크리트 치기순서		 외부 콘크리트와 내부 콘크리트의 이어치기의 일례

Ⅲ. 전 망

　댐 콘크리트는 내구성과 수밀성을 갖고 장기강도가 큰 구조물을 경제적으로 축조하기 위하여 시공중 품질관리 철저와 계측 System 운영을 하여야 하며, RCD 등의 기술개발, No Slump 콘크리트의 Consistency에 영향이 큰 골재표면수량의 관리수법 개발이 필요하다.

문제 14 중력댐의 검사랑 설치 목적 및 방법

I. 목 적

1) 댐 내부의 누수량 Check
2) 댐 내부의 균열조사
3) 댐 내부의 수축량조사
4) 양압력, 온도측정, Grouting 실시
5) 하자보수

II. 설 치

1) 상류측 하부에 설치(하류측 수위 고려함)
2) 댐의 높이가 높을 경우 30m마다
   말단은 댐 두께의 2/3H에 설치
3) 상류면에서 거리는 공경의 2배로 설치

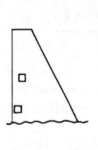

검사랑 위치

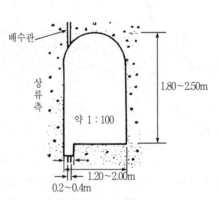

검사랑 표준도

문제 15 댐 콘크리트의 신축이음

Ⅰ. 개 설

콘크리트 댐에 있어서 이음(Joint)은 할 수 없이 설치하지만 댐의 약점이 되므로 시공할 때 유의하여야 한다. 종류에는 댐축에 직각인 신축이음, 축방향이음, 수평이음이 있다.

이것들은 댐의 높이, 치기방법, 현장 조건, 온도 규제에 의하여 결정한다.

Ⅱ. 댐축에 직각인 신축이음

1) 간격은 15~20m(작은 댐은 10m)
2) 상류면에 1~1.5m 위치에 지수판 설치
3) 지수판 하류측에 배수로를 두어 집수하여 검사랑으로 인도한다.

Ⅲ. 축방향이음

1) 2차 냉각 후 Grouting하여 댐체와 일치
2) 인접 Block간의 전달을 쉽게 하기 위하여 설치

Ⅳ. 수평이음

1) Lift 높이에 따라 간격이 정해지며, 된비비기 콘크리트를 사용하여 수밀성을 높인다.
2) 댐의 안정성, 누수 방지를 위하여 치형으로 한다.

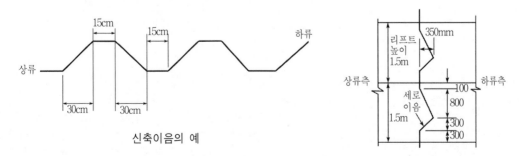

신축이음의 예

V. 상하류면에서 지수를 위한 그라우팅

콘크리트 중력댐에 있어서 가로이음에 대한 지수와 수밀성을 유지하기 위하여 지수판(동판, 경질 고무판, 염화비닐 등) 아스팔트막이(Asphalt seal) 등의 수밀장치를 한다.

파이프를 가로이음 중앙에 삽입한 것은 누수 측정, 기타 상황을 알기 위한 것이다. 또 아스팔트막이는 댐 밑에서부터 하여 그 상단에는 철판(14cm×14cm)을 씌워 ø19mm 파이프나 철봉으로 고정시킨다.

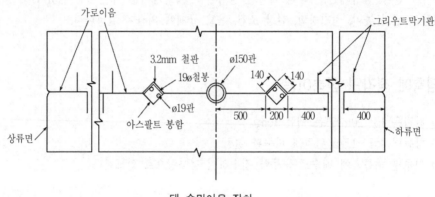

댐 수밀이음 장치

제11장
항만 · 하천

문제 1   Hydeaulic fractuing

Ⅰ. 정 의

Fill dam에 있어서 부등침하나 응력전이로 응력이 감소하여 담수시 제체 내의 응력이 정수위 수압보다 적은 경우 제체 내의 미세한 균열로 물이 침투되어 균열확장으로 제체가 찢어지는 현상

Ⅱ. 원 인

1) 부등침하

댐의 중앙부의 높이와 양단의 높이차로 인하여 재료가 압축성이 크면 부등침하가 생기며 이로 인해 Crack 발생

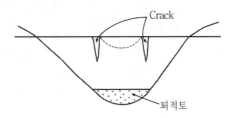

2) 응력전이

흙댐의 심벽과 Filter 재료가 달라지면 그 강성도 각각 다르게 작용된다. 점토 심벽 무게의 일부가 Filter층에 옮겨져 마치 중앙 심벽의 무게를 Filter층이 지지하는 Arch와 같은 응력전이 또는 Arching 현상 발생

Ⅲ. 방지대책

1) 심벽의 폭을 가능한 한 넓게 하여 응력전이를 줄인다.
2) Filter를 효과적으로 설계
3) 댐 본체와 안벽 또는 기초와의 접촉 부근 현상을 불규칙하지 않게 한다.
4) 심벽의 Protor 다짐은 습윤측에서 행한다.
5) 담수속도를 느리게 하여 누수가 발생하면 저수위 급강하 대책 마련

Ⅳ. Filter 설계

1) Filter의 정의

침투로 인한 흙의 유실을 방지하면서 물을 빨리 배수시킬 목적으로 설치하는 배수층을 Filter라 한다.

2) Filter의 조건

① Filter 간극의 크기는 충분히 작아서 보호층의 입자가 흡수되어서는 안 된다.
② Filter에 침투압이나 수압이 발생되지 않도록 투수성이 좋아야 한다.

3) Bertram의 기준 제시(Filter의 설계)

① 조건 ①의 만족

$$\frac{(D_{15})_f}{(D_{85})_s} < 5 \qquad \frac{(D_{50})_f}{(D_{50})_s} < 25 \qquad \frac{(D_{15})_f}{(D_{15})_s} < 20$$

② 조건 ②의 만족

$$\frac{(D_{15})_f}{(D_{15})_f} > 4 \qquad\qquad 여기서,\ f : Filter \quad s : Filter에 인접해 있는 흙$$

| 문제 2 | Piping 현상 |

Ⅰ. 정 의

Quick sand에서 상향 침투수가 증가하면 흙이 유수에 의해 씻겨 나가면서 유로가 짧아지기 때문에 동수경사가 한계동수경사보다 커져서 물이 흐르는 방향으로 통로가 만들어진다.

이와같이 지반내에서 물의 통로가 생기면서 흙이 유출되어 나가는 현상을 말한다.

Ⅱ. 발생원인

1) 지하수 이하의 지반을 흙막이공을 하여 굴착할 경우에 동수경사가 1보다 클 때
2) 흙 댐의 축조 때 시공관리 잘못으로 다짐이 불충분하거나 제방 내에 누수경로가 존재할 때
3) 유선망이 촘촘한 댐 하류지단에서 침투가 집중되는 경우
4) 간만의 조수차가 심한 해안의 방조제 축조중 방조제 내외의 수두차로 인한 동수경사가 클 때

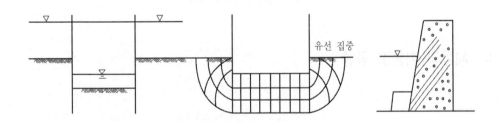

$$i_c = \frac{G_s - 1}{1 + e}$$

$$i = \frac{h}{L}$$

$$F = \frac{i_c}{i}$$

※ 침투가 상향일 때 Piping을 방지하려면 침투압을 받는 흙의 무게를 증가 시켜야 함.

문제 3 제방의 구조

Ⅰ. 개 요

하천제방은 계획홍수위 이하에서 홍수류의 일반적 작용에 대하여 안전하도록 설계 시공한 공작물이다. 그러나 홍수 상황에 따라서 하도 내에서의 흐름이 다양하므로 어떠한 상황에서도 절대적인 안전확보의 요구는 곤란한 하천관리상의 한계성이 있으며, 이를 극복하기 위한 보완책으로 수방활동 등의 긴급조치가 필요한 경우가 자주 발생한다. 하천제방은 그 기능, 단면형, 사용재료 등으로 각각 분류할 수 있다.

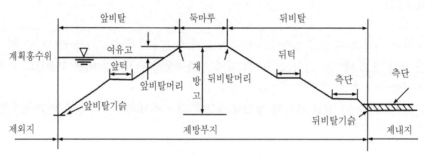

제방단면의 구조와 명칭

Ⅱ. 제방의 기능별 종류

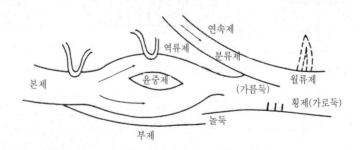

1. 비탈경사

1) 표준제방의 비탈경사는 1 : 2이상으로 완만하게 한다.
2) 성토에 따른 제방의 비탈면은 떼 등으로 피복하는 것을 원칙으로 한다.

2. 제방턱

1) 제방의 안정을 위하여 필요한 경우에는 비탈허리에 턱을 설치한다.

2) 제방턱의 폭은 3m 이상으로 한다.

3. 側檀

1) 제방의 안정, 비상용 토사의 비축, 조경 등을 위해 필요한 경우에는 제방 뒷기슭에 측단을 설치한다.

2) 측단은 안정측단, 비상측단, 환경측단으로 구분할 수 있으며, 다음의 기준에 따라 그 규모를 정한다.

① 안정측단

구 하천부지에 축조한 제방, 누수구간의 제방 등에서 제방의 안정을 도모하기 위하여 설치하며, 그 폭은 직할 하천에서는 5m 이상, 지방 하천의 경우는 3m 이상으로 한다.

② 비상측단

비상용 토사 등을 비축하기 위해서 특히 필요한 곳에 설치하며, 그 폭은 5m 이상, 제방 부지(측단 제외) 폭의 1/2 이하(20m 이상일 때는 20m)로 하며, 약 10m 길이의 제방을 축 조하기 위한 토사 등을 비축할 수 있는 공간을 확보한다.

③ 조경측단

하천 환경을 보전하기 위해 필요한 곳에 설치하는데 그 폭은 5m 이상, 제방부지(측단 제외) 폭의 1/2 이하(20m 이상일 때는 20m)로 한다.

4. 호수 및 고조구간 제방

Ⅲ. 제방 단면

1. 둑마루 높이(제방고)

둑마루 높이는 계획홍수위에 여유고를 더한 높이 이상으로 한다. 단, 계획홍수위가 제내 지반고보다 낮고 지형 상황으로 보아 치수상 지장이 없다고 판단되는 구간에서는 예외로 한다.

2. 여유고

제방을 축조해야 하는 부지는 대개 기초지반이 불량한 곳이 많으며, 제방 자체도 수축하기 때문에 제방의 침하는 통상 피할 수 없다. 따라서 예상침하량에 상당하는 높이만큼 계획보다 더 높이 시공하는 것을 '더돋기'라 한다.

계획홍수량(m³/sec)	여유고(m)
200 미만	0.6
200 이상 ～ 500 미만	0.8
500 이상 ～ 2,000 미만	1.0
2,000 이상 ～ 5,000 미만	1.2
5,000 이상 ～ 10,000 미만	1.5
10,000 이상	2.0

흉벽을 필요로 하는 제방의 흉벽하단은 계획홍수위 이상이어야 한다. 흉벽은 하도 및 제내지의 지형상 더 이상의 여유고 확보가 곤란한 경우에 차선책으로 제방 앞비탈 머리의 내측으로 법선을 따라 설치한다.

3. 둑마루 폭

합류점에서의 지류 배수구간의 둑마루 폭은 본류 제방의 둑마루 폭보다 좁지 않도록 한다. 단, 역류 방지시설을 설치하였거나, 제내지 지반으로부터의 높이가 0.6m 미만의 경우, 또는 지형, 토지 이용 등의 이유로 부득이한 경우에는 예외로 한다.

계획홍수량(m³/sec)	여유고(m)
500 미만	3
500 이상 ～ 2,000 미만	4
2,000 이상 ～ 5,000 미만	5
5,000 이상 ～ 10,000 미만	6
10,000 이상	7

1) 호수제방

호수 주위에 설치된 제방으로서 제체가 파랑의 영향을 받기 때문에 제방의 높이, 비탈경사 등은 파의 특성을 충분히 검토해서 결정해야 한다.
① 높이는 계획홍수위, 파고, 바람에 의한 수위 상승 등을 고려해서 결정한다.
② 둑마루 폭은 둑마루 높이, 기초지반, 배후지의 여건 등을 고려해서 결정한다.

2) 고조제

고조제는 하구부에서 고조의 영향을 받는 구간에 설치하는 제방으로서 파랑에 의한 영향을 고려해서 단면을 결정한다.
① 높이는 계획 고조 위에 여유고, 파고 등을 고려해서 결정하며 이 높이가 고조의 영향을 고려하지 않고 결정한 높이보다 낮을 때는 고조의 영향을 고려하지 않은 높이로 한다.
② 둑마루 폭은 둑마루 높이, 제내지 여건 등을 고려하여 3m 이상으로 한다.

8. 단계적 축조의 제방

잠정 제방의 마루폭은 제방고의 차를 계획홍수위에서 공제한 높이의 수위에 상당하는 유량에 따라 정해지는 마루폭으로 할 수 있지만, 실제에 있어서는 계획 제방의 둑마루 폭 이상으로 하는 것이 좋다.

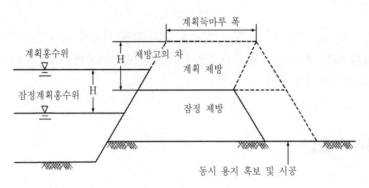

잠정 제방과 계획 제방

문제 4   제방 붕괴의 원인

I. 개 요

하천 제방의 강우, 홍수류, 지하수 및 교통하중 등의 각종 작용에 대하여 안전하여야 하므로
시공 대상 제방이 어떤 요인에 가장 취약 가능성이 있는지의 여부를 사전에 파악하여 이에 대
비한 정밀시공을 수행하여야 한다.

II. 제방 붕괴의 요인

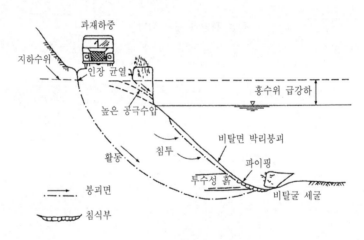

제방 붕괴의 요인

1) 하천수위의 급강하

하천수위의 급격한 제체 내에 큰 공극수압을 유발하며 유효응력을 감소시켜 활동 붕괴를 발
생시킬 수 있다. 또한 지속적으로 비탈면을 유출하는 지하수는 비탈면 침식의 요인이 된다.

2) 파이핑 현상

비점착성 실트질 모래나 모래질 시트의 경우에 지속적인 지하수의 침투현상은 결국 파이핑
현상으로까지 발전될 수도 있다. 침투현상으로 포화상태의 가는 모래입자가 먼저 이탈되면
보다 큰 입자의 공극이 확대되고 이로 인하여 큰 입자도 침식되어 나가게 된다.

3) 월류(Overtopping)

둑마루에 내린 비는 제내지측으로의 배수경사나 별도의 집수, 배수시설을 설치하여 제외지측으로 월류하지 않도록 하여야 한다.

4) 비탈면의 침식

우수, 지표수 등의 제방으로의 침투는 높은 공극수압을 발생시켜 제방의 붕괴를 초래할 수 있으므로, 제내지의 지표수는 신속히 배수되도록 처리하여야 한다.

5) 하상세굴로 인한 비탈 기슭의 세굴

6) 수압으로 인한 수평활동

점성토에 발생한 인장 균열(Tension crack)은 점차적으로 물을 가득 채워 나가면서 인장 균열을 확대시켜 나가 제방의 안전을 저해하는 요인이 된다.

7) 교량, 수문, 배수구, 낙차공 등 하천구조물의 제방 연결부의 부실

8) 둑마루의 과재하중

둑마루에 영구적 또는 일시적으로 작용하는 하중도 제방의 붕괴를 촉발시킬 수 있다.

문제 5 제방단면의 종류

I. 제방단면의 정의

1) 계획단면(설계단면)

계획단면은 계획홍수위에 여유고를 추가한 높이의 단면이다.

2) 시공단면

시공단면은 계획(설계)단면에 더돋기를 추가한 단면으로서 제방쌓기 후 제체 및 기초지반의 압밀을 고려한 충분한 단면을 가져야 한다.

3) 잠정시공단면

잠정시공단면은 공사비가 많이 소요되거나 시공기간이 매우 긴 경우 또는 제방의 기초지반이 연약지반인 경우 잠정적으로 부분시공이 이루어지는 단면이다.

II. 제방단면의 세부사항

1) 계획단면(설계단면)

계획단면은 계획수위에 여유고를 추가한 높이의 단면으로서 제방 및 기초지반의 압밀이 끝난 후의 완성단면이다.

2) 시공단면

① 제방은 비록 다짐시공을 하였다 해도 시공 후 제방쌓기 하중에 의한 기초지반의 장기적 압밀과 제방 자체의 다짐작용에 의해 침하가 발생한다. 따라서 시공단면은 설계단면에 침하를 고려한 더돋기 높이를 추가하여 제방마루높이 부족에 의한 월류로 재해가 발생하지 않도록 충분하여야 한다.

더돋기 높이는 제방재료, 기초지반의 토성 및 역학적 성질, 제방쌓기 높이에 의해 결정하여야 하나 이의 분석은 많은 시간과 번잡한 계산을 통해 가능하다. 따라서 제방 기초지반이 연약지반이 아니거나 소규모공사의 경우 더돋기높이 기준.

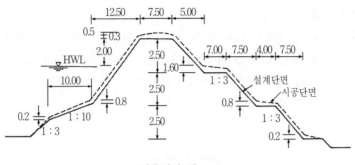

더돋기의 예

더돋기높이의 기준

(단위 : cm)

제체의 특징		보 통 흙		모 래 · 자 갈	
기초지반의 토질		보 통 흙	모래섞인자갈, 자갈섞인모래	보 통 흙	모래섞인자갈, 자갈섞인모래
통일분류법에 의한 기초지반의 토질		SW, SP SM, SC	GW, GP GM, GC	SW, SP SM, SC	GW, GP GM, GC
제방 높이	3m 이하	20	15	15	10
	3 ~ 5m	30	25	25	20
	5 ~ 7m	40	35	35	30
	7m 이상	50	45	45	40

② 더돋기는 제방마루뿐만 아니라 전 단면에 대하여 여유를 갖도록 시공해야 한다.

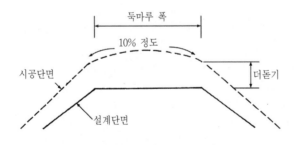

제방마루빗물배수

③ 제방마루면은 빗물의 표면배수를 원활히 할 수 있도록 10% 정도의 횡단경사를 두어야
한다.

3) 잠정시공 단면

기초지반이 연약한 경우에 이루어지는 잠정시공 단면은 다음 그림과 같이 연약지반의 토성 및 역학적 성질에 따른 기초지반 처리공법과 하천수리 특성을 충분히 고려하여 선정하여야 하며, 완성단면은 기초지반이 계획제방높이의 하중에도 안정성을 유지할 수 있는지 여부를 판단한 후 이루어져야 한다.

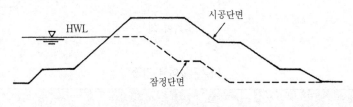

잠정시공 단면의 예

문제 6   제방쌓기용 하천바닥 굴착의 목적 및 시공시 유의사항에 대하여 기술하시오.

I. 개 요

제방쌓기용 하천 바닥파기는 자연적으로 형성된 기존 유로의 하천 공학적 특성 변화를 최소함으로써 자연하천 환경의 보호와 더불어 치수 및 이수시설물의 안정성 등에 지장을 주지 않도록 시공계획을 수립하여 시행하여야 한다.

제방쌓기용 하천 바닥파기는 가능한 제방쌓기의 다짐에 적합한 함수비(최적함수비)를 갖고 있는 흙을 먼저 행하고 함수비가 높은 흙은 최적함수비를 유지할 수 있는 함수비 저하방법을 강구하여 시행하여야 한다.

하천바닥 흙파기는 하천 수위에 근거하여 육상 흙파기와 수중 흙파기(준설)로 구분한다. 이 구분은 공사기간이 긴 대규모공사의 경우 20년 평균저수위를, 공사기간이 짧은 소규모공사의 경우 공사기간중 발생한 수위를 기준으로 하여 기준 수위 이상의 하천 바닥파기는 육상 흙파기, 기존 수위 이하의 하천 바닥파기는 수중 흙파기(준설)로 구분한다.

하천바닥 흙파기 시공계획은 다음 사항을 유의하여 수립한다.

1) 기존 유로 특성 변화의 최소화
   ① 기존 유심부 하천바닥파기의 방지
   ② 기존 저수로폭(상시수로폭)의 확대 방지
   ③ 기존 퇴적지의 과굴 방지

2) 하천환경 변화의 최소화

3) 이, 치수 시설물의 안전 도모

II. 하천 바닥파기의 목적

1) 계획홍수유량의 안전한 소통을 위한 통수단면의 확대
2) 하천바닥의 세굴 및 퇴적을 저수로로 국한시키기 위한 저수로 정비
3) 분수로, 방수로 등 새로운 하천 조성
4) 제방쌓기용 토사파기
5) 하천 골재파기

6) 하천바닥의 퇴적 제거

기계시공시 계획흙파기 단면에 대한 흙파기 오차의 허용범위는 ±10cm 정도로 보고 계획준설(수중 흙파기)의 경우 준설오차의 허용범위기준

준설오차의 허용범위

선 종	규 격	허 용 범 위
펌 프 준 설 선	200 PS 500 PS 1,000 PS	30 cm 50 cm 60 cm
그 라 브 준 설 선		50 cm

III. 시공시 유의사항

1) 양안퇴적지(고수부지)의 과다한 하천 바닥파기(약 1년 빈도 홍수위보다 낮은 하천 바닥파기)는 하천단면을 불규칙하게 만들고 물의 흐름을 흐트러지게 하여 자연유로 특성을 크게 변화시킬 뿐만 아니라 주변 토지 이용을 저하시키고 하천의 자연환경을 파손한다.

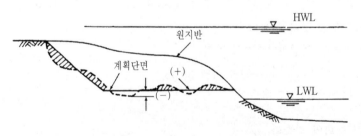

하천바닥의 시공단면 파기 및 과굴 예

2) 제방쌓기용 흙으로서 함수비 조절방법
   ① 함수비가 높은 육상굴착토는 가능한 한 굴착부의 표면배수 촉진
   ② 배수도랑을 파서 흙의 최적함수비 유지
   ③ 임시 물막이나 차수 시트를 덮는 등 가능한 한 최적함수비 유지
   ④ 굴착토의 임시 배수구 설치와 병행하여 양수하거나 또는 굴착토를 일시적으로 적치장에 쌓아놓는 방법
   ⑤ 점성토는 지하수위의 저하가 어려우므로 비교적 얇은 층으로 나누어 채취

3) 저수로 파기는 공사중에 기존 유로의 상시 유수방향을 크게 바꾸지 않도록 다음과 같이 행

해야 한다.

① 파기방향은 하류로부터 상류로 향하여 진행하는 것이 원칙이다.

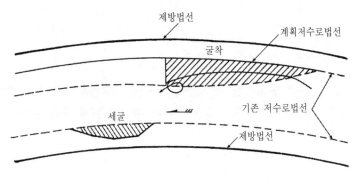

상류로부터 굴착하는 좋지 않은 예

② 하천바닥을 파는 폭이 넓어 일시에 전단면 시공이 불가능한 경우, 파기는 유향에 나란하도록 구간을 나누어 유심부 및 하류로부터 행하는 방법이 바람직하다.

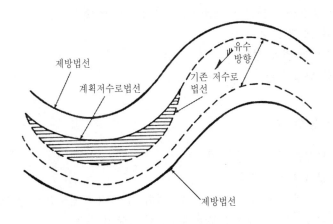

저수로 파기의 바람직한 예

문제 7 제방 누수의 원인과 방지대책에 대하여 기술하시오.

Ⅰ. 개 요

제방의 누수는 제외의 수위가 상승할 때 제방의 뒷비탈, 제내지에 용수 또는 침수가 발생하여 제체와 기초에 누수가 발생하여 제방의 안정을 해친다. 따라서 이에 대한 원인과 대책을 기술하고자 한다.

Ⅱ. 누수 원인

1. 제체를 통한 누수

1) 제방 단면이 부족할 때
2) 입도분포가 불량하고, 다량의 조립물을 함유하고 있을 때
3) 침윤선이 뒷비탈면에 나올 때
4) 적당한 차수벽이 없을 경우
5) 제방 성토의 다짐 불량

2. 기초지반을 통한 누수

1) 투수성 큰 모래층 기초가 있을 때
2) 제방 비탈 끝이 세굴된 경우
3) 지반 침하에 의해 하천 수위와 제체 지반과의 차가 커져 침투압이 증가한 경우
4) 뒷비탈 밑부분의 수로굴착에 의하여 투수층이 노출된 경우

3. 기타 원인

1) 수문, 통관 등의 구조물과 제체와의 접촉 불량
2) 구조물 축조시 투수층 노출
3) 쥐, 두더지
4) 나무뿌리에 의한 것

Ⅲ. 누수 방지공법

1. 제방지반의 누수 대책공법

1) 투수층에 지수벽 설치하는 방법

① Sheet pile, 점토벽 약액주입, 지수막 등을 이용

② Sheet pile 시공 쉬우나 투수층 깊이, 두께가 크지 않은 경우에 적합하고 연결부의 지수에 유의

③ 약액주입은 시공작업은 쉬우나, 지수효과, 내구성 불명확

④ 비닐 등에 의한 지수막공법은 지수효과, 시공의 신뢰성은 높으나 작업이 어렵다.

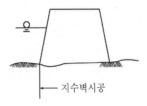

지수벽시공

2) 제방폭을 확폭하는 방법

① 투수경로 길이 크게

② 수두구배를 감소시키는 공법

3) Blanket 공법

① 제외지 투수층 위에 불투수성의 흙, 아스팔트로 표면을 피복하는 것

② 누수장소의 투수층이 표면에 노출되어 있거나, 표층의 투수계수가 클 때 적용

③ 지수효과가 크고, 시공과 유지관리 쉬워 유효한 공법이다.

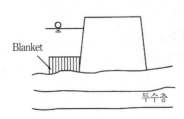

Blanket

투수층

4) 압성토공법

① 제내 지반에 Quick sand 현상이 일어날 때 적용

② 주변 지반에의 영향

2. 제방의 누수대책

1) 제방단면 증대

① 침투거리를 길게 하여 누수 방지
② 단면 증대량은 제방의 재료, 제방단면, 누수량 고려하여 결정
③ 단면 증대에 쓰이는 재료, 투수성이 좋은 모래질의 것

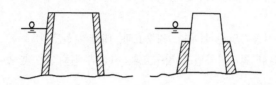

2) 지수벽 시공

① 지수벽 시공방법
  ⅰ) Sheet pile 박는 방법
  ⅱ) 점토벽을 두는 방법
  ⅲ) 약액주입에 의한 방법
② Sheet pile 이음부, 연결부 누수에 주의
③ 점토벽, Slurry trench시공
④ 약액주입, 지수성 효과를 높일 수 있는 시공관리가 어렵다.

3) 비탈면 피복공

① 침투수와 강우 등의 침투 방지
② 비탈면을 콘크리트, 아스팔트 등으로 피복

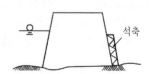

4) 비탈 끝의 보강

① 누수 개소의 뒤쪽에 석축을 쌓는다.
② 배수를 좋게 하고, 비탈면 보강

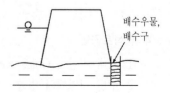

5) 배수구 설치

① 수두를 감소시켜 Quick sand 현상, Piping 현상 방지
② 투수층 내에 배수 우물, 배수구 설치
③ 투수층 두께가 얇고, 표토가 얇은 경우 적용

6) 비탈 끝 보강공법
　① 비탈 끝에 흙을 쌓아 세굴 방지
　② 세굴된 곳의 보수공법에 적용

Ⅳ. 결 론

누수공법 결정시 고려사항은 지수효과, 시공성, 경제성이며 다음과 같이 대별할 수 있다.
　1) 제체, 기초지반에 불투수성의 차수벽 설치
　2) 침윤선이 충분히 낮아지도록 제방폭을 경감하는 방법
　3) 제방 내외의 수위차 경감하는 방법
　4) 누수를 빨리 배제, 제체 연약화 방지

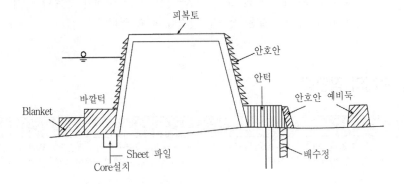

문제 8 호안과 수제를 구분 비교하시오.

Ⅰ. 개 요

호안은 제방 또는 하안을 유수에 의한 파괴와 침식으로부터 직접 보호하기 위해 제방 앞비탈에 설치하는 구조물이다.

토사로 축조되며 유수의 침식작용으로부터 앞비탈을 보호하기 위해서 호안이 설치된다.

수제는 흐름을 조절하여 유로의 폭과 수심을 유지하고 퇴적을 유도하여 제방과 하상을 보호하고 유로를 교정, 고정하기 위하여 흐름에 직각 또는 평행하게 설치하는 구조물이다.

호안은 유수의 침식작용으로부터 제방을 보호한다는 면에서는 수제와 동일한 목적을 지니고 있으나 그 역할면에서는 각각 다음과 같은 장점과 단점을 갖고 있다.

Ⅱ. 호안과 수제의 장단점

구 분	호 안	수 제
장 점	• 직접 하안을 피복하여 설치하므로 침식을 확실하게 방지할 수 있다.	• 물의 흐름을 적극적으로 제어하므로 설치 위치와 공법을 적절하게 선택하면 충분한 효과를 얻을 수 있다. • 토사의 퇴적과 유속감소의 효과를 얻을 수 있다. • 하천에 다양한 환경을 제공하여 생태계 및 경관 보전에 효과가 크다.
단 점	• 유속감소의 효과가 적다. 경우에 따라서는 유속을 증대시킨다. • 호안 상하류부에서 하안을 침식시키고 호안 밑부분에서 세굴을 일으킨다.	• 하안을 간접적으로 보호한다. • 하류부에서 수충부가 이동될 수 있다. • 수제의 선단부분이 세굴되기 쉽다.

Ⅲ. 호안의 특징

1) 호안의 일반적인 구조는 비탈덮기, 기초, 비탈멈춤 및 밑다짐으로 구성된다.

① 비탈덮기는 제방 또는 하안의 비탈면을 보호하기 위해 설치하는 것으로 하상, 설치장소, 비탈면 경사 등에 의해 공법 선정

② 기초는 비탈덮기의 밑부분을 지지하기 위해 설치

③ 비탈멈춤은 비탈덮기의 활동과 비탈덮기 이면의 토사 유출을 방지하기 위해 설치하며 기초와 겸하는 경우도 있다.

④ 밑다짐은 비탈멈춤 앞쪽 하상에 설치하여 하상세굴을 방지함으로써 기초와 비탈덮기를 보호하는 구조물이다.

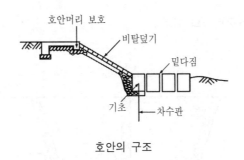

호안의 구조

2) 호안에는 필요에 따라 다음과 같은 부분을 부가적으로 설치한다.

① 소구멈춤공은 비탈덮기의 상하류 끝부분에 설치하여 호안을 보호한다.

② 호안머리 보호공은 저수호안의 상단부와 고수부지와의 적합을 확실하게 하고 저수호안이 우수에 의해 이면에서 파괴되지 않도록 보호하는 것이다.

Ⅳ. 수제의 특징

1) 수제의 목적

수제는 흐름에 대하여 조도의 역할을 하여 유속을 감소시키고 이로 인하여 유사 이송능력을 감소시키고 또한 흐름의 방향을 변화시켜 흐름의 방향과 유로 제어, 세굴과 퇴적 및 수위 상승과 같은 기능을 통하여 다음과 같은 목적을 달성한다.

① 제방 세굴 방지

토사의 퇴적을 유발하여 제방을 세굴로부터 보호 유속을 감소시키고 유사 이송능력이 감소

② 유로의 교정과 저수로의 고정

계획된 평면선형에 따라 유로를 변경하고 흐름의 폭이 일정하도록 저수로를 유지

③ 수위 상승

충분한 수심이 확보되도록 필요한 지점에 수제를 설치하여 수위를 상승

④ 도류제

지류의 유입으로 본류의 흐름상태가 심하게 교란되거나 지류의 유입이 원활하지 않은 경우 흐름을 유도하도록 도류제로서 수제를 설치

⑤ 주운조건개선
   주운에 필요한 수심을 확보하기 위함
⑥ 생태계의 보전
⑦ 하천경관개선

2) 횡수제의 방향과 세굴퇴적의 위치

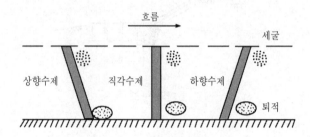

문제 9   수제 선정시 고려해야 할 사항과 종류에 대하여 기술하시오.

Ⅰ. 개 요

수제 설계에서 중요한 것은 대상 하상에 가장 적합한 형태의 수제 선정과 배치이다. 수제의 형태와 배치가 결정되면 하도 조건과 유황 특성에 적합한 크기를 결정하는 것이다.

수제의 목적인 유속 감소와 이로 인한 토사의 침전과 세굴 방지, 유향의 변경은 수제방향에 따라 그 효과가 다르게 되므로, 설치 목적에 부응하도록 수제의 방향을 선택해야 한다.

Ⅱ. 선정시 고려사항

1) 수제 형상, 길이, 방향, 간격, 높이 등의 설계제원은 하천 특성, 설치 목적, 부근 하도에 미치는 영향, 구조물의 안정성, 시공성, 경제성 등을 고려하여 결정한다.

2) 수제는 흐름에 대한 장애를 될 수 있는 한 적게 하기 위하여 간단하고 유지보수가 쉬운 구조로 한다.

3) 불투과수제는 흐름에 대한 저항이 크고 수제의 목적에 어긋나는 일이 많으므로 될 수 있는 대로 투과수제를 사용한다.

4) 적은 수의 길고 큰 수제보다 많은 수의 짧은 수제가 효과적이다.

5) 수제군에 있어서는 개개의 수제가 흐름에 대한 저항을 균등하게 받도록 한다.

6) 내구성이 큰 재료를 선택한다.

7) 조도가 클수록 유속 감소비율은 크게 된다. 따라서 일정구간에 여러 개의 수제가 설치되어 있다면 유속이 점차적으로 감소될 수 있도록 조도가 작은 수제를 상류측에 설계하는 것이 바람직하다.

Ⅲ. 수제의 종류

1) 구조에 의한 분류
   ① 구조에 따라 투과수제와 불투과수제
   ② 투과수제는 수제를 통하여 흐름을 허용하는 구조로 유속이 감소된다.
   ③ 불투과수제는 수제를 통하여 흐름을 허용하지 않는 구조로 흐름의 방향 변경에 보다 효과적

2) 방향에 의한 분류

수제가 제방에서 하심을 향하여 흐름에 직각인 수제를 횡수제, 흐름방향과 평행한 수제를 평형수제라 한다. 평형수제는 주로 흐름을 유도하는 데 채택

① 평행수제

유로를 변경시키거나 고정하는데 효과, 수제 기초부에 세굴이 발생하므로 장래의 유지비와 공사비 증가

② 횡수제

ⅰ) 횡수제는 하안에서 하심으로 돌출된 방향에 따라 상류로 향한 상향수제, 하류로 향한 하향수제, 직각인 직각수제로 구분

ⅱ) 상향수제의 경우 흐름에 직각인 수직선과 이루는 각도

직 선 부 $10 \sim 15°$

요(凹)안부 $10 \sim 15°$

철(凸)안부 $10 \sim 15°$

ⅲ) 하향수제의 경우에는 그 각도가 특히 주어지지 않으나 흐름의 상황, 세굴과 퇴적의 특성 등에 따라 결정

수제방향의 장단점

	상 향 수 제	직 각 수 제	하 향 수 제
장 점	• 수제의 하류측 하안부에 토사의 퇴적 상태가 양호하다. • 흐름을 전방으로 밀어내는 힘이 크므로 제방 및 호안 보호에 양호하다.	• 길이가 가장 짧고 공사비가 저렴하다. • 완류하천의 감조 부등에 양호하다.	• 수제 앞부분의 흐름에 의한 수충력이 비교적 약하다. • 완류부에서 용수취수구의 유지와 선착장의 수심 유지에 비교적 효과적이다.
단 점	• 수제 앞부분에서 흐름에 대해 저항하게 되므로 세굴에 의해 손상될 위험이 크다.	• 하향수제에 비해서 수제하류에 세굴에 대한 영향이 적지만 상향수제에 비해서는 위험이 크다.	• 월류에 의한 소용돌이가 발생하기 쉽다. • 수제 하류에 세굴이 일어나기 쉬우므로 제방에 위험이 크다.

3) 재료와 형태에 의한 분류

① 말뚝수제

투과수제로서 목재 또는 철근 콘크리트 말뚝을 하나 또는 여러 개의 말뚝묶음을 한 줄 또는 여러 줄로 박고, 말뚝을 종횡 대각선방향으로 연결하여 일체로 작용

② 침상수제

섶침상수제, 말뚝상치수제, 목공침상수제, 콘크리트 방틀수제

③ 뼈대수제

　목재나 철근 콘크리트 부재로 만든 삼각형 또는 사각형틀 그 내부공간을 돌 등으로 채운 수제

④ 콘크리트 블록 수제

⑤ 날개수제

⑥ 밑다짐수제

문제 10   호안의 종류 및 구조적 특징

I. 호안의 종류

1) 제방호안
2) 저수호안
3) 고수호안

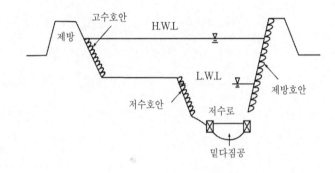

II. 호안의 구조

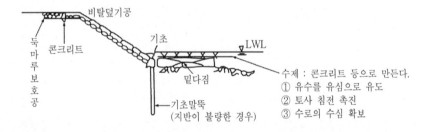

III. 호안의 파괴 원인

1) 유수, 기타 외력에 의한 직접 파괴
2) 하상 변동에 따른 간접 파괴
3) 본체의 변동 및 재료의 열화에 따른 파괴
4) 호안의 파괴는 비탈 기슭으로부터 상류 및 하류단에서 많이 발생한다.

IV. 비탈덮기공법

1) 호박돌 붙이기, 사다리
2) 호박돌 콘크리트 기초

　3) 메돌 붙임기
　4) 콘크리트 붙힘공
　5) 콘크리트 블록공

Ⅴ. 비탈면 멈춤공

　1) 판 바자공

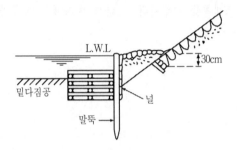

　2) 널말뚝공

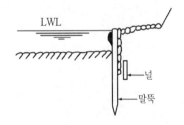

Ⅵ. 호안의 밑다짐공

　1) 섶침상
　2) 목공침상
　3) 콘크리트 블록(설치시 유의사항 : 흙, 재료의 조도와 같을 것)
　4) 사석공
　5) 돌망태공

문제 11 방파제의 종류와 특징에 대하여 기술하시오.

I. 개 설

방파제는 항내의 정온을 유지하며 하역의 원활화, 선박의 항행, 정박의 안전 및 시설 보존을 위해 설치하는 구조물로써 부근의 지형, 시설 등에 미치는 영향을 고려하여, 이용 조건, 공사비, 시공의 난이도, 유지관리 등을 검토하여 축조계획을 수립한다. 따라서 방파제의 종류와 특징에 대하여 기술하고자 한다.

II. 방파제의 종류

1. 경사제

1) 사석식 경사제
2) 블록식 경사제

2. 직립제

1) 케이슨식 직립제
2) 블록식 직립제
3) Cellar block식 직립제
4) 콘크리트 단괴식 직립제

3. 혼성제

1) 케이슨식 혼성제
2) 블록식 혼성제
3) Cellar block식 혼성제
4) 콘크리트 단괴식 혼성제

4. 특수 방파제

1) 유공 케이슨 방파제
2) 강관방파제

Ⅲ. 각 방파제의 특징

1. 경사제

돌, 콘크리트 블록, 소파, 블록을 투하하여 대상의 방파제를 형성하는 것

1) 장 점
① 공정이 단순, 지방의 요철에 관계없이 시공 가능
② 연약지반에도 시공 가능
③ 파에 대한 세굴 순응성이 좋다.

2) 단 점
① 수심이 크면 다량의 재료가 필요
② 시공시 파에 대한 재해위험이 크다.
③ 제체를 투과하는 파에 의해 항내가 교란되기 쉽다.

3) 사석식 방파제
① 사석 크기에 제한이 있다.
② 파력이 큰 곳에는 블록으로 비탈면을 피복

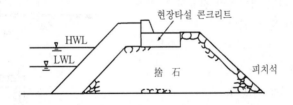

4) 블록식 방파제
① 중량이 큰 이형 블록을 사용하므로 안정
② 블록 제작용 용지 필요

2. 직립제

전면에 연직인 벽체를 해저에 만들어 주로 파 에너지를 반사시키는 것

1) 장 점
① 사용재료가 적게 든다.
② 제체를 투과하는 파가 없다.

2) 단 점

① 저면 반력이 커 세굴 우려가 있으므로 하부지반이 견고할 때 적용한다.

② 반사파의 영향이 크다.

3) 케이슨식 직립제

① 육상작업으로 시공 가능

② 안전, 시공 확실

③ 공기가 짧다.

④ 속채움 : 빈배합 콘크리트(1 : 4 : 8~1 : 5 : 8)

⑤ 상부벽에는 10m마다 이음 설치

⑥ 대형장비 소요(예인선 등)

⑦ 수심이 낮으면 진수시킬 수 없는 경우 공정에 지장이 있다.

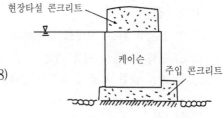

4) 블록식 직립제

① 시공 용이

② 블록 제조설비는 Caisson보다 간단

③ 블록 사이의 결합이 충분하지 않다.

④ 블록을 단기에 많이 만들기가 곤란

⑤ 블록 크게 하면 대형장비 필요하고, 작게 하면 이음이 많게 된다.

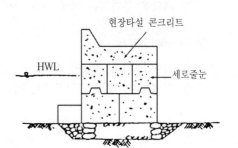

5) Cellar block제

① 운반중 무게가 가볍다.

② 일체화를 빨리 시키지 않으면 전도하는 경우

③ 일체화에 대한 안정이 의문

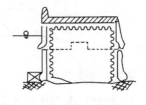

6) 콘크리트 단괴식 직립제

① 강고한 구조

② 현장 제작시 장비가 소규모

③ 강고한 지반에만 시공 가능

④ 수심이 얇은 비교적 소규모의 방파제에 적용

⑤ 수중 콘크리트 타설, 수심이 깊으면 곤란

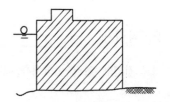

3. 혼성제(케이슨, Block, Cellar block)

1) 장 점
　　① 수심이 깊은 곳, 비교적 연약한 지반에 적합
　　② 석재의 콘크리트용 자재의 입수 난이, 가격 등을 검토, 사석부와 직립부의 높이비율을 결
　　　정한다.

2) 단 점
　　① 세굴의 우려가 있다.
　　② 시공장비와 시공설비가 다양하게 필요

3) 각 특징은 직립제와 동일하다.

4. 특수 방파제(유공 케이슨식 방파제)

1) 콘크리트 케이슨의 앞면에 많은 구멍을 설치하고, 케이슨 내부에 속채움을 하지 않은 구체
　를 현장에 설치
2) 파 에너지의 일부를 케이슨 앞면에서 직접 받고, 투과된 에너지는 케이슨 내부 수위의 상승
　과 강하에 의해 흡수되도록 한 것
3) 소파효과가 높고, 방파제, 소파호안에 주로 이용
4) 波 에너지 줄일 수 있는 효과적인 형태가 연구, 개발되고 있다.
5) 구체가 뜨지 않으므로 Crane선에 의한 운반
6) 시공순서
　　① 구체 제작
　　② Crane선에 의한 운반
　　③ 기초 조성
　　④ 케이슨 설치
　　⑤ 케이슨 앞면 세굴방지용 시공
7) 이외에 특수 방파제의 종류
　　① 강관방파제
　　② Floating 방파제
　　③ 공기방파제

문제 12 해양공사 기초공법

I. 개 요

해양공사는 육상공사와 달리 시공 조건과 환경 조건에 의해 제약요소가 많고 안전 확보에 어려움이 많다. 육상의 교량과 달리 교량의 규모가 크고, 장대화됨으로써 가설공법 및 기초공법의 선정에 매우 유의해야 한다.

해상교량의 기초공법 종류와 선정시 고려사항, 각 공법의 특징에 대해 기술한다.

II. 해상교량 기초공법의 종류

1. 가물막이 공법

1) 강관 Sheet pile 공법
2) Cell block 공법

2. Caisson 공법

1) Open caisson 공법
2) Pneumatic caisson 공법
3) 설치 caisson 공법

3. 말뚝공법

1) 타입말뚝공법
2) 현장타설말뚝공법
3) 다주식 공법
4) Jacket pile 공법

III. 공법 선정시 고려사항

1) 해상교량은 지지력의 확보가 특히 중요하다.

2) 시공 위치에 대한 정확한 조사 Data가 시공의 양부를 좌우한다.

3) 해상지반이 연약지반인 경우가 많고, 지형이 경사졌거나, 지층이 복잡하게 혼재되어 지내력이 상이한 경우가 많다.

4) 다음의 사항을 조사하여 공법 선정시 고려한다.

1) 지반조사
   ① 해저지반의 지층성장
      ⅰ) 시추조사 및 시료채취
      ⅱ) 물리탐사, 탄성파탐사
   ② 지내력 측정(원위치시험)
      ⅰ) Sounding시험
      ⅱ) 공내재하시험
   ③ 실내시험
      ⅰ) 채취 Sample의 토성, 암질 분석
      ⅱ) 일축압축, 삼축압축 시험
      ⅲ) 직접전단시험
   ④ 해저지형 측량
      ⅰ) 지형, 경사 측량
      ⅱ) 수심 측량

2) 시공 조건
   ① 기초의 형식, 크기
   ② 수심, 항해 선박의 수와 크기
   ③ 시공심도
   ④ 공기, 공사비
   ⑤ 제약 조건

3) 환경조건
   ① 기상, 기후, 자료(기온, 태풍)
   ② 유속, 파랑, 파고
   ③ 안개일수
   ④ 수질오염대책
   ⑤ 어업권 보상대책
   ⑥ 주위 환경, 경관

Ⅳ. 적용 가능 공법의 특징

1. 강관 Sheet pile 공법

1) 시공법

① 강관 Sheet pile을 항타하여 폐쇄단면을 구축한다.
② 이음부의 차수처리 후 양수를 한다.
③ 양수와 동시에 지보공을 실시한다.
④ Dry work로 내부 굴착 및 콘크리트 작업 실시
⑤ 차수성 확보를 위해 강관을 정확히 항타해야 한다(시공정도 요).
⑥ 바닥 콘크리트 타설 → Footing 콘크리트 타설 → Pier 콘크리트 타설의 순으로 시공한다.

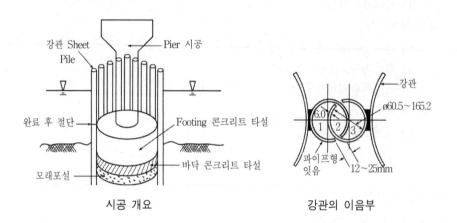

시공 개요   강관의 이음부

2) 특 징

① 기계화로 급속시공 적합
② 수심이 깊으면 시공이 곤란하고 공비, 공기 증가
③ 강관 Pile 전용 불가능
④ 강관 Pile 내부를 모두 콘크리트로 채워 강성, 내력 보강 가능

2. Pneumatic caisson

1) 시공법

① 육상에서 Caisson 제작 후 예항
② 해상 설치 지점에 정치 후 침설
③ 작업실 내에 고압공기 주입하여 물을 배제시키면서 굴착침하
④ 내부 기초 콘크리트 타설

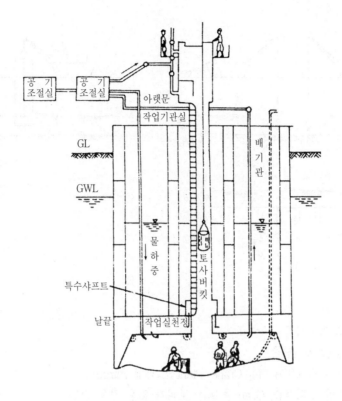

2) 특 징

　① 지중 장애물 처리 용이

　② 지반의 지지력 확인 가능하여 확실한 지지층에 설치 가능

　③ 고압하 작업으로 잠수병 문제

　④ 특수설비 필요

　⑤ 수심 30m까지 시공심도 가능

3. 설치 Caisson

1) 시공법

　① 해저지반 발파굴착, 면고르기

　② 기성 Caisson 육상 제작 후 예항

　③ 설치 지점에 정치 후 침설

　④ 내부 속채움 콘크리트 타설(Tremie or Prepacked Con'c)

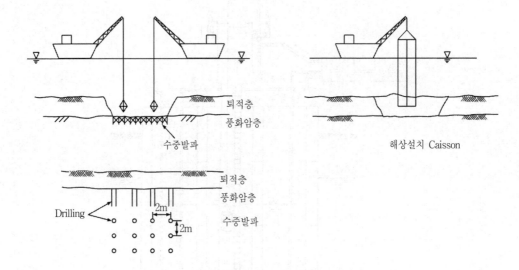

2) 특 징

① 대규모 기초시공 가능

② 작업단순, 공기단축

③ 대형장비 필요(Floating Crane, Plant선, 작업 Barge)

④ 해저지반의 퇴적층, Grab 준설선, 토피가 얇은 경우 적당

⑤ 수중 Open 굴착으로 환경상 문제 발생

4. 다주공법

1) 시공법

① 해상 작업대 설치하여 다주공 굴착(RCD 장비)

② 내강관 삽입하여 외측 모르타르 또는 콘크리트 충전

③ 강관 내부 Dry work에 의해 콘크리트 타설

④ 다주의 말뚝을 정판으로 강결

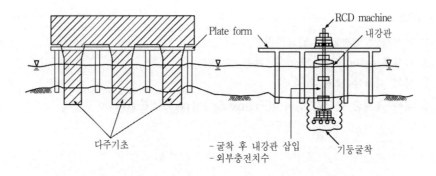

2) 특 징

① 깊은 수심, 강조류에서도 시공 가능
② 해저 굴착량 최소화
③ 복합된 지질에서도 소요내력 확보 가능
④ 대구경 굴착기 필요

5. Jacket pile

1) 시공법

① Jacket공장 제작, 운반, 예항, 설치(거치)
② Jacket pile 항타
③ Drilling 후 Pin pile 시공, Grout 실시
④ Deck footing 타설

2) 특 징

① 수심의 영향을 거의 받지 않는다.
② 강성이 Caisson보다 부족하다.
③ 부식 방지시공이 필요하다.
④ 주로 접안시설이나 해상시추시설에 이용한다.

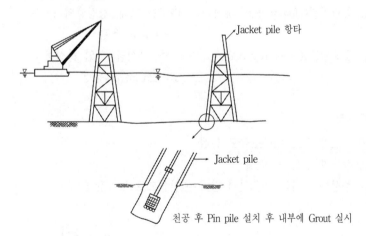

V. 결 론

  해상시공 경험이 부족한 현실에서 설계, 시공법의 연구 개발과 공사용 장비의 확보가 요망된다. 특히 시공 각 단계에서는 설계 개념을 충분히 이해하여 응력상태의 변화, 시공 조건의 변화에 대응토록 한다.
  안전 및 품질의 확보가 가능토록 가설공법의 선정과 가설공사가 확실하고 정확해야 한다.

문제 13 준설선의 종류와 특징

Ⅰ. 개 요

준설공사는 해상공사이므로 육상공사와 달리 해상의 여러 가지 작업 조건, 토질, 준설토량, 준설심도, 사토장의 조건 등에 따라 투입장비가 다르기 때문에 현장 여건을 충분히 검토하여 적정 장비를 선정 투입해야 한다.

Ⅱ. 준설선의 종류

1. Grab 준설선

1) 구 분
① 경량버킷(Light bucket) : 이토, 실토, 모래층 준설용
$2.0m^3$급 용량
② 중량버킷(Heavy duty bucket) : 다져진 모래, 경점층의 준설용
$4{\sim}8m^3$급 용량
③ 초중량(Ultra heavy bucket) : 사력층, 부식암, 연암 준설용
$12.5{\sim}25.0m^3$급 용량

2) 특 징
① 장소가 협소하고 소규모 준설
② 심도가 깊은 곳 준설
③ 준설한 토사는 토운선에 담아 예인선으로 투기장에 투기

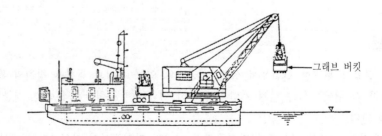

그래브 버킷

2. Bucket 준설선

1) 구분(버킷 모양)

① 평면형 : 준설토가 사질일 때
② 날을 붙인 형 : 단단한 토질

2) 특 징

① 여러 개의 버킷을 연결 취부한 Bucket 라인을 선체에 장치하여 연속적으로 토사 굴착
② 준설 능력 비교적 크고 대규모, 광범위한 준설
③ 준설면 평탄하게 작업
④ 버킷 1개 용량은 0.2~0.5m³급
⑤ 호퍼에 달린 슈트를 통하여 토운선에 적재되어 예인선으로 투기장에 투기

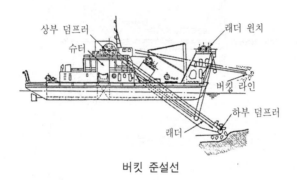

버킷 준설선

3. Suction pump 준설선

1) 종 류

① 자항펌프준설선
  ⅰ) Drag type은 흡인관의 선단에 드래그 헤드로 준설토사를 흡인하는 형식이며, 준설시의 자항속도는 2~4konts, 항해시 8~12konts의 대형
  ⅱ) Moorde type은 선체 내에 호퍼를 가지고 있고 Cutter가 없으며, 준설이 끝나면 호퍼에 채운 준설토를 자항으로 투기장까지 항해하여 투기
② 비항펌프준설선
  ⅰ) 준설 위치에 Spud를 내리고 스윙용 앵커를 고정시킨 후 선단부에 커터가 달린 래더를 준설토사 위에 내려 커터를 회전시켜 토사를 물과 함께 Pump로 흡인, 배토관을 통하여 투기장에 준설토 투기
  ⅱ) 저수지 바닥 준설에서부터 단단한 토질까지 준설
  ⅲ) 평날형, 티즈부착형(Cutter)
  ⅳ) 모양은 개방형, 폐쇄형

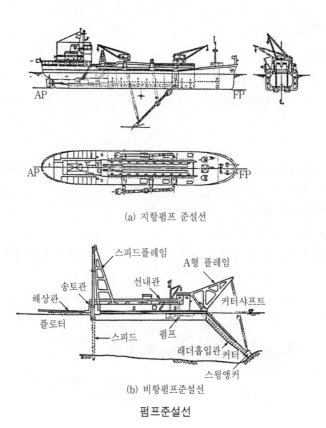

(a) 지항펌프 준설선

(b) 비항펌프준설선

펌프준설선

4. Dipper 준설선

단단한 토질이나 암반을 파쇄한 후 준설을 하기 위하여 선단부에 디퍼 버킷을 장착한 붐을
준설 위치에 내려 퍼올리는 방식으로 준설을 하는 장비이다.

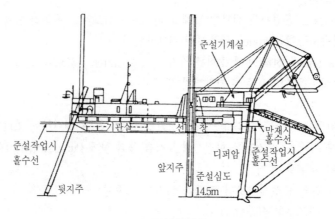

딤퍼준설선

5. 쇄암선

1) 수중암반 파쇄

2) 종 류

① 중추식(Drop Hammer) : 10~40t의 쇄암봉 달아 자연낙하방식
② 충격식(Rock Hammer) : 충격해머를 암파쇄 위치에서 연속충격방식

III. 준설선의 장단점

준설선형의 종류		장 점	단 점
그래브		• 협소한 장소에서 준설이 된다. • 소규모 준설량일 때 좋다. • 기구나 장비가 간단하고 경제적이다. • 준설심도는 비교적 쉽게 증가할 수 있다. • 준설선 건조비가 싸다. • 케이슨 속채움, 기초터파기에 자주 이용된다.	• 준설 능력이 적다. • 단단한 토질에 부적당하다.(초대형일 때에는 비교적 단단한 토질이 가능) • 단가가 비교적 높다. • 준설된 해저면에 기복을 평탄하게 작업하기가 어렵다.
버킷		• 준설 능력이 크므로 비교적 대규모 공사에 적당하다. • 준설단가가 비교적 싸다. • 비교적 넓은 면적의 토질을 준설할 수 있고, 특히 단단한 토질의 준설이 가능하다. • 해전면을 비교적 평탄하게 준설할 수 있다. • 기상이 나쁘거나 조류가 다소 세더라도 준설이 가능하다.	• 암반이나 아주 단단한 토질에는 부적절하다. • 선체에서 닻의 길이를 길게 하여 작업되므로 선박의 운항에 지장을 줄 수 있다. • 닻을 옮길 때 준설작업이 중단된다.
펌프	자항펌프선	• 준설구역이 흐트러져 있을 때나 항로의 준설에 적당하다. • 호퍼가 선내에 있어, 사토장이 멀어도 좋다. • 이토의 준설능력이 우수하다. • 드래그형식은 투묘를 하지 않기 때문에 작업 능률이 좋다.	• 준설시간이 짧아 주기관의 휴지가 많아 준설단가는 비항식보다 비싸다. • 침전이 잘되지 않은 연질이토는 침전이 되지 않은 상태에서 물과 이토를 운반하여 투기하게 된다. • 단단한 토질에는 부적절하다. • 건조비가 비싸다. • 전용준설용이므로 매립용으로는 이용할 수 없다. • 직선적으로 이동하여 준설하기 때문에 평탄하게 준설하려면 상당한 숙련을 요한다. • 관리비가 많이 든다.

준설선형의 종류	장 점	단 점
비항펌프선	• 준설토사가 송토관으로 운반되기 때문에 매립용 매립지 조성에 유리하다. • 단단한 토질 이외의 준설 능력이 매우 좋아 정도의 단단한 토질에도 성능이 좋다. • 단가가 타준설선보다 싸다. • 건조비도 타준설선보다 싼 편이다.	• 암석이나 단단한 토질에 부적당하다. • 송토관이 파도에 의한 손상을 입는다. • 준설토사의 송토거리에 제한을 받는다. (필요에 따라 부스타펌프시설을 한다.)
디퍼	• 굴착력이 크고, 단단한 지반에 적절하다. • 기계 고장이 비교적 적다. • 앵커시설(투묘)을 하지 않으므로 선박 운항에 지장을 주지 않는다.	• 계속 준설이 되지 않으므로 능력이 떨어진다. • 준설단가가 비싸다. • 건조비가 비싸다. • 운전에 숙련을 요한다.

문제 14 항만공사시 Caisson 진수공법의 종류 및 특징

Ⅰ. 개 요

케이슨은 콘크리트 구조체로서 함선과 같기 때문에 제작, 진수 과정이 선박의 건조, 진수 과정과 공정이 거의 같다. 케이슨의 규격, 수량, 공기 등에 알맞게 공정계획을 세워야 하겠지만 제작장과 진수설비가 큰 비중을 차지하고 대형공사가 아니면 진수설비의 신설이 경제성이 없기 때문에 기존의 제작장이나 진수설비를 활용하는 방안으로 설계와 시공이 이루어지고 있다.

케이슨은 제작과 진수설비 이용관계를 고려하여 제작공법이 결정되기 때문에 공법에 맞도록 진수방법을 결정하고 이에 따라 제작장 규모도 결정되며 제작과 운반, 거치방법이 정해진다.

Ⅱ. Caisson 진수공법의 종류

```
┌ 사 노 식 ┬ 사로만에 의한 방법
│ (Slip Way) │  • 활로에 헬트를 칠하여 미끄러지게 해서 진수하는 법
│            │  • Cradle의 위에 얹어 진수하는 방법
│            └ 횡인대차와 진수대차에 의한 방법
│
├ Dock 식 ┬ Dry dock
│          ├ Floating dock
│          └ Dolphin dock
│
├ 달아내리는 방식(크레인 운반)
├ 파내리는 방식(사상진수)
└ 가물막이 방식
```

1. 사로식

1) 종 류

① 헬트에 의한 방식

활로의 표면에 헬트를 흘려서(칠해서) 미끄럽게 해서 진수하는 방법

② Cradle에 의한 방법

활로 대신에 2줄로 된 Rail을 깔고 그 위에 Roller를 올려놓는다. Roller 위에 Cradle을 놓고 그 밑에는 Rail이 붙어서 구르게 하는 방법

③ 횡인대차와 진수대차에 의한 방법

사로식 중에 가장 많이 이용되고 있는 방법으로서 공사규모의 증대나 Caisson의 대형화에 대응하여 진수사로에 직각으로 函台를 만들어 그 위에서 Caisson을 제작하고 횡인하여 진수사로에 이동시켜 진수하는 방법

2) 진수방법의 경사로

① 케이슨 제작부

ⅰ) 가능하면 수평상태를 유지하며 경사로 위에서 강하할 수 있도록 한다.

ⅱ) 활로 위를 케이슨 자중으로 강하시키는 경우 1 : 15 경사도

ⅲ) 대차를 사용하는 경우 1 : 18~1 : 20 완만경사도

② 케이슨 진수부

ⅰ) 진수부경사는 몇 단계로 경사구배를 조정

ⅱ) 경사로 길이 짧게 하여 공비, 진수시간 단축

③ 최종부의 경사

ⅰ) 1 : 3~1 : 7 정도 급경사

ⅱ) 최종부 적정수심은 케이슨 자체 최대 흘수에 선가대, 함대 등의 높이를 더하고 약간의 여유를 둔다.

3) 시공상 유의사항

① 경사로의 기초

ⅰ) 사석을 운반 투하, 기초고르기 한 후 철근 콘크리트 타설(폭 4~7m, 두께 60~80cm)

ⅱ) 연약한 토질 조건 기초보강 말뚝보강

ⅲ) 부등침하 일어나면 케이슨의 이탈, 전도가 우려되므로 주의

② 선단부의 세굴 방지

ⅰ) 활로는 경사가 다소 급하게 시공

ⅱ) 조류, 파랑 등에 의한 선단부세굴 대책

4) 경사로에서의 진수

① 인력활강

② 자연활강

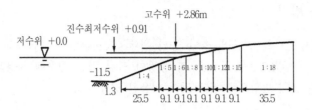

2. Dock식

1) 종 류

① Dry dock식

공사기간이 긴 대규횡 공사에 많이 사용되며 기초지반이 양호한 장소에 만들어진 Dock 에서 문비를 닫은 후 Dock 내의 물을 Pump로 뽑아내어 Dry한 상태로 한 다음 Caisson을 제작완료하고 다시 물을 넣어 진수하는 방법

② Floating Dock식

Floating dock은 보통 양측에 차수벽이 있으며 중앙의 수평 부위에서 Caisson을 제작하 고 양측 및 저부에 진수하여 적당한 심도까지 잠기게 하여 진수하는 방법

③ Dolphin Dock식

수제선의 전면에 Mound를 만들고 Floating dock에 주수하여 Mound 위에 얹어놓고 그 위에서 Caisson을 제작한 다음 Dock 내의 물을 배수하여 Caisson을 부상시켜서 진수하는 방법

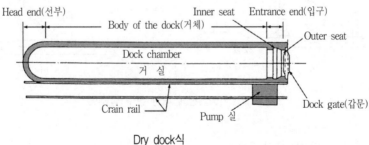

Dry dock식

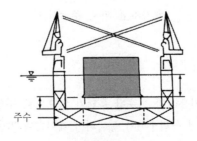

Floating dock식

3. 달아내리는 방식

기중기선이 접안할 수 있는 암벽, 호안 등의 위에서 Caisson을 제작하고 대형 기중기선으로 들어올려서 진수하는 방법으로서 Caisson의 중량이 크지 않는 경우에 사용되어 왔으나 근래에는 대형 기중기선의 국내 반입으로 인해 많이 이용될 전망이다.

1) 시공시 유의사항
① 수면에 접해 있는 안벽시설이 된 상부에 제작장 필요
② 권상작업이 가능한 붐(Boom) 길이 범위 내
③ 중량물을 권상하기 때문에 권상용 들고리 시설 필요
④ 권상시 편심하중이 작용하지 않도록 조강구 사용

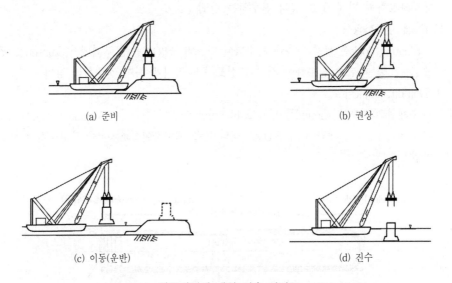

(a) 준비   (b) 권상

(c) 이동(운반)   (d) 진수

기중기선에 대한 진수 설명도

4. 파내리는 방법(사상진수)

재래의 모래지반상에서 Caisson을 제작하고 펌프 준설선으로 그 전면을 준설하여 Caisson을 진수시키는 방법

시공시 유의사항
① 준설로 인한 케이슨이 기울어져 침수될 우려가 있으므로 뚜껑을 씌우는 것 고려
② 계획수심이 준설되기 전에 사면구배가 붕괴되어 케이슨이 기울어져 준설장비와 충돌할 위험이 있으므로 이에 대한 대비 계획 고려

5. 가물막이 방식

시공시 유의사항

① 제작의 수량이 소량이고
② 인근에 가물막이할 수 있는 지형과 지질 조건
③ 방조제형 물막이공사 후 배수하여 제작장을 만든다.
④ 가물막이가 임시 구조로 시설하기 때문에 주수시나 굴착시 유속에 의해 굴착장비의 유실,
  침수가 예상되므로 주의
⑤ 진수시 유속의 작용으로 케이슨이 전도될 수 있다.

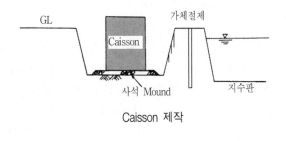

Caisson 제작

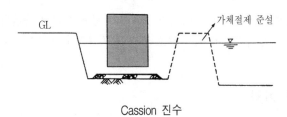

Cassion 진수

Ⅲ. 결 론

1) 진수대차에 의해서 Caisson을 진수시킬 때 그 속도는 3~5m/분 정도이어야 한다.
2) Caisson의 진수는 가급적 만조시를 이용한다.
3) 진수에 앞서 충분한 수심이 확보되었는가를 조사한다.

문제 15
항만공사에서 케이슨 운반, 거치, 속채움, 뒤채움에 대한 시공시 유의사항에 대하여 기술하시오.

I. 개 요

케이슨의 시공순서

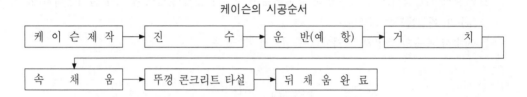

케이슨은 중량물이며 기초사석 위에 기초고르기를 한 후 거치하게 되므로 기초지반의 사태, 기초사석의 두께 등에 따라 투하된 기초사석의 공극이 케이슨 중량으로 어느 정도 침하하게 된다. 그러므로 기초사석의 높이는 침하를 고려하여 20~30cm 정도 여성을 하게 되며, 여성의 높이는 거치된 케이슨의 침하량 관측을 계획하여 여성높이를 조정하고 있다.

케이슨의 진수 후 주요 공정을 보면 운반→거치→속채움→뚜껑 콘크리트(필요에 따라 상치 콘크리트 타설)로 공정순서가 되어 있으나 파랑의 영향을 받는 위치에서는 케이슨 거치가 끝나면 곧바로 이어져야 할 공정이 속채움이며, 속채움 재료는 파랑에 의하여 유실되므로 뚜껑 콘크리트를 시공하여야 한다. 만일 연속작업이 되지 않으면 파랑에 의하여 케이슨이 이동하게 된다.

II. 케이슨의 운반 거치

1. 운 반

진수가 된 케이슨은 거치 장소까지 운반
1) 현장 여건에 따라 별도의 운반방법 강구 : 가까우면 진수 거치공, 정을 연결할 수 있다.
2) 운반거리 약간 멀고, 파랑으로 케이슨 침수가 예상될 경우 : 뚜껑을 씌워 예인
3) 거리가 먼 경우 4~6개 함을 동시에 운반(경제성, 안정성 고려)

2. 거 치

1) 거치일정 3일간 연속하여 0.5m 이하 파고높이 시기 좋다.

2) 케이슨 거치방법
① 기중기선을 이용하는 경우
  ⅰ) 기중기선을 이용하여 케이슨을 거치하는 경우 거치 마지막 단계에서 기중기선으로 케

이슨을 20~30cm 감아 올리고 물에 떠 있는 상태에서 소정의 위치에 이동시키면서 위치 확인을 하고 계획지점에 거치한다.

ⅱ) 거치시의 주수는 케이슨에 시설된 주수용 밸브를 조금씩 열어 서서히 침강하여 거치하게 되는데 일시에 주수하게 되면 침강시 케이슨에 요동이 생겨 소정의 위치에 거치가 되지 않으므로 주의를 요한다.

ⅲ) 대형 기중기선으로 진수하고 연속작업으로 거치할 경우에는 케이슨에 주수밸브를 시설하지 않고 주수공만 둔다.

ⅳ) 기중기선으로 들고 이동하여 소정의 위치가 확인되면 케이슨을 서서히 내리게 되는데 이때 주수공을 통하여 주수가 된다.

ⅴ) 소정의 위치에 거치가 되지 않을 경우, 기중기선으로 케이슨을 약간 들어올려 같은 방법으로 재거치한다.

② 기중기선을 이용하지 않는 경우

ⅰ) 기중기선을 이용하지 않고 현장에 운반된 케이슨을 거치할 경우, 거치 위치의 양쪽에 케이슨 고정용 앵커를 4개소 설치하고 양쪽에 로프를 건다.

ⅱ) 케이슨상에 설치한 위치로 계획 거치위치와 법선을 측량기구로 확인하고 계획 위치상에서 주수용 밸브를 열어 서서히 주수하여 기초바닥에서 4~5cm 정도 뜬 상태에서 재시준 확인 후 마지막 주수를 하여 거치를 끝낸다.

ⅲ) 계획 위치에 거치되지 않았을 경우 케이슨 내의 물을 펌프로 배출하여 케이슨을 띄우고 나서 재거치한다.

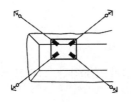 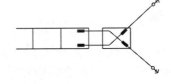

케이슨 거치

Ⅲ. 속채움

1) 속채움 재료
   ① 모래일 때 : 그래브선이나 벨트 컨베이어, 펌프선(다량인 경우)
   ② 자갈이나 사석일 때 : 그래브선이나 포클레인
2) 속채움 시기는 케이슨 이동 대비한 공정으로 가능한 한 거치 즉시 연속적으로 신속하게 시행
3) 파랑이 예상되는 장소에서는 현장 콘크리트 타설로 상부 피복, 기제작된 콘크리트판 뚜껑 설치

IV. 뒤채움

1) 케이슨이 안벽용 구조물인 경우, 케이슨을 거치하고 이어서 속채움을 하고 나면 가능한 한 빠른 시일 내에 뒤채움을 할 필요가 있다.

2) 뒤채움시 되도록이면 하단부의 수중부는 포클레인과 같은 장비로 하고 어느 정도 수상에 올라오면 덤프트럭으로 운반 투하하지만 케이슨의 이동 등에 유의하여야 한다.

3) 뒤채움 사석이 끝나면 토제를 시행하여야 하는데 토제의 토사가 유실되지 않도록 매트를 부설하고 토사를 채우는데, 매트가 찢어지지 않도록 각별히 주의한다.

4) 가능하면 세사는 사용하지 말고 약간의 점성이 함유된 토사를 뒤채움 토사로 사용하는 것이 바람직하다.

V. 후면 매립

1) 후면 매립은 안벽부에서 후면으로 매립을 진행해야 한다.

2) 매립구간이 넓으면 일정구간을 잘라 가토제를 시행하고 구간별로 후면으로 밀고 나가면 후면 끝부분에 이토질이 모여 뻘 웅덩이가 형성된다.

3) 웅덩이 형상의 이토질은 사람이 빠지면 나올 수 없을 정도로 연약하므로 경계표시를 하고 시간이 경과하여 표면이 약간 굳어지면 드레인 공법(Sand drain, Paper drain)으로 지반 압밀을 시켜 용지나 부지로 활용한다. 투기할 장소가 있으면 이토를 다른 장소로 운반하여 버리는 경우도 있다.

VI. 결 론

각 공정에 대한 문제점을 파악, 이에 대한 대책 수립이 중요하다. 그리고 후면매립 Sliding에 대한 침하대책도 강구 필요해야 한다.

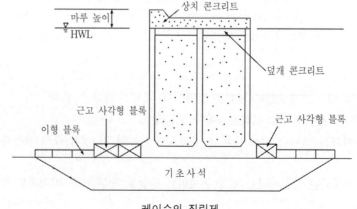

케이슨의 직립제

문제 16   계류시설(안벽, 잔교)의 종류와 특징을 기술하시오.

Ⅰ. 개 요

하역 및 정박을 위하여 선박을 계선하는 시설을 계류 설이라 하는데, 계류시설의 종류는 안벽과 잔교, 부잔교, 계선부교, 돌핀, 물양장, 부대시설로 되어 있다.

1) 안벽

배가 닿는 쪽을 벽면으로 하고 그 뒤쪽에 채운 흙의 압력에 견디도록 만든 옹벽 구조로서 벽체에 작용하는 토압의 지지 형식에 따라 다음과 같이 3가지로 분류된다.
① 중력식 안벽
② 널말뚝실 안벽
③ 선반식 안벽

2) 잔교

배를 계선하여 육지와 연락하고 하역하기 위한 다리 형태의 구조를 잔교라 하며, 하부를 말뚝구조로 하고 상부는 상판을 깐 구조이다.
① 평면 배치 형태에 따른 분류
  ⅰ) 돌출잔교
  ⅱ) 횡잔교
  ⅲ) 섬잔교(Detached pier)
② 각주의 구조에 따른 분류
  ⅰ) 말뚝식 잔교
  ⅱ) 통주식 잔교
  ⅲ) 교각식 잔교

3) 부잔교

육지에서 바다 쪽으로 어느 거리만큼 떨어져서 폰툰(pontoon)이라고 하는 상자형 배를 띄우고, 이것과 육지를 일종의 다리인 도교로 연결하여 폰툰에 선박을 계선시키는 시설이며, 비치형태에 따라 다음과 같이 분류할 수 있다.
① 돌출식
② 평행식

4) 돌핀

육지에서 떨어진 위치에 말뚝과 같은 주상체를 설치하여 여기에 배를 계선하도록 한 시설을
말한다.

Ⅱ. 계류시설의 특징

1. 안 벽

1) 중력식 안벽

① 구조상 ┌ 케이슨 안벽(대형 안벽)
├ 콘크리트 블록 안벽
├ L형 블록 안벽(대형 안벽)
├ 우물통 안벽
├ Cell 안벽
├ 공기 케이슨 안벽
└ 콘크리트 단괴 안벽

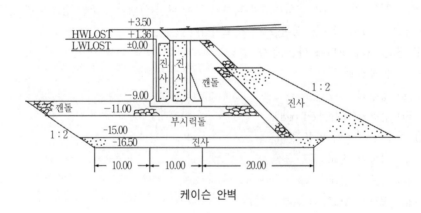

케이슨 안벽

② 시공설비가 복잡하므로 공사비가 비교적 많이 들고, 공사에 상당한 시일이 소요된다.
③ 벽체에 작용하는 외력은 과재하중, 벽체하중, 토압과 잔류수압, 부력, 선박의 견인력이며,
이 중 잔류수압은 LWL에 간만차의 1/3을 더한 것을 표준
④ 견고하고 무겁기 때문에 배의 충격에 대하여 저항이 크다.
⑤ 연약지반에는 적당하지 않다.

중력식 안벽의 각 양식의 장단점

종 류	장 점	단 점
Caisson	Caisson의 육상제작으로 해상공사를 줄일 수 있다.	대규모 육상제작 설비 및 운반장비가 필요하다.
L형 block	재료를 합리적으로 사용할 수 있어 수심이 얕은 곳에서는 경제적이고 시공설비가 간단하다.	수심이 깊거나 연약점토지반에 불리하다.
Solid block	작업공정이 단순하고 시공설비가 소규모이며, 수정작업이 간단하다.	Block 간의 일체성에 결함이 다소 있고 대형 계선 안에서는 콘크리트량이 많아 공사비가 많이 든다.
Celluar block	시설설비가 Caisson에 비해 간단하다.	부등침하에 취약하고 속채재움에 따른 벽체의 일체성에 결함이 우려된다.
Well	안벽 위치에서 Well 침하방법에 의한 직접공사로 예비공사가 필요치 않다.	침하중 옥석 등에 의한 문제가 발생될 우려가 있다.

2) 널말뚝식 안벽

  ① 구조상 ┌ 보통 널말뚝식 안벽
           ├ 이중 널말뚝식 안벽
           ├ 자립 널말뚝식 안벽
           └ 사항 널말뚝식 안벽

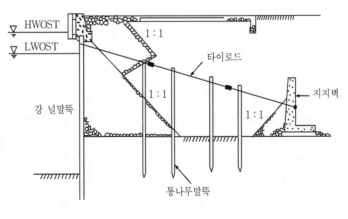

널말뚝식 안벽

  ② 특징

    ⅰ) 널말뚝을 해저 지층에 상당한 깊이까지 박아서 이를 벽면으로 하고, 그 상부에 타이로드를 붙여서 벽면 뒤쪽의 버팀판과 연결하여 이 판의 저항력과 널말뚝의 기초 밑부분

에 작용하는 수동 토압으로 벽면에 작용하는 토압을 지지하는 구조이다.

ii) 이 형식은 일반적으로 무게가 가벼우며, 시공설비도 간단하고 공사비도 비교적 저렴. 지진에 대한 저항력도 크다.

iii) 배의 충격에 약하고 내구성에 단점이 있어 부식에 대한 충분한 조치를 취해야 한다.

널말뚝식 각 양식의 장단점

종 류	장 점	단 점
보통 널말뚝식	• 원지반이 낮고 안벽 축조 후 전면을 준설하는 경우 경제적인 구조이다.	• 널말뚝벽과 버팀공과의 사이에 어느 정도 거리가 필요하며 건설현장도 어느 정도 넓이가 필요하다.
자립 널말뚝식	• 구조가 간단하므로 시공이 단순하다. • 널말뚝 벽의 단면이 크므로 파랑에 대하여 보통 널말뚝보다 강하다.	• 보통의 널말뚝보다 단면이나 길이가 커서 공사비가 비싸다. • 과재하중 등으로 인한 토압증대에 따른 널말뚝의 변형, 변위가 크다.
사항버팀 널말뚝식	• 안벽배후가 비교적 좁은 경우에 타이로드가 필요하지 않으므로 시공이 가능 • 해상공사중 파랑의 내습시에 사항널말뚝에 지지되므로 파랑에 대해 비교적 안전하다.	• 사항에는 큰 인발력이 작용하므로 상당한 근입 깊이가 필요하다.
이중 널말뚝식	• 양측을 계선안으로 이용 가능하므로 경제적이다.	• 설계법이 확립되지 않아 문제점이 많다.
널말뚝 Cell식	• 시공이 비교적 단순하므로 급속시공이 가능 • 지반이 좋고 수시미 9~10m 정도인 경우 경제적인 구조	• 지반지지력이 작은 곳이나 현지지반이 깊고 또 대량의 양질의 속채움 재료를 근처에서 얻기 어려울 때는 채택하기 어렵다.

3) 선박식 안벽

① 하부에 다수의 말뚝을 박고, 이것을 기초로 하여 상부에 L형의 선반을 얹고 선반 위의 하중을 직접 말뚝으로 하층 지반에 전하여 선반 밑의 토압을 널말뚝으로 지지하는 구조이다.

② 배의 충격에 강하고 비교적 연약지반에도 적용된다.

③ 시공 장소가 깊고, 매립하는 경우에는 시공상 다소의 난점이 있으며, 지진시 벽체가 너무 무겁다는 단점이 있다.

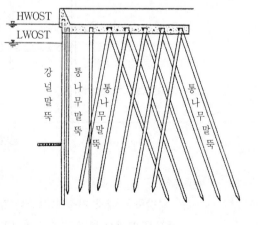

선반식 안벽

2. 잔 교

1) 평면 배치 형태

① 돌출 부두 전부를 잔교 구조로 하는 돌출 잔교

② 바다 쪽에만 계선하도록 하고 다른 쪽은 육지와 연결된 횡잔교

③ 육지로부터 떨어져서 해상에 설치한 섬잔교(Detached pier)

|돌출 잔교|횡잔교|섬잔교|

2) 각주의 구조

① 말뚝식 잔교 : 나무말뚝, 강철말뚝, 철근 콘크리트 말뚝 등을 사용

② 통주식 잔교 : 프리캐스트로 된 원통 각주 1개 또는 수개를 연결한 구조

③ 교각식 잔교 : 각주에 케이슨, 공기 케이슨, 우물통 등을 사용한 구조

3. 부잔교

1) 구조상

① 철근 콘크리트제 Pontoon

② 강제 Pontoon

③ 목제 Pontoon

④ PSC pontoon

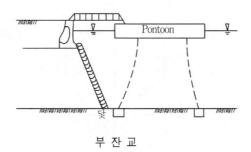

부 잔 교

2) 배치 형태

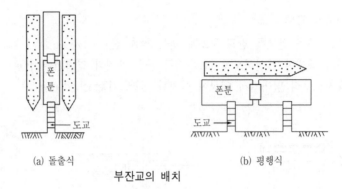

(a) 돌출식   (b) 평행식

부잔교의 배치

3) 특 징

간만의 차가 커서 고정된 안벽, 육지와 선박과의 고저차가 커서 잔교 등으로는 하역이 불가능한 곳에 이용된다.

4. 돌 핀

1) 구조상

① 항식 Dolphin
② 강널말뚝식 Dolphin
③ Caisson식 Dolphin

2) 특 징

① 육지에서 떨어진 위치에 말뚝과 같은 주상체를 설치하여 여기에 배를 계선하도록 한 시설
② 큰 선박의 접안에는 육지에서 상당히 떨어진 연안 깊은 곳에 설치한 돌핀에 계선하고 파이프라인을 통하여 하역하는 경우가 많다.

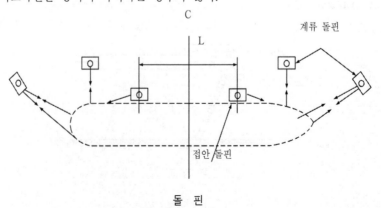

돌 핀

Dolphin 각 양식의 장단점

종 류	장 점	단 점
보통 말뚝식	• 비교적 경량구조이므로 연약지반에 사용 가능 • 장래의 수심 증가에 쉽게 대처할 수 있고 세굴에 대해 안전하다. • 시공이 간단하고 수심이 깊은 곳에 적합	• 부식에 약하다.
Sheet pile cell식	• 연약지반에 적합 • 시공이 간단 • 공기가 짧고 공사비가 적게 든다.	• 수심이 깊은 곳은 직경이 커져서 비경제적이다. • 속채움의 완료시까지 불안정
Caisson식	• 시공이 확실하고 해상작업 기간이 짧다. • 구조의 안정으로 선박의 충격력이 강하다.	• Caisson yard가 가깝지 않으면 공사비가 상승 • 연약지반에는 지반을 개량 후에 설치하므로 공사비가 높다.

5. 계선부표

박지에 배치하여 배를 잡아 매어 두는 부표를 계선 부표라 한다. 부표는 닻에 비하여 배의 점유면적이 작고 닻을 사용하기가 부적당한 지질 또는 수심이 깊은 항에 설치된다.

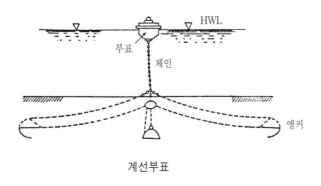

계선부표

III. 결 론

안벽구조물은 파랑, 조류, 외력에 대하여 안정되도록 설계 · 시공되어야 하며, 시공 여건, 현장 입지에 적절한 계류시설의 종류가 설치되어야 한다.

조건별 구조 양식 선정

구조양식	조건	수	심		토	질		시공시의 파랑		
		10m	20m	60m	N<10	10<N<30	N>30	0.5m 이하	0.5~1.0m	1.0m 이상
중력식	현장타설 콘크리트	△	×	×	△	○	○	○	△	×
	콘크리트 Block	○	×	×	△	○	○	○	○	△
	케이슨	○	○	○	△	○	○	○	○	△
널말뚝식	보통널말뚝	○	△	×	△	○	×	○	△	×
	사항버팀 널말뚝	○	△	×	△	○	×	○	△	×
	널말뚝 Cell식	○	○	×	○	○	×	○	△	×
부 잔 교 식		○	○	○	○	○	○	○	○	×
돌 핀 식		○	○	×	○	○	○	○	△	×
잔 교 식		○	○	×	○	○	○	○	○	×

주) ○ : 조건에 적합
　　△ : 상황에 따라 적합
　　× : 조건에 부적합

제12장
건설기계

문제 1 | 기계화 시공계획

Ⅰ. 토 질

1) 암 석

① 탄성파속도 : 불도저의 Ripperbility의 판정

굴착기계의 선정, 착암기의 천공속도 산정 등에 이용

② 리퍼빌리티 : Ripper로서 단단한 흙, 연암 등을 굴착할 수 있는 것을 말하며 탄성파속도 2.5km/sec 이하의 암석은 Ripping이 가능

2) 흙

① 토량 변화율

$$L = \frac{\text{흐트러진 토량}}{\text{자연상태 토량}}$$

$$C = \frac{\text{다져진 상태 토량}}{\text{자연상태 토량}}$$

② 토량 환산계수(f)

구하는 Q / 기준이 되는 q	자연상태의 토량	흐트러진 상태의 토량	다져진 후의 토량
자연상태의 토량	1	L	C
흐트러진 상태의 토량	$\dfrac{1}{L}$	1	$\dfrac{C}{L}$
다져진 후의 토량	$\dfrac{1}{C}$	$\dfrac{L}{C}$	1

③ 트래피커빌러티(Trafficability) : 건설기계의 주행성을 흙의 측면에서 판단하는 것으로써 Core 지수를 나타냄.

$$q_c = \frac{\text{관입력}(\text{kg})}{\text{관입면적}(\text{cm}^2)} = \text{kg/cm}^2$$

종　　　류	콘 지 수 (q_c)(kg/cm²)
불 도 저	4 ~ 7
습 지 도 저	2 ~ 4
스 크 레 이 퍼	4 ~ 5
덤 프 트 럭	10 이상

Ⅱ. 작업능력 산정의 기본식

$$Q = C \times N \times E$$
$$= q \times f \times \frac{60}{Cm(\text{분})} \times E_1 \times E_2$$
$$= q \times f \times \frac{3600}{Cm(\text{초})} \times E$$

Ⅲ. 작업효율(E)의 결정요인

1) 현장작업 능률계수(E_1)

① 자연적 조건
 ⅰ) 기상 영향(함수비)
 ⅱ) 지형, 지질 등에 의한 기계 적응성 여부
 ⅲ) 현장 조건
② 기계적 조건
 ⅰ) 기종 선정, 기계배치, 기계 조합 양부
 ⅱ) 기계 유지, 수리 양부
 ⅲ) 기계 능력 양부
③ 인위적 조건
 ⅰ) 시공법 및 취급
 ⅱ) 운전원, 감독자 경험
 ⅲ) 환경

2) 실작업 시간율(E_2)

$$실작업 \ 시간율 = \frac{실작업시간}{운전시간}$$

① 조사 및 조정 시간
 ⅰ) 운전원의 현장조사
 ⅱ) 기계의 조정과 소정비
② 대기시간
 ⅰ) 기계의 작업 대기
 ⅱ) 장애물 제거 위한 대기
 ⅲ) 감독원의 지시 대기
 ⅳ) 연락대기

ⅴ) 연료보급 대기

ⅵ) 기상으로 인한 대기

③ 인위적 손실시간

ⅰ) 운전원 숙련도 차이

ⅱ) 생리적인 정지

Ⅳ. 작업가능일수

1) 평균시공량 = 1일평균시공량 ≥ $\dfrac{공사수량}{작업가능일수}$

2) 작업가능일수 = 역일수 - (공휴일 + 작업불가능일수)

3) 작업불가능일수

① 기상 : 강우, 강설

② 해상 : 조위, 파랑

※ 작업능률증대 3요소

1) 시간당 작업량(Q)의 증대

① 일회 작업량 크게 한다

② 주행속도 빠르게

③ 운반거리 짧게

④ 다른 기계와 병행 작업

⑤ 작업관리

2) 1日 작업시간(H)의 증대

① 순작업시간 증대

② 작업 외

3) 월평균 가동률의 증대

① 일가동률 분석 대책

② 기계 투입계획과 기종선정

문제 2　건설기계의 선정과 조합

Ⅰ. 건설기계의 선정

1) 일반적인 선정 요점

① 시공성

ⅰ) 대상 토질, 지형에 알맞는 것

ⅱ) 작업량 처리에 충분한 용량을 가지고 효율이 좋아야 한다.

ⅲ) 자동화, 성력화에 적정할 것

② 신뢰성

ⅰ) 요구하는 품질을 얻을 수 있을 것

ⅱ) 건설된 구조물을 훼손, 품질을 저하시키지 않을 것

③ 경제성

ⅰ) 운전경비가 적고, 공사단가가 적을 것

ⅱ) 유지, 보수가 쉽고, 신뢰성이 클 것

ⅲ) 조달이 쉽고, 전용이 쉬울 것

2) 경제적인 선정 4요소

① 기계능력과 작업량

② 고정 부가비(기계, 손료)

③ 운전 경비

④ 판단적 요소(기계의 납기, Maker 신용도, A/S, 특수기능공의 필요성)

3) 표준기계와 특수기계

표준기계가 특수기계에 비해 유리한 점은 다음과 같다.

① 구입, 임대가 쉽다.

② 특수기계는 타공사에 점용하기 어려워 표준기계 유리

③ 보수, 부품값이 싸고, 구입이 쉽다.

④ 비교적 쉽게 전매할 수 있다.

4) 기계의 용량과 기계비

① 기계비는 용량이 커지면 적어진다.

② 대형화될수록 고성능화하고, 공사단가 싸진다.

5) 공사규모와 기계선정
 ① 대공사는 대형, 표준기계 사용
 ② 소공사시 임대장비 사용

II. 건설기계의 조합

1) 조합의 원칙
 ① 조합작업의 감소
 ② 작업능력의 균형화
 ③ 조합작업의 병렬화(대기시간을 줄이기 위해)

2) 기계결정 순서
 ① 우선 주작업을 선정
 ② 주작업의 작업능력 결정
 ③ 적합한 기계 선정, 주작업의 작업능력과 균형을 이루는 후속작업 기종(대수 결정)
  (예 : 셔블, 덤프)
 ④ 조합작업중 공종상 큰 변화를 가져오는 작업의 지연방지
  (예 : 저장파일, 골재빈)

III. 공사의 종류와 표준기계의 선정

1) 토공사
 ① Bull dozer 작업
  ⅰ) 굴착, 운반, 집토, 흙쌓기작업
  ⅱ) Ripper 작업 : Ripper dozer
  ⅲ) 습지, 연약토 : 습지형 dozer
 ② 굴착, 적재 작업
  ⅰ) 굴착, 적재 : 무한궤도 Back hoe(Drag shovel)
  ⅱ) 수중굴착 및 적재 : Crane, Crane shell, 유압식 Back hoe
  ⅲ) 기초굴착 : Bull B/Z, Crane shell, Drag line, Back hoe
 ③ 적재 운반작업
  ⅰ) 토사의 경우 : Tire식 Loader
  ⅱ) 암괴의 경우 : 무한궤도식 Loader

④ 운반거리에 의한 토공방식

　　ⅰ) 60m 이내 : Bull dozer

　　ⅱ) 60~100m : Bull dozer, 유압식 B/H, 견인 Scraper, Loader+덤프

　　ⅲ) 100m 이상 : B/H, Loader+덤프

　　ⅳ) 80~400m : 피견인식 Scraper

⑤ 다짐작업

　　ⅰ) 노체 또는 축제

　　　　− 표준 : 무한궤도식 Bull dozer

　　　　− 특수한 경우 : 습지 Dozer, Tire roller

　　ⅱ) 노상

　　　　− 표준 : Tire roller

　　　　− 특수한 경우 : 무한궤도식 Bull dozer

　　ⅲ) 보조기층(하층 노반)

　　　　− 표준 : Tire roller, Macadam

　　　　− 특수한 경우 : 무한궤도식 Bull dozer, Macadam roller

⑥ 부설작업

　　ⅰ) 노체, 축제, 노상

　　　　− 표준 : 무한궤도식 Bull dozer

　　　　− 특수한 경우 : 습지 Dozer

　　ⅱ) 보조기층

　　　　− 표준 : Motor grader

　　　　− 특수한 경우 : 무한궤도식 Bull dozer

⑦ 비탈고르기작업

　　ⅰ) 기계 시공 : 유압식 B/H

　　ⅱ) 인력 시공 : Tamper, Pick hammer

2) 아스팔트 포장공사

① 아스팔트 Plant

② 아스팔트 Finisher

③ 운반 기계

　　ⅰ) 골재집적 및 공급 : Tire loader

　　ⅱ) 아스팔트 혼합재 운반 : D/T

④ 다짐기계

ⅰ) 차도용 : 1차 Road roller ┬ Tandem
└ Macadam

2차 Tire roller

ⅱ) 노견 또는 보도폭 1m 이상 : 진동효과 Tamper

3) 콘크리트 포장공사

① 콘크리트 생산 : Plant, Loader

② 콘크리트 포설 : 스프레더

ⅰ) 포설

- 콘크리트 부설 : 스프레더

- 콘크리트 다짐 : Con'c finisher

- 평탄마무리 : Con'c 마무리기

ⅱ) 줄눈부 : 커팅

문제 3 건설기계의 특성 및 작업량 산정

Ⅰ. 토공 기계

1. 불도저(Bull dozer)

1) 종류

① 주행장치 : 무한궤도식, 타이어식

② 작업장치 : 수중 D/Z, U D/Z, 스트레이트 D/Z, 앵글 D/Z, 틸트 D/Z, Rake D/Z, Ripper D/Z

2) 작업의 종류

벌개제근, 굴착, 압토, 매립, 다듬질, Ripper 작업, Push 작업

3) 시간당 작업량(Q)

거리계수

$$Q = \frac{60 \times q \times \ell \times f \times E}{Cm(\text{분})}$$

기아변수

$$Cm = \frac{L}{V_1} + \frac{L}{L_2} + 0.25 \text{분}$$

2. 리퍼(Ripper)

1) 특징

① 공사의 안전도가 높다.

② 공사비 절감

③ 공사의 능률화

④ 쇄석의 이용도가 높다.

2) 시간당 작업량(Q)

리퍼 단면적

거리

$$(Q) = 60 \times Am \times \ell \times f \times \frac{E}{Cm} \qquad Cm = 0.05\ell + 0.25 \text{분}$$

3) 리핑과 도저의 조합작업

① 1대의 불도저로 리퍼 작업과 도저 작업을 할 경우

$$Q = \frac{Q_1 \times Q_2}{Q_1 + Q_2} \, (m^2/h)$$

② 1대의 리퍼와 n대의 불도저로 작업을 할 경우

$$Q = \frac{Q_1(Q_2 + nQ_3)}{Q_1} + Q_2$$

Q : 시간당 조합작업량(m³/hr)

Q_1 : 시간당 리핑 작업량(m³/hr)

Q_2 : 시간당 도저 작업량(m³/hr)

Q_3 : 굴착집토용 도저의 시간당 작업량(m³/hr)

n : 굴착집토용 도저의 대수

3. 스크레이퍼(Scraper)

1) 종류 및 용도

① 모터 스크레이퍼 : 운반거리 300~1,500m, 굴착운반깔기

② 피견인식 스크레이퍼 : 50~300m 하천개수공사, 재해복구공사

2) 시간당 작업량(Q)

$$Q = \frac{60 \times q \times k \times f \times E}{C_m}$$

① 피견인식 스크레이퍼

$$C_m = \underset{\text{굴착거리}}{\frac{D}{V_d}} + \underset{\text{운반거리}}{\frac{H}{V_h}} + \underset{\text{사토(H+P)}}{\frac{S}{V_s}} + \underset{\text{돌아오는 회송(H+S)}}{\frac{R}{V_R}} + t(0.25분)$$

② 모터 스크레이퍼

$$C_m = \frac{\ell}{V_1} + \frac{\ell}{V_2} + t(2)$$

3) 푸시도저에 의한 적재

$$\text{모터 스크레이퍼의 대수} = \frac{C_{ms}}{C_{md}} \qquad \begin{cases} C_{ms} : \text{SCraper} \\ C_{md} : \text{도저사이클 타임} \end{cases}$$

4. 셔블(Shovel)계 굴착기

1) 종류 및 특성

① 파워셔블(Power shovel)

ⅰ) 특징 : 기계 위치보다 높다.

ⅱ) 동작 : 굴착 선회, Dump

② 백호(Back Hoe, 일명 Drag shovel)

ⅰ) 특징 : 기계 위치보다 낮은 곳 굴착

ⅱ) 동작 : 굴착, 인양, dump

③ 드래그 라인(Drag line)

ⅰ) 특징 : 지면보다 낮은 곳 굴착

ⅱ) 동작 : 4동작

④ 크램셸(Clamshell)

ⅰ) 특징 : 구조물의 기초굴착, 수중굴착

ⅱ) 동작 : 4동작

2) 시간당 작업량

$$Q = \frac{3,600 \times q \times k \times f \times E}{Cm(\text{초})}$$

5. 적재기계(Loader)

1) 종류 및 용도

3무한궤도식 : 굴착력 우수, 굴착 적재 작업

2) 시간당 작업량(Q)

$$Q = \frac{3,600 \times q \times k \times f \times E}{Cm(\text{초})}$$

$$Cm = m\ell + t_1 + t_2 (14\text{초})$$

    ↑   ↳ 버킷 담는 시간

    ↗ 거리

무한궤도 2m/sec

타이어식 1.8m/sec

6. 덤프트럭(Dump truck)

1) 시간당 작업량 $(Q) = \dfrac{60 \times q \times f \times E}{Cm(분)}$

여기서, $q = \dfrac{T \cdot L}{r \cdot t}$

$Cm_t = t_1 + t_2 + t_3 + t_4$

$\qquad = \dfrac{Cm_s \cdot n}{60 \cdot Es} + t_2 + t_3 + t_4$

적하시간, 진입시간(대기시간)

적재시간, 왕복시간

$\qquad = \dfrac{\ell}{V_1} + \dfrac{\ell}{V_2}$

(효율) $n = \dfrac{q_t}{q_s \cdot k}$ qt : 덤프용량, qs : 적재용량

2) 덤프트럭의 소요대수 $(N) = \dfrac{Q_s}{Q_t} = \dfrac{E_s}{E_t} \left\{ \dfrac{60(t_1 + t_2\, T_3 + t_4)}{n \cdot Cm} \right\}$

3) 조합대수의 검토

$Q_t \times N > Q_s$ 이면, 조합변경 필요

$Q_t \times N < Q_s$ 이면, 굴착기의 여유를 준다. 주작업의 여유

7. 그레이더(Grader)

1) 용도 : 포설, 비탈면, 도랑파기, 고르기
2) 시간당 작업량
   ① 면적으로 표시할 경우 : 도로, 흙고르기

   $A = \dfrac{60 \times D \times W \times E}{P \cdot Cm}\,(m^2/h)$

   D : 작업거리, W : 작업폭

   P : 작업횟수, Cm : 사이클타임
   ② 토량으로 표시할 경우

   브레이크 길이

   $a = \dfrac{60 \times \ell \times D \times H \times F}{P \cdot Cm}$

Ⅱ. 흙다짐 기계

1. 종류 및 용도

1) 전압식(Roller)

  ① 불도저

   ⅰ) 예인비가 높은 점성토

   ⅱ) Trafficability가 나빠서 불가능한 지역 엽토(10cm), Silt 질

  ② 로드 롤러

   ⅰ) 머캐덤 롤러 : 노상, 노반 다짐

   ⅱ) 탠덤롤러 : 특히 입상 재료다짐에 적합

  ③ 타이어 롤러

   ⅰ) 노상, 노반 다짐

   ⅱ) 거의 모든 토질 가능

  ④ Tamping roller(Sheep's foot roller)

   ⅰ) Rock fill dam, 축제, 비행장, 대규모 다짐

   ⅱ) 함수비가 높은 점성토에 적합

2) 진동식

  ① 진동 롤러

   ⅰ) 경, 연암 비응집성 재료에 적합

   ⅱ) 사력질 재료에 적합

  ② 진동 Compactor

   ⅰ) 좁은 지역 다짐에 사용

   ⅱ) 사질토에 적용

3) 충격식

  ① Rammer

   ⅰ) 좁은 장소 다짐에 적합

   ⅱ) 다짐 효과 낮고, 불균질되기 쉽다.

  ② Tamper

   ⅰ) 접속부 다짐에 좋다.

   ⅱ) 시공이 균일

2. 작업 능력 산정

1) 롤러 : 자주식

① $Q = 1,000 \times V \times W \times D \times E \times \dfrac{f}{N} \ (\mathrm{m^3/hr})$

V : 속도, W : Roller폭, D : 두께, f : 토량환산계수, N : 다짐횟수

② $A = 1000 \times V \times W \times E \times \dfrac{1}{N} \ (\mathrm{m^3/hr})$

2) 래머(Rammer)

$Q = \dfrac{A \times N \times H \times f \times E}{P}$

A : 단면적, N : 시간당타격횟수, H : 두께, P : 중복횟수

III. 기초공사용 기계 : 기성 Pile, 현장타설

1. 드롭해머(Drop hammer)

1) 특징
① 설비가 간단
② 낙하높이 변경으로 타격 높이 조절
③ 적용범위 넓다.
④ 공비가 싸다.
⑤ 고장이 적다.
⑥ 타격 Energy 적다.
⑦ Pile 길이 제한
⑧ 단면이 적은 것에 알맞다.
2) 용도 : 소규모 공사, 말뚝박기, 해머중량, 항타
3) 성능표시

2. 기동해머(증기 또는 공기 해머)

1) 특징
① Steam 공기에 의해 구동
② 사항, 수중박기에 사용

③ 인발할 수 있다.

④ 대형 Hammer 제작 가능

⑤ 어떤 토질에도 가능

⑥ 소음이 크다.

⑦ 컴프레서, 동력 필요

2) 용도

① 말뚝박기, Casing 박기

② 디젤항타 사용이 어려울 때 시공, 복동식, 단동식, 피스톤 중량

③ 성능 표시

3. 디젤 파일해머

1) 특징

① 기동성이 좋다.

② 큰 타격 Energy를 얻을 수 있다.

③ 45°까지 사갱

④ 능률이 좋다.

⑤ 단단한 지반도 가능

⑥ 소음이 크다.

⑦ 연약지반에서는 능률 저하

2) 용도 : Sheet pile, Con'c pile, Steel pile

3) 규격표시 : Ram의 중량

4. 진동 파일해머

1) 특징

① 소음이 적다.

② 진동으로 인발 사용

③ 연약지반에 적합

④ 대용량의 전력 필요

⑤ 토질 변화에 따라 수용이 어렵다.

2) 용도 : 연약지반 Pile 방법

5. 베노토(Benoto) 굴착기(All casing 공법)

1) 장점

① 말뚝기초와 정통기초의 중간적인 시공(0.36~1.4m)

② 시공확실, 어떤 지반에도 시공 가능

③ 최대 길이 가능

④ 무소음, 무진동, 무침하

⑤ 사항 시공 가능

⑥ 베노토(연속항타로 베노토옹벽 시험 가능)

2) 단점

① 횡하중 저항력 약하다.

② 작업상 주위 환경의 영향을 받는다.

③ 지하수의 영향을 받는다.

④ Casing을 뽑아낼 때 철근이 뽑힐 확률이 높다.

3) 용도 : 연약지반, 사질토의 공극이 커 무너질 우려가 있는 대구경

4) 시공순서

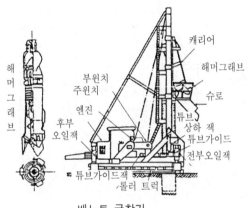

베노토 굴착기

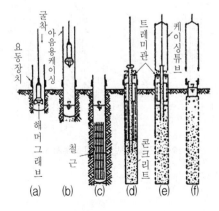

베노토 굴착기의 시공순서

6. 어스드릴(Earth drill), Calweld 공법

1) 특 징

① 굴착능력이 좋다.

② 경질지반에도 가능

③ 시공비가 저렴

④ 굴착깊이 29m 이상이면 Stem rod 사용으로 능률 저하

⑤ 20cm 이상 옥석 있을 때 굴착 불가능

⑤ 벤토나이트 용액(공벽 보호)

2) 용 도

무소음, 무진동에 의한 대구경 말뚝, 현장타설 Pile

3) 시공순서

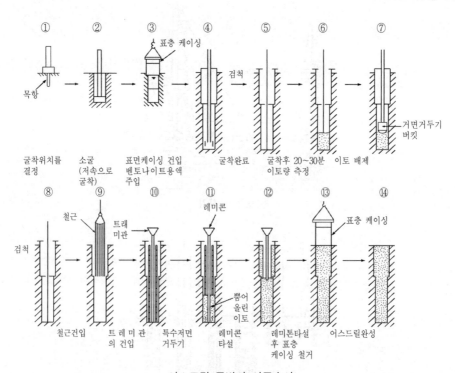

어스드릴 공법의 시공순서

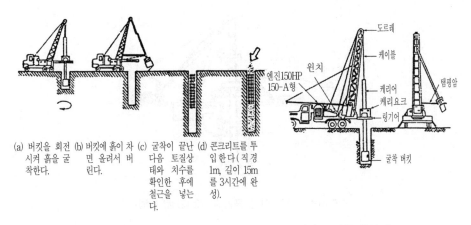

(a) 버킷을 회전 (b) 버킷에 흙이 차 (c) 굴착이 끝난 (d) 콘크리트를 투
　시켜 흙을 굴 　면 올려서 버 　다음 토질상 　입한다(직경
　착한다. 　린다. 　태와 치수를 　1m, 길이 15m
　　　　　　　　　　　　　　　확인한 후에 　를 3시간에 완
　　　　　　　　　　　　　　　철근을 넣는 　성).
　　　　　　　　　　　　　　　다.

칼웰드 공법의 시공순서　　　　　　칼웰드 말뚝 굴착기

7. 리버스 서큘레이션 드릴(Reverse circulation drill)

1) 장 점

① $0.2 \sim 0.3 kg/cm^2$ 정수압으로 공벽 보호

② 설비 분리 → 좁은 장소, 수상 시공 가능

③ Bit 교환으로 임의 직경 시공 가능

④ 무진동, 무소음, 대구경 긴 말뚝 사용

2) 단 점

① 물의 사용으로 수원 필요

② 침전수조 필요

③ Casing 없어 붕괴위험

④ 대구경 기초 Pile(낙동교)

3) 용 도

4) 시공순서

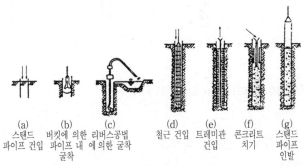

(a)　　(b)　　(c)　　(d)　(e)　(f)　(g)
스탠드 버킷에 의한 리버스공법 철근 건입 트레미관 콘크리트 스탠드
파이프 건입 파이프 내 에 의한 굴착　　　건입 치기 파이프
　　　　굴착　　　　　　　　　　　　　　　　인발

리버스 서큘레이션 시공순서

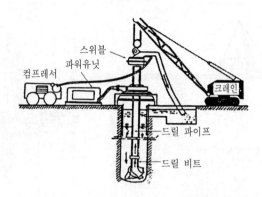

리버스 서큘레이션 공법(Air lift pump 방법)

8. 어스 오거(Earth auger)

1) 특 징

① 소음, 진동이 적다.
② 인접 구조물에 시공 가능
③ Casing 불필요
④ 모래, 자갈층의 굴착 속도가 나쁘다.

2) 용도

모르타르 말뚝 시공, 전주 세우기

3) 시공순서

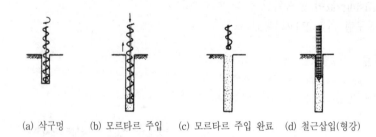

(a) 삭구멍   (b) 모르타르 주입   (c) 모르타르 주입 완료   (d) 철근삽입(형강)

9. 크램셀 버킷(Clamshell bucket) ICOS

1) 특 징

① 토사를 직접 버킷으로 받아 올리므로
배토처리 쉽다.

② 전력설비가 적게 든다.

③ 여굴이 크다.

④ 선행 보링기계가 필요

⑤ 운전기량에 따라 능률이 좌우

2) 용 도

댐(지수벽), 건축공사 기초(토류벽)

3) 시공순서

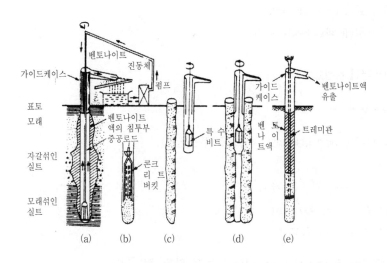

10. 로크웰 드릴(Rockwell drill) 수중모터

1) 특 징

① 회전비트 사용으로 연속 굴착 가능

② 여굴이 적다.

③ 경질 점토층 굴착 가능

④ 무소음, 무진동

⑤ 유수, 옥석, 전석층에 불가능

⑥ 사용전력량이 많다.

2) 용 도

토류벽, 본체 구조물에 구축

Ⅳ. 터널용 기계

1. 천공기계

1) 착암기

① 싱커(Sinker) : 하방향 굴착

② 드리프터(Drifter) : 수평방향

③ 스토퍼(Stopper) : 상향굴착(NATM, Rock bolt)

2) 레그 해머(Leg Hammer)

3) 왜건 드릴(Wagon Drill)

4) 크롤러 드릴(Crawler Drill)

5) 점보 드릴(Jumbo Drill)

2. 브레이커(Breaker)

3. 터널굴진기

1) 헤딩머신(Heading Machine) 자유단면(부분단면)

① 특징

ⅰ) 굴착단면 자유면 가능

ⅱ) 암의 강도 400kg/m² 이하 사용

ⅱ) 용도 : 터널천공기

2) TBM(Tunnel Boring Machine)(단면 정해져 있음, 전단면)

① 종류

ⅰ) 드럼의 형식에 따라 : 차측회전식, 복합회전식

ⅱ) 굴착 기구에 따라 : 절삭형, 압쇄형, 절삭쇄형

② 장점

ⅰ) 안전도가 높다.

ⅱ) 여굴이 적다.

ⅲ) 굴진속도가 빠르다.

ⅳ) 작업원수가 적다.

③ 단점

ⅰ) 지질에 따라 사용 제한

ⅱ) 공법 변환이 어렵다.

ⅲ) 굴착단면 제약을 받는다.

ⅳ) 기계운반이 어렵다.

3) 실드 굴진기(Shield tunnel machine)

① 시공순서 ↳ 원형강재거푸집

ⅰ) Shield로 측면 지지

ⅱ) Shield 앞면 굴착 전진

ⅲ) Segment 조립으로 가복공

ⅳ) Jack으로 Shield 추진

ⅴ) Segment 내부 콘크리트 복공
     ↳ 강제 Casing

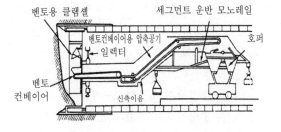

② 용도 : 지하철 선로공사, 상하수도 공사, 전기케이블 공사

4. 적재기계

1) 로더

2) 터널 전용 적재기계(Muck loader)

5. 운반기계

1) 덤프트럭

2) 기관차

3) 철제 운반차

6. 기타 기계

1) 공기압축기

2) 펌프

3) 송풍기

Ⅴ. 해상 작업용 기계

1. 준설, 매립 작업선

1) 펌프 준설선

① 특징

ⅰ) 펌프로 원거리 사토시 유리

ⅱ) 보통 토질에서 작업능률의 좋다.

ⅲ) 암반, 경질 불가능

　　　iv) 토사 배송거리 제한 있다.
　　② 용도 : 대량 토사 준설과 매립, 동시 공사, 연질지반 준설 적합

2) 그래브 준설선
　　① 특징
　　　i) 준설장소 협소한 곳 가능
　　　ii) 준설심도가 깊고 심도조절 쉽다.
　　　iii) 준설능력이 낮다.
　　　iv) 준설단가가 높다.
　　② 용도 : 일반 토사 준설 또는 구조물의 구조 기초 굴착에 적합

3) 버킷 준설선
　　① 특징
　　　i) 연속 준설 가능하고 대규모 준설
　　　ii) 기후, 조류의 영향을 적게 받는다.
　　　iii) 암석, 경토질 준설은 불가능
　　　iv) 앵커가 길어 선박의 통행 어렵다.
　　② 용도 : 연지반 및 경지반 굴토, 정착지 등의 대규모 준설

4) 디퍼 준설선
　　① 특징
　　　i) 굴착력이 크고 경지반 준설 가능
　　　ii) 앵커가 없어 선박의 통행이 쉽다.
　　　iii) 단속적인 굴착작업으로 작업능력 저하
　　　iv) 준설비가 비싸다.
　　② 용도 : 경질지반 또는 파쇄된 암석에 적합

5) 드래그 석션 준설선
　　① 특징
　　　i) 펌프로 토사를 끌어올려 본선 창고에 담아서 버린다.
　　　ii) 타선박의 통행에 관계없이 작업 가능
　　② 용도 : 연약지반 대규모 항로 및 정착지 준설에 사용

6) 쇄암선
　　특징 : 커터로 암반 파쇄

2. 구조물 공사용 작업선

1) 기중기선
2) 항타선
3) 샌드 드레인선
4) 콘크리트 플랜트선

VI. 골재 생산 기계

1. 쇄석기(Crusher)

1) 1차 크러셔
① 조 크러셔(Jaw crusher) : 압축력에 의하여 파쇄
② 자이러토리 크러셔(Gyratory crusher) : 압축력
③ 임팩트 크러셔(Impact crusher) : 충격과 마찰력
④ 해머 크러셔(Hammer crusher) : 충격력

2) 2차 크러셔
① 콘 크러셔(Cone crusher) : 충격과 압축력
② 더블 롤 크러셔(Double roll crusher) : 압축력
③ 해머 밀(Hammer mill) : 충격력, 압축력, 전단력의 합성

3) 3차 크러셔(잔골재용)
① 트리플 롤 크러셔(Triple roll crusher) : 압축력
② 로드 밀(Rod mill) : 충격력, 압축력, 전단력의 합성
③ 볼 밀(Ball mill) : 압축력과 전단력의 합성

2. 골재선별기

1) 체분기(Screen)
① 고정 그리즐리(Stationary grizzly)
② 가동봉 스크린
③ 회전 스크린
④ 시회 스크린(Swing screen)
⑤ 회전봉 스크린

⑥ 셰이킹 스크린(Shaking screen)

⑦ 진동 스크린

2) 분급기(Classifier)

① 레이크식(Rake type)

② 스파이럴식(Spiral type)

③ 드래그 벨트식(Drag belt type)

④ 사이저(Sizer)

3. 피더(Feeder) 공급기

1) Chain feeder

2) Apron feeder

3) Grizzly feeder

4) Plate feeder

5) Roll feeder

6) Table feeder

7) Belt feeder

8) 진동(Vibrate) 피더(Feeder)

9) 전자(Electron Magnectic) 피더(Feeder)

4. 세정기(Washer)

1) Scrubber(진흙)

2) Sand washer

Ⅶ. 포장용 기계

1. 콘크리트 슬립폼 페이버

$$Q = 60 \times W \times t \times V \times E$$

Q : 시간당 포설량(m^3/hr)

W : 페이버 시공폭(m)

t : 포설 마무리두께(m)

V : 페이버의 평균작업속도(m/min)

E : 작업 효율

2. 아스팔트 플랜트

$$C = \frac{A \times H \times d}{T \times P \times t}$$

    C : 아스팔트 플랜트의 공칭 능력(t/hr)

    A : 포설 면적(m^2)

    H : 기층과 표층의 합계 두께(m)

    d : 혼합물의 마무리 밀도(t/m^3)

    T : 포설예정일수(일)

    P : 월 실가동률(일/30일)

    t : 1일당 가동시간(6시간)

3. 아스팔트 페이버(피니셔)

1) 작업능력 산정식

$$Q = V \times W \times t \times d \times E(\text{ton})$$

    Q : 시간당 포설량(t/hr)

    V : 페이버의 평균작업속도(m/hr)

    W : 페이버의 시공폭(m)

    t : 포설 마무리두께(m)

    d : 다져진 후의 밀도

    E : 작업 효율(0.8)

2) 아스팔트 플랜트와 아스팔트 페이버의 조합

$$Q_p = Q_f \times N$$

    Q_p : 아스팔트 플랜트의 시간당 생산량(t/hr)

    Q_f : 아스팔트 페이버의 시간당 포설량(t/hr)

    N : 아스팔트 페이버의 소요 대수

문제 4 건설기계의 조합원칙과 기종 선정방법

I. 개 요

건설기계의 조합을 합리화하기 위해서는 건설작업이 어떻게 기능적으로 분업이 되고, 어떠한 작업형태로 분류될 것인가를 검토하여 이에 대처할 수 있는 기계조합을 계획해야 한다.

II. 작업의 기능적 분류

1) 흐름작업과 계속작업
① 흐름작업은 골재생산작업과 같이 착공 → 장약 → 발파 → 원석적재 → 운반 → 파쇄 → 저장의 과정을 밟는 것
② 계속작업은 건축공사와 같이 재료를 일정장소에 놓고 계속적으로 작업을 하는 것

2) 주작업과 종속작업
① 주작업은 흐름작업에서 그 작업이 정지되면 다른 작업도 정지된다.
② 종속작업은 주작업의 영향에 의해 가동되는 작업이다.

III. 분업된 작업능력의 균등화

분업된 각 작업속도가 상이하면 그 중의 최소 시공속도에 의해 전체의 시공속도가 지배되므로 가장 효율적인 기계조합을 위해서는 각 작업의 시공속도를 균등화하고 작업 소요시간을 일정화하는 것이 필요하다.

IV. 조합기계의 작업 효율

1) 분할된 각 작업의 시공속도를 균등화하여도 실작업시간율과 작업능력계수, 즉 작업능률은 1대 작업능률보다 현저히 떨어진다.
2) 조합기계의 최대 시공속도는 각 작업의 최소치에 의해 나타나고, 작업효율의 최대치는 각 작업시간의 시간 손실이 각각 독립적으로 발생된 때가 된다.
3) 그러므로 조합작업시의 실제 작업효율은 0.6~0.72 정도이다.

Ⅴ. 기계 조합 계획

1) 분할되는 작업수가 증가할수록 작업 효율이 저하되므로 기계 조합계획시에는 분할된 작업 중에서 주작업을 명확히 선정해야 하며 그 순서는 다음과 같다.

① 주작업을 먼저 선정한다.

② 전체 작업공정에 적합하도록 주작업의 정상 시공속도를 정한다.

③ 주작업의 정상 시공속도를 확보하기 위한 최대 시공속도를 결정하고, 이에 맞는 주작업 기계를 선정한다.

④ 각 종속작업의 정상 시공속도를 주작업의 최대 시공속도에 맞도록 하거나 약간 크게 한다.

　ⅰ) 주작업의 최대 시공속도　　: qm ┐

　ⅱ) 종속작업의 최대 시공속도 : qa　├ 라고 하면

　ⅲ) 정상 작업시간율　　　　　 : E　┘

$$q_m = q_a \times E \quad \therefore \quad q_a = q_m / E$$

따라서 종속작업 시공속도는 주작업 시공속도보다 크게 계획함이 필요하다.

⑤ 공정상의 변화가 있을 경우에는 작업의 원활한 흐름을 위해 반드시 상당한 용량의 작업 물량을 확보해야 한다. 즉 전용 가능하도록 해야 한다.

Ⅵ. 기종 선정방법

1) 장비 선정시 고려사항

① 공사규모

② 장비조합

③ 작업능력의 Balance

④ Trafficability

⑤ 운반거리

⑥ Ripperbility

⑦ 장비 경비

⑧ 장비의 범용성

2) 장비 선정방법

① 공사 종류 및 작업 종류별 분류

　ⅰ) 공사 종류 : 토공사, 가설공사, 기초공사, Con'c공사, 포장공사 등

　ⅱ) 작업 종류 : 굴착, 적재, 운반, 포설, 다짐 등

② 토질과 작업조건 : 굴착작업을 세분하여 암굴착, 토사굴착, 연약토굴착 등으로 나누고, 각
작업별 조건을 파악한다.

③ 작업물량과 기계 조합 : 주작업과 종속작업의 장비용량을 물량에 따라 표준장비를 정한다.

④ 공기 및 품질 : 공기 단축 또는 품질향상을 위해 필요시 특수장비를 선정한다.

⑤ 작업환경의 영향 : 도심지 공사에서는 소음, 진동 등 제약이 많으므로 적정 장비의 사용
이 어려운 경우를 감안해야 한다.

⑥ 기타 사항

3) 각 조건별 장비 선정한다.

문제 5 준설선의 선정시 고려사항과 사용상의 특성

Ⅰ. 준설선의 선정시 고려사항

준설선은 그 작업 양식에 따라 다음과 같이 분류한다.
  ① Grab 준설선
  ② Dipper 준설선
  ③ Bucket 준설선
  ④ Pump 준설선
  ⑤ 쇄암선

이들의 각 형식은 작동형태나 작업능력 등이 다르므로 토량, 토질, 흙두께, 공기, 준설토사 처분방법, 준설심도, 기상, 해상조건과 작업가능일수, 준설면적의 광협, 작업선의 조합, 작업선의 입수가능범위 등을 고려하여 선정하여야 하며. 특히 준설선의 능력은 토질의 조세, 연경 정도에 크게 변동된다.

1) 토질에 따른 선정

  ① 준설선의 능력은 흙 입자의 크기(조세)와 연경에 따라 크게 변동된다.
  ② 따라서 토질 조건으로는 준설토의 N치, 압축강도 등으로부터 적합한 선종을 정한다. 이 때에는 2종 이상의 형식을 고려하여 입수가 가능한 범위 내에서 공사비를 비교 검토하여 선정해야 한다.

2) 공기, 토량에 따른 선정

준설선의 선정에는 토량의 다소, 공기의 장단이 매우 큰 요소가 되는 경우가 있다. 즉 토질로서는 보통 소형선으로도 충분한 능력이 있으나 토량이 많고, 공기의 제한을 받으면 시공능력이 큰 선종을 택하여야 한다.

3) 기상, 지리적 조건에 따른 선정

준설선의 안정과 가동률을 높이기 위해 다음 조건을 충분히 검토하여 보유 준설선의 각 특성을 살려서 선정해야 한다.
  ① 외해로부터의 조류와 파랑
  ② 작업가능시간과 일수
  ③ 작업 수면의 넓이와 항해 선박의 수

④ 준설선의 안전 대피, 계류장소 및 수리시설
⑤ 전력의 수급상황
⑥ 급수 및 급유 능력
⑦ 기상과 해양 기상조건이 나쁜 곳에서는 선형이 클수록 유리

4) 준설깊이에 따른 선정

일반적으로는 준설깊이에 따른 준설선의 제약은 적으나 점차 선박의 대형화 추세에 따라 수심이 깊은 곳은 15~17m에 달하는 항로 준설이 요청되므로 선형에 따라 준설깊이를 고려하는 경우가 있다.

5) 준설토 처분방법에 따른 선정

① 준설토를 먼 곳으로 운반 사토할 때 : 비항 Bucket선, 비항 Dippe선, 비항 Grab선, 비항 Pump선과 예선, 토운선의 조합
② 준설토를 직접 매립토로 쓸 때 : Pump선 : 직접 배송, 중계 펌프 및 중계 Pump선

6) 준설선의 조합

① 준설선 중에서 이착이 가능한 자항식과 배사관을 가진 것은 준설토를 운반하기 위한 부속선이 필요없지만, 그 외의 비항식 선종은 준설토 운반용 부속선이 필요하다.
② 부속선은 토운선, 여선 등이 있으며 경우에 따라 연락선이 필요하다.
③ 부속선단의 구성이 부적절하면 준설선의 대기시간, 운휴시간이 생겨서 준설선단의 준설능력을 저하시키므로 선단조합시 최대 가동률을 유지하도록 해야 한다.

Ⅱ. 준설공사의 시공방식

1) 일반 준설

일반 준설은 준설장비로 해저의 토사를 직접 준설하는 것으로 Grab선, Bucket선, Pump선이 투입된다.

2) 쇄암 준설

쇄암선에 의하여 단단한 해저 암반을 파쇄하고 이를 준설한다.

3) 발파 준설

준설선의 준설이 불가능한 암반을 수중발파하여 파쇄암을 인양 준설하는 것

4) 토질별 적용 준설선

토질 상태와 N치에 따라서 준설선의 작업성을 고려하면 다음 표와 같다.

분 류	상 태	N치	적용 船種
토　　사	연 니		G — P
	경 질	30 미만	
	최경질	30 이상	D　쇄
자갈 섞인 모 래	연 질	30 미만	G
	경 질	30 이상	D — 쇄
암 반	연 질		발
	경 질		

주) G : Grab선, P : Pump선, D : Dipper선, 쇄 : 쇄암선, 발 : 발파

III. 준설선의 종류

1) Grab 준설선

① Grab 준설선은 선체가 작으므로 협소한 수역 또는 구조물 부근의 준설에 편리하고 가체절에 쓰기 위한 점토 채취나 소운하의 준설 등에 쓰인다.

② 점토질에 가장 적합하고 사질이나 역이의 경우에는 토사가 유출하여 능력이 감소한다.

③ Grab bucket은 Clamshell형이 많이 쓰이고 공칭 용량은 평적용량이다.

2) Dipper 준설선

① 경토질에 적합하다.

② 굴착력이 강하며 토질 변화에 대하여 성능 저하가 적다.

③ 힘의 작용이 직접 전달되므로 선체의 각 부분이 튼튼해야 하며 건조비가 비싸다.

④ 연질토사에서는 Cost가 높게 든다.

3) Bucket 준설선

① 점토질, 사질, 역질에 대해서도 적합하기 때문에 준설능력이 크며, 비교적 대규모 공사에 적합하다.

② 준설 흔적이 비교적 평탄하다.

③ Bucket을 연속으로 붙인 연속형과 하나 건너 접속되어 있는 단속형이 있으며 Bucket은 입구가 크고 속이 둥글게 오므려져 있다.

④ 풍파, 조류에 대한 내력이 강하나 Anchor chain을 멀리 늘어뜨려 작업을 하므로 넓은 수면을 필요로 하고 선박의 항행을 제약한다.

4) Pump 준설선

① 토사를 배사관으로 직송하므로 사토를 위한 운반선이 별도로 필요없다.

② 토사 배송이 연속적이고 직접 육상에 배출이 가능하므로 준설토를 매립에 이용할 수 있다.

③ 공정이 연속적이므로 능률이 높고 준설단가가 싸며 건조비도 비교적 싸다.

④ 암반 및 경질 지반에는 부적당하며 Pump 능력에 따라 배송거리에 제한이 있고 사토구역에 제한을 받는다.

⑤ 배사관 받침대를 해상에 길게 부설하므로 풍랑 등에 의해 공사중 피해를 받기 쉽다.

5) 쇄암선

① 일반 준설 방법으로는 굴착이 불가한 견고한 지반에 중추를 사용하여 암을 파쇄한 후 일반 준설로 준설한다.

② 쇄암방법으로는 중추식과 충격식이 있다.

ⅰ) 중추식 : 10~30ton 정도의 강봉을 Pontoon형 선박에 설치한 Derrick으로 달아 올려서 낙하시켜 암을 파쇄한다. 구조적으로 간단하여 고장이 적고 광범위한 암질에 사용이 가능하다.

ⅱ) 충격식 : 물속에 내린 Rock hammer를 압축공기로 작동시켜 연속 충격을 가하여 쇄암한다.

4. 준설계획

준설계획은 일반적으로 박지와 항로 등 항만 신설에 따른 개발 준설과, 기존 항의 확장 또는 수심 유지를 목적으로 하는 유지 준설이 있다. 또한 매립을 목적으로 하는 매립토 채취 준설 등이 있으므로 목적에 알맞는 준설계획을 수립해야 한다.

1) 토량 산출

① 준설지역의 평면계획에 의거 10~50m 간격의 평균 단면법으로 산출한다.

② 계획 평면 내의 토질조사 결과를 검토, 분석하여 토질별(N치) 토량을 산출한다.

2) 준설 선종의 선정

준설공사의 공종은 ① 굴착, ② 운반, ③ 사토의 3가지로 대별되므로 토질, 토량, 공기, 기상 등을 고려하여 가장 경제적이고 능률적인 장비를 선정한다.

3) 선단의 구성

① 준설 선종이 결정되면 이에 알맞는 부속선으로 선단을 구성한다.

② 선단 구성이 불균형하면 능률이 저하하거나 가동률이 감소하여 비경제적이 되므로 공정
과 원가관리에 악영향을 미친다.

4) 준설능력 산출

준설능력은 동일한 준설선이라도 작업 여건에 따라 차이가 있으므로 선종별 능력을 산출하
여 공사관리계획에 참고로 한다.

5) 공정계획

① 토량과 준설 여건이 결정되고 투입장비가 선정되면 계획 공기에 알맞게 선단을 구성하고
작업시간과 작업방법에 따른 공정계획을 수립한다.
② 공정계획에 고려될 사항으로는 ① 토질별 토량, ② 투입 선단의 선정, ③ 능력산정, ④
작업시간 결정, ⑤ 월가동시간, 연가동시간을 계산하여 공사기간 내에 장비투입시기를 감
안하여 총공정계획을 확정한다.

6) 공사관리계획

매립공사의 관리는 일반 항만공사의 여러 가지 여건과 준설공사의 공정이 합쳐진 공사이므
로 항만의 제조건이 충분히 검토된 안전관리와 공정관리가 요망된다.

[참고] 건설기계 그림

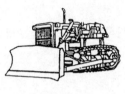

(a) 스트레이트도저

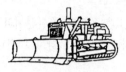

(b) U 도저

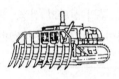

(c) 레이크도저

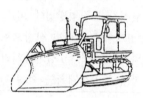

(d) Snow Piows

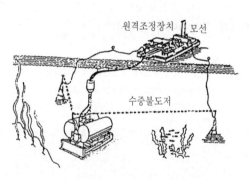

(c) 수중도저

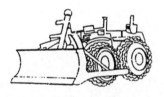

(d) 타이어도저

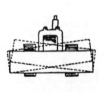

(e) 틸트도저

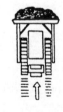

(f) 스트레이트도저

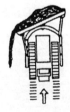

(g) 앵글도저

그림 1 불도저(Bull dozer)

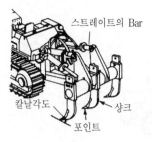

스트레이트의 Bar

칼날각도

포인트

샹크

그림 2   리퍼(Ripper)

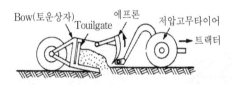

Bow(토운상자)

Touilgate

에프론

저압고무타이어

트랙터

(a) 모터스크레이퍼

(b) 피견인식 스크레이퍼

그림 3   스크레이퍼(Scraper)

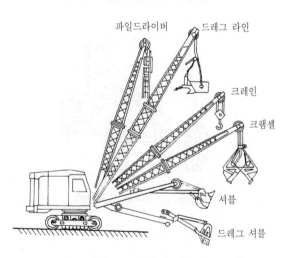

파일드라이버

드레그 라인

크레인

크램셀

셔블

드레그 셔블

그림 4   셔블(Shovel)

(a) 차륜식 로더

(b) 무한궤도식 로더

그림 5   로더(Loader)

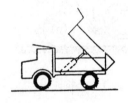
(a) 뒷면덤프트럭

(b) 옆면덤프트럭

(c) 밑면덤프트럭

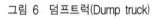

그림 6   덤프트럭(Dump truck)

그림 7   그레이더(Grader)

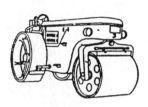

(a) Macadam roller

(b) Tandem roller

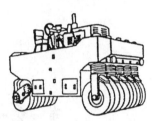

(c) Tire roller

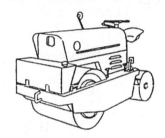

(d) 진동 Roller

(e) Tamping roller(Sheep's foot roller)

(f) 진동 Compactor

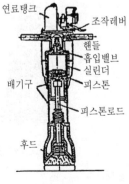

연료탱크
조작레버
핸들
흡입밸브
실린더
배기구
피스톤
피스톤로드
후드

(g) Rammer

(h) Tamper

그림 8　다짐기계

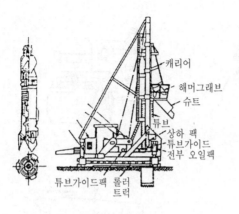

캐리어
해머그래브
슈트
튜브
상하 팩
튜브가이드
전부 오일팩
튜브가이드팩 롤러
트럭

(a) Benoto 굴착기

드릴 버킷

(b) Earth drill

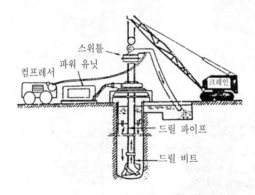

스위틀
컴프레서
파워 유닛
크레인
드릴 파이프
드릴 비트

(c) Reverse circulation drill

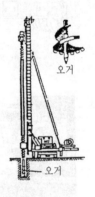

오거

오거

(d) Earth auger

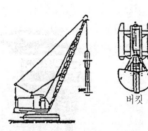

버킷

(e) Clamshell bucket

(f) Rockwell drill

그림 9 대구경 굴착기

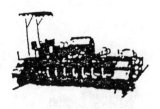

(a) Concrete sprader

끝손질   진동반 스크류 스프레더
스프레더   스트라이크 오프 플레이트

(b) Concrete finisher

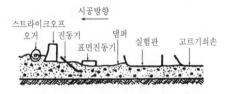

시공방향

스트라이크오프
오거   진동기   댐퍼   실험판   고르기쇠손
    표면진동기

(c) Concrete slip form paver

(d) Concrete cutter

그림 10 콘크리트 포장용 기계

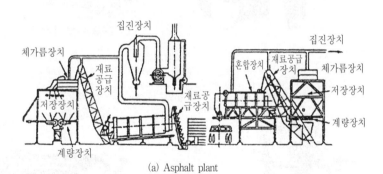

집진장치   집진장치

체가름장치   혼합장치 재료공급 체가름장치
        재료   장치
        공급   저장장치
        장치
  저장장치   재료공
                        급장치   계량장치

    계량장치

(a) Asphalt plant

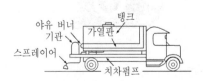

                      엔진
두께조정   호퍼

스프레드   푸시 롤러
    댐퍼   바피더   작업방향
    스프레딩 나사   크롤러

(b) Asphalt finisher(Asphalt paver)

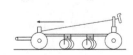

          탱크
야유 버너
기관   가열판
스프레이어
        치차펌프

(c) Asphalt distributor   (d) Road planner

그림11 아스팔트 포장용 기계

(a) 조 크러셔(Toggle type)

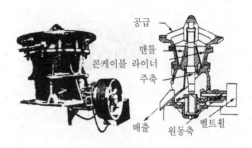

(b) 자이레토리 크러셔

(c) 콘 크러셔

(d) 자이레스피어 크러셔

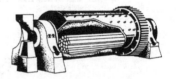

(f) 로드 밀 크러셔

더블 롤 그러셔

싱글 롤 크러셔

(e) 롤 크러셔

그림 12   크러셔(Crusher)

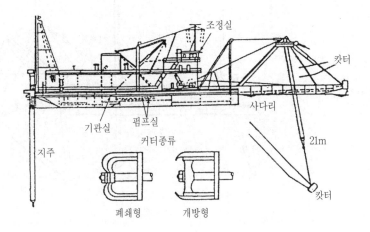

조정실

캇터

사다리

기관실   펌프실

커터종류

21m

캇터

지주

폐쇄형   개방형

(a) 펌프준설선

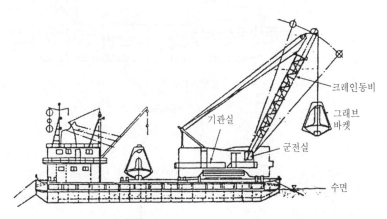

크레인동비

그래브
바켓

기관실

군전실

수면

(b) 그래브준설선

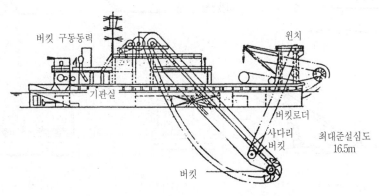

버킷 구동동력

윈치

기관실

버킷로더

사다리

버킷

최대준설심도
16.5m

버킷

(c) 바켙트준설선

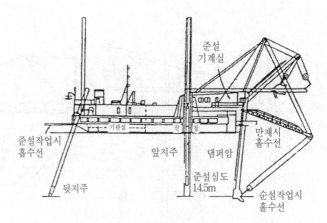

(d) 딥퍼준설선

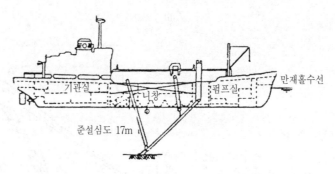

(e) 드래그 석션준설선

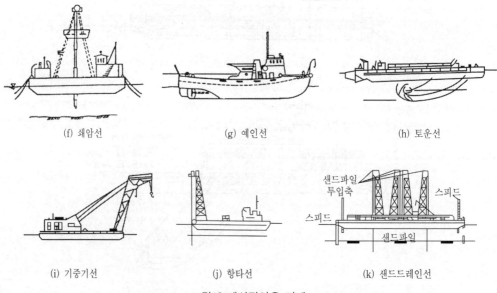

(f) 쇄암선   (g) 예인선   (h) 토운선

(i) 기중기선   (j) 항타선   (k) 샌드드레인선

그림13 해상작업용 기계

제13장
공정관리

문제 1 공사관리의 의의

I. 공사관리의 목표

Q. 주어진 기간 내에 주어진 품질을 (Q, C, D, S)

II. 공사의 4대 요소

```
        ┌ Q : Quality-Up
1차관리  │ C : Cost-Down
        └ D : Delivery 공정 → Quick
        ┌ S : Safety → Up
2차관리  └ 자재관리
```

III. 공정, 품질, 원가의 관계

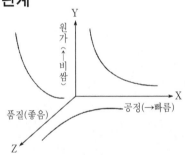

IV. 공사의 관리체계

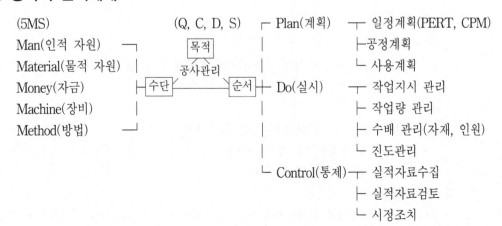

V. 공사관리의 순서 및 내용

1) 공사계획
   ① 공사계획 기초자료 정리   ② 공사 기본방침 결정
   ③ 공정계획 작성   ④ 사용계획 작성(노무, 자재, 기계, 예산 등)
   ⑤ 품질관리계획 작성   ⑥ 안전관리계획 작성
   ⑦ 공사관리조직 업무분담 결정

2) 공사실시
   ① 공사지시   ② 작업량 관리
   ③ 진도관리   ④ 노무, 자재, 기계 및 원가관리
   ⑤ 품질관리   ⑥ 안전관리
   ⑦ 공사기성고 및 품질 특성의 확인

3) 실적자료정리
   ① 실적자료수집   ② 실적자료검토
   ③ 공사보고

VI. 주요 공사관리의 내용

1) 공사관리의 종류
   ① 1차적 관리 : Q, C, D
   ② 2차적 관리 : S, 노무, 자재, 장비관리 등

2) 공사관리의 내용
   ① 품질관리
     ⅰ) 의의 : 설계도, 시방서 등에 맞는 규격과 품질의 구조물을 경제적으로 시공하기 위한
        모든 수단의 체계
     ⅱ) 3대 목표
        - 제품의 설계도와 합치(치수)(내적, 외적 치수)
        - 공사재료의 품질변동을 조기에 색출
        - 변동원인 발견 즉시 결함 시정
   ② 공정관리
     ⅰ) 의의 : 계획공정과 실제공정을 비교, 검토하여 공사가 예정대로 진행되도록 조정

ⅱ) 관리의 순서 및 내용
- 계획 단계
- 실시 단계
- 통제 단계

③ 원가관리

ⅰ) 의의 : 원가절감을 목적으로 원가계산 수법과 조직에 따라서 얻을 수 있는 원가 숫자에 관리 수단

ⅱ) 관리요령 : 실제 공사비가 예산 범위 내에서 집행되도록 관리

④ 안전관리

ⅰ) 의의 : 현장의 안전을 유지, 재해를 미연에 방지하기 위한 모든 활동

ⅱ) 관리의 순서 및 내용
- 설계 단계 : 설비(가설비 포함) 또는 축조물 등에 안전성 확보 검토
- 시공 단계 : 노동재해나 현장 주변의 제3자 재해 방지

⑤ 기계관리

ⅰ) 의의 : 적합한 기계 선정으로 공기단축, 원가절감, 품질향상 등을 도모

ⅱ) 관리내용
- 기계 계획
- 기계 취급
- 기계 유지관리

⑥ 자재관리

ⅰ) 의의 : 1차적 관리목표에 맞게 하기 위한 관리활동

ⅱ) 내용 : 조달계획, 구매계획, 보관관리

⑦ 노무관리

ⅰ) 의의 : 노동력의 적정한 투입과 생산성 향상 관리를 위한 활동

ⅱ) 내용 : 근로자 모집, 임금, 기타 근로조건, 교육훈련, 복리후생

문제 2 시공계획

Ⅰ. 시공계획의 순서 및 내용

1) 사전조사

① 설계도면, 시방서, 기타 계약조건 검토

② 현장 상황 조사

2) 기본계획(시공, 기술계획)

① 공사순서와 시공법 기본방침 결정

② 공기, 작업량 및 공비 검토

③ 공정계획(예정공정표 작성)

④ 기계선정과 조합 검토

⑤ 가설비 설계와 배치계획

⑥ 품질관리계획

3) 상세계획(조달계획)

① 하청발주계획(직영, 외주)

② 노무계획(직종, 인원, 사용기간)

③ 기계계획(기종, 수량, 사용기간)

④ 재료계획(종류, 수량, 소요기간)

⑤ 수송계획(수송방법과 시기)

4) 관리계획

① 현장관리조직 편성

② 실행예산 작성

③ 자금 및 수금 계획

④ 안전관리계획

⑤ 모든 계획도표의 작성과 보고 수속의 설정

II. 시공계획시의 사전 조사

1) 사전조사의 목적
  ① 시공상 문제점, 불확정한 요소, 경제·정세 등의 조사, 설명
  ② 합리적인 시공계획에 입안 가능케 하기 위해

2) 사전조사 내용
  ① 계약조건, 설계도서 등의 검토
    ⅰ) Project의 목적
    ⅱ) 설계도서의 내용(구조물의 치수, 질, 양, 기술적인 요건)
    ⅲ) 설계변경 가능성
    ⅳ) 본 공사에 영향을 미치는 부대공사 및 관련공사
    ⅴ) 기타, 용지매수 상황 검토
  ② 현장조건의 검토
    ⅰ) 지형, 지질, 지하수 조사
    ⅱ) 수문, 기상 조사
    ⅲ) 시공법 선정, 가설규모, 시공기계 선정
    ⅳ) 동력원, 공사 용수원 입수
    ⅴ) 재료의 공급원과 가격 및 운반로
    ⅵ) 노무공급, 환경, 임금
    ⅶ) 공사로 인하여 지장을 주는 문제점
    ⅷ) 용지매수 상황
    ⅸ) 기타 부대공사, 관련공사, 인접공사 등의 조사
  ③ 해외공사에 대한 조사사항
    ⅰ) 그 나라의 일반사항, 국토면적
    ⅱ) 인구, 민족의 종류
    ⅲ) 언어, 종교
    ⅳ) 정정, 치안
    ⅴ) 경제조건
    ⅵ) 재정
    ⅶ) 그 나라의 수도, 공사장 주변의 생활환경
    ⅷ) 우리나라 진출업체
    ⅸ) 생활필수품
    ⅹ) 교통, 통신

III. 공사관리 조직

1) 공사관리 조직의 필요성 : Q , C , D , S의 실현

2) 관리조직의 종류 및 특성

① 종할방식(공구별)

ⅰ) 장점

- 생산성이 높다(적은 인원으로 가능).
- 책임 체계가 쉽다.
- 담당자의 경쟁의욕 창출
- 업무 내용에 변화가 많다.
- 공사관리능력의 육성에 효과

ⅱ) 단점

- 인재수준이 고르지 못하다.
- 자재, 기계, 전용 손실이 많다.
- 조정에 시간이 많이 걸린다.

ⅲ) 용도 : 도로공사

② 횡할방식(공종별)

ⅰ) 장점

- 세부적인 관리를 할 수 있다.
- 하형 연락이 좋다.
- 자재관리가 쉽다.

ⅱ) 단점

- 일의 단조로움.
- 비교적 인원이 많아지게 되며, 대행이 어렵다.
- 기술의 편중, 의욕의 감퇴

ⅲ) 용도 : 대형 구조물의 주체 공사용(댐)

③ 절충식(구조물별)

ⅰ) 특성 : 공구별, 공종별 방식의 장점 조합

ⅱ) 용도 : 소규모 구조물 주체 공사용

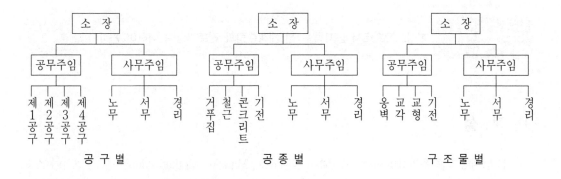

공 구 별   공 종 별   구 조 물 별

3) 관리조직 편성의 기본방침

　① 공사내용의 명확화

　② 직무와 권한의 명확화

　③ 모든 관계 규정에 규칙을 설정

　④ 작업 표준의 적성과 교육훈련

　⑤ 담당 직종의 전문화

　⑥ 신속한 조직 인선

문제 3 현장소장으로서 공사착수 전 계획수립과 검토사항에 대하여 논하시오.

I. 개 설

1) 건설공사는 옥외산업으로 수단(Man, Machine, Matelial, Mothad, Money)를 동원하여 소요의 품질을 경제적이고, 적절한 공기 내에 안전하게 구조물을 완성시켜 인간이 사용하기 편리하게 제공하는데 있다.

2) 현장책임자는 조직의 책임자로써 현장여건을 고려한 적절한 계획수립→실시→검토→처치의 관리 Cycle를 반복적으로 수행하면서 조직에서 바라는 목표치를 수행하기 위한 부단한 관리활동이 요구된다. 시공계획수립의 일반적 순서는 사전조사→기본계획→상세계획→관리계획으로 구분할 수 있다.

II. 시공계획수립시 검토할 일반사항

1) 사전조사

   ① 계약내서 검토 : 설계도면, 계약서 및 계약조건, 설계내역서 검토
   ② 현지 상황조사 : 지형, 지질, 과거 인정지의 공사기록, 노동력동원능력, 운반로
   ③ 기타 : 용지보상 여부, 공사로 인한 민원 발생 가능 여부

2) 기본계획

   ① 가설계획 : 가설사무소, 숙소, 용수, 전력공급 및 Batching plant, Crushing, 기타 공사용 가설도로 등 공사로 인한 가설계획 수립
   ② 재료원조사 : 골재원, 석산, 토취장, 사토장, 기타 주요자재 공급처 조사
   ③ 주요 공정의 수량산출, 공기, 공사비 파악
   ④ 실행예산 편성

3) 상세계획

   ① 기본계획에 의한 가설계획, 재료, 장비 반입계획 검토
   ② 공사집행방법 : 직영, 또는 하도급 구분
   ③ 주요공정에 대한 시공계획서 작성
   ④ 공정, 품질, 안전관리 및 원가관리계획 수립

4) 관리계획 : 목표치 달성을 위한 적절한 조직편성

   ① 공사집행계획 확정

   ② 실행예산과 공사집행계획에 의한 공정, 품질, 원가, 안전관리를 유기적으로 수행한다.

Ⅲ. 시공계획서에 포함될 사항

공사착공 전 시공계획서는 발주처 요구사항, 현장조건 및 계약조건 등을 충분히 숙지하여 아래 사항을 포함해야 한다.

1) 공사개요 : 공사명, 공기, 발주처

2) 실행예산서 : 계약조건, 현장여건을 고려한 합리적인 예산

3) 공사집행방법에 관한 사항 : 직영공사와 하도급공사 구분

4) 직원투입계획, 장비, 자재투입계획

5) Detail 공정표

6) 지급집행계획

7) 주요공정 또는 특수공법에 대한 사전 시공계획 수립

8) 안전관리 조직과 표준안전관리비 예산 반영

Ⅳ. 관리방법

모든 일은 그 수행과정에 있어 우선 목적을 명확히 하고 계획을 세워 작업을 수행한 결과가 목적에 맞는지 여부를 검사하고 조치를 과하는 과정을 반복적으로 수행한다. 즉, 계획(Plan), 실시(Do), 검사(Check), 처치(Action) 4가지 과정을 반복적으로 수행한다.

'두번 다시 똑같은 과오를 범하지 않는다'는 것이 관리의 기본이다. 관리활동 과정에서 원인분석 결과를 Feed-back하여 차기계획에 반영시키는 것이 표준치를 유지시키고 목표치를 추구하기 위한 일연의 관리활동이다.

Ⅴ. 결 론

시공계획 수립시, 모든 계약조건, 현장조건, 기술축척자료를 망라한 합리적 계획을 수립하였어도 집행과정에서 예기치 못한 여건변경으로 시행상 계획변경을 수반하여야 하는 것이 건설공사의 특징인바, 시행과정에서 분석한 원가관리, 신공법 채택, 시행착오 등을 정확하게 분석 자료화함으로써 유사한 공사나 인접한 지역에 공사를 수행할 때 중요한 자료로 활용할 수 있다.

문제 4   시공자가 공사착수 전 감리자에게 제출하는 시공계획서의 목적과 내용

Ⅰ. 시공계획서의 내용(Early action item)

1) 공사착수보고서
   ① 현장 관리조직
   ② 기술자 배치계획서
   ③ 현장대리인 선임계
   ④ 안전관리자 및 시험자 선임계
   ⑤ 공사세부공정표
   ⑥ 품질시험계획서
   ⑦ 안전관리계획서
   ⑧ 인원투입계획서
   ⑨ 장비투입계획서
   ⑩ 착수 전 사진
   ⑪ 계약내역서
2) 공사시공 측량결과보고서
3) 지급자재 입체 또는 대체 사용신청서
4) 준공기한 연기신청서
5) 현장실정보고서
6) 금일 작업실적 및 명일 작업계획서(필요할 때)
7) 하도급 통지 및 승인 신청서(Subcontractor proposal)
8) 기타 시공과 관련되는 보고 및 신청서
9) 가설공사 시공계획서(Temporary facility)
10) Material delivery schedule(자재투입계획서)
11) Manpower delivery schedule(인원투입계획서)
12) Equiptment delivery schedule(장비투입계획서)
13) 공사 시공 중 시공계획서
   ① 현장조직표 작성 제출
   ② 현장대리인 선임계
   ③ 안전관리자 선임계
   ④ 시험사 선임계

⑤ 공사세부공정표
⑥ 품질관리계획서
⑦ 안전관리계획서
⑧ 동원인원계획서
⑨ 장비투입계획서
⑩ 착공 전 사진 제출
⑪ 공사비 내역서

Ⅱ. 시공계획서 제출 목적

1) 설계자나 발주처가 원하는 규격, 품질의 공사 수행
2) 부실공사 방지(QC)
3) 안전한 시공
4) 공기 내에 완료할 목적
5) 감리자의 원활한 업무수행을 위한 자료제시

Ⅲ. 결 론

도급자, 즉 시공자와 감리자의 상호 신뢰도 고취로, 상호 협조관계가 원활하여 시방서에서 명시한 품질의 공사를 정해진 공기 내에 경제적으로 수행하기 위한 목적으로 시공계획서를 제출한다.

문제 5   공정관리

Ⅰ. 공정관리기법

1. 공정관리기법의 종류

1) 막대공정표(Bar chart)

① 장점

ⅰ) 작성이 간단하다.

ⅱ) 개략적인 공정의 내용에 알맞다.

ⅲ) 직, 간접 이해가 쉽다.

② 단점

ⅰ) 작업순서가 표현되지 않는다.

ⅱ) 전체 공정 진척도가 파악되지 않는다.

ⅲ) 문제점이 명확하지 않다.

ⅳ) 일수가 계산되지 않는다.

막대공정표

○ ○ 공 사

영수 / 자선영	5	10	15	비 고
A	—			
B	— ━ =			
C	— —			
D		═ ═		═ : 예정공정
E			═	— : 실시공정

2) 그래프 공정표(Graph chart)

그래프공정표

① 장점

ⅰ) 공사가 임의의 시간과 공사장소와의 관계가 파악되므로 관리가 쉽다.

ⅱ) 시공속도를 파악하기 쉽다.

② 단점

   ⅰ) 사용되는 공사에 한정(노선공사, 터널공사, 단일공종공사)

   ⅱ) 일수가 계산되지 않는다.

3) 네트워크 공정표

  ① Network 기법의 종류

    ⅰ) PERT(Program Evaluation & Review Technique)

    ⅱ) CPM(Critical Path Method)

    ⅲ) PN(Precedence Network)

    ⅳ) RAMPS(Resourse Allocation & Multi-Project Scheduling)

    ⅴ) GERT(Graphical Evaluation & Review Technique)

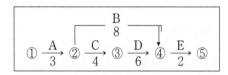

네트워크공정표

  ② 장점

    ⅰ) 작업순서가 잘 표현

    ⅱ) 공사의 주공정을 알 수 있다.

    ⅲ) 계수적인 검토 가능(일수 계산)

    ⅳ) 공정의 진척사항을 쉽게 파악할 수 있다.

    ⅴ) 필요한 자원 최적 사용계획과 조달시기, 수량을 명료하게 표시

    ⅵ) 작업 상호간의 관계가 명확하게 표시됨으로써 중점적, 합리적으로 관리할 수 있다.

    ⅶ) 공사 관계자의 의사소통이 쉽다.

    ⅷ) 컴퓨터시스템으로 체계화하기 쉽다.

  ③ 단점

    ⅰ) 작성하기 위해서는 노력이 필요

    ⅱ) 진도관리 수정이 어렵다.

    ⅲ) 시공속도를 파악하기 어렵다.

2. PERT · CPM의 비교

1) 적용대상

  ① PERT : 신규사업 및 비반복사업, 즉 경험이 없는 사업(우주산업)

  ② CPM : 반복사업, 경험이 있는 건설사업에 사용

2) 소요시간 견적

    ① PERT : 3점법(최단시간, 정상시간, 최장시간)

    ② CPM : 1점법(정상시간)

3) MCX(Minimun Cost Expediting)

    ① PERT : 처음에는 MCX 이론이 없었으나 적용한다.

    ② CPM : 핵심이론은 MCX 이론이다.

4) 관리중점

    ① PERT : 작업단계(Event) 중심관리

    ② CPM : 활동(Activity) 중심관리

3. Network 작성의 기본원칙

1) 공정원칙 : 각 공정은 독립된 공정으로 간주한다.

2) 단계원칙 : 각 단계는 선행작업과 후속작업을 나타낸다.

3) 활동원칙 : 선행활동이 끝나야 후속작업이 시작된다.

4) 연결원칙 : 왼쪽에서 오른쪽으로 연결한다.

II. 네트워크의 계산

1. 단계(Event) 중심의 일정 계산

1) 조기단계 시기 : $TEj = TEi + D$

2) 만기단계 시기 : $TLi = TLj - D$

2. 활동(Activity)중심의 일정 계산

1) 최조 시작 시기 : $ES = TEi$

2) 최조 완료 시기 : $EF = ES + D$

3) 최지 시작 시기 : $LS = LF - D$

4) 최지 완료 시기 : $LF = TLj$

5) 여유시간

    ① 총여유시간 : $TF = LS - ES$

    ② 자유여유시간 : $FF = ESjk - EF$

③ 간섭여유시간 : IF = TF − FF
6) 주공정 : CP는 TF=FF=IF=0인 활동을 연결한 공정이다.

【일정계산 예】
　다음 작업 List를 보고 Network를 그린 다음, 각 일정 계산과 CP를 구하라.

작업 List

i−j	작업명	일수	ES	EF	LS	LF	TF	FF	IF	CP
1-2	A	4	0	4	0	4	0	0	0	x
1-3	B	3	0	3	2	5	2	1	1	
2-3	dummy	0	4	4	5	5	1	0	1	
2-4	C	6	4	10	4	10	0	0	0	x
2-5	D	9	4	13	4	13	0	0	0	x
3-4	E	5	4	9	5	10	1	1	0	x
4-5	F	3	10	18	10	13	0	0	0	x
5-6	G	4	13	17	13	17	0	0	0	x

$FF = E_{Si} - EF$ 　　 $t_m = t_e → MCX$

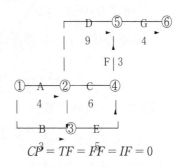

$CP = TF = FF = IF = 0$

네트워크 공정

Ⅲ. 공기 단축

1. 공기 단축의 의의

1) 공기 단축의 필요성
① 계약공기 또는 계획공기에 따라서 공기 단축
② 중간공기에 대한 공기 단축(중간진도 단축)
③ 지연공사에 대한 후속 공기에 대한 공기 단축

2) 공기 단축의 요령
① 주공정 활동을 대상으로 단축할 것
② 주공정 중에서도 비용 경사가 최소인 활동을 발견
③ ①, ②에 따라 단축하고, 일정계획 재수립

2. 공기 단축 기법

1) 네트워크에 의한 단축
① 활동기간 재검토

② 평행한 한계 활동에 활동시간 또는 연결조정
③ 한계활동 세분
④ Network 순서 변경

2) 작업 촉진에 의한 단축
① 공사비의 공기에 따른 변동
  ⅰ) 직접 공사비의 변동

$$비용경사(C) = \frac{특급\ 소용공사비 - 정상\ 소요공사비}{정상\ 소요공기 - 특급\ 소요공기}$$

$$= \frac{C(d) - C(D)}{D - d}$$

  ⅱ) 간접 공사비의 변동

$$1일간접비용 = \frac{총간접비}{총공사기간}$$

② 최적 공기 및 총공사비
  ⅰ) 최적 공기 : 최소 공사비의 공사기간
  ⅱ) 총공사비 = 직접비 + 간접비
③ 최소 비용에 의한 공기 단축법
  주공정 중에서 비용경사가 최소인 활동으로부터 줄여 나간다.

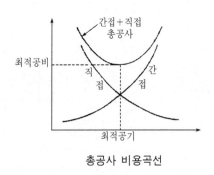

총공사 비용곡선

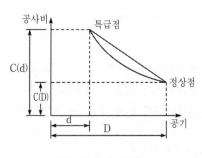

공기-공사비 관계도

④ 공기 단축 대책
  ⅰ) 초과 사용 대책
  ⅱ) 임차 장비 투입
  ⅲ) 가설계 추가 투입
  ⅳ) 교대제 채택
  ⅴ) 숙련된 기능공, 우수한 장비 사용
  ⅵ) 고가의 시공법 도입

⑤ 공기 단축시 고려(주의)사항

ⅰ) 품질과 안전성이 저하되지 않도록 한다.

ⅱ) 비용이 증대되지 않도록 한다.

ⅲ) 다른 업무에 미치는 영향을 고려한다.

ⅳ) 인원, 기재 운반구 투입 자원 고려

ⅴ) 노동시간 연장될 때, 그 한도를 고려한다.

【공기 단축 예】

다음 Network에서 각 작업의 단축 한계와 그에 소요되는 비용은 다음 표와 같다. 공기를 5일간 단축할 경우, 최저비용은 얼마가 줄어드는가? 단, 간접비용은 변동이 없는 것으로 한다.

직접 공사의 내역

활동 명칭	i-j	기간 (일)		비용(만원)		비 용 경 사
		정상	특급	정상	특급	
A	1-2	14	13	40	45	$C = \dfrac{45-40}{14-13}$ = 5만원
B	1-3	16	13	50	62	$= \dfrac{12}{3}$ = 4만원
C	2-4	16	14	48	52	$= \dfrac{4}{2}$ = 2만원
D	3-4	18	18	54	54	$= \infty$
E	4-5	11	9	30	36	$= \dfrac{6}{2}$ = 3만원
합　계				222	249	

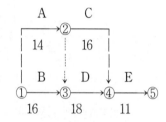

E : 2A × 3만원 = 6만원
B : 2A × 4만원 = 8만원
A : 1일 × (5만원 + 4만원) = 9만원
　　　　　　　　23만원 − 5만원 = 18만원

Ⅳ. 자원배분

1. 자원관리의 목표

1) 시간, 비용의 효율을 최대로 한다.

2) 공사일정에 따라 필요한 인력, 자재, 장비를 공급해서 효과적으로 사용

3) 자원의 품귀 및 제한적 자원의 경합 또는 상충을 제거, 최소화한다.

2. 자원배분방법

1) 순 서

① 소요자원의 기입 : 소요인원, 기자재의 양을 일일마다 기재

② 산적화(Loading)표 작성 : ES, LS 기준으로 작성

③ 평준화(Leveling)표 작성 : $TF = ES - LS \rightarrow$ 활용하여 평준화

2) 동시 작업 우선순위

① CP 최우선으로 자원 배정

② TF가 작은 수로 먼저한다.

③ TF가 같은 경우에는 작업시간(D)이 짧은 것부터 한다.

【인력배분 예】

그림과 같은 네트워크에서 산적표, 인력평준화표를 작성하면 다음과 같다(단, 제한인원은 4명).

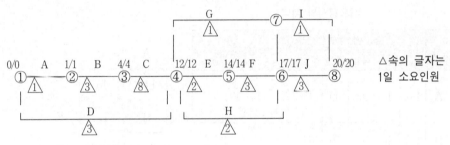

인력배분 예 공정도표

① 가장 빠른 시작 산적표($ES = TE_i$)

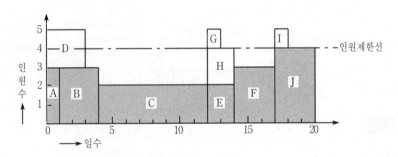

② 가장 늦은 시작 산적표($LS = TL_j - D$)

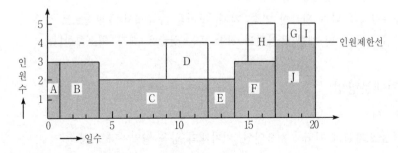

③ 인력 평준화표($TF = LS - ES$)

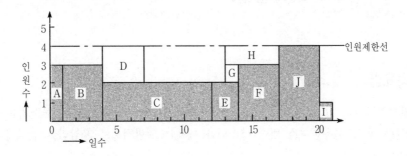

문제 6   바나나 곡선의 진도관리

Ⅰ. 관리요령

1) 예정진척곡선이 그 공정관리곡선의 허용한계, 즉 바나나 곡선내 에 들어가는지의 여부를 검토한다. 만일 허용한계를 벗어나고 있을 때에는 일반적으로 불합리한 공정계획이므로 재검토한다.

2) 예정진척곡선이 허용한계 내에 있을 때는 S형 진척곡선의 중기에 있어서의 정상진척부분을 허용한계 직선에 평행한 이상적 진척곡선으로부터 될 수 있는 대로 완구배가 되도록 초기 및 말기의 공정을 합리적으로 조정한다.

3) 예정진척곡선에 대한 곡선 종점에서의 절선은 공정의 위기를 표시하는 하방한계이므로 이 한계내에 공정의 진행을 유지하고, 만약 이 한계에 접근할 때는 곧 대책을 수립할 필요가 있다.

4) 공정관리곡선의 하방허용한계를 실시진척곡선이 넘었을 경우에는 공정지연은 치명적이며 돌관공사는 불가피하므로 돌관공사의 실시를 위한 가장 경제적인 근본대책을 검토할 필요가 있다.

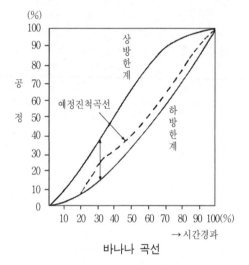

바나나 곡선

Ⅱ. 예정/실시 곡선이 취하는 형의 분류

1. 벌림형

공기의 초기로부터 종기에 걸쳐 지연이 점차 확대되어 예정진척곡선(점선)과 실시진척곡선(실선)과의 벌어짐이 점차로 증대한다.

요인은 주로 노무자의 품삯지불 지연 및 재료입하의 정체, 준비부족 및 기타 악조건의 겹침, 능률 이상의 능률을 계획에 삽입한 것 등이다.

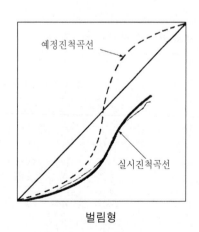

벌림형

2. 후반벌림 형

공기의 전반은 지연되지 않으나 후반으로 감에 따라 지연이 현저해지는 것이다.

이 형은 벌림형보다 준공기일까지의 잔여기간이 짧으므로 지연의 회복은 일층 곤란해진다.

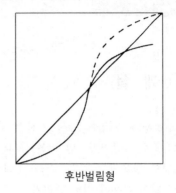

후반벌림형

3. 평행형

공기의 태반을 통하여 지연폭이 거의 일정한 것을 말한다. 다시 말해서 예정과 실시진척곡선은 대체적으로 평행한다. 이 형은 그대로 공사를 진행시키려면 처음의 지연만큼 준공기일의 지연을 초래케 한다.

이 형의 요인은 착공에 앞선 지연(부지 미확정 토지의 미보상 등) 혹은 착공 직후의 지연(지반불량, 지하용수 등) 및 준비 부족, 노무자의 미숙연 등에 의하여 공기 전반을 통하여 기성을 회복할 수 없을 경우 등에 있다.

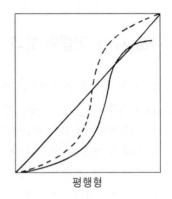

평행형

4. 후반닫힘형

공기의 전반에 생긴 지연을 회복하여 기일에 맞게 하는 것을 말한다.

이 형의 요인은 평행형과 같거나 혹은 후반에 여유가 있다는 해이감 및 기타 작은 일시적 사고에 의한다.

전반에 지연이 발생했을 경우는 공사를 이 형에 맞추어 끝맺게 하는 것이 진도관리업무의 대부분이라고 할 수 있다.

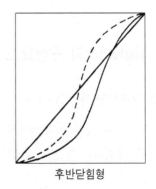

후반닫힘형

III. 결 론

예정진척곡선과 실시진척곡선을 비교 대조하여 대책을 강구함.

문제 7　Network 기법에 대하여 기술하시오.

I. 개 설

Network 기법은 공사 규모가 대형화하고 내용이 복잡해짐에 따라 적용이 많아지고 있으며 고속도로, 고층빌딩, 댐 건설 등 대형공사는 물론 교량공사, 각종 개수공사에 이르는 소형공사에 까지도 적용되고 있다. 그러나 대형공사에는 공사내용이 복잡하므로(Activity수가 300개 이상) 컴퓨터의 이용에 의한 관리가 요구된다.

II. Network 기법의 효과

1) 전체 공사를 준공하는데 요하는 공기를 상당히 정확하게 예측할 수 있다.
2) 중점적으로 관리가 필요한 공종을 제시해주고 핵심적 문제 파악이 쉽다.
3) 세부계획간에 상호관련성이 명시된다.
4) 계획의 변경에 있어 적응성이 강하여 공기 단축이 필요한 경우 지침을 제공한다.
5) 각 작업의 착수시기, 순서가 명료하게 표시되므로 충분한 사전 작업을 할 수 있다.
6) 공사관계자의 의사소통이 용이하게 도모된다.
8) 작업의 표준화, Data 정리에 편리하다.
9) 전산처리가 가능하다.

III. Network의 구성요소

1. 마디(단계, Event)

각각의 작업 또는 활동의 시작과 종료이며 선행이나 후속하는 다른 작업들과의 연결시점이다. 시간이나 자원의 개념이 없다.

$$i \longrightarrow j \qquad i < j$$

2. 작업활동(Activity)

1) 활동작업

2) 명목 활동(Dummy activity)

활동으로서의 자체 의미는 없으며 작업 상호간의 관계에 의하여 진행과정의 제약을 표시,
시간이나 자원의 표시가 없다. 보통 점선으로 표시한다.

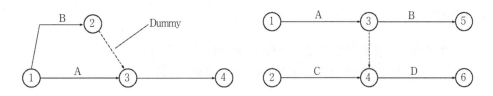

3. 접합점(Interface event)

부분별 계획 공정표(Sub-network) 상호간에 연결되는 단계로서 전체 공사에 대한 관련성과
자세한 계획을 나타냄.

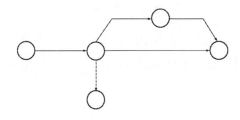

Ⅳ. Network 작성요령

1. Network 작성상의 기본원칙

① 공정원칙 : 활동이 모여 공사의 진행과정을 나타냄.
② 마디(단계)원칙
③ 활동원칙 : 선행활동이 완료되지 않으면 후속활동을 할 수 없다.
④ 연결원칙 : 같은 단계의 활동에 두 개 이상의 Activity를 둘 수 없다.

2. Network 작성상의 표시 기본요령

① 가능한 한 활동 상호간의 교차를 피할 것
② 우회곡선을 쓰지 말 것
③ 활동간에 예각을 만들지 말 것
④ 무의미한 명목활동(Dummy)을 만들지 말 것
⑤ 알아보기 쉽고 자료기입에 편리하게 그릴 것

V. Network의 시간분석

1. PERT

단계 중심 ┬ 가장 빠른 작업시간(Early Event Time : TE)
　　　　　└ 가장 늦은 작업시간(Late Event Time : TL)

2. CPM

활동 중심 ┬ 빠른 작업 개시시간(Earliest Start : ES)
　　　　　├ 빠른 작업 완료시간(Earliest Finish : EF)
　　　　　├ 늦은 작업 개시시간(Latest Start : LS)
　　　　　└ 늦은 작업 완료시간(Latest Finish : LF)

┌ $ES+D=EF \rightarrow ES=EF-D$
└ $LS+D=LF \rightarrow LS=LF-D$

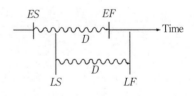

3. 여유시간

1) PERT(Event Slack)

① Positive slack(정여유) $TL-TE>0$
② Zero slack(영여유) $TL-TE=0$
③ Negative slack(부여유) $TL-TE<0$

2) CPM(Float)

① Total Float(총여유) : TF
　$TFij=LSij-ESij=LFij-EFij$

$EF=ES+D$에서 $TFij=LFij-(ESij+Dij)$

② Free Float(자유여유) : FF

$EFij=ESij-EFij$

$=ESj-(ESi+Dij)$

③ 간섭여유(Interfering Float)

$IF=TF-FF \rightarrow TF=FF+IF$

4. 한계공정(Critical path) 또는 주공정

1) PERT : SL=0인 Event의 연결

2) CPM : Float=0인 Activity의 연결

3) 한계공정의 해석

① Network에서 최장공기를 요하는 공정이고 한계공정에서 공기가 연장되면 주어진 공기 내에 공기를 끝낼 수 없다.

② 만약 공기를 단축해야 할 경우 한계공정을 줄여야 한다.

③ Network상에서 중점 관리해야 할 공정을 뜻하고 한계공정 이외의 공정은 여유가 있음을 뜻한다.

④ Critical path상의 작업수는 전체 작업수의 20% 내외가 포함됨을 과거 기록에서 보고되고 있다.

⑤ Critical path는 2개 이상이 평행해서 존재할 수 있고 각목활동(Dummy)도 Critical path 가 될 수 있다.

문제 8 크리티컬 패스(Critical path)

Ⅰ. Critical path(한계공정)의 정의

Critical path란 전 여유가 0의 작업을 연결한 경로로 Network상 소요시간이 가장 긴 경로를 말한다.

Network를 작성해서 각 작업의 여유시간(Float time)을 계산하면 전 여유의 0의 작업. 이는 일련의 경로를 형성하며 이 경로를 Critical path(한계공정)라 한다.

Ⅱ. Critical path(한계공정)의 해석

1) Float(여유시간)=0인 활동의 연결($IF=TF=FF=0$)
2) Network에서 최장공기를 요하는 공정이고, 한계공정에서 공기가 연장되면 주어진 공기 내에 끝낼 수 없다.
3) 만약 공기를 단축해야 할 경우 한계공정을 줄여야 한다.
4) Network상에서 중점 관리해야 할 공정을 뜻하고 한계공정 이외의 공정은 여유가 있음을 뜻한다.
5) Critical path상의 작업수는 전체 작업수의 20% 내외가 포함됨을 과거 기록에서 보고되고 있다.
6) Critical path는 2개 이상이 평행해서 존재할 수 있고 명목활동(Dummy)도 Critical path가 될 수 있다.

Ⅲ. 의 의

1) Critical path의 성질을 보면 Critical path에 의해서 전작업의 공정이 지배되어 있으므로 공기단축은 이 경로에서 일어난다.
2) Critical path가 아니더라도 여유시간이 적은 경로는 Critical path로써 공정관리할 필요가 생기므로 공정관리면에서 큰 의의를 갖는다.

문제 9   Lead time

실제의 작업을 시작하기 전에 처리하여야 할 사항들을 종합하여 리이드 타임 작업으로 하는데, 이는 실제의 작업이 시작되는 점에서 종료한다.

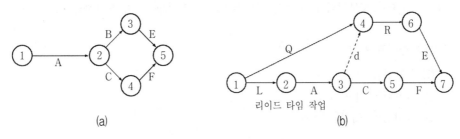

리드 타임 작업의 도입

예를 들어 그림 (a)에서 B를 개시하려면 그 이전에 외주해 두어야 할 부품이 있다고 할 때 그 부품의 외주, 납품작업 Q와 리이드 타임 작업 L을 사용하여 그림 (b)와 같이 그릴 수 있다. 요컨대, 리드 타임 작업은 계획사업의 실제 개시 전에 처리하지 않으면 안될 관리적·행정적인 사무수속 등을 고려할 때 사용된다.

문제 10 원가관리

Ⅰ. 원가관리의 개요

1) 원가관리의 의의

　　시공중에 공사실적을 자금면에서 평가하고, 공사를 통제, 개설하는 것

2) 원가관리의 목적

　① 원가절감
　② 작업능률 자료 수정
　③ 실세원가, 예정원가 비교

Ⅱ. 원가관리방법

1) 원가관리의 순서 및 방법
　① 계획단계
　　ⅰ) 원가관리체계 확립
　　ⅱ) 원가계산제도 결정
　　ⅲ) 실행예산 작성
　② 실시단계
　　ⅰ) 원가 실적 수집 정리
　　ⅱ) 원가계산
　③ 검토단계
　　ⅰ) 예산과 실적 대비
　　ⅱ) 원가차이 분석
　④ 조치단계
　　ⅰ) 수정 조치(시공개선 계획 수정)
　　ⅱ) 손익예측
　　ⅲ) 조치의 재검토

관리서클

Ⅲ. 공사 원가 절감방안

1) 집중관리 항목 선정
   ① 단순, 반복 작업(터널굴착) 집중관리
   ② 물량 많은 공정(도로, 토공, 댐축조공)
   ③ 공사비가 많이 드는 공정
   ④ 위험성이 많은 공정

2) 원가관리 조직편성 및 VE 활동

3) 작업원의 교육과 훈련을 통해서 원가관리 중요성 인식

문제 11 안전관리

I. 안전관리의 중요성

1) 건설공사의 대형화, 복잡화 추세에 따라 기계화 시공의 보급과 발달은 생산성 향상 등을 가져왔으나 재해와 공해의 증가를 가져왔다.
2) 따라서 건설현장의 안전 확보는 사회적으로나 도덕적으로나 중요한 공사관리 요소가 되고 있다.

II. 안전관리의 목적

1. 재해로부터의 손실방지

경제적 손실과 공정상의 손실을 가져오고 사회적으로 기업의 신용을 추락시키므로 재해예방에 힘써야 한다.

2. 기업의 합리화

철저한 안전관리를 통해 사용자와 근로자 간의 인간관계 원활화, 지시명령의 철저이행으로 현장기강 확립 → 산업성 향상과 기업효율 향상

III. 재해의 원인과 대책

1. 인적 원인

1) 미지 : 공사현장의 위험성에 대한 지식 결여로 발생한다. 위험지역에는 식별하기 좋은 위치에 위험표지를 한다.
2) 미숙련 : 운전원, 용접공 등의 기능 미숙에서 오는 것으로 기능공의 양성과 훈련이 필요하다.
3) 부주의 : 긴장감의 결여가 원인으로 작업중의 흡연과 잡담을 금지시킨다.
4) 권태 : 심신의 피로가 원인으로 휴식 설비를 갖추어 피로회복을 꾀한다.
5) 신체의 결함 : 장애인 등의 취업시는 이의 적합 여부를 검토한다.

6) 질병 : 만성질환 등이 원인으로 질병의 원인을 찾아내어 요양토록 한다.

7) 피로 : 전날의 음주, 수면부족 등이 원인으로 휴식공간을 배려한다.

8) 복장 : 취업자의 복장불량이 원인으로 작업시는 간편한 복장을 착용토록 한다.

9) 기타 원인 : 연령, 노동자간의 불화 등

2. 물적 원인

1) 구조의 불완전 : 특히 가설구조물은 안전도를 Check해야 하고 시공기 편기, 이동, 변위여부 등을 검사한다.

2) 재료의 불완전 : 재료의 품질 검사를 철저히 한다.

3) 안전장비 : 안전장비의 불완전이 원인으로 안전설비와 안전기구를 완비한다.

4) 협소한 작업장 : 작업계획수립 철저 및 안전표지 철저

5) 작업자세의 불완전 : 자세의 표준화

6) 현장 정리정돈 : 수시로 정리정돈한다.

7) 기계기구 불완전 : 설치 불량이 원인인 경우가 많으므로 설치를 견고히 한다.

8) 급속시공 : 야간작업, 철야작업 등이 원인으로 작업계획 수립을 철저히 하고 안전시설을 갖춘다.

3. 일기의 원인

추위, 더위, 바람, 비, 눈, 이상건조, 습기, 낙뢰 등이 원인으로 인력으로 제거할 수 없으므로 작업을 중단하거나 작업범위를 제한해야 한다.

Ⅵ. 안전관리 조직 및 운영

1. 조 직

안전관리 책임자 및 안전관리자의 선정과 책임 한계를 설정한다.

2. 운 영

1) 정기적인 안전관리 회의 개최

2) 각 분야의 안전담당자는 현장순회시 미비사항을 발견하면 즉시 보강

3) 정기적인 안전점검 실시 및 조치

4) 안전수칙의 제정과 숙지

　　5) 기발생된 원인 파악 및 재발방지
　　6) 타현장의 재해사례 수집 및 요인 제거

V. 안전사고 예방 기본원리 5단계

1. 제1단계 : 안전조직

　　1) 안전조직 편성
　　2) 안전활동 지침 및 계획수립
　　3) 조직을 통한 안전활동

2. 제2단계 : 사실의 발견

　　1) 사실 및 활동기록 검토
　　2) 안전점검
　　3) 안전진단
　　4) 사고조사

3. 제3단계 : 분석

　　1) 사고 보고서 및 현장조사
　　2) 사고 기록

4. 제4단계 : 대책선정

　　1) 기술 개선
　　2) 교육훈련 개선
　　3) 안전행정 개선
　　4) 확인 및 통제 체계 개선

5. 제5단계 : 대책의 적용

　　1) Engineering(기술)　　┐
　　2) Education(교육)　　　├ 3E
　　3) Enforcement(독려)　　┘

문제 12 품질관리

I. 정 의

품질관리란 설계서, 시방서에 표시되어 있는 규격을 만족하는 구조물을 경제적으로 만들기 위해 취하는 수단이다.

II. 품질관리의 목적

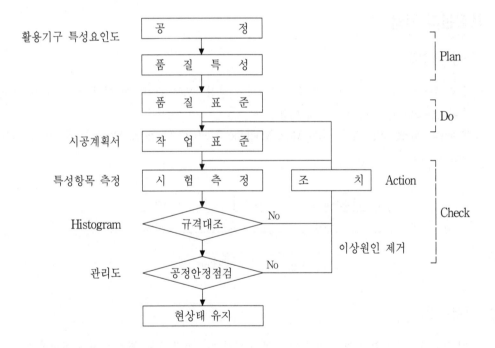

1) 설계서에 정해진 규격의 구조물을 만드는 것
2) 구조물의 결함을 사전에 예방
3) 품질의 변동을 최소화한다.
4) 구조물의 신뢰성을 높인다.
5) 새로운 문제점을 발견하게 한다.

Ⅲ. 품질관리의 순서

1) 품질관리 시행에 있어서는 다음의 2가지 조건을 만족해야 한다.
   ① 제품의 규격이 허용범위 내에 들 것 : Histogram을 이용한다.
   ② 작업공정이 안정상태에 있을 것 : 관리도를 이용한다.
2) 작업공정이 불안정한 것은 2가지 변동요인이 존재하기 때문이다.
   ① 이상 원인 : 발견되고 재발하지 않도록 조치하는 것이 경제적인 변동 원인
   ② 우연 원인 : 발견도 어렵고 재발하지 않도록 조치해도 비경제적인 변동 원인
   따라서 품질관리에서는 이상 원인과 우연 원인을 분리시켜 이상 원인을 찾아 조치함으로써
우연 원인에 의한 변동만 허용시켜 안정상태를 만들 수 있다.

Ⅳ. 품질관리 기법

1. 특성 요인도

1) 품질 특성에 영향을 미치는 요인을 분석하여 중점적으로 관리해야 할 특성을 결정하거나
   중대 영향요인을 찾아내기 위해 이용한다.
2) Brainstorming 작업 결과를 5M(Man, Machine, Method, Material, Money)으로 분류, 각 요
   인을 정리한다.

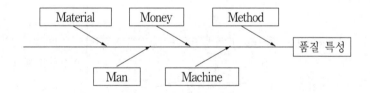

2. 시험측정

   계획에 의거 실시함에 있어 설계 및 시공을 위한 재료선정, 공법 결정을 위해 실시한 사전시
험을 선정시험이라 하고, 시공시 사용된 자재 및 공사가 설계도서에 의거 정확하게 시행되었는
가를 확인하는 시험을 품질관리시험이라 한다.

3. 관리도

1) 공정의 안정상태를 점검하기 위해 사용한다.
2) 통계적인 기법이 적용되는데 주로 $\overline{X} - R$관리도의 작성방법을 기술하면($\overline{X}$: 평균치, R :

범위)

① 3, 4개의 Data를 도수로 한다.

② 두루마리 방안지를 2등분하여 상부는 $\overline{X}$, 하부는 R를 관리한다.

③ 관리 한계선

ⅰ) 도수의 평균 $\overline{X} = \dfrac{1}{n}\sum x_i$

ⅱ) 범위 $R = x_{max} - x_{min}$

ⅲ) 평균의 평균 $\overline{\overline{X}} = \dfrac{1}{R}\sum \overline{x_i}$

ⅳ) 범위의 평균 $\overline{R} = \dfrac{1}{R}\sum R$

ⅴ) $\overline{X}$관리도의 관리 한계선

 − 상한 관리선 $UCL = \overline{\overline{X}} + d_1 \overline{R}$

 − 중심선 $CL = \overline{\overline{X}}$

 − 하한 관리선 $LCL = \overline{\overline{X}} - d_1 \overline{R}$

ⅵ) R관리도의 관리한계선

 − 상한 관리선 $UCL = A_2 \overline{R}$

 − 하한 관리선 $LCL = A_1 \overline{R}$

 − 중심선 $CL = \overline{R}$

여기서 d_1, d_2, A_1, A_2는 도수의 수에 의해 결정되는 계수.

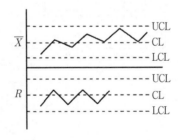

④ 안정상태 판정

ⅰ) 측정치가 관리 한계선 내에 있으면 안정, 벗어나면 불안정

ⅱ) 측정치가 한쪽으로 몰리거나 경향이 반복되면 공정을 Check해야 함.

⑤ 관리 한계선 조정

ⅰ) 일반적으로 최초 5개로 다음 5개를 관리하고

ⅱ) 그때까지의 10개를 통해 다음 10개를 관리하는

ⅲ) 5-5-10-20 등으로 관리선 조정

4. Histogram

1) 제품의 규격이 허용범위에 있는가를 파악하기 위한 것으로

2) 판정방법에는 평균치 $\overline{x}$, 표준편차 추정치 σ, 상·하한 규격치를 S_u, S_L이라면

   ① 규격치를 내려갈 확률을 주는 경우

      $|S - \overline{x}|/\sigma > h$　여기서 h : 허용한계 계수.

   ② 규격값만 주어진 경우

      $|S_u - \overline{x}|/\sigma > n$　상한규격

      $|S_L - \overline{x}|/\sigma > n$　하한규격, 여기서 n : 규격값

3) 작성방법은

   ① 약 100개 이상의 Data를 모아

   ② 최대치에서 최소를 뺀 값을 10으로 나누어 범위로 한다.

   ③ 각 범위에 해당하는 도수분포표를 만든 다음

   ④ 이를 토대로 도수분포도(Histogram)를 그린다.

4) Histogram과 이것이 정규분포를 이룰 때 각 표준편차에서의 합격률은 다음과 같다.

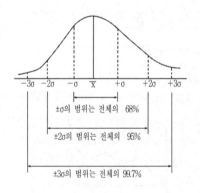

문제 13 신규 단가에 의한 예정가격 작성시 유의해야 할 사항을 기술하시오.

Ⅰ. 개 요

예정가격은 경쟁입찰 전 적산에 의하여 결정·비치된 가격으로, 작성기준은 거래 실례가격 또는 원가계산에 의한 가격을 말한다.

예정가격의 비목 구성

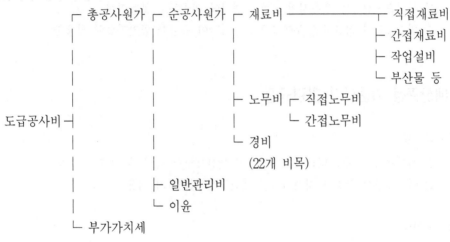

Ⅱ. 예정가격 비목별 적산기준 적용시 문제점

1) 재료단가

　　예정가격 산출시 적용단가와 시세단가와의 차이

2) 노임단가

　　시중 노임단가 적용(품셈수치 조정 필요)

3) 시공단가

　　획일적인 품셈 적용으로 인한 현실과의 차이

4) 기계손료

　　관리비 계수 등의 산정에 제작자가 제시한 자료에 의존하므로 실제의 임대관행 반영 필요

5) 표준품셈 작성문제

　① 적용상의 문제

　　ⅰ) 현장의 시공조건 반영 미흡

　　ⅱ) 획일적인 표준치의 적용으로 현실적인 가격괴리

　　ⅲ) 적용상의 경직성

　② 전문요원의 자질문제

　　ⅰ) 품셈 적용하는 적산실무자의 자질 부족으로 적용 미흡

　　ⅱ) 대학교육과정에서의 교과내용 부족

　　ⅲ) 전산시스템의 미흡

　③ 신기술·신공법 채용시의 문제 : 견적에 의존하는 불합리성

　④ 민간공사의 적산자료 부족 : 표준품셈만이 유일한 공인자료로 활용중

Ⅲ. 예산편성 기준단가 관련규정

1) 적 용

　① 예산편성 지침에 따라 다음 연도의 예산요구서 작성 후 제출

　② 예산요구서 작성시 경제기획원 예산편성 기준단가 적용

2) 문제점

　① 기준단가의 문제 : 실지조건이 다른 상황에 적용시 활용성 미흡

　② 공사 분할체계의 부족 : 기준단가 적용의 활용성을 위한 공종별 분류체계의 표준화 미흡

3) 원가 구성 비목별 분석 결과

　① 간접재료비율 : 공종별로 차이가 큼.

　② 기계경비율 : 특수공사 등 분류항목별로 큰 변동 있음.

　③ 공통가설비율, 간접비율, 순공사비율, 현장관리비율 : 전체적인 수치변동이 크지 않고, 공종분류가 적절하게 된다면 활용성 높음.

　④ 안전관리비율 : 재료비+직접노무비의 비율보다 시공비에 대한 비율이 더 적정한 비율로 판단됨.

　⑤ 공사원가비 : 주재료를 가공, 조립하는 구조물 공종에서 활용성이 높음.

　⑥ 일반경비율 : 재료비, 노무비, 외주비의 합계액에 대한 비율로 산정하는 것이 적정함.

Ⅳ. 결 론(개선안)

1) 재료단가

예정가격계산에 적용하는 기자재 단가는 거래 실례가격으로 규정되어 있으나, 조달청 조달단가가 적용되는 경우가 많아 시중 거래가격에 미흡하고, 재료비의 물가변동 조정이 미흡할 수 있다.

2) 노무단가

시중 노임을 노무비 적산에 적용하는 것을 전제로 표준시공방법과 평균수준의 시공능력을 기준으로 하여 현실화할 필요가 있다.

3) 경 비

기계경비 중 손료산정시 실사에 의하지 않은 기종별 표준연간 운전시간을 기준함으로써 실제의 손료나 임대료에 미흡할 수 있다.

```
예정가격        ┌ 총원가  ┌ 순공사원가  ┌ 직접공사비                          ┌ 순공사비
개선제안방식 |            │             └ 간접공사비  ┌ 공통가설비 ┘
              │           ├ 일반관리비                └ 현장관리비
              │           └ 이윤
              └ 부가가치세액
```

공사비 적산과 관련해서 현실적으로 가장 큰 문제점은 기자재의 공표가격과 정부 고시 노임단가를 적용한 예정가격이 현실적으로 공사의 이행에 과소하다는 점이다. 이러한 점을 비롯한 지금까지 제시된 문제점의 개선방안을 요약하면 다음 표와 같다.

현행적산제도의 사안별 개선방안 요약

사안	개 선 방 안	세 부 방 안
적산 체계 개선	원가계산 체계의 개선	• 건설공사 원가계산에 적용되는 비목 구성을 공사비 적산실무와 자료의 집계과정이 부합되도록 재편성함이 바람직함.
	수량 적산기준의 정비	• 수량산출 서식, 물량내역서식의 공종별 표준화 • 시공공정별 객관성이 있는 수량산출기준의 작성
	비용 적산기준의 현실화	• 재료, 노임, 기계경비 등의 시중가격 적용 • 부대 공종에 대한 기준단가 적용
	기계경비 산정의 현실화	• 운전시간과 공용일수를 연계해서 산정 • 운전시간과 공용일수의 기준치를 실사로 책정
	적산기초 자료 정비	• 품셈 : 표준적 작업조건 기준으로 책정, 보정 • 단가자료 : 실적단가의 광범위한 집적

사안	개 선 방 안	세 부 방 안
관련 제도 개선	관련법규 개선	• 예정가격 작성준칙 등에서 제조원가와 공사원가를 동시에 취급함 으로 인한 문제점 개선 요망
	적산기준 관리제도	• 적산기준을 지속적으로 관리하며, 현장의 시공실태를 기동성 있게 파악하고, 조사·연구 기능을 가지는 독립부서의 필요
	품셈의 체계적 관리	• 적산기준과 함께 품셈을 체계적으로 관리·운용하는 독립부서의 필요
	제경비의 적산 간결화	• 공종별, 공사규모별, 공기별 분류에 따른 제경비(기계경비, 가설비 제외)의 합리적 비율산정으로 적산의 간결화 필요, 원가 구성분석 적용
	단가자료의 데이터베이 스화	• 공종·공정별 단가자료를 설계단가, 계약단가로 구별하여 집적· 분석 • 공종별 물량내역서의 표준화, 코드화
제도 적인 전환	적산기준의 발주기관 이관	• 공사원가 계산기준을 건설공사 해당 중앙부처에 이관함으로써 예 정가격 적산의 효율화 필요
	조사연구기관	• 적산관련 기준 및 각종 자료에 대한 조사·연구를 위한 상설 독 립기관(단체) 필요

문제 14 건설공사의 품질보장을 위하여 건설회사의 ISO 9000 시리즈의 인증이 요구되는 의의를 기술하시오.

I. 개 요

1) ISO(International Standardization Organization)는 각국별로 또한 사업분야별로 정해져 있는 품질보증 시스템에 대한 요구사항을 통일시켜 고객(소비자)에게 품질보증을 해주기 위해 설립한 국제표준화기구를 말한다.
2) ISO는 국제표준의 보급과 제정, 각국 표준의 조정과 통일, 국제기관과 표준에 관한 협력 등을 취지로 세계 각국의 표준화의 발전 촉진을 목적으로 설립되었다.

II. 특 성

1) 체계화
2) 문서화
3) 기록화

III. 필요성

1) 품질보증을 수행하는 업무절차의 기초 수립
2) 품질보증에 대한 고객들의 의식 증대
3) 생산자 스스로 품질 신뢰를 객관적으로 입증
4) 품질 보증된 제품의 수준척도 설정
5) 외국 고객들의 품질 시스템 인증에 대한 요구 증대
6) 기업 경영활동을 형식적에서 실질적인 것으로 변화

IV. 효 과

1) 경영의 안정화
2) 고객의 신뢰성 증대

3) 기업의 know-how 축척
4) 매출액의 증대
5) 실패율 감소에 따른 이익 증대
6) 생산자 책임에 대한 예방책
7) 개별 고객들로부터 중복평가 감소

Ⅴ. 분류 및 구성

1. 분 류

1) ISO 9000

   품질경영과 품질보증 규격의 선택과 사용에 대한 지침

2) ISO 9001

   설계, 개발, 제조, 설치 및 서비스에 있어서 품질보증 모델

3) ISO 9002

   제작, 시공에 있어서 품질보증 모델

4) ISO 9003

   최종 검사와 시험에 있어서 품질보증 모델

5) ISO 9004

   품질경영체제 및 운영에 필요한 요건 및 지침

2. 구 성

VI. 인증절차

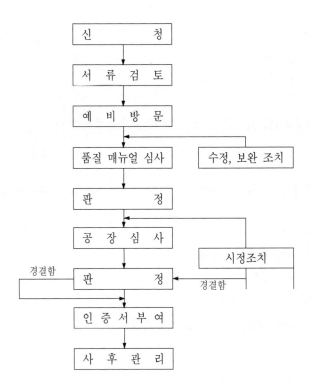

VII. 문제점

1) 인증절차 복잡

　신청서류 과다 및 인증절차 복잡

2) 실적 저조

　ISO 인정범위의 한계 미달

3) 표준화 미비

　발주자에 따라 요구가 다양하며 표준화가 어려움.

4) 건설업의 특성상 문제

　공정 우선으로 품질관리에 대한 인식 부족

Ⅷ. 대응방안

1) 인증절차 간소화

신청서류 및 인증절차 간소화

2) ISO 활성화

ISO 취득업체에게 PQ 등 혜택부여 및 관공사 수의계약 우선

3) 표준화 정착

건설업에 적합한 품질 시스템 개발 및 선진 시스템 도입으로 표준화 정착

4) 품질의 데이터화

데이터에 의한 과학적이고 체계적인 관리

5) 도급제도의 개선

가격 위주에서 품질관리에 의한 기술능력 배양

6) 관리철저

ISO를 통한 품질확보로 사후 관리 철저

Ⅸ. 결 론

1) 건설업계의 ISO 9000 시스템 적용 및 인정이 활발하지 않고 있지만, 해외공사시 발주처에서 품질관리 시스템 적용의 요구 및 ISO 9000 미취득 업체의 입찰제한 등으로 ISO에 대한 관심이 증폭하고 있다.

2) ISO의 도입을 통하여 품질 시스템의 개발과 데이터에 의한 과학적이고 체계적인 관리로 기술의 확충 및 품질 향상으로 건설환경 변화에 대응해야겠다.

문제 15 Claim

I. 정 의

계약당사자 중 어느 일방이 자신의 법적 권리주장으로서 계약과 관련되거나 또는 계약에 의거 발생되는 금액의 지급, 계약조건의 조정, 해석 또는 기타 구제 조치를 구하는 서면요구를 의미한다.

Claim 조항을 두는 이유는, 입찰자는 발생 가능성이 불확실한 위험까지도 입찰가격에 포함시키려 할 것이며 이로 인해 입찰가격이 상대적으로 높아질 수밖에 없을 것이므로 발주자의 불필요한 재정지출이 결과적으로 추가될 수 있기 때문이다.

그러므로 시공자는 계약규정이 정하고 있는 Claim 규정들을 면밀하게 검토하여 그 규정들이 지니고 있는 여러 제한조건을 정확하게 파악하고 준수함으로써 계약에 의해 주어진 원리가 침해당하는 일이 없도록 해야 한다.

II. Claim 추진방법

Claim을 성공적으로 추진하기 위해서는 체계적이고 합리적인 원가관리 및 공정관리를 필요로 하며, 현장에 근무하는 직원 모두가 Claim에 대한 올바른 개념과 추진 의지를 가지고 있어야 한다.

1. 각 사안에 대한 사전 평가작업

1) 계약규정하에서 보상이 가능한 사안인지 여부
2) Claim의 성격 결정(공기연장, 비용보상청구)
3) 사안별 Claim 추진 가능성 및 타당성 검토
4) 가능한 공기 연장, 보상금액의 개략 산출

2. 근거자료 추적방법

1) 해당 사안의 증빙 여부
2) 서류추적 및 관련 당사자의 면담 통한 근거 확보

3. 자료분석 작업

1) 연대순 접근방법(Chronological Approach)
2) 중요단어 접근방법(Key-word Approach)
3) 공사일정 작성 접근방법(Schcduling Approach)
4) 비용산출 접근방법(The Cost Approach)
5) Claim의 입증자료 준비

4. 비용산출(시공자의 원가관리방식, 특성)

5. 클레임 구성형태의 완성 및 제출

Ⅲ. Claim 추진시 고려사항

1) 계약조건 검토(통지의무에 대한 적기조치 요구)
2) 사안별로 청구(감리자, 발주자가 사안별 검토 용이)
3) 정확한 금액 청구(시공자의 적절, 합리적으로 증빙)

Ⅳ. 건설공사 Claim 추진항목

1) 계약문서, 서신 검토
2) 공사 전 현장사진 찍을 것
3) 시공측량 및 설계, 계약 비교
4) 계약도면과 다른 현장상태에 관해 어떤 합의 도출
5) 돌발적인 사건 발발시점에서 이와 관련된 항목 검측 합의
6) 구조물의 철거시점에서 철거와 관련된 항목에 대한 합의
7) 개개의 수정도면을 등록하고 공사일정상 변경사항들의 일람표를 작성한 후 이와 관련된 모든 공사 변경요청할 것
8) 모든 지시사항 등에 대한 서면 확인 받을 것.
9) 설계도면으로부터 모든 막대그래프 공사일정을 두 번 check할 것
10) 모든 클레임과 공기 지연, 공사가속조치 등은 발생시점에서 등록할 것
11) 상대방이 정당성을 참작할 수 있는 계약기간의 연장 승인받을 것
12) 모든 하도급자, 공급자가 손실한 사항에 대해 보상을 받아낼 것

문제 16 | 건설공사의 품질향상(부실시공 방지) 의견을 설계, 시공, 감리 및 법적 제도 측면에서 기술하시오.

I. 개 요

부실공사의 원인으로 사업의 결정 및 추진절차상의 문제로써, 모든 공사는 구상단계, 공사확정단계, 설계, 계약, 시공, 감리 그리고 완성된 시설물의 유지관리에 이르기까지 모든 단계에서 효과적이고 합리적인 시행절차가 무시되고 있는 사례가 없지 않았다.

또한 제도와 관리상의 문제로써 국가 시설물 건설에 있어 사전에 충분한 조사가 미흡하여 조잡한 설계, 시공으로 말미암아 부실해졌고, 현실에 맞지 않은 노임 단가와 공사비, 현장여건을 정확히 반영하지 못한 설계 등 그리고 가격경쟁 위주의 계약제도(저가 입찰→저가 하도급→저품질 노동력, 자재)는 모두 부실공사의 악순환을 초래하였으며, 기술개발과 신기술, 신공법 도입 풍토가 확립되지 않아 건설기술 수준이 낙후되는 원인이 되고 있다.

따라서 양질의 품질이 향상된 목적물은 양질의 기술과 노동력, 양질의 자재(자본)라는 3요소가 올바른 규칙과 제도라는 시스템 속에서 잘 결합되고 지켜질 때 만들어질 수 있는 것이다.

II. 부실공사의 원인

1. 제도 및 관행

1) 가격 위주의 입찰제도로 인한 덤핑입찰

① 덤핑입찰의 결손 요인을 하도급업체에 전가

② 선진국은 기술, 시공능력, 신뢰도 등을 종합평가하여 업체 선정

2) 불법 하도급 및 불공정 하도급

① 일괄 하도급, 재하도급, 무면허 하도급업자에게 하도급

② 원도급자는 우월한 지위를 이용하여 낮은 가격으로 하도급하거나, 하도급 대금 지급을 지연

3) 설계 품질확보를 위한 제도적 장치의 미흡

4) 책임감리제도의 미정착

5) 전문건설업체 난립에 따른 과당경쟁

6) 표준 건축비, 노임단가, 공사비 산정기준(품셈) 등의 비현실성

2. 책임의식

1) 건설업체, 건설기술자의 공사부실에 대한 책임의식과 사명감 부족

① 설계와 시방을 엄격히 따르지 않는 적당주의

② 기능인력의 직업윤리의식 결여

2) 관련 법령적용 등에 있어 엄격하지 못했음

부실시공업체와 해당 기술자에 대한 제재 미흡

3. 설계상

1) 구조형식과 공법 선정의 부적절

2) 설계단계부터 완벽하게 설계

3) 능력있는 업체를 선정하고 적정한 공사비와 공기를 보장하되

4) 엄격한 감리에 의해 규정대로 시공케 하고

5) 철저한 준공검사를 통해 인수받아 지속적인 사후관리 실시

4. 시공상

1) 설계 완료 전 사전착공(민원 및 인·허가 처리가 미비된 채로 공사발주 및 착공)

2) 행정관서의 무리한 공기단축

3) 잦은 설계변경

4) 감독, 관리, 현장소장의 잦은 교체

5) 특수환경에 대한 적응력 부족

6) 건전한 현장분위기 미조성

7) 발주자, 설계자, 감리자, 시공자 사이의 비효율적 업무처리

8) 계측관리의 미도입

5. 관리상

1) 임의의 용도변경, 구조변경 및 개수

2) 과도한 하중적재(Over load)

3) 사용중 정기적인 구조물 진단의 결여로 구조물의 성능변화, 내하력 판단, 잔존 수명 등의 예측을 미수행

Ⅲ. 제도개선 추진상황

1. 설계단계

1) 충실한 설계를 위하여 설계감리제 도입(1995. 8)

① 설계감리대상 : 국가, 지자체, 투자기관 등 공공기관이 시행하는 500m 이상 특수교량, 댐 등 대형·특수 토목공사

② 설계감리자 : 해당 전문분야별 기술사 또는 특급기술자 3인 이상 보유업체

③ 부실 설계감리자는 5년 이하 징역 또는 5천만원 이하 벌금

2) 건축설계도서의 세부 내용을 표준화하기 위해 설계도서 작성 기준 제정·보급(1996. 1)

3) 설계, 시공을 유기적으로 연계할 수 있는 턴키공사를 활성화

① 대형공사(100억 원 이상) 기본계획 심의시 턴키입찰(설계, 시공일괄입찰) 유도

② 턴키입찰에 탈락된 업체에게 설계비 일부 보조

4) 구조 안전을 위반하여 설계한 자에 대한 처벌 강화

2. 입찰·계약 단계

1) 능력있는 시공업체 선전을 위하여 기술능력, 시공경험 등을 미리 심사하는 '입찰 참가자격 사전심사제'를 도입, 시행

2) 입찰자격뿐만 아니라 당해 공사 수행능력을 평가하여 낙찰자를 결정하는 '최적격 낙찰제'를 도입, 시행

① 대상공사 : 100억 원 이상 공사

② 심사항목 : 입찰자격, 기술능력, 품질관리능력, 하도급관리계획 등

3) 적정한 공사비와 충분한 공기보장

① 공사비 산정시 비현실적인 정부노임단가를 계지하고, 건설협회 등에서 조사한 시장가격 으로 대체

② 공사 예정가격 산정시 적용하던 표준품셈제도를 개선하여, 실제로 공사에 투입된 실적공 사비를 지급하는 적산제도를 도입, 시행

3. 시공단계

1) 부실 시공업체, 기술자 등에 대한 처벌 강화

　① 부실시공 및 품질시험, 안전점검 미실시 업체 처벌 강화
　② 건설업체 대표자, 기술자 처벌기준 강화

2) 건설업체의 공사부실로 인하여 발생한 하자에 대한 보수책임기간을 대폭 연장

　① 주요 구조부 : 3~5년 → 최고 10년
　② 대형 건축물의 일반 구조부, 방수 등 전문공사 : 1~3년 → 최고 5년

3) 시공, 설계 감리 부실업체의 벌점을 누적 관리하여 입찰시 불이익을 주는 부실벌점제 도입

4) 공정한 원·하도급 질서를 확립하기 위한 제도개선 추진

　① 원도급자 입찰시 하도급 업체, 공종, 금액을 미리 정하여 입찰토록 하는 부대입찰제 확대
　　실시
　② 발주청이 하도급자에게 공사대금을 직접 지급하는 하도급 대금 직불제 확대
　③ 원·하도급 간의 긴밀한 협력체제 정착을 위하여 하도급 계열화 확대 추진
　④ 일괄하도급 등 불법 하도급에 대한 제재 강화

5) 시공중인 공사의 부실로 인해 제3자가 피해를 본 경우 원활한 보상을 위하여 일정한 공사는
　공사보험 가입을 의무화

4. 감리단계

1) 엄격한 시공감리제도를 정착시키기 위하여 민간 전문기관에 의한 책임감리제 도입
2) 감리의 실효성을 확보하기 위해 감리원의 책임과 권한 강화
3) 정부투자기관 감리회사 설립 등 감리회사 육성
4) 외국감리를 조기에 개방하여 국내업체와의 경쟁 유도

5. 사후 관리단계

1) 기존 시설물의 철저한 안전점검과 사후관리를 위하여 시설물의 안전관리에 관한 특별법 제
　정
　① 안전점검 및 유지관리계획 수립
　② 안전점검 실시 : 관리주체별로 정기적으로 실시
　③ 사후 유지관리 실시

2) 건축주는 구조안전 여부를 조사하여 시장, 군수, 구청장에게 보고토록 의무화

3) 위험물에 대한 사용금지 등 안전조치

4) 시공자의 하자담보 책임 강화

5) 시설물 안전진단 전문기관 육성

Ⅳ. 결 론

1. 문제점

부실공사 및 조잡시공 방지대책으로 책임감리제도가 도입되었으나 현행 감리제도 도입 후 인력 및 법제도상의 많은 문제점이 있으며 이에 대한 발주처 → 감리자 → 시공자의 의식전환 이 긴급하다.

2. 향후 개선방향

1) 시방서 보완

현　　　행	개 선 방 향
• 특별시방서가 1권으로 되어 있어 시공자의 임무 제한사항이 불확실함. • 국내 현행 시방서로는 근본적인 부실공사를 방지할 수 없음.	• 일반 시방서(General condition of contract) • 특별 시방서(Special condition of contract) • 기술 시방서(Technical specification) : 공종별로 Standard화하여 작성 • 국제 표준계약서대로 시행이 시급함.

2) 시방서 보완대책

발주처에서 공사 발주시 → 설계용역회사에서 시방서와 도면을 작성하게 되므로 이에 대한 발주처의 명쾌한(Crystal clear) 지침서(Projet manual) 하달되어야 한다.

3) 빈번한 설계변경 사전 방지대책

계약도면(Contract drawing)이 체계적으로 Detail하게 작성되어야 한다.

4) 일반 시방서, 특별시방서 및 기술시방서와 계약도면이 상호 연계성이 있어야 하고 보완성이 확실해야 시공자의 시공에 대한 감리, 감독, 확인이 정확하게 이루어지고 시공자의 정밀시공 이 가능하게 된다.

문제 17 품질통제(Quality Control : Q/C)와 품질보증(Quality Assurance : Q/A)의 차이점에 대하여 기술하시오.

Ⅰ. 개 요

품질보증이란 사용자가 그 제품을 사용하였을 때 성능을 보증하는 것이다. 이런 제품에 문제가 발생하면 대상 상품뿐만 아니라 기업이미지는 물론 다른 상품의 판매에까지 영향을 미치게 된다.

따라서 품질이 소정의 수준에 있다는 것을 증명할 수 있는 필요한 증거를 확보하는 것으로 정의할 수 있으며, 품질통제란 사용자의 요구에 맞는 품질의 제품을 경제적으로 만들어내기 위한 모든 수단과 체계로써 통계적 수단을 채택하며, 단계마다 시험을 실시하고 또한 문제점을 조기에 발견 그 원인을 규명, 공사가 진행되도록 조치하는 데 그 목적이 있다.

Ⅱ. 품질통제와 품질보증의 차이점

1) 품질관리부문에서 우리의 건설이 많은 실패와 시행착오를 거듭하는 이유가 있다. 시공단계의 엄격한 품질검측만으로 품질관리가 될 수 있다는 생각이 부실공사를 만드는 한 요인이라는 것을 인식해야 한다.

2) 품질관리는 시공의 각 단계에서 관리되는 것이 아니고, 각 단계의 준비과정(Work procedure)을 관리함으로써 우수한 품질을 얻는 것이다. 이것이 품질관리이다.

3) 그 준비과정을 검토하고 확인하는 업무가 품질보증이며, 준비과정의 단계를 정의하고 단계별 관리기준을 설정하는 일이 품질보증계획수립이다.

4) 이러한 과정의 품질검측은 현재 시공단계에서 책임감리자에 의해 수행되고 있으며 대단히 많은 인원이 투입되고 있는 실정이다. 그러나 이러한 품질관리과정은 검사가 시행된 부분에 한정하여 합격 또는 불합격의 결과가 있을 뿐이다. 중간과정의 우발적 실수 또는 필연적인 부실에 대하여 관리할 방법이 없다. 검사빈도의 대표성도 입증키 어렵다.

5) 시공자가 대단히 노력하였음에도 불구하고 용접 잔류응력으로 인한 강구조물의 변형이라든지 운반과정에서 발생한 손상부위 등에 대하여 불합격 판정과 함께 재시공 지시를 하기는 쉽지 않다. 건설현장의 부패도 여기에 기인한다.

6) 우리의 품질보증체계도 선진국 CM의 품질보증체계를 도입할 필요가 있다.

III. 강구조물의 Q/C, Q/A 비교

1) 강구조물 시공의 Q/C

시 공 과 정	일반적인 품질관리과정
철 판 의 구 매	철판의 규격 및 재질 확인
철 판 의 운 반	
철 판 의 절 단	절단된 철판의 치수 검측
철 판 의 절 곡	
철 판 의 용 접	철판의 용접부위 검측 : X-ray 검측
도 색	도색 전 부식 및 방청처리 검측, 도색두께 검측
운 반	현장설치위치 측량 검측
현 장 거 치	

2) 강 구조물 시공의 Q/A

시공과정	품질보증계획	적정기준제시
철 판 의 구 매	• 구매계획서 검토 계획 • 제조원의 품질검토 계획	• 소요자재의 국제규격 기준 제조회사별 규격기준
철 판 의 운 반	• 제조원의 품질검토 계획 • 운송계획서 검토 계획	• 중량물 운송기준
철 판 의 절 단	• 절단설비 및 방법의 검측계획	• 절단방법별 기준 및 기계규격 기준 • 기계의 Calibration 기간 기준
철 판 의 절 곡	• 절곡방법 검토 계획 • 사용설비 검측계획	• 방법별 기준 및 기계규격 기준
철 판 의 용 접	• 용접기술자의 자격검증계획 • 기계설비의 검측계획 • 용접방법의 검토계획	• 용접기술자격 기준 제시 • Zig, Welding machine 기준 용접방법별 기준
철 판 의 도 색	• 방청처리 검측계획 • 기계설비의 검측계획 • 도색설비의 검측계획	• 공장시설기준 제시 • 공장의 업무절차 기준 제시
철 판 의 운 반	• 운송계획서 검토계획 • 운반설비의 검측계획	• 중량물 운반회사의 기준 • 중량물 운반기준
강구조물의 현장거치	• 거치방법 및 사용장비 검토계획	• 방법별 장비규격 기준 설정

Ⅳ. 결 론

이러한 형태의 품질보증계획과 기준의 설정을 공사발주 전 또는 직후에 시공자에게 통보함으로써 품질관리에 대비토록 하고 검측은 발췌검사(Random inspection)로 하는 것이 인력절감을 위해 바람직하다.

가급적 공사발주 전에 수요기관 공사담당자 또는 사업관리자에 의해 수립되어 입찰시 통보되는 것이 최적이나, 불가피할 경우 공사발주 직후에 책임감리자에 의해 수립하고 시행할 수도 있다. 공사발주 특별 시방서에 수록되는 것이 가장 바람직하다.

문제 18 대규모 건설사업에 CM 용역을 채용할 경우 기대되는 효과에 대하여 기술하시오.

I. 개 요

경부고속철도, 인천국제공항 등 대규모 인프라시설에는 여러 개의 건설공사가 동시 다발적으로 수행되고 여러 개의 건설업체가 현장에 투입되어 공사가 진행되고 있다.

이러한 대규모 공사에 있어서는 단위공사들 간의 착공시기, 준공시기의 조정, 공사 감리와 품질관리 등에 관한 전문지식을 가지고 전체 프로젝트를 관리하지 않으면 공사가 제대로 추진되기 어려운 실정이나 현재 대부분의 발주기관이 이러한 전문성을 전혀 갖추지 못하고 있어 일한 기능을 대행할 수 있는 전문업체를 이용하는 제도를 마련할 필요가 있다.

현재 공공이나 민간부문의 공사 수행방식은 설계·시공 분리 발주방식이나 설계·시공 일괄 발주방식을 채택하고 있고, 공공부문의 경우 공사발주에 대하여는 국가계약법령과 관련 회계예규에 상세히 규정된 바에 따라 획일적으로 집행되기 때문에 공사의 특성을 감안하기도 어렵고, 발주기관이 공사관리에 관한 전문 능력을 길러 나가기도 매우 어려운 실정이다.

또한 우리나라는 과거 30여 년 동안 고도성장을 추구하여 온 결과 많은 시설물이 건설되었으며, 시설의 대부분이 기능의 효율성이나 품질, 내구성보다는 값싸고 빠르게 건설하는데 치중한 결과 시설물의 기능과 효용성이 떨어지고 공사의 품질향상에도 소홀한 점이 많았다.

이러한 모든 문제점을 해결하기 위해 건설공사에 관한 기획, 타당성 조사, 분석, 설계, 조달, 계약, 시공관리, 감리·평가, 사후관리 등에 관한 관리업무의 전부 또는 일부를 수행하는 건설사업관리제도를 도입하였다.

건설사업관리제도의 도입으로 건설사업 수행방식으로의 건설사업관리 업무는 발주자를 지원하고 건설업체에는 종합건설능력을 배양할 수 있는 여건을 조성하는 등 여러 가지 효과를 얻기 위하여 도입되었다.

II. 효 과

1) 대형화, 복잡화되고 있는 건설공사에 대한 발주기관의 능력 배양
2) 대형공사의 품질관리화
3) 양 위주 공사에서 품질 위주로 변화(건설 엔지니어링의 중요성 부각)
4) 선진화된 공사 수행방식의 도입을 통한 국내 건설업체의 종합건설 능력 배양

Ⅲ. 공공공사의 CM을 위한 선결과제

1) 건설사업관리 업무범위의 기준 마련

건설사업관리(CM)를 위하여 건설 전기간 동안 수행되어야 할 건설관리업무들과 각 업무의 처리내용에 대한 기준을 만들어야 한다. 지나치게 상세할 필요는 없으나 최소한 각 업무의 정의와 처리수준에 대한 명세는 규정할 필요가 있다.

2) 건설사업수행 기구조직의 기준 마련

관련법의 범위 내에서 적용 가능한 사업수행 기구조직 구성에 대한 기준과 각 기구들의 업무분담에 대한 기준을 마련해야 한다.

3) 공종별 업무처리 기준 마련

참여하는 기구조직 구성과 업무분담에 따라 절차서는 달라질 수 있다. 그러나 업무별 처리내용의 기본구성은 거의 유사할 수밖에 없다. 따라서 공종별 업무처리 내용의 작성기준을 마련해야 한다. 이 기준을 사용하여 기구조직 간 업무처리절차서를 작성할 수 있다.

4) 건설 전산시스템의 기준 마련

건설 전산화는 오늘날의 건설수행에 필수조건이다. 기존의 서류에 의한 공사수행은 한계에 다다랐다. 공정, 공사비, 자원, 품질, 안전 등의 관리에 필요한 업무처리를 통합전산 관리할 수 있는 기준을 마련해야 한다. 즉 건설공사관리에 요구되는 필요사항(Requirement of project control system)의 종류별 기준을 마련하여야 한다.

5) 건설관리교육

Ⅳ. 결 론

건설공사에서 CM의 필요성은 최근에 급속히 진행되는 건설산업의 환경변화와 밀접한 관련이 있다. 따라서 소득수준의 증대에 따라 건설에 대한 소비자의 욕구는 시설물의 품질 및 안전을 중시하는 사회적 규제가 강화되거나 중시되고 있으며, 본격적인 시장개방이 이루어지고 있다.

또한 소비자 중심의 건설에 대한 요구는 건설 서비스에 대한 일괄 서비스(One stop service)의 개념을 요구하고 있다. 또한 여러 분야의 전문기술과 시공이 연계된 복합적인 기능이 요구되는 프로젝트가 급증하여 건설 서비스에 있어 전문적인 사업관리의 중요성이 커지고 있다.

따라서 이와 같은 고객 수요의 고급화 · 다양화 · 개성화 · 정보화 추세에 부응하여 공사비절감, 경영 관리기술, 서비스 기술 등 종합적 경쟁력 배양이 시급한 실정이다.

문제 19 공사원가 관리를 위해 공사비 내역체계의 통일이 필요한 이유를 기술하시오.

I. 개 요

공공공사를 발주하는 기관은 경쟁입찰에 부칠 사항에 대해 사전에 설계서 등을 기초로 예정 가격조서를 작성하고, 이와 동일한 구성체계로 공사 내용을 기재한 물량내역서(Blanked Bill of quantities)를 작성한다.

발주자가 제시한 물량내역서는 입찰자 또는 낙찰자가 동 서식에 단가, 금액 등을 기재한 산출 내역서(Priced bill of quantities)를 작성하는데 기초자료로 제공되며, 산출내역서는 계약체결 이후 기성금 지불, 설계변경의 근거가 되는 중요한 계약도서이다.

현행 내역서는 단계 구분의 원칙 없이 적산담당자 임의대로 작성되고 있기 때문에, 동일한 내용의 작업에 대해서도 내역서 기술방법의 동일성, 체계성이 결여되며, 내역 항목의 기술내용이 시공자의 작업방법, 공법, 장비 등을 지나치게 세부적으로 지정하거나 내역서상에 가설공사의 세부내용과 공사수량까지 명시하는 경우가 있어서, 건설회사가 자사의 기술능력을 반영한 자율적인 시공방법을 적용하는 것을 제한하는 원인이 되기도 한다.

II. 공사비 내역체계의 통일이 필요한 이유

1) 현행 내역서 구성사례(단계 구분 원칙 무시)

① 공종의 계층 구조 및 기술방법이 상이한 경우

대공종	중공종	소공종	세공종	대공종	중공종	소공종	세공종
토 공	흙깎기	토 사	도저 32t	교량공	하부공	토 공	토 사
포장공	보조기층	재료운반, 포설 다짐	T=25cm	포장공	보조기층	운반, 포설 다짐	T=25cm

② 계약 단위가 상이한 경우

대공종	중공종	소공종	세공종	대공종	중공종	소공종	세공종
교량공	상부공	스페이서	m^2	교량공	상부공	스페이서	개소

③ 구체적인 작업방법 및 사용장비를 지정하는 경우

　ⅰ) 거푸집공사 합판 3회 사용 높이 1~7m

　ⅱ) 토공 흙깎기, 도저 운반

2) 체계적이고 표준화된 공종분류 체계와 각 분류항목에 대한 수량산출방법, 단가에 포함되는 작업의 내용 등 내역서 작성의 기준을 명확히 하여 데이터 구축의 통일기반을 마련하는 것이 중요하다.

3) 실적 공사비 적산제도 시행을 위한 실무기반을 구축하기 위해, 공사 목적물을 계층적으로 세분화하는 공종분류 체계와 각 공종의 정의 및 단위 등을 표준적으로 규정한 '수량산출기준(Standard Method of Measurement)'을 제정하였다.

4) 수량 산출기준은 발주자·수주자 간에 공사내용에 대한 공통적인 인식을 확립하고 계약 내용의 명확화의 기초가 될 뿐 아니라 다양한 공사비 자료축적의 기반으로 활용된다.

III. 공사비 내역체계 통일의 기대효과

1) 계약내용의 명확화
① 실적공사비 적산제도의 근간이 되는 수량산출기준은 공사 목적을 구성내용의 계층구조와 각 공종의 정의 및 계약단위 등을 표준적으로 규정
② 적산업무에 대한 발주자·수주자 간의 공통인식 형성이 가능하고, 계약내용의 명확화를 도모

2) 시공실태 및 현장여건의 적정한 반영
① 수량산출기준의 공종분류 체계는 수주자가 시공방법을 자율적으로 선정, 품질 중심으로 분류할 수 있다.
② 시공여건·현장여건을 고려하여 최적의 시공방법을 자율적으로 결정, 적용할 수 있다.
③ 이를 통해 기술력 바탕에 가격경쟁을 유도
④ 건설업체의 기술개발 및 견적능력 향상 유도, 신기술 적용에 따른 공사금액 절감효과 기대

3) 원·하도급자 간의 거래가격 투명성 확보

4) 예정가격 산정 업무의 간소화
① 원가계산방법은 시공방법을 가정하여 각 작업에 소요되는 노무, 재료, 기계경비의 투입량을 기초로 예정가격을 산정하므로 복잡화
② 실적공사비는 공종별 노무비, 재료비, 경비 등이 포함된 시공단가를 기초로 예정가격을 산정하므로 발주자의 적산업무 간소화 기대

문제 20 CSI 공사 정보분류체계에서 Uniformat과 Master format의 내용상 차이점과 양
자간 상호 관련성을 기술하시오.

I. 개 요

CSI 공사 정보분류체계는 16개의 대분류 속에 장소, 직종, 기능 및 건설재료 등의 상호 관련
성이 잘 짜여 있어, 제조업자나 건축사, 시방서 작성자 그리고 시공업자 상호간의 이해나 자료
교환이 원활히 이루어질 수 있지만 적용범위가 한정되어 있어 공종이 다양한 토목공사에 활용
하기에는 부적절하다.

UCI(Uniform Construction Index)는 주로 구미에서 사용되고 있으며 공사 정보를 기능 요소
화는 관계없이 16개 부류의 공사내용에만 관련시켜 분류 배열하고 코드는 5자리 점수로 제시하
고 있다.

다시 계약문서 등에 관한 구분을 첨가하여 Master format으로서 계약문서, 시방서 및 공사자
료의 분류 및 정리에 활용될 수 있게 했다.

II. 차이점

1. UCI

1) 4개의 Format으로 구성

① Specifications format

② Data filing format

③ Cost analysis format

④ Project filing format

2) Master format도 UCI와 같은 대분류 체계를 동일하게 유지하고 있다.

3) 공사의 부위 요소를 고려하지 않고 있어서 관련된 설계도면과 부위요소비용을 다룰 수 없는
결점이 있다.

4) UCI 분류체계

구 분	내 용	
DIVISION 1	General requirements	공사 일반
DIVISION 2	Sitework	토공 및 대지조성공사
DIVISION 3	Concrete	콘크리트공사
DIVISION 4	Masonry	조적공사
DIVISION 5	Metals	금속공사
DIVISION 6	Wood & Plastics	목공사 및 플라스틱공사
DIVISION 7	Thermal & Moisture protection	단열(절연) 및 방수(방습)공사
DIVISION 8	Doors & Windows	창호공사
DIVISION 9	Finishes	마감공사
DIVISION 10	Specialties	잡공사
DIVISION 11	Equipment	각종 장비 및 시설물공사
DIVISION 12	Furnishings	가구 및 비품설치공사
DIVISION 13	Special construction	특수공사
DIVISION 14	Conveying systems	운송설비공사
DIVISION 15	Mechanical	기계설비공사
DIVISION 16	Electrical	전기설비공사

2. Master format

1) Master format의 문제점

① Master format의 토목부분 분류에 문제를 제기하는 02 Division 1개의 Division만을 제공하고 있는 관계로 비중이 약하고 실제의 사용상 불편함이 지적되고 있다.

② 일부 Division만 사용하게 되어 있어 토목공사의 일목요연한 공사내용 파악이 곤란하고, 예산 등 견적시 공사비 분포를 분석하기 곤란한 측면도 있고, 시방서 서류의 구성도 빈약하다는 단점이 있다.

2) Master format과 표준품셈의 비교

① 표준품셈의 공종분류 관점에 혼선이 보이는 부분은 제10장 기계화 시공과 제11장 기계경비 산정, 제8장 운반공사 등으로 다른 장들에서는 공사의 목적물에 의한 관점에서 혹은 사용되는 자재의 관점에서 분류되었으나 기계화시공 부분은 다른 공종과 연관지어서 사용하지 않으면 독립적으로 공종의 의미를 가지지 못하는 문제가 있어 공종의 분류로 보기에는 무리가 있다.

② Master format의 Division 10, 11, 12, 13, 14 부분의 공정은 표준품셈에서는 누락되어 있어 많은 부분이 보완되어야 할 것이다.

Master format	표 준 품 셈	
1. General requirement	1. 적용기준 2. 가설공사	22. 측량 21. 토질 및 토양 조사
2. Sitework	3. 토공사 4. 조경공사 5. 지정 및 기초공사 8. 운반공사 12. 도로포장, 유지공사 14. 수중, 항만공사	15. 터널공사 16. 궤도공사 18. 개간공사 13. 하천공사 19. 관접합 및 부설공사
3. Concrete	6. 콘크리트공사 8. 골재 채집공사	
4. Masonry	23. 벽돌공사 24. 블록공사 7. 돌공사	
5. Metals	17. 철강 및 철골 공사 29. 금속공사	
6. Wood & Plastics	26. 목공사	
7. Thermal & Moisture protection	27. 방수, 방습 공사	
8. Doors & Windows	31. 창호공사 32. 유리공사	
9. Finishes	25. 타일공사 30. 미장공사	33. 도장공사 34. 수장공사
10. Specialties		
11. Equipment	20. 하수공사 3. 위생 및 소화 설비공사	
12. Furnishings		
13. Special construction		
14. Conveying system		
15. Mechanical	1. 공통공사 2. 공기조화, 설비공사 4. 가스설비공사	
16. Electrical	• 동력 및 조명공사 • 통신 시설공사	

Ⅲ. 상호연관 관련성

1) Master format이나 Uniformat은 공종별 또는 부위별 분류기준에 의한 분류체계라고 할 수 있으며, 이에 비하여 유럽의 CI/SFB는 서로 다른 측면의 분류기준들을 한데 묶어 놓은 것이라고 할 수 있다.

2) 건설공사의 실무에서 비용견적을 위한 시스템을 구축하는 데는 두 단계의 과정이 필요한데 하나는 건설업자가 필요로 하는 자재나 설치과정을 규명하는 것이고 다른 하나는 설계자, 개발업자, 시공자 등으로 하여금 비용을 분석하고 비교할 수 있도록 하는 것이다. 그러나 이 두 과정에서 요구되는 정보는 그 형태가 각기 다르기 때문에 각각의 목적에 맞는 정보의 분류기준이 요구된다.

3) 이와 같이 건설공사의 여러 가지 실무를 지원할 수 있는 정보분류 체계는 각 실무 시스템이 필요로 하는 관점을 반영하여야 할뿐만 아니라 동일한 실무 시스템에서도 다양한 분류기준이 공사관리의 목적에 맞게 적용될 수 있어야 한다.

Ⅳ. 정보분류 체계의 향후 요건

1) 통일성

정보의 축적과 교환 및 활용을 위해서 정보 중심이 되는 공사분할 체계는 통일된 체계로 구성되어야 한다.

2) 표준성

내용이나 성격이 서로 다른 정보를 구별하는 식별기능, 공통적인 정보를 같은 부류로 모으는 분류기능 등을 표현할 때 전체 정보체계가 표준성을 잃지 않아야 한다.

3) 완벽성

공사분할은 경험할 수 있는 범위에서 필요한 항목을 총망라할 수 있어야 한다.

4) 유형성

유사한 항목의 분할은 일정한 유형을 갖게 함으로써 자료의 취급을 간편하게 하고 분할체계상의 혼돈을 피할 수 있게 한다.

2010년도 제90회 출제문제

1교시

1. 용역형 건설사업관리(CM for fee)
2. 건설기계의 시공효율
3. 골재의 조립률(FM)
4. 도로의 평탄성측정방법(PRI)
5. 흙의 연경도(consistency)
6. CBR(california bearing ratio)
7. 흙의 액상화(liquefaction)
8. 랜드크리프(land creep)
9. 유선망(flow net)
10. TMC(thermo-mechanical control)강
11. 일체식교대교량(integral abutment bridge)
12. 줄눈 콘크리트포장
13. 개질아스팔트

2교시

1. NATM터널 시공시 지보재의 종류와 그 역할을 설명하시오.
2. 도로포장공사에서 흙의 다짐도관리를 품질관리측면에서 설명하시오.
3. 준설공사를 위한 사전조사와 시공방식을 기술하고 시공시 유의사항을 설명하시오.
4. 하수관로의 기초공법과 시공시 유의사항을 설명하시오.
5. 기설구조물에 인접하여 교량기초를 시공할 경우, 기설구조물의 안전과 기능에 미치는 영향 및 대책을 설명하시오.
6. 강교의 가조립 목적과 가조립 방식을 설명하시오.

3교시

1. 건설공사에서 일정관리의 필요성과 그 방법을 설명하시오.
2. 말뚝기초의 지지력예측방법 중에서 말뚝재하시험에 의한 방법과 원위치시험(SPT, CPT, PMT)에 의한 방법을 설명하시오.
3. 강합성 거더교의 철근콘크리트 바닥판 타설 계획시의 유의사항과 타설 순서를 설명하시오.
4. 아스팔트 콘크리트 포장공사에서 혼합물의 포설량이 500t/일 일 때 시공단계별 포설장비를 선정하고, 각 장비의 특성과 시공시 유의사항을 설명하시오.
5. 하천개수 계획시 중점적으로 고려할 사항과 개수공사의 효과를 설명하시오.
6. 옹벽배면의 침투수가 옹벽의 안정에 미치는 영향을 기술하고, 침투수처리를 위한 시공시 유의사항을 설명하시오.

4교시

1. 원자력발전소 건설에 사용하는 방사선차폐용콘크리트(radiation shielding concrete)의 재료·배합 및 시공시 유의사항을 설명하시오.
2. 신설도로공사에서 연약지반 구간에 지하횡단 박스컬버트(box culvert) 설치시 검토사항과 시공시 유의사항을 설명하시오.
3. 교대 경사말뚝의 특성 및 시공시 문제점과 대책을 설명하시오.
4. 공사현장의 콘크리트 배치플랜트(batch plant) 운영방안을 설명하시오.
5. 지반 굴착시 지하수위변동과 진동하중이 주변지반에 미치는 영향과 대책을 설명하시오.
6. 건설공사 현장의 사고예방을 위한 건설기술관리법에 규정된 안전관리 계획을 설명하시오.

2010년도 제91회 출제문제

1교시

1. 현장배합과 시방배합
2. 실적공사비
3. 측방유동
4. Air spinning 공법
5. PSC 강재 그라우팅
6. 말뚝의 시간효과(time effect)
7. 물-결합재 비
8. 계획홍수량에 따른 여유고
9. 앵커체의 최소심도와 간격(토사지반)
10. 콘크리트의 인장강도
11. 하천의 교량 경간장
12. Segment의 이음방식(쉴드터널)
13. 약최고고조위(A.H.H.W.L)

2교시

1. 도심지 근접시공에서 흙막이 공사시 굴착으로 인한 흙막이벽과 주변지반의 거동 원인 및 대책에 대하여 설명하시오.
2. 표준구배로 되어있는 사면이 붕괴될 시 이에 대한 원인 및 대책을 설명하시오.
3. 해안에 인접하여 연약지반을 통과하는 4차선 도로가 있다. 이 경우 연약지반처리를 위한 시공계획에 대하여 설명하시오.
4. 시멘트의 풍화 원인, 풍화 과정, 풍화된 시멘트의 성질과 풍화된 시멘트를 사용한 콘크리트의 품질을 설명하시오.
5. 필댐의 내부 침식, 파이핑 매커니즘 및 시공시 주의사항을 설명하시오.
6. 아스팔트 포장의 포트홀(pot-hole) 저감대책을 설명하시오.

3교시

1. 하천공사시 제방의 재료 및 다짐에 대하여 설명하시오.
2. 쉴드터널 시공시 뒷채움 주입방식의 종류 및 특징에 대하여 설명하시오.
3. 교량의 깊은 기초에 사용되는 대구경 현장타설 말뚝공법의 종류를 들고, 하나의 공법을 선택하여 시공관리사항에 대하여 설명하시오.
4. 그라운드 앵커의 손상 유형과 유지관리 대책을 설명하시오.
5. 절·성토시 건설기계의 조합 및 기종선정 방법을 설명하시오.
6. PSC 장지간 교량의 캠버 확보방안과 처짐의 장기거동을 설명하시오.

4교시

1. 도심지 지하 흙막이 공사에서 굴착구간 내 (1) 상수도, (2) 하수도 및 하수BOX, (3) 도시가스, (4) 전력 및 통신 등의 주요 지하매설물들이 산재되어 있다. 상기 4 종류의 매설물들에 대한 굴착시 보호계획과 복구시 복구계획에 대하여 설명하시오.
2. 뒷부벽식 옹벽에서 벽체와 부벽의 주철근 배근 개략도를 그리고 설명하시오.
3. 하천공사에서 제방을 파괴시키는 누수, 비탈면 활동, 침하에 대하여 설명하시오.
4. 국토해양부 장관이 고시한 「책임감리 현장참여자 업무지침서」에서 각 구성원(발주처, 감리원, 시공자)의 공사 시행 단계별 업무에 대하여 설명하시오.
5. 사장교와 현수교의 시공시 중요한 관리 사항을 설명하시오.
6. 빈배합 콘크리트의 품질과 용도에 대하여 설명하시오.

2010년도 제92회 출제문제

1교시

1. 토량환산계수
2. 순환골재 콘크리트
3. SCP(Sand Compaction Pile)
4. 쏘일네일링(Soil Nailing)공법
5. 공정비용 통합시스템
6. 콘크리트 자기수축현상
7. 벤치컷(Bench Cut)공법
8. 필댐(Fill Dam)의 수압파쇄현상
9. 팽창콘크리트
10. 내부마찰각과 N값의 상관관계
11. 환경지수와 내구지수
12. 풍동실험
13. SCF(Self Climbing Form)

2교시

1. 여름철 아스팔트 콘크리트포장에서 소성변형이 많이 발생한다. 발생 원인을 열거하고 방지대책 및 보수방법에 대하여 설명하시오.
2. 버팀보 가설공법으로 설계된 도심지 대심도 개착식공법에서 지반안정성 확보를 위한 계측의 종류를 열거하고, 특성 및 계측 시공관리방안에 대하여 설명하시오.
3. NATM터널 시공시 숏크리트(Shotcrete) 공법의 종류를 열거하고, 리바운드(Rebound) 저감대책에 대하여 설명하시오.
4. 대구경 강관 말뚝의 국부좌굴의 원인을 열거하고, 시공시 유의사항을 설명하시오.
5. 콘크리트 교량의 상판 가설(架設)공법 중 현장타설 콘크리트에 의한 공법의 종류를 열거하고 설명하시오.
6. 하천공사에 설치하는 기능별 보의 종류를 열거하고, 시공시 유의사항에 대하여 설명하시오.

3교시

1. 교대 및 암거 등의 구조물과 토공 접속부에서 발생하는 단차의 원인을 열거하고, 원인별 방지공법들에 대하여 설명하시오.
2. 액상화 검토대상 토층과 발생 예측기법을 열거하고, 불안정시 원리별 처리공법을 설명하시오.
3. 보강토 옹벽에서 발생하는 균열의 원인을 열거하고 방지대책에 대하여 설명하시오.
4. 건설공사에서 발생하는 분쟁의 종류를 열거하고, 방지대책에 대하여 설명하시오.
5. 도심지 터널공사 및 대심도 지하구조물 시공시 실시하는 약액주입공법에 대하여 종류별로 시공 및 환경관리 항목을 열거하고, 시공계획서 작성시 유의사항에 대하여 설명하시오.
6. 터널 공사중 발생하는 유해가스, 분진 등을 고려한 환기계획 및 환기방식의 종류에 대하여 설명하시오.

4교시

1. 프리플레이스트 콘크리트(Preplaced Concrete)공법을 적용하는 공사를 열거하고, 시공방법 및 유의사항에 대하여 설명하시오.
2. 터널의 지하수 처리형식에서 배수형터널과 비배수형터널의 특징을 비교 설명하시오.
3. 강구조물 연결방법의 종류를 열거하고, 강재부식의 문제점 및 대책에 대하여 설명하시오.
4. 매스(Mass)콘크리트에 발생하는 온도응력에 의한 균열의 제어대책에 대하여 설명하시오.
5. 발파시공 현장에서 발파진동에 의한 인근 구조물에 피해가 발생하였다. 구조물에 미치는 영향에 대한 조사방법을 열거하고 시공시 유의사항에 대하여 설명하시오.
6. 최근 사회간접자본(SOC)예산은 도로, 철도사업이 큰폭으로 감소하고 있고, 대체방안으로 도입한 민자사업에 대하여도 많은 문제점이 나타나고 있다. 정부의 SOC예산의 바람직한 투자방향에 대하여 설명하시오.

2011년도 제93회 출제문제

1교시

1. H형 강말뚝에 의한 슬래브의 개구부 보강
2. 터널의 페이스매핑(face mapping)
3. 개착터널의 계측빈도
4. 수중불분리성 콘크리트
5. 강재의 전기방식(電氣防蝕)
6. 히빙(heaving)현상
7. 건설기계의 조합원칙
8. 철근과 콘크리트의 부착강도
9. 설계강우강도
10. 심층혼합처리(deep chemical mixing)공법
11. 공정관리의 주요기능
12. 선재하(pre-loading)압밀공법
13. 최적함수비(OMC)

2교시

1. 공정 네트워크(net work) 작성시 공사일정계획의 의의와 절차 및 방법을 설명하시오.
2. 현재 공공기관과의 공사계약에서 물가변동으로 인한 계약금액 조정을 발주기관에 요청할 경우, 물가변동 조정 금액 산출방법에 대하여 설명하시오.
3. NATM 터널 시공시 1) 굴착 직후 무지보 상태, 2) 1차 지보재(shotcrete)타설 후, 3) 콘크리트라이닝 타설 후의 각 시공단계별 붕괴형태를 설명하고, 터널 붕괴원인 및 대책에 대하여 설명하시오.
4. 리버스 서큘레이션 드릴(reverse circulation drill) 공법의 시공법, 품질관리와 희생강관말뚝의 역할에 대하여 설명하시오.
5. 매립공사에 사용되는 해양준설투기방법에 있어서 예상되는 문제점 및 대책에 대하여 설명하시오.
6. 연약지반에서 고압분사주입공법의 종류와 특징에 대하여 설명하시오.

3교시

1. 수중 교각공사에서 시공관리시 관리할 항목별 내용과 관리시의 유의사항을 설명하시오.
2. 연장이 긴(L=1,500m정도) 장대교량의 상부공을 한 방향에서 연속압출공법(ILM)으로 시공할 때, 시공시 유의사항에 대하여 설명하시오.
3. 혼잡한 도심지를 통과하는 도시철도의 노면 복공계획시 조사사항과 검토사항을 설명하시오.
4. 경간장 15m, 높이 12m인 콘크리트 라멘교의 시공계획서 작성시 필요한 내용을 설명하시오.
5. 시공현장의 지반에서 동상(frost heaving)의 발생원인과 방지대책에 대하여 설명하시오.
6. 연속 철근콘크리트포장의 공용성에 영향을 미치는 파괴유형과 그 원인 및 보수공법을 설명하시오.

4교시

1. 터널 침매공법에서 기초공의 조성과 침매함의 침매방법 및 접합방법을 설명하시오.
2. 콘크리트 구조물의 내구성을 저하시키는 요인 및 내구성 증진방안을 설명하시오.
3. 쉴드터널 굴착시 초기굴진 단계의 공정을 거쳐 본굴진 계획을 검토해야 되는데 초기 굴진시 시공순서, 시공방법 및 유의사항에 대하여 설명하시오.
4. 해상 콘크리트타설에 사용되는 장비의 종류를 들고, 환경오염방지 대책에 대하여 설명하시오.
5. 흙막이 벽 지지구조형식 중 어스앵커(earth anchor) 공법에서 어스앵커의 자유장과 정착장의 설계 및 시공시 유의 사항에 대하여 설명하시오.
6. 압밀침하에 의해 연약지반을 개량하는 현장에서 시공관리를 위한 계측의 종류와 방법에 대하여 설명하시오.

2011년도 제94회 출제문제

1교시

1. 흙의 통일분류법
2. 말뚝의 주면마찰력
3. 잔골재율(s/a)
4. 포스트텐션 도로포장
5. 터널의 여굴발생 원인 및 방지대책
6. 사장교와 현수교의 특징 비교
7. 준설토 재활용 방안
8. 흙의 입도분포에 의한 주행성(trafficability) 판단
9. 유토곡선(mass curve)
10. 수밀콘크리트와 수중콘크리트
11. Prestress의 손실
12. 터널의 인버트 정의 및 역할
13. 건설자동화(construction automation)

2교시

1. 대단위 성토공사에서 요구되는 조건에 따라 성토재료의 조사내용을 열거하고 안정성 및 취급성에 대하여 설명하시오.
2. 연약지반 개량공법에 적용되는 연직배수재(PBD)의 통수능력과 통수능력에 영향을 미치는 요인에 대하여 설명하시오.
3. 최근 수심이 20m 이상인 비교적 유속이 빠른 해상에 사장교나 현수교와 같은 특수교량이 시공되는 사례가 많다. 이때 적용 가능한 교각 기초형식의 종류를 열거하고 특징에 대하여 설명하시오.
4. 토피가 낮은 터널을 시공할 때 발생되는 지표침하현상과 침하저감대책에 대하여 설명하시오.
5. 콘크리트구조물의 열화에 영향을 미치는 인자들의 상호관계 및 내구성 향상방안에 대하여 설명하시오.
6. 건설사업관리(CM)에서 위험관리(risk management)와 안전관리(safety management)에 대하여 설명하시오.

3교시

1. 성토 댐(embankment dam)의 축조기간 중에 발생되는 댐의 거동에 대하여 설명하시오.
2. 시멘트콘크리트 포장에서 줄눈의 종류, 기능 및 시공방법에 대하여 설명하시오.
3. 콘크리트의 양생 메커니즘과 양생의 종류를 열거하고 각각에 대하여 설명하시오.
4. 교량 상부구조물의 시공 중 및 준공 후 유지관리를 위한 계측관리시스템의 구성 및 운영방안에 대하여 설명하시오.
5. 최근 수도권 대심도 고속철도나 도로건설에 대한 관련 사업들이 계획되고 있다. 귀하가 도심지 대심도터널을 계획하고자 한다면 사전검토사항과 적절한 공법을 선정하여 설명하시오.
6. 대규모 국가하천 정비공사에서 사용하는 준설선의 종류와 특징에 대하여 설명하시오.

4교시

1. 항만공사에서 잔교구조물 축조시 대구경(∅600) 강관파일(사항 포함)타입에 관한 시공계획서 작성 및 중점착안사항에 대하여 설명하시오.
2. 아스팔트콘크리트 포장공사에서 포장의 내구성확보를 위한 다짐작업별 다짐장비 선정과 다짐시 내구성에 미치는 영향 및 마무리 평탄성 판단기준에 대하여 설명하시오.
3. 연약한 점성토지반에 개착터널인 지하철을 건설하기 위하여 흙막이 가시설로 쉬트파일(sheet pile)공법을 채택하고자 한다. 이 공법을 적용하기 위한 사전조사 사항과 시공시 발생하는 문제점 및 방지대책에 대하여 설명하시오.
4. 건설공사에서 BIM(building information modeling)을 이용한 시공효율화 방안에 대하여 설명하시오.
5. 대절토암반사면 시공시 붕괴원인과 파괴유형을 구분하고 방지대책에 대하여 설명하시오.
6. 최근 지진발생 증가에 따라 기존 교량의 피해발생이 예상된다. 기존에 사용 중인 교량에 대한 내진 보강방안에 대하여 설명하시오.

2011년도 제95회 출제문제

1교시

1. 건설기계의 주행저항
2. 아스팔트(asphalt)의 소성변형
3. 흙의 다짐원리
4. 포장콘크리트의 배합기준
5. 진공콘크리트(vacuum processed concrete)
6. 교각의 슬립폼(slip form)
7. 공칭강도와 설계강도
8. 비용경사(cost slope)
9. 아스팔트콘크리트의 반사균열
10. 토공의 다짐도 판정방법
11. 평판재하시험(PBT) 적용시 유의사항
12. 블랭킷 그라우팅(blanket grouting)
13. 용존공기부상(DAF : dissolved air flotation)

2교시

1. 토공사에서 성토재료의 선정요령에 대하여 설명하시오.
2. 콘크리트 교량의 균열에 대하여 원인별로 분류하고 보수 재료에 대한 평가 기준을 설명하시오.
3. 절취 사면에서 소단을 설치하는 이유와 사면을 정밀조사하고 사면안정분석을 해야 하는 경우를 설명하시오.
4. 터널 천단부와 막장면의 안정에 사용되는 보조 공법의 종류와 특징을 설명하시오.
5. 도시지역의 물 부족에 따른 우수저류 방법과 활용 방안에 대하여 설명하시오.
6. 공정관리의 기능과 공정관리 기법에 대해 설명하시오.

3교시

1. 유토곡선(mass curve)에 의한 평균이동거리 산출요령과 그 활용상 유의할 사항에 대하여 설명하시오.
2. 집중 호우시 발생되는 사면 붕괴의 원인과 대책에 대하여 설명하시오.
3. 강교 형식에서 플레이트 거더교와 박스 거더교의 가설(架設)공사시 검토사항을 설명하시오.
4. 해안에서 5km 떨어진 해중(海中)에 육상의 흙을 사용하여 토운선 매립 방식으로 인공섬을 건설하고자 한다. 해상 매립 공사를 중심으로 시공계획시 유의사항을 설명하시오.
5. 공사계약금액 조정의 요인과 그 조정 방법에 대하여 설명하시오.
6. 공사 착공전 건설재해예방을 위한 유해, 위험 방지 계획서에 대하여 설명하시오.

4교시

1. 지하구조물의 부상(浮上) 원인과 대책에 대하여 설명하시오.
2. 기초말뚝의 최소 중심 간격과 말뚝 배열에 대하여 설명하시오.
3. 지반 굴착시 지하수위 저하 및 진동이 주변에 미치는 영향과 대책에 대하여 설명하시오.
4. 하수처리시설 운영시 하수관을 통하여 빈번히 불명수(不明水)가 많이 유입되고 있다. 이에 대한 문제점과 대책 및 침입수 경로 조사시험방법에 대하여 설명하시오.
5. 공정계획을 위한 공사의 요소작업분류 목적을 설명하고, 도로 공사의 개략적인 작업분류체계도(WBS : work breakdown structure)를 작성하시오
6. 혹서기에 시멘트 콘크리트 포장시공을 할 경우 콘크리트치기 시방기준과 품질관리 검사에 대하여 설명하시오.

2012년도 제96회 출제문제

1교시

1. 흙의 입도분포에 의한 기계화시공방법 판단기준
2. 철근콘크리트 보의 내하력과 유효높이
3. 토류벽의 아칭(arching)현상
4. 시공상세도 필요성
5. 강선 긴장순서와 순서결정 이유

6. 부체교(floating bridge)
7. 지불선(pay line)
8. 콘크리트 폭열현상
9. PCT(prestressed composite truss) 거더교
10. 토석류(debris flow)
11. 침투수력(seepage force)
12. Land slide와 Land creep
13. 사장교와 엑스트라도즈드(extradosed)교의 구조특성

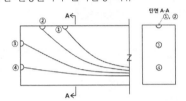

2교시

1. 토사와 암석재료를 병용하여 흙쌓기하고자 한다. 흙쌓기 다짐시 유의사항과 현장다짐 관리방법에 대하여 설명하시오.
2. 강관말뚝 시공시 발생하는 문제점을 열거하고 원인과 대책에 대하여 설명하시오.
3. 정착지지 방식에 의한 앵커(anchor)공법을 열거하고, 특징 및 적용 범위에 대하여 설명하시오.
4. 하도의 굴착 및 준설공법에 대하여 설명하시오.
5. 고유동콘크리트의 유동특성에 영향을 주는 요인에 대하여 설명하시오.
6. 자연 대사면깎기공사에서 빈번히 붕괴가 발생한다. 붕괴원인을 설계 및 시공 측면에서 구분하고 방지대책에 대하여 설명하시오.

3교시

1. 장대 해상 교량 상부 가설공법 중 대블럭 가설공법의 특징 및 시공 시 유의사항에 대하여 설명하시오.
2. 다기능보의 상·하류 수위조건 및 지반의 수리특성을 고려한 기초지반의 차수공법에 대하여 설명하시오.
3. 수중 암굴착을 지상 암굴착과 비교해서 설명하고 수중 암굴착 시 적용장비에 대하여 설명하시오.
4. 대단위 단지공사에서 보강토 옹벽을 시공하고자 한다. 보강토 옹벽의 안정성 검토 및 코너(cor- ner)부 시공 시 유의사항에 대하여 설명하시오.
5. 흙댐의 누수 원인과 방지대책에 대하여 설명하시오.
6. 예정가격 작성시 실적공사비 적산방식을 적용하고자 한다. 문제점 및 개선방향에 대하여 설명하시오.

4교시

1. 교량공사에서 슬래브(slab) 거푸집 제거 후 균열 등의 결함이 발생되어 보수공사를 하고자한다. 사용보수재료의 체적변화를 유발하는 영향인자들을 열거하고 적합성 검토방법에 대하여 설명하시오.
2. NATM에 의한 터널공사시 배수처리방안을 시공단계별로 설명하시오.
3. 연장 20km인 2차선도로(폭 7.2m 표층 6.3cm)의 아스팔트 포장공사를 위한 시공계획중 장비 조합과 시험포장에 대하여 설명하시오.
4. 해외건설 프로젝트 견적서 작성시 예비공사비 항목에 대하여 설명하시오.
5. 연약지반 개량공법 중 표층개량공법의 분류방법과 공법적용시 고려사항에 대하여 설명하시오.
6. 연약층이 깊은 도심지에서 쉴드(shield)공법에 의한 터널공사 중 누수가 발생하는 취약부를 열거하고 원인 및 보강공법에 대하여 설명하시오.

2012년도 제97회 출제문제

1교시

1. 현수교의 지중정착식 앵커리지(anchorage)
2. 막장 지지코어 공법
3. 공용중의 아스팔트포장 균열
4. 건설기계의 트래피커빌리티(trafficability)
5. 시공속도와 공사비의 관계
6. 교량받침의 손상 원인
7. 철근 배근 검사 항목
8. 콘크리트의 보수재료 선정기준
9. 평판재하시험 결과 적용시 고려사항
10. 내부 굴착 말뚝
11. 물보라 지역(splash zone)의 해양콘크리트 타설
12. 하천의 역행 침식(두부침식)
13. 터널 발파시의 진동저감대책

2교시

1. 콘크리트의 마무리성(finishability)에 영향을 주는 인자를 쓰고, 개선방안을 설명하시오.
2. 교량의 신축이음 설치시 요구조건과 누수시험에 대하여 설명하시오.
3. 연약지반상의 도로토공에서 발생하는 문제점과 그 대책을 쓰고, 대책 공법 선정시의 유의사항을 설명하시오.
4. 실드(shield)공법으로 뚫은 전력통신구의 누수원인을 취약 부위별로 분류하고, 누수대책을 설명하시오.
5. 하상유지시설의 설치 목적과 시공시 고려사항을 설명하시오.
6. 옹벽 뒤에 설치하는 배수시설의 종류를 쓰고 옹벽배면 배수재 설치에 따른 지하수의 유선망과 수압분포 관계를 설명하시오.

3교시

1. 공장에서 제작된 30~50m 길이의 대형 PSC거더를 운반하여 도심지에서 교량을 가설하고자 한다. 이때 필요한 운반통로 확보 방안과 운반 및 가설 장비 운영시 고려사항을 설명하시오.
2. 장대 도로터널의 시공계획과 유지관리 계획에 대하여 설명하시오.
3. 말뚝기초의 종류를 열거하고 시공적 측면에서의 특징을 설명하시오.
4. 대단지 토공에서 장비계획시 장비 배분(allocation)의 필요성과 장비 평준화(leveling) 방법을 설명하시오.
5. 콘크리트 포장에서 사용되는 최적배합(optimize mix)의 개념과 시공을 위한 세부공정을 설명하시오.
6. 항만시설에서 호안의 배치시 검토 사항과 시공시 유의 사항을 설명하시오.

4교시

1. 프리스트레스트 콘크리트 시공시 긴장재의 배치와 거푸집 및 동바리 설치시의 유의사항을 설명하시오.
2. 록필 댐(rockfill dam)의 시공계획 수립시 고려할 사항을 각 계획단계별로 설명하시오.
3. 지하철 정거장에서 2아치터널의 시공시 문제점과 그 대책을 설명하시오.
4. 지반환경에서 쓰레기 매립물의 침하특성과 폐기물 매립장의 안정에 대한 검토사항을 설명하시오.
5. 하천제방에서 식생블록으로 호안보호공을 할 때, 안전성검토에 필요한 사항과 시공시 주의 사항을 설명하시오.
6. 토질조건 및 시공조건에 따른 흙다짐 기계의 선정에 대하여 설명하시오.

2012년도 제98회 출제문제

1교시

1. 암반의 Q-system 분류
2. 추가공사에서 additional work와 extra work의 비교
3. 연약지반에서 발생하는 공학적 문제
4. 강관말뚝의 부식원인과 방지대책
5. 하천공사에서 지층별 수리특성파악을 위한 조사 내용
6. 수직갱에서의 RC(raise climber)공법
7. 폐단말뚝과 개단말뚝
8. 확장레이어공법(ELCM : extended layer construc- tion method)
9. 콘크리트의 배합 결정에 필요한 항목
10. 홈(groove) 용접에 대한 설명과 그림에서의 용접 기호 설명

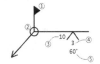

11. PSC거더(girder)의 현장 제작장 선정요건
12. 영공기 간극곡선(zero air void curve)
13. 흙의 소성도(plasticity chart)

2교시

1. 강교 시공에 있어 현장 용접 시 발생하는 용접 결함의 종류를 열거하고, 그 결함의 원인 및 방지 대책에 대하여 설명하시오.
2. 기존 구조물과의 근접 시공을 위한 트렌치(trench)공법에 대하여 설명하시오.
3. 하폭이 300m인 하천에 대형 광역상수도관을 횡단시키고자 한다. 관매설시 품질관리 및 유지관리를 고려한 시공 시 유의사항에 대하여 설명하시오.
4. 하천에서 보(weir)설치를 위한 조건과 유의사항에 대하여 설명하시오
5. GUSS아스팔트 포장의 특성과 강상형 교면포장으로 GUSS아스팔트포장을 시공하는 경우 시공순서와 중점관리 사항에 대하여 설명하시오.
6. 연약한 이탄지반에 도로구조물을 축조하려할 때 적절한 지반개량공법, 시공 시 예상되는 문제점과 기술적 대응 방법을 설명하시오.

3교시

1. 필댐(fill dam)의 매설계측기에 대하여 설명하시오.
2. 도로에서 암절개시 붕괴의 형태와 방지대책에 대하여 설명하시오.
3. 산악지역 및 도심지를 관통하는 장대터널 및 대단면 터널 건설시의 터널시공계획과 시공 시 고려사항에 대하여 설명하시오.
4. 대구경 RCD(reverse circulation drill)공법에 의한 장대교량기초 시공시 유의사항 및 장단점에 대하여 설명하시오.
5. 교량용 신축이음 장치의 형식 선정 및 시공 시 고려 사항에 대하여 설명하시오.
6. 기존구조물에 근접하여 가설 흙막이구조물을 설치하려한다. 지반굴착에 따른 변형원인과 대책 및 토류벽 시공 시 고려사항에 대하여 설명하시오.

4교시

1. 관거(하수관, 맨홀, 연결관 등)의 시공 중 또는 시공 후 시공의 적정성 및 수밀성을 조사하기 위한 관거의 검사방 법에 대하여 설명하시오.
2. 강관말뚝의 두부보강공법 및 말뚝체와 확대기초 접합방법의 특성에 대하여 설명하시오.
3. 표면차수형 석괴댐과 코어형 필댐의 특징과 시공시 유의사항을 설명하시오.
4. 쉴드(Shield)공법에 의한 터널공사 시 발생 가능한 지표면 침하의 종류를 열거하고, 침하종류 별 침하의 방지 대책에 대하여 설명하시오.
5. 하천제방축조 시 재료의 구비조건과 제체의 안정성 평가 방법을 설명하시오.
6. 교량 시공시 동바리 공법(FSM ; full staging method)의 종류를 열거하고 각 공법의 특징에 대하여 설명하시오.

2013년도 제99회 출제문제

1교시

1. 수화조절제
2. 콘크리트의 철근 최소피복두께
3. 안전관리계획 수립 대상 공사의 종류
4. 도로 동결융해
5. 검사랑(檢査廊, check hole, inspection gallery)
6. 지연줄눈(Delay Joint, Shrinkage Strip, Pour Strip)
7. 케이슨 안벽
8. 인공지반(터널의 갱구부)
9. 슬립폼 공법
10. 철도공사시 캔트
11. 산성암반 배수(acid rock drainage)
12. 토사지반에서의 앵커의 정착길이
13. 말뚝의 폐색효과(Plugging)

2교시

1. 흙막이 가설벽체 시공시 차수 및 지반보강을 위한 그라우팅 공법을 채택할 때 그라우팅 주입속도와 주입압력에 대하여 설명하시오.
2. 교량구조물 상부슬래브 시공을 위해 동바리 받침으로 설계되어 있을 때 동바리 시공 전 조치사항을 설명하시오.
3. 하천 호안의 종류와 구조에 대해 설명하고 제방 시공시 유의사항을 설명하시오.
4. 콘크리트의 동해 원인 및 방지대책을 설명하시오.
5. 연약지반 상에 건설된 기존 도로를 동일한 높이로 확장할 경우 예상되는 문제점 및 대책에 대하여 설명하시오.
6. Shield 터널 시공시 발진 및 도달 갱구부에 지반보강을 시행한다. 이때 1) 갱구부 지반의 보강목적, 2) 갱구부 지반보강 범위, 3) 보강공법에 대하여 설명하시오.

3교시

1. 토공사 현장에서 시공계획 수립을 위한 사전조사 내용을 열거하고 장비 선정시 고려사항을 설명하시오.
2. 콘크리트 중력식 댐의 이음부(Joint)에 발생 가능한 누수의 원인과 누수에 대한 보수방안에 대하여 설명하시오.
3. 터널 갱구부 시공시 대부분 비탈면에 발생되는데 비탈면의 붕괴를 방지하기 위하여 지반조건을 고려한 적절한 대책을 수립하여야 한다. 이때 1) 갱구부 비탈면의 기울기 선정, 2) 비탈면 안정대책공법 및 선정시 고려사항에 대하여 설명하시오.
4. 교면포장용 아스팔트 혼합물 선정시 고려사항 및 시공시 유의사항을 설명하시오.
5. 하이브리드(Hybrid) 중로 아치교의 특징 및 시공시 주의사항을 설명하시오.
6. 기존 교량의 내진성능 향상을 위한 보강 공법을 설명하시오.

4교시

1. 콘크리트 지하구조물 균열에 대한 보수·보강공법과 공법 선정시 유의사항을 설명하시오.
2. 도심지 부근 고속철도의 장대 터널 시공시 공사기간 단축, 경제성, 민원 등을 고려한 수직갱(작업구)의 굴착 공법과 방법에 대하여 설명하시오.
3. 콘크리트교의 가설공법 중 현장타설 콘크리트공법을 열거하고 이동식 비계 공법(Movable Scaffolding System, MSS)에 대하여 설명하시오.
4. 도로건설현장에서 장기간에 걸쳐 우기가 지속될 경우 공사 연속성을 위하 효과적으로 건설장비의 Trafficability를 유지하기 위한 방안을 설명하시오.
5. 지반의 토질조건(사질토 및 점성토)에 따라 굴착저면의 안정 확보를 위한 Sheet Pile 흙막이벽의 시공시 주의 사항을 설명하시오.
6. 하천의 보 하부의 하상세굴의 원인과 대책에 대하여 설명하시오.

2013년도 제100회 출제문제

1교시

1. 한계성토고
2. 용적팽창현상(bulking)
3. 가중크리프비(weight creep ratio)
4. 비화작용(slaking)
5. Pop Out 현상
6. 토석정보시스템(EIS, earth information system)
7. 앵커볼트매입공법
8. 현장안전관리를 위한 현장소장의 직무
9. 프로젝트금융(PF, project financing)
10. 물량내역수정입찰제
11. 마샬(Marshall)시험에 의한 설계아스팔트량 결정방법
12. 콘크리트의 수축보상(shrinkage compensating)
13. 중첩보(A)와 합성보(B)의 역학적 차이점

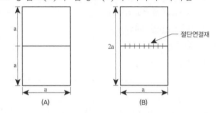

2교시

1. 수평지지력이 부족한 연약지반에 철근콘크리트 구조물 시공 시 검토하여야 할 사항에 대하여 설명하시오.
2. 강재거더로 구성된 사교(skew bridge)가설 시 거더처짐으로 인한 변형의 처리공법을 설명하시오.
3. 케이슨식(caisson type) 안벽의 시공방법에 대하여 설명하시오.
4. 상·하수도관 등의 장기간 사용으로 인한 성능저하를 개선하기 위해 세관 및 갱생 공사를 시행하고자 한다. 이에 대한 공법 및 대책을 설명하시오.
5. 실트질모래를 3.0m 성토하여 연약지반을 개량한 지반에 굴착심도 6.0m 정도 흙막이공사 시공 시 고려사항과 주변지반의 영향을 설명하시오.
6. 가설공사에서 강관비계의 조립기준과 조립해체 시 현장 안전 시공을 위한 대책을 설명하시오.

3교시

1. 중심 점토코어(clay core)형 록필댐(rock fill dam)의 코어죤 시공방법에 대하여 설명하시오.
2. 항만구조물 기초공사에서 사석 고르기 기계 시공방법을 분류하고 시공 시 품질관리와 기성고 관리에 대해 설명하시오.
3. 터널공사 중 저토피 구간에서 붕괴사고가 발생하였다. 저토피 구간에 적용할 수 있는 터널보강공법을 설명하시오.
4. 강상자형교의 상부 거더 가설에 추진코(launching nose)에 의한 송출공법을 적용할 때 발생 가능한 문제점 및 대책에 대하여 설명하시오.
5. 팩드래인(pack drain)공법을 이용하여 연약지반을 개량할 때 예상되는 문제점과 대책을 설명하시오.
6. 어스앵커와 소일네일링공법의 특징과 시공 시 유의사항을 설명하시오.

4교시

1. 도로터널공사에서 갱문의 형식별 특징과 위치 선정 시 고려할 사항을 설명하시오.
2. 도심지의 지하 하수관거 공사에 추진공법을 적용할 때 발생하는 주요 문제점 및 대책을 설명하시오.
3. 화학적 요인에 의하여 구조물에 발생되는 균열에 대하여 설명하시오.
4. 콘크리트 구조물에서 수화열이 구조물에 미치는 영향에 대하여 설명하시오.
5. 하수관의 종류별 특성 및 관의 기초공법에 대하여 설명하시오.
6. 아스팔트포장 도로의 포트홀(pot hole) 발생원인과 방지대책을 설명하시오.

2013년도 제101회 출제문제

1교시

1. 구조물의 신축이음과 균열유발이음
2. 침윤세굴(seepage erosion)
3. 제방의 축단
4. 가로좌굴(lateral buckling)
5. 양생지연(curing delay)
6. 공사 착수전 확인측량
7. 댐의 프린스(plinth)
8. 수중 콘크리트
9. 호안구조의 종류 및 특징
10. 침매공법
11. 콘크리트 포장의 소음저감
12. 경량골재의 특성과 경량골재계수
13. 현수교의 무강성 가설공법(non-stiffness erection mothed)

2교시

1. 도로터널의 환기방식을 분류하고 그 특징과 환기불량 시 터널에 발생되는 문제점을 설명하시오.
2. 연약지반에서 선행재하(pre-loading)공법 시 유의사항과 효과확인을 위한 관리사항을 설명하시오.
3. 슬래브 콘크리트가 벽 또는 기둥 콘크리트와 연속되어 있는 경우에 콘크리트 타설 시 발생하는 침하균열에 대한 조치와 콘크리트 다지기의 경우 내부진동기를 사용할 때의 주의사항을 설명하시오.
4. NATM 터널공사의 계측항목 중 A계측과 B계측의 차이점과 계측기의 배치 시 고려해야 할 사항을 설명하시오.
5. 석재를 대량으로 생산하기 위해 계단식 발파공법을 적용하고자 한다. 공법의 특징과 고려사항에 대하여 설명하시오.
6. 일체식과 반일체식 교대에 대하여 설명하시오.

3교시

1. 항만구조물에서 방파제의 종류 및 특징과 시공 시 유의사항에 대하여 설명하시오.
2. 콘크리트 운반, 타설전 검토하여야 할 사항을 설명하시오.
3. 토사 사면의 특징을 설명하고, 최근 산사태의 붕괴원인 및 대책에 대하여 설명하시오.
4. 하수처리장 기초가 지하수위 아래에 위치할 경우 양압력의 발생원인 및 대책을 설명하시오.
5. 공용중인 슬래브교의 차로 확장 시 슬래브 및 교대의 확장방안에 대하여 설명하시오.
6. 터널의 숏크리트 강도특성 중에서 압축강도 이외에 평가하는 방법과 숏크리트 뿜어붙이기 성능을 결정하는 요소를 설명하시오.

4교시

1. 레미콘의 운반시간이 콘크리트의 품질에 미치는 영향 및 대책을 설명하시오.
2. 항만공사의 호안축조 시에 사석 강제치환공법을 적용할 때 공법의 특징 및 시공 중 유의사항에 대하여 설명하시오.
3. 하천 공사 중 홍수방어 및 조절대책에 대하여 설명하시오.
4. 터널 콘크리트 라이닝 시공 시 계획단계 및 시공단계에서 고려해야 할 균열제어 방안을 설명하시오.
5. 도로 및 단지조성공사 시 책임기술자로서 사전조사 항목을 포함한 시공계획을 설명하시오.
6. 재난 및 안전관리기본법에서 정의하는 각종 재난·재해의 종류와 예방대책 및 재난·재해 발생 시 대응방안에 대하여 설명하시오.

2014년도 제102회 출제문제

1교시

1. 압밀도(degree of consolidation)
2. 유선망(flow net)
3. 암반의 불연속면
4. 자원배당(resource allocation)
5. 대체적 분쟁해결 제도(ADR; alternative dispute resolution)
6. 교량하부공의 시공관리를 위한 조사항목
7. 도심지 흙막이 계측
8. 강도(strength)와 응력(stress)
9. 표면장력(surface tension)
10. 주동말뚝과 수동말뚝
11. 도수(hydraulic jump)
12. 표준안전난간
13. 철근갈고리의 종류

2교시

1. 국가계약법령에 의한 정부계약이 성립된 후 계약금액을 조정할 수 있는 내용에 대하여 설명하시오.
2. PSC거더 제작 시 긴장(prestressing)관리 방법에 대하여 설명하시오.
3. 저수지의 위치를 결정하기 위한 조건에 대하여 설명하시오.
4. 발파 시 진동 발생원인 에서의 진동 경감방안과 전달경로에서의 차단방안에 대하여 설명하시오.
5. 도로하부 횡단공법 중 프런트 재킹(front jacking)공법과 파이프 루프(pipe roof)공법의 특징과 시공 시 유의사항에 대하여 설명하시오.
6. 토공장비계획의 기본절차, 장비선정 시 고려사항, 장비조합의 원칙에 대하여 설명하시오.

3교시

1. 강상판교의 바닥판 현장용접 방법에 대하여 설명하시오.
2. 댐의 기초처리방법과 기초 그라우팅 종류 및 특징에 대하여 설명하시오.
3. 토피고가 3m 이하인 지중구조물(box) 상부도로의 동절기 포장용기 저감대책에 대하여 설명하시오.
4. 연약지반을 통과하는 도로노선의 지반을 개량하고자 한다. 적용가능공법과 공법선정 시 고려사항에 대하여 설명하시오.
5. 어스 앵커(earth anchor)와 소일 네일링(soil nailing)에 대하여 설명하시오.
6. 오픈 케이슨(open caisson)기초의 공법과 시공순서에 대하여 설명하시오.

4교시

1. 터널 굴착방법의 종류별 특징과 현장관리 시 주의해야할 사항에 대하여 설명하시오.
2. 건설현장에서 가설통로의 종류와 설치기준에 대하여 설명하시오.
3. 뒷부벽식 교대의 개략적인 주철근 배치도를 작성하고, 구조의 특징 및 시공 시 유의사항에 대하여 설명하시오.
4. 공용 중인 교량의 교좌장치 교체를 위한 상부구조 인상작업 시 검토사항과 시공순서에 대하여 설명하시오.
5. 역타공법(top down) 중 완전역타공법에 대하여 설명하시오.
6. 현장타설말뚝공법 중 올 케이싱(all cashing)공법, RCD(reverse circulation drill)공법, 어스 드릴(earth drill)공법의 특징 및 시공 시 주의사항에 대하여 설명하시오.

2014년도 제103회 출제문제

1교시

1. 잔교식 안벽
2. 콘크리트 포장의 분리막
3. 피암(避岩) 터널
4. 분니현상(mud pumping)
5. 3경간 연속보, 캔틸레버(cantilever) 옹벽의 주철근 배근도 작성
6. 아스팔트 콘크리트의 시험포장
7. 도로공사에서 노상의 지내력을 구하는 시험법
8. 교량에 작용하는 주하중, 부하중, 특수하중의 종류
9. 수도권 대심도 지하철도(GTX)의 계획과 전망
10. 물-시멘트비(W/C)와 물-결합재비(W/B)
11. air pocket이 콘크리트 내구성에 미치는 현상
12. PMIS(Project Management Information System)
13. 공사계약보증금이 담보하는 손해의 종류

2교시

1. 말뚝 재하시험법에 의한 지지력 산정방법에 대하여 설명하시오.
2. 재난 및 안전관리 기본법에서의 재난의 종류를 분류하고, 지하철과 교량 현장에서 발생하는 대형 사고에 대하여 재난대책기관과 연계된 수습방안을 설명하시오.
3. 하천제방의 차수공법을 공법개요, 신뢰성, 환경성, 장비사용성, 시공성 측면에서 비교 설명하시오.
4. 대단위 토공작업에서 성토재료 선정방법과 다짐방법 및 다짐도 판정방법에 대하여 설명하시오.
5. 섬유보강 콘크리트의 종류와 특징 및 국내외 기술개발 현황에 대하여 설명하시오.
6. 터널공사에서 지보재 설치 직전(무지보)의 상태에서 발생하는 붕괴유형을 열거하고 방지대책에 대하여 설명하시오.

3교시

1. 사장교와 현수교의 특징과 장·단점, 시공 시 유의사항 및 현수교의 중앙경간을 사장교보다 길게 할 수 있는 이유에 대하여 설명하시오.
2. 표준적산방식과 실적공사비를 비교하고 실적공사비 적용 시 문제점에 대하여 설명하시오.
3. 연성벽체(흙막이벽)와 강성벽체(옹벽)의 토압분포에 대하여 설명하시오.
4. 화재 시 철근콘크리트 구조물에 발생하는 폭렬현상이 구조물에 미치는 영향과 원인을 열거하고 방지대책에 대하여 설명하시오.
5. 연약점토지반의 개량공법을 선정하고 계측항목에 대하여 설명하시오. (단, 공사기간이 3년인 4차선 일반국도에서 연장이 300m, 심도가 25m, 성토고가 5m인 경우)
6. NATM 터널 공사에서 사이클 타임과 연계한 세부 작업순서에 대하여 설명하시오.

4교시

1. 무근콘크리트 포장의 손상 형태와 그 원인에 대하여 설명 하시오.
2. Caisson식 혼성제로 건설된 방파제에서 Caisson의 앞면벽에 발생한 균열의 원인을 열거하고 보수방법에 대하여 설명하시오.
3. 민간자본사업의 개발방식 종류 및 비용보장방식을 설명하고, 국내 건설산업 활성화를 위한 민간자본 활용방안에 대하여 기술하시오.
4. 램프교량공사에서 램프의 받침(shoe)에 작용하는 부반력에 대한 검토기준을 열거하고 대책에 대하여 설명하시오.
5. 지하구조물 시공 시 토류벽 배면의 지하수위가 높을 경우 토류벽 붕괴방지 대책과 차수 및 용수 대책에 대하여 설명하시오.
6. 해상 점성토의 깊이가 50m이고, 수심이 10m, 연장이 2km인 연륙교의 교각을 건설할 경우 적용 가능한 대구경 현장타설 말뚝공법에 대하여 설명하시오.

2014년도 제104회 출제문제

1교시

1. 터널 미기압파
2. Shield TBM 굴진시의 체적손실
3. 입도분포곡선
4. 연약지반의 계측
5. 교량 신축이음장치
6. 터널 막장의 주향과 경사
7. 스미어존(smear zone)
8. 돌핀(dolphin)
9. 2중합성교량(bridge for double composite action)
10. 바나나 곡선(banana curve)
11. 자기수축균열(autogenous shrinkage crack)
12. 유리섬유폴리머보강근(glass fiber reinforced polymer bar)
13. 완전 합성보(full composite beam)와 부분 합성보(partial composite beam)

2교시

1. 강교의 케이블식 가설(cable erection)공법에 대하여 설명하시오.
2. 주형보 등에 사용되는 I형강의 휨부재로서의 구조특성에 대하여 설명하시오.
3. 순환골재의 사용방법과 적용 가능부위에 대하여 설명하시오.
4. 최소비용 공기단축기법(minimum cost expediting)에 대하여 설명하시오.
5. 산악지형 장대터널의 저 토피구간 시공방법 중 개착(open cut)공법과 반개착(carinthian cut and cover)공법을 비교 설명하시오.
6. 흙막이 공법 시공 중 지반굴착 시 지하수위 저하 및 진동이 주변에 미치는 영향과 대책에 대하여 설명하시오.

3교시

1. 장마철 배수불량에 의한 옹벽붕괴 사고가 빈번하게 발생하는 원인과 대책에 대하여 설명하시오.
2. 타입강관말뚝의 시공방법과 중점 관리 사항에 대하여 설명하시오.
3. 암반구간의 포장에 대하여 설명하시오.
4. 댐의 제체 및 기초지반의 누수원인과 방지대책에 대하여 설명하시오.
5. 관거매설시 설치지반에 따른 강성관거 및 연성관거의 기초처리에 대하여 설명하시오.
6. 도심지 천층터널의 지반특성 및 굴착 시 발생 가능한 문제점과 대책에 대하여 설명하시오.

4교시

1. 도시의 재개발, 시가화 촉진, 기후변화 등이 가져오는 집중호우에 의한 도시침수 피해 원인 및 저감방안에 대하여 설명하시오.
2. 강우로 인한 지표수 침투, 세굴, 침식 등으로 발생되는 사면의 안전율 감소를 방지하기 위한 대책공법 중 안전율 유지법과 안전율증가법에 대하여 설명하시오.
3. FSLM(full span launching method)에 대하여 설명하시오.
4. 하절기 CCP포장의 시공관리 및 공용 중 유지관리에 대하여 설명하시오.
5. 연약지반 성토 시 지반의 안정과 효율적인 시공관리를 위하여 시행하는 침하관리 및 안정관리에 대하여 설명하시오.
6. 터널 기계화 굴착법(open TBM과 shield TBM)과 NATM 적용 시 주요 검토사항 및 적용지질, 시공성, 경제성, 안정성 측면에서 비교하여 설명하시오.

2015년도 제105회 출제문제

1교시

1. 지반조사방법 중 사운딩(sounding)의 종류
2. 아스팔트 도로포장에 사용되는 토목섬유의 종류
3. 콘크리트의 초음파검사
4. UHPC(ultra high performance concrete : 초고성능 콘크리트)
5. 동결융해저항제
6. 비상여수로(emergency spillway)
7. 흙의 안식각(安息角)
8. SMR(slope mass rating)
9. 토공의 시공 기면(formation level)
10. 탄성받침이 롤러(roller)의 기능을 하는 이유
11. 라멘교(rahmen)
12. 종합심사낙찰제(종심제)
13. 공정관리에서 자유여유(free float)

2교시

1. 정수장에서 수밀이 요구되는 구조물의 누수 원인을 기술하고 누수 방지 대책에 대하여 설명하시오.
2. 강교의 현장 이음방법 중 고장력 볼트 이음 방법 및 시공 시 유의사항에 대하여 설명하시오.
3. 건설기계의 선정 시 일반적인 고려사항과 건설기계의 조합원칙을 설명하시오.
4. 비탈면 성토 작업 시 다음에 대하여 설명하시오.
   1) 토사 성토 비탈면의 다짐공법 2) 비탈면 다짐 시 다짐기계 작업의 유의사항
5. 비점오염원(non-point source pollution) 발생원인 및 저감시설의 종류를 설명하시오.
6. 터널 라이닝콘크리트(linning concrete) 균열 발생원인 및 균열 저감방안을 설명하시오.

3교시

1. 현수교 케이블 설치 시 단계별 시공순서에 대하여 설명하시오.
2. 곡선교량의 상부구조 시공 시 유의사항을 설명하시오.
3. 유토곡선(mass curve)을 작성하는 방법과 유토곡선의 모양에 따른 절토 및 성토 계획에 대해 설명하시오.
4. 콘크리트 구조물에서 발생하는 균열의 진행성 여부 판단방법, 보수보강 시기 및 보수 방법에 대하여 설명하시오.
5. 시멘트 콘크리트 포장 파손 및 보수공법에 대하여 설명하시오.
6. 하천 제방의 누수 원인을 기술하고 누수 방지 대책에 대하여 설명하시오.

4교시

1. 항만공사용 흡입식 말뚝(suction pile) 적용성 및 시공 시 유의사항을 설명하시오.
2. 기존 터널에서 내구성 저하로 성능이 저하된 경우 보수 방안과 보수 시 유의사항을 설명하시오.
3. 장대교량의 주탑 시공의 경우 고강도 콘크리트 타설 시 유의사항에 대하여 설명하시오.
4. 고속도로 공사의 발주 시 아래 발주 방식의 정의, 장점 및 단점에 대하여 설명하시오.
   1) 최저가 입찰방식 2) 턴키입찰방식 3) 위험형 건설사업관리(CM at risk) 방식
5. 흙막이 벽체 주변 지반의 침하예측 방법 및 침하방지 대책에 대하여 설명하시오.
6. 장경간 교량의 진동이 교량에 미치는 영향과 진동 저감방안을 설명하시오.

2015년도 제106회 출제문제

1교시

1. TCR과 RQD
2. 평판재하시험 시 유의사항
3. 항만공사 시 유보율
4. 터널 라이닝(Linning)과 인버트(Invert)
5. 안전관리계획 수립대상공사
6. PSC 장지간 교량의 Camber 확보방안
7. 교량에서의 부반력
8. 상수도 수처리구조물 방수공법의 종류
9. Slip Form과 Self Climbing Form의 특징
10. W.B.S(Work Breakdown Structure : 작업분류체계)
11. 철근콘크리트 휨부재의 대표적인 2가지 파괴유형
12. LOC(Life Cycle Cost)분석법
13. 강 또는 콘크리트 구조물의 강성

2교시

1. 통일분류법에 의한 SM흙과 CL흙의 다짐특성 및 적용장비에 대하여 비교 설명하시오.
2. 설계CBR과 수정CBR의 정의 및 시험방법에 대하여 설명하시오.
3. 댐공사에서 하천 상류지역 가물막이 공사의 시공계획과 시공 시 주의사항에 대하여 설명하시오.
4. 철근콘크리트 기둥에서 띠철근의 역할 및 배치기준에 대하여 설명하시오.
5. 건설공사 클레임 발생원인 및 해결방안에 대하여 설명하시오.
6. 지반침하(일명 씽크홀)에 대응하기 위한 하수도분야에서의 정밀조사 방법 및 대책에 대하여 설명하시오.

3교시

1. 암버력 쌓기 시 다짐 관리기준 및 방법에 대하여 설명하시오.
2. 균열과 절리가 발달된 암반비탈면의 안정을 위한 대책공법에 대하여 설명하시오.
3. 터널지보공인 숏크리트와 록볼트의 작용효과에 대하여 설명하시오.
4. 연약지반 개량 시 압밀촉진을 위한 연직배수재에 요구되는 특성과 통수능력에 영향을 주는 요인에 대하여 설명하시오.
5. 콘크리트 아치교의 가설공법을 열거하고 각 공법별 특징에 대하여 설명하시오.
6. 교량의 한계상태(Limit State)에 대하여 설명하시오.

4교시

1. 교면방수공법의 종류와 특징에 대하여 설명하시오.
2. 3경간 연속철근콘크리트교에서 콘크리트 타설순서 및 시공 시 유의사항에 대하여 설명하시오.
3. NATM공법을 이용한 터널굴진 시 진행성 여굴 발생원인 및 감소대책방안에 대하여 설명하시오.
4. 가시설 흙막이 공사에서 편토압이 발생되는 조건과 대책방안에 대하여 설명하시오.
5. 중력식 콘크리트 댐에서 Check Hole의 역할에 대하여 설명하시오.
6. CM(Construction Management)의 주요 기본업무 중 공사단계별 원가관리에 대하여 설명하시오.

2015년도 제107회 출제문제

1. 거푸집 동바리 시공 시 고려사항
2. 도로(지반) 함몰
3. 교량등급에 따른 DB, DL 하중
4. 자정식(自錠式) 현수교
5. 건설기계의 주행저항
6. 시공 상세도(Shop drawing) 목록
7. 교면포장의 역할
8. 얕은 기초의 전단파괴
9. 확장 레이어 공법(ELCM : Extended Layer Construction Method)
10. 서중 콘크리트
11. 터널의 Face Mapping
12. EPS(Expanded Poly-Styrene) 공법
13. 이형철근의 KS 표시방법

1. '가설공사표준시방서'에 따른 각종 가시설구조물의 종류와 특성, 안전관리에 대하여 설명하시오.
2. 우기(雨期) 시 도로공사의 현장관리에 필요한 대책에 대하여 설명하시오.
3. 관거와 관거의 연결 및 관거와 구조물의 접속에 있어서 그 연결방법과 유의사항에 대하여 설명하시오.
4. 교량 준공 후 유지관리를 위한 계측관리시스템의 구성 및 운영방안에 대하여 설명하시오.
5. NATM 터널 막장면 보강공법에 대하여 설명하시오.
6. 콘크리트 표면결함의 형태와 원인 및 대책에 대하여 설명하시오.

1. '시설물의 안전관리에 관한 특별법'과 동법 '시행령'에 따른 시설물의 범위(건축물 제외)와 안전등급에 대하여 설명하시오.
2. 흙막이 벽 지지구조 형식 중 어스앵커공법에서 어스앵커 자유장과 정착장의 결정 시 고려사항 및 시공 시 유의사항에 대하여 설명하시오.
3. 건설 로봇 및 드론(Drone)의 건설현장 이용방안에 대하여 설명하시오.
4. 골짜기가 깊어 동바리 설치가 곤란한 산악지역에서 I.L.M(Incremental Launching Method)공법으로 시공할 경우 특징과 유의사항에 대하여 설명하시오.
5. 도시구조물 공사 시 콘크리트의 탄산화 방지대책에 대하여 설명하시오.
6. 터널 굴착공법 중 굴착단면 형태에 따른 굴착공법을 비교하여 설명하시오.

1. 공사착수 단계에서 현장관리와 관련하여 시공자가 조치하여야 할 사항과 건설사업 관리기술자에게 보고하여야 할 내용(착공계 작성 등)에 대하여 설명하시오.
2. 사면붕괴를 사전에 예측할 수 있는 시스템에 대하여 설명하시오.
3. 아스팔트 포장의 소성변형 발생원인 및 대책에 대하여 설명하시오.
4. 방파제 공사를 위하여 제작된 케이슨 진수방법에 대하여 설명하시오.
5. 교량 바닥판의 손상원인과 대책에 대하여 설명하시오.
6. 철근콘크리트 구조물의 내화(耐火) 성능을 향상시키기 위한 공법의 종류, 특성 및 효과에 대하여 설명하시오.

2016년도 제108회 출제문제

1교시

1. 주계약자 공동도급방식
2. 지하레이더탐사(GPR : Ground Penetrating Rader)
3. 부력과 양압력
4. 유수지(遊水池)와 조절지(調節地)의 기능
5. 철근콘크리트구조물의 철근 피복두께
6. 골재의 흡수율과 유효흡수율
7. 장대터널의 정량적 위험도분석(QRA : Quantitative Risk Analysis)
8. GCP(Gravel Compaction Pile)
9. 항만구조물 기초사석의 역할
10. 건설공사용 크레인 중 이동식 크레인의 종류 및 특징
11. 공사비 수행지수(CPI : Cost Performance Index)
12. 숏크리트의 리바운드(Rebound) 최소화 방안
13. 일반구조용 압연강재(SS재)와 용접구조용 압연강재(SM재)의 특성

2교시

1. 공용중인 철도선로의 지하횡단 공사 시 적용 가능한 공법과 유의사항에 대하여 설명하시오.
2. 사장교 케이블의 현장 제작과 가설방법에 대하여 설명하시오.
3. 항만 방파제 및 호안 등에 설치되는 케이슨 구조물의 진수공법에 대하여 설명하시오.
4. 기존 구조물에 근접한 굴착공사 시 발생 가능한 변위 원인과 방지대책에 대하여 설명하시오.
5. 사면붕괴의 원인과 사면안정대책을 설명하시오.
6. 국내의 CM(Construction Management)제도 시행에서 건축공사와 비교 시 토목공사에 활용도가 낮은 이유와 활성화방안을 설명하시오.

3교시

1. 건설분야 정보화기법인 BIM(Building Information Modeling)의 적용분야를 설계, 시공 및 유지관리 단계별로 설명하시오.
2. 저토피, 미고결 등 지반 취약구간의 터널 시공방법에 대하여 설명하시오.
3. 철근콘크리트 구조물의 철근 부식(腐蝕)방지를 위한 에폭시 코팅 기술의 원리 및 장·단점에 대하여 설명하시오.
4. 항만 항로폭 확장을 위한 펌프준설선의 기계화 시공에 대하여 장비종류 및 작업계획에 대하여 설명하시오.
5. 가요성포장과 강성포장의 차이점과 각 포장의 파손 형태에 따른 원인 및 대책을 설명하시오.
6. 민간투자사업 활성화방안으로 시행중인 위험분담형(BTO-rs)과 손익공유형(BTO-a)에 대하여 설명하시오.

4교시

1. 콘크리트도상으로 계획된 철도노선이 연약지반을 통과할 경우 지반 처리공법 및 대책에 대하여 설명하시오.
2. NATM 터널의 콘크리트 라이닝 균열발생 원인과 저감방안에 대하여 설명하시오.
3. 교량 가설을 위한 공법 결정과정을 설명하시오.
4. 연약지반의 말뚝 시공 시 발생하는 부마찰력에 의한 말뚝의 손상유형과 부마찰력 감소대책에 대하여 설명하시오.
5. 해양구조물의 콘크리트 시공 시 문제점 및 대책에 대하여 설명하시오.
6. 집중호우에 따른 산지 계곡부의 토석류 발생요인과 방지시설 시공 시 유의사항에 대하여 설명하시오.

2016년도 제109회 출제문제

1교시

1. 공사의 모듈화
2. 흙의 연경도(consistency)
3. RMR과 Q-시스템
4. 합성PHC말뚝
5. 반사균열(reflection crack)
6. 암반구간 포장
7. 교량의 설계 차량활하중(KL-510)
8. 사장교 케이블의 단면형상 및 요구조건
9. 소파블럭
10. 근접병설터널
11. 콘크리트 흡수방지재
12. 철근 부식도 조사방법과 부식 판정기준
13. 콘크리트 배합강도와 설계기준강도

2교시

1. 콘크리트 주탑, 교각 등 변단면으로 구조물을 시공할 때 적용이 가능한 공법에 대하여 설명하시오.
2. 보강토 옹벽의 안정검토 방법과 시공 시 유의사항에 대하여 설명하시오.
3. 교량 신축이음장치 유간의 기능과 시공 및 유지관리 시 유의사항에 대하여 설명하시오.
4. 하천 하상유지공의 설치 목적과 시공 시 유의사항을 설명하시오.
5. PSC 교량의 시공 중 형상관리 기법에서 캠버(camber)관리를 중심으로 문제점 및 개선 대책에 대하여 설명하시오.
6. 대규모 산업단지를 조성할 때 토공 건설장비의 선정 및 조합에 대하여 설명하시오.

3교시

1. PSC 교량의 시공과정에서 긴장재인 강연선 보호를 위해 쉬스관 내에 시공하는 그라우트의 문제점 및 개선방안에 대하여 설명하시오.
2. 교량 시공 시 형고가 낮은 콘크리트 거더교를 선정할 때 유리한 점과 저형고 교량의 특징을 설명하시오.
3. 항만 준설토의 공학적 특성과 활용 방안에 대하여 설명하시오.
4. 집중호우 후에 발생 가능한 대절토 토사사면의 사면붕괴 형태를 예측하고 붕괴원인 및 보강대책에 대하여 설명하시오.
5. 도로공사 시 파쇄석을 이용한 성토와 토사 성토를 구분하여 다짐 시공하는 이유와 다짐 시 유의사항 및 현장 다짐관리방법을 설명하시오.
6. 공정관리의 자원배당 이유와 방법에 대하여 설명하시오.

4교시

1. 내진설계 시 심부구속철근의 정의와 역할 및 설계기준 등에 대하여 설명하시오.
2. 쉴드(Shield) TBM 공법의 굴착작업 계획에 대하여 설명하시오.
3. 콘크리트 구조물의 성능을 저하시키는 현상과 원인을 기술하고 이에 대한 보수 및 보강 방법을 설명하시오.
4. 제체 축조 재료의 구비조건과 제체의 누수 원인 및 방지대책에 대하여 설명하시오.
5. 재난에 대응하는 위기관리 방안으로써 사업연속성 관리(BCM : Business Continuity Management)를 위한 계획 수립의 필요성과 절차에 대하여 설명하시오.
6. 국내 연약점성토 개량공법 중 플라스틱보드드레인(PBD)공법의 통수능력과 교란에 영향을 주는 요인에 대하여 설명하시오.

2016년도 제110회 출제문제

1교시

1. 파랑(波浪)의 변형파
2. 과다짐(Over Compaction)
3. 토목섬유 보강재 감소계수
4. 콘크리트 팝 아웃(Pop Out)
5. 보일링(Boiling) 현상
6. GPS(Global Positioning System) 측량
7. ISO(International Organization for Standardization) 9000
8. 흙의 전응력(Total Stress)과 유효응력(Effective Stress)
9. 토량 변화율과 토량 환산계수
10. Cap Beam 콘크리트
11. 포인트 기초(Point Foundation) 공법
12. 밀 쉬트(Mill Sheet)
13. 노상토 동결관입 허용법

2교시

1. 스마트 콘크리트의 종류 및 구성 원리와 균열 자기치유(自己治癒) 콘크리트에 대하여 설명하시오.
2. 연약한 지반에서 성토지반의 거동을 파악하기 위하여 시공 시 활용되고 있는 정량적 안정관리기법에 대하여 설명하시오.
3. 토사 및 암버력으로 이루어진 성토부 다짐도 측정방법에 대하여 설명하시오.
4. 항만 계류시설인 널말뚝식 안벽(Sheet Pile Type Wall)의 종류 및 시공 시 유의사항에 대하여 설명하시오.
5. 터널공사 중 막장 전방의 지질 이상대 파악을 위한 조사방법의 종류 및 특징을 설명하시오.
6. 강구조물 용접방법 중 피복아크용접(SMAW)과 서브머지드아크용접(SAW)의 장·단점을 설명하시오.

3교시

1. 콘크리트 포장의 파손 종류별 발생원인 및 대책과 보수공법에 대하여 설명하시오.
2. 지하구조물에 양압력이 작용할 경우 발생될 수 있는 문제점 및 대책에 대하여 설명하시오.
3. 장마철 호우를 대비하여 하상(河床)을 정비하고자 한다. 하상 굴착방법 및 시공 시 유의사항에 대하여 설명하시오.
4. 연직갱 굴착방법인 RC(Raise Climber)공법과 RBM(Raise Boring Machine)공법의 장·단점에 대하여 설명하시오.
5. 연약지반상의 저성토(H=2m 이하) 시공 시 발생될 수 있는 문제점 및 대책에 대하여 설명하시오.
6. 흙막이 가시설 시공 시 버팀보와 띠장의 설치 및 해체 시 유의사항에 대하여 설명하시오.

4교시

1. 현장타설 FCM(Free Cantilever Method) 시공 시 발생되는 모멘트 변화에 대한 관리 방안에 대하여 설명하시오.
2. 도심지내 NATM터널을 시공하고자 할 경우 터널 내 계측항목, 측정빈도 및 활용방안에 대하여 설명하시오.
3. 지반고 편차가 있는 지역에 흙막이 가시설 구조물을 이용한 터파기 시공 시 발생될 수 있는 문제점 및 대책에 대하여 설명하시오.
4. 비탈면 보강공법 중 소일네일링(Soil Nailing)공법, 록볼트(Rock Bolt)공법, 앵커(Anchor)공법에 대하여 비교 설명하시오.
5. 옹벽구조물의 배면에 연직배수재와 경사배수재 설치에 따른 수압분포 및 유선망에 대하여 설명하시오.
6. 콘크리트 시공 중 초과하중으로 인해 발생될 수 있는 균열대책에 대하여 프리캐스트 콘크리트와 현장타설 콘크리트로 구분하여 설명하시오.

2017년도 제111회 출제문제

1교시

1. 주철근
2. 잠재적 수경성과 포졸란반응
3. 상수도관 갱생공법
4. 훠폴링(Forepoling) 보강공법
5. 댐의 종단이음
6. 사장현수교
7. PS강연선의 릴렉세이션(Relaxation)
8. 보상기초(Compensated foundation)
9. 한계성토고
10. 액상화 검토가 필요한 지반
11. 블록포장
12. 민자활성화 방안 중 BTO-rs와 BTO-a 방식의 차이점
13. 말뚝재하시험의 목적과 종류

2교시

1. 터널설계와 시공 시 케이블 볼트(Cable bolt) 지보에 대한 특징 및 시공효과에 대하여 설명하시오.
2. 항만 준설공사 시 경제적이고 능률적인 준설작업이 되도록 준설선을 선정할 때 고려해야 할 사항을 설명하시오.
3. 수밀 콘크리트의 배합과 시공 시 검토사항에 대하여 설명하시오.
4. 암반분류 방법 및 특징, 분류법에 내포된 문제점에 대하여 설명하시오.
5. 하천제방 제체 안정성 평가 방법에 대하여 설명하시오.
6. 흙막이 굴착공법 선정 시 고려사항에 대하여 설명하시오.

3교시

1. 하수관로 부설 시 토질조건에 따른 강성관 및 연성관의 관기초공에 대하여 설명하시오.
2. 항만공사의 케이슨 기초 시공 시 유의사항에 대하여 설명하시오.
3. 연안침식의 발생 원인과 대책에 대하여 설명하시오.
4. 옹벽의 배수 및 배수시설에 대하여 설명하시오.
5. 아스팔트 콘크리트포장의 다짐에 대하여 설명하시오.
6. 노후 콘크리트 지하구조물의 균열발생 원인 및 대책에 대하여 설명하시오.

4교시

1. 연약지반 개량공법 중 Suction Device 공법에 대하여 설명하시오.
2. 현장에서 숏크리트 시공 시 유의사항과 품질관리를 위한 관리항목에 대하여 설명하시오.
3. 교대의 측방유동에 대하여 설명하시오.
4. 필댐 시공 및 유지관리 시 계측에 대하여 설명하시오.
5. 지하수위저하(De-watering) 공법에 대하여 설명하시오.
6. 대도시 집중호우 시 내수피해 예방대책에 대하여 설명하시오.

2017년도 제112회 출제문제

1교시

1. 흙의 압밀 특징과 침하종류
2. H형강 버팀보의 강축과 약축
3. 특수방파제의 종류
4. 시멘트 콘크리트 포장의 구성 및 종류
5. 콘크리트교와 강교의 장단점 비교
6. Bulking현상
7. 유효 프리스트레스(Effective Prestress)
8. 터널 지반조사 시 사용하는 BHTV(Bore Hole Tele-viewer)와 BIPS(Bore Hole Image Processing System)의 비교
9. 잔류토(Residual Soil)
10. 전단철근
11. 공극수압
12. 약액 주입에서의 용탈현상
13. 철근콘크리트 구조물의 허용 균열폭

2교시

1. 구조물 부등침하 원인과 방지대책에 대하여 설명하시오.
2. 터널 단면이 작은 경전철 공사 중 수직구를 이용한 터널 굴착 시 장비조합 및 기종 선정 방법에 대하여 설명하시오.
3. 연약지반상에 말뚝기초를 시공한 후 교대를 설치하고자 한다. 이때 교대 시공 시 발생할 수 있는 문제점 및 대책에 대하여 설명하시오.
4. 폐기물 매립장 계획 및 시공 시 고려사항에 대하여 설명하시오.
5. 교량의 유지관리업무와 유지관리시스템에 대하여 설명하시오.
6. 절토부 암(岩)판정 시 현장에서 준비할 사항 및 암판정 결과보고에 포함할 사항에 대하여 설명하시오.

3교시

1. 콘크리트 중성화 요인 및 방지대책에 대하여 설명하시오.
2. 지하철 정거장 공사를 위한 개착 공사 시, 흙막이벽과 주변지반의 거동 및 대책에 대하여 설명하시오.
3. 도심지 연약지반에서 터널 굴착 및 보강방법에 대하여 설명하시오.
4. 댐공사 착수 전 시공계획에 필요한 공정계획과 가설비 공사에 대하여 설명하시오.
5. 공용중인 고속국도의 1개 차로를 통제하고 공사 시, 교통관리 구간별 교통안전시설 설치계획에 대하여 설명하시오.
6. 제방호안의 피해형태, 피해원인 및 복구공법에 대하여 설명하시오.

4교시

1. 교량 신설계획이나 기존교량 보수보강공사시에 교량의 세굴에 대한 대책수립 과정과 세굴보호공의 규모산정에 대하여 설명하시오.
2. 쉴드(Shield) 굴착 시 세그멘트 뒤채움 주입방식 및 주입 시 고려사항에 대하여 설명하시오.
3. 연약지반상에 높이 10m의 보강토 옹벽 축조 후 배면을 양질토사로 성토하도록 설계되어 있다. 현장 기술자로서 성토 시 발생할 수 있는 문제점 및 대책에 대하여 설명하시오.
4. Pipe Support와 System Support의 장단점 및 거푸집 동바리 붕괴 방지대책에 대하여 설명하시오.
5. 최근 양질의 Sand Mat자재 수급이 어려운 관계로 투수성이 불량한 자재를 사용하여 시공하는 경우, 지반개량 공사에서 발생할 수 있는 문제점 및 대책에 대하여 설명하시오.
6. CM의 정의, 목표, 도입의 필요성 및 도입의 효과에 대하여 설명하시오.

2017년도 제113회 출제문제

1교시

1. 단층 파쇄대
2. 콘크리트의 수화수축
3. 병렬터널 필러(Pillar)
4. 순수내역입찰제도
5. 건설공사비지수(Construction Cost Index)
6. 암발파 누두지수
7. 여수로의 감세공
8. 휨부재의 최소 철근비
9. 아스팔트 감온성
10. 말뚝의 동재하시험
11. 굴입하도(堀入河道)
12. 철근의 부착강도
13. 준설매립선의 종류 및 특징

2교시

1. 지하매설관의 측방이동 억지대책에 대하여 설명하시오.
2. 시멘트 종류 및 특성에 대하여 설명하시오.
3. 터널 관통부에 대한 굴착방안 및 관통부 시공 시 유의사항에 대하여 설명하시오.
4. 콘크리트 구조물의 균열발생 시기별 균열의 종류와 특징에 대하여 설명하시오.
5. 기초공사에서 지하수위 저하공법의 종류와 특징에 대하여 설명하시오.
6. 공기대비 진도율로 표현되는 진도곡선에서 상방한계, 하방한계, 계획진도곡선의 작성과정을 설명하고, 현재 진도가 상방한계위에 있을 때 공정 진도상태를 설명하시오.

3교시

1. NATM 시공 시 제어발파(조절발파, Controlled Blasting)공법의 종류 및 특징에 대하여 설명하시오.
2. 지반개량공법 중 지반동결공법 적용상의 문제점과 그 대책에 대하여 설명하시오.
3. 콘크리트 구조물의 보수공법 종류 및 보수공법 선정 시 유의사항에 대하여 설명하시오.
4. 방파제의 혼성제에 대한 장·단점 및 시공 시 유의사항에 대하여 설명하시오.
5. 도로 공사의 시공 단계에 적용할 수 있는 BIM(Building Information Modeling)기술의 사례들을 구분하고 적용 절차를 설명하시오.
6. 공기케이슨(Pneumatic Caisson) 공법의 시공단계별 시공방법을 설명하시오.

4교시

1. 터널공사 시 재해유형 및 안전사고 예방을 위한 대책에 대하여 설명하시오.
2. 사장교 보강거더의 가설공법 종류 및 특징에 대하여 설명하시오.
3. 기성말뚝박기 공법의 종류 및 시공 시 유의사항에 대하여 설명하시오.
4. 운영 중인 철도선로 인접 공사 시 안전대책에 대하여 설명하시오.
5. 공정관리에서 부진공정의 관리대책을 순서대로 설명하고, 민원/기상/업체부도를 예상하여 각각의 만회대책을 설명하시오.
6. 연약지반처리 대책공법 선정 시 고려할 조건에 대하여 설명하시오.

2018년도 제114회 출제문제

1교시

1. 토량변화율
2. 순환골재
3. 지하안전관리에 관한 특별법
4. 균열관리대장
5. 선행재하(Preloading) 공법
6. 얕은 기초의 부력 방지대책
7. 주철근과 배력철근
8. 액상화(Liquefaction)
9. 방파제
10. RQD와 RMR
11. Tining과 Grooving
12. 소일네일링(Soil Nailing) 공법
13. 시멘트 콘크리트 포장에서의 타이바(Tie Bar)와 다웰바(Dowel Bar)

2교시

1. 흙쌓기 작업 시 다짐도판정 방법에 대하여 설명하시오.
2. 건설사업관리와 책임감리, 시공감리, 검측감리에 대하여 설명하시오.
3. 소음저감포장 시공에 따른 효과와 소음저감포장공법을 아스팔트포장과 콘크리트 포장으로 구분하여 설명하시오.
4. 일반적인 보강토 옹벽의 설계와 시공 시 주의사항과 붕괴 발생원인 및 방지대책에 대하여 설명하시오.
5. 서중콘크리트 타설 전 점검사항에 대하여 설명하시오.
6. 연약지반개량공법 중 고결공법에 대하여 설명하시오.

3교시

1. 프리스트레스 교량에서 강연선의 긴장관리방안에 대하여 설명하시오.
2. 굳지 않은 콘크리트의 성질에 대하여 설명하시오.
3. 가설흙막이 시공 시 안전을 확보할 수 있는 계측관리에 대하여 설명하시오.
4. 토질별 다짐장비 선정에 대하여 설명하시오.
5. 암반분류에 대하여 설명하시오.
6. 지반이 불량하고 용수가 많이 발생하는 지형의 터널시공 시 용수처리와 지반 안정을 위한 보조공법에 대하여 설명하시오.

4교시

1. FCM(Free Cantilever Method)에서 주두부의 정의와 주두부 가설방법에 대하여 설명하시오.
2. 비점오염원과 점오염원의 특성을 비교하고, 오염원 저감시설 설치위치 선정 시 유의사항을 도로의 형상별로 구분하여 설명하시오.
3. 흙깎기 및 쌓기 경계부의 부등침하에 대하여 설명하시오.
4. 동절기 아스팔트 콘크리트 포장 시공 시 생산온도, 운반, 포설, 다짐에 대하여 설명하시오.
5. 경량성토공법(EPS : Expanded Polyester System)에 대하여 설명하시오.
6. 단일현장타설말뚝공법에 대한 적용기준과 장·단점을 설명하시오.

2018년도 제115회 출제문제

1교시

1. 워커빌리티(Workability)와 컨시스턴시(Consistency)
2. 온도균열 제어 수준에 따른 온도균열지수
3. 아스팔트 혼합물의 온도관리
4. 순환골재와 순환토사
5. 절토부 표준발파공법
6. 해상 도로건설공사에서 가토제(Temporary Bank)
7. 절토부 판넬식 옹벽
8. 불연속면(Discontinuities in rock mass)
9. 엑스트라도즈드교(Extradosed Bridge)
10. 터널 숏크리트의 리바운드 영향인자 및 감소대책
11. 유해위험 방지계획서
12. 저탄소콘크리트(Low Carbon Concrete)
13. 유토곡선(Mass Curve)

2교시

1. 철근이음의 종류 및 시공 시 유의사항에 대하여 설명하시오.
2. 흙막이 굴착공사에서 각 부재의 역할과 시공 시 유의사항에 대하여 설명하시오.
3. 터널공사 시 여굴 발생원인과 방지대책을 설명하시오.
4. 토목공사에서 암반선 노출 시 암판정을 실시해야 하는 대상별 암판정 목적 및 절차에 대하여 설명하시오.
5. 교량 슬라브의 콘크리트 타설방법에 대하여 설명하시오.
6. 구조물과 구조물 사이의 짧은 도로터널 계획 시 편입용지 및 지장물의 증가에 따라 2-Arch터널, 대단면터널 및 근접병렬터널이 많이 시공되고 있다. 각 터널형식별 문제점 및 대책에 대하여 설명하시오.

3교시

1. 암버력을 성토재료로 사용할 때 시공방법 및 성토 시 유의사항에 대하여 설명하시오.
2. 거푸집과 동바리의 해체시기와 유의사항을 설명하시오.
3. 수중콘크리트 타설 시 유의사항을 설명하시오.
4. 쉴드 TBM의 작업장 및 작업구 계획에 대하여 설명하시오.
5. 기성 연직배수공법의 설계 및 시공 시 유의사항에 대하여 설명하시오.
6. 암반사면의 붕괴형태 및 사면안정대책에 대하여 설명하시오.

4교시

1. 콘크리트 운반 중 발생될 수 있는 품질변화원인과 시공 시 유의사항에 대하여 설명하시오.
2. 하천호안의 파괴원인 및 방지대책에 대하여 설명하시오.
3. 오염된 지반의 정화기술공법의 종류에 대하여 설명하시오.
4. 댐 공사 시 지반조건에 따른 기초처리공법에 대하여 설명하시오.
5. 운영 중인 터널에 대하여 정밀안전진단 시 비파괴현장시험의 종류와 시험목적에 대하여 설명하시오.
6. 대구경현장타설말뚝의 품질시험 종류, 시험목적 및 시험방법에 대하여 설명하시오.

2018년도 제116회 출제문제

1교시

1. 가외철근
2. 슈미트해머를 이용한 콘크리트 압축강도 추정방법
3. 시설물의 성능 평가
4. 콘크리트 폭열현상
5. 확산이중층(Diffuse double layer)
6. 유동화제와 고성능감수제
7. 고장력볼트 조임검사
8. 하천의 하상계수(河狀系數)
9. 쉴드 터널의 테일 보이드(Tail void)
10. ADR제도(Alternative Dispute Resolution : 대체적 분쟁해결제도)
11. 부잔교(浮棧橋)
12. 교량받침과 신축이음 Presetting
13. 5D BIM(Building Information Modeling)

2교시

1. 지반함몰 원인과 방지대책에 대하여 설명하시오.
2. 연약지반에서 교대의 측방유동을 일으키는 원인과 대책에 대하여 설명하시오.
3. Shield TBM 공법에서 Segment 조립 시 발생하는 틈(Gap)과 단차(Off-Set)의 문제점 및 최소화 방안에 대하여 설명하시오.
4. 현수교를 정착방식에 따라 분류하고, 현수교의 구성요소와 시공과정 및 시공 시 유의사항에 대하여 설명하시오.
5. 항만시설물 중 잔교식(강파일) 구조물 점검방법과 손상 발생원인 및 보수 보강 방법에 대하여 설명하시오.
6. 주계약자 공동도급 제도에 대하여 설명하시오.

3교시

1. 도로포장에서 Blow Up 현상의 원인 및 대책에 대하여 설명하시오.
2. 토석류(土石流)에 의한 비탈면 붕괴에 대하여 설명하시오.
3. 가설 흙막이 구조물의 계측위치 선정기준, 초기변위 확보를 위한 설치시기와 유의사항에 대하여 설명하시오.
4. 프리캐스트 콘크리트 구조물 시공 시 유의사항에 대하여 설명하시오.
5. 하천교량의 홍수 피해 원인과 대책에 대하여 설명하시오.
6. 석괴댐(Rock fill dam)에서 필터(Filter) 기능 불량 시 발생가능한 문제점에 대하여 설명하시오.

4교시

1. 점성토 연약지반에 시공되는 개량공법을 열거하고, 특징을 설명하시오.
2. 버팀보식 흙막이공법의 지지원리와 불균형 토압의 발생원인 및 예방대책에 대하여 설명하시오.
3. NATM터널에서 Shotcrete 타설 시 유의사항과 두께 및 강도가 부족한 경우의 조치 방안에 대하여 설명하시오.
4. 강합성 라멘교 제작 및 시공 시 솟음(Camber) 관리와 유의사항에 대하여 설명하시오.
5. 항만공사 방파제의 종류별 구조 및 특징에 대하여 설명하시오.
6. 4차 산업혁명시대에 IoT를 이용한 장대교량의 시설물 유지관리를 위한 적용 방안에 대하여 설명하시오.

2019년도 제117회 출제문제

1교시

1. 터널의 편평율
2. Arch교의 Lowering공법
3. 민간투자사업의 추진방식
4. 통수능(通水能(discharge capacity))
5. 부마찰력(Negative Skin Friction)
6. 관로의 수압시험
7. 건설공사의 사후평가
8. 스트레스 리본 교량(Stress Ribbon Bridge)
9. 준설선의 종류 및 특징
10. 터널변상의 원인
11. 히빙(Heaving)과 보일링(Boiling)
12. 교량 내진성능향상 방법
13. 포러스 콘크리트(Porous Concrete)

2교시

1. 터널 굴착 시 진행성 여굴의 원인과 방지 및 처리대책에 대하여 설명하시오.
2. 도로공사 시 비탈면 배수시설의 종류와 기능 및 시공 시 유의사항에 대하여 설명하시오.
3. 하천제방의 누수원인과 방지대책에 대하여 설명하시오.
4. 콘크리트 구조물에서 초기균열의 원인과 방지대책에 대하여 설명하시오.
5. 건설공사의 클레임 발생원인 및 유형과 해결방안에 대하여 설명하시오.
6. 엑스트라도즈드교(Extradosed Bridge)에서 주탑 시공 시 품질확보 방안에 대하여 설명하시오.

3교시

1. 일반적으로 댐 공사의 시공계획에 대하여 설명하시오.
2. 강교의 현장용접 시 발생하는 문제점과 대책 및 주의사항에 대하여 설명하시오.
3. 도로공사에 따른 사면활동의 형태 및 원인과 사면안정 대책에 대하여 설명하시오.
4. 한중(寒中)콘크리트의 타설 계획 및 방법에 대하여 설명하시오.
5. 친환경 수제(水制)를 이용한 하천개수 공사 시 유의사항에 대하여 설명하시오.
6. 대규모 단지공사의 비산먼지가 발생되는 주요공정에서 비산먼지 발생저감 방법에 대하여 설명하시오.

4교시

1. 터널 준공 후 유지관리 계측에 대하여 설명하시오.
2. 상수도 기본계획의 수립 절차와 기초조사 사항에 대하여 설명하시오.
3. 화재 시 철근콘크리트 구조물에 발생하는 폭렬현상이 구조물에 미치는 영향과 원인 및 방지대책에 대하여 설명하시오.
4. 시멘트 콘크리트 포장 시 장비선정, 설계 및 시공 시 유의사항에 대하여 설명하시오.
5. 항만공사 시공계획 시 유의사항에 대하여 설명하시오.
6. 공정·공사비 통합관리 체계(EVMS : Earned Value Management System)의 주요 구성요소와 기대효과에 대하여 설명하시오.

2019년도 제118회 출제문제

1교시

1. 비용분류체계(cost breakdown structure)
2. 마일스톤 공정표(milestone chart)
3. 과다짐(over compaction)
4. 피어기초(pier foundation)
5. 수팽창지수재
6. 내식콘크리트
7. 일체식교대 교량(integral abutment bridge)
8. 말뚝의 시간경과효과
9. 개질아스팔트
10. 용접부의 비파괴 시험
11. 어스앵커(earth anchor)
12. 막(膜)양생
13. 교량의 새들(saddle)

2교시

1. 토목 BIM(building information modeling)의 정의 및 활용분야에 대하여 설명하시오.
2. 급경사지 붕괴방지공법을 분류하고, 그 목적과 효과에 대하여 설명하시오.
3. 말뚝재하시험법에 의한 지지력 산정방법에 대하여 설명하시오.
4. 아스팔트 콘크리트의 소성변형 발생원인 및 방지대책에 대하여 설명하시오.
5. 강(鋼)교량 시공 시, 상부구조의 케이블가설(cable erection) 공법과 종류에 대하여 설명하시오.
6. 콘크리트 압송(pumping) 작업 시 발생할 수 있는 문제점과 대책에 대하여 설명하시오.

3교시

1. 기계화 시공 시 일반적인 건설기계의 조합원칙과 기계결정 순서에 대하여 설명하시오.
2. 흙막이공사에서의 유수처리대책을 분류하고 설명하시오.
3. 강상판교의 교면포장공법 종류 및 시공관리방법에 대하여 설명하시오.
4. 항만 준설과 매립 공사용 작업선박의 종류와 용도에 대하여 설명하시오.
5. 고장력볼트 이음부 시공방법과 볼트체결 검사방법에 대하여 설명하시오.
6. 콘크리트 이음을 구분하고 시공방법에 대하여 설명하시오.

4교시

1. 근접시공의 시공방법 결정 시 검토사항에 대하여 설명하시오.
2. 슬러리 월(Slurry Wall) 공법의 특징과 시공 시 유의사항에 대하여 설명하시오.
3. 열 송수관로 파열원인 및 파열방지 대책에 대하여 설명하시오.
4. 터널 라이닝 콘크리트의 누수원인과 대책에 대하여 설명하시오.
5. 토목현장 책임자로서 검토하여야 할 안전관리 항목과 재해예방대책에 대하여 설명하시오.
6. 교량의 신축이음장치 설치 시 유의사항과 주요 파손원인에 대하여 설명하시오.

2019년도 제119회 출제문제

1교시

1. 토량변화율
2. 습식 숏크리트
3. 시추주상도
4. 무리말뚝 효과
5. 합성교에서 전단연결재(Shear Connector)
6. 쇄석매스틱아스팔트(Stone Mastic Asphalt)
7. 강재기호 SM 355 B W N ZC의 의미
8. 수압파쇄(Hydraulic Fracturing)
9. 토질별 하수관거 기초의 종류 및 특성
10. 철도 선로의 분니현상(Mud Pumping)
11. 철근의 롤링마크(Rolling Mark)
12. 비용구배(Cost Slope)
13. 시설물의 안전 및 유지관리에 관한 특별법상 대통령령으로 정한 중대한 결함의 종류

2교시

1. 기초의 침하 원인에 대하여 설명하시오.
2. 기존교량의 받침장치 교체 시 시공순서 및 시공 시 유의사항에 대하여 설명하시오.
3. 아스팔트콘크리트 배수성 포장에 대하여 설명하시오.
4. 도로 성토 다짐에 영향을 주는 요인과 현장에서의 다짐관리방법에 대하여 설명하시오.
5. 하수관거의 완경사 접합방법 및 급경사 접합방법에 대하여 설명하시오.
6. 지하안전관리에 관한 특별법에 따른 지하안전영향평가 대상의 평가항목 및 평가방법, 안전점검 대상 시설물을 설명하시오.

3교시

1. 현장타설 콘크리트말뚝 시공 시 콘크리트 타설에 대하여 설명하시오.
2. 구조물 접속부 토공 시 부등침하 방지대책에 대하여 설명하시오.
3. 기존 교량의 내진성능평가에서 직접기초에 대한 안전성이 부족한 것으로 평가되었다. 이 때, 내진성능 보강공법을 설명하시오.
4. 여름철 이상기온에 대비한 무근 콘크리트 포장의 Blow-up 방지대책에 대하여 설명하시오.
5. 건설공사의 진도관리를 위한 공정관리 곡선의 작성방법과 진도평가 방법을 설명하시오.
6. 건설공사를 준공하기 전에 실시하는 초기점검에 대하여 설명하시오.

4교시

1. 토공사 준비공 중 준비배수에 대하여 설명하시오.
2. 터널지보재의 지보원리와 지보재의 역할에 대하여 설명하시오.
3. 콘크리트 구조물의 방수에 영향을 미치는 요인과 대책에 대하여 설명하시오.
4. P.S.C BOX GIRDER 교량 가설공법의 종류와 특징, 시공 시 유의사항에 대하여 설명하시오.
5. 장마철 배수불량에 의한 옹벽구조물의 붕괴사고 원인과 대책에 대하여 설명하시오.
6. 건설기술진흥법에서 안전관리계획을 수립해야 하는 건설공사의 범위와 안전관리계획 수립기준에 대하여 설명하시오.

2020년도 제120회 출제문제

1교시

1. ISO 14000
2. 건설공사의 공정관리 3단계 절차
3. 하도급계약의 적정성심사
4. 공대공 초음파 검층(Cross-hole Sonic Logging; CSL) 시험(현장타설말뚝)
5. 현장타설말뚝 시공 시 슬라임 처리
6. 터널 인버트 종류 및 기능
7. 도수로 및 송수관로 결정 시 고려사항
8. 소파공
9. 필댐의 트랜지션존(Transition Zone)
10. 아스팔트의 스티프니스(Stiffness)
11. 사장교의 케이블 형상에 따른 분류
12. PSC BOX 거더 제작장 선정 시 고려사항
13. 철근부식도 시험방법 및 평가방법

2교시

1. 연약지반에 흙쌓기를 할 때 주요 계측항목별 계측목적, 활용내용 및 배치기준을 설명하시오.
2. 건설공사의 공동도급 운영방식에 의한 종류와 공동도급에 대한 장점 및 문제점을 설명하고, 개선대책을 제시하시오.
3. 기존 콘크리트 포장을 덧씌우기할 때 아스팔트를 덧씌우는 경우와 콘크리트를 덧씌우는 경우로 구분하여 설명하시오.
4. 콘크리트 댐의 공사착수 전 가설비공사 계획에 대하여 설명하시오.
5. 건설현장에서 건설폐기물의 정의 및 처리절차와 처리 시 유의사항을 설명하고 재활용 방안을 제시하시오.
6. 얕은 기초 아래에 있는 석회암 공동지반(Cavity) 보강에 대하여 설명하시오.

3교시

1. 교량받침(Shoe)의 배치와 시공 시 유의사항에 대하여 설명하시오.
2. 수로터널에서 방수형 터널공, 배수형 터널공, 압력수로 터널공에 대하여 비교 설명하시오.
3. 우수조정지의 설치목적 및 구조형식, 설계·시공 시 고려사항에 대하여 설명하시오.
4. 해안 매립공사를 위한 매립공법의 종류 및 특징에 대하여 설명하시오.
5. 매입말뚝공법의 종류별 시공 시 유의사항에 대하여 설명하시오.
6. 건설업 산업안전보건관리비 계상기준과 계상 시 유의사항 및 개선대책을 설명하시오.

4교시

1. 건설재해의 종류와 원인 그리고 재해예방과 방지대책에 대하여 설명하시오.
2. 사장교 보강거더의 가설공법 종류 및 공법별 특징을 설명하시오.
3. 도로 포장면에서 발생되는 노면수 처리를 위해 비점오염 저감시설을 설치하려고 한다. 비점오염원의 정의와 비점오염 물질의 종류, 비점오염 저감시설에 대하여 설명하시오.
4. 해상에 자켓구조물 설치 시 조사항목 및 설치방법에 대하여 설명하시오.
5. 해양콘크리트의 요구성능, 시공 시 문제점 및 대책에 대하여 설명하시오.
6. 터널 TBM공법에서 급곡선부의 시공 시 유의사항에 대하여 설명하시오.

📖 참고문헌 ━━━━━━━━━━━━━━━━━━━━━━━━━━━━━ 📖

Ⅰ. 공통편

1. 김형수《토목 시공학》보문당
2. 강신업《토목 시공학》문운당
3. 김병조 외《토목 시공학》치정문화사
4. 권진동《토목 시공법》경문출판사
5. 《토목 시공학 요점》건설도서
6. 《최신 토목공법 사전》건설문화사
7. 김원배 역《최신 공사 핸드북》건설문화사
8. 《감리업무 수행지침서》대한감리협회
9. 《토목시공 고등기술 강좌 1~7권》대한토목학회
10. 《건기원 토목시공 교재 1~5권》건설기술교육원
11. 《토목건설 기술전서》산해당

Ⅱ. 토공 및 연약지반

1. 임종철 외《토질공학 핸드북》새론
2. 《토질공학 용어집》일본토질공학회
3. 《도로토공시공 지침》일본도로협회
4. 《도로토공 요강》일본도로협회
5. 《도로토공 구배면공·사면안정공 지침》일본도로협회
6. 《도로토공 옹벽·가설구조물공 지침》일본도로협회
7. 《도로토공 연약지반 대책공 지침》일본도로협회
8. 《도로토공 토질조사 지침》일본도로협회
9. 《도로 흙구조물의 설계계산 예》건설도서
10. 《현장타설 말뚝의 설계와 시공》학예출판사
11. 《토목공사 일반 표준시방서》건설교통부
12. 《도로공사 표준시방서》건설교통부
13. 《연약지반의 매설 암거에 관한 연구》토지개발공사
14. 황정규《지반공학의 기초이론》구미서관
15. 김상규《토질역학 이론과 응용》청문각
16. 최계식《토목재료 시험법과 매설 및 응용》형설출판사
17. 이인문《토질역학》엔지니어즈

18. M. Das. 저, 박성재 역 《토질역학·기초공학》 희성출판사
19. 박기식 《최신 토질 및 기초 해설》 예문사
20. 우기형 역 《토질공학 연습》 탐구문화사
21. 《연약지반》 한국지반공학회
22. 《사면안정》 한국지반공학회
23. 《깊은기초》 한국지반공학회

Ⅲ. 굴착 및 흙막이벽

1. 《토목·건축 가설물의 해설》 건설문화사
2. 《굴착 및 흙막이공법》 한국지반공학회
3. 《토목현장 계측기기》 신풍엔지니어링
4. 《기초와 시공법》 산해당
5. 《지하연속벽 공법》 건설교통부

Ⅳ. 콘크리트

1. 《콘크리트 표준시방서》 건설교통부
2. 《도로기술지도서(콘크리트편)》 한국도로공사
3. 최계식 《토목재료 시험법과 해설 및 응용》 형설출판사
4. 《최신 콘크리트공학》 콘크리트학회
5. 《토목건설 기술전서(콘크리트 시공법)》 산해당
6. 서영갑 외 《철근콘크리트공학》 치정문화사
7. 신현묵 외 《철근콘크리트공학》 동명사
8. 신현묵 외 《프리스트레스 콘크리트공학》 동명사
9. 조효남 《철근콘크리트 구조설계》 구미서관
10. 박기식 《철근콘크리트 및 PC강구조 연습》 예문사
11. 조춘남 《강구조공학》
12. 추영수 《균열의 조사 보수·보강지침》 건설도서
13. 《KS》 한국표준협회
14. 김생빈 외 《토목재료학》 경문출판사
15. 《기술사 목표로 한 콘크리트》 산해당

Ⅴ. 도　로

1. 《도로공사 표준시방서》건설교통부
2. 《도로포장 설계시공지침》건설교통부
3. 권진동 《도로공학》경문출판사
4. 최한중 《도로공학 총론》희성출판사
5. 《도로공사 품질관리지침서 1·2권》한국도로공사
6. E. J. Yoder 외. Principle of pavement Design. John Willy & Sons. Inc.
7. 《도로공학》이공도서
8. 《기술사 목표로 한 도로》산해당

Ⅵ. 교　량

1. 《도로교 표준시방서》건설교통부
2. 황학주 《교량공학》동명사
3. 장동일 역 《강구조 설계》구미서관
4. 《Preflex Beam》삼표산업(주)
5. 《토목건설 기술전서(장대교 시공법)》산해당
6. 《강구조》산해당
7. 《강도로시공 편람》일본도로협회
8. 《PC Box Girder교 가설공법》대림산업기술연구소
9. 《아름다운 교량 설계》한국도로공사

Ⅶ. 댐

1. 《댐시설 기준》건설교통부
2. 《토목건설 기술도서(댐시공법)》산해당
3. 《최신 Fill Dam 공학》
4. 《신체계 토목공학(Dam편)》일본토목학회지
5. 《농지개량사업 계획 기준(휠댐편)》농수산부
6. 〈댐의 신뢰성 및 안정성에 관한 학술 심포지엄〉대한토목학회

Ⅷ. 터　널

1. 《터널공사 표준시방서》건설교통부
2. 권인환 《NATM 터널 공법》원기술

3. 《제2기 서울 지하철 터널 종합보고서》 서울지하철공사
4. 《터널 용어해설》 원기술
5. The Art of Tunnelling. Karoly Szechy.
6. 《지반조사 결과의 해석 및 응용》 한국지반공학회
7. 《NATM 공법의 설계와 시공》 서울지하철공사
8. 《토목건설 기술전서(터널 시공법)》 산해당
9. 《터널공사와 암반보강》 대림산업기술연구소
10. 윤지선 역 《암반 역학》 구미서관

IX. 항만 · 하천

1. 《하천시설 기준》 건설교통부
2. 《하천공사 표준시방서》 건설교통부
3. 《신체계 토목공학(토목공사 관리)》 일본토목학회
4. 전희중 《하천공학》 동명사
5. 《토목건설 기술전서(하천구조편)》 산해당
6. 《항만시설 기준》 항만청
7. 《신체계 토목공학(하천구조편)》 일본토목학회

X. 건설기계

1. 한원빈 《최신 건설기계와 시공법》 건설문화사
2. 《토공과 기계시공》 대림산업기술연구소
3. 《기계화 시공 합리화의 연구》 녹도출판사

XI. 공정관리

1. 《PERT · CPM 실무》 박영사
2. 이태호 역 《건설공사 관리론》 구미서관
3. 신현식 《PERT · CPM 기초이론》
4. 《건설공사 관리를 위한 NETWORK 기법》 중앙대건설대학원
5. 《신체계 토목공학(해양구조물)》 일본토목학회
6. 《건설공사 품질관리 · 검사기준 해설》 건설교통부

□ 저자 약력 □

■ 김 용 구

경희대학교 토목공학과 졸업
한양대학교 산업대학원 토목공학과 공학석사(토질)
토목시공기술사
토질및기초기술사
(현) 서일대학교 겸임교수
(현) ㈜이도이엔지 부사장
(현) 한국도로공사 설계심의위원
(현) 국토해양부 설계자문위원
(현) 한국광해관리공단 설계심의위원
(현) 안양시 안전관리 자문위원
(현) 한국건설기술인협회 기술사 강좌강사

○ 주요저서

토목시공기술사 Ⅰ(기초편) 세진사
토목시공기술사 Ⅱ(전문편) 세진사
토목시공기술사 세진사

토목시공기술사 　　　　정가 60,000원

저 자	김 용 구
발행인	문 형 진

2013년　1월　31일　제1판 제1발행
2020년　3월　11일　제2판 제1발행

발행처 세 진 사

136-087　서울특별시 성북구 보문동 7가 112-8(세진빌딩)
TEL : 922-6371~3, 923-3422 · 7224 / FAX : 927-2462
〈1976. 9. 21 / 등록 · 서울 제6-28호 / 등록번호〉
